高 等 学 校 教 材

Theoretical Mechanics

理论力学 I

——基本教程

Lilun Lixue Jiben Jiaocheng

梅凤翔 尚 玫 编著

高等教育出版社·北京
HIGHER EDUCATION PRESS BEIJING

内容提要

本书共四篇，分为Ⅰ、Ⅱ册。第一篇静力学，包括力系的简化、力系的平衡、静力学应用问题等3章。第二篇运动学，包括运动学基础与点的运动、刚体的平面运动、复合运动、刚体的定点运动和一般运动等4章。第三篇动力学，包括质点动力学、质点系动力学、达朗贝尔原理和动静法、分析静力学、分析动力学等5章。第四篇专题，包括理论力学的概率问题、打击运动动力学、运动稳定性、非线性振动、动力学逆问题、力学的变分原理、哈密顿力学、非完整力学、伯克霍夫力学、对称性与守恒量等10章。前三篇为Ⅰ册——基本教程，属基础部分；第四篇为Ⅱ册——专题教程，属提高部分。每章都配有较多的例题和习题。

本书可作为高等学校力学、机械、航空航天等专业多学时理论力学课程的教材，也可供有关教师和工程技术人员参考。

图书在版编目（CIP）数据

理论力学. 1，基本教程 / 梅凤翔，尚玫编著. -- 北京 : 高等教育出版社，2012.1
ISBN 978-7-04-033985-7

Ⅰ. ①理… Ⅱ. ①梅… ②尚… Ⅲ. ①理论力学－高等学校－教材 Ⅳ. ①O31

中国版本图书馆CIP数据核字(2011)第272850号

策划编辑 赵湘慧　责任编辑 赵向东　封面设计 赵 阳　版式设计 马敬茹
插图绘制 尹 莉　责任校对 杨雪莲　责任印制 朱学忠

出版发行 高等教育出版社
社　　址 北京市西城区德外大街4号
邮政编码 100120
印　　刷 保定市中画美凯印刷有限公司
开　　本 787mm×960mm 1/16
印　　张 33.75
字　　数 610千字
购书热线 010－58581118
咨询电话 400－810－0598
网　　址 http://www.hep.edu.cn
　　　　 http://www.hep.com.cn
网上订购 http://www.landraco.com
　　　　 http://www.landraco.com.cn
版　　次 2012年1月第1版
印　　次 2012年1月第1次印刷
定　　价 45.20元

物 料 号 33985-00

前　言

编者从事理论力学的教学工作及与理论力学相关的科研工作多年,希望在对理论力学本身理解的基础上,汲取国内外优秀教材的经验,出版一本理论力学教材,其初衷是使之既适用于力学专业,又适用于工程专业;既适用于学生,又能为教师提供一些参考。

本书初稿成于2008年9月,经修改后于2009—2010学年为北京理工大学2008级力学专业学生讲授一遍。本书是在此次教学实践基础上,整理修改而成的。

本书共四篇,分为Ⅰ、Ⅱ册。第一篇静力学,第二篇运动学,第三篇动力学,第四篇专题。前三篇为Ⅰ册——基本教程,属基础部分,需约84学时。第四篇为Ⅱ册——专题教程,属提高部分,包括理论力学的概率问题、打击运动动力学、运动稳定性、非线性振动、动力学逆问题、力学的变分原理、哈密顿力学、非完整力学、伯克霍夫力学、对称性与守恒量等10个专题。每个专题需约2学时,可根据需要选用。在静力学和运动学部分增加了例题的数量和难度。在质点动力学部分介绍了有心力运动。在质点系动力学部分介绍了对动轴的动量定理和动量矩定理及相应的守恒律。在达朗贝尔原理和动静法中,对达朗贝尔原理给出了一些评述。在分析力学部分对基本概念、基本原理给出了较为严格的表述。总之,这是一套内容较丰富的教材。

书稿承蒙北京航空航天大学王琪教授认真仔细地审阅并提出宝贵意见,解加芳博士和李彦敏教授在书稿编排中付出很多辛劳,本书形成过程中也得到了北京理工大学力学系的同事们的关心和支持,编者在此一并表示感谢。

限于编者水平,书中难免有疏有误,敬请读者指正。

编者

2010年9月

前 言

目 录

第三篇 动 力 学

绪论

0.1 理论力学的研究对象与研究方法

理论力学是力学中最基础、最基本的部分。

力学是研究物质机械运动规律的科学。自然界的物质有多种层次：宇观有宇宙体系；宏观有天体、常规物体；细观有颗粒、纤维、晶体；微观有分子、原子、基本粒子。机械运动就是力学运动，是物质在时间、空间中的位置变化，包括平移、转动、流动、变形、振动、波动、扩散等，而平衡或静止，则是特殊情形。机械运动是物质运动的最基本形式，也是最常见、最简单的一种形式。力学，就是力和机械运动的科学。力学原是物理学的一个分支，物理科学的建立则是从力学开始的。物理学摆脱了机械的自然观而发展起来时，力学则在工程技术的推动下按自身逻辑进一步演化，逐渐从物理学中独立出来。力学与数学在发展中始终相互推动，相互促进。一种力学理论往往和相应的一个数学分支相伴产生，如运动基本规律和微积分，天体力学中的运动稳定性和微分方程的定性理论，哈密顿力学和辛几何等。力学同物理学、数学等学科一样，是一门基础科学，它所阐明的规律具有普遍性质。力学又是一门技术科学，它是许多工程技术的理论基础，又在广泛的应用过程中不断得到发展。20 世纪三件大事：相对论、量子力学和混沌，对牛顿力学产生了冲击。但是，牛顿力学仍然是研究宏观机械运动不可缺少的理论基础。

理论力学的内容包括三个部分：静力学、运动学和动力学。静力学主要研究力系的简化及物体在力系作用下的平衡规律。运动学从几何角度研究物体的运动，而不考虑引起物体运动的原因。动力学研究物体的运动与作用于物体的力之间的关系。理论力学的研究对象是抽象化了的模型：质点、质点系、刚体和刚体系。理论力学是一切力学分支的基础，只有学好理论力学，才能进一步学习其他的力学。理论力学是许多后继课程的基础，如材料力学、弹性力学、流体力学、振动力学、机械原理等。理论力学与其他学科配合，可直接解决一些科学和工程问题。理论力学作为基础课程，不仅是深入理解自然所需知识的一门课程，而且也是未来专家对自然和工程过程创造性地建立力学模型、研究并获得科学结论的有力工具。

学习理论力学必须在以下三个方面达到要求：准确地理解基本概念；熟悉基本定理和公式，并能在正确条件下灵活应用；学会一些处理力学问题的基本方法。为此，就需要在钻研理论方面和解算例题与习题之间反复交替，使认识逐步深化。

0.2　理论力学学科简史

力学，与其他科学一样，对其基本规律的研究起源于自然现象的观察和归纳。人类在生产活动中很早就开始积累经验，并逐步形成初步的力学知识。力学成为一门科学，应归功于牛顿（Newton, I. , 1642—1727）的著作《自然哲学的数学原理》。书中给出万有引力定律和动力学基本定律，从而奠定了后人称之为牛顿力学的基础。牛顿在他著作的第 1 版序言中指出，力学“是关于任何力产生的运动和产生任何运动的力的理论，是精确的论述和证明”。牛顿研究的是自由质点的运动规律。

18 世纪以来，随着机器生产的迅速发展，要求对刚体和受约束机械系统的运动进行研究。达朗贝尔（d'Alembert, J. le R. , 1717—1783）提出有关约束的一个公理，将牛顿力学推广到受约束的力学系统。由达朗贝尔原理及后来发展起来的动静法构成达朗贝尔力学。在此基础上，1788 年拉格朗日（Lagrange, J. -L. , 1736—1813）的著作《分析力学》中找不到一个图，用纯分析方法建立了约束力学系统的静力学和动力学理论。这种新的力学体系称为拉格朗日力学。1834—1835 年哈密顿（Hamilton, W. R. , 1805—1865）在两篇长文中提出完整保守系统的一个积分变分原理和用正则变量表示的动力学方程，将拉格朗日力学发展到哈密顿力学。拉格朗日力学和哈密顿力学并不适合非完整约束系统。1894 年德国物理学家赫兹（Hertz, H. R. , 1857—1894）的《力学原理》中首次将约束和系统分成完整的和非完整的两类，经典力学进入非完整力学的新时期。1927 年美国数学家伯克霍夫（Birkhoff, G. D. , 1884—1944）发表名著《动力系统》，书中给出一个更为一般的积分变分原理和一类新型的动力学方程。1978 年美国物理学家散提黎（Santilli, R. M. ）将伯克霍夫的结果加以推广并称为伯克霍夫力学。经典力学从牛顿力学到伯克霍夫力学，就是理论力学作为一个学科的发展史，有如下框图：

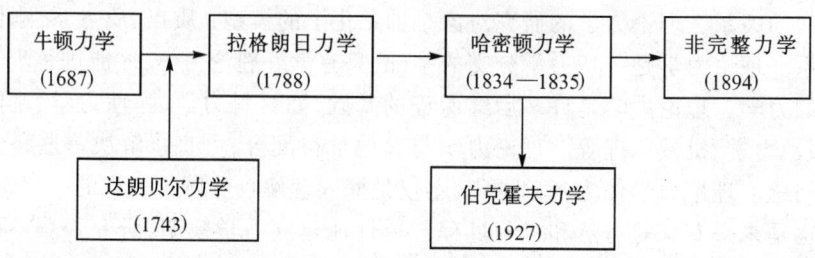

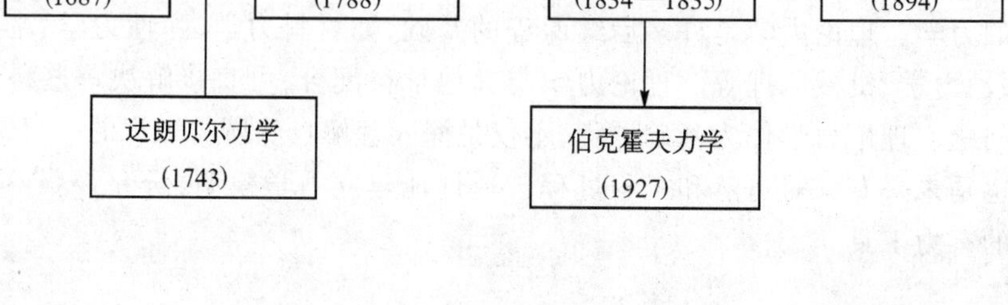

0.3 理论力学的教材简史

理论力学成为现今的框架,其形成大约在20世纪30年代。在这以前,理论力学是作为理性力学的一部分而存在的。例如,法国数学家、力学家阿佩尔(Appell,P. -É. ,1855—1930)的5卷巨著《理性力学论著》(Traité de Mécanique Rationnelle)(1896年第1版,1898年第2版,1953年第6版)的前两卷,包括静力学、质点的动力学、系统动力学和分析力学。又如,意大利数学家勒维-契维塔(Levi-Civita,T. ,1873—1941)和阿马尔迪(Amaldi,U.)1930年的《理性力学》中的两卷也大致如此。这两部著作都被译成俄文,并称之为理论力学。苏联早期的理论力学教材大多引用这两部著作,俄罗斯近年的理论力学教材也多有引用。20世纪三四十年代,苏联出版了一系列各种类型的理论力学,例如,洛强斯基、路里叶(Лойцянский,Лурье)的(1934年),蒲赫哥尔茨(Бухгольц)的(1939年第2版),苏斯洛夫(Суслов)的(1946年)等。1949年,德国力学家哈默尔(Hamel,G.)的《理论力学》也很有名。

在我国,20世纪50年代,范会国先生编写了《理论力学》(1951年),周培源先生编写了《理论力学》(1952年),一批苏联的理论力学教材也相继翻译出版。20世纪60年代我国自行编写的几种理论力学教材也相继出版。20世纪80年代,朱照宣、周起钊、殷金生编写了《理论力学》(1982年),其后高等教育出版社组织出版了“九五”、“面向21世纪”、“十五”、“十一五”系列规划教材。

以上各类教材都各具特色,并在理论力学的教学中起到了重要作用。

1

第一篇 静力学

静力学的任务是**研究力系的简化与平衡条件**。力系的简化是指用一简单的等效力系代替给定力系。力系的平衡条件是指在物体平衡时作用于物体上的力系所应满足的条件。力系的平衡条件可用力系的简化直接得到。因此,先研究力系的简化,再研究力系的平衡。

静力学的基本概念有力、力矩、力偶、力系的主矢、力系的主矩、平衡等。静力学的数学工具是矢量运算、解代数方程等。分析受力并正确地画出受力图是静力学的基本功。

第 1 章

力系的简化

1.1 力与力系的主矢

1.1.1 力

人类对力的认识最初来自劳作中所使用的体力，以后在长期的生产实践中逐渐加深，认识到**力是物体之间的相互作用，能使物体的运动状态发生变化，或者使物体变形**。

力对物体的作用效果取决于三个要素：**大小、方向和作用点**。实践证明，力可以按照**平行四边形法则**来合成。若用矢量 $\boldsymbol{F}_1$ 和 $\boldsymbol{F}_2$ 表示作用在点 A 的两个力，则其合力 $\boldsymbol{F}$ 表示为

$$\boldsymbol{F} = \boldsymbol{F}_1 + \boldsymbol{F}_2$$

如图 1.1 所示。

力是矢量，但仅用矢量符号 $\boldsymbol{F}$ 还不能说明力的全部三个特征。为了完全确定一个力，还要说明力的作用点。若 $\boldsymbol{F}$ 作用在物体上的点 A，则可在选定的参考体上任意选定一个点 O 并用矢径 $\boldsymbol{r} = \overrightarrow{OA}$ 来表示作用点的位置（图 1.2）。由两个矢量 $\boldsymbol{F}$ 和 $\boldsymbol{r}$ 就可完全确定这个力。

在国际单位制中，力的基本单位是 N（牛），$1\ \mathrm{N} = 1\ \mathrm{kg \cdot m \cdot s^{-2}}$。

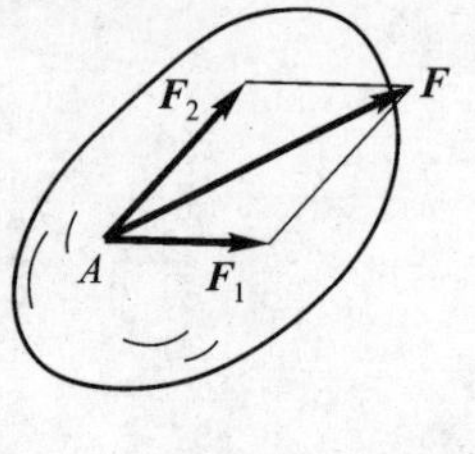

图 1.1

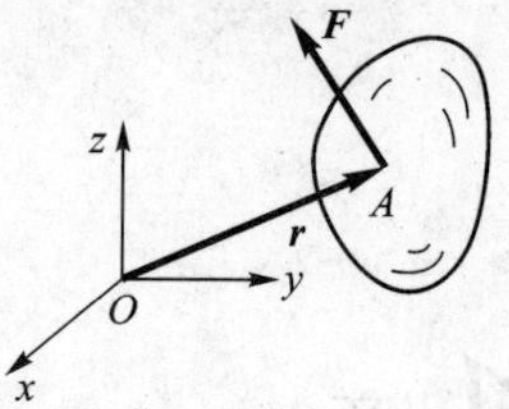

图 1.2

1.1.2 主矢

假设作用在物体上的力系由 n 个力 $\boldsymbol{F}_1,\boldsymbol{F}_2,\cdots,\boldsymbol{F}_n$ 组成,作用点分别为 A_1,$A_2,\cdots,A_n$,其矢径为 $\boldsymbol{r}_1,\boldsymbol{r}_2,\cdots,\boldsymbol{r}_n$(图 1.3)。**将这 n 个矢量的矢量和称为力系的主矢**,表示为

$$\boldsymbol{F}_{\mathrm{R}}=\sum_{i=1}^{n}\boldsymbol{F}_i \tag{1.1.1}$$

将 $\boldsymbol{F}_1,\boldsymbol{F}_2,\cdots,\boldsymbol{F}_n$ 顺次首尾相连,由 $\boldsymbol{F}_1$ 的始端引向 $\boldsymbol{F}_n$ 的末端的矢量即为力系的主矢 $\boldsymbol{F}_{\mathrm{R}}$(图 1.4)。

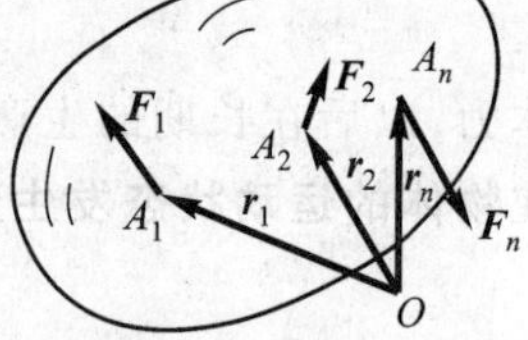

图 1.3

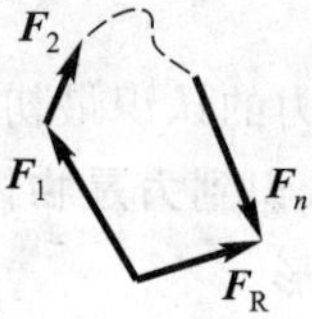

图 1.4

当已知力系中各个力的大小和方向,就可求出主矢 $\boldsymbol{F}_{\mathrm{R}}$。通常在参考体上取一固定直角坐标系 $Oxyz$,其原点在 O,沿轴 Ox,Oy,Oz 的单位矢量为 $\boldsymbol{i},\boldsymbol{j},\boldsymbol{k}$。力 $\boldsymbol{F}$ 表示为

$$\boldsymbol{F}=F_x\boldsymbol{i}+F_y\boldsymbol{j}+F_z\boldsymbol{k}$$

由此得 $\boldsymbol{F}$ 的三个投影 F_x,F_y,F_z

$$F_x=\boldsymbol{F}\cdot\boldsymbol{i},\quad F_y=\boldsymbol{F}\cdot\boldsymbol{j},\quad F_z=\boldsymbol{F}\cdot\boldsymbol{k}$$

将主矢表示为

$$\boldsymbol{F}_{\mathrm{R}}=F_{\mathrm{R}x}\boldsymbol{i}+F_{\mathrm{R}y}\boldsymbol{j}+F_{\mathrm{R}z}\boldsymbol{k}$$

有

$$F_{Rx} = \sum_{i=1}^{n} F_{ix}, \quad F_{Ry} = \sum_{i=1}^{n} F_{iy}, \quad F_{Rz} = \sum_{i=1}^{n} F_{iz} \tag{1.1.2}$$

主矢的大小为

$$F_R = \sqrt{(\sum F_x)^2 + (\sum F_y)^2 + (\sum F_z)^2} \tag{1.1.3}$$

主矢的方向余弦为

$$\left.\begin{aligned} \cos(\boldsymbol{F}_R, \boldsymbol{i}) &= \frac{\sum F_x}{F_R} \\ \cos(\boldsymbol{F}_R, \boldsymbol{j}) &= \frac{\sum F_y}{F_R} \\ \cos(\boldsymbol{F}_R, \boldsymbol{k}) &= \frac{\sum F_z}{F_R} \end{aligned}\right\} \tag{1.1.4}$$

注意到，主矢和合力是不同的概念。主矢是力系各力的矢量和，合力是与力系等效的一个力。

例 1.1.1　在边长为 a 的正方体顶点 O,F,C 和 E 上作用有 4 个大小都等于 F 的力。试求此力系的主矢。

解：取直角坐标系 $Oxyz$，如图 1.5 所示。各轴单位矢量分别为 $\boldsymbol{i},\boldsymbol{j},\boldsymbol{k}$。将各力表示为

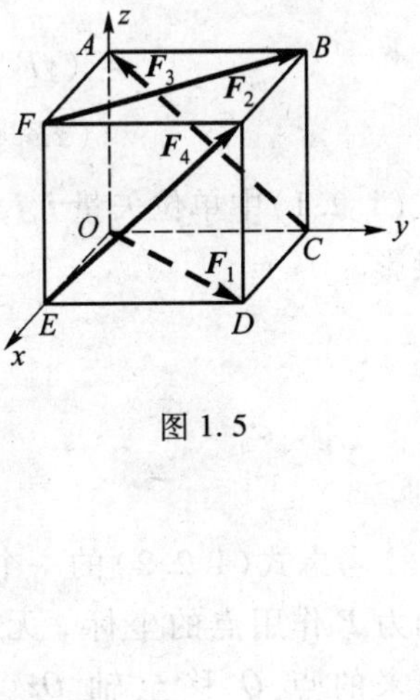

图 1.5

$$\boldsymbol{F}_1 = \left(\frac{\sqrt{2}}{2}\boldsymbol{i} + \frac{\sqrt{2}}{2}\boldsymbol{j}\right)F$$

$$\boldsymbol{F}_2 = \left(-\frac{\sqrt{2}}{2}\boldsymbol{i} + \frac{\sqrt{2}}{2}\boldsymbol{j}\right)F$$

$$\boldsymbol{F}_3 = \left(-\frac{\sqrt{2}}{2}\boldsymbol{j} + \frac{\sqrt{2}}{2}\boldsymbol{k}\right)F$$

$$\boldsymbol{F}_4 = \left(\frac{\sqrt{2}}{2}\boldsymbol{j} + \frac{\sqrt{2}}{2}\boldsymbol{k}\right)F$$

力系的主矢为

$$\boldsymbol{F}_R = \boldsymbol{F}_1 + \boldsymbol{F}_2 + \boldsymbol{F}_3 + \boldsymbol{F}_4 = (\sqrt{2}\boldsymbol{j} + \sqrt{2}\boldsymbol{k})F$$

由式(1.1.3)给出主矢的大小

$$F_R = \sqrt{(\sqrt{2})^2 + (\sqrt{2})^2}F = 2F$$

由式(1.1.4)给出主矢的方向余弦

$$\cos(\boldsymbol{F}_{\mathrm{R}},\boldsymbol{i}) = 0, \quad \cos(\boldsymbol{F}_{\mathrm{R}},\boldsymbol{j}) = \frac{\sqrt{2}}{2}, \quad \cos(\boldsymbol{F}_{\mathrm{R}},\boldsymbol{k}) = \frac{\sqrt{2}}{2}$$

1.2　力矩与力系的主矩

1.2.1　力矩

力 $\boldsymbol{F}$ 对点 O（O 称为矩心）的力矩 $\boldsymbol{M}_O(\boldsymbol{F})$ 定义为矢径 $\boldsymbol{r}$ 和力矢 $\boldsymbol{F}$ 的矢量积（图 1.6）。

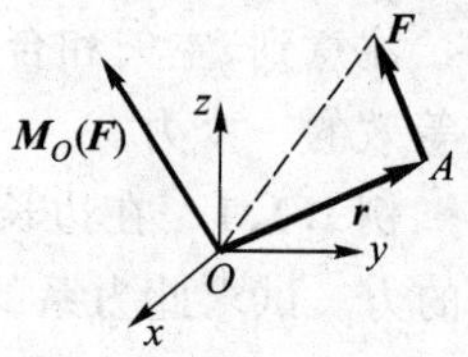

图 1.6

$$\boldsymbol{M}_O(\boldsymbol{F}) = \boldsymbol{r}\times\boldsymbol{F} = \begin{vmatrix} \boldsymbol{i} & \boldsymbol{j} & \boldsymbol{k} \\ x & y & z \\ F_x & F_y & F_z \end{vmatrix} = (yF_z - zF_y)\boldsymbol{i} + (zF_x - xF_z)\boldsymbol{j} + (xF_y - yF_x)\boldsymbol{k} \tag{1.2.1}$$

式(1.2.1)中单位矢量 $\boldsymbol{i},\boldsymbol{j},\boldsymbol{k}$ 前面的 3 个系数分别为 $\boldsymbol{M}_O(\boldsymbol{F})$ 在 3 个坐标轴上的投影

$$\left.\begin{aligned} M_{Ox}(\boldsymbol{F}) &= yF_z - zF_y \\ M_{Oy}(\boldsymbol{F}) &= zF_x - xF_z \\ M_{Oz}(\boldsymbol{F}) &= xF_y - yF_x \end{aligned}\right\} \tag{1.2.2}$$

考虑式(1.2.2)的一个分量 $M_{Oz}(\boldsymbol{F})$，注意到它和力 $\boldsymbol{F}$ 作用点的坐标 z 无关。这样，如果将矩心由原来的点 O 移至轴 Oz 上的任何一点 M，那么 $M_{Oz}(\boldsymbol{F})$ 也同样是这个值（图 1.7），即 $M_{Oz}(\boldsymbol{F}) = M_{Mz}(\boldsymbol{F})$。因此，可将其称为**力 $\boldsymbol{F}$ 对轴 Oz 的矩**，记作 $M_z(\boldsymbol{F})$。力对直角坐标系原点 O 的矩与力对坐标轴的矩之间有如下关系

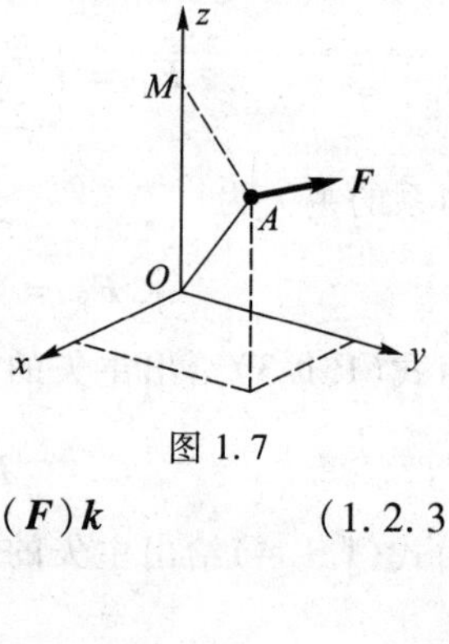

图 1.7

$$\boldsymbol{M}_O(\boldsymbol{F}) = M_x(\boldsymbol{F})\boldsymbol{i} + M_y(\boldsymbol{F})\boldsymbol{j} + M_z(\boldsymbol{F})\boldsymbol{k} \tag{1.2.3}$$

一般说来，力 $\boldsymbol{F}$ 对任意轴 l 的矩 $M_l(\boldsymbol{F})$ 等于力 $\boldsymbol{F}$ 对这根轴上任意一点 B 的矩在这根轴上的投影，即

$$M_l(\boldsymbol{F}) = \boldsymbol{M}_B(\boldsymbol{F}) \cdot \boldsymbol{l}^{\circ} \tag{1.2.4}$$

其中 $\boldsymbol{l}^{\circ}$ 为轴 l 正向的单位矢量。如果力 $\boldsymbol{F}$ 的作用线与某轴相交或平行，即力与某轴共面时，则由式(1.2.4)知力对该轴的矩为零。此时，力对该轴没有转动效应。例如，在关门时，如果作用力通过门轴或与门轴平行，则不能将门关上。

例 1.2.1　长方体边长为 a,b,c，在顶点 A 上作用一力 $\boldsymbol{F}$，已知其模为 F，方向如图 1.8 所示。试求：(1) 力 $\boldsymbol{F}$ 对点 O 的矩；(2) 力 $\boldsymbol{F}$ 对轴 Ox, Oy, Oz 及对由点 O 指向点 B 的轴 OB 的矩。

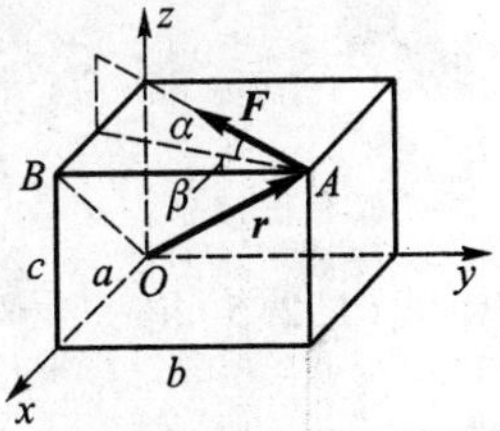

图 1.8

解：(1)

$$\boldsymbol{r} = a\boldsymbol{i} + b\boldsymbol{j} + c\boldsymbol{k}$$

$$\boldsymbol{F} = -F\cos\alpha\sin\beta\boldsymbol{i} - F\cos\alpha\cos\beta\boldsymbol{j} + F\sin\alpha\boldsymbol{k}$$

$$\boldsymbol{M}_O(\boldsymbol{F}) = \begin{vmatrix} \boldsymbol{i} & \boldsymbol{j} & \boldsymbol{k} \\ a & b & c \\ -F\cos\alpha\sin\beta & -F\cos\alpha\cos\beta & F\sin\alpha \end{vmatrix}$$

$$= F(b\sin\alpha + c\cos\alpha\cos\beta)\boldsymbol{i} - F(c\cos\alpha\sin\beta + a\sin\alpha)\boldsymbol{j} + F\cos\alpha(b\sin\beta - a\cos\beta)\boldsymbol{k}$$

(2) 利用式(1.2.2)，得

$$M_x(\boldsymbol{F}) = F(b\sin\alpha + c\cos\alpha\cos\beta)$$

$$M_y(\boldsymbol{F}) = -F(c\cos\alpha\sin\beta + a\sin\alpha)$$

$$M_z(\boldsymbol{F}) = F\cos\alpha(b\sin\beta - a\cos\beta)$$

令 $\boldsymbol{l}^{\circ}$ 为轴 OB 的单位矢量，有

$$\boldsymbol{l}^{\circ} = \frac{1}{\sqrt{a^2+c^2}}(a\boldsymbol{i} + c\boldsymbol{k})$$

利用式(1.2.4)，得

$$M_{OB}(\boldsymbol{F}) = \boldsymbol{M}_O(\boldsymbol{F}) \cdot \boldsymbol{l}^{\circ} = \frac{Fb}{\sqrt{a^2+c^2}}(a\sin\alpha + c\cos\alpha\sin\beta)$$

1.2.2　主矩

设物体上有力系 $\boldsymbol{F}_1, \boldsymbol{F}_2, \cdots, \boldsymbol{F}_n$，其作用点的矢径分别为 $\boldsymbol{r}_1, \boldsymbol{r}_2, \cdots, \boldsymbol{r}_n$，将力系

中各力对点 O 的矩的矢量和定义为力系对点 O 的主矩,用 $\boldsymbol{M}_O$ 表示,有

$$\boldsymbol{M}_O = \sum_{i=1}^{n} \boldsymbol{M}_O(\boldsymbol{F}_i) = \sum_{i=1}^{n} \boldsymbol{r}_i \times \boldsymbol{F}_i \tag{1.2.5}$$

由于力对点的矩与矩心选择有关,因此力系的主矩也与矩心选择有关。设 A 为空间另一任意确定点,力系中各力 $\boldsymbol{F}_i$ 的作用点 D_i 相对于点 A 的矢径为 $\boldsymbol{r}'_i$。下面导出 $\boldsymbol{M}_A$ 与 $\boldsymbol{M}_O$ 之间的关系。因

$$\boldsymbol{r}_i = \overrightarrow{OA} + \boldsymbol{r}'_i$$

$$\boldsymbol{M}_A = \sum_{i=1}^{n} \boldsymbol{M}_A(\boldsymbol{F}_i) = \sum_{i=1}^{n} \boldsymbol{r}'_i \times \boldsymbol{F}_i$$

故由式(1.2.5)得

$$\boldsymbol{M}_O = \boldsymbol{M}_A + \overrightarrow{OA} \times \boldsymbol{F}_{\mathrm{R}} \tag{1.2.6}$$

式(1.2.6)称为力系对不同两点 O 和 A 的主矩关系。当 $\boldsymbol{F}_{\mathrm{R}} = \boldsymbol{0}$ 或 $\overrightarrow{OA}$ 与 $\boldsymbol{F}_{\mathrm{R}}$ 平行时,力系对两点的主矩相同。除此之外,对于不同的矩心,力系的主矩是不相同的。这说明力系的主矩是一个定位矢量。

将式(1.2.6)两端同时标量积主矢 $\boldsymbol{F}_{\mathrm{R}}$,得

$$\boldsymbol{M}_O \cdot \boldsymbol{F}_{\mathrm{R}} = \boldsymbol{M}_A \cdot \boldsymbol{F}_{\mathrm{R}} \tag{1.2.7}$$

这表明**力系的主矩与主矢的标量积是一个不变量**。

例 1.2.2 如图 1.9 所示,长方体的三边为 a,b,c,沿这三边作用 3 个力 $\boldsymbol{F}_1,\boldsymbol{F}_2,\boldsymbol{F}_3$。试求:(1) 力系的主矢;(2) 对点 H 的矩;(3) 对点 C 的主矩。

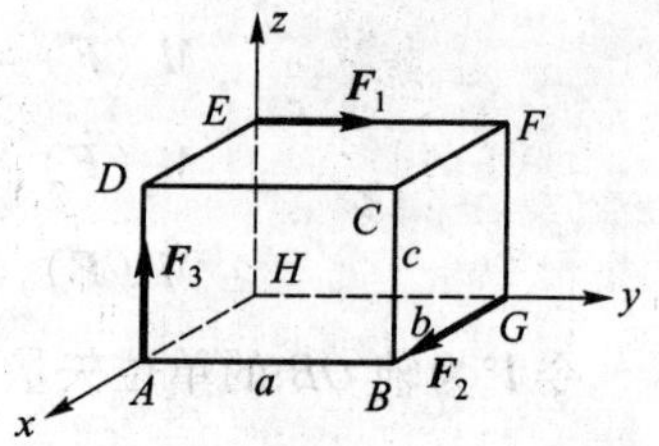

图 1.9

解:(1) 力系的主矢

$$\boldsymbol{F}_{\mathrm{R}} = F_2\boldsymbol{i} + F_1\boldsymbol{j} + F_3\boldsymbol{k}$$

(2) 各力对点 H 的矩

$$\boldsymbol{M}_H(\boldsymbol{F}_1) = \begin{vmatrix} \boldsymbol{i} & \boldsymbol{j} & \boldsymbol{k} \\ 0 & 0 & c \\ 0 & F_1 & 0 \end{vmatrix} = -cF_1\boldsymbol{i}$$

$$\boldsymbol{M}_H(\boldsymbol{F}_2) = \begin{vmatrix} \boldsymbol{i} & \boldsymbol{j} & \boldsymbol{k} \\ 0 & a & 0 \\ F_2 & 0 & 0 \end{vmatrix} = -aF_2\boldsymbol{k}$$

$$M_H(F_3) = \begin{vmatrix} i & j & k \\ b & 0 & 0 \\ 0 & 0 & F_3 \end{vmatrix} = -bF_3 j$$

力系的主矩为

$$M_H = M_H(F_1) + M_H(F_2) + M_H(F_3) = -cF_1 i - bF_3 j - aF_2 k$$

(3) 力系对点 C 的主矩

$$\begin{aligned} M_C &= M_H + \overrightarrow{CH} \times F_R \\ &= -(cF_1 i + bF_3 j + aF_2 k) - \\ &\left(\frac{b}{\sqrt{a^2+b^2+c^2}} i + \frac{a}{\sqrt{a^2+b^2+c^2}} j + \frac{c}{\sqrt{a^2+b^2+c^2}} k\right) \times \\ &(F_2 i + F_1 j + F_3 k) \\ &= -(aF_3 i + cF_2 j + bF_1 k) \end{aligned}$$

1.3 等效力系

如果两个力系对刚体产生同样的力学效应，如运动、平衡、约束力等，则称为**等效力系**。

两个力系等效的条件是力系的主矢相等，对同一点的主矩相等。

利用上述结果可以阐明力系的许多性质。

1.3.1 力在刚体上的可传性

当物体的变形对其运动和平衡影响甚微时，可将该物体抽象为**刚体**。

作用在刚体上点 A 的力 F，可沿其作用线移至点 B 的力 F_1，使得 $F_1 = F$。力系 F 和 F_1 的主矢相等，对点 O 的主矩相等（图 1.10）。力系 F 和 F_1 是等效力系。上述性质称为力在刚体上的**可传性**。

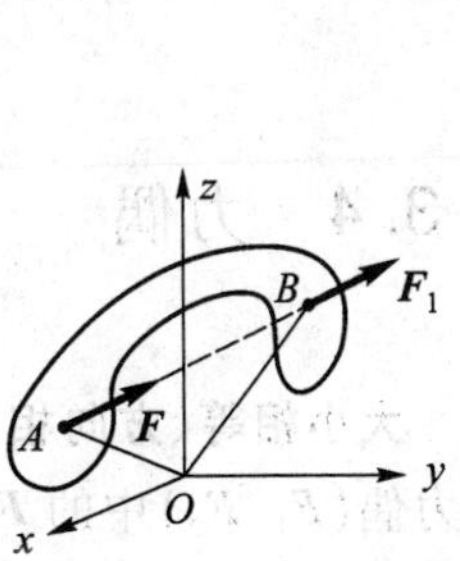

图 1.10

这样，作用在刚体上的力的三要素：大小、方向和作用点，可以改为**大小、方向和作用线**。

1.3.2 合力

如果一个力系和一个力等效，则称这个力为力系的**合力**。如果这个合力为零，则称其与零力系等效。一个共点力系的合力，可由力系中各力依次矢量相加所得，即由 $\boldsymbol{F}_1,\boldsymbol{F}_2,\cdots,\boldsymbol{F}_n$ 首尾相接，组成一个开口的力多边形（图 1.11）。将 $\boldsymbol{F}_1$ 的起点与 $\boldsymbol{F}_n$ 的终点相连就得到合力 $\boldsymbol{F}$。如果力系与零等效，则构成的力多边形封闭。

1.3.3 汇交力系

如果力系中各力的作用线都经过一共同点，则称这个力系为**汇交力系**。由力的可传性，可将所有力的作用点沿作用线滑移到这个汇交点 O 处（图 1.12）。于是，汇交力系变为共点力系。汇交力系有一个合力 $\boldsymbol{F}$，其大小和方向与主矢相同，其作用线经过汇交点。

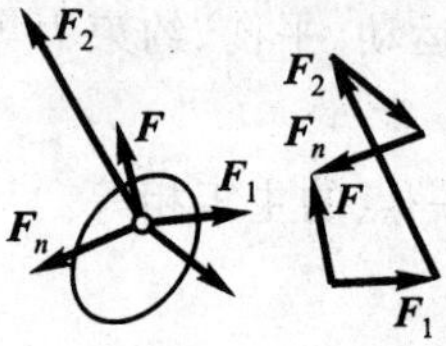

图 1.11

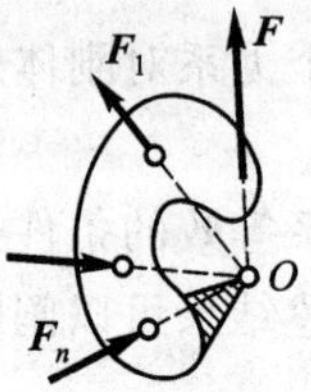

图 1.12

1.3.4 力偶

大小相等、方向相反、作用线平行的两个力组成的力系称为力偶（图 1.13），即力偶 $(\boldsymbol{F}_1,\boldsymbol{F}_2)$ 中的 $\boldsymbol{F}_1=-\boldsymbol{F}_2$。

因此，力偶的主矢为 $\boldsymbol{F}_1+\boldsymbol{F}_2=\boldsymbol{0}$。力偶对点 O 的主矩为

$$\boldsymbol{M}_O=\overrightarrow{OD_1}\times\boldsymbol{F}_1+\overrightarrow{OD_2}\times\boldsymbol{F}_2$$

$$= \overrightarrow{D_1D_2} \times \boldsymbol{F}_2$$

可见，**力偶的主矩与矩心无关**。

将力偶对任意一点的主矩称为力偶矩，用 $\boldsymbol{M}(\boldsymbol{F}_1, \boldsymbol{F}_2)$ 表示，简记作 $\boldsymbol{M}$。于是有

$|\boldsymbol{M}| = |\overrightarrow{D_1D_2} \times \boldsymbol{F}_2| = Fd$，其中 F 为 $\boldsymbol{F}_1$ 和 $\boldsymbol{F}_2$ 的共同大小，而 d 为两力作用线间的距离。当力偶矩不为零时，力偶不可能与一个力等效。力偶是最简单的力系之一。在一个刚体上力偶可以在同一平面内随意搬移，也可以从一个平面搬到另一个与之平行的平面上。只要保持力偶矩不变，则搬动前后的力偶都是等效的。

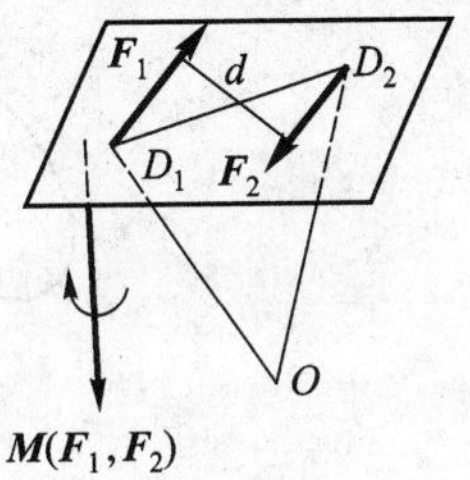

图 1.13

由许多力偶组成的力系，称为力偶系。力偶系的主矢为零，力偶系的主矩等于力系中各力偶矩的矢量之和，称为**合力偶矩**。

1.3.5　平衡力系

一个与零力系等效的力系称为平衡力系。零力系的主矢和主矩都是零。原来静止的刚体在附加平衡力系的作用下，将继续保持静止状态。对一个力系增加或减少一个平衡力系后，都等效于原来的力系。

1.4　力系的简化

1.4.1　力的平移定理

设力 $\boldsymbol{F}$ 作用于刚体上的点 A，欲将其平移至刚体上的另一点 O，可在点 O 处加上一对平衡力 $\boldsymbol{F}_1, \boldsymbol{F}_2$，使得 $\boldsymbol{F}_1 = -\boldsymbol{F}_2 = \boldsymbol{F}$，由 3 个力组成的新力系与原来作用于点 A 的力 $\boldsymbol{F}$ 等效。新力系由 $\boldsymbol{F}$ 和 $\boldsymbol{F}_2$ 构成的力偶和作用于点 O 的力 $\boldsymbol{F}_1$ 组成(图 1.14)。这说明，**如果将作用于刚体上的力 $\boldsymbol{F}$ 平移至不在力 $\boldsymbol{F}$ 作用线上的其他点，则需增加一个附加力偶，其力偶矩 $\boldsymbol{M}$ 等于原力 $\boldsymbol{F}$ 对平移点之矩**。这个

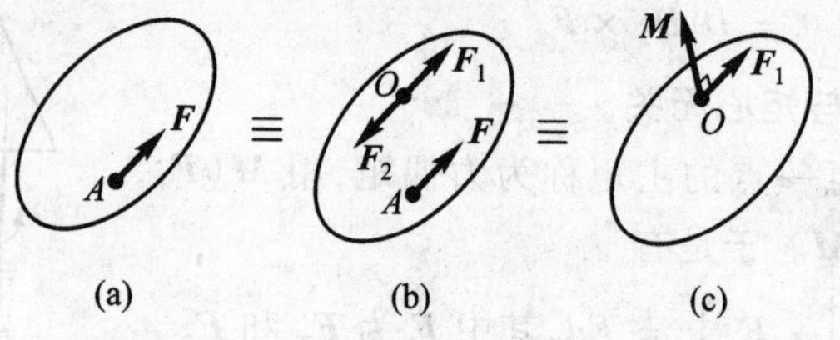

图 1.14

结论称为**力的平移定理**。上述过程的逆过程也是成立的：当作用于刚体上点 O 的某个力 $\boldsymbol{F}_1$ 与作用于同一刚体的某个力偶的力偶矩 $\boldsymbol{M}$ 垂直时，该力和力偶可以合成为一个作用线经过某点 B，大小和方向与 $\boldsymbol{F}_1$ 相同的合力 $\boldsymbol{F}$，并且 $\overrightarrow{OB}=\dfrac{\boldsymbol{F}_1\times\boldsymbol{M}}{F_1^2}$。

1.4.2 一般力系向某点的简化

设力系由作用于同一刚体上点 D_i 上的力 $\boldsymbol{F}_i(i=1,2,\cdots,n)$ 组成。点 O 为刚体上任一确定点，根据力的平移定理，将力系中各力均向点 O 平移，得到作用于同一点 O 的一个力系 $\boldsymbol{F}'_i(\boldsymbol{F}'_i=\boldsymbol{F}_i)(i=1,2,\cdots,n)$，它是一个共点力系，以及作用于该刚体上的一个力偶系，其中各力偶矩为 $\boldsymbol{M}_i=\boldsymbol{M}_O(\boldsymbol{F}_i)=\overrightarrow{OD_i}\times\boldsymbol{F}_i(i=1,2,\cdots,n)$。共点力系可以合成为过点 O 的一个力 $\boldsymbol{F}_O$，其力矢为

$$\boldsymbol{F}_O=\sum_{i=1}^{n}\boldsymbol{F}'_i=\sum_{i=1}^{n}\boldsymbol{F}_i=\boldsymbol{F}_{\mathrm{R}}\tag{1.4.1}$$

力偶系可以合成为力偶矩为 $\boldsymbol{M}_O$ 的一个力偶

$$\boldsymbol{M}_O=\sum_{i=1}^{n}\boldsymbol{M}_i=\sum_{i=1}^{n}\boldsymbol{M}_O(\boldsymbol{F}_i)\tag{1.4.2}$$

这表明，**一般力系可简化为过点 O 的一个力 $\boldsymbol{F}_O$ 和力偶矩为 $\boldsymbol{M}_O$ 的一个力偶，$\boldsymbol{F}_O$ 的力矢与力系的主矢相同，$\boldsymbol{M}_O$ 的大小和方向与力系对点 O 的主矩相同。**

作为一般力系向某点简化理论的应用，可以说明**固定端约束**的约束力简化形式。当物体的一端受到另一物体的固结作用(图 1.15a)，被约束的一端上的各点均受到约束力的作用，它们组成一个一般分布的约束力系(图 1.15b)，可将此力系向与固定端相连的某一点 A 简化，得到过点 A 的一个力 $\boldsymbol{F}_A$ 和一个力偶矩为 $\boldsymbol{M}_A$ 的力偶(图 1.15c)，$\boldsymbol{F}_A$ 和 $\boldsymbol{M}_A$ 分别称为固定端约束的约束力和约束力偶矩。受空间

力系作用时,固定端约束的 $\boldsymbol{F}_A$ 和 $\boldsymbol{M}_A$ 可用 3 个正交分量 $\boldsymbol{F}_{Ax}$,$\boldsymbol{F}_{Ay}$,$\boldsymbol{F}_{Az}$ 和 $\boldsymbol{M}_{Ax}$,$\boldsymbol{M}_{Ay}$,$\boldsymbol{M}_{Az}$ 分别表示(图 1.15d),对于平面问题,固定端约束如图 1.16 所示。

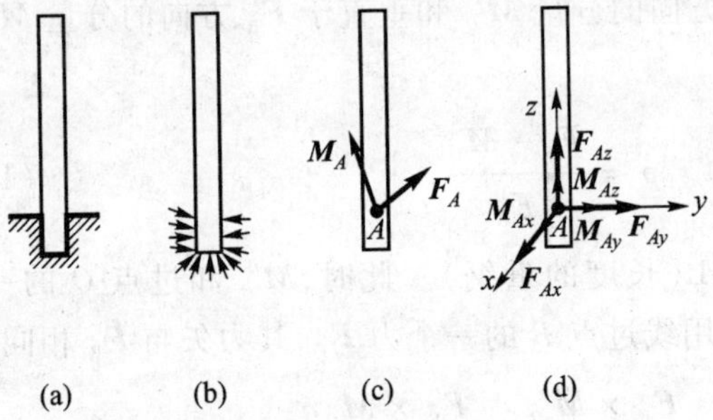

图 1.15

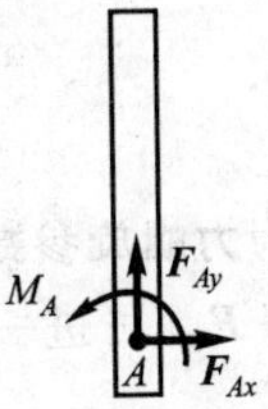

图 1.16

1.4.3　一般力系的最简形式

空间一般力系向任一点 O 简化,得到一个力和一个力偶。这个力的作用线过简化中心 O,其力矢与该力系的主矢 $\boldsymbol{F}_{\mathrm{R}}$ 相同;这个力偶的力偶矩与该力系对简化中心的主矩 $\boldsymbol{M}_O$ 相同。根据 $\boldsymbol{F}_{\mathrm{R}}$ 和 $\boldsymbol{M}_O$ 的不同情况可分为以下 5 种情形。

情形 1　如果 $\boldsymbol{F}_{\mathrm{R}}=\boldsymbol{0}$,$\boldsymbol{M}_O=\boldsymbol{0}$,则力系为零力系,即力系平衡。

情形 2　如果 $\boldsymbol{F}_{\mathrm{R}}=\boldsymbol{0}$,$\boldsymbol{M}_O\neq\boldsymbol{0}$,则力系可简化为一个力偶,即合力偶,其力偶矩为 $\boldsymbol{M}_O$。

情形 3　如果 $\boldsymbol{F}_{\mathrm{R}}\neq\boldsymbol{0}$,$\boldsymbol{M}_O=\boldsymbol{0}$,则力系可简化为一个过简化中心的合力 $\boldsymbol{F}_O$,而 $\boldsymbol{F}_O$ 的力矢与力系主矢 $\boldsymbol{F}_{\mathrm{R}}$ 相同。

情形 4　如果 $\boldsymbol{F}_{\mathrm{R}}\neq\boldsymbol{0}$,$\boldsymbol{M}_O\neq\boldsymbol{0}$,但 $\boldsymbol{F}_{\mathrm{R}}\cdot\boldsymbol{M}_O=0$,此时 $\boldsymbol{F}_{\mathrm{R}}\perp\boldsymbol{M}_O$,力系可进一步简化为作用线过点 B,力矢与力系主矢 $\boldsymbol{F}_{\mathrm{R}}$ 相同的合力,点 B 由 $\overrightarrow{OB}=\dfrac{\boldsymbol{F}_{\mathrm{R}}\times\boldsymbol{M}_O}{F_{\mathrm{R}}^2}$ 来确定。合力作用线方程为

$$\frac{F_{\mathrm{R}x}}{x-x_B}=\frac{F_{\mathrm{R}y}}{y-y_B}=\frac{F_{\mathrm{R}z}}{z-z_B}\tag{1.4.3}$$

或者

$$\frac{M_{Ox}}{yF_{\mathrm{R}z}-zF_{\mathrm{R}y}}=\frac{M_{Oy}}{zF_{\mathrm{R}x}-xF_{\mathrm{R}z}}=\frac{M_{Oz}}{xF_{\mathrm{R}y}-yF_{\mathrm{R}x}}=1\tag{1.4.4}$$

情形 5　如果 $\boldsymbol{F}_{\mathrm{R}}\neq\boldsymbol{0}$,$\boldsymbol{M}_O\neq\boldsymbol{0}$,$\boldsymbol{F}_{\mathrm{R}}\cdot\boldsymbol{M}_O\neq0$,$\boldsymbol{F}_{\mathrm{R}}/\!/\boldsymbol{M}_O$,则力系不能进一步简化了。过点 O 等于 $\boldsymbol{F}_{\mathrm{R}}$ 的一个力 $\boldsymbol{F}_O$ 与力偶矩等于 $\boldsymbol{M}_O$ 且在与该力垂直平面内的

力偶组成的力系,称为**力螺旋**。当 $\boldsymbol{F}_O$ 与 $\boldsymbol{M}_O$ 同向,即 $\boldsymbol{F}_\mathrm{R}\cdot\boldsymbol{M}_O>0$ 时,称为**右螺旋**;当 $\boldsymbol{F}_O$ 与 $\boldsymbol{M}_O$ 反向,即 $\boldsymbol{F}_\mathrm{R}\cdot\boldsymbol{M}_O<0$ 时,称为**左螺旋**。如果 $\boldsymbol{F}_\mathrm{R}$ 不平行于 $\boldsymbol{M}_O$,则可将 $\boldsymbol{M}_O$ 分解为沿主矢 $\boldsymbol{F}_\mathrm{R}$ 方向的分量 $\boldsymbol{M}'_O$ 和垂直于 $\boldsymbol{F}_\mathrm{R}$ 方向的分量 $\boldsymbol{M}''_O$。令 $\boldsymbol{M}'_O=p\boldsymbol{F}_\mathrm{R}$,则有

$$p=\frac{\boldsymbol{F}_\mathrm{R}\cdot\boldsymbol{M}_O}{F_\mathrm{R}^2}\tag{1.4.5}$$

称 p 为**力螺旋参数**,其量纲为 L(长度的量纲)。此时,$\boldsymbol{M}''_O$ 和过点 O 的一个力 $\boldsymbol{F}_O$(即 $\boldsymbol{F}_\mathrm{R}$)可进一步简化为作用线过点 B 的一个力 $\boldsymbol{F}_B$,其力矢与 $\boldsymbol{F}_\mathrm{R}$ 相同,而

$$\overrightarrow{OB}=\frac{\boldsymbol{F}_\mathrm{R}\times\boldsymbol{M}''_O}{F_\mathrm{R}^2}=\frac{\boldsymbol{F}_\mathrm{R}\times\boldsymbol{M}_O}{F_\mathrm{R}^2}\tag{1.4.6}$$

于是,力系简化为由力 $\boldsymbol{F}_B$ 与力偶矩为 M'_O的力偶组成的力螺旋。如果在点 O 建立直角坐标系 $Oxyz$,则力螺旋的**中心轴**(即力 $\boldsymbol{F}_B$ 的作用线)方程为

$$\frac{F_{\mathrm{R}x}}{x-x_B}=\frac{F_{\mathrm{R}y}}{y-y_B}=\frac{F_{\mathrm{R}z}}{z-z_B}\tag{1.4.7}$$

而由 $\boldsymbol{M}_P=p\boldsymbol{F}_\mathrm{R}$,$\boldsymbol{M}_P=\boldsymbol{M}_O-\overrightarrow{OP}\times\boldsymbol{F}_\mathrm{R}$ 得

$$\frac{F_{\mathrm{R}x}}{M_{Ox}-(yF_{\mathrm{R}z}-zF_{\mathrm{R}y})}=\frac{F_{\mathrm{R}y}}{M_{Oy}-(zF_{\mathrm{R}x}-xF_{\mathrm{R}z})}=\frac{F_{\mathrm{R}z}}{M_{Oz}-(xF_{\mathrm{R}y}-yF_{\mathrm{R}x})}=\frac{1}{p}\tag{1.4.8}$$

综上,一般力系简化结果归纳为表 1.1。

表 1.1 一般力系简化的最简形式

$\boldsymbol{F}_\mathrm{R}$(主矢)	$\boldsymbol{M}_O$(主矩)	$\boldsymbol{F}_\mathrm{R}\cdot\boldsymbol{M}_O$	力系最简形式
$=\mathbf{0}$	$=\mathbf{0}$	$=0$	平衡
$=\mathbf{0}$	$\neq\mathbf{0}$	$=0$	合力偶
$\neq\mathbf{0}$	$=\mathbf{0}$	$=0$	合力
$\neq\mathbf{0}$	$\neq\mathbf{0}$	$=0$	合力
$\neq\mathbf{0}$	$\neq\mathbf{0}$	$\neq0$	力螺旋

假设一般力系可以合成为一个合力 $\boldsymbol{F}$,其作用线通过点 C,根据力系的简化理论,原力系对点 C 的主矩必为零,即

$$\boldsymbol{M}_C=\sum_{i=1}^{n}\boldsymbol{r}'_i\times\boldsymbol{F}_i=\mathbf{0}$$

其中 $\boldsymbol{r}'_i$ 为力 $\boldsymbol{F}_i$ 的作用点对点 C 的矢径。设力 $\boldsymbol{F}_i$ 的作用点相对于空间任一确定点 O 的矢径为 $\boldsymbol{r}_i$，则

$$\boldsymbol{r}_i = \boldsymbol{r}_C + \boldsymbol{r}'_i$$

其中 $\boldsymbol{r}_C$ 为点 C 相对点 O 的矢径。利用以上二式，求得力系对点 O 的主矩为

$$\boldsymbol{M}_O = \sum_{i=1}^{n} \boldsymbol{M}_O(\boldsymbol{F}_i) = \sum_{i=1}^{n} \boldsymbol{r}_i \times \boldsymbol{F}_i = \boldsymbol{r}_C \times \sum_{i=1}^{n} \boldsymbol{F}_i$$

又

$$\boldsymbol{M}_O(\boldsymbol{F}) = \boldsymbol{r}_C \times \boldsymbol{F} = \boldsymbol{r}_C \times \sum_{i=1}^{n} \boldsymbol{F}_i$$

于是得

$$\boldsymbol{M}_O(\boldsymbol{F}) = \sum_{i=1}^{n} \boldsymbol{M}_O(\boldsymbol{F}_i)$$

这表明，**存在合力的一般力系，其合力对任一点的矩等于此力系各分力对该点的矩的矢量和**。由此证明，**存在合力的一般力系，其合力对某轴的矩等于此力系各分力对该轴的矩的代数和**，这就是一般力系的**合力矩定理**。

例 1.4.1　试证，一给定力系对空间任意两点的主矩在通过该两点之轴上的投影彼此相等。

证明：设力系 $\boldsymbol{F}_i(i=1,2,\cdots,n)$，作用点为 $D_i(i=1,2,\cdots,n)$。研究力系对点 A 和点 B 的主矩，有

$$\boldsymbol{M}_A = \sum_{i=1}^{n} \boldsymbol{r}_{Ai} \times \boldsymbol{F}_i, \quad \boldsymbol{M}_B = \sum_{i=1}^{n} \boldsymbol{r}_{Bi} \times \boldsymbol{F}_i$$

其中 $\boldsymbol{r}_{Ai} = \overrightarrow{AD}_i$，$\boldsymbol{r}_{Bi} = \overrightarrow{BD}_i$，而

$$\boldsymbol{r}_{Ai} = \overrightarrow{AB} + \boldsymbol{r}_{Bi}$$

将其代入 $\boldsymbol{M}_A$，得

$$\boldsymbol{M}_A = \sum_{i=1}^{n} \overrightarrow{AB} \times \boldsymbol{F}_i + \sum_{i=1}^{n} \boldsymbol{r}_{Bi} \times \boldsymbol{F}_i = \overrightarrow{AB} \times \sum_{i=1}^{n} \boldsymbol{F}_i + \boldsymbol{M}_B$$

两端标量积 $\dfrac{\overrightarrow{AB}}{|\overrightarrow{AB}|}$，得

$$\boldsymbol{M}_A \cdot \frac{\overrightarrow{AB}}{|\overrightarrow{AB}|} = \boldsymbol{M}_B \cdot \frac{\overrightarrow{AB}}{|\overrightarrow{AB}|}$$

证毕。

例 1.4.2　大小均为 F 的 6 个力作用于边长为 a 的正方体的棱边上,方向如图 1.17 所示。试求此力系的最简结果。

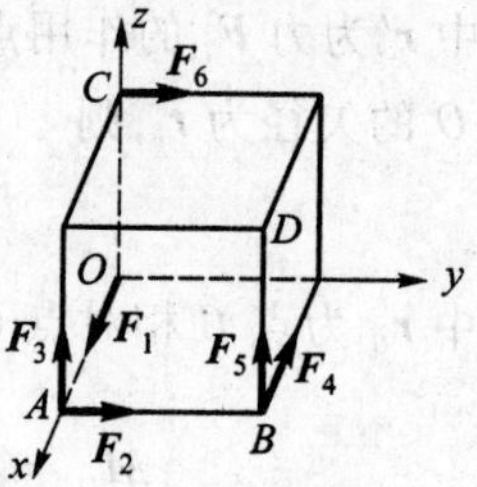

图 1.17

解: 建立直角坐标系 $Oxyz$,如图所示,有

$$\boldsymbol{F}_1 = F\boldsymbol{i},\quad \boldsymbol{F}_2 = F\boldsymbol{j},\quad \boldsymbol{F}_3 = F\boldsymbol{k}$$

$$\boldsymbol{F}_4 = -F\boldsymbol{i},\quad \boldsymbol{F}_5 = F\boldsymbol{k},\quad \boldsymbol{F}_6 = F\boldsymbol{j}$$

力系向坐标原点 O 简化,得到主矢

$$\boldsymbol{F}_O = \boldsymbol{F}_{\mathrm{R}} = \sum_{i=1}^{6}\boldsymbol{F}_i = 2F\boldsymbol{j} + 2F\boldsymbol{k}$$

和主矩

$$\begin{aligned}\boldsymbol{M}_O &= \sum_{i=1}^{6}\boldsymbol{M}_O(\boldsymbol{F}_i)\\ &= a\boldsymbol{i}\times(\boldsymbol{F}_2+\boldsymbol{F}_3) + (a\boldsymbol{i}+a\boldsymbol{j})\times(\boldsymbol{F}_4+\boldsymbol{F}_5) + a\boldsymbol{k}\times\boldsymbol{F}_6\\ &= aF\boldsymbol{k} - aF\boldsymbol{j} + aF\boldsymbol{k} - aF\boldsymbol{j} - aF\boldsymbol{i} = -aF\boldsymbol{i} - 2aF\boldsymbol{j} + 2aF\boldsymbol{k}\end{aligned}$$

为简化,计算 $\boldsymbol{F}_{\mathrm{R}}\cdot\boldsymbol{M}_O$,有

$$\boldsymbol{F}_{\mathrm{R}}\cdot\boldsymbol{M}_O = 2F(-2aF) + 2F(2aF) = 0$$

这属于情形 4。因此,力系可简化为过点 E 的一个合力

$$\overrightarrow{OE} = \frac{\boldsymbol{F}_{\mathrm{R}}\times\boldsymbol{M}_O}{F_{\mathrm{R}}^2} = a\boldsymbol{i}$$

可见 E 为点 A,合力的力矢与 $\boldsymbol{F}_{\mathrm{R}}$ 相同。利用式(1.4.3)可求得合力作用线

$$\frac{0}{x-a} = \frac{2F}{y} = \frac{2F}{z}$$

即

$$x = a,\quad y = z$$

由此可知,合力作用线过点 A 和点 D。

例 1.4.3　给定 3 个力:$\boldsymbol{F}_1(3,5,4)$,其作用点$(0,2,1)$;$\boldsymbol{F}_2(-2,2,-6)$,其作用点$(1,-1,3)$;$\boldsymbol{F}_3(-1,-7,2)$,其作用点$(2,3,1)$。试向坐标原点简化此力系。

解: 力系的主矢为

$$\begin{aligned}\boldsymbol{F}_{\mathrm{R}} &= \boldsymbol{F}_1 + \boldsymbol{F}_2 + \boldsymbol{F}_3\\ &= 3\boldsymbol{i} + 5\boldsymbol{j} + 4\boldsymbol{k} - 2\boldsymbol{i} + 2\boldsymbol{j} - 6\boldsymbol{k} - \boldsymbol{i} - 7\boldsymbol{j} + 2\boldsymbol{k} = \boldsymbol{0}\end{aligned}$$

力系对原点的主矩为

$$M_O = \sum_{i=1}^{3} r_i \times F_i = (2j + k) \times (3i + 5j + 4k) +$$

$$(i - j + 3k) \times (-2i + 2j - 6k) +$$

$$(2i + 3j + k) \times (-i - 7j + 2k)$$

$$= 16i - 2j - 17k$$

这属于情形 2。力系简化为一个力偶,其大小为

$$|M_O| = \sqrt{16^2 + 2^2 + 17^2} = 3\sqrt{61}$$

方向余弦为

$$\cos(M_O, i) = \frac{16}{3\sqrt{61}},\quad \cos(M_O, j) = -\frac{2}{3\sqrt{61}},\quad \cos(M_O, k) = -\frac{17}{3\sqrt{61}}$$

例 1.4.4　在边长为 a 的正方体表面上作用有 4 个力(图 1.18),已知大小为 $F_1 = F_2 = F$, $F_3 = F_4 = \sqrt{2}F$,方向如图所示。试求该力系的最简结果。

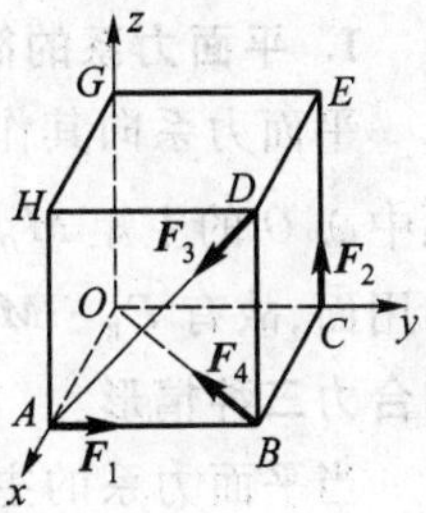

图 1.18

解: 首先,向原点 O 简化,得

主矢

$$F_R = F_1 j + F_2 k - F_3 \frac{\sqrt{2}}{2} j - F_3 \frac{\sqrt{2}}{2} k - F_4 \frac{\sqrt{2}}{2} i - F_4 \frac{\sqrt{2}}{2} j$$

$$= -F(i + j)$$

主矩

$$M_O = ai \times F_1 + aj \times F_2 + a(i + j + k) \times F_3 + a(i + j) \times F_4$$

$$= aF(i + j)$$

其次,进一步简化。因

$$F_R \cdot M_O = -2aF^2 < 0$$

故可简化为左螺旋。这属于情形 5。利用式(1.4.5),力螺旋参数为

$$p = \frac{F_R \cdot M_O}{F_R^2} = \frac{-2aF^2}{2F^2} = -a$$

设力螺旋中的力通过某点 K,式(1.4.6)给出

$$\overrightarrow{OK} = \frac{\boldsymbol{F}_{\mathrm{R}} \times \boldsymbol{M}_O}{F_{\mathrm{R}}^2} = \boldsymbol{0}$$

可见,力通过点 O。力螺旋中心轴方程(1.4.7)给出

$$\frac{-F}{x} = \frac{-F}{y} = \frac{0}{z}$$

由此得

$$x = y, \quad z = 0$$

1.4.4 特殊力系的简化

平面力系和平行力系是工程中常见的两类特殊力系。分析平面力系和平行力系的简化是非常重要的。

1. 平面力系的简化

平面力系向其作用面内任一点 O 简化的结果,得到力系的主矢 $\boldsymbol{F}_{\mathrm{R}}$ 和对简化中心 O 的主矩 $\boldsymbol{M}_O$。因 $\boldsymbol{F}_{\mathrm{R}}$ 在平面力系的作用面内,而 $\boldsymbol{M}_O$ 垂直于平面力系的作用面,故有 $\boldsymbol{F}_{\mathrm{R}} \cdot \boldsymbol{M}_O = 0$。这表明,**平面力系简化的最简形式只有平衡、合力偶和合力三种情形**。

当平面力系的主矢 $\boldsymbol{F}_{\mathrm{R}} \neq \boldsymbol{0}$ 时,由表 1.1 知,力系必定为存在合力的非平衡情形。合力的力矢与 $\boldsymbol{F}_{\mathrm{R}}$ 相同。平面力系各力对点 O 的矩 $\boldsymbol{M}_O(\boldsymbol{F}_i)(i=1,2,\cdots,n)$ 恒垂直于平面力系的作用面,可称其为平面力矩,是一个代数量 $M_O(\boldsymbol{F}_i)$。用这个代数量的绝对值表示其大小,符号表示其转向,即正号表示其转向与规定的正转向一致,负号表示其转向与规定的正转向相反。于是,有 $M_O = \sum_{i=1}^{n} M_O(\boldsymbol{F}_i)$。如果在平面力系的作用面内以简化中心 O 为原点建立直角坐标系 Oxy,并使由 $\boldsymbol{i}$ 至 $\boldsymbol{j}$ 的转向与平面力矩所规定的正转向一致,则合力作用线方程为

$$M_O = xF_{\mathrm{R}y} - yF_{\mathrm{R}x} \tag{1.4.9}$$

2. 平行力系的简化

平行力系的主矢和对空间任一确定点 O 的主矩分别为

$$\boldsymbol{F}_{\mathrm{R}} = \sum_{i=1}^{n} \boldsymbol{F}_i$$

$$\boldsymbol{M}_O = \sum_{i=1}^{n} \boldsymbol{M}_O(\boldsymbol{F}_i)$$

如果 $\boldsymbol{M}_O = \boldsymbol{0}, \boldsymbol{F}_R = \boldsymbol{0}$,则平行力系为平衡力系;如果 $\boldsymbol{M}_O = \boldsymbol{0}, \boldsymbol{F}_R \neq \boldsymbol{0}$,则简化为一个合力;如果 $\boldsymbol{M}_O \neq \boldsymbol{0}, \boldsymbol{F}_R = \boldsymbol{0}$,则简化为一个合力偶;如果 $\boldsymbol{M}_O \neq \boldsymbol{0}, \boldsymbol{F}_R \neq \boldsymbol{0}$,则也可简化为一个合力。实际上,因 $\boldsymbol{F}_i \perp \boldsymbol{M}_O(\boldsymbol{F}_i)$,各 $\boldsymbol{F}_i$ 又彼此平行,故 $\boldsymbol{F}_R \perp \boldsymbol{M}_O(\boldsymbol{F}_i)$,即

$$\boldsymbol{F}_R \cdot \boldsymbol{M}_O(\boldsymbol{F}_i) = 0$$

上式对 i 求和,得

$$\boldsymbol{F}_R \cdot \boldsymbol{M}_O = 0$$

对照表 1.1,平行力系必存在合力。合力的力矢与力系的主矢 $\boldsymbol{F}_R$ 相同。设点 C 是合力作用线上任意一点,各力作用点 D_i 相对点 O 的矢径为 $\boldsymbol{r}_i$,点 C 相对点 O 的矢径为 $\boldsymbol{r}_C$,根据平行力系的合力对其作用线上的点 C 的矩为零,得到

$$\boldsymbol{M}_C = \sum_{i=1}^{n} \overrightarrow{CD}_i \times \boldsymbol{F}_i = \sum_{i=1}^{n} (\boldsymbol{r}_i - \boldsymbol{r}_C) \times \boldsymbol{F}_i = \boldsymbol{0}$$

若取力作用线的某一指向为正向,其单位矢量为 $\boldsymbol{e}$,则

$$\boldsymbol{F}_i = F_i \boldsymbol{e} \quad (i = 1, 2, \cdots, n)$$

将其代入上式,得

$$\left[\left(\sum_{i=1}^{n} F_i \boldsymbol{r}_i \right) - \left(\sum_{i=1}^{n} F_i \boldsymbol{r}_C \right) \right] \times \boldsymbol{e} = \boldsymbol{0} \tag{1.4.10}$$

当平行力系各力大小和作用点保持不变,但各力的作用线绕同向轴转过任意相同的角度后,由式(1.4.10)可确定唯一固定的点 C,满足

$$\boldsymbol{r}_C = \frac{\sum_{i=1}^{n} F_i \boldsymbol{r}_i}{\sum_{i=1}^{n} F_i} \tag{1.4.11}$$

这个固定不变的点 C 称为**平行力系的中心**,式(1.4.11)即为平行力系中心相对于点 O 的矢径公式。如果在点 O 建立直角坐标系 $Oxyz$,则平行力系中心的坐标为

$$x_C = \frac{\sum_{i=1}^{n} F_i x_i}{\sum_{i=1}^{n} F_i}, \quad y_C = \frac{\sum_{i=1}^{n} F_i y_i}{\sum_{i=1}^{n} F_i}, \quad z_C = \frac{\sum_{i=1}^{n} F_i z_i}{\sum_{i=1}^{n} F_i} \tag{1.4.12}$$

其中(x_i,y_i,z_i)为力$\boldsymbol{F}_i$作用点D_i的坐标。

平行力系的简化理论可应用于计算物体的重心和质心，可应用于计算同向线性分布载荷的合力等。

(1) 物体的重心和质心

物体的重力系是同向的平行力系，力系的主矢不为零，因此一定存在合力。物体重力系的合力称为物体的重力，物体重力的中心称为物体的**重心**。整个物体所受的重力可等效于全部都集中在它的重心上。设V为某一物体的体积，ρ为物体的密度，$\mathrm{d}V$为微元体体积，$\boldsymbol{g}$为重力加速度，则微元体的质量为$\rho\mathrm{d}V$，它受重力的大小为$\rho g\mathrm{d}V$。对有限大小的物体，其上各点的重力加速度可以认为是相等的。如果微元体相对于空间确定点O的矢径为$\boldsymbol{r}$，在直角坐标系$Oxyz$中的坐标为(x,y,z)，则由式(1.4.11)和式(1.4.12)可得到物体重心矢径和坐标公式为

$$\boldsymbol{r}_C=\frac{\int_V\boldsymbol{r}\rho\mathrm{d}V}{\int_V\rho\mathrm{d}V}\tag{1.4.13}$$

$$x_C=\frac{\int_V x\rho\mathrm{d}V}{\int_V\rho\mathrm{d}V},\quad y_C=\frac{\int_V y\rho\mathrm{d}V}{\int_V\rho\mathrm{d}V},\quad z_C=\frac{\int_V z\rho\mathrm{d}V}{\int_V\rho\mathrm{d}V}\tag{1.4.14}$$

可见，有限大小的物体的重心位置与重力加速度无关，它只是反映物体质量分布特性的一个几何点。物体质量分布的中心称为物体的**质心**。在均匀重力场中，物体的重心与质心重合。注意到，质心单纯地由质量分布所决定，而重心只在重力场中才有意义。

对于均质物体，ρ = 常数，式(1.4.13)和式(1.4.14)给出

$$\boldsymbol{r}_C=\frac{\int_V\boldsymbol{r}\mathrm{d}V}{V}\tag{1.4.15}$$

$$x_C=\frac{\int_V x\mathrm{d}V}{V},\quad y_C=\frac{\int_V y\mathrm{d}V}{V},\quad z_C=\frac{\int_V z\mathrm{d}V}{V}\tag{1.4.16}$$

以上二式表明，均质物体的重心位置完全由物体的几何形状所决定。物体几何形状的中心称为物体的**形心**。对于均质物体，其重心与形心重合。

对于面积为A的均质平板，其重心矢径和坐标公式可分别表示为

$$\boldsymbol{r}_C = \frac{\int_A \boldsymbol{r}\mathrm{d}A}{A} \tag{1.4.17}$$

$$x_C = \frac{\int_A x\mathrm{d}A}{A},\quad y_C = \frac{\int_A y\mathrm{d}A}{A},\quad z_C = \frac{\int_A z\mathrm{d}A}{A} \tag{1.4.18}$$

对于长度为 l 的均质细杆,其重心矢径和坐标公式分别为

$$\boldsymbol{r}_C = \frac{\int_l \boldsymbol{r}\mathrm{d}l}{l} \tag{1.4.19}$$

$$x_C = \frac{\int_l x\mathrm{d}l}{l},\quad y_C = \frac{\int_l y\mathrm{d}l}{l},\quad z_C = \frac{\int_l z\mathrm{d}l}{l} \tag{1.4.20}$$

物体的重心均可利用重心的积分公式来求得。但在许多情况下,积分计算比较麻烦,工程中常用以下方法来求重心。

a. 查表法

对具有简单几何形状的物体,其重心可在工程手册中查得。

b. 对称性法

凡具有对称面、对称轴或对称点的物体,其重心必在对称面、对称轴或对称点上。据此,可方便求得重心的一部分坐标或全部坐标。

c. 分割法

将物体分割成几个简单几何形状的部分,先计算各简单部分的重心位置,然后再计算整个物体的重心位置,这种方法称为分割法。如果物体有空洞或孔,则可以将原均质物体当作一形状完整的物体与一体积或面积为负的均质物体的组合,仍可利用分割法计算原物体的重心位置,称为负体积分割法或负面积分割法。

d. 实验法

如果物体形状很复杂或质量分布非均匀,则一般用实验法来确定其重心的位置。

例 1.4.5　试求图 1.19 所示底边为 b、高为 h、斜边为凹抛物线的均质薄三角板的重心。

解: 取坐标系 Oxy,令抛物线方程为

$$x^2 = 2py$$

由 $x = b, y = h$ 得 $2p = b^2/h$。抛物线方程为

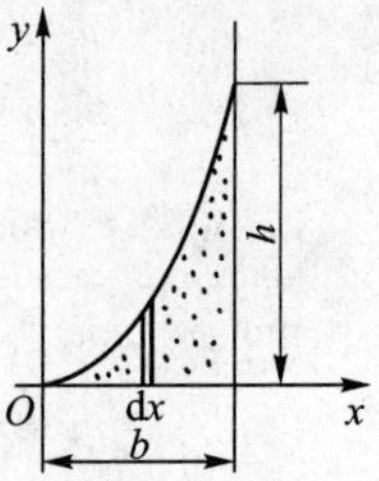

图 1.19

$$x^2 = \frac{b^2}{h}y$$

在 x 处取微元

$$\mathrm{d}A = y\mathrm{d}x = \frac{hx^2}{b^2}\mathrm{d}x$$

图形面积为

$$A = \int \mathrm{d}A = \int_0^b \frac{hx^2}{b^2}\mathrm{d}x = \frac{1}{3}bh$$

重心坐标公式(1.4.18)给出

$$x_C = \frac{\int_A x\mathrm{d}A}{A} = \frac{\int_0^b \frac{hx^3}{b^2}\mathrm{d}x}{A} = \frac{3}{4}b$$

$$y_C = \frac{\int_A \frac{y}{2}\mathrm{d}A}{A} = \frac{\int_0^b \frac{h^2x^4}{2b^4}\mathrm{d}x}{A} = \frac{3}{10}h$$

上式中$\frac{y}{2}$是图中微元的 y 坐标。

例 1.4.6 如图 1.20 所示,在均质四面体 $ABCDEF$ 上,平行于底面切去一块。已知面积 $ABC = a$,面积 $DEF = b$,两面之间距离为 h。试求此截头四面体重心到底面的距离 z_C。

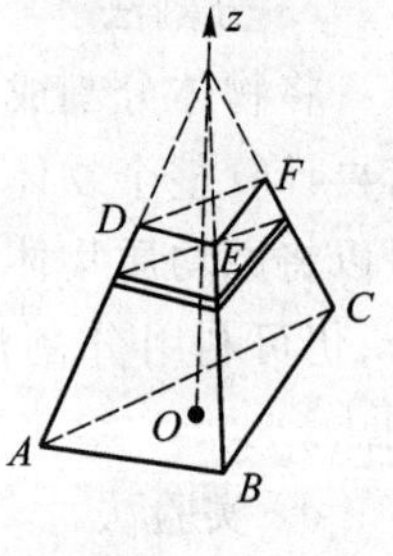

图 1.20

解: 首先,用直接积分方法。设四面体高为 H,它可用面积 a,b 和距离 h 表示,有

$$\frac{H-h}{H} = \sqrt{\frac{b}{a}}$$

由此解得

$$H = \frac{\sqrt{a}}{\sqrt{a}-\sqrt{b}}h$$

在距底为 z 处,取微元体

$$\mathrm{d}V = a\left(\frac{H-z}{H}\right)^2\mathrm{d}z$$

截头四面体的体积为

$$V=\int \mathrm{d}V=\frac{a}{H^2}\int_0^h(H^2-2Hz+z^2)\,\mathrm{d}z=\frac{1}{3}h(a+\sqrt{ab}+b)$$

作积分

$$\int z\mathrm{d}V=\frac{a}{H^2}\int_0^h(H^2z-2Hz^2+z^3)\,\mathrm{d}z=\frac{1}{12}h^2(a+2\sqrt{ab}+3b)$$

重心为

$$z_C=\frac{\int z\mathrm{d}V}{\int \mathrm{d}V}=\frac{h}{4}\frac{a+2\sqrt{ab}+3b}{a+\sqrt{ab}+b}$$

其次，用负体积分割法。由四面体重心在距底面$\frac{1}{4}$高处，有

$$z_C=\frac{\frac{1}{3}aH\times\frac{1}{4}H-\frac{1}{3}b(H-h)\times\left\{\frac{1}{4}(H-h)+h\right\}}{\frac{1}{3}aH-\frac{1}{3}b(H-h)}$$

$$=\frac{h}{4}\frac{a+2\sqrt{ab}+3b}{a+\sqrt{ab}+b}$$

(2) 同向线分布载荷的合力

平行力系简化理论可应用于求同向分布载荷的合力大小和合力作用线的位置。

在直杆 AB 上作用一铅垂向上的线分布载荷。如图 1.21 所示，建立直角坐标系 Oxy，如果已知 x 处的载荷集度 $q(x)$，则平行力系的合力大小及合力作用点的坐标分别为

$$F=\int_{x_A}^{x_B}q(x)\,\mathrm{d}x \tag{1.4.21}$$

$$x_C=\frac{\int_{x_A}^{x_B}xq(x)\,\mathrm{d}x}{\int_{x_A}^{x_B}q(x)\,\mathrm{d}x} \tag{1.4.22}$$

它们分别是载荷图形 $ABba$ 的面积和形心坐标。

对于矩形线分布载荷和三角形线分布载荷，其合力的大小和作用线位置可用图 1.22 来表示。

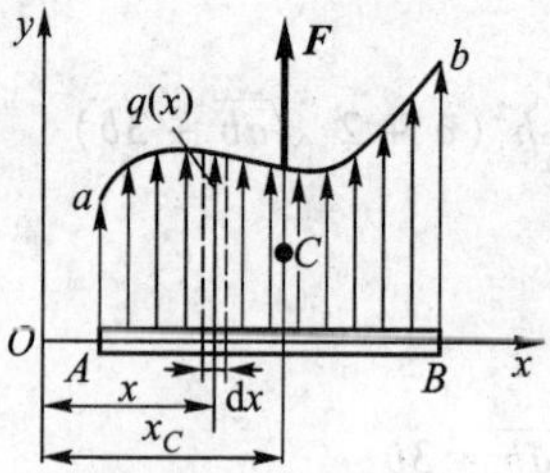

图 1.21

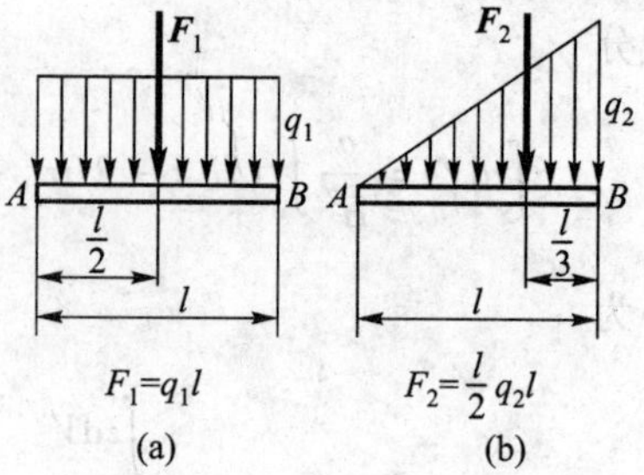

图 1.22

1.5 受力分析与简单的平衡问题

1.5.1 约束和约束力

将限制非自由体运动的其他物体称为**约束**。约束对非自由体运动的限制是通过作用力来实现的，这种与约束相应的作用力称为**约束力**。作用于非自由体上的约束力以外的作用力称为**主动力**。主动力的大小和方向一般是预先知道的，它与非自由体所受的约束无关。约束力一般说是被动的，它的大小和方向与主动力有关，且与接触处的约束特点有关。

下面介绍常见的约束和约束力的性质。

1. 柔索约束

柔软不可伸长的约束物体称为**柔索约束**，如绳索、链条、胶带等。柔索约束对物体的作用是一个拉力，其作用线沿柔索(图 1.23)。

2. 光滑面约束

当物体的接触表面为可忽略摩擦阻力的光滑平面或曲面时，一物体对另一物体的约束就是**光滑面约束**。这类约束的约束力沿接触面处的公法线并指向被约束的物体(图 1.24)。

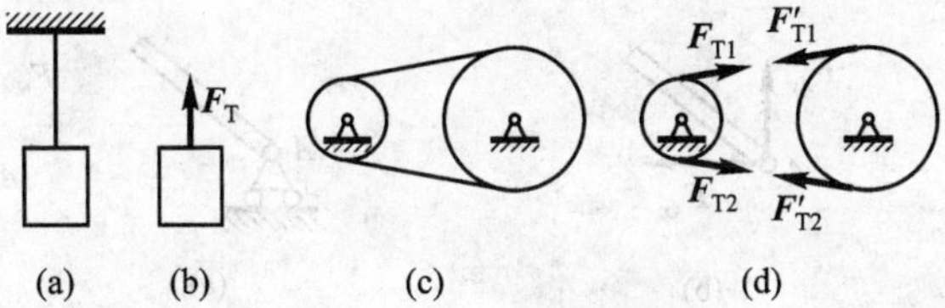

图 1.23

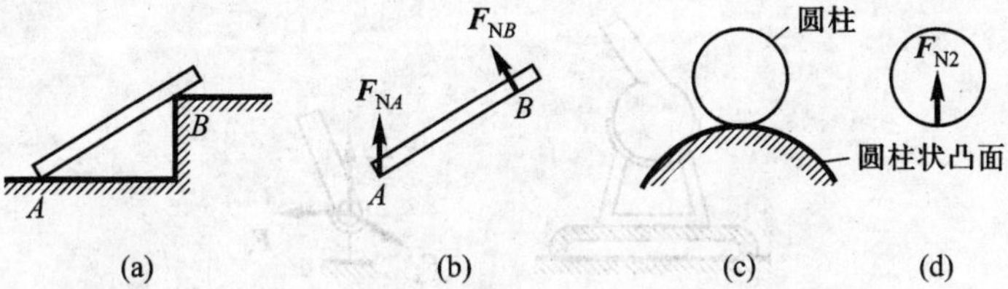

图 1.24

3. 光滑铰链约束

光滑圆柱铰链的圆柱状销钉的直径略小于被约束物体圆孔的直径，它们之间是光滑圆柱面之间的线接触，其约束力通过接触点并沿销钉的径向，但由于接触线的位置与被约束物体所受的其他力有关，故约束力的方向不能预先确定。一般用两正交的分力 $\boldsymbol{F}_x$，$\boldsymbol{F}_y$ 来表示（图 1.25）。

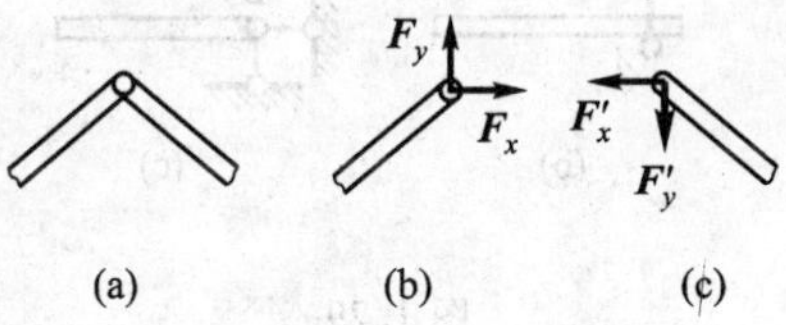

图 1.25

如果与光滑圆柱铰链相连的一个物体固定在静止的支承物上，则约束变为固定铰支座，其约束力以同样方法画出（图 1.26）。

对于光滑活动铰支座，支座受到两个约束力，一个是支承面的方向垂直于支承面且指向支座的约束力，另一个是销钉的约束力。因支座处于平衡且不计重量，故两约束力组成二力平衡，可画出活动铰支座的约束力（图 1.27）。

光滑球铰链的圆球比球窝略小，它们之间是两光滑球面的点接触，因接触点未知，故约束力方向不能预先确定。通常用 3 个方位已知而代数值未知的正交分力 $\boldsymbol{F}_x$，$\boldsymbol{F}_y$ 和 $\boldsymbol{F}_z$ 表示（图 1.28）。

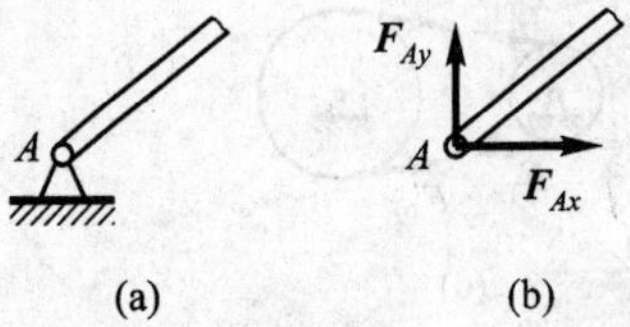

图 1.26

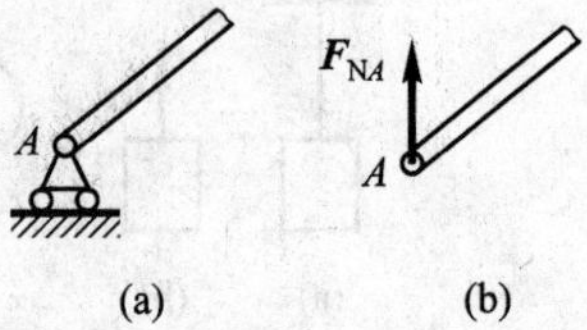

图 1.27

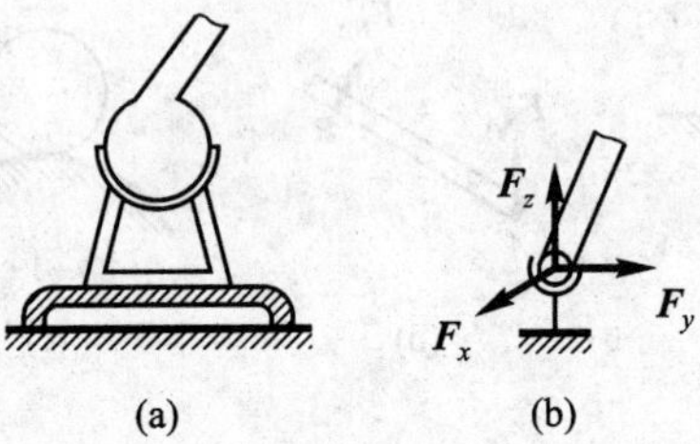

图 1.28

4. 链杆约束

两端用光滑铰链与物体相连,中间不受力的刚杆称为**链杆**。链杆为**二力杆**,可受拉,亦可受压(图 1.29)。

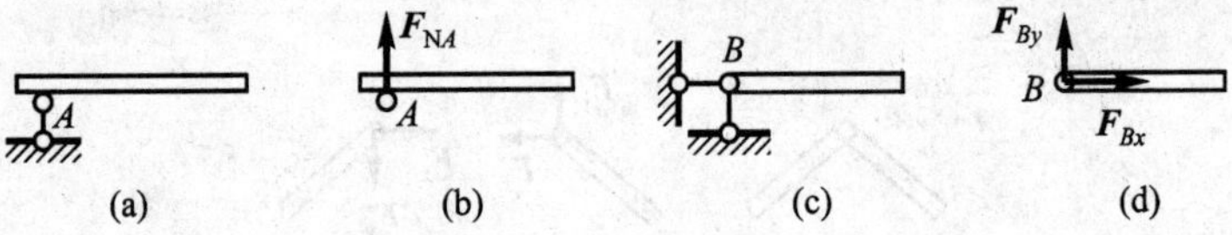

图 1.29

1.5.2 物体的受力分析与受力图

在求解实际中的力学问题时,首先需要选取某个或某几个物体为研究对象,其次对研究对象应用静力学平衡条件或动力学运动规律,由已知力来求得所需的未知量。所谓受力分析,是指分析研究对象所受到的全部主动力和全部约束力。将研究对象上所受到的全部力用适当的矢量符号画到简图上,称为物体或物体系统的**受力图**。受力分析和画受力图是学习力学的基本功。有关典型约束和约束力见附录Ⅰ。

受力分析一般按下列步骤进行：

（1）明确研究对象，取**分离体**。实际问题中常有几个物体相互联系在一起，必须明确哪一个或哪几个物体是要研究的对象，将其从周围的约束中分离出来，得到解除约束后的研究对象，称为分离体，并单独画出其简图。

（2）分析分离体是否受到主动力或主动力偶的作用。若有，则在分离体简图上画出全部主动力或主动力偶矩。

（3）分析分离体在哪几处与其他物体接触，按各接触处的约束特点画出全部约束力。

在画受力图时，应特别注意以下几点：

（1）受力图只画**外力**，不画**内力**。分离体中各质点之间的相互作用力及分离体各部分之间的相互作用力，对分离体来说都是内力，受力图上不必画内力。受力图上只画主动力和周围物体对分离体的约束力。

（2）当约束力的方向已知时，需将约束力按真实方向画出。当约束力方向无法预先确定时，可按约束力的正交分力表出。

（3）如果各分离体之间存在作用力与反作用力，则需按牛顿第三定律画出大小相等、方向相反分别作用于两分离体的作用力与反作用力。

（4）画受力图时要尽量利用**二力杆**和**三力平衡条件**。二力杆是指，一物体仅在两点受力而平衡，则这两力必大小相等、方向相反且共线。三力平衡条件是指，如三力平衡，则三力作用线一定共面。如果其中二力相交，则第三个力必过交点。

（5）当物体间连接处为光滑铰链时，称该处为**节点**。当节点受主动力作用时，一般认为主动力作用在销钉的中心或作用于球铰链的中心上。

例 1.5.1　如图 1.30a 所示，铅垂面内的三铰拱，受主动力 $\boldsymbol{F}$ 的作用而平衡。如不计自重和摩擦，试画出两半拱各自的受力图。

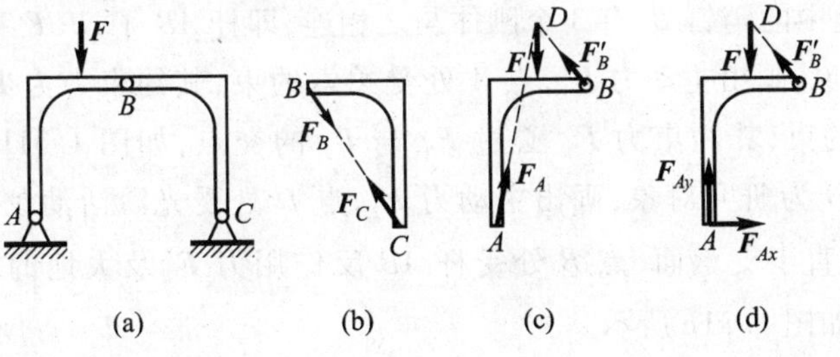

图 1.30

解：取右半拱 BC 为研究对象。它只在两端 B,C 受力，是二力杆。它在两端受销钉的约束力，这两个力大小相等，方向相反且共线，不妨设其指向如图 1.30b 所示。取左半拱 AB 为研究对象，先画出主动力 $\boldsymbol{F}$。在点 B 处受到右半拱反作用力 $\boldsymbol{F}'_B$ 的作用，在点 A 处受到固定铰支座约束，由三力平衡条件知，其约束力 $\boldsymbol{F}_A$ 必过 $\boldsymbol{F}$ 和 $\boldsymbol{F}'_B$ 的交点 D，如图 1.30c 所示。在点 A 处的约束力也可用其两正交分力 $\boldsymbol{F}_{Ax}$，$\boldsymbol{F}_{Ay}$ 表示，如图 1.30d 所示。

例 1.5.2　如图 1.31a 所示，直杆 AB 和折杆 BCE 的杆重均不计，通过绳索 OA、光滑铰支座 B 和光滑活动铰支座 D 与大地相连，在主动力 $\boldsymbol{F}_1$，$\boldsymbol{F}_2$ 的作用下，于图示位置处于平衡状态。试画出两杆的受力图。

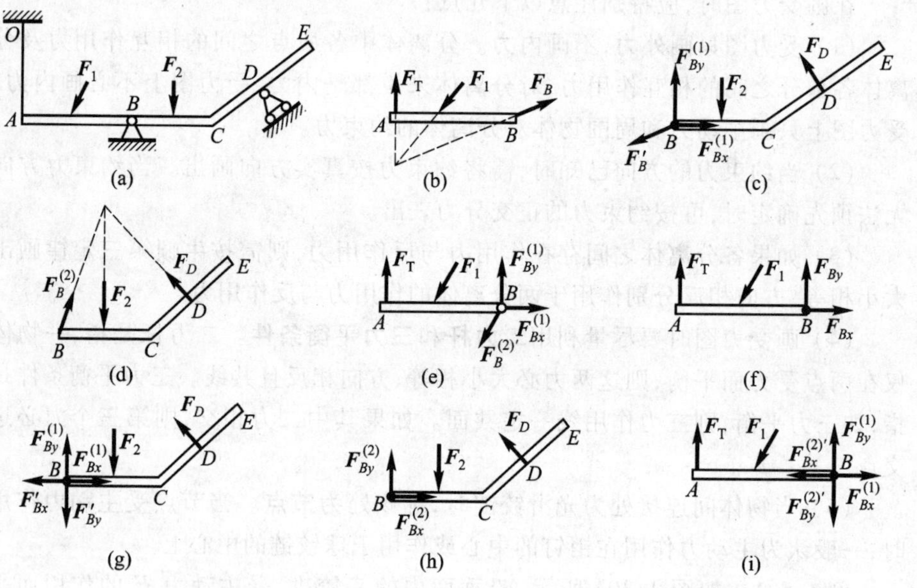

图 1.31

解：问题中的销钉 B，有 3 个刚体与之相连，即杆 AB、杆 BCE 和大地。取杆 AB 为研究对象，画出主动力 $\boldsymbol{F}_1$，点 A 处受柔索约束，其约束力为 $\boldsymbol{F}_{\mathrm{T}}$，点 B 处受光滑铰链 B 约束，其约束力 $\boldsymbol{F}_B$ 必过 $\boldsymbol{F}_{\mathrm{T}}$ 与 $\boldsymbol{F}_1$ 的交点，如图 1.31b 所示。取杆 BCE 带销钉 B 为研究对象，画出主动力 $\boldsymbol{F}_2$，点 D 处受光滑活动铰支座约束，其约束力 $\boldsymbol{F}_D$ 垂直于支承面，点 B 处受杆 AB 反作用力 $\boldsymbol{F}'_B$ 及大地的约束力 $\boldsymbol{F}_{Bx}^{(1)}$，$\boldsymbol{F}_{By}^{(1)}$ 的作用，如图 1.31c 所示。

如果取杆 AB 带销钉 B 为研究对象，此时杆 BCE 和杆 AB 的受力图分别如图 1.31d 和图 1. 31e 所示。

销钉 B 对两杆的约束力如果用两个正交分力表示，受力图也可画成图 1.31f、图 1.31g 和图 1.31h、图 1.31i 的形式。

例 1.5.3　如图 1.32a 所示，结构受主动力 $\boldsymbol{F}$ 和力偶矩为 M 的主动力偶的作用，不计各杆自重的摩擦。试画出各杆的受力图。

解：杆 BC 不是二力杆，因为其上有主动力偶作用。取杆 AB 为研究对象，其上没有主动力作用。A 端受链杆约束，其约束力为 $\boldsymbol{F}_A$。点 B 和 D 处受光滑铰链约束，分别用正交分力 $\boldsymbol{F}_{Bx}$，$\boldsymbol{F}_{By}$ 和 $\boldsymbol{F}_{Dx}$，$\boldsymbol{F}_{Dy}$ 表示，如图 1.32b 所示。取杆 BC 带销钉 B 为对象，画出主动力偶矩 M。点 B 处受杆 AB 的反作用力 $\boldsymbol{F}'_{Bx}$，$\boldsymbol{F}'_{By}$ 作用。点 C 处受光滑铰链约束，其约束力用两个正交分力 $\boldsymbol{F}_{Cx}$，$\boldsymbol{F}_{Cy}$ 表示，如图 1.32c 所示。取杆 CD 带销钉 C 和 D 为对象，画出主动力 $\boldsymbol{F}$。点 D 处受杆 AB 的反作用力 $\boldsymbol{F}'_{Dx}$，$\boldsymbol{F}'_{Dy}$ 作用。点 C 处受杆 BC 的反作用力 $\boldsymbol{F}'_{Cx}$，$\boldsymbol{F}'_{Cy}$ 的作用及大地的约束力 $\boldsymbol{F}^{(1)}_{Cx}$，$\boldsymbol{F}^{(1)}_{Cy}$ 作用，如图 1.32d 所示。

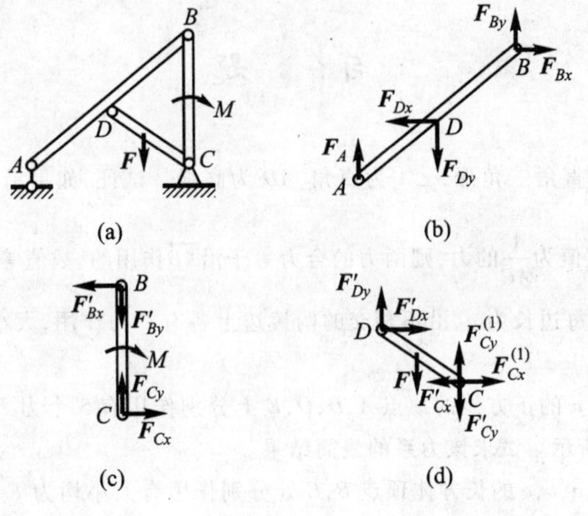

图 1.32

小　　结

1. 一般力系的简化结果由表 1.1 给出，或者简化为零力系(平衡)，或者简化为合力偶，或者简化为合力，或者简化为力螺旋。平面力系简化为平衡，或者简化为合力偶，或者简化为合力。平行力系简化为平衡，或者简化为合力偶，或者简化为合力。

2. 物体的重心

矢径

$$\boldsymbol{r}_C = \frac{\int_V \boldsymbol{r}\rho \mathrm{d}V}{\int_V \rho \mathrm{d}V}$$

坐标

$$x_C = \frac{\int_V x\rho \mathrm{d}V}{\int_V \rho \mathrm{d}V}, \quad y_C = \frac{\int_V y\rho \mathrm{d}V}{\int_V \rho \mathrm{d}V}, \quad z_C = \frac{\int_V z\rho \mathrm{d}V}{\int_V \rho \mathrm{d}V}$$

对均质物体,ρ=常数。上述公式中 ρ 可以去掉。

3. 受力分析和画受力图是学习静力学的基本功,需多多练习。

习　题

1.1 ABC 为一直角三角形,$\angle A$ 为直角,AD 为高线。试证,如果沿$\overrightarrow{AB}$作用一数值为$\frac{1}{AB}$的力,沿$\overrightarrow{AC}$作用一数值为$\frac{1}{AC}$的力,则两力的合力等于沿$\overrightarrow{AD}$作用的、数值等于$\frac{1}{AD}$的力。

1.2 正四面体每边长为 a,沿不相交的两棱边上各有一力作用,大小都是 F。试求此力系主矢的大小。

1.3 在边长为 a 的正方体的顶点 A,D,O,E 上分别作用有 5 个力 $\boldsymbol{F}_1,\boldsymbol{F}_2,\boldsymbol{F}_3,\boldsymbol{F}_4$ 和 $\boldsymbol{F}_5$,其大小和方向如图所示。试求该力系的最简结果。

1.4 在边长为 a,b,c 的长方体顶点 B,C 处分别作用有大小均为 F 的力 $\boldsymbol{F}_1$ 和 $\boldsymbol{F}_2$,方向如图所示。试求该力系的最简结果。

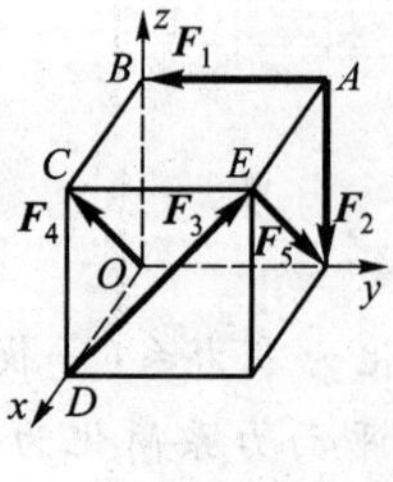

题 1.3 图

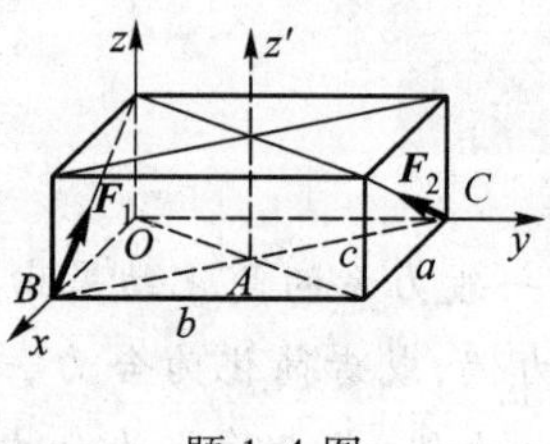

题 1.4 图

1.5 沿图示直角三角形直棱体的棱边作用有 5 个力,已知大小为 $F_1=F_2=F_3=F_4=F$,$F_5=\sqrt{2}F$,各力方向如图所示,$OD=OE=a$,$OB=2a$。试求该力系的最简结果。

1.6　正方体边长为 d，其上作用有 5 个力，已知 $F_1 = F_2 = F_3 = F$，$F_4 = F_5 = \sqrt{2}F$，方向如图所示。试求该力系的最简结果。

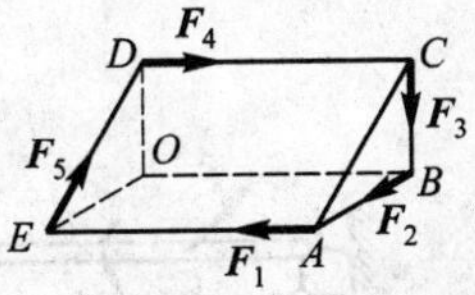

题 1.5 图

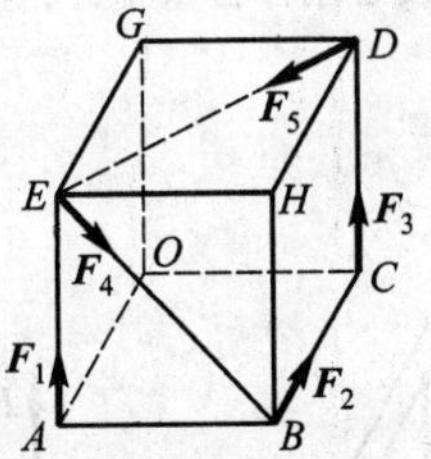

题 1.6 图

1.7　沿边长为 a，a，$2a$ 的长方体的 3 条边上作用有 3 个力，已知其大小为 F，方向如图所示。试求该力系的最简结果。

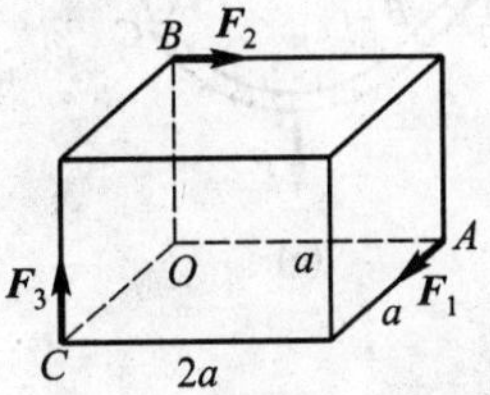

题 1.7 图

1.8　试由式(1.4.3)导出式(1.4.4)。

1.9　在三角形 ABC 和平行四边形 $ABCD$ 的顶点上作用有大小、方向如图所示的力系。试问下列 4 种情形下，其最简力系的形式分别是什么？

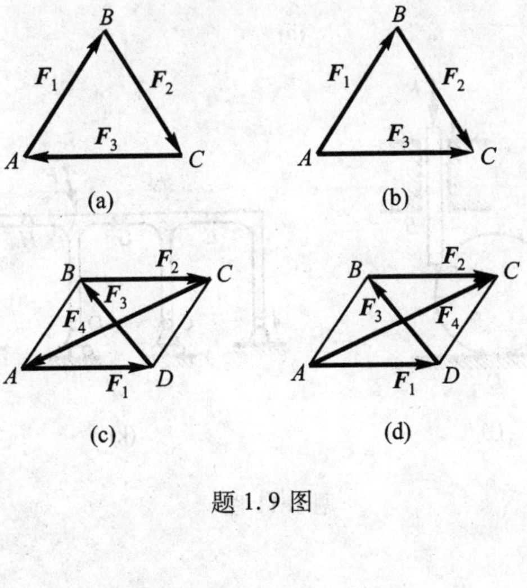

题 1.9 图

1.10　平面上一力系，各力按比例画出矢量，依次首尾相接，构成一封闭多边形。试证，此力系与一力偶等效，其力偶矩大小等于多边形面积的 2 倍。

1.11　设各刚体自重不计，各接触处光滑，并处于同一铅垂面内。试画出下列各刚体的受力图。

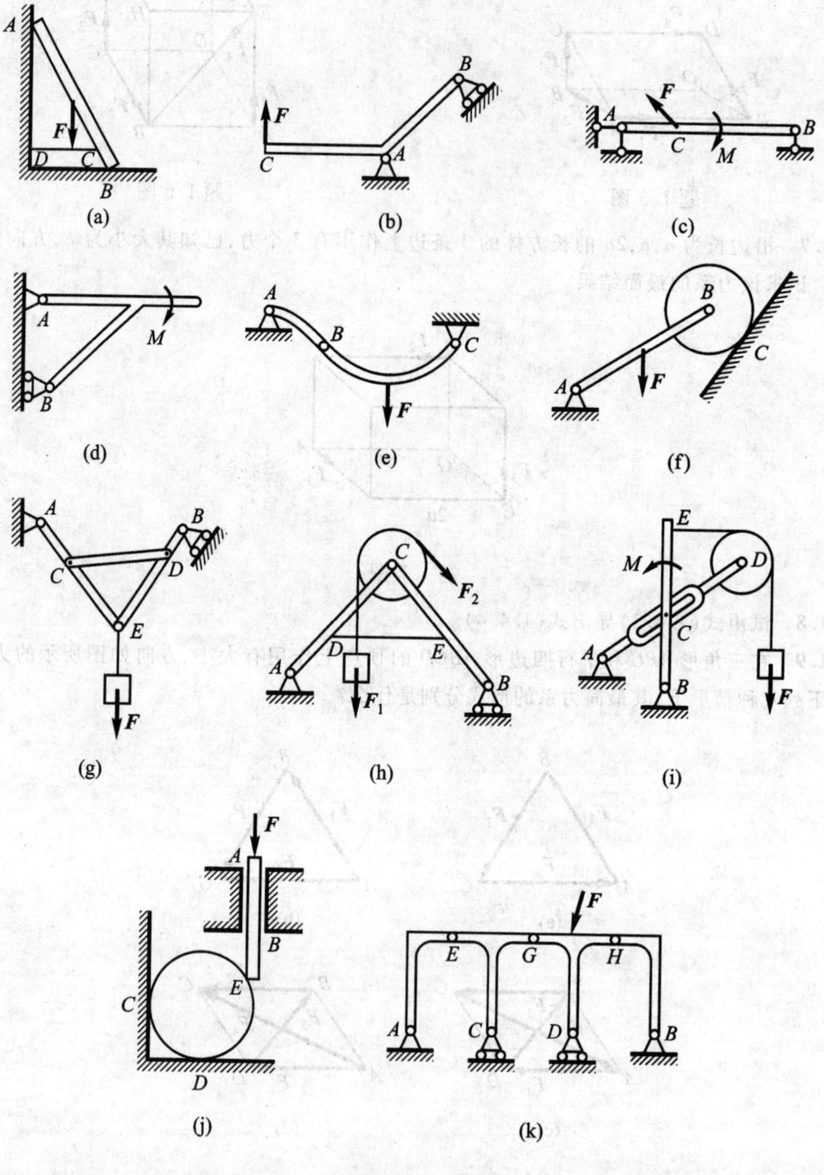

题 1.11 图

1.12　试求下列均质平板的重心位置。

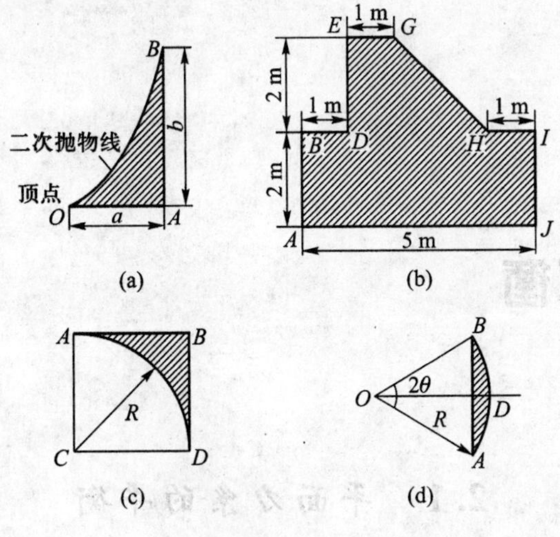

题 1.12 图

1.13　均质正方形薄板 $ABCD$ 边长为 a。试在其中求出一点 E 的极限位置 $y_{\max}$，使薄板在截去等腰三角形 AEB 之后，剩余面积的重心仍在板内。

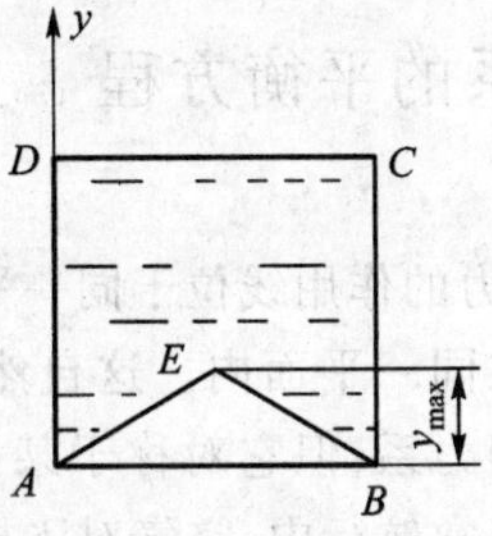

题 1.13 图

第 2 章

力系的平衡

2.1 平面力系的平衡

2.1.1 平面一般力系的平衡方程

平面力系是指力系中各力的作用线位于同一平面内。在许多工程技术问题中,各力的作用线本来就是在同一平面内。这自然是平面力系。在另一些问题中,作用于物体上的是一空间力系,但它对称于某一个平面,于是可以简化为一个平面力系。例如,飞机在定常航行中,空气对飞机的作用力和重力都对称于飞机的几何对称面,因此可以认为飞机受到平面力系的作用。

在1.4节中已指出,**一般力系的平衡条件是主矢 $\boldsymbol{F}_{\mathrm{R}}=\mathbf{0}$ 和主矩 $\boldsymbol{M}_O=\mathbf{0}$**。取直角坐标系 $Oxyz$,使得轴 Ox,Oy 的单位矢量 $\boldsymbol{i}$,$\boldsymbol{j}$ 在力系所在的平面内。于是力系中各力在 $\boldsymbol{k}$ 方向上的分量均为零,各力对点 O 的矩均沿 $\boldsymbol{k}$ 方向。因此,平衡条件成为

$$\boldsymbol{F}_{\mathrm{R}}=\left(\sum_{i=1}^{n}F_{ix}\right)\boldsymbol{i}+\left(\sum_{i=1}^{n}F_{iy}\right)\boldsymbol{j}=\mathbf{0}$$

$$\boldsymbol{M}_O=\left(\sum_{i=1}^{n}M_{iz}\right)\boldsymbol{k}$$

或写成3个方程

$$\sum_{i=1}^{n}F_{ix}=0,\quad \sum_{i=1}^{n}F_{iy}=0,\quad \sum_{i=1}^{n}M_{iz}=0 \tag{2.1.1}$$

设 A 为平面力系作用面上任一确定点，由于平面力系各力对点 A 的矩恒垂直于平面 Oxy，故可用一代数量 $M_A(\boldsymbol{F}_i)$ 表示。于是，平面力系的平衡方程可写成

$$\sum_{i=1}^{n} F_{ix} = 0, \quad \sum_{i=1}^{n} F_{iy} = 0, \quad \sum_{i=1}^{n} M_A(\boldsymbol{F}_i) = 0 \qquad (2.1.2)$$

方程(2.1.2)称为**平面力系平衡方程的基本形式**，或**二影一矩式**。

平衡方程还有两种非基本形式，即**一影二矩式**和**三矩式**。

1. 一影二矩式

在平面力系的作用面上任取两点 A 和 B，再在该平面上任取一个与$\overrightarrow{AB}$不垂直的单位矢量 $\boldsymbol{l}^\circ$，则平面力系的平衡方程可表示为

$$\sum_{i=1}^{n} F_{il} = 0, \quad \sum_{i=1}^{n} M_A(\boldsymbol{F}_i) = 0, \quad \sum_{i=1}^{n} M_B(\boldsymbol{F}_i) = 0 \qquad (2.1.3)$$

其中 F_{il}为 $\boldsymbol{F}_i$ 在 $\boldsymbol{l}^\circ$上的投影。

条件的必要性容易证明，因为如果力系平衡，则力系对任一点的矩等于零，在任意轴上投影等于零。条件的充分性证明可用反证法。如果不平衡，由 $\sum_{i=1}^{n} M_A(\boldsymbol{F}_i) = 0$ 知合力必通过点 A，而由 $\sum_{i=1}^{n} M_B(\boldsymbol{F}_i) = 0$ 知合力必通过点 B。因此，如果不平衡，则合力必通过AB，而 $\boldsymbol{l}^\circ$ 又不与$\overrightarrow{AB}$ 垂直，则合力 $\boldsymbol{F}$ 在 $\boldsymbol{l}^\circ$ 上的投影必不为零，而这与条件 $\sum_{i=1}^{n} F_{il} = 0$ 相矛盾。因此，合力 $\boldsymbol{F} = \boldsymbol{0}$，而力系是平衡力系。

2. 三矩式

在平面力系的作用面上取不共线的 3 点 A，B 和 C，则平面力系的平衡方程表示为

$$\sum_{i=1}^{n} M_A(\boldsymbol{F}_i) = 0, \quad \sum_{i=1}^{n} M_B(\boldsymbol{F}_i) = 0, \quad \sum_{i=1}^{n} M_C(\boldsymbol{F}_i) = 0 \qquad (2.1.4)$$

条件的必要性容易证明。条件的充分性用反证法证明。如果不平衡，则由 $\sum_{i=1}^{n} M_A(\boldsymbol{F}_i) = 0$，$\sum_{i=1}^{n} M_B(\boldsymbol{F}_i) = 0$ 和 $\sum_{i=1}^{n} M_C(\boldsymbol{F}_i) = 0$ 知，合力必通过 A，B 和 C，而这是不可能的，因此有 $\boldsymbol{F} = \boldsymbol{0}$。

2.1.2　平面特殊力系的平衡方程

1. 平面汇交力系

设平面汇交力系汇交于点 A，则 $\sum_{i=1}^{n} M_A(\boldsymbol{F}_i) = 0$ 自动满足，其独立的平衡方

程为

$$\sum_{i=1}^{n} F_{ix} = 0, \quad \sum_{i=1}^{n} F_{iy} = 0 \tag{2.1.5}$$

平面汇交力系平衡方程还可写成一影一矩式

$$\sum_{i=1}^{n} F_{ix} = 0, \quad \sum_{i=1}^{n} M_B(\boldsymbol{F}_i) = 0 \tag{2.1.6}$$

其中 AB 连线与轴 Ox 不垂直。平面汇交力系的平衡方程还可写成二矩式

$$\sum_{i=1}^{n} M_B(\boldsymbol{F}_i) = 0, \quad \sum_{i=1}^{n} M_C(\boldsymbol{F}_i) = 0 \tag{2.1.7}$$

其中 A,B,C 三点不共线。

2. 平面力偶系

平面力偶系的平衡方程只有一个,写成

$$\sum_{i=1}^{n} M_i = 0 \tag{2.1.8}$$

它表明各力偶的力偶矩的代数和为零。

如果力偶系中各力偶的作用面彼此平行,则该力系可与平面力偶系等效。

3. 平面平行力系

设轴 Ox 与平行力系的各力作用线相垂直,则 $\sum_{i=1}^{n} F_{ix} = 0$ 自动满足,于是独立的平衡方程为

$$\sum_{i=1}^{n} F_{iy} = 0, \quad \sum_{i=1}^{n} M_A(\boldsymbol{F}_i) = 0 \tag{2.1.9}$$

称其为一影一矩式。平面平行力系还有二矩式的平衡方程

$$\sum_{i=1}^{n} M_A(\boldsymbol{F}_i) = 0, \quad \sum_{i=1}^{n} M_B(\boldsymbol{F}_i) = 0 \tag{2.1.10}$$

其中两点 A,B 在力系的作用面内,且 A,B 连线与各力作用线不平行。

2.1.3 单个刚体的平衡问题

例 2.1.1 两长度为 l_1 和 l_2 的绳子栓一重为 P 的物体,绳子另一端分别拴在固定点 O_1 和 O_2 上,两点 O_1 和 O_2 的高度可以不同。物体在平衡时,绳子张力的水平分量数值皆为 F_{H}。如果将绳子的长度改变,且使 F_{H} 等于一常数,试证:

此物体画出一条经过点 O_1 和 O_2 的抛物线，此抛物线的轴线与地面成垂直(图 2.1)。

证明： 建立直角坐标系 O_1xy 如图 2.1a 所示，轴 O_1x 铅垂向下，轴 O_1y 水平向右。令 $O_1O_2=l_0$，且与水平成角 α。取重物为研究对象，它受有主动力 $\boldsymbol{P}$ 及绳子的约束力 $\boldsymbol{F}_{T1}$ 和 $\boldsymbol{F}_{T2}$，这三个力构成平面汇交力系(图 2.1b)。列写平衡方程

$$\sum F_x=0,\quad P-F_{T1}\cos\theta_1-F_{T2}\cos\theta_2=0 \tag{a}$$

$$\sum F_y=0,\quad F_{T2}\sin\theta_2-F_{T1}\sin\theta_1=0 \tag{b}$$

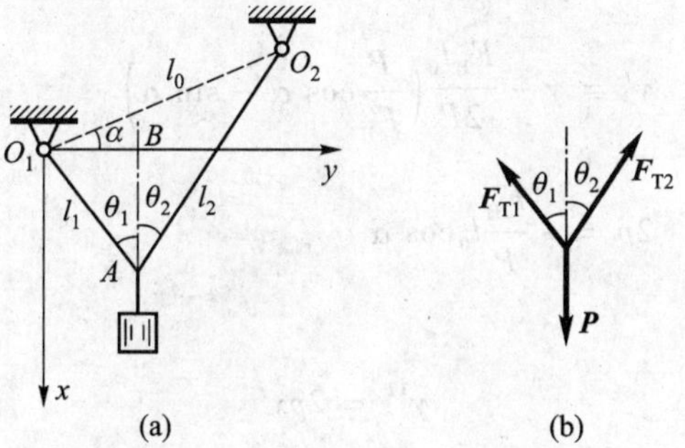

图 2.1

由方程(a)，(b)解得

$$F_{T1}=\frac{P\sin\theta_2}{\sin(\theta_1+\theta_2)},\quad F_{T2}=\frac{P\sin\theta_1}{\sin(\theta_1+\theta_2)}$$

由绳子张力的水平分量为 F_H，得

$$F_{T1}\sin\theta_1=F_{T2}\sin\theta_2=\frac{P\sin\theta_1\sin\theta_2}{\sin(\theta_1+\theta_2)}=F_H \tag{c}$$

由此得

$$\cot\theta_1+\cot\theta_2=\frac{P}{F_H} \tag{d}$$

下面用点 A 的坐标 x,y 及 l_0,α 表示角 θ_1 和 θ_2，有

$$\tan\theta_1=\frac{y}{x},\quad \tan\theta_2=\frac{l_0\cos\alpha-y}{l_0\sin\alpha+x} \tag{e}$$

将式(e)代入式(d)，得

$$\frac{x}{y}+\frac{l_0\sin\alpha+x}{l_0\cos\alpha-y}=\frac{P}{F_{\mathrm{H}}}$$

分开 x 和 y,整理得

$$\left[y-\frac{F_{\mathrm{H}}l_0}{2P}\left(\frac{P}{F_{\mathrm{H}}}\cos\alpha-\sin\alpha\right)\right]^2=-\frac{F_{\mathrm{H}}}{P}l_0\cos\alpha\left[x-\left(\frac{P}{F_{\mathrm{H}}}\cos\alpha-\sin\alpha\right)^2\frac{F_{\mathrm{H}}l_0}{4P\cos\alpha}\right]$$

令

$$x'=x-\left(\frac{P}{F_{\mathrm{H}}}\cos\alpha-\sin\alpha\right)^2\frac{F_{\mathrm{H}}l_0}{4P\cos\alpha}$$

$$y'=y-\frac{F_{\mathrm{H}}l_0}{2P}\left(\frac{P}{F_{\mathrm{H}}}\cos\alpha-\sin\alpha\right)$$

$$2p=-\frac{F_{\mathrm{H}}}{P}l_0\cos\alpha$$

则有

$$y'^2=2px'$$

它是一抛物线,其轴铅垂并通过点 O_1 和 O_2。

例 2.1.2 均质杆 AB 重为 P,一端 A 用绳子拴在固定点 O,另一端 B 静止在非光滑水平面上。如用 θ,φ,ψ 分别表示绳子、杆及杆端 B 的约束力同铅垂线所成角度(图 2.2),试证明:$\cot\theta-2\cot\varphi-\cot\psi=0$。

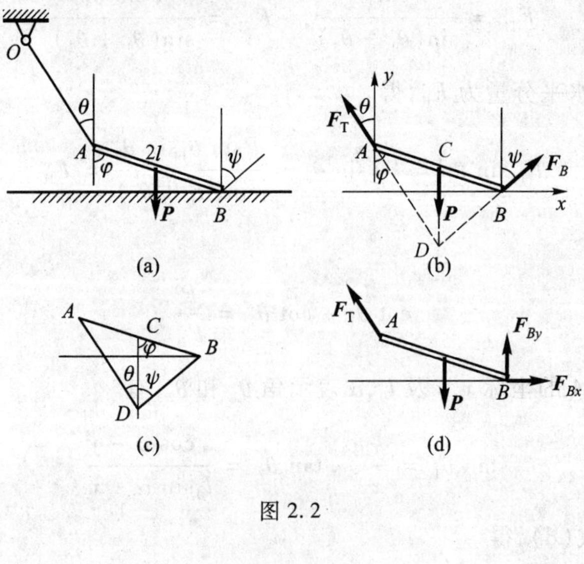

图 2.2

证明： 既可按三力平衡条件，也可按一般力系的平衡条件。

方法一

取杆 AB 为研究对象，受力图如图 2.2b 所示。这是一个平面力系问题。列平衡方程，有

$$\sum F_x = 0,\quad F_B\sin\psi - F_\mathrm{T}\sin\theta = 0 \tag{a}$$

$$\sum F_y = 0,\quad F_B\cos\psi + F_\mathrm{T}\cos\theta - P = 0 \tag{b}$$

$$\sum M_B = 0,\quad Pl\sin\varphi + F_\mathrm{T}\sin\theta\times 2l\cos\varphi - F_\mathrm{T}\cos\theta\times 2l\sin\varphi = 0 \tag{c}$$

由式(c)解出 F_T，有

$$F_\mathrm{T} = \frac{P\sin\varphi}{2\sin(\varphi-\theta)}$$

将其代入式(a)，(b)并消去 F_B，P 解得

$$\frac{\sin\varphi\sin\theta}{2\sin(\varphi-\theta)\sin\psi} = \frac{1}{\cos\psi}\left(1-\frac{\sin\varphi\cos\theta}{2\sin(\varphi-\theta)}\right)$$

整理得

$$\cot\psi = \cot\theta - 2\cot\varphi \tag{d}$$

方法二

根据三力平衡条件，画出三角形 ABD 和三角形 BCD，其中点 D 为三力 $\boldsymbol{F}_B$，$\boldsymbol{P}$ 和 $\boldsymbol{F}_\mathrm{T}$ 的交点，力 $\boldsymbol{F}_B$ 沿 DB 方向，力 $\boldsymbol{F}_\mathrm{T}$ 沿 DA 方向，而力 $\boldsymbol{P}$ 沿 CD 方向，如图 2.2b 所示。解三角形 BCD，如图 2.2c 所示，得

$$\frac{BD}{l} = \frac{\sin\varphi}{\sin\psi}$$

解三角形 ABD，得

$$\frac{BD}{2l} = \frac{\sin(\varphi-\theta)}{\sin(\psi+\theta)}$$

由以上二式消去 BD，得

$$2\sin\psi\sin(\varphi-\theta) = \sin\varphi\sin(\psi+\theta)$$

两端同时除以 $\sin\psi\sin\theta\sin\varphi$，便得式(d)。

方法三

将点 B 处约束力用 $\boldsymbol{F}_{Bx}$，$\boldsymbol{F}_{By}$ 表示，如图 2.2d 所示。平衡方程(a)中的 $F_B\sin\psi$ 用 F_{Bx} 替代，平衡方程(b)中的 $F_B\cos\psi$ 用 F_{By} 替代，并注意到

$$\frac{F_{By}}{F_{Bx}} = \cot \psi$$

亦可证明结论。

例 2.1.3 半圆拱 ACB 的半径为 a，左端 A 为光滑固定铰链，右端 B 为链杆（图 2.3）。拱受到静水压力的作用，设水的密度为 ρ。试求垂直于纸面单位宽度的拱所受到的支座约束力。

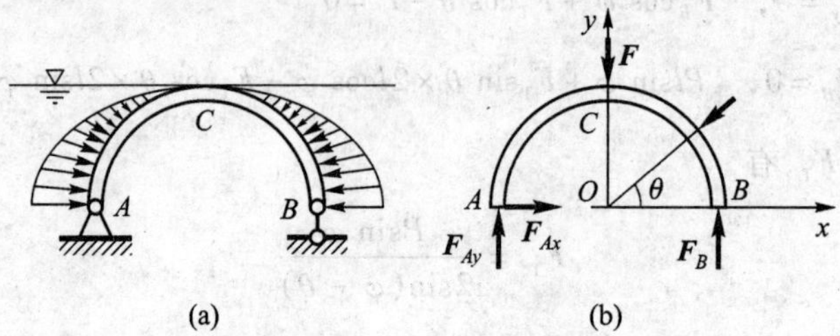

图 2.3

解：由对称性知，静水压力的合力 $\boldsymbol{F}$ 必在轴 Oy 上，铅垂向下。先求 $\boldsymbol{F}$。研究拱的 BC 段，取微元 $a\mathrm{d}\theta$，单位宽度静水压力的铅垂向下分量为 $\rho g a(1-\sin\theta)\times \sin\theta a\mathrm{d}\theta$，故 BC 段为

$$\int_0^{\pi/2} \rho g a^2 (1-\sin\theta)\sin\theta \mathrm{d}\theta = \rho g a^2\left(1-\frac{\pi}{4}\right)$$

AC 段与 BC 段的相同，于是有

$$F = 2\rho g a^2\left(1-\frac{\pi}{4}\right)$$

其次，分析受力。A 端为光滑固定铰链约束，其约束力为 $\boldsymbol{F}_{Ax}$，$\boldsymbol{F}_{Ay}$。B 端为链杆约束，其约束力为 $\boldsymbol{F}_B$，如图 2.3b 所示。最后，列写拱 ACB 的平衡方程

$$\sum F_x = 0, \quad \sum F_{Ax} = 0$$

$$\sum M_A = 0, \quad F_B \times 2a - F\times a = 0$$

$$\sum M_B = 0, \quad F\times a - F_{Ay}\times 2a = 0$$

由此解得支座约束力

$$F_{Ax} = 0, \quad F_{Ay} = F_B = \rho g a^2\left(1-\frac{\pi}{4}\right)$$

例 2.1.4 如图 2.4 所示，载荷 q_1，q_2，$\boldsymbol{F}$，M 及尺寸 a 和角度 β 均已知。试求直杆 AD 在固定端 A 处所受到的约束力，杆重不计。

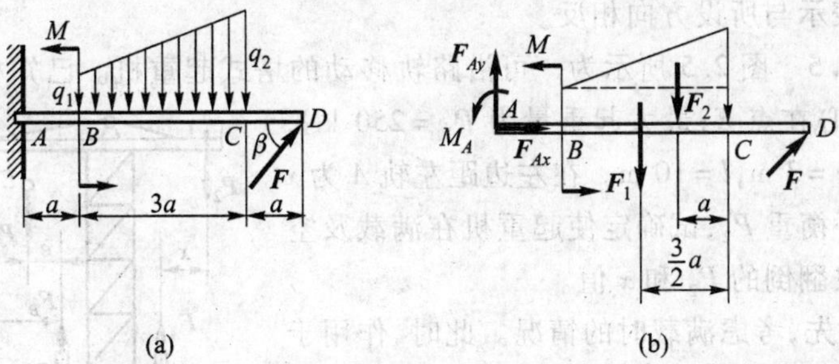

图 2.4

解：首先，求线分布载荷的合力。将分布载荷分成一个三角形和一个矩形。三角形的面积为$\frac{1}{2}(q_2-q_1)\times 3a$，即为合力 F_2 的大小，合力作用线在离底$\frac{1}{3}$处，即离 q_2 为 a 处。矩形的面积为 $q_1\times 3a$，即合力 F_1 的大小，合力作用线在 BC 的中点，即离 q_2 为$\frac{3}{2}a$ 处。这样，用 $\boldsymbol{F}_1$，$\boldsymbol{F}_2$ 替代分布载荷。其次，分析杆 AD 的受力情况。杆 AD 受到的主动力有 $\boldsymbol{F}_1$，$\boldsymbol{F}_2$，$\boldsymbol{F}$ 和力偶矩 M。杆 AD 在 A 端受固定端约束，其约束力用 $\boldsymbol{F}_{Ax}$，$\boldsymbol{F}_{Ay}$ 和 M_A 表示，如图 2.4b 所示。最后，列写该平面一般力系的平衡方程，有

$$\sum M_A=0,\quad M+M_A+F\sin\beta\times 5a-F_1\times\left(a+\frac{3}{2}a\right)-F_2\times 3a=0$$

$$\sum F_x=0,\quad F_{Ax}+F\cos\beta=0$$

$$\sum F_y=0,\quad F_{Ay}+F\sin\beta-F_1-F_2=0$$

将

$$F_1=q_1\times 3a$$

$$F_2=\frac{1}{2}(q_2-q_1)\times 3a$$

代入平衡方程，可解得

$$F_{Ax}=-F\cos\beta$$

$$F_{Ay}=\frac{3}{2}(q_1+q_2)a-F\sin\beta$$

$$M_A=3q_1a^2+\frac{9}{2}q_2a^2-5Fa\sin\beta-M$$

其中负号表示与所设方向相反。

例 2.1.5 图 2.5 所示为一可沿路轨移动的塔式起重机。已知机身重 $P=500\ \text{kN}$，重心在点 E；最大起重量为 $P_1=250\ \text{kN}$，$e=1.5\ \text{m}$，$b=3\ \text{m}$，$l=10\ \text{m}$。在左边距左轨 A 为 x 处附加一平衡重 P_2，试确定使起重机在满载及空载时均不致翻倒的 P_2 和 x 值。

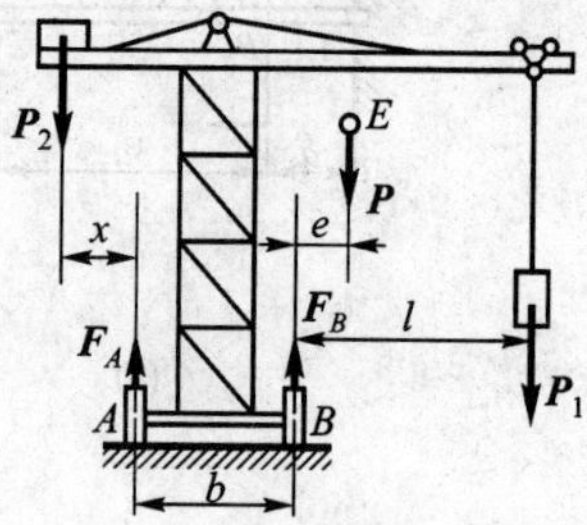

图 2.5

解：首先，考虑满载时的情况。此时，作用于起重机上的力有 $\boldsymbol{P}$，$\boldsymbol{P}_1$，$\boldsymbol{P}_2$ 及路轨的约束力 $\boldsymbol{F}_A$，$\boldsymbol{F}_B$。这是一个平面力系的平衡问题。如果起重机在图示位置将要翻倒，则在点 A 处脱离接触，即 $F_A=0$。反之，欲使起重机不翻倒，就必须使 $F_A>0$。因此，只需列写一个力矩方程 $\sum M_B=0$，解出 F_A，并令 $F_A>0$，即可求得满载时不致翻倒的条件。列写平衡方程

$$\sum M_B=0,\quad P_2(x+b)-P_1l-Pe-F_Ab=0$$

由此解得

$$F_A=\frac{P_2(x+b)-(P_1l+Pe)}{b}$$

令

$$F_A>0$$

得

$$P_2(x+b)>P_1l+Pe \tag{a}$$

其次，研究空载时的情况。此时，作用于起重机的力有 $\boldsymbol{P}$，$\boldsymbol{P}_2$，$\boldsymbol{F}_A$ 和 $\boldsymbol{F}_B$。为使起重机不致在此情况下翻倒，必须满足 $F_B>0$。为此，列写平衡方程

$$\sum M_A=0,\quad F_Bb+P_2x-P(b+e)=0$$

由此解得

$$F_B=\frac{P(b+e)-P_2x}{b}$$

令 $F_B>0$，得

$$P_2x<P(b+e) \tag{b}$$

由式(a)，(b)解得

$$\frac{P_1l+Pe}{x+b}<P_2<\frac{P(b+e)}{x} \tag{c}$$

或写成

$$\frac{P_1 l + Pe - P_2 b}{P_2} < x < \frac{P(b+e)}{P_2} \tag{d}$$

代入已知数据，得

$$\frac{3\ 250\ \text{kN}\cdot\text{m}}{x + 3\ \text{m}} < P_2 < \frac{2\ 250\ \text{kN}\cdot\text{m}}{x} \tag{e}$$

$$\frac{3\ 250\ \text{kN}\cdot\text{m} - 3\ \text{m}\times P_2}{P_2} < x < \frac{2\ 250\ \text{kN}\cdot\text{m}}{P_2} \tag{f}$$

由式(e)，(f)解得

$$x < 6.75\ \text{m},\quad P_2 > 333.3\ \text{kN} \tag{g}$$

注意到，x 和 P_2 的值除了满足条件(g)外，还必须满足条件(e)或(f)；而不是两者都可任意取值的，一旦取定一个量的值之后，另一个量的值就应由式(e)或(f)来决定。例如，取 $x = 4.5\ \text{m}$，它满足式(g)，将其代入式(e)，得

$$433.3\ \text{kN} < P_2 < 500\ \text{kN}$$

如果取 $P_2 = 450\ \text{kN}$，它满足式(g)，将其代入式(f)，得

$$4.22\ \text{m} < x < 5\ \text{m}$$

请读者按式(f)画出 x 对 P_2 关系的曲线。

2.1.4　刚体系的平衡问题

由两个或两个以上刚体相互连接所组成的系统简称为**物系**。下面研究平面物系的平衡问题。

1. 静定与静不定问题

设平面物系由 n 个刚体组成。取整个物系为研究对象，最多可列写 3 个独立的平衡方程。取每个刚体为研究对象，最多可列写 $3n$ 个独立的平衡方程。大多数物系平衡问题是求解约束力，包括外约束力和内约束力。外约束力是整个物系所受约束力，而内约束力是物系中各刚体之间的约束力。如果未知约束力的数目等于独立的平衡方程数目，则用刚体静力学的方法可找到唯一解。这种问题称为**静定问题**。如果未知约束力的数目大于独立的平衡方程数目，此时未知力不能或不全能由平衡方程确定。这种问题称为**静不定问题**。在解静力学问题时，首先要判断问题是否静定，因为刚体静力学只能解静定问题。

2. 物系平衡问题

如果构成物系的每一个刚体都平衡，则物系平衡。反之，则不一定。例如，图 2.6 所示的二杆系统，在点 A 和点 B 作用有大小相等、方向相反且共线的力 $\boldsymbol{F}_A$ 和 $\boldsymbol{F}_B$，这个二杆系统是平衡的，显然，此时杆 AC 和杆 BC 都不平衡。

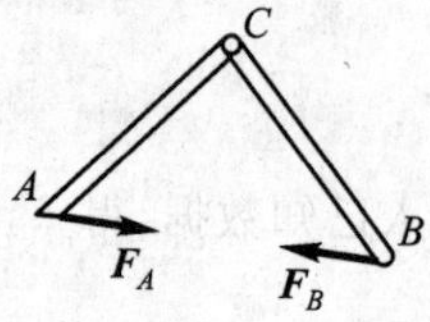

图 2.6

3. 物系平衡的解题思路与技巧

对物系平衡问题，如果需要求出所有未知约束力，那么只要将物系内各个刚体的平衡方程全部列出即可。或者用整体的平衡方程代替单个刚体的方程，这时需要注意方程的独立性。在实际问题中，并不总是需要求出物系中所有未知力，因此就不需要列出全部平衡方程。这时，如何列写对问题求解有用的最少平衡方程就成为物系平衡问题快速求解的关键所在。

求解物系平衡问题的一般思路是：首先，要选取研究对象，分离体应包含待求未知力。可取单个刚体，亦可取刚体系为研究对象。其次，进行受力分析。因为主动力一般是给定的，受力分析主要是根据约束特性正确地画出约束力。最后，列写平衡方程。平衡方程中应包含尽可能少的未知力。适当选取平衡方程的投影式或矩式便可做到。例如，投影轴选在与较多未知力的垂直方向，矩心选在较多未知力的交点上。总之，物系平衡问题的技巧在于：巧取分离体，避开不求力，数值最后代，运算要仔细。

例 2.1.6 如图 2.7a 所示结构，杆 BC 处于铅垂位置。已知力偶矩 M，铅垂力 $\boldsymbol{F}$，$AD=BD=CD=AC=a$，$DE=CE$，不计各杆自重以及各处摩擦。试求杆 CD 两端所受到销钉的约束力。

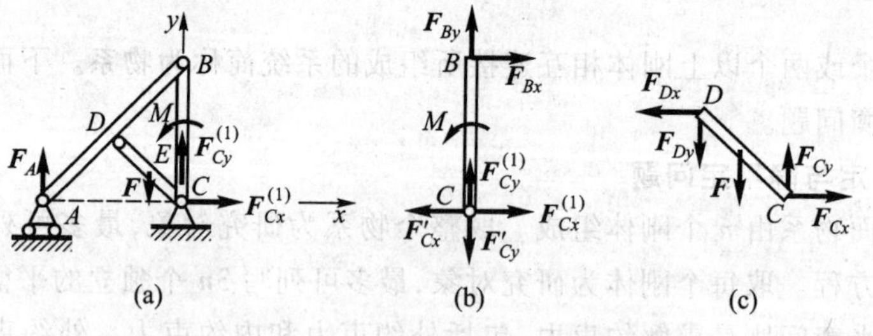

图 2.7

解：为求得杆 CD 两端所受到销钉的约束力，需取出杆 CD 为研究对象。杆 CD 两端受到销钉的约束力，其方向还不能确定。因此，还需取杆 BC 为对象，以求出杆端 C 的相应力。为此，尚需取整体为对象。

首先，取整体为研究对象，受力图如图 2.7a 所示，由平衡方程求出相关的

力 $F_{Cx}^{(1)}$

$$\sum F_x = 0, \quad F_{Cx}^{(1)} = 0$$

其次，取杆 BC 带销钉 C 为对象，其受力图如图 2.7b 所示，希望由此求出 F'_{Cx}

$$\sum M_B = 0, \quad M - (F'_{Cx} - F_{Cx}^{(1)})(2a\sin 60°) = 0$$

注意到 $F_{Cx}^{(1)} = 0$，得

$$F'_{Cx} = \frac{\sqrt{3}M}{3a}$$

最后，取杆 CD 为对象，其受力图如图 2.7c 所示，列写 3 个平衡方程并求解，有

$$\sum F_x = 0, \quad F_{Cx} - F_{Dx} = 0, \quad F_{Dx} = F_{Cx} = F'_{Cx} = \frac{\sqrt{3}M}{3a}$$

$$\sum M_D = 0, \quad F_{Cx}(a\sin 60°) + F_{Cy}(a\sin 30°) - F\left(\frac{a}{2}\sin 30°\right) = 0$$

$$F_{Cy} = \frac{Fa - 2M}{2a}$$

$$\sum F_y = 0, \quad F_{Cy} - F_{Dy} - F = 0, \quad F_{Dy} = -\frac{Fa + 2M}{2a}$$

其中负号表示 $\boldsymbol{F}_{Dy}$ 的实际方向与图示相反。

例 2.1.7　如图 2.8a 所示结构，杆 AB，CDE 处于铅垂位置，杆 BDO 处于水平位置，杆 BDO 与杆 CDE 用销钉 D 相连。重为 P 的重物通过无重柔绳跨过半径为 r 的滑轮 O 连接在杆 CDE 上。已知 $GH /\!/ BO$，$AB = BD = CD = DO = a$，不计各杆和滑轮自重及接触处摩擦。试求销钉 D 对杆 BDO 的约束力。

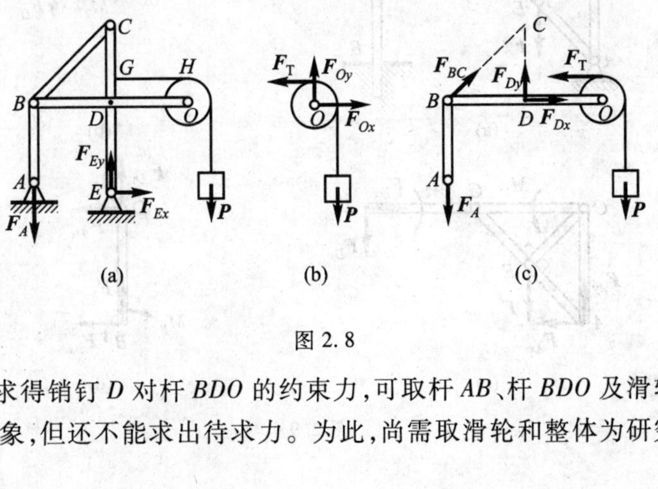

图 2.8

解：为求得销钉 D 对杆 BDO 的约束力，可取杆 AB、杆 BDO 及滑轮组成的系统为研究对象，但还不能求出待求力。为此，尚需取滑轮和整体为研究对象。

首先,取整体为研究对象,受力图如图 2.8a 所示。因杆 AB 为二力杆,点 A 受到的力 $\boldsymbol{F}_A$ 必沿杆 AB 方向,假设该力铅垂向下。点 E 受到的约束力 $\boldsymbol{F}_{Ex}$,$\boldsymbol{F}_{Ey}$ 不必求出,而 $\boldsymbol{F}_A$ 需求出。为此,取矩心 E,列平衡方程并求解,有

$$\sum M_E=0,\quad F_A a-P(a+r)=0,\quad F_A=\frac{a+r}{a}P$$

其次,取滑轮及重物为研究对象,其受力图如图 2.8b 所示。点 O 的约束力 $\boldsymbol{F}_{Ox}$,$\boldsymbol{F}_{Oy}$ 不必求出,柔绳张力 $\boldsymbol{F}_{\mathrm{T}}$ 需求出。为此,取矩心 O,列方程并求解,有

$$\sum M_O=0,\quad F_{\mathrm{T}}r-Pr=0,\quad F_{\mathrm{T}}=P$$

最后,取杆 AB、杆 BDO、滑轮及重物组成的系统为研究对象,其受力图如图 2.8c 所示,其中杆 BC 为二力杆,它对系统的作用力 $\boldsymbol{F}_{BC}$ 沿 BC 方向。此时,力 $\boldsymbol{F}_A$ 和 $\boldsymbol{F}_{\mathrm{T}}$ 已求得,而力 $\boldsymbol{F}_{BC}$ 不必求出。为避开不需要求的力 $\boldsymbol{F}_{BC}$,可取矩心 C,列平衡方程并求解,有

$$\sum M_C=0,\quad F_A a+F_{Dx}a-F_{\mathrm{T}}(a-r)-P(a+r)=0$$

$$F_{Dx}=\frac{a-r}{a}P$$

再取点 B 为矩心,列平衡方程并求解,有

$$\sum M_B=0,\quad F_{Dy}a+F_{\mathrm{T}}r-P(2a+r)=0,\quad F_{Dy}=2P$$

例 2.1.8 如图 2.9a 所示构架,由自重不计的杆 AC,AE,EC,EG,CG,GD 和 BD 相互铰接而成。已知 $AC=CG=GD=BD=a$,$AE=EG$。主动力 $\boldsymbol{F}$、主动力偶

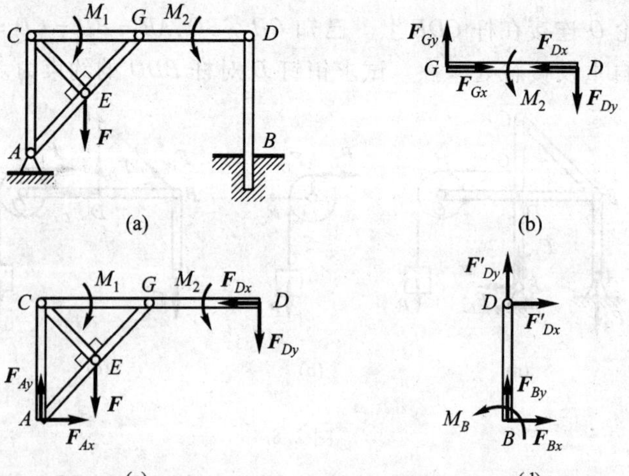

图 2.9

矩 M_1 和 M_2 为已知。如各接触处摩擦不计，试求大地对此构架的约束力。

解：在点 A 处受大地约束力，因力的作用线未知，可用两个分量表示；B 处为固定端约束，其约束力有两个分量，此外还有约束力偶矩作用。因此，取整体为研究对象尚不能求出这 5 个未知力的任何一个。取杆 BD 为研究对象，如能求得 D 处的约束力，便可求得 B 处的约束力。为此，尚需取杆 GD 以及除杆 DB 以外所有杆组成的系统为研究对象。

首先，取杆 GD 为研究对象，其受力图如图 2.9b 所示。为避开不求力 F_{Gx}，F_{Gy}，可取 G 为矩心，列方程并求解，有

$$\sum M_G = 0,\quad M_2 - F_{Dy}a = 0,\quad F_{Dy} = \frac{M_2}{a}$$

其次，取除杆 DB 以外所有杆组成的系统为研究对象，其受力图如图 2.9c 所示。这里的约束力 F_{Ax}，F_{Ay}，F_{Dx} 都需要求出来，列 3 个方程并求解，有

$$\sum M_A = 0,\quad M_2 - M_1 - \frac{1}{2}Fa + F_{Dx}a - F_{Dy}(2a) = 0$$

$$F_{Dx} = \frac{1}{2}F + \frac{M_1 + M_2}{a}$$

$$\sum F_x = 0,\quad F_{Ax} - F_{Dx} = 0,\quad F_{Ax} = F_{Dx} = \frac{1}{2}F + \frac{M_1 + M_2}{a}$$

$$\sum F_y = 0,\quad F_{Ay} - F_{Dy} - F = 0,\quad F_{Ay} = F + \frac{M_2}{a}$$

最后，取杆 BD 带销钉 D 为研究对象，其受力图如图 2.9d 所示。列写 3 个方程并求解，有

$$\sum F_x = 0,\quad F_{Bx} + F'_{Dx} = 0,\quad F_{Bx} = -F'_{Dx} = -F_{Dx} = -\left(\frac{1}{2}F + \frac{M_1 + M_2}{a}\right)$$

$$\sum F_y = 0,\quad F_{By} + F'_{Dy} = 0,\quad F_{By} = -F'_{Dy} = -F_{Dy} = -\frac{M_2}{a}$$

$$\sum M_B = 0,\quad M_B - F'_{Dx}a = 0,\quad M_B = F'_{Dx}a = F_{Dx}a = \frac{1}{2}Fa + M_1 + M_2$$

例 2.1.9　两个相同的均质光滑圆柱放在倾角为 θ 的斜面和竖直面之间。试求平衡时两圆柱的轴线所在平面与竖直面的夹角 α（图 2.10a）。

解：为求得平衡时的角 α。可取每个圆柱为研究对象，亦可取两圆柱组成的系统为研究对象。

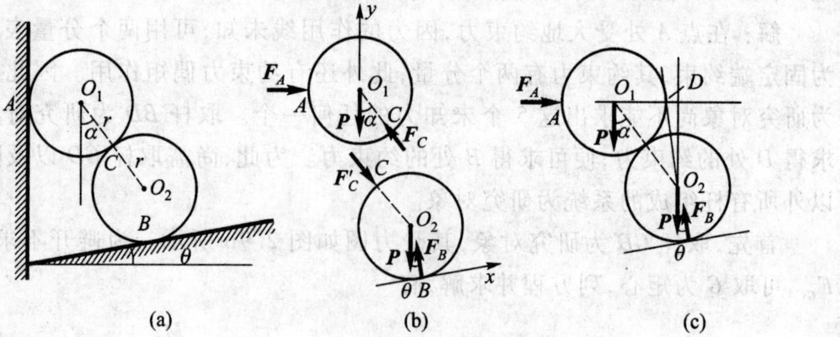

图 2.10

首先,取每个圆柱为研究对象。对上、下两个圆柱,其受力图如图 2.10b 所示。上圆柱受力有重力 $\boldsymbol{P}$,墙的约束力 $\boldsymbol{F}_A$ 及下圆柱的约束力 $\boldsymbol{F}_C$;下圆柱受力有重力 $\boldsymbol{P}$,斜面约束力 $\boldsymbol{F}_B$ 及上圆柱的约束力 $\boldsymbol{F}'_C$。对此问题力 $\boldsymbol{F}_A$ 和 $\boldsymbol{F}_B$ 不必求出。对上圆柱,平衡方程取轴 y 投影式并求解 $\boldsymbol{F}_C$,有

$$\sum F_y = 0, \quad F_C\cos\alpha - P = 0, \quad F_C = \frac{P}{\cos\alpha} \tag{a}$$

对下圆柱,平衡方程取轴 x 投影式并求解 $\boldsymbol{F}'_C$,有

$$\sum F_x = 0, \quad F'_C\sin(\alpha-\theta) - P\sin\theta = 0, \quad F'_C = \frac{P\sin\theta}{\sin(\alpha-\theta)} \tag{b}$$

由 $F'_C = F_C$,得

$$\frac{P}{\cos\alpha} = \frac{P\sin\theta}{\sin(\alpha-\theta)} \tag{c}$$

由此解得

$$\tan\alpha = 2\tan\theta, \quad \alpha = \arctan(2\tan\theta) \tag{d}$$

其次,取两圆柱组成的系统为研究对象,其受力图如图 2.10c 所示。两圆柱除各自受重力作用外,还有墙对上圆柱的约束力 $\boldsymbol{F}_A$ 和斜面对下圆柱的约束力 $\boldsymbol{F}_B$。对此问题,这两个力不必求出。平衡方程取矩式,矩心选在 $\boldsymbol{F}_A$ 和 $\boldsymbol{F}_B$ 的交点为宜。解三角形 O_1DO_2,有

$$\frac{O_1D}{\sin(\alpha-\theta)} = \frac{2r}{\cos\theta}$$

于是得

$$O_1D = \frac{2r\sin(\alpha - \theta)}{\cos\theta} \tag{e}$$

两重力对点 D 取矩，列方程并求解，得

$$\sum M_D = 0, \quad P \times O_1D - P(2r\sin\alpha - O_1D) = 0$$

$$O_1D = r\sin\alpha \tag{f}$$

联合式(e)，(f)，得

$$\frac{2\sin(\alpha - \theta)}{\cos\theta} = \sin\alpha$$

由此亦可解得式(d)。

2.2　空间力系的平衡

2.2.1　空间一般力系的平衡方程

由第 1 章 1.4 节中一般力系简化理论及其最简形式可知，只有当力系的主矢 $\boldsymbol{F}_{\mathrm{R}}$ 和对任意一确定点 O 的主矩 $\boldsymbol{M}_O$ 皆为零时，力系才为平衡力系；当 $\boldsymbol{F}_{\mathrm{R}}$ 和 $\boldsymbol{M}_O$ 中至少一个不为零时，力系必为非平衡力系。因此，**作用于同一刚体上的空间力系平衡的充分必要条件是，力系的主矢 $\boldsymbol{F}_{\mathrm{R}}$ 和对任意一确定点 O 的主矩 $\boldsymbol{M}_O$ 皆为零**，表示为

$$\sum_{i=1}^{n} \boldsymbol{F}_i = \boldsymbol{0}, \quad \sum_{i=1}^{n} \boldsymbol{M}_O(\boldsymbol{F}_i) = \boldsymbol{0} \tag{2.2.1}$$

以简化中心 O 为原点建立一直角坐标系 $Oxyz$，将式(2.2.1)投影到轴 Ox，Oy 和 Oz 上，得到

$$\left.\begin{aligned} \sum_{i=1}^{n} F_{ix} = 0, \quad \sum_{i=1}^{n} F_{iy} = 0, \quad \sum_{i=1}^{n} F_{iz} = 0 \\ \sum_{i=1}^{n} M_{ix} = 0, \quad \sum_{i=1}^{n} M_{iy} = 0, \quad \sum_{i=1}^{n} M_{iz} = 0 \end{aligned}\right\} \tag{2.2.2}$$

这就是空间一般力系的平衡方程，它们是 6 个彼此独立的代数方程。这表明，空

间力系的各力在直角坐标系的各轴上投影的代数和及对各轴的矩的代数和皆为零。

方程(2.2.2)是空间一般力系平衡方程的基本形式,称为三影三矩式。这6个方程是彼此独立的。空间一般力系的平衡方程还有其他形式,如二影四矩式、一影五矩式、六矩式等。这些形式的平衡方程,在一定条件下才是彼此独立的。如果适当地选取投影轴或矩轴,使得每列写一个方程就能解出一个未知力,那么这样列出的方程一定是彼此独立的。

2.2.2 空间特殊力系的平衡方程

1. 空间汇交力系

设空间力系汇交于点 O,则各力对点 O 的矩恒为零。由方程(2.2.2)知,独立的平衡方程为

$$\sum_{i=1}^{n} F_{ix} = 0,\quad \sum_{i=1}^{n} F_{iy} = 0,\quad \sum_{i=1}^{n} F_{iz} = 0 \tag{2.2.3}$$

此外,亦可选一个或两个矩式代替上面一个投影式或两个投影式,但要注意方程的独立性,亦可选非正交轴作为投影轴,但轴不能共面。

2. 空间力偶系

因力偶系的主矢为零,由方程(2.2.2)知,其独立的平衡方程为

$$\sum_{i=1}^{n} M_{ix} = 0,\quad \sum_{i=1}^{n} M_{iy} = 0,\quad \sum_{i=1}^{n} M_{iz} = 0 \tag{2.2.4}$$

此外,亦可选非正交轴作为矩轴,但不能共面。

3. 空间平行力系

设空间力系的各力作用线皆平行于轴 Oz,则各力在轴 Ox,Oy 上的投影以及对轴 Oz 的矩皆为零。此时,方程(2.2.2)成为

$$\sum_{i=1}^{n} F_{ix} = 0,\quad \sum_{i=1}^{n} M_{ix} = 0,\quad \sum_{i=1}^{n} M_{iy} = 0 \tag{2.2.5}$$

轴矩式的两轴可以不正交,亦可用一个矩式替代投影式。

例 2.2.1 如图 2.11 所示,重为 P 的物体为撑杆 AB 和链条 AC 和 AD 所支撑。已知 $AB=a$,$AC=b$,$AD=c$,矩形 $CADE$ 的平面是水平的,点 B 为球铰链。试求杆 AB 与拉链 AC 和 AD 的内力。

解: 在点 A 处,受到主动力 $\boldsymbol{P}$,拉链 AC 和 AD 的约束力 $\boldsymbol{F}_C$ 和 $\boldsymbol{F}_D$,以及杆 AB

的约束力。拉链当作柔索,只承受拉力,因此 $\boldsymbol{F}_C$ 和 $\boldsymbol{F}_D$ 的方向沿 AC 和 AD;杆 AB 为二力杆,它对点 A 的约束力,假设沿 AB 方向,受力图如图所示。这 4 个力汇交于点 A,是一个空间汇交力系。平衡方程(2.2.3)给出

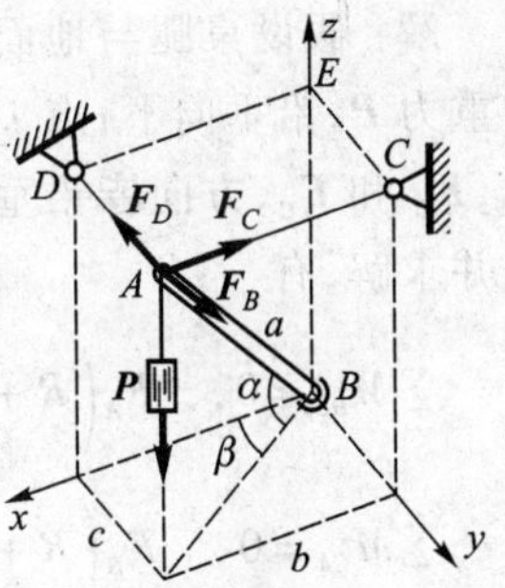

图 2.11

$$\sum_{i=1}^{n} F_x = 0,\quad -F_C - F_B\cos\alpha\cos\beta = 0 \quad \text{(a)}$$

$$\sum_{i=1}^{n} F_y = 0,\quad -F_D - F_B\cos\alpha\sin\beta = 0 \quad \text{(b)}$$

$$\sum_{i=1}^{n} F_z = 0,\quad -P - F_B\sin\alpha = 0 \quad \text{(c)}$$

其中

$$\cos\alpha = \frac{\sqrt{b^2+c^2}}{a},\quad \sin\alpha = \frac{\sqrt{a^2-b^2-c^2}}{a}$$

$$\cos\beta = \frac{b}{\sqrt{b^2+c^2}},\quad \sin\beta = \frac{c}{\sqrt{b^2+c^2}}$$

由式(c)求得

$$F_B = -\frac{Pa}{\sqrt{a^2-b^2-c^2}}$$

将其代入式(a),(b)求得

$$F_C = \frac{Pb}{\sqrt{a^2-b^2-c^2}},\quad F_D = \frac{Pc}{\sqrt{a^2-b^2-c^2}}$$

如果取对轴 Bz 的矩式,有

$$\sum M_{Bz} = 0,\quad F_C c - F_D b = 0 \quad \text{(d)}$$

可用方程(d)替代方程(a)或方程(b),并可用来验证计算结果。

例 2.2.2　重为 P 的三条腿圆桌(图 2.12)。从上往下看,三腿与地面接触点恰好与桌面边缘的点 A,B 和 C 重合。今在桌面边缘介于 B,C 之间的 D 处放一重为 P_1 的物体。试计算各条腿压地面之力。当 P_1 为多大时,圆桌将翻倒?

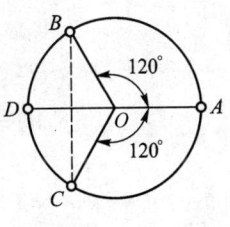

图 2.12

解：假设桌腿与地面之间的摩擦不计。取桌子为研究对象，它受到点 O 处的重力 $\boldsymbol{P}$，铅垂向下；点 D 处的重力 $\boldsymbol{P}_1$，铅垂向下，以及地面对三条腿的约束力 $\boldsymbol{F}_A$，$\boldsymbol{F}_B$ 和 $\boldsymbol{F}_C$，方向皆铅垂向上。这些力构成空间平行力系。列写三矩式平衡方程并求解，有

$$\sum M_{BC}=0,\quad F_A\left(R+\frac{1}{2}R\right)+P_1\times\frac{1}{2}R-P\times\frac{1}{2}R=0,\quad F_A=\frac{1}{3}(P-P_1)$$

$$\sum M_{CA}=0,\quad F_B\left(R+\frac{1}{2}R\right)-P\times\frac{1}{2}R-P_1\times R=0,\quad F_B=\frac{1}{3}(P+2P_1)$$

$$\sum M_{AB}=0,\quad F_C\left(R+\frac{1}{2}R\right)-P\times\frac{1}{2}R-P_1\times R=0,\quad F_C=\frac{1}{3}(P+2P_1)$$

亦可用一个投影式代替上述三矩式之一。

例 2.2.3 一空间结构如图 2.13 所示。设杆的自重不计，$\boldsymbol{P}$ 为已知。试求铰链 A 处的约束力分量 $\boldsymbol{F}_{Ax}$，$\boldsymbol{F}_{Ay}$，$\boldsymbol{F}_{Az}$ 和绳子的张力 $\boldsymbol{F}_{T1}$ 和 $\boldsymbol{F}_{T2}$。

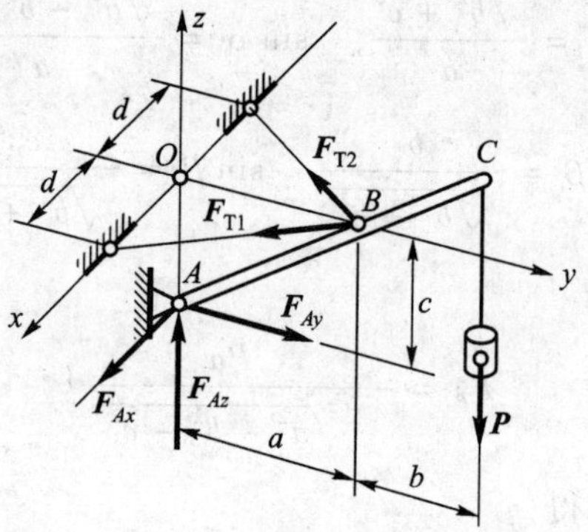

图 2.13

解：取杆 AC 为研究对象，受力图如图所示。这是一个空间一般力系的平衡问题。列平衡方程并求解，有

$$\sum M_y=0,\quad -F_{Ax}c=0,\quad F_{Ax}=0$$

$$\sum M_x=0,\quad F_{Ay}c-P(a+b)=0,$$

$$F_{Ay}=\frac{P(a+b)}{c}$$

$$\sum M_z=0,\quad -F_{T1}\frac{ad}{\sqrt{a^2+d^2}}+F_{T2}\frac{ad}{\sqrt{a^2+d^2}}=0,$$

$$F_{T1}=F_{T2}$$

$$\sum F_y=0,\quad F_{Ay}-F_{T1}\frac{a}{\sqrt{a^2+d^2}}-F_{T2}\frac{a}{\sqrt{a^2+d^2}}=0,$$

$$F_{T1}=F_{T2}=\frac{(a+b)\sqrt{a^2+d^2}}{2ac}P$$

$$\sum F_z=0,\quad F_{Az}-P=0,\quad F_{Az}=P$$

例 2.2.4　用 6 根杆支撑一水平板，如图 2.14 所示。在板角处受铅垂力 $\boldsymbol{F}$ 作用，试求各杆对平板的作用力，设板和杆的自重及摩擦不计。

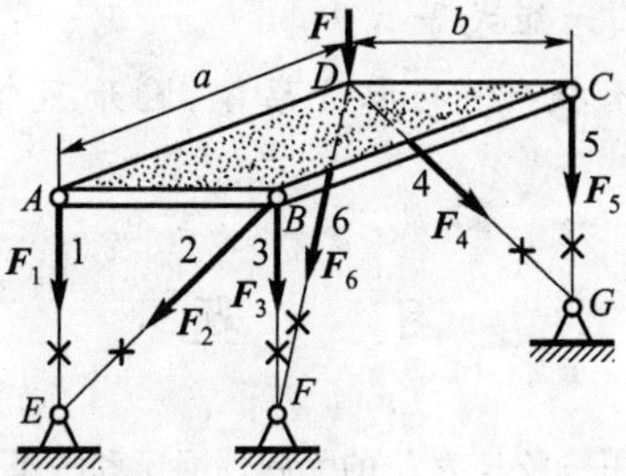

图 2.14

解： 6 根杆皆为二力杆，受力图如图所示。适当选矩轴，有利于快速求解。

由 $\sum M_{BF}=0$ 中，仅有力 $\boldsymbol{F}_4$ 的矩，故有 $F_4=0$。

由 $\sum M_{AE}=0$ 中，仅有力 $\boldsymbol{F}_4$ 和 $\boldsymbol{F}_6$ 的矩，又 $F_4=0$，故有 $F_6=0$。

由 $\sum M_{CG}=0$ 中，仅有力 $\boldsymbol{F}_6$ 和 $\boldsymbol{F}_2$ 的矩，又 $F_6=0$，故有 $F_2=0$。

由 $\sum M_{AB}=0$ 中，因 $F_4=F_6=0$，得 $-Fa-F_5a=0$，故有 $F_5=-F$。

由 $\sum M_{BC}=0$ 中，因 $F_4=F_6=0$，得 $-Fb-F_1b=0$，故有 $F_1=-F$。

由 $\sum M_{CD}=0$ 中，因 $F_2=0$，得 $-F_1a-F_3a=0$，故有 $F_3=F$。

小　　结

1. 平面一般力系的平衡方程

二影一矩式

$$\sum_{i=1}^{n}F_{ix}=0,\quad \sum_{i=1}^{n}F_{iy}=0,\quad \sum_{i=1}^{n}M_A=0$$

一影二矩式

$$\sum_{i=1}^{n}F_{il}=0,\quad \sum_{i=1}^{n}M_A=0,\quad \sum_{i=1}^{n}M_B=0\quad (\boldsymbol{l}^{\circ}\text{ 不垂直于 }AB)$$

三矩式

$$\sum_{i=1}^{n}M_A=0,\quad \sum_{i=1}^{n}M_B=0,\quad \sum_{i=1}^{n}M_C=0\quad (A,B,C\text{ 不共线})$$

2. 空间一般力系的平衡方程的基本形式

$$\sum_{i=1}^{n} F_{ix} = 0, \quad \sum_{i=1}^{n} F_{iy} = 0, \quad \sum_{i=1}^{n} F_{iz} = 0$$

$$\sum_{i=1}^{n} M_{ix} = 0, \quad \sum_{i=1}^{n} M_{iy} = 0, \quad \sum_{i=1}^{n} M_{iz} = 0$$

另有四矩式、五矩式、六矩式等。

3. 物体系平衡问题有技巧：巧取分离体，避开不求力，数值最后代，运算要仔细。

习 题

2.1 一重为 P 的小球，用一条长为 l_1 的无弹性绳子和一条刚度系数为 k、自然长度为 l_{20} 的弹性绳子用两钉子挂着。此两钉子在同一水平线上，钉间距离为 l。试证：平衡时有

$$\left[l_{20} + \frac{P\sin\theta_1}{k\sin(\theta_1+\theta_2)}\right]\sin\theta_2 + l_1\sin\theta_1 = l$$

$$\left[l_{20} + \frac{P\sin\theta_1}{k\sin(\theta_1+\theta_2)}\right]\cos\theta_2 = l_1\cos\theta_1$$

其中 θ_1,θ_2 为两绳子与铅垂线的夹角。

2.2 重为 P 的均匀梯子与水平成角 $\alpha=60°$，倚于光滑的墙和光滑地面之间，下端用绳系于墙角。试计算绳内张力、墙和地面的约束力。

2.3 长为 $2l$、重为 P 的均匀杆子靠在光滑墙上。试求平衡时的角 α 及点 A 和点 B 处的约束力。设所有接触都是光滑的。

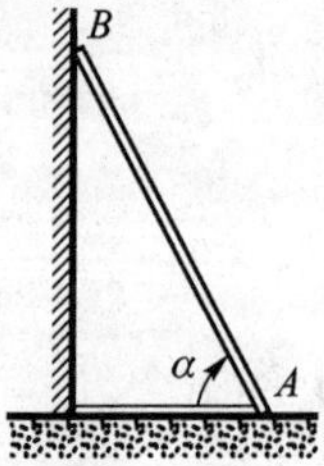

题 2.2 图

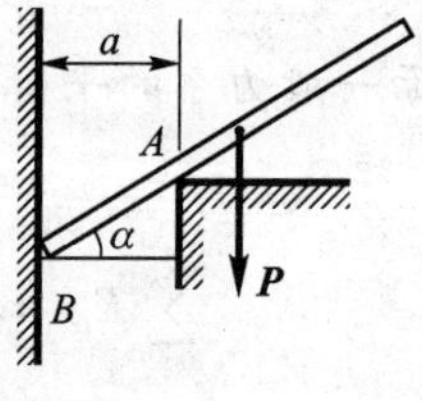

题 2.3 图

2.4 两均质杆 AB 和 BC 的截面相等，杆 AB 的长度为 BC 的一半，两杆在一端固接成 60°角，形成一折杆 ABC。折杆的 A 端挂在细绳 AD 上。试求当平衡时，BC 段对水平线的倾角 α。杆的横截面大小略去不计。

2.5 长为 l、密度为 ρ 的均质细长直杆，其一端由长为 d 的细线与河底相连，水深为 $h(h>d)$。试求平衡时杆与水平面的夹角 θ。

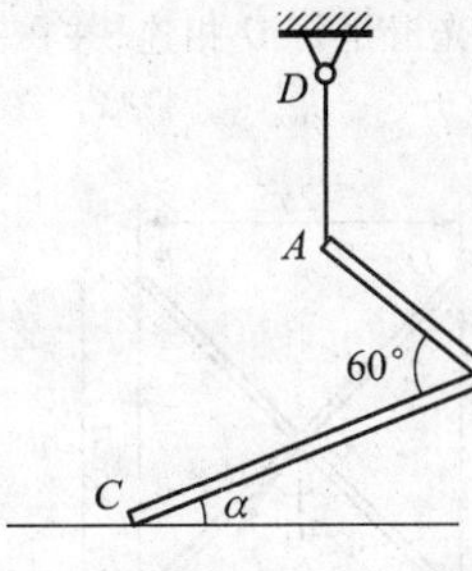

题 2.4 图

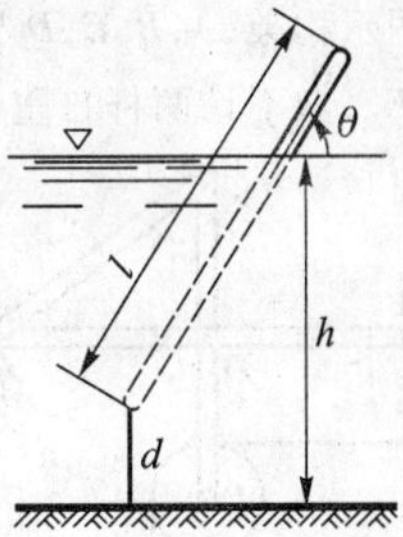

题 2.5 图

2.6　图示载荷 q,M,F 及尺寸 a 和角度 α 均已知。试求平衡时直杆在点 A,B 处所受到的约束力。杆重和摩擦不计。

2.7　铰链四连杆机构 $ABCD$ 在图示位置处于平衡状态。已知 $AB=4$ m, $CD=6$ m, $M_1=2$ N · m。若不计各杆自重和摩擦,试求 M_2 的大小。

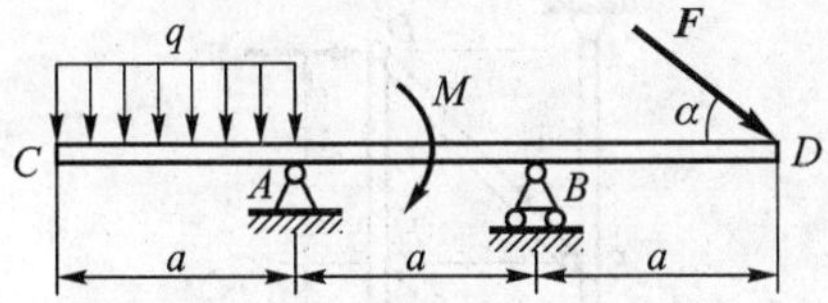

题 2.6 图

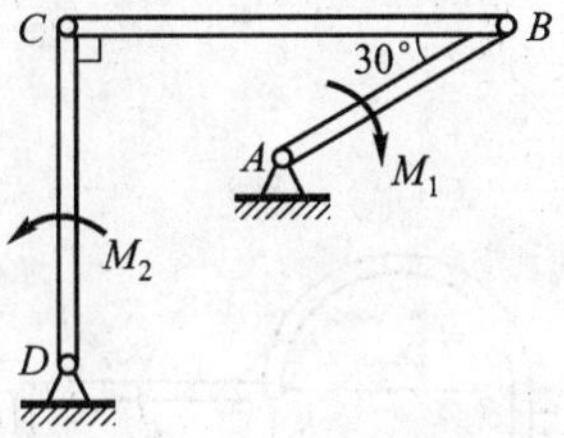

题 2.7 图

2.8　图示半径为 a 的四分之一圆弧杆 AB 与直角弯杆 BCD 铰接。在杆 BCD 上作用一力偶矩为 M 的力偶。不计两杆自重和各接触处摩擦。试求平衡时点 A,D 处的约束力。

2.9　两根均质杆 AB 和 AC 皆以 A 端搁在光滑水平地板上,且彼此间以光滑的铅垂端相接触;两杆的 B 端和 C 端分别依靠在两个光滑的铅垂墙上。设两杆间夹角为 90°。试问:两墙间的距离应为多少,才能使这两杆平衡?已知长度 $AB=a$, $AC=b$,又杆 AB 的重量为 P_1,杆 AC 的重量为 P_2。

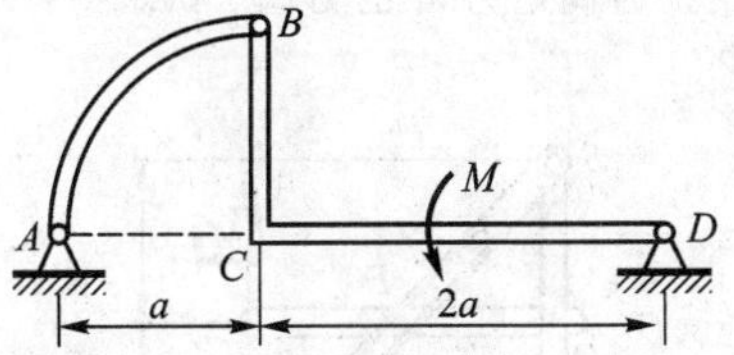

题 2.8 图

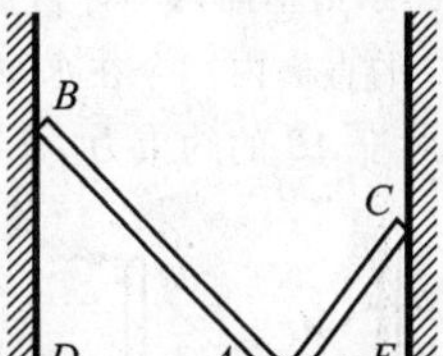

题 2.9 图

2.10　图示构架,杆 AB 和 CE 在其中点以销钉 D 相连接。已知重物 P 重 10 kN, $AB=8$ m, $CE=6$ m。滑轮半径为 1 m。如不计各杆和滑轮的重量及各接触处摩擦,试求杆 BC 两端所受到的销钉作用力,以及支座 A,B 处的约束力。

2.11 图示构架，A,B,C,D 皆为光滑接触，两杆中点以光滑销钉 O 相连，并在销钉上作用一已知力 $\boldsymbol{F}$。如不计两杆自重，试求 A,B,C,D 各处的约束力。

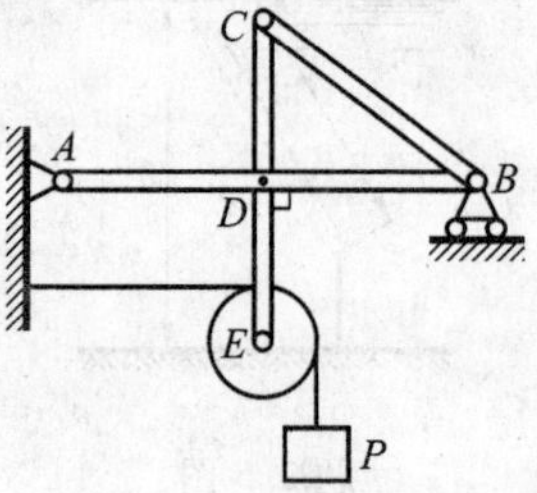

题 2.10 图

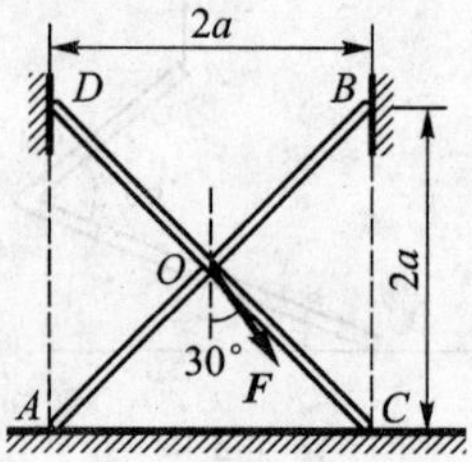

题 2.11 图

2.12 图示铅垂面内构架由曲柄 ABC 与直杆 CD,DE 相互铰接而成。已知 $q=12\ \mathrm{N\cdot m^{-1}}$，$M=20\ \mathrm{N\cdot m}$，$CD\perp DE$。如不计自重和摩擦，试求固定端 A 处的约束力。

2.13 图示铅垂面内不计自重和摩擦的构架，已知几何尺寸 l 和主动力 $\boldsymbol{F}$，试求支座 A,C 处的约束力。

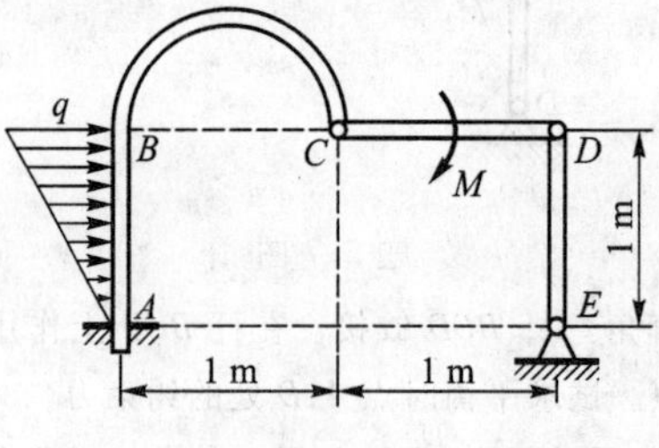

题 2.12 图

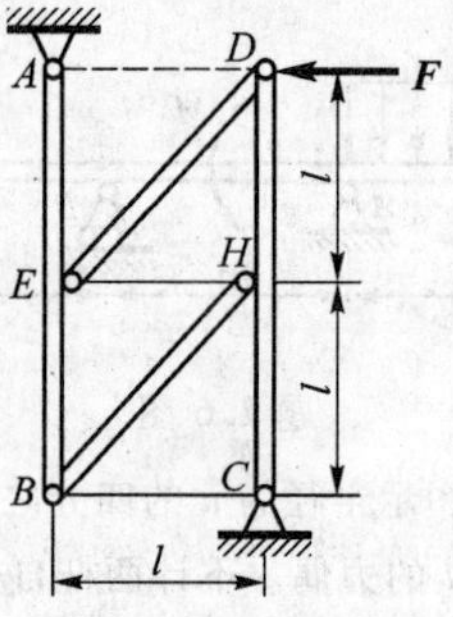

题 2.13 图

2.14 图示不计自重和摩擦的构架由 5 根杆 OA,BH,CG,OC,GH 组成，各杆在 C,D,E,G,H,O 处彼此铰接。已知 F,M 和 a，试求销钉 C,D,E,G 对杆 CG 的约束力。

2.15 图示铅垂面内不计自重和摩擦的构架由杆 AB,BC 和 DG 组成。杆 DG 上的销钉 E 放置在杆 BC 的直槽内。今在水平杆 DG 的一端作用一力偶矩为 M 的力偶。试求销钉 B,D 和固定端 A 对杆 AB 的约束力。

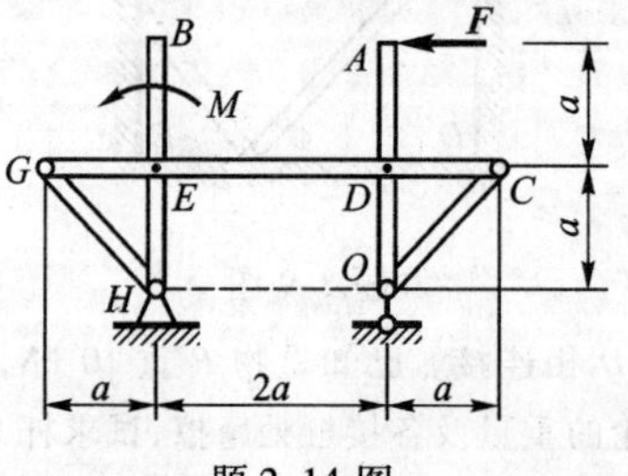

题 2.14 图

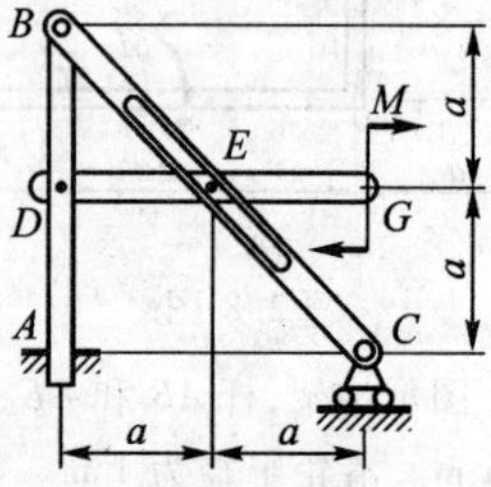

题 2.15 图

2.16　图示铅垂面内构架，各杆自重及摩擦不计。已知 $AB=CD=a$，$AC=BD=b$，在杆 CD 和 DB 的中点分别作用有铅垂主动力 $\boldsymbol{F}_1$ 和水平主动力 $\boldsymbol{F}_2$，杆 AC 上作用有主动力偶，其力偶矩为 M。试求杆 AD 两端所受到的销钉的约束力。

2.17　图示均质长方形薄板，重 $P=200$ N，角 A 通过光滑球铰链与固定墙相连，角 B 处突缘嵌入固定墙的光滑水平滑槽内，使角 B 的运动在 x，z 方向受到约束，而在 y 方向不受约束，并用钢索 EC 将薄板支持在水平位置上。试求 A，B 处的约束力及钢索 EC 的拉力。

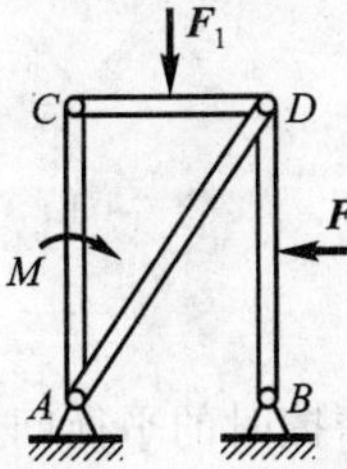

题 2.16 图

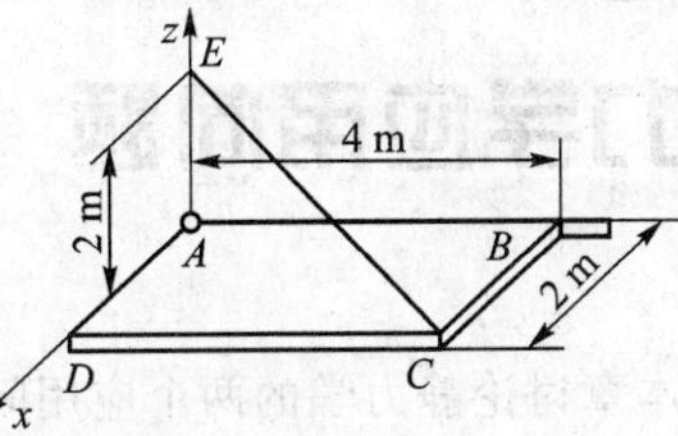

题 2.17 图

2.18　三条长度等于 l_1，l_2，l_3 的线绳系在一重量等于 P 的均匀三角板的三个顶点上，线绳的另一端合系于一固定点，三角板不在竖直平面内。试证：线绳中的张力等于 kPl_1，kPl_2，kPl_3，其中

$$k=\left[3(l_1^2+l_2^2+l_3^2)-(a^2+b^2+c^2)\right]^{-\frac{1}{2}}$$

其中 a，b，c 为三角板的三边长。

2.19　圆桌立在三条腿 A_1，A_2，A_3 上。在圆桌中心 O 放有重物。试问：为使桌腿 A_1，A_2，A_3 压力大小按比例 $1:2:\sqrt{3}$ 分配，则中心角 φ_1，φ_2，φ_3 应满足什么条件？

2.20　图示长为 $2a$、宽为 a 的均质矩形薄板 $ABCD$，重为 P，由 6 根无重杆支撑在水平位置。已知铅垂杆的长度均为 a。现沿边 DC 和 CB 作用水平力 $\boldsymbol{F}_1$ 和 $\boldsymbol{F}_2$，若不计摩擦，试求各杆对板的约束力。

2.21　图示边长为 b、重为 P 的等边三角形均质薄板 ABC，用 3 根铅垂杆 1，2，3 和 3 根与水平面成 30°角的斜杆 4，5，6 支撑在水平位置。在板的平面内作用一主动力偶，其力偶矩 M 的方向铅垂向下。若不计各杆自重和摩擦，试求各杆对板的作用力。

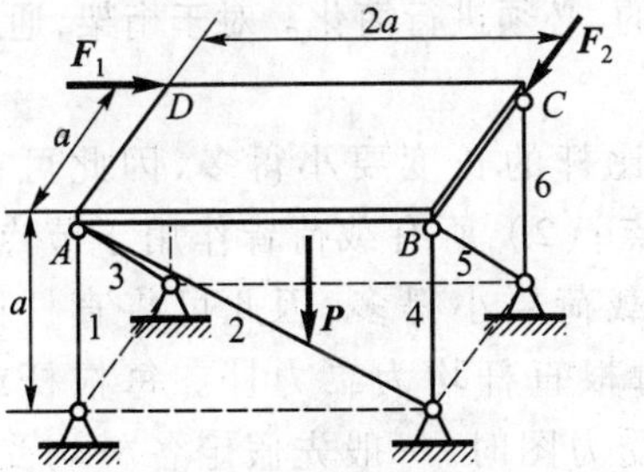

题 2.20 图

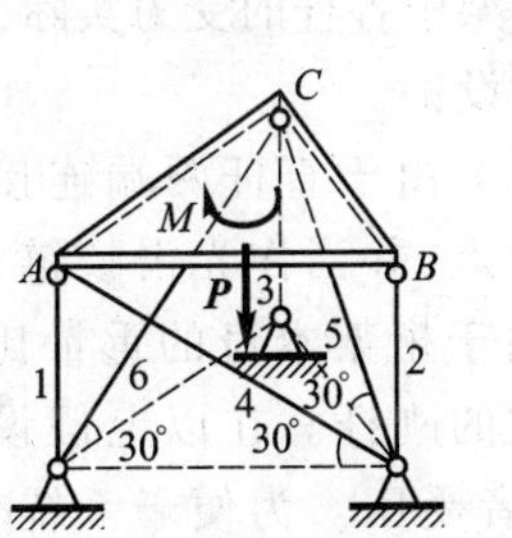

题 2.21 图

第 3 章

静力学应用问题

本章讨论静力学的两个应用问题：桁架与考虑摩擦时的平衡问题。

3.1 桁　　架

3.1.1 桁架的特点

桁架是由若干直杆在两端以一定方式连接起来的坚固承载结构。桁架具有自重轻、承载能力强、跨度大、能充分利用材料等优点，因此在工程中大量使用，例如，用于房屋、桥梁、输电线塔、油田井架等。静力学研究桁架的任务是在各种载荷下确定桁架的支撑约束力及各杆的内力，以便进行桁架的设计。

桁架中各杆的受力实际上是十分复杂的，必须进行简化。对于桁架，通常作如下假设：

(1) 由于直杆两端连接区的线尺度比杆的长度要小得多，因此可简化成一个点，并当作光滑铰链连接，称为**节点**；(2) 所有载荷皆作用于节点上；(3) 由于桁架本身的重量比它所承受的载荷要小得多，因此可将直杆简化为无重的刚杆。在以上假设下，桁架的每根直杆均为二力杆。每根杆或受拉，或者受压。为便于系统化分析，在画受力图时，一般先假定各杆均受拉，然后通过平衡方程求出它们的代数值，当其值为正时，说明为拉杆，即两端受杆轴向拉力作用的杆；当其值为负时，说明为压杆，即两端受杆轴向压力作用的杆。

3.1.2　确定平面桁架各杆内力的节点法

考虑桁架每个节点的平衡，画出受力图，列出平面汇交力系的两个平衡方程，联立求解即得全部杆件的**内力**。为避免求解联立方程，通常先求支座约束力，然后从只有两根杆的节点开始，以后按一定顺序考虑各节点平衡，使得每一次只出现两个新的未知量。

例 3.1.1　一平面桁架，在节点 D 处作用一大小为 12 kN、方向为水平向左的外力 $\boldsymbol{F}$，桁架的几何尺寸如图 3.1a 所示。试求各杆内力。

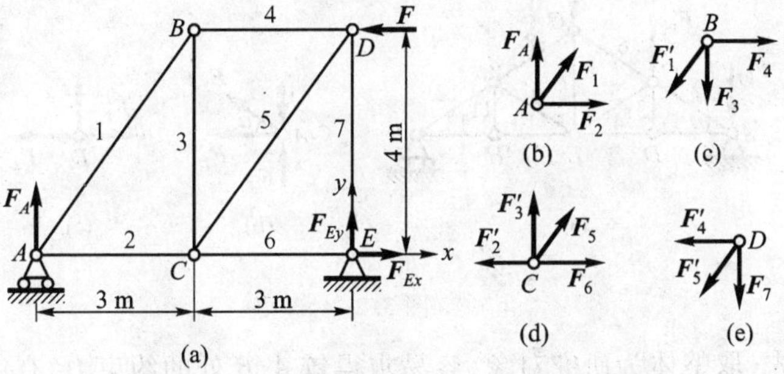

图 3.1

解：首先，取整体为研究对象，其受力图如图 3.1a 所示。

$$\sum M_E=0,\quad F\times 4\ \text{m}-F_A\times 6\ \text{m}=0,\quad F_A=8\ \text{kN}$$

其次，取节点 A 为研究对象，其受力图如图 3.1b 所示。

$$\sum F_y=0,\quad F_A+F_1\times\frac{4}{5}=0,\quad F_1=-10\ \text{kN}\qquad (\text{压杆})$$

$$\sum F_x=0,\quad F_2+F_1\times\frac{3}{5}=0,\quad F_2=6\ \text{kN}\qquad (\text{拉杆})$$

依次取节点 B,C,D 为研究对象，其受力图分别如图 3.1c, d, e 所示。

对节点 B

$$\sum F_y=0,\quad -F_1'\times\frac{4}{5}-F_3=0,\quad F_3=8\ \text{kN}\qquad (\text{拉杆})$$

$$\sum F_x=0,\quad -F_1'\times\frac{3}{5}+F_4=0,\quad F_4=-6\ \text{kN}\qquad (\text{压杆})$$

对节点 C

$$\sum F_y=0,\quad F_3'+F_5\times\frac{4}{5}=0,\quad F_5=-10\ \text{kN}\qquad(\text{压杆})$$

$$\sum F_x=0,\quad -F_2'+F_5\times\frac{3}{5}+F_6=0,\quad F_6=12\ \text{kN}\qquad(\text{拉杆})$$

对节点 D

$$\sum F_y=0,\quad -F_7-F_5'\times\frac{4}{5}=0,\quad F_7=8\ \text{kN}\qquad(\text{拉杆})$$

例 3.1.2 在图 3.2a 所示桁架中,已知 $\alpha=30°$,$F_{P1}=F_{P2}=F_{P3}=10\ \text{kN}$。试求各杆内力。

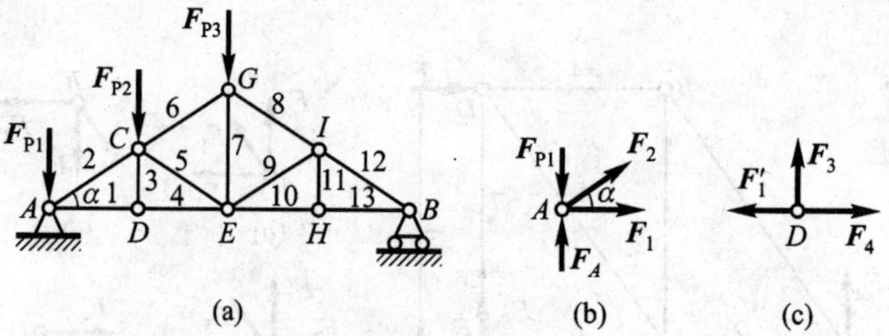

图 3.2

解: 首先,取整体为研究对象,容易求得铰 A,B 处的约束力,有

$$F_A=22.5\ \text{kN},\quad F_B=7.5\ \text{kN}$$

其次,取节点 A 为研究对象,受力图如图 3.2b 所示,有

$$\sum F_y=0,\quad F_2\sin 30°+F_A-F_{P1}=0,\quad F_2=-25\ \text{kN}$$

$$\sum F_x=0,\quad F_2\cos 30°+F_1=0,\quad F_1=21.7\ \text{kN}$$

再次,取节点 D 为研究对象,受力图如图 3.2c 所示,有

$$\sum F_y=0,\quad F_3=0$$

$$\sum F_x=0,\quad F_4-F_1=0,\quad F_4=21.7\ \text{kN}$$

依次考虑各节点 C,G,E,I,H 平衡,可求得

$$F_5=-10\ \text{kN},\quad F_6=-15\ \text{kN},\quad F_7=5\ \text{kN},\quad F_8=-15\ \text{kN},\quad F_9=0$$

$$F_{10}=13\ \text{kN},\quad F_{11}=0,\quad F_{12}=-15\ \text{kN},\quad F_{13}=13\ \text{kN}$$

可用最后一个节点 B 的平衡方程作校核,看以上结果是否有误。

由以上结果,有 $F_3=F_9=F_{11}=0$,这表明在本题载荷下此三杆内力为零,称为零杆。

3.1.3 确定平面桁架各杆内力的截面法

如果不需要求出桁架所有杆的内力，而只需求出某一根或某几根杆的内力，可采用**截面法**。利用截面法的思路是：假想用平面的或曲面截面截断桁架中的某些杆件，将桁架分成两部分；取其中一部分为研究对象，桁架的另一部分对它的作用可用截面所截到的杆的内力表示；然后列写平衡方程并求出所需未知力。对于平面桁架，由于平面力系仅有3个独立的平衡方程，因此截断杆件的数目一般不应超过3根。

例 3.1.3　图3.3a所示平面桁架中，杆 CD 长为 $\sqrt{3}a$，其余各杆长皆为 a。今在节点 G 上作用一水平向右的主动力 $\boldsymbol{F}$，试求杆 CD 的内力。

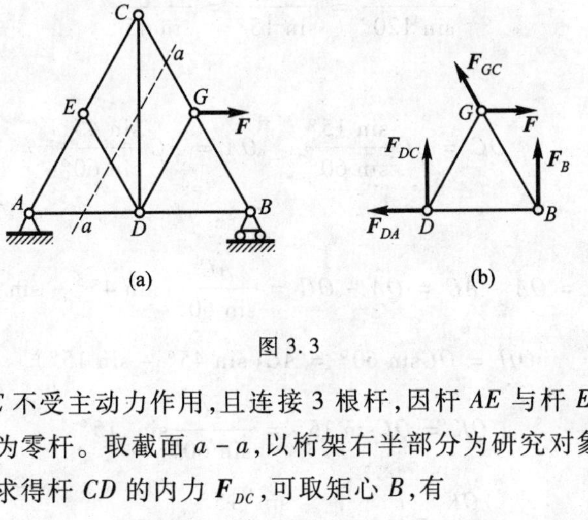

图3.3

解：节点 E 不受主动力作用，且连接3根杆，因杆 AE 与杆 EC 处于同一直线上，故杆 ED 为零杆。取截面 $a-a$，以桁架右半部分为研究对象，受力图如图3.3b所示。为求得杆 CD 的内力 $\boldsymbol{F}_{DC}$，可取矩心 B，有

$$\sum M_B = 0,\quad F\left(\frac{a}{2}\sin 60°\right) + F_{DC}\times\frac{a}{2} = 0,\quad F_{DC} = -\frac{\sqrt{3}}{2}F$$

例 3.1.4　平面桁架的支座和载荷如图3.4所示，试求杆 AB 的内力 $\boldsymbol{F}_{AB}$。

解：欲求得杆 AB 的内力，需先求出杆 AD 或杆 BF 的内力，然后以点 A 或点 B 为对象便可求得。为此，选截面 $a-a$ 如图3.4a所示，受力图如图3.4b所示。

首先，求 $\boldsymbol{F}_{FB}$。

为避开不求力 $\boldsymbol{F}_{DA}$ 和 $\boldsymbol{F}_{EC}$，以此二力的交点 O 为矩心，列方程，有

$$P\times OK + F_{FB}\times OH = 0 \tag{a}$$

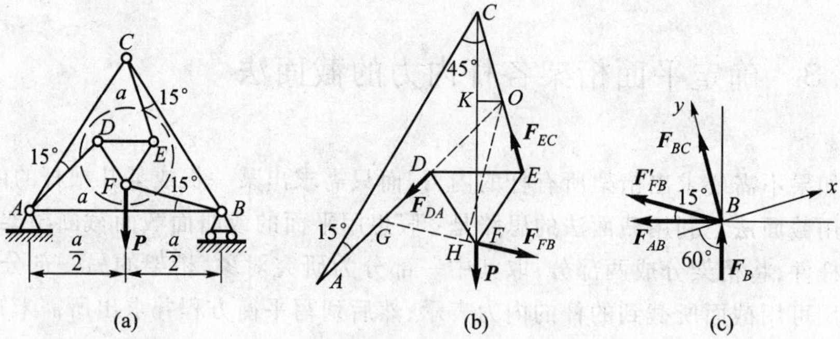

图 3.4

为求得式$\dfrac{OK}{OH}$,由$\triangle AOC$ 的正弦定理知

$$\frac{AC}{\sin 120^\circ}=\frac{OC}{\sin 15^\circ}=\frac{OA}{\sin 45^\circ}$$

于是有

$$OC=AC\frac{\sin 15^\circ}{\sin 60^\circ},\quad OA=AC\frac{\sin 45^\circ}{\sin 60^\circ}$$

进而,有

$$OG=OA-AG=OA-OC=\frac{AC}{\sin 60^\circ}(\sin 45^\circ-\sin 15^\circ)$$

$$OH=OG\sin 60^\circ=AC(\sin 45^\circ-\sin 15^\circ)$$

$$OK=OC\sin 15^\circ=\frac{AC}{\sin 60^\circ}\sin^2 15^\circ$$

$$\frac{OK}{OH}=\frac{\sin^2 15^\circ}{\sin 60^\circ(\sin 45^\circ-\sin 15^\circ)}\qquad\text{(b)}$$

将式(b)代入方程(a),得

$$F_{FB}=-P\frac{\sin^2 15^\circ}{\sin 60^\circ(\sin 45^\circ-\sin 15^\circ)}=-P\times\frac{\sqrt{2}(\sqrt{3}-1)}{6}$$
$$\approx -0.172\,5P$$

其次,以整体为研究对象,求 $\boldsymbol{F}_B$

$$\sum M_A=0,\quad F_B a-P\times\frac{a}{2}=0,\quad F_B=\frac{1}{2}P$$

最后，以点 B 为研究对象，受力图如图 3.4c 所示，有

$$\sum F_x = 0, \quad F_B\cos 60^\circ - F_{AB}\cos 30^\circ - F'_{FB}\cos 45^\circ = 0, \quad F'_{AB} = F_{AB}$$

$$F_{AB} = \frac{\frac{1}{2}P \times \frac{1}{2} + \frac{\sqrt{2}}{2}P \times \frac{\sqrt{2}}{6}(\sqrt{3}-1)}{\frac{\sqrt{3}}{2}} = P\left(\frac{1}{3} + \frac{\sqrt{3}}{18}\right)$$

$$\approx 0.429\ 5P$$

3.2　考虑摩擦的平衡问题

3.2.1　摩擦与摩擦力

1. 摩擦

在光滑面及光滑铰链的约束中，都认为接触面绝对光滑，而约束力沿接触面法线方向，这是一种抽象的理想状况。实际上，由于物体间接触面凸凹不平等原因，当物体间有滑动趋势时，都会产生沿接触面公切线方向的阻力，这就是**干摩擦**，即通常所说的摩擦。当物体间仅有相对滑动趋势时，沿公切线的阻力称为**静滑动摩擦力**；当物体间已发生相对滑动时，则阻力称为**动滑动摩擦力**。

如果摩擦力较大，或者虽然不大，但对所研究问题起重要作用，这时就必须考虑摩擦。例如，重力水坝依靠摩擦力来防止坝体的滑动，夹子依靠摩擦力夹起重物，胶带依靠摩擦力传递动力，汽车依靠摩擦力启动和制动等，这时摩擦力成为讨论问题的主要因素。因此，在这些情况下，就不能再假定物体间接触是光滑的了，而必须考虑摩擦的存在。

2. 摩擦力

将物体放在粗糙的水平面上静止不动，此时摩擦力为零。用主动力 $\boldsymbol{F}$ 去推它(图 3.5)，如果 $\boldsymbol{F}$ 较小，则物体仍保持静止状态，静摩擦力 $\boldsymbol{F}_f$ 与主动力 $\boldsymbol{F}$ 大小相等、方向相反。不断增大 $\boldsymbol{F}$，当达到某值时，物体开始滑动，说明静摩擦力有最大值。摩擦力的机制相当复杂，但对一般

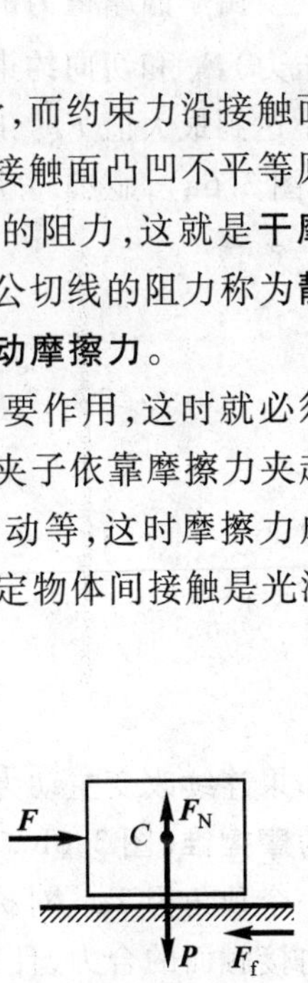

图 3.5

工程问题,可采用以下经验性结论:

(1) 静摩擦力 $\boldsymbol{F}_f$ 的方向沿两物体接触面公切线,并与两物体相对滑动趋势方向相反。

(2) 静摩擦力 $\boldsymbol{F}_f$ 的大小可在一定范围内变化,即

$$|\boldsymbol{F}_f| \leqslant \boldsymbol{F}_{f,max} \tag{3.2.1}$$

其中 $\boldsymbol{F}_{f,max}$ 称为最大静摩擦力。大量物理实验表明,这个最大静摩擦力的大小和法向约束力的大小 F_N 成正比,即

$$F_{f,max} = f_s F_N \tag{3.2.2}$$

其中 f_s 称为静摩擦因数,它取决于相互接触物体的材料及接触面的粗糙度、温度和湿度等,而与接触面的大小无关。式(3.2.2)称为**库仑(Coulomb)静摩擦定律**。

(3) 动摩擦力 $\boldsymbol{F}'_f$的大小也与法向约束力的大小成正比,即

$$F'_f = fF_N \tag{3.2.3}$$

其中 f 称为动摩擦因数,且有 $f<f_s$。式(3.2.3)称为**库仑动摩擦定律**。

3. 摩擦锥与摩擦自锁

由于静摩擦力的存在,接触处被约束物体的约束力 $\boldsymbol{F}_R$ 为法向约束力(即正压力)$\boldsymbol{F}_N$ 和切向约束力(即静摩擦力)$\boldsymbol{F}_f$ 的合力,称为**全约束力**。当摩擦力的大小达到最大值 $F_{f,max}$ 时,全约束力 $\boldsymbol{F}_{R,max}$ 与接触处公法线的夹角 φ_f 称为**摩擦角**(图 3.6a),显然,静摩擦因数为摩擦角的正切,即

$$f_s = \tan \varphi_f \tag{3.2.4}$$

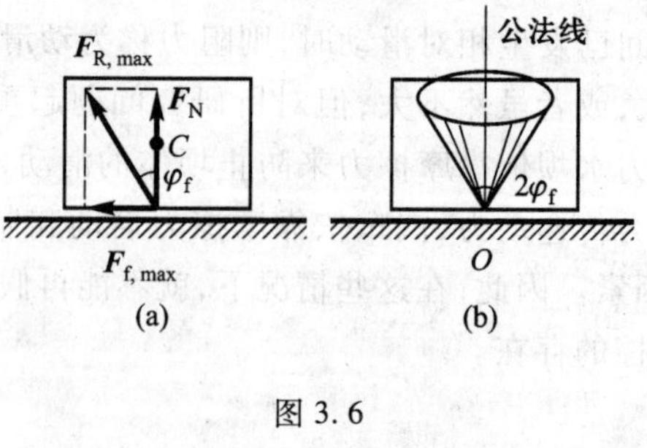

图 3.6

如果连续改变主动力在水平面内的方向,则 $\boldsymbol{F}_{R,max}$形成以点 O 为顶点的锥面,称为**摩擦锥**(图 3.6b)。如果被约束物体沿各个方向的摩擦性质相同,则摩擦锥是一个顶角为 $2\varphi_f$,对称轴为公法线的正圆锥。当作用于物体的主动力系存在指向接触面的合力,且该合力作用线位于摩擦锥以内时,则无论这个主动力的合力有多么大,接触处总能产生全约束力与之平衡,使被约束物体恒处于平衡状态,

这种现象称为**摩擦自锁**。工程中常用“自锁”设计一些机构，如螺旋千斤顶或机器上常用的固定螺栓，其螺纹的升角就是按照自锁的要求设计的。在另一些问题中，则需避免发生自锁现象，如水闸闸门的启闭机构等。当主动力的合力作用线在摩擦锥之外时，则无论这个主动力的合力有多么小，其全约束力永远无法与之相平衡，被约束物体均不能保持平衡状态，即被约束物体必进入运动状态。

3.2.2　滚动摩阻力偶

设一半径为 r、重为 P 的圆柱放置于水平地面上，且处于静止状态。今在圆柱中心作用一水平力 $\boldsymbol{F}$，设地面足够粗糙，保证圆柱不会滑动。如果圆柱与水平地面都是刚性的，则无论 $\boldsymbol{F}$ 多么小，圆柱都将产生纯滚动。但生活经验却是，当 $\boldsymbol{F}$ 不太大时，圆柱还能保持静止状态。实际上，圆柱与地面接触处存在不可避免的变形（图 3.7a），接触处的约束力是一个分布力系，它的合力作用点并不在接

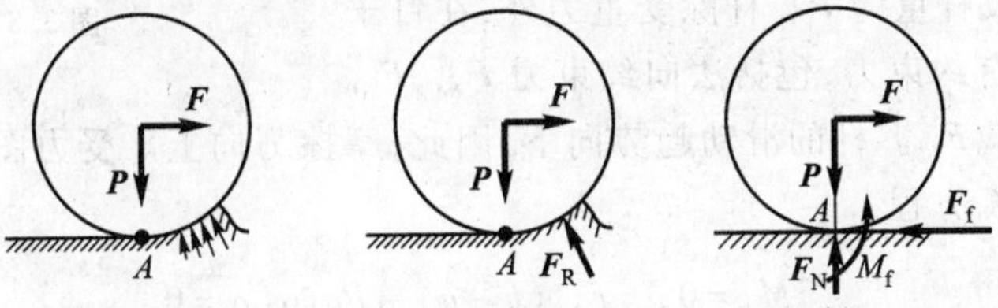

图 3.7

触点 A，而是略向前偏移（图 3.7b）。将约束力向接触点简化（图 3.7c），得到约束力的三个分量：约束力 $\boldsymbol{F}_{\mathrm{N}}$、滑动摩擦力 $\boldsymbol{F}_{\mathrm{f}}$ 及滚动摩阻力偶 M_{f}。实践证明，**滚动摩阻力偶** M_{f} 也有最大值 $M_{\mathrm{f,max}}$，而且 $M_{\mathrm{f,max}}$ 只与约束力 $\boldsymbol{F}_{\mathrm{N}}$ 成正比，即有

$$M_{\mathrm{f}} \leqslant M_{\mathrm{f,max}} \tag{3.2.5}$$

$$M_{\mathrm{f,max}} = \delta F_{\mathrm{N}} \tag{3.2.6}$$

其中 δ 称为**滚动摩阻系数**，它有长度的量纲。式（3.2.6）称为**滚动摩擦定律**。

3.2.3　考虑摩擦的平衡问题

在求解有摩擦的平衡问题时，受力图中应画出摩擦力。摩擦力的方向应与相对滑动趋势相反。有时可根据主动力的作用情况直接判断出其相对滑动趋势

后确定;有时也可先假定它沿接触公切线的某一指向,然后通过平衡方程求出其代数值后再判断是否正确;当同一物体在多处受到摩擦时,需注意各接触处滑动趋势的相容性;当接触处两相反方向的运动趋势都有可能发生时,可先假定摩擦力沿其中一个方向。在求解有摩擦的平衡问题时,除列写平衡方程外,还要补充关于摩擦的物理条件(3.2.1),(3.2.2)。由于存在不等式(3.2.1),解出的结果是一个范围。求解过程中,可以直接应用不等式运算,也可以在平衡临界状态下求解不等式,最后根据物理概念来判断范围。

例 3.2.1 两钉子的连线与水平面成角 α(图3.8)。一个不光滑的、均质的杆经过低处钉子的下边,压在高处钉子的上边。后者比杆的重心低,杆的重心到两钉子的距离分别为 a 和 $b(b>a)$,钉子与杆间的静摩擦因数等于 f_s。若杆刚能滑动,试证:$f_s=\dfrac{(b-a)\tan\alpha}{b+a}$。

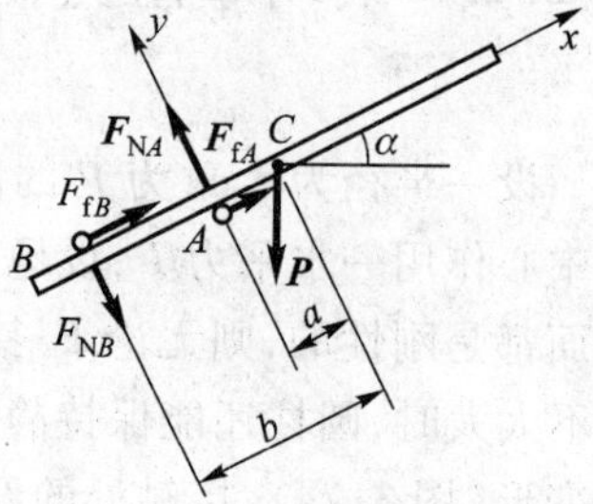

图 3.8

证明:设杆重为 P。杆除受重力外,在钉子 A,B 处还受有约束力,包括法向约束力 $\boldsymbol{F}_{NA},\boldsymbol{F}_{NB}$ 及摩擦力 $\boldsymbol{F}_{fA},\boldsymbol{F}_{fB}$。杆的滑动趋势向下,因此,摩擦力向上。受力图如图 3.8 所示。列写平衡方程

$$\sum M_A=0,\quad F_{NB}(b-a)-Pa\cos\alpha=0 \tag{a}$$

$$\sum M_B=0,\quad F_{NA}(b-a)-Pb\cos\alpha=0 \tag{b}$$

$$\sum F_x=0,\quad F_{fA}+F_{fB}-P\sin\alpha=0 \tag{c}$$

杆刚能滑动时,摩擦力达到最大值,有

$$F_{fA}=f_sF_{NA},\quad F_{fB}=f_sF_{NB} \tag{d}$$

将式(d)代入式(c),得

$$F_{NA}+F_{NB}=\frac{P\sin\alpha}{f_s}$$

将式(a),(b)代入上式,得

$$f_s=\frac{b-a}{b+a}\tan\alpha$$

证毕。

例 3.2.2 如图 3.9a 所示,在倾角为 α 的斜面上放一重为 P 的物块,物块

与斜面间的静摩擦因数为 f_s，已知 $f_s < \tan\alpha$，且 $f_s < \cot\alpha$。试求物块能在斜面上保持静止状态所需水平向右的力 $\boldsymbol{F}_P$ 的大小。

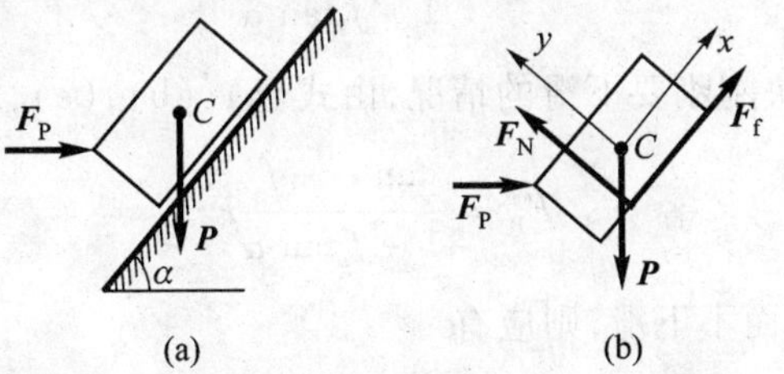

图 3.9

解：如果在已知主动力 $\boldsymbol{F}_P$ 的作用下，物块能处于平衡状态，则未知量为法向约束力的大小及其作用线位置和摩擦力的代数值等 3 个未知量。以物块为研究对象，受力图如图 3.9b 所示，列写平衡方程并求出 F_N 与 F_f，有

$$\sum F_x = 0,\quad F_f + F_P\cos\alpha - P\sin\alpha = 0,\quad F_f = P\sin\alpha - F_P\cos\alpha \tag{a}$$

$$\sum F_y = 0,\quad F_N - P\cos\alpha - F_P\sin\alpha = 0,\quad F_N = P\cos\alpha + F_P\sin\alpha \tag{b}$$

由 $|\boldsymbol{F}_f| \leqslant f_s F_N$，得

$$-f_s(P\cos\alpha + F_P\sin\alpha) \leqslant P\sin\alpha - F_P\cos\alpha \leqslant f_s(P\cos\alpha + F_P\sin\alpha)$$

整理得

$$\frac{\tan\alpha - f_s}{1 + f_s\tan\alpha}P \leqslant F_P \leqslant \frac{\tan\alpha + f_s}{1 - f_s\tan\alpha}P$$

为解此题，亦可在平衡临界状态下求解等式，再根据物理概念来判断范围。当水平力 F_P 较小时，物块有下滑趋势，则摩擦力向上；当水平力 F_P 较大时，物块有上滑趋势，则摩擦力向下。对前一种情形，平衡方程为前面的式(a)，(b)。对后一种情形，平衡方程为

$$-F_f + F_P\cos\alpha - P\sin\alpha = 0 \tag{c}$$

$$F_N - P\cos\alpha - F_P\sin\alpha = 0 \tag{d}$$

在平衡极限状态下，摩擦力达到最大值，有

$$F_f = f_s F_N \tag{e}$$

由式(c)，(d)，(e)求得

$$F_P = \frac{\tan\alpha + f_s}{1 - f_s\tan\alpha}P$$

这是刚刚要上滑的极限情况。欲使物块保持平衡而不上滑，则应有

$$F_{P} \leqslant \frac{\tan \alpha + f_{s}}{1 - f_{s}\tan \alpha}P \tag{f}$$

对前一情形，即物块刚刚要下滑的情况，由式(a)，(b)，(e)，求得

$$F_{P} = \frac{\tan \alpha - f_{s}}{1 + f_{s}\tan \alpha}P$$

欲使物块保持平衡而不下滑，则应有

$$F_{P} \geqslant \frac{\tan \alpha - f_{s}}{1 + f_{s}\tan \alpha}P \tag{g}$$

联合式(f)，(g)，即得前述结果。

例 3.2.3 如图 3.10a 所示，一重为 P、长为 $2l$ 的均质杆 AB，两端放在两个相互垂直的固定平板上。已知右平板与水平面夹角为 α，杆与两平板之间的摩擦角皆为 φ_{f}。试求平衡时，杆与左平板之间的夹角 β。

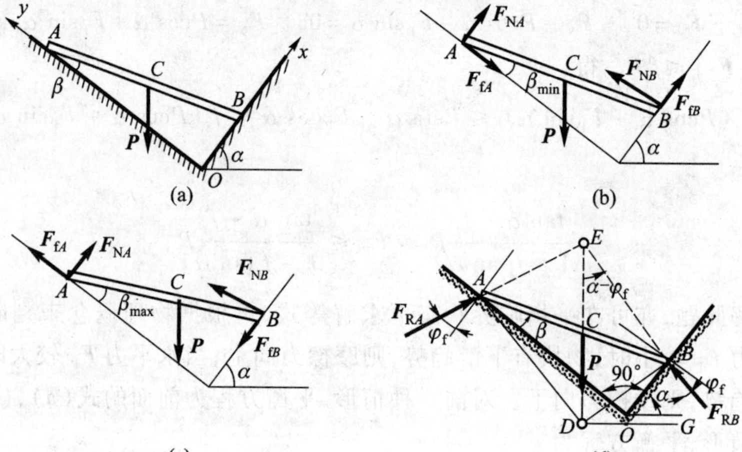

图 3.10

解： 当角 β 取合适值，杆能处于平衡，此时杆两端的法向约束力和摩擦力都未知。此题适合用临界状态来求解。

当 B 端有下滑趋势，A 端则必有上滑趋势，且杆处于临界状态。此时的 β 值为平衡状态时的最小值 $\beta_{\min}$，受力图为图 3.10b。列平衡方程

$$\sum F_{x} = 0,\quad F_{NA} + F_{fB} - P\sin \alpha = 0 \tag{a}$$

$$\sum F_{y} = 0,\quad F_{NB} - F_{fA} - P\cos \alpha = 0 \tag{b}$$

$$\sum M_C = 0, \quad -F_{NA}l\cos\beta_{min} + F_{fA}l\sin\beta_{min} + F_{fB}l\cos\beta_{min} + F_{NB}l\sin\beta_{min} = 0 \quad (c)$$

物理条件为

$$F_{fA} = F_{NA}\tan\varphi_f \quad (d)$$

$$F_{fB} = F_{NB}\tan\varphi_f \quad (e)$$

由式(a),(b),(d),(e)解得

$$F_{fA} = P\sin(\alpha - \varphi_f)\sin\varphi_f, \quad F_{fB} = P\cos(\alpha - \varphi_f)\sin\varphi_f$$

$$F_{NA} = P\sin(\alpha - \varphi_f)\cos\varphi_f, \quad F_{NB} = P\cos(\alpha - \varphi_f)\cos\varphi_f$$

将其代入式(c)得

$$\sin[(\alpha - \varphi_f) - (\varphi_f + \beta_{min})] = 0 \quad (f)$$

于是有

$$\beta_{min} = \alpha - 2\varphi_f \quad (g)$$

当 B 端有上滑趋势,则 A 端必有下滑趋势,且杆处于临界状态。此时 β 值为平衡状态时的最大值 β_{max},其受力分析如图 3.10c 所示。只要将方程(a),(b),(c)中的摩擦力改变符号,类似地得到

$$\sin[(\alpha + \varphi_f) + (\varphi_f - \beta_{max})] = 0 \quad (h)$$

于是有

$$\beta_{max} = \alpha + 2\varphi_f \quad (i)$$

这样,杆能保持平衡的 β 值的范围为

$$\alpha - 2\varphi_f \leqslant \beta \leqslant \alpha + 2\varphi_f \quad (j)$$

当 $\alpha < 2\varphi_f$ 时,$\beta_{min} < 0$,这表明 B 端下滑这种运动不会发生;而当 $\alpha + 2\varphi_f > \dfrac{\pi}{2}$时,$\beta_{max} > \dfrac{\pi}{2}$,这表明 B 端上滑这种运动不会发生。当上述两个条件同时满足时,无论杆有多么重,也无论杆如何放置,杆都能平衡,即杆能自锁。

为解此题,也可利用摩擦角的性质。当杆处于将动而未动的临界状态时,摩擦力等于最大静摩擦力,即平板对杆的约束力与法线夹角为摩擦角 φ_f。约束力 $\boldsymbol{F}_{RA}$ 和 $\boldsymbol{F}_{RB}$ 的作用线交于点 E,过点 A,B 作 $\boldsymbol{F}_{RA}$,$\boldsymbol{F}_{RB}$ 的垂线交于点 D,$AEBD$ 是矩形。杆 AB 共受三个力,根据三力平衡,重力作用线必经过点 E 和点 D(图 3.10d)。5 个点 A,B,D,E,O 都在以 AB 为直径的同一个圆上,$\angle BDG$ 与 $\angle DAB$ 是对应同一圆弧的弦切角的圆周角,它们应相等。从图中不难看出,$\angle BDG = \alpha - \varphi_f$,$\angle DAB = \beta + \varphi_f$,因此有 $\beta = \alpha - 2\varphi_f$。在非临界情形 $\beta > \alpha - 2\varphi_f$。同理,可

以确定必须有 $\alpha+2\varphi_f \geqslant \beta$。因此，当 $\alpha-2\varphi_f \leqslant \beta \leqslant \alpha+2\varphi_f$ 时，杆能处于平衡状态。

例 3.2.4 如图 3.11a 所示，不计自重的折梯放置在水平地面上，已知两腿与地面的摩擦因数均为 f_s。一重为 P 的人由地面开始往上爬。试求折梯与地面的夹角 α 应为多大时，梯子才能保持平衡状态。设 $AC=BC=l$。

解： 在重 P 作用下，梯子左腿着地点 A 有向左滑动趋势，而梯子右腿着地点 B 有向右滑动趋势，因此摩擦力 $\boldsymbol{F}_{fA}$ 向右，而 $\boldsymbol{F}_{fB}$ 向左。取整体为研究对象，受力图如图 3.11b 所示。列平衡方程并求解，有

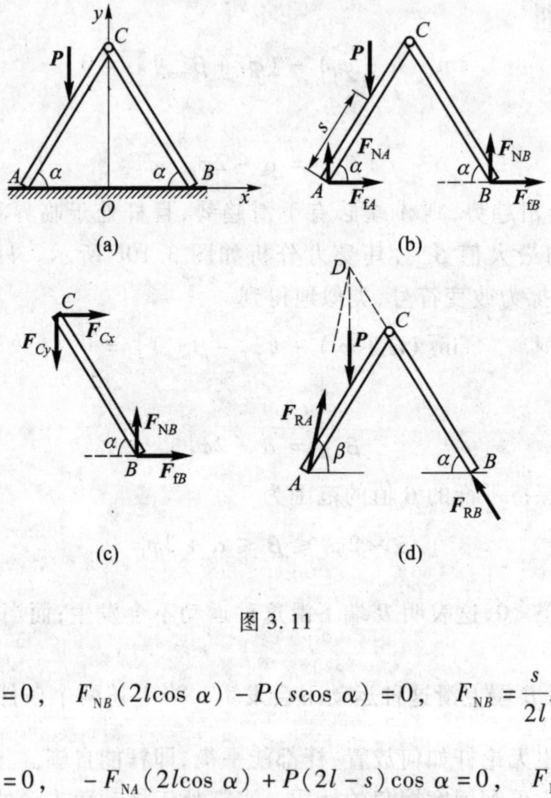

图 3.11

$$\sum M_A=0,\quad F_{NB}(2l\cos\alpha)-P(s\cos\alpha)=0,\quad F_{NB}=\frac{s}{2l}P$$

$$\sum M_B=0,\quad -F_{NA}(2l\cos\alpha)+P(2l-s)\cos\alpha=0,\quad F_{NA}=\frac{2l-s}{2l}P$$

$$\sum F_x=0,\quad F_{fA}+F_{fB}=0,\quad F_{fA}=-F_{fB}$$

取梯子右半部分 BC 为研究对象，受力图如图 3.11c 所示。列平衡方程并求解，有

$$\sum M_C=0,\quad F_{NB}(l\cos\alpha)+F_{fB}(l\sin\alpha)=0,\quad F_{fB}=-\frac{s}{2l}P\cot\alpha=-F_{fA}$$

由 $|F_{fA}|\leqslant f_sF_{NA}$，$|F_{fB}|\leqslant f_sF_{NB}$，得

$$\frac{s}{2l}P\cot\alpha \leqslant \frac{2l-s}{2l}f_sP$$

$$\frac{s}{2l}P\cot\alpha \leqslant \frac{s}{2l}f_sP$$

即

$$\tan\alpha \geqslant \frac{s}{2l-s}\frac{1}{f_s} \tag{a}$$

$$\tan\alpha \geqslant \frac{1}{f_s} \tag{b}$$

因 $s<l$，故式（b）满足时，则式（a）必满足。因此，当

$$\alpha \geqslant \arctan\left(\frac{1}{f_s}\right) \tag{c}$$

时梯子两腿都不会滑动。

此题还有一简单解法。因梯子右腿是二力杆，根据三力平衡，力 $\boldsymbol{P}$，$\boldsymbol{F}_{RB}$ 和 $\boldsymbol{F}_{RA}$ 必汇交于一点 D（图 3.11d）。在平衡的临界状态下，在点 B 处有

$$\tan\alpha = \frac{1}{f_s}$$

不滑动条件为

$$\tan\alpha \geqslant \frac{1}{f_s} \tag{d}$$

在点 A 处有

$$\tan\beta = \frac{1}{f_s}$$

不滑动条件为

$$\tan\beta \geqslant \frac{1}{f_s} \tag{e}$$

因 $\beta>\alpha$，故当条件（d）满足时，条件（e）必满足。

例 3.2.5　如图 3.12a 所示，可绕固定铰支座 O 转动的平板，搁置于重为 P、半径为 r 的圆球上，A 端挂一重物 G，该球置于水平地面上。如圆球与平板及地面间的摩擦角均为 φ_f。试求圆球静止时的 α 角。

解： 圆球受到重力 $\boldsymbol{P}$，点 B 处全约束力 $\boldsymbol{F}_{RB}$ 和点 D 处的全约束力 $\boldsymbol{F}_{RD}$，属于三力平衡问题。由于力 $\boldsymbol{P}$ 与 $\boldsymbol{F}_{RB}$ 交于点 D，故 $\boldsymbol{F}_{RB}$ 必过点 D。由此可判断点 B 和

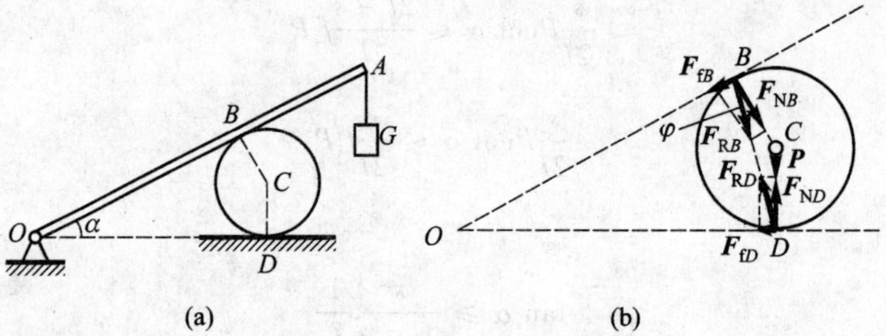

图 3.12

点 D 处摩擦力的方向。

取圆球为研究对象,受力图如图 3.12b 所示。列平衡方程并求解,有

$$\left.\begin{aligned} &\sum M_C = 0, \quad F_{fB} r - F_{fD} r = 0, \quad F_{fB} = F_{fD} \\ &\sum M_O = 0, \quad F_{ND} \times OD - P \times OD - F_{NB} \times OD = 0 \end{aligned}\right\} \tag{a}$$

因 $OD = OB$,故得

$$F_{ND} = F_{NB} + P \tag{b}$$

根据物理条件

$$(F_{fB})_{\max} = f_s F_{NB} \tag{c}$$

$$(F_{fD})_{\max} = f_s F_{ND} \tag{d}$$

以及式(a),(b)知,在 B 处先达到最大静摩擦力,即点 B 先达到临界状态,当圆球在点 B 出现滑动瞬间,圆球沿水平地面滚而不滑。

圆球平衡时有

$$\varphi = \frac{\alpha}{2} \leqslant \varphi_f$$

因此

$$\alpha \leqslant 2\varphi_f$$

当 $\alpha \leqslant 2\varphi_f$ 满足时,不论 G 有多么重,圆球都能平衡。

例 3.2.6 如图 3.13a 所示,物块 A 重为 P_1,圆轮 B 重为 P_2,其重心在轮中心,轮半径为 R,两根轮轴半径分别为 r_1 和 r_2。轮轴上绕上柔索,一根柔索与水平线夹角为 α,并跨过一半径为 r、重量不计的光滑定滑轮 O 挂一重为 P_3 的重物 C;另一根柔索水平地与物块 A 相连。圆轮与水平地面间静摩擦因数为 f_{s1},物块 A 与水平地面间的摩擦因数为 f_{s2}。假定系统处于同一铅垂面内,且不计柔索质量。试求系统平衡时 P_3 的值。

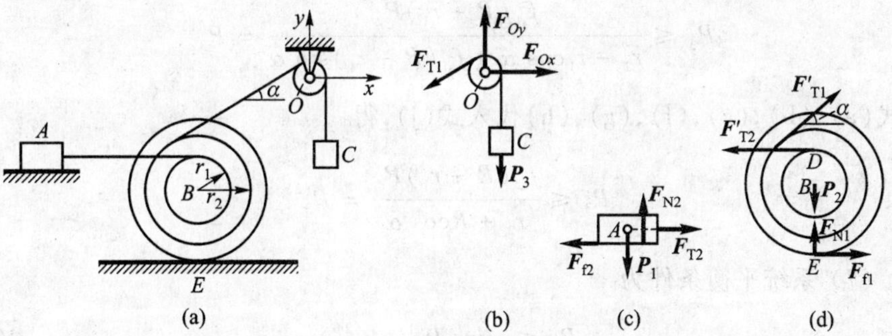

图 3.13

解：系统在两处存在静摩擦力，而且比较难判断何处先达到临界状态。因此，应逐一讨论可能发生的临界情况，并在经过比较后再得出解答。

（1）以定滑轮 O 和重物 C 为研究对象，受力图如图 3.13b 所示。列平衡方程并求解，有

$$\sum M_O = 0,\quad F_{T1}r - P_3 r = 0,\quad F_{T1} = P_3 \tag{a}$$

（2）以物块 A 为研究对象，受力图如图 3.13c 所示。列平衡方程并求解，有

$$\sum F_x = 0,\quad F_{T2} - F_{f2} = 0,\quad F_{T2} = F_{f2} \tag{b}$$

$$\sum F_y = 0,\quad F_{N2} - P_1 = 0,\quad F_{N2} = P_1 \tag{c}$$

（3）以圆轮为研究对象，受力图如图 3.13d 所示。利用平衡方程 $\sum M_D = 0$ 可判断出 E 处摩擦力为水平向右。列平衡方程

$$\sum M_D = 0,\quad F_{f1}(R + r_1) + [-F'_{T1}r_2 + (F'_{T1}\cos\alpha)r_1] = 0 \tag{d}$$

$$\sum F_y = 0,\quad F_{N1} - P_2 + F'_{T1}\sin\alpha = 0 \tag{e}$$

$$\sum M_E = 0,\quad F'_{T2}(R + r_1) + [-F'_{T1}r_2 - (F'_{T1}\cos\alpha)R] = 0 \tag{f}$$

（4）由作用和反作用定律，有

$$F'_{T1} = F_{T1} \tag{g}$$

$$F'_{T2} = F_{T2} \tag{h}$$

（5）由物理条件知

$$F_{f1} \leqslant f_{s1}F_{N1} \tag{i}$$

$$F_{f2} \leqslant f_{s2}F_{N2} \tag{j}$$

(6) 将式(a),(d),(e),(g)代入式(i),得

$$P_3 \leqslant \frac{f_{s1}(R+r_1)P_2}{r_2 - r_1\cos\alpha + f_{s1}(R+r_1)\sin\alpha} = P_3^{(1)}$$

将式(a),(b),(c),(f),(g),(h)代入式(j),得

$$P_3 \leqslant \frac{f_{s2}(R+r_1)P_1}{r_2 + R\cos\alpha} = P_3^{(2)}$$

(7) 系统平衡条件为

$$P_3 \leqslant \min(P_3^{(1)}, P_3^{(2)}) \tag{k}$$

如果不满足这个条件,则当 $P_3^{(2)} < P_3 < P_3^{(1)}$ 时,物块 A 先滑动,而圆轮相对于地面只滚不滑;当 $P_3^{(1)} < P_3 < P_3^{(2)}$ 时,物块 A 不动,而圆轮相对于地面打滑;当 $P_3 > \max(P_3^{(1)}, P_3^{(2)})$ 时,物块 A 滑动的同时,圆轮相对于地面又滚又滑。

例 3.2.7 如图 3.14a 所示,在搬运重物时,下面常垫以滚木。设重物重为 P_1,而两滚木重均为 P_2,半径均为 r。滚木与重物、滚木与地面间的滚动摩阻系数分别为 δ_1 和 δ_2。试求即将拉动重物时水平力 $\boldsymbol{F}$ 的大小。

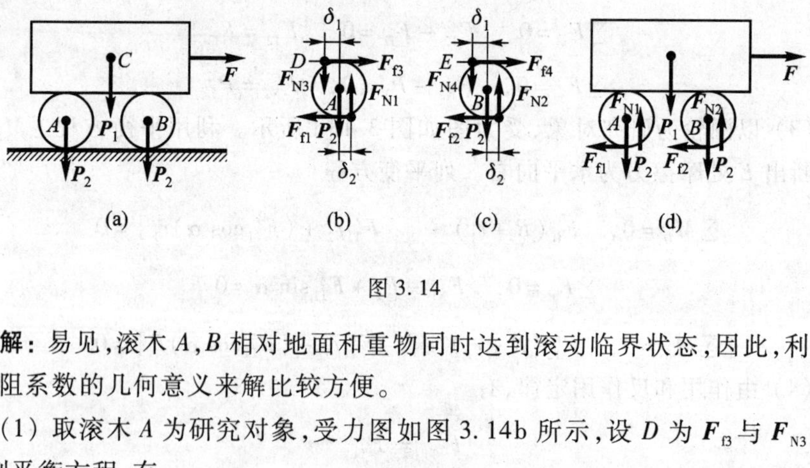

图 3.14

解:易见,滚木 A,B 相对地面和重物同时达到滚动临界状态,因此,利用滚动摩阻系数的几何意义来解比较方便。

(1) 取滚木 A 为研究对象,受力图如图 3.14b 所示,设 D 为 $\boldsymbol{F}_{f3}$ 与 $\boldsymbol{F}_{N3}$ 的交点,列平衡方程,有

$$\sum M_D = 0,\quad F_{N1}(\delta_1+\delta_2) - F_{f1}\times 2r - P_2\delta_1 = 0 \tag{a}$$

(2) 取滚木 B 为研究对象,受力图如图 3.14c 所示,设 E 为 $\boldsymbol{F}_{f4}$ 与 $\boldsymbol{F}_{N4}$ 的交点,列平衡方程,有

$$\sum M_E = 0,\quad F_{N2}(\delta_1+\delta_2) - F_{f2}\times 2r - P_2\delta_1 = 0 \tag{b}$$

(3) 取整体为研究对象,受力图如图 3.14d 所示,列方程并求解,有

$$\sum F_x = 0,\quad F - F_{f1} - F_{f2} = 0,\quad F_{f1} + F_{f2} = F \tag{c}$$

$$\sum F_y = 0,\quad F_{N1} + F_{N2} - P_1 - 2P_2 = 0,\quad F_{N1} + F_{N2} = P_1 + 2P_2 \tag{d}$$

(4) 式(a)与式(b)相加,得

$$(F_{N1} + F_{N2})(\delta_1 + \delta_2) - (F_{f1} + F_{f2})(2r) - 2P_2\delta_1 = 0 \tag{e}$$

将式(c),(d)代入式(e),得

$$F = \frac{P_1(\delta_1 + \delta_2) + 2P_2\delta_2}{2r}$$

例 3.2.8　如图 3.15 所示,长为 l 的直杆的下端 A 用球铰链与地面相连,上端 B 靠在粗糙的竖直墙上。点 A 与墙距 $AO = a < l$。设杆正趋滑动时,平面 AOB 与竖直平面 AOC 的夹角为 α。试证:杆与墙间的摩擦因数为

$$f_s = \sqrt{\left(\frac{l}{a}\right)^2 - 1}\tan\alpha$$

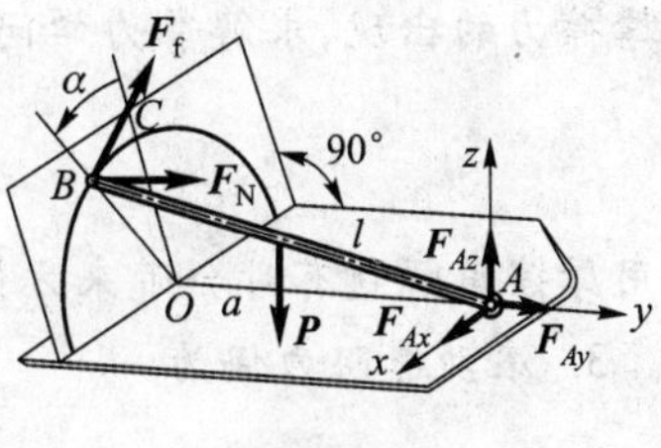

图 3.15

证明: 取杆 AB 为研究对象,受力图如图所示。杆 AB 受到重力 $\boldsymbol{P}$,铰链 A 处的约束力 $\boldsymbol{F}_{Ax}$,$\boldsymbol{F}_{Ay}$,$\boldsymbol{F}_{Az}$,以及接触点 B 的约束力 $\boldsymbol{F}_N$,$\boldsymbol{F}_f$,其中法向约束力 $\boldsymbol{F}_N$ 垂直于墙面,而摩擦力在圆弧的切线方向。列写平衡方程并求解,有

$$\sum M_z = 0,\quad F_N\sqrt{l^2 - a^2}\sin\alpha - F_f a\cos\alpha = 0$$

$$\frac{F_f}{F_N} = \frac{\sqrt{l^2 - a^2}\sin\alpha}{a\cos\alpha}$$

杆正趋滑动时,摩擦力达到最大值

$$F_f = f_s F_N$$

于是有

$$f_s = \sqrt{\left(\frac{l}{a}\right)^2 - 1}\tan\alpha$$

证毕。

小 结

1. 桁架

实际桁架在一定条件下可简化为理想桁架的模型,其中各杆件均为二力杆。求解桁架各杆内力可用节点法或截面法。

2. 求解有摩擦的平衡问题时,需正确处理摩擦力,摩擦力的方向沿接触面的公切线方向并与相对滑动趋势相反,摩擦力的大小有一个范围

$$F_{\mathrm{f}} \leqslant f_{\mathrm{s}} F_{\mathrm{N}}$$

因摩擦力的出现,求解静力学问题比不计摩擦时要复杂一些。摩擦角为

$$\varphi_{\mathrm{f}} = \arctan f_{\mathrm{s}}$$

利用摩擦角解题有时会带来方便。

3. 滚动摩阻力偶为

$$M_{\mathrm{f}} \leqslant \delta F_{\mathrm{N}}$$

习 题

3.1 平面悬臂桁架所受载荷如图所示。试用截面法求杆 1,2,3 的内力。

3.2 平面桁架的支座及载荷如图所示。试求杆 1,2,3 的内力。

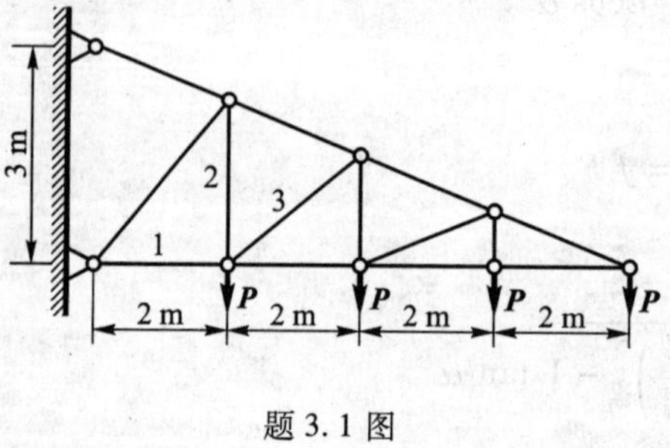

题 3.1 图

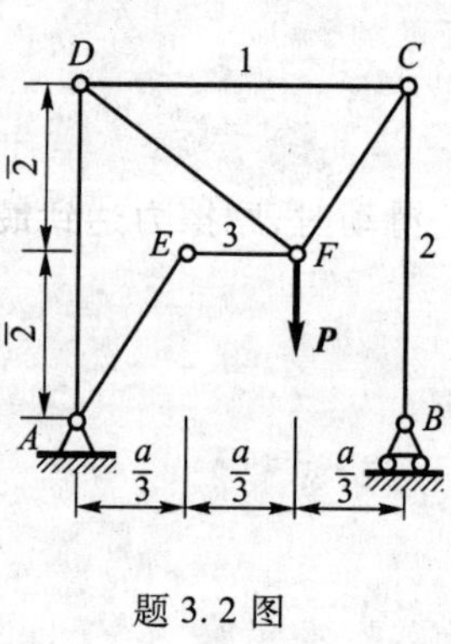

题 3.2 图

3.3 如图所示,一几何尺寸已知的悬臂式桁架,节点 A 处作用一铅垂向下的主动力 $\boldsymbol{P}$。试求杆 1,2,3,4 的内力。

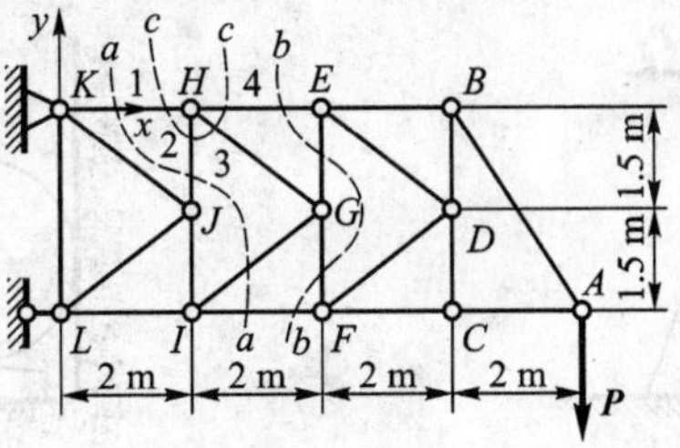

题 3.3 图

3.4　试求图示桁架各杆的内力。

3.5　图示桁架各杆长均为 a。试求杆 1,2,3 的内力。

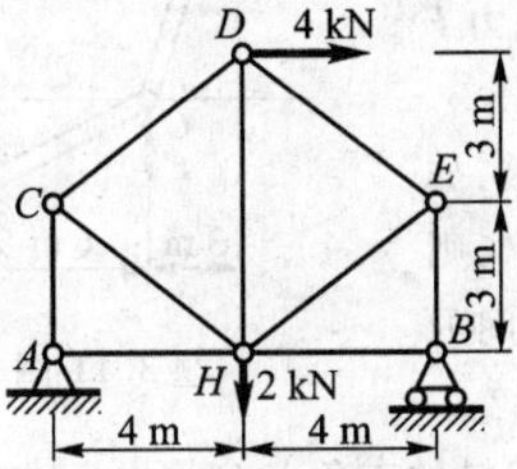

题 3.4 图

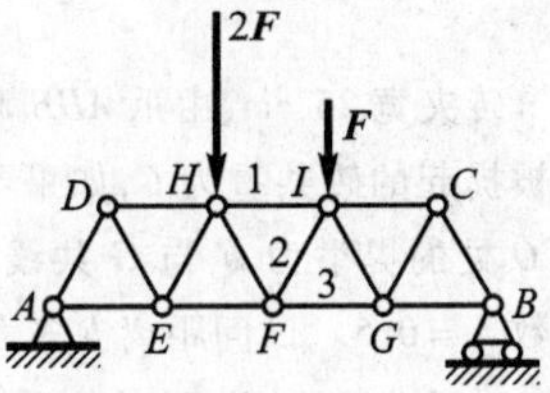

题 3.5 图

3.6　两重均为 P_1 的小环能在不光滑的水平杆上滑动,环与杆之间的摩擦因数为 f_s。两小环用长为 l 的不可伸长的线相连,在线的中点又挂着另一重为 $2P_2$ 的小环。试证:小环 P_1 在杆上不滑动时的最大分离长度为 $l\cos\alpha$,而 $\tan\alpha = \dfrac{P_2}{f_s(P_1+P_2)}$。

3.7　柜子的抽屉长 a 宽 b,前板上两个把手之间的距离为 $h<b$。试证:当 $f_s > \dfrac{a}{h}$ 时,用垂直于前板的力拉一个把手,不管使多大力都拉不出来。

3.8　如图所示,三个相同的均质圆柱体堆放在水平面上,所接触处的摩擦因数均为 f_s。试证:为使上面的圆柱体能放上去,摩擦因数需比 $2-\sqrt{3}$ 大。

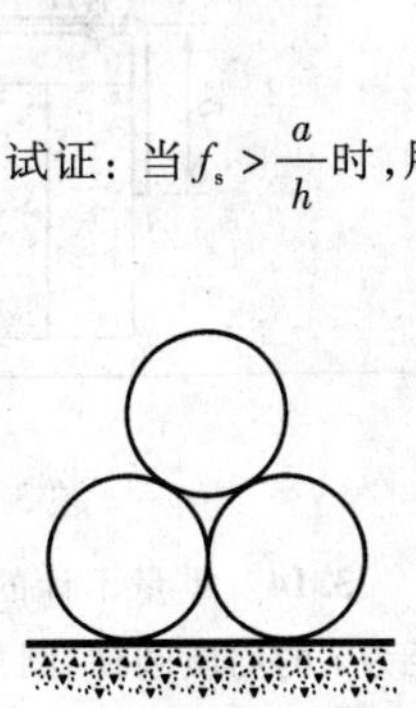

题 3.8 图

3.9　顶角为 2α、高为 h、重为 P 的均质圆锥体放在水平面上,摩擦因数为 f_s。在锥顶作用一水平力 $\boldsymbol{P}_1$。试证:当 $\alpha > \arctan f_s$,$P_1 > f_s P$ 时先滑动;当 $\alpha < \arctan f_s$,$P_1 > P\tan\alpha$ 时先翻倒。

3.10　重 10 kN 的均质圆柱体放在倾角为 5° 的楔和竖直墙之间,所有接触处的摩擦因数均为 $f_s = 0.25$。不计楔的重量。试求水平推力 $\boldsymbol{P}$ 的大小为多少时才能推动楔?

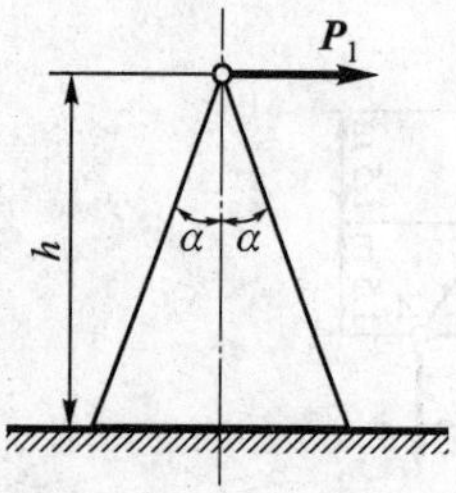

题 3.9 图

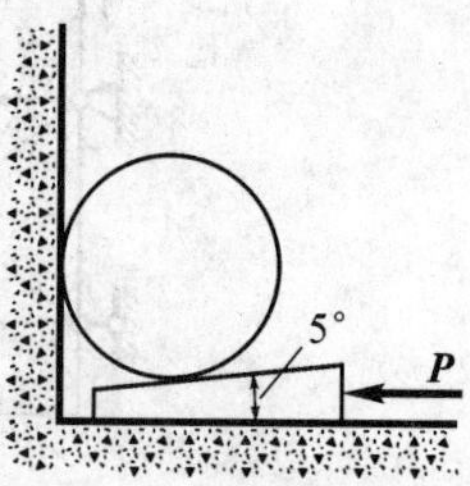

题 3.10 图

3.11 图示物块 A 重为 $P_A=20$ N,物块 B 重为 $P_B=9$ N,直杆 AC 和 BC 的重量不计,各物体用光滑铰链相互连接,并处于同一铅垂面内。已知物块 A,B 与接触面间的静摩擦因数为 $f_s=0.25$,且在图示位置处于平衡状态。试求此时铅垂力 $\boldsymbol{F}$ 的值。

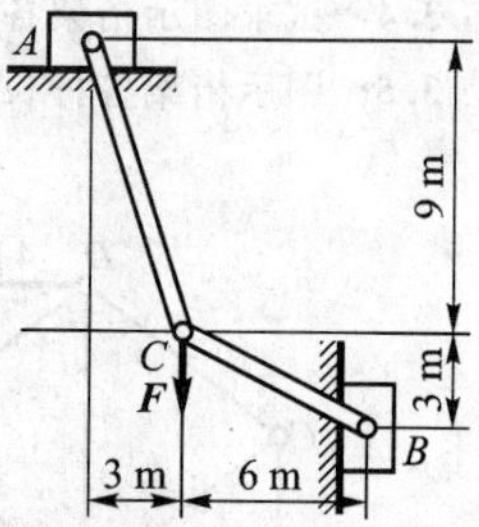

题 3.11 图

3.12 砖夹宽 25 cm,由爪 AHB 和 $HCED$ 在点 H 铰接,如图所示。被提起的砖共重为 G,如果不计其余构件的重量,则作用在点 O 处的提举力 $\boldsymbol{F}$ 与 $\boldsymbol{G}$ 共线。已知砖夹与砖之间的静摩擦因数 $f_s=0.5$。试问距离 b 多大才能保证砖不滑掉?

3.13 一重为 P、长为 $2l$ 的均质杆水平地放置在一粗糙的直角 V 型槽内,已知杆两端与槽的静摩擦因数均为 f_s。试求在图示位置能使杆发生滑动所需施加的力偶矩 M 的值。

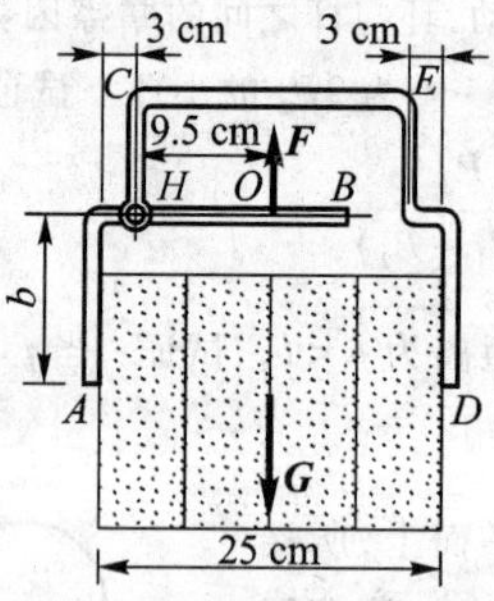

题 3.12 图

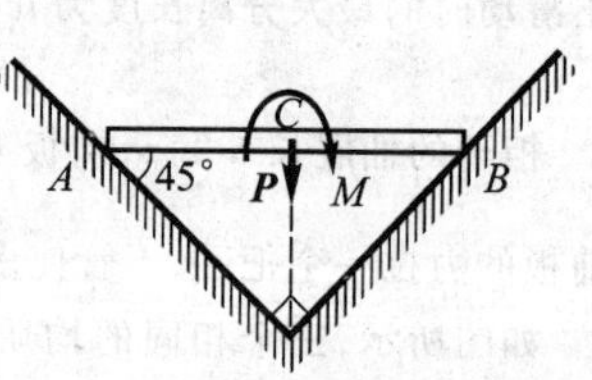

题 3.13 图

3.14 重量不计的薄木板 OA 和 OB 用光滑铰链在点 O 连接,在木板间放置一重为 P、半径为 r 的均质圆柱,圆柱与木板间的静摩擦因数均为 f_s。现用大小均等于 F 的两个水平主动力 $\boldsymbol{F}_1$ 和 $\boldsymbol{F}_2$,使系统在图示位置保持平衡状态,已知 $f_s<\tan\alpha$。试求此时 F 值的大小。

3.15 半径为 0.3 m、重为 1 kN 的两个相同的均质圆柱体放在倾角为 30°的固定斜面上。各接触处的静摩擦因数均为 0.2,力 $\boldsymbol{F}$ 平行于斜面且通过两圆柱的中心 O_1 和 O_2。不计滚动摩阻,试求系统平衡时力 $\boldsymbol{F}$ 的大小。

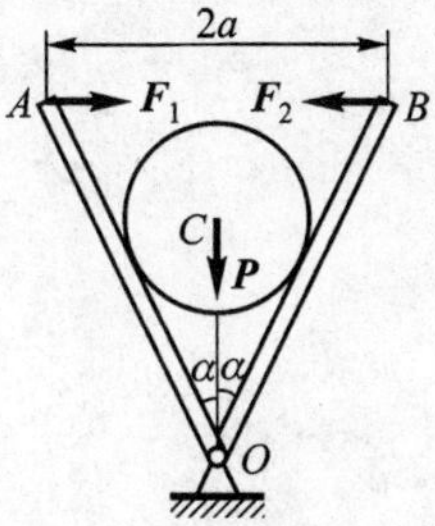

题 3.14 图

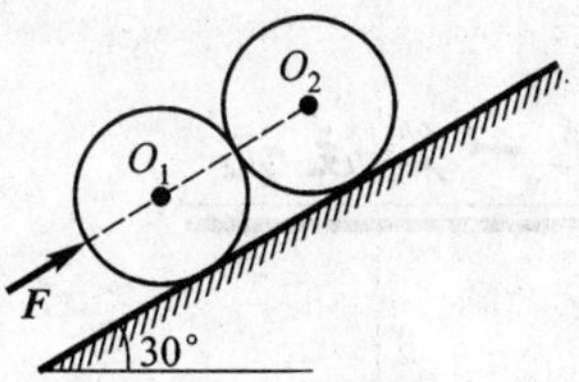

题 3.15 图

3.16　不计重量，长为 l 的杠杆搁在一重为 P 的圆柱上，在 B 端作用一与杆相垂直的力 $\boldsymbol{F}$。令 f_{sC} 和 f_{sD} 分别为圆柱与杠杆和地面间的摩擦因数，试证：圆柱在图示位置处于平衡状态的条件为

$$f_{sC} \geqslant \frac{\sin\alpha}{1+\cos\alpha},\quad f_{sD} \geqslant \frac{Fl\sin\alpha}{(Fl+Pa)(1+\cos\alpha)}$$

3.17　均质圆柱重为 $P=200$ kN，半径 $r=100$ mm，置于倾角为 30°的固定斜面上。已知静摩擦因数 $f_s=0.3$，滚动摩阻系数 $\delta=1$ mm，设沿斜面方向作用一离斜面距离 $h=90$ mm 的力 $\boldsymbol{F}$。试求圆柱平衡时 $\boldsymbol{F}$ 的大小。

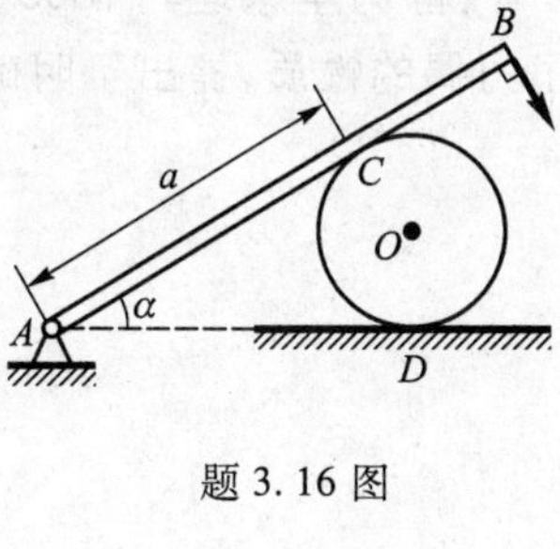

题 3.16 图

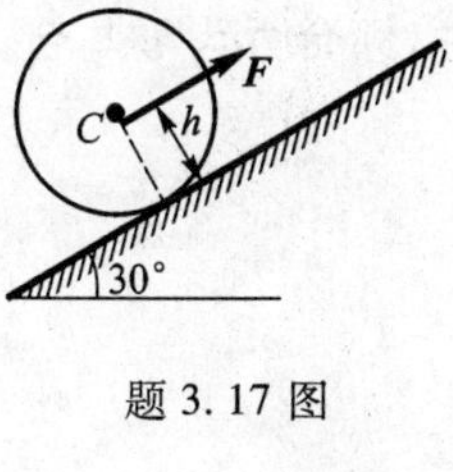

题 3.17 图

第一篇注记

1. 静力学公理有5条：力的平行四边形法则；二力平衡条件；加减平衡力系公理；作用与反作用定律；刚化原理。前文大致都提到，但未系统列出。

2. 在刚体静力学方面作出贡献的主要历史人物有：

斯蒂文(Stevin, S.,1548—1620)，荷兰人，著有《静力学原理》(1586)。书中给出物体在斜面上平衡的条件及力合成的平行四边形法则。

伐里农(Varignon, P.,1654—1722)，法国人，著有《新力学》(1725)。书中给出空间任意力系可以简化为一个主矢和转轴与主矢重合的主矩。

潘索(Poinsot, L.,1777—1859)，法国人，著有《静力学原理》(1803)、《力偶转动新论》(1834)。他最重要的贡献是讨论了力偶的性质，提出了明确的静力平衡条件，即合力为零与合力矩为零。①

① 摘自：武际可《力学史》，重庆：重庆出版社，2000。

2

第二篇 运动学

运动学纯几何地研究物体机械运动的规律，而不涉及引起运动变化的原因，即不涉及物体的受力。

运动学的研究对象是点和刚体。运动学的基本概念有点的位移、速度和加速度，刚体的角位移、角速度和角加速度，以及复合运动中的绝对运动、相对运动和牵连运动等。运动学的数学工具有矢量、微积分、微分方程、矩阵等。

运动学对运动规律的研究及静力学对力的规律的研究是动力学研究力与运动关系的基础。同时，运动学本身也可直接应用于科学和工程实际。

本篇运动学包括运动学基础与点的运动学、刚体的平面运动、复合运动、刚体的定点运动和一般运动等。

第4章 运动学基础与点的运动

4.1 运动学基础

运动学的研究内容包括:（1）选择适当的参量,对已确定的物体运动进行数学描述;（2）研究表征物体运动几何性质的基本物理量,如位移、速度、加速度、角位移、角速度、角加速度等;（3）研究非自由物体或物体系统各部分运动参量之间的关系。这里所指物体是力学模型。力学模型是对真实物体的某种合理的抽象简化。常见的力学模型有：质点、质点系、刚体、刚体系、连续介质等。质点是指只计质量,而忽略体积的物体;质点系是指由许多质点所组成的系统;刚体是指其体内任意两点间的距离始终保持不变的特殊质点系;刚体系则是由许多刚体按某种方式连接起来所组成的系统;连续介质是指由微元体或流体微团在空间连续分布所组成的系统。运动学中常用的力学模型是质点和刚体。由于在运动学中不考虑物体的质量,因此又把质点进一步抽象为纯几何点。这样,运动学通常分为点的运动学和刚体运动学两个部分。

要描述物体的位置及其变化规律,必须借助于事先选取的另一物体作为它的参照物。对同一物体,其运动相对于不同的参照物来说,可以是不同的。通常选取某个物体作为描述运动的**参考体**,与参考体相固连的整个延伸空间作为**参考系**或**参考空间**。当参考系确定之后,为了便于对物体运动进行定量的描述,即确定物体在此参考系中的位置,还必须选定与参考系相固连的某种坐标系,以便建立物体位置与其坐标值之间的一一对应关系。

确定物体在空间任一瞬时所在位置的数学表达式称为物体的运动方程。

研究运动学时,常采用两种方法——矢量法和分析法。

矢量法是以矢量表示点的位置、速度和加速度及刚体的角速度和角加速度，并以矢量方程式表示同一刚体上不同两点的速度关系和加速度关系，点的速度合成公式、加速度合成公式及刚体角速度合成公式和角加速度合成公式等。对矢量方程，常采用两种方法求解：(1) 将矢量方程在线性无关的坐标轴上投影，得到与之等价的独立的代数方程组并求解；(2) 根据矢量方程式作出封闭的三角形或多边形，通过几何关系对问题求解。前一方法可称为分析法，后一方法称为几何法。

分析法则是利用一组描述坐标确定物体的位置，然后通过对时间求导的方法计算相关点的速度和加速度，以及刚体的角速度和角加速度。分析法所建立的运动学方程给出物体或物体系的运动全过程，比较适合于计算机的数值处理。

4.2 点的运动的矢量描述

4.2.1 点的运动方程

在选定的参考空间中，任选一个固定点 O，称为参考点。点 M 在该参考空间的位置可由点 M 相对于点 O 的矢量 $\overrightarrow{OM}$ 唯一确定，记作 $\boldsymbol{r}=\overrightarrow{OM}$。点的位置与矢量 $\boldsymbol{r}$ 建立起一一对应关系，矢量 $\boldsymbol{r}$ 称为点 M 的**矢径**。当 M 运动时，相应的矢径 $\boldsymbol{r}$ 的大小和方向随时间 t 连续改变，是 t 的单值连续矢量函数

$$\boldsymbol{r}=\boldsymbol{r}(t) \tag{4.2.1}$$

式(4.2.1)称为点的**矢量形式的运动方程**。

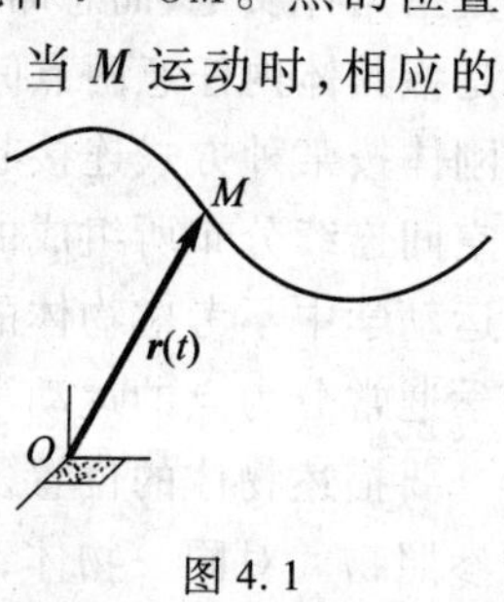

图 4.1

随着点 M 的运动，矢径 $\boldsymbol{r}$ 的矢端在参考空间中划出的曲线就是点 M 的轨迹，也称为**矢径端图**(图 4.1)。

4.2.2 点的速度和加速度

从时刻 t 到时刻 $t+\Delta t$，点 M 在参考空间中矢径的改变 $\boldsymbol{r}(t+\Delta t)-\boldsymbol{r}(t)$ 称为

点 M 在时间间隔 Δt 内的位移,记作 $\Delta \boldsymbol{r}$(图 4.2),即

$$\Delta \boldsymbol{r} = \boldsymbol{r}(t+\Delta t) - \boldsymbol{r}(t) \tag{4.2.2}$$

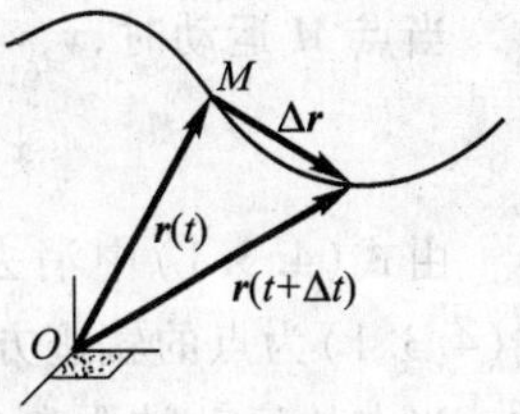

图 4.2

比值 $\dfrac{\Delta \boldsymbol{r}}{\Delta t}$ 反映了点 M 在时间间隔 Δt 内位置改变的平均程度,称为**平均速度**。为了真实地描述点在时刻 t 的运动状态,令 $\Delta t \to 0$,对平均速度取极限得到一新矢量 $\boldsymbol{v}$,将其定义为点 M 在时刻 t 的**瞬时速度**,简称**速度**,即

$$\boldsymbol{v} = \lim_{\Delta t \to 0} \frac{\Delta \boldsymbol{r}}{\Delta t} = \frac{\mathrm{d}\boldsymbol{r}}{\mathrm{d}t} = \dot{\boldsymbol{r}} \tag{4.2.3}$$

瞬时速度是时间的矢量函数,在时刻 t 其大小等于 $\left|\dfrac{\mathrm{d}\boldsymbol{r}}{\mathrm{d}t}\right|$,方向由 $\Delta \boldsymbol{r}$ 的极限方向所确定,即沿点 M 在时刻 t 轨迹的切线,并指向点的运动方向。

加速度是速度端图的速度。在时刻 t 点的速度 $\boldsymbol{v}(t)$ 随时间变化快慢程度用瞬时加速度,简称**加速度** $\boldsymbol{a}$ 来度量,由 $\boldsymbol{v}$ 端点的速度得

$$\boldsymbol{a} = \lim_{\Delta t \to 0} \frac{\boldsymbol{v}(t+\Delta t) - \boldsymbol{v}(t)}{\Delta t} = \lim_{\Delta t \to 0} \frac{\Delta \boldsymbol{v}}{\Delta t} = \frac{\mathrm{d}\boldsymbol{v}}{\mathrm{d}t} = \ddot{\boldsymbol{r}} \tag{4.2.4}$$

其大小等于 $|\dot{\boldsymbol{v}}|$,方向由 $\Delta \boldsymbol{v}$ 的极限方向确定。

4.3　点的运动的坐标描述

4.3.1　在直角坐标系中研究点的运动

1. 运动方程

在具体问题中,需要将矢量 $\boldsymbol{r},\boldsymbol{v},\boldsymbol{a}$ 作具体表达,常用的是直角坐标法。建立与参考空间固连的直角坐标系 $Oxyz$,点 M 在参考空间中的位置可由它的 3 个坐标 (x,y,z) 唯一确定。这样,点的位置与坐标值 (x,y,z) 建立了一一对应关系(图 4.3)。

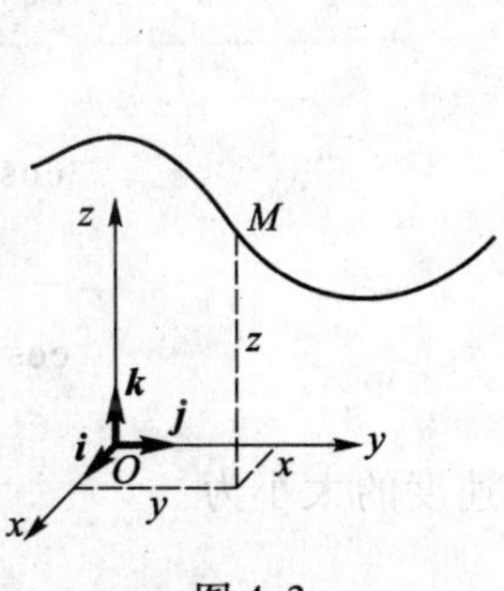

图 4.3

当点 M 运动时，x,y,z 都是时间 t 的单值连续函数。点 M 的**运动方程**为

$$x = x(t), \quad y = y(t), \quad z = z(t) \tag{4.3.1}$$

由式(4.3.1)中消去时间 t，可得到轨迹方程。式(4.3.1)为点的轨迹方程的参数形式。

当点的运动被限制在某一平面上时，例如，在平面 Oxy 上，则运动方程表示为

$$x = x(t), \quad y = y(t) \tag{4.3.2}$$

点 M 的矢径与坐标(x,y,z)有如下关系(图 4.4)

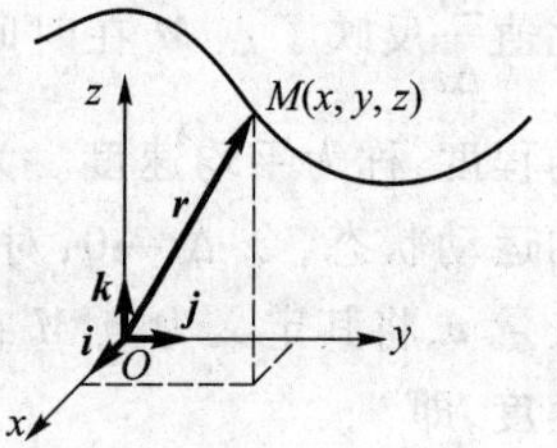

图 4.4

$$\boldsymbol{r} = x\boldsymbol{i} + y\boldsymbol{j} + z\boldsymbol{k} \tag{4.3.3}$$

2. 速度、加速度在直角坐标轴上的投影

将式(4.3.3)对时间 t 求一次导数，注意到单位矢量 $\boldsymbol{i},\boldsymbol{j},\boldsymbol{k}$ 都是常矢量，有

$$\boldsymbol{v} = \dot{\boldsymbol{r}} = \dot{x}\boldsymbol{i} + \dot{y}\boldsymbol{j} + \dot{z}\boldsymbol{k} \tag{4.3.4}$$

速度 $\boldsymbol{v}$ 在轴 Ox,Oy,Oz 上的投影 v_x,v_y,v_z 分别为

$$v_x = \dot{x}, \quad v_y = \dot{y}, \quad v_z = \dot{z} \tag{4.3.5}$$

将式(4.3.4)对时间 t 求一次导数，得

$$\boldsymbol{a} = \dot{\boldsymbol{v}} = \ddot{\boldsymbol{r}} = \ddot{x}\boldsymbol{i} + \ddot{y}\boldsymbol{j} + \ddot{z}\boldsymbol{k} \tag{4.3.6}$$

加速度 $\boldsymbol{a}$ 在轴 Ox,Oy,Oz 上的投影分别为

$$a_x = \dot{v}_x = \ddot{x}, \quad a_y = \dot{v}_y = \ddot{y}, \quad a_z = \dot{v}_z = \ddot{z} \tag{4.3.7}$$

速度的大小为

$$|\boldsymbol{v}| = \sqrt{v_x^2 + v_y^2 + v_z^2} = \sqrt{\dot{x}^2 + \dot{y}^2 + \dot{z}^2}$$

速度的方向可用速度与坐标轴夹角的余弦，即方向余弦，表示为

$$\cos(\boldsymbol{v},\boldsymbol{i}) = \frac{v_x}{|\boldsymbol{v}|} = \frac{\dot{x}}{\sqrt{\dot{x}^2 + \dot{y}^2 + \dot{z}^2}}$$

$$\cos(\boldsymbol{v},\boldsymbol{j}) = \frac{v_y}{|\boldsymbol{v}|} = \frac{\dot{y}}{\sqrt{\dot{x}^2 + \dot{y}^2 + \dot{z}^2}}$$

$$\cos(\boldsymbol{v},\boldsymbol{k}) = \frac{v_z}{|\boldsymbol{v}|} = \frac{\dot{z}}{\sqrt{\dot{x}^2 + \dot{y}^2 + \dot{z}^2}}$$

加速度的大小为

$$|\boldsymbol{a}| = \sqrt{\ddot{x}^2 + \ddot{y}^2 + \ddot{z}^2}$$

加速度的方向可用加速度与坐标轴夹角的方向余弦表示为

$$\cos(\boldsymbol{a},\boldsymbol{i}) = \frac{\ddot{x}}{\sqrt{\ddot{x}^2+\ddot{y}^2+\ddot{z}^2}}$$

$$\cos(\boldsymbol{a},\boldsymbol{j}) = \frac{\ddot{y}}{\sqrt{\ddot{x}^2+\ddot{y}^2+\ddot{z}^2}}$$

$$\cos(\boldsymbol{a},\boldsymbol{k}) = \frac{\ddot{z}}{\sqrt{\ddot{x}^2+\ddot{y}^2+\ddot{z}^2}}$$

例 4.3.1　如图 4.5a 所示机构,曲柄 OC 以等角速度 ω 转动,$\varphi=\omega t$,滑块 A,B 分别沿水平和铅垂滑道滑动。试求连杆 AB 上点 M 的运动方程、速度和加速度。

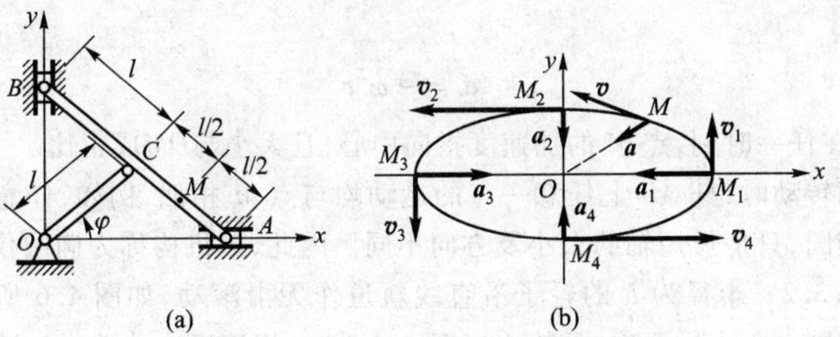

图 4.5

解:(1) 建立直角坐标系 Oxy,并画出任一瞬时系统的位形。选曲柄转角 φ 为参数。

(2) 根据图示的几何关系,建立点 M 的运动方程

$$\left.\begin{aligned} x &= l\cos\varphi+\frac{l}{2}\cos\varphi=\frac{3}{2}l\cos\varphi,\quad y=\frac{l}{2}\sin\varphi \\ x &= \frac{3}{2}l\cos\omega t,\quad y=\frac{l}{2}\sin\omega t \end{aligned}\right\} \tag{a}$$

消去 t,得到点 M 的轨迹方程

$$\frac{4x^2}{9l^2}+\frac{4y^2}{l^2}=1 \tag{b}$$

它是以点 O 为中心,半长轴长为$\dfrac{3}{2}l$、半短轴长为$\dfrac{l}{2}$的椭圆。

(3) 求点 M 的速度及加速度。将运动方程式(a)对 t 求导数,得

$$v_x = \dot{x} = -\frac{3}{2}l\omega\sin\omega t,\quad v_y = \dot{y} = \frac{1}{2}l\omega\cos\omega t \tag{c}$$

$$a_x = \ddot{x} = -\frac{3}{2}l\omega^2\cos\omega t,\quad a_y = \ddot{y} = -\frac{1}{2}l\omega^2\sin\omega t \tag{d}$$

（4）运动特性分析。画出轨迹，并研究点 M 在不同时刻的位置、速度和加速度。例如，当 $t=0$ 时，点位于 M_1，$\boldsymbol{v}_1 = \frac{1}{2}l\omega\boldsymbol{j}$，$\boldsymbol{a}_1 = -\frac{3}{2}l\omega^2\boldsymbol{i}$；当 $t=\frac{\pi}{2\omega}$时，点位于 M_2，$\boldsymbol{v}_2 = -\frac{3}{2}l\omega\boldsymbol{i}$，$\boldsymbol{a}_2 = -\frac{1}{2}l\omega^2\boldsymbol{j}$ 等（图 4.5b）。

由式（a），（d）可得

$$a_x = -\omega^2 x,\quad a_y = -\omega^2 y$$

即

$$\boldsymbol{a} = -\omega^2\boldsymbol{r} \tag{e}$$

这表明，在任一时刻，点 M 的加速度指向中心，且大小与$\overline{OM}$成正比。

曲柄转动时，杆 AB 上任意一点的运动均与点 M 相似，例如，任意一点的轨迹均为椭圆，只是长短轴的大小及方向不同。因此，该机构称为椭圆仪。

例 4.3.2 半径为 R 的轮子沿直线轨道作无滑滚动，如图 4.6 所示。设轮子保持在同一竖直平面内，且轮心速度大小为 u，加速度大小为 a。试分析轮子边缘点 M 的运动。

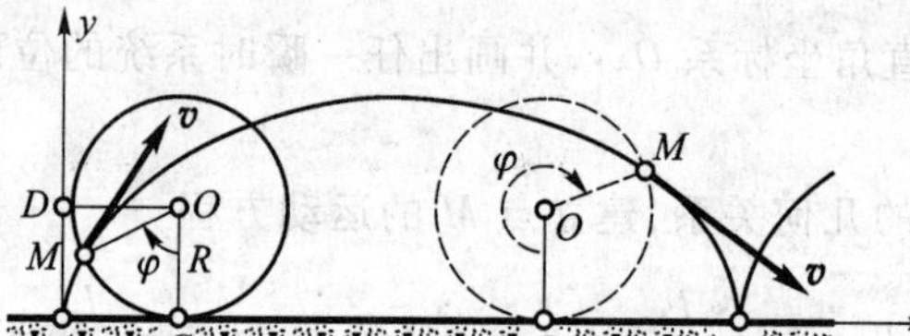

图 4.6

解： 取轮子所在平面为平面 Axy，直线轨道为轴 Ax。设点 M 为轮子边缘上的任意一点，在初始时刻点 M 与坐标原点 A 重合。设任意时刻轮子边缘与地面接触点为 C，则当轮子转过一角度 φ 后，轮心的坐标为

$$x_O = R\varphi,\quad y_O = R$$

轮心的轨迹是一直线，因此，轮心的速度和加速度方向都沿轴 Ax，分别为

$$\boldsymbol{v}_O = u\boldsymbol{i} = \dot{x}_O\boldsymbol{i} = R\dot{\varphi}\boldsymbol{i}$$

$$\boldsymbol{a}_O = a\boldsymbol{i} = \ddot{x}_O\boldsymbol{i} = R\ddot{\varphi}\boldsymbol{i}$$

由此求得

$$\dot{\varphi} = \frac{u}{R},\quad \ddot{\varphi} = \frac{a}{R}$$

点 M 的坐标为

$$x = AC - OM\sin\varphi = R(\varphi - \sin\varphi)$$

$$y = OC - OM\cos\varphi = R(1 - \cos\varphi)$$

这是旋轮线的参数方程,因此,点 M 的轨迹为旋轮线。点 M 的矢径为

$$\boldsymbol{r}_{AM} = x\boldsymbol{i} + y\boldsymbol{j} = R(\varphi - \sin\varphi)\boldsymbol{i} + R(1 - \cos\varphi)\boldsymbol{j}$$

点 M 的速度为

$$\boldsymbol{v} = \dot{x}\boldsymbol{i} + \dot{y}\boldsymbol{j} = R\dot{\varphi}(1 - \cos\varphi)\boldsymbol{i} + R\dot{\varphi}\sin\varphi\boldsymbol{j}$$
$$= u(1 - \cos\varphi)\boldsymbol{i} + (u\sin\varphi)\boldsymbol{j}$$

可见,当点 M 与地面接触时,即 $\varphi = 2k\pi(k = 0,1,2,\cdots)$ 时,点 M 的速度为零。这是纯滚动的一个重要性质。当点 M 位于轮子最高点时,即 $\varphi = (2k+1)\pi(k = 0,1,2,\cdots)$ 时,点 M 速度大小为 $2u$,方向与轮心速度方向一致。

因

$$\boldsymbol{r}_{CM} = \boldsymbol{r}_{AM} - \boldsymbol{r}_{AC} = (-R\sin\varphi)\boldsymbol{i} + R(1 - \cos\varphi)\boldsymbol{j}$$

故有 $\boldsymbol{v}\cdot\boldsymbol{r}_{CM} = 0$,即点 M 的速度始终垂直于 CM。点 M 在任意时刻的速度大小为

$$v = \sqrt{\dot{x}^2 + \dot{y}^2} = \left|2R\dot{\varphi}\sin\frac{\varphi}{2}\right| = |r_{CM}\dot{\varphi}|$$

点 M 的加速度为

$$\boldsymbol{a} = \ddot{x}\boldsymbol{i} + \ddot{y}\boldsymbol{j} = R[\ddot{\varphi}(1 - \cos\varphi) + \dot{\varphi}^2\sin\varphi]\boldsymbol{i} + R(\ddot{\varphi}\sin\varphi + \dot{\varphi}^2\cos\varphi)\boldsymbol{j}$$

$$= \left[a(1 - \cos\varphi) + \frac{u^2}{R}\sin\varphi\right]\boldsymbol{i} + \left(a\sin\varphi + \frac{u^2}{R}\cos\varphi\right)\boldsymbol{j}$$

当点 M 与地面接触时,即 $\varphi = 2k\pi$时,点 M 的加速度不等于零,其大小为$\frac{u^2}{R}$,方向指向轮心。如果轮心的速度为常数,即 $a = 0$,则当点 M 位于轮子最高点时,即 $\varphi = (2k+1)\pi$时,点 M 的加速度大小也为$\frac{u^2}{R}$,方向指向轮心。

例 4.3.3　绳子一端连在小车的点 A 上,另一端跨过点 B 的小滑轮绕在鼓轮 C 上。滑轮 B 离地面的高度为 h,如图 4.7 所示。如果小车以匀速度 v 沿水

平方向向右运动，试求当 $\theta=45°$ 时 B,C 之间绳上一点 P 的速度和加速度。

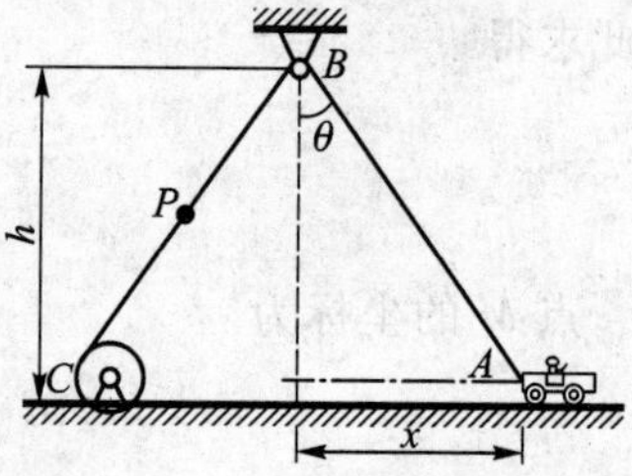

图 4.7

解：因点 P 的速度大小就是 A,B 之间绳长 l 随时间的变化率，故 $v_P=\dot{l}$，$a_P=\ddot{l}$。由几何关系，有

$$x^2=l^2-h^2 \tag{a}$$

将两端对时间 t 求导数，得

$$x\dot{x}=l\dot{l} \tag{b}$$

由此得

$$v_P=\dot{l}=\frac{x\dot{x}}{l}=\dot{x}\sin\theta \tag{c}$$

由 $\dot{x}=v$，故有

$$v_P=v\sin\theta \tag{d}$$

将式(b)两端对 t 求导数，得

$$\dot{x}^2+x\ddot{x}=\dot{l}^2+l\ddot{l}$$

由 $\ddot{x}=0$，得

$$a_P=\ddot{l}=\frac{\dot{x}^2-\dot{l}^2}{l}=\frac{v^2-v^2\sin\theta}{\dfrac{h}{\cos\theta}}=\frac{v^2}{h}\cos^3\theta \tag{e}$$

式(d)和式(e)是任意角 θ 下的速度和加速度。当 $\theta=45°$ 时，有

$$v_P=\frac{\sqrt{2}}{2}v,\quad a_P=\frac{\sqrt{2}v^2}{4h}$$

例 4.3.4 一点沿圆锥曲线 $y^2-2mx-nx^2=0$ 运动，其速度大小为常量 c。试求它的速度在 x 及 y 方向的分量。已知 m 和 n 为常量。

解：由速度大小为常量知

$$\dot{x}^2+\dot{y}^2=c^2 \tag{a}$$

将曲线方程 $y^2-2mx-nx^2=0$ 两端对时间 t 求导数，得

$$y\dot{y}-m\dot{x}-nx\dot{x}=0$$

由此解得

$$\dot{y} = \frac{m\dot{x} + nx\dot{x}}{y} \tag{b}$$

将式(b)代入式(a),解得

$$\dot{x}^2 = \frac{c^2y^2}{y^2 + (m+nx)^2}$$

于是

$$\dot{x} = \pm\frac{cy}{\sqrt{y^2 + (m+nx)^2}} \tag{c}$$

将式(c)代入式(b),得

$$\dot{y} = \pm\frac{c(m+nx)}{\sqrt{y^2 + (m+nx)^2}} \tag{d}$$

例 4.3.5[①]　如图 4.8 所示,点 B 以匀速 $\boldsymbol{u}$ 在高为 b 处作水平飞行。点 A 的速度 $\boldsymbol{v}$ 始终指向点 B,大小为常量。开始时,点 A 在地面 O 处,点 B 在其上方。试讨论点 A 能否追上点 B。

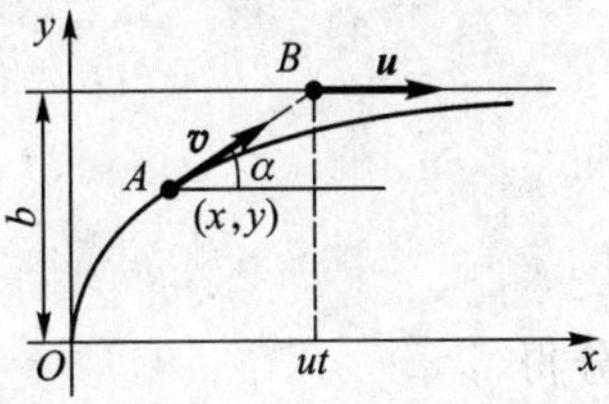

图 4.8

解: 建立直角坐标系 Oxy,如图所示。令 $AB=c$,点 A 的坐标为(x,y),则有

$$\left.\begin{aligned}\dot{x} &= v\cos\alpha = \frac{v}{c}(ut-x)\\ \dot{y} &= v\sin\alpha = \frac{v}{c}(b-y)\end{aligned}\right\} \tag{a}$$

其中

$$c^2 = (ut-x)^2 + (b-y)^2$$

将式(a)两式相除,得

$$\frac{\mathrm{d}x}{\mathrm{d}y} = \frac{ut-x}{b-y} \tag{b}$$

令 $s=\overset{\frown}{OA}$,则 $s=vt$,式(b)成为

$$\left.\begin{aligned}(b-y)\frac{\mathrm{d}x}{\mathrm{d}y} + x &= ks\\ k &= \frac{u}{v}\end{aligned}\right\} \tag{c}$$

---

①　本题取材于: Павленко Ю Г. Задачи по Теоретической Механике. Москва: ФИЗМАТЛИТ, 2003: 11－12. 当 $v=2u$ 时,是朱照宣、周起钊、殷金生编写的《理论力学》中的习题。

将式(c)对 y 求导数,得

$$(b-y)\frac{\mathrm{d}^2x}{\mathrm{d}y^2}=k\frac{\mathrm{d}s}{\mathrm{d}y} \tag{d}$$

由 $\mathrm{d}s^2=\mathrm{d}x^2+\mathrm{d}y^2$,得

$$\frac{\mathrm{d}s}{\mathrm{d}y}=\sqrt{1+\left(\frac{\mathrm{d}x}{\mathrm{d}y}\right)^2}$$

引进记号

$$g=\frac{\mathrm{d}x}{\mathrm{d}y}$$

则式(d)成为

$$(b-y)\frac{\mathrm{d}g}{\mathrm{d}y}=k\sqrt{1+g^2} \tag{e}$$

即

$$\frac{\mathrm{d}g}{\sqrt{1+g^2}}=\frac{k\mathrm{d}y}{b-y}$$

积分得

$$\ln(g+\sqrt{1+g^2})=-k\ln\left(1-\frac{y}{b}\right)+\ln C$$

因开始时

$$g=\frac{\mathrm{d}x}{\mathrm{d}y}=0$$

故 $C=1$。进而有

$$2\frac{\mathrm{d}x}{\mathrm{d}y}=\left(1-\frac{y}{b}\right)^{-k}-\left(1-\frac{y}{b}\right)^{k} \tag{f}$$

令 $k\neq1$,积分得点 A 的轨道方程为

$$2x=\frac{2kb}{1-k^2}+\frac{b}{1+k}\left(1-\frac{y}{b}\right)^{k+1}-\frac{b}{1-k}\left(1-\frac{y}{b}\right)^{1-k} \tag{g}$$

两点 A,B 间距为

$$\left.\begin{aligned}c&=(b-y)\sqrt{1+g^2}\\c&=\frac{b}{2}\left[\left(1-\frac{y}{b}\right)^{1-k}+\left(1-\frac{y}{b}\right)^{1+k}\right]\end{aligned}\right\} \tag{h}$$

当 $k=1$ 时，轨道方程为

$$2x = -\ln\left(1-\frac{y}{b}\right) - y + \frac{y^2}{2b} \tag{i}$$

当 $k>1$ 时，即点 B 的速度大于点 A 的速度，则距离 c 增大，而当 $y \to b$ 时，$x \to \infty$，即 A 追不上 B；当 $k=1$ 时，有 $c \to \dfrac{b}{2}$，此时 A 追不上 B；当 $k<1$ 时，待求曲线与直线 $y=b$ 相交，即 A 可追上 B。此时，可求得经过多长时间，A 追上了 B。令 $t=T$ 时，A 追上了 B。将 $x=uT$，$y=b$ 代入轨道方程(g)，得到

$$2uT = \frac{2kb}{1-k^2}$$

由此得

$$T = \frac{kb}{u(1-k^2)} = \frac{bv}{v^2-u^2}$$

特别地，当 $v=2u$ 时，有

$$T = \frac{2b}{3u}$$

4.3.2　在自然轴系中研究点的运动

1. 运动方程

当点 M 的轨迹已知时，在轨迹曲线上任取一点 O_1 为新的坐标原点，并规定在点 O_1 一侧量取的弧长为正值，而在另一侧量取的弧长为负值（图4.9），点 M 的位置可由它离开点 O_1 的弧长 s 唯一确定。代数量 s 称为点 M 的**弧坐标**。当点 M 运动时，弧长 s 是时间 t 的单值连续函数，即

$$s = s(t) \tag{4.3.8}$$

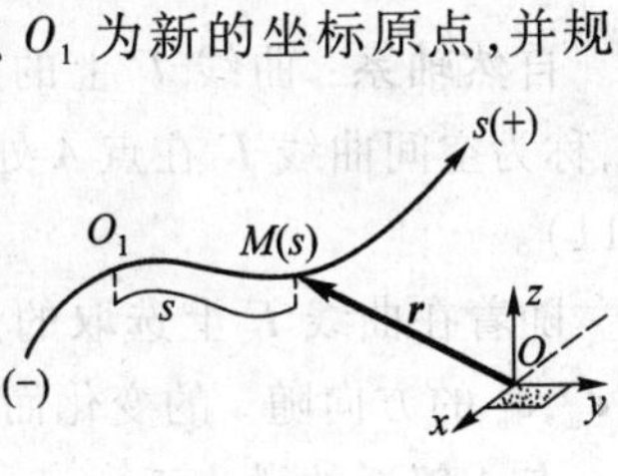

图4.9

式(4.3.8)称为点的弧坐标形式的运动方程。

2. 速度、加速度在自然轴系上的投影

自然轴系不同于直角坐标系，它与动点轨迹的几何性质密切相关，随着动点 M 的运动而运动，并在空间不停地变换其方位。因此，需要先讨论曲线的几何

性质以建立自然轴系。

(1) 曲线的几何性质与自然轴系

已知一条空间曲线 Γ(图 4.10),设曲线上任一点 A 的弧坐标为 s,通常过点 A 存在 3 条正交直线:切线、主法线和副法线。

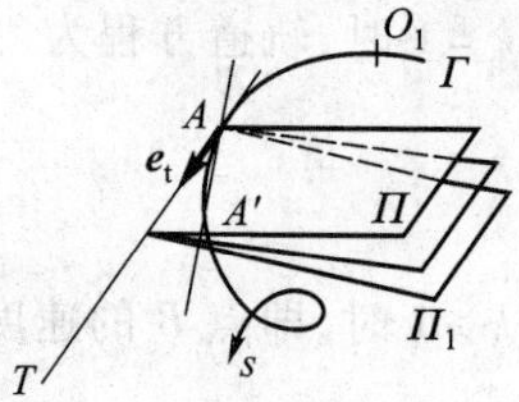

图 4.10

切线:在曲线 Γ 上点 A 附近任选一点 A',其弧坐标为 $s'=s+\Delta s$,过 AA' 作一直线,当 $\Delta s\to 0$,AA' 的极限位置 AT 称为曲线在点 A 处的切线,规定切线正方向与弧坐标正向一致,其单位矢量用 $\boldsymbol{e}_t$ 表示。由于$\dfrac{\mathrm{d}\boldsymbol{r}}{\mathrm{d}s}$这一矢量的大小为 1,方向与 $\boldsymbol{e}_t$ 一致,故有

$$\frac{\mathrm{d}\boldsymbol{r}}{\mathrm{d}s}=\boldsymbol{e}_t \tag{4.3.9}$$

密切平面:过点 A 的切线 AT 和点 A' 可确定一个平面 Π_1。当 $\Delta s\to 0$ 时,$\Pi_1\to\Pi$,称平面 Π 为曲线在点 A 的**密切平面**。点 A 处的切线 AT 位于密切平面内,点 A 邻近的无限小弧段 $\mathrm{d}s$ 可看作是位于密切平面内的平面曲线。显然,如果 Γ 为平面曲线,在曲线上任一点处的密切平面均相同,都为曲线所在的平面。

主法线:在点 A 的密切平面内,过点 A 与 AT 垂直的直线 AN 称为点 A 处的**主法线**。规定主法线的正向指向曲线 Γ 内凹的一侧,其单位矢量用 $\boldsymbol{e}_n$ 表示。

副法线:过点 A 同时与 AT,AN 垂直的直线 AB 称为曲线在点 A 处的**副法线**,其单位矢量用 $\boldsymbol{e}_b$ 表示,$\boldsymbol{e}_b$ 的指向要使得 $\boldsymbol{e}_t,\boldsymbol{e}_n,\boldsymbol{e}_b$ 构成右手系,即

$$\boldsymbol{e}_b=\boldsymbol{e}_t\times\boldsymbol{e}_n$$

自然轴系:曲线 Γ 上的任一点 A 处的切线、主法线、副法线组成的正交轴系,称为空间曲线 Γ 在点 A 处的**自然轴系**。该轴系的单位正交基为 $\boldsymbol{e}_t,\boldsymbol{e}_n,\boldsymbol{e}_b$(图 4.11)。

随着在曲线 Γ 上选取的点不同,自然轴系也相应变化。因此,单位正交基 $\boldsymbol{e}_t,\boldsymbol{e}_n,\boldsymbol{e}_b$ 的方向随 s 的变化而不断改变。

点 A 邻近的微小弧段 $\mathrm{d}s$ 在密切平面内的弯曲程度可用曲率来度量。设过点 A,A' 的切线分别为 AT,$A'T'$,其单位矢量分别为 $\boldsymbol{e}_t$,$\boldsymbol{e}'_t$(图 4.12)。设 $\Delta\theta$ 为 $\boldsymbol{e}_t$,$\boldsymbol{e}'_t$ 间的夹角,则**曲率** κ 表示为

$$\kappa=\lim_{\Delta s\to 0}\left|\frac{\Delta\theta}{\Delta s}\right|=\left|\frac{\mathrm{d}\theta}{\mathrm{d}s}\right| \tag{4.3.10}$$

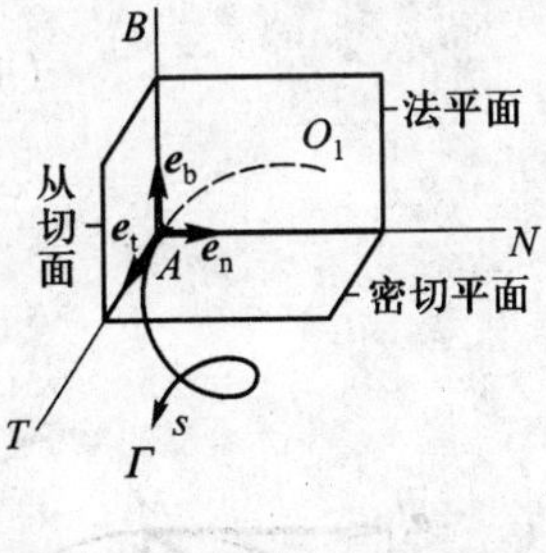

图 4.11

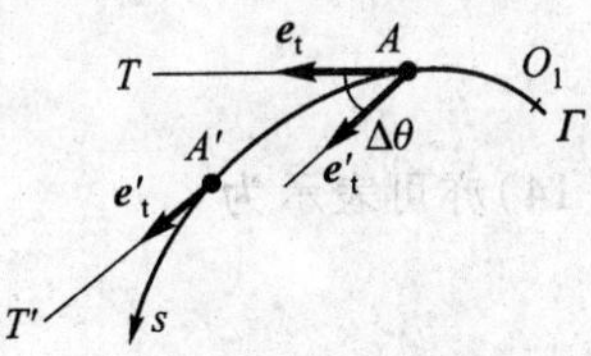

图 4.12

它反映了切线相对于弧长的转动率,转动越"快",曲率越大,弯曲程度越大。κ 的倒数记作 ρ

$$\rho = \frac{1}{\kappa} = \left|\frac{\mathrm{d}s}{\mathrm{d}\theta}\right| \tag{4.3.11}$$

ρ 称为曲线在点 A 处的**曲率半径**。

(2) 点的速度、加速度在自然轴上的投影

点的速度为

$$\boldsymbol{v} = \frac{\mathrm{d}\boldsymbol{r}}{\mathrm{d}t} = \frac{\mathrm{d}\boldsymbol{r}}{\mathrm{d}s}\frac{\mathrm{d}s}{\mathrm{d}t}$$

利用式(4.3.9),有

$$\boldsymbol{v} = \dot{s}\boldsymbol{e}_{\mathrm{t}} \tag{4.3.12}$$

于是速度在自然轴上的投影为

$$v_{\mathrm{t}} = \dot{s}, \quad v_{\mathrm{n}} = 0, \quad v_{\mathrm{b}} = 0 \tag{4.3.13}$$

将式(4.3.12)两端对时间 t 求导数,得

$$\boldsymbol{a} = \frac{\mathrm{d}}{\mathrm{d}t}(\dot{s}\boldsymbol{e}_{\mathrm{t}}) = \ddot{s}\boldsymbol{e}_{\mathrm{t}} + \dot{s}\frac{\mathrm{d}\boldsymbol{e}_{\mathrm{t}}}{\mathrm{d}t}$$

又

$$\frac{\mathrm{d}\boldsymbol{e}_{\mathrm{t}}}{\mathrm{d}t} = \frac{\mathrm{d}\boldsymbol{e}_{\mathrm{t}}}{\mathrm{d}\theta}\frac{\mathrm{d}\theta}{\mathrm{d}s}\frac{\mathrm{d}s}{\mathrm{d}t} = \frac{1}{\rho}\dot{s}\boldsymbol{e}_{\mathrm{n}}$$

于是有

$$\boldsymbol{a} = \ddot{s}\boldsymbol{e}_{\mathrm{t}} + \frac{\dot{s}^2}{\rho}\boldsymbol{e}_{\mathrm{n}} \tag{4.3.14}$$

加速度在自然轴上的投影为

$$\left.\begin{aligned} a_t &= \ddot{s} \\ a_n &= \frac{1}{\rho}\dot{s}^2 \\ a_b &= 0 \end{aligned}\right\} \tag{4.3.15}$$

式(4.3.14)亦可表示为

$$\boldsymbol{a} = \boldsymbol{a}_t + \boldsymbol{a}_n$$

其中 $\boldsymbol{a}_t$ 沿轨迹切向,称为**切向加速度**,它反映速度大小随时间的变化规律;$\boldsymbol{a}_n$ 沿着轨迹的主法线方向,称为**法向加速度**,它反映速度方向的变化规律(图 4.13)。

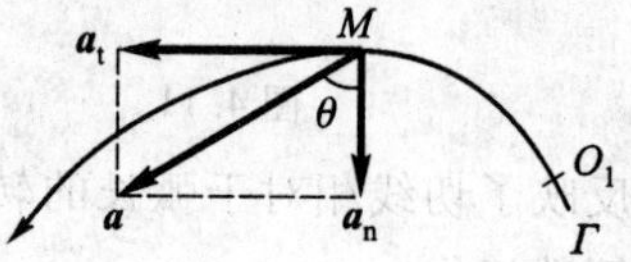

图 4.13

加速度的大小为

$$|\boldsymbol{a}| = \sqrt{a_t^2 + a_n^2} = \sqrt{\ddot{s}^2 + \left(\frac{1}{\rho}\dot{s}^2\right)^2}$$

方向可由图 4.13 中夹角正切值表示

$$\tan\theta = \frac{|a_t|}{a_n} = \frac{|\ddot{s}|}{\dot{s}^2}\rho$$

例 4.3.6 已知点在平面上的运动方程 $x = x(t), y = y(t)$,试证:轨迹曲线的曲率半径为

$$\rho = \frac{(\dot{x}^2 + \dot{y}^2)^{\frac{3}{2}}}{|\dot{x}\ddot{y} - \dot{y}\ddot{x}|}$$

证明:设点的速度大小为 v,有

$$v^2 = \dot{x}^2 + \dot{y}^2$$

两端对时间 t 求导数,得

$$v\dot{v} = \dot{x}\ddot{x} + \dot{y}\ddot{y}$$

因 $\dot{v} = a_t$,故有

$$a_t = \frac{\dot{x}\ddot{x} + \dot{y}\ddot{y}}{v}$$

法向加速度大小 a_n 为

$$a_n^2 = a^2 - a_t^2 = \ddot{x}^2 + \ddot{y}^2 - \frac{(\dot{x}\ddot{x} + \dot{y}\ddot{y})^2}{v^2}$$

曲率半径 ρ 为

$$\rho=\frac{v^2}{a_n}=\frac{v^2}{\sqrt{\ddot{x}^2+\ddot{y}^2-\frac{(\dot{x}\ddot{x}+\dot{y}\ddot{y})^2}{v^2}}}=\frac{v^3}{|\dot{x}\ddot{y}-\dot{y}\ddot{x}|}=\frac{(\dot{x}^2+\dot{y}^2)^{3/2}}{|\dot{x}\ddot{y}-\dot{y}\ddot{x}|}$$

这样,用运动学方法导出了平面曲线曲率半径公式。

例 4.3.7　如果点的加速度的切向和法向分量在运动中是常数(图 4.14),试证:运动的方向在时间 t 转过的角度 θ 由下式确定

$$\theta=A\ln(1+Bt)$$

其中 A,B 为常数。

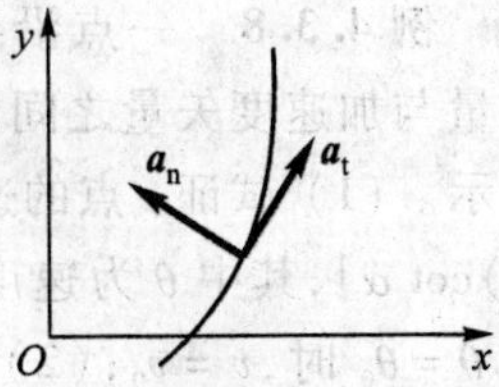

图 4.14

证明:令切向加速度常数为 c_1,法向加速度常数为 c_2,有

$$a_t=\frac{dv}{dt}=c_1 \tag{a}$$

$$a_n=\frac{v^2}{\rho}=c_2 \tag{b}$$

积分式(a),得

$$v=c_1t+c_3 \tag{c}$$

因

$$\rho=\frac{ds}{d\theta}=\frac{ds}{dt}\frac{dt}{d\theta}=\frac{v}{\frac{d\theta}{dt}}$$

故式(b)可表示为

$$v\frac{d\theta}{dt}=c_2$$

将式(c)代入上式,得

$$\frac{d\theta}{dt}=\frac{c_2}{c_1t+c_3}$$

积分得

$$\theta=\frac{c_2}{c_1}\ln(c_1t+c_3)+c_4=\frac{c_2}{c_1}\ln\left(1+\frac{c_1}{c_3}t\right)+\frac{c_2}{c_1}\ln c_3+c_4$$

取初值 $t=0,\theta=0$,则有

$$\theta = A\ln(1+Bt) \tag{d}$$

其中

$$A=\frac{c_2}{c_1},\quad B=\frac{c_1}{c_3}$$

例 4.3.8 一点沿半径为 R 的圆周运动,其速度矢量与加速度矢量之间的夹角 α 保持常值,如图 4.15 所示。(1) 试证:点的速度可以表示为 $v=v_0\exp[(\theta-\theta_0)\cot\alpha]$,其中 θ 为速度矢量与轴 Ox 之间的夹角,且当 $\theta=\theta_0$ 时,$v=v_0$;(2) 用时间 t 的函数表示速度的大小。

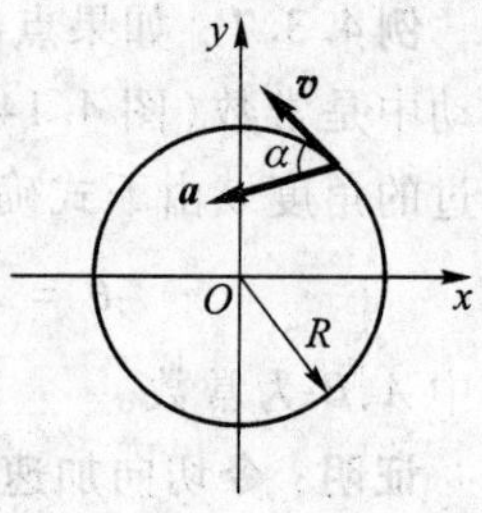

图 4.15

解: 切向加速度为

$$a_t=\frac{dv}{dt}=a\cos\alpha \tag{a}$$

法向加速度为

$$a_n=\frac{v^2}{R}=a\sin\alpha \tag{b}$$

式(a),(b)相除,得

$$\frac{1}{v^2}\frac{dv}{dt}=\frac{1}{R}\cot\alpha \tag{c}$$

因

$$v=R\dot{\theta},\quad v\mathrm{d}t=R\mathrm{d}\theta$$

故式(c)可表示为

$$\frac{dv}{v}=\cot\alpha\mathrm{d}\theta$$

积分得

$$\ln v-\ln v_0=(\theta-\theta_0)\cot\alpha$$

即

$$v=v_0\exp[(\theta-\theta_0)\cot\alpha] \tag{d}$$

积分式(c)得

$$-\frac{1}{v}+\frac{1}{v_0}=\frac{1}{R}t\cot\alpha$$

由此解得

$$v=\frac{v_0R}{R-v_0t\cot\alpha}$$

4.3.3　在柱坐标系中研究点的运动

1. 运动方程

在参考空间中建立**柱坐标系**，其单位正交基为 $\boldsymbol{e}_\rho,\boldsymbol{e}_\varphi,\boldsymbol{e}_z$ 构成右手系，并且与直角坐标系中的单位矢量 $\boldsymbol{k}$ 有如下关系：$\boldsymbol{e}_z=\boldsymbol{k}$。在任意时刻 t，点 M 的空间位置与它在柱坐标中的 3 个坐标值 (ρ,φ,z) 一一对应。点 M 的位置完全由 3 个柱坐标唯一确定（图 4.16）。当点 M 运动时，ρ,φ,z 均可表示为时间 t 的单值连续函数，点 M 在柱坐标中的运动方程为

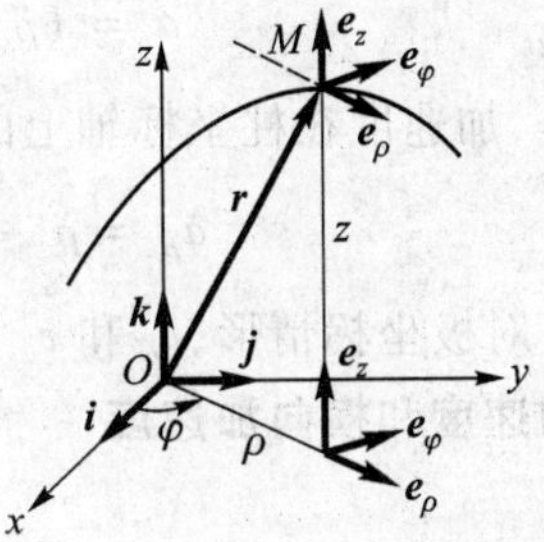

图 4.16

$$\rho=\rho(t),\quad \varphi=\varphi(t),\quad z=z(t) \tag{4.3.16}$$

当点 M 在平面 Oxy 上运动时，$z=0$，其运动方程为

$$\rho=\rho(t),\quad \varphi=\varphi(t) \tag{4.3.17}$$

式(4.3.17)称为极坐标形式的运动方程，ρ 称为极半径，φ 称为极角。

点 M 的位置矢径 $\boldsymbol{r}$ 与其柱坐标中的坐标有如下关系

$$\boldsymbol{r}=\rho\boldsymbol{e}_\rho+z\boldsymbol{k} \tag{4.3.18}$$

2. 速度、加速度在柱坐标轴上的投影

将式(4.3.18)对时间 t 求导数，得

$$\boldsymbol{v}=\frac{\mathrm{d}\rho}{\mathrm{d}t}\boldsymbol{e}_\rho+\rho\frac{\mathrm{d}\boldsymbol{e}_\rho}{\mathrm{d}t}+\frac{\mathrm{d}z}{\mathrm{d}t}\boldsymbol{k}$$

注意到

$$\frac{\mathrm{d}\boldsymbol{e}_\rho}{\mathrm{d}t}=\dot{\varphi}\boldsymbol{e}_\varphi$$

则有

$$\boldsymbol{v} = \dot{\rho}\boldsymbol{e}_\rho + \rho\dot{\varphi}\boldsymbol{e}_\varphi + \dot{z}\boldsymbol{k} \tag{4.3.19}$$

于是,速度在柱坐标轴上的投影为

$$v_\rho = \dot{\rho}, \quad v_\varphi = \rho\dot{\varphi}, \quad v_z = \dot{z} \tag{4.3.20}$$

将式(4.3.19)对 t 求导数,并注意到

$$\frac{\mathrm{d}\boldsymbol{e}_\varphi}{\mathrm{d}t} = -\dot{\varphi}\boldsymbol{e}_\rho$$

得到

$$\boldsymbol{a} = (\ddot{\rho} - \rho\dot{\varphi}^2)\boldsymbol{e}_\rho + (\rho\ddot{\varphi} + 2\dot{\rho}\dot{\varphi})\boldsymbol{e}_\varphi + \ddot{z}\boldsymbol{k} \tag{4.3.21}$$

于是,加速度在柱坐标轴上的投影为

$$a_\rho = \ddot{\rho} - \rho\dot{\varphi}^2, \quad a_\varphi = \rho\ddot{\varphi} + 2\dot{\rho}\dot{\varphi}, \quad a_z = \ddot{z} \tag{4.3.22}$$

对极坐标情形,v_ρ 和 v_φ 分别称为**径向速度**和**横向速度**;a_ρ 和 a_φ 分别称为**径向加速度**和**横向加速度**。

4.3.4 在曲线坐标中研究点的运动

在直角坐标中点的位置由 3 个独立参量(x,y,z)来描述,在柱坐标中则由另外 3 个独立参量(ρ,φ,z)来描述。一般地说,空间一点可由 3 个独立参量(q_1,q_2,q_3)来描述,称为点的曲线坐标,此时点的矢径 $\boldsymbol{r}$ 就是曲线坐标的矢量函数

$$\boldsymbol{r} = \boldsymbol{r}(q_1(t), q_2(t), q_3(t)) = x\boldsymbol{i} + y\boldsymbol{j} + z\boldsymbol{k} \tag{4.3.23}$$

点的速度为

$$\boldsymbol{v} = \dot{\boldsymbol{r}} = \sum_{i=1}^{3} \frac{\partial \boldsymbol{r}}{\partial q_i}\dot{q}_i \tag{4.3.24}$$

令

$$\boldsymbol{e}_i = \frac{1}{H_i}\frac{\partial \boldsymbol{r}}{\partial q_i} \tag{4.3.25}$$

$$H_i = \left|\frac{\partial \boldsymbol{r}}{\partial q_i}\right| = \sqrt{\left(\frac{\partial x}{\partial q_i}\right)^2 + \left(\frac{\partial y}{\partial q_i}\right)^2 + \left(\frac{\partial z}{\partial q_i}\right)^2} \quad (i = 1,2,3) \tag{4.3.26}$$

其中 H_i 称为**拉梅**(Lamé)**系数**。可见,$\boldsymbol{e}_i(i=1,2,3)$是单位矢量。如果 $\boldsymbol{e}_i(i=1,2,3)$是正交基,则点的速度和加速度分别为

$$\boldsymbol{v} = \sum_{i=1}^{3} v_{q_i}\boldsymbol{e}_i, \quad v_{q_i} = H_i\dot{q}_i \tag{4.3.27}$$

$$\boldsymbol{a} = \sum_{i=1}^{3} a_{q_i}\boldsymbol{e}_i, \quad a_{q_i} = \frac{1}{H_i}\left[\frac{\mathrm{d}}{\mathrm{d}t}\left(\frac{\partial T}{\partial \dot{q}_i}\right) - \frac{\partial T}{\partial q_i}\right] \tag{4.3.28}$$

其中

$$T = \frac{1}{2}v^2 = \frac{1}{2}\sum_{i=1}^{3}(H_i\dot{q}_i)^2 \tag{4.3.29}$$

柱坐标是一种常见的曲线坐标。**球坐标**也是一种常见的曲线坐标。在球坐标中,点 M 的位置由 3 个独立参量(r,θ,φ)确定(图 4.17)。球坐标与直角坐标之间的关系为

$$x = r\sin\theta\cos\varphi$$
$$y = r\sin\theta\sin\varphi$$
$$z = r\cos\theta$$

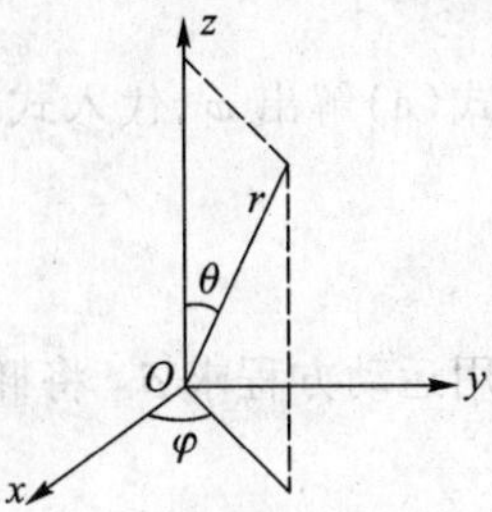

图 4.17

相应于球坐标的拉梅系数为

$$H_r = 1, \quad H_\theta = r, \quad H_\varphi = r\sin\theta$$

于是,点 M 的 3 个速度分量为

$$v_r = \dot{r}, \quad v_\theta = r\dot{\theta}, \quad v_\varphi = r\dot{\varphi}\sin\theta \tag{4.3.30}$$

由此得到

$$T = \frac{1}{2}(\dot{r}^2 + r^2\dot{\theta}^2 + r^2\dot{\varphi}^2\sin^2\theta)$$

点 M 的 3 个加速度分量为

$$\left.\begin{aligned} a_r &= \ddot{r} - r\dot{\theta}^2 - r\dot{\varphi}^2\sin^2\theta \\ a_\theta &= r\ddot{\theta} + 2\dot{r}\dot{\theta} - r\dot{\varphi}^2\sin\theta\cos\theta \\ a_\varphi &= r\ddot{\varphi}\sin\theta + 2\dot{r}\dot{\varphi}\sin\theta + 2r\dot{\theta}\dot{\varphi}\cos\theta \end{aligned}\right\} \tag{4.3.31}$$

例 4.3.9　根据开普勒定律:(1) 行星沿着椭圆形轨道绕太阳运动,设椭圆方程为$\rho = \dfrac{p}{1+e\cos\varphi}$,$0\leqslant e\leqslant 1$,$p>0$;(2) 在行星运动过程中从太阳到行星的矢

径所扫过的面积与时间成正比,即面积速度 $\dot{A}=\frac{1}{2}\rho^2\dot{\varphi}=$ 常数。试求行星的加速度。

解: 令面积速度常数为 C,即

$$\frac{1}{2}\rho^2\dot{\varphi}=C \tag{a}$$

横向加速度为

$$a_\varphi=\rho\ddot{\varphi}+2\dot{\rho}\dot{\varphi}=\frac{1}{\rho}\frac{\mathrm{d}}{\mathrm{d}t}(\rho^2\dot{\varphi})=0 \tag{b}$$

径向加速度为

$$a_\rho=\ddot{\rho}-\rho\dot{\varphi}^2 \tag{c}$$

由式(a)解出 $\dot{\varphi}$,代入式(c)得

$$a_\rho=\ddot{\rho}-\frac{4C^2}{\rho^3} \tag{d}$$

利用运动方程求 $\ddot{\rho}$。将椭圆方程表示为

$$\frac{p}{\rho}=1+e\cos\varphi$$

两端对时间 t 求导数,得

$$-\frac{p}{\rho^2}\dot{\rho}=-e\dot{\varphi}\sin\varphi$$

将式(a)代入上式,得

$$\dot{\rho}=\frac{2Ce}{p}\sin\varphi$$

再对时间 t 求导数,得

$$\ddot{\rho}=\frac{2Ce}{p}\dot{\varphi}\cos\varphi=\frac{4C^2e}{p}\frac{1}{\rho^2}\cos\varphi=\frac{4C^2}{\rho^3}-\frac{4C^2}{p\rho^2}$$

将其代入式(d),便得

$$a_\rho=-\frac{4C^2}{p\rho^2}$$

即行星的加速度始终指向太阳,其大小与距离平方 ρ^2 成反比。

例 4.3.10 一点描出平面曲线轨迹,其径向速度为正的常值,径向加速度为负值且与到原点的距离的 3 次方成反比,即

$$v_\rho = c > 0, \quad a_\rho = -\frac{b^2}{\rho^3}$$

试求点的轨迹和面积速度。已知 $t=0$ 时,$\rho=\rho_0$,$\varphi=\varphi_0$ 且 $\dot{\varphi}>0$。

解: 径向速度与径向加速度分别为

$$v_\rho = \dot{\rho} = c \tag{a}$$

$$a_\rho = \ddot{\rho} - \rho\dot{\varphi}^2 = -\frac{b^2}{\rho^3} \tag{b}$$

将式(a)代入式(b),得

$$\dot{\varphi}^2 = \frac{b^2}{\rho^4}$$

注意到 $\dot{\varphi}>0$,令 $b>0$,则

$$\dot{\varphi} = \frac{b}{\rho^2} \tag{c}$$

式(a),(c)相除,得

$$\frac{d\rho}{d\varphi} = \frac{c}{b}\rho^2$$

作积分

$$\int_{\rho_0}^{\rho}\frac{d\rho}{\rho^2} = \frac{c}{b}\int_{\varphi_0}^{\varphi}d\varphi$$

得

$$-\frac{1}{\rho} + \frac{1}{\rho_0} = \frac{c}{b}(\varphi - \varphi_0),$$

由此得到极坐标中的轨迹

$$\rho = \frac{b\rho_0}{b - c\rho_0(\varphi - \varphi_0)} \tag{d}$$

面积速度为

$$\dot{A} = \frac{1}{2}\rho^2\dot{\varphi}$$

将式(c)代入上式,得

$$\dot{A} = \frac{1}{2}b \tag{e}$$

例 4.3.11 一点 M 在平面上运动(图 4.18),θ 是它距两固定点 C_1, C_2 的距离之比的对数,ψ 是它们之间的夹角,$2k$ 是两固定点间距离。试证:点 M 速度大小为

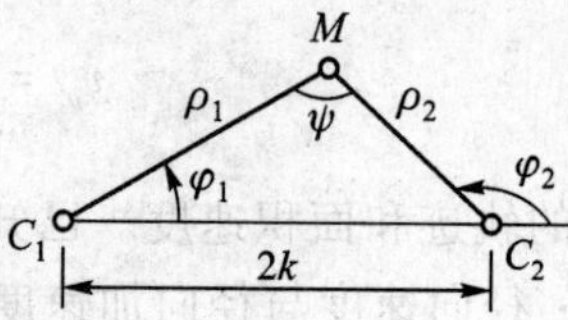

图 4.18

$$v_M = \frac{k\sqrt{\dot{\theta}^2 + \dot{\psi}^2}}{\cosh\theta - \cos\psi}$$

证明:用极坐标 ρ_1, φ_1 表示点 M 的速度,有

$$v_M = \sqrt{\dot{\rho}_1^2 + \rho_1^2\dot{\varphi}_1^2} \tag{a}$$

现将 ρ_1, φ_1 用 ψ, θ 来表示。解三角形 MC_1C_2(图 4.18),得

$$\left.\begin{aligned} \rho_1 &= \frac{2k\sin(\psi + \varphi_1)}{\sin\psi} \\ \rho_2 &= \frac{2k\sin\varphi_1}{\sin\psi} \end{aligned}\right\} \tag{b}$$

又知

$$\ln\frac{\rho_1}{\rho_2} = \theta$$

故有

$$\rho_1 = \rho_2 \exp\theta \tag{c}$$

由式(b),(c)得

$$\frac{\sin(\psi + \varphi_1)}{\sin\varphi_1} = \exp\theta$$

由此解得

$$\varphi_1 = \arctan\left(\frac{\sin\psi}{\exp\theta - \cos\psi}\right) \tag{d}$$

将式(d)代入式(b),得到

$$\rho_1 = 2k\exp\theta(1 + \exp 2\theta - 2\exp\theta\cos\psi)^{-\frac{1}{2}} \tag{e}$$

将式(d),(e)对时间 t 求导数,得

$$\dot{\varphi}_1 = \left[-\dot{\theta}\exp\theta\sin\psi + \dot{\psi}(-1 + \exp\theta\sin\psi)\right][1 + \exp 2\theta - 2\exp\theta\cos\psi]^{-1}$$

$$\dot{\rho}_1 = 2k\exp\theta\left[\dot{\theta}(1 - \exp\theta\cos\psi) - \dot{\psi}\exp\theta\sin\psi\right][1 + \exp 2\theta - 2\exp\theta\cos\psi]^{-\frac{3}{2}}$$

将其代入式(a),整理得

$$v_M = \frac{k\sqrt{\dot{\theta}^2 + \dot{\psi}^2}}{\cosh\theta - \cos\psi}$$

小　　结

1. 能够确定任一瞬时点在空间位置的方程称为点的运动方程。

矢量形式的运动方程为

$$\boldsymbol{r} = \boldsymbol{r}(t)$$

直角坐标形式的运动方程为

$$x = x(t),\quad y = y(t),\quad z = z(t)$$

自然坐标形式的运动方程(已知轨迹)为

$$s = s(t)$$

极坐标形式的运动方程为

$$\rho = \rho(t),\quad \varphi = \varphi(t)$$

2. 点的速度和加速度

矢量形式

$$\boldsymbol{v} = \dot{\boldsymbol{r}};\quad \boldsymbol{a} = \dot{\boldsymbol{v}} = \ddot{\boldsymbol{r}}$$

直角坐标形式

$$v_x = \dot{x},\quad v_y = \dot{y},\quad v_z = \dot{z};\quad a_x = \ddot{x},\quad a_y = \ddot{y},\quad a_z = \ddot{z}$$

自然坐标形式

$$v_t = v,\quad v_n = v_b = 0;\quad a_t = \ddot{s},\quad a_n = \frac{\dot{s}^2}{\rho},\quad a_b = 0$$

极坐标形式

$$v_\rho = \dot{\rho},\quad v_\varphi = \rho\dot{\varphi};\quad a_\rho = \ddot{\rho} - \rho\dot{\varphi}^2,\quad a_\varphi = \rho\ddot{\varphi} + 2\dot{\rho}\dot{\varphi}$$

3. 点的运动学两类问题

(1) 已知运动方程求速度和加速度,或者已知速度求加速度(例 4.3.1,例 4.3.2,例 4.3.3,例 4.3.4,例 4.3.6,例 4.3.9,例 4.3.11);

(2) 已知加速度求速度,或者已知速度求运动方程(例 4.3.5,例 4.3.7,例 4.3.8,例 4.3.10)。

前一类为求导数问题,后一类为求积分问题。点的运动学的难点主要是数学问题。

习　题

4.1 如图所示，某人接受任务需在最短时间内从岸边 A 处赶往海中离岸 $10\sqrt{3}$ km 的 B 岛。试问此人应先由 A 处乘汽车到何处 C 再乘快艇？假定艇速为 36 $\mathrm{km\cdot h^{-1}}$，而沿 AC 段行驶的车速为 72 $\mathrm{km\cdot h^{-1}}$。

4.2 如图所示，长为 l 的杆 AB，一端与一小球 A 固连，另一端与滑块 B 铰接。已知杆 AB 与铅垂线的夹角 $\varphi=\omega t$，滑块 B 的运动规律为 $x_B=a+b\sin\omega t$，其中 a,b,ω 均为常数。试求点 A 的轨迹、速度和加速度。

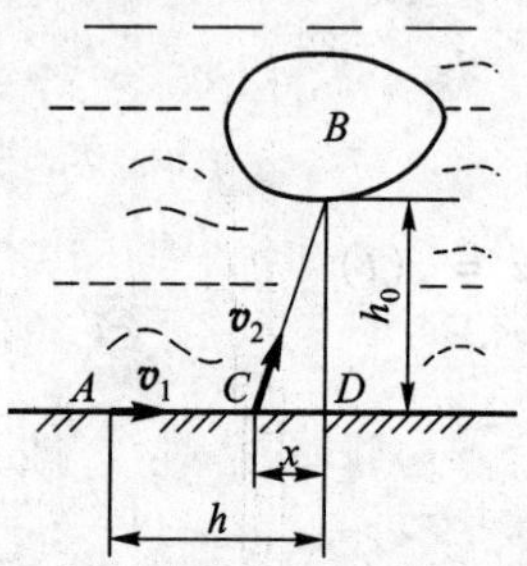

题 4.1 图

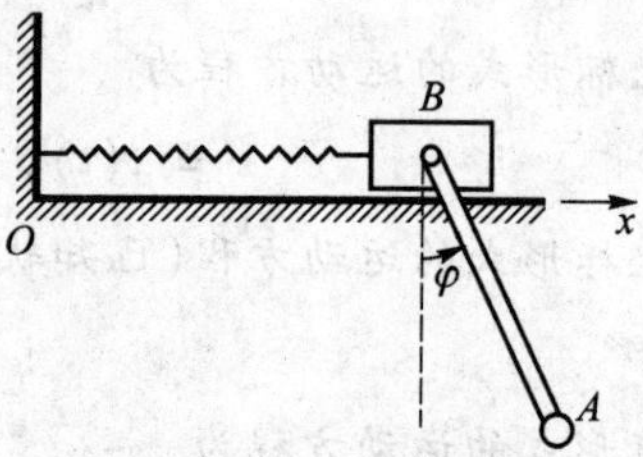

题 4.2 图

4.3 半径为 R 的圆弧与墙 AB 相切，在圆心 O 处有一光源，点 M 从切点 C 处开始以匀速度 v_0 沿圆弧运动，如图所示。试求点 M 在墙上的影子 M' 的速度大小和加速度大小。

4.4 图示机构中已知 $OO_1=l,\varphi=\omega_0 t$，其中 ω_0 为常数。D 是十字形导槽。试求当 $\varphi=30°$时点 D 的速度大小与加速度大小。

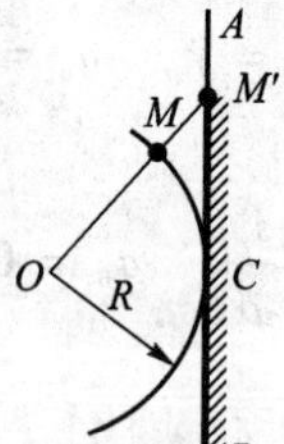

题 4.3 图

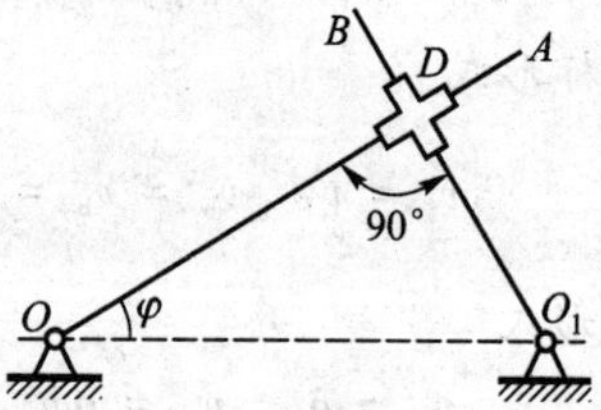

题 4.4 图

4.5 如图所示，小环 M 同时套在直杆 OB 和半径为 r 的铁丝圆圈上。铁丝圆圈固定不动，直杆 OB 以 $\varphi=\omega t$（ω 为常数）的规律绕轴 O 逆时针转动。试分别求小环 M 相对于杆 OB 和铁丝圆圈的速度、加速度。

4.6 如图所示，一半径为 r、中心为 O 的圆柱，在半径为 R、中心为 O' 的固定圆柱上作无滑动地滚动（纯滚动）。已知 OO' 与铅垂线夹角 φ 的变化规律 $\varphi=\varphi(t)$，试求点 O 的运动方程、速度和加速度。

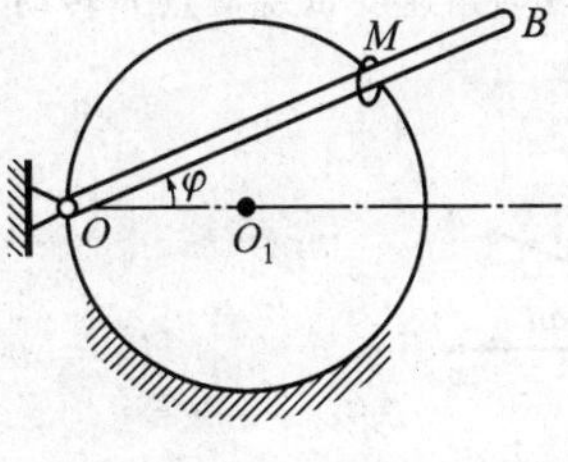

题 4.5 图

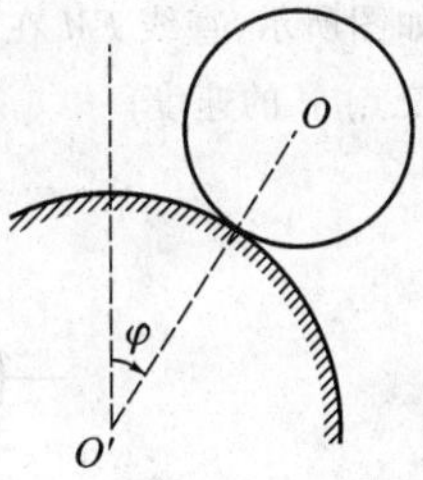

题 4.6 图

4.7　如图所示，小车 A 和 B 以绳索相连。小车 A 比小车 B 高出 $h = 1.5\ \text{m}$。小车 A 以匀速 $v_A = 0.4\ \text{m}\cdot\text{s}^{-1}$ 前进而拉动小车 B。设 $t = 0$ 时，$BC = l_0 = 4.5\ \text{m}$。试求 5 s 后小车 B 的速度和加速度。设滑轮与车的尺寸不计。

4.8　设 $x = a + \alpha f(t)$，$y = b + \beta f(t)$，$z = c + \gamma f(t)$。如要使运动成为等加速度运动，试问 $f(t)$ 应为怎样的函数？已知 a, b, c, α, β 及 γ 等都是常量。

4.9　一绳 AMC 之一端系于定点 A，绳子穿过滑块 M 上的小孔。绳的另一端系于滑块 C 上。滑块 M 以已知等速 $\boldsymbol{v}_0$ 运动。绳长为 l，AE 的距离为 a 并垂直于 DE。试求滑块 C 的速度与距离 $AM = x$ 的关系，又当滑块 M 经过点 E 时，滑块 C 的速度为何值？

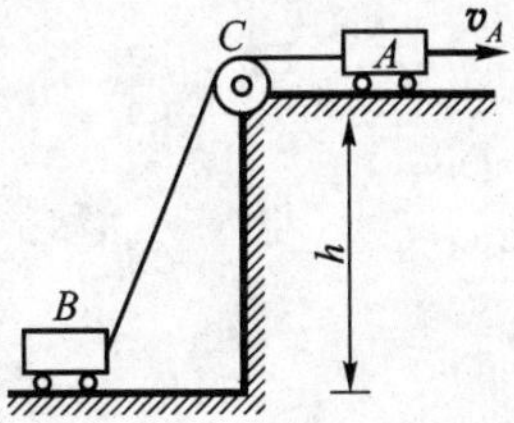

题 4.7 图

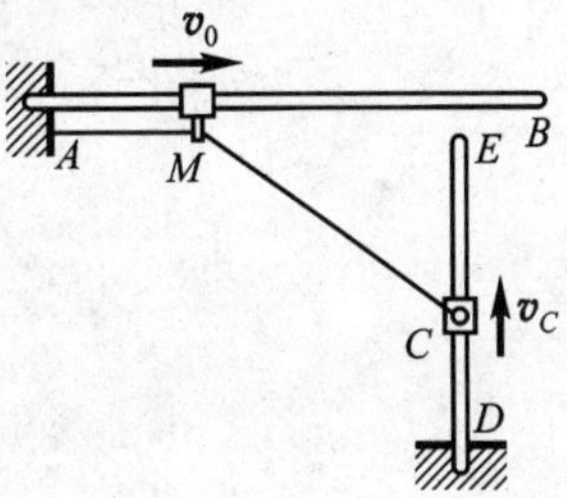

题 4.9 图

4.10　设一点 M 沿一空间曲线运动，其速度为 $\boldsymbol{v}$，加速度为 $\boldsymbol{a}$。试证：轨迹的曲率半径的值为

$$\rho = \frac{v^3}{|\boldsymbol{v} \times \boldsymbol{a}|}$$

4.11　一点运动的轨迹为平面曲线，其速度在轴 x 上的投影始终是常量 c。试证：点的加速度大小为 $a = \dfrac{v^3}{\rho}$，其中 v 为点的速度大小，ρ 为曲率半径。

4.12　已知点的运动方程为 $\boldsymbol{r} = (7t)\boldsymbol{i} + (3 + t^2)\boldsymbol{j} + \left(\dfrac{t^3}{3}\right)\boldsymbol{k}$，其中 t 以 s 计，r 以 m 计。试求 $t = 3$ s 时点的速度、切向加速度大小、法向加速度大小。

4.13　试用极坐标方法解例 4.3.3。

4.14　一点作平面运动，其径向速度 $v_\rho = \lambda\rho$，横向速度 $v_\varphi = \mu\varphi$，其中 λ, μ 为常数。试求其径向加速度 a_ρ 和横向加速度 a_φ。

4.15 如图所示，直线 FM 在一给定的椭圆平面内以匀角速度 ω 绕焦点 F 转动。试求此直线与椭圆交点 M 的速度。

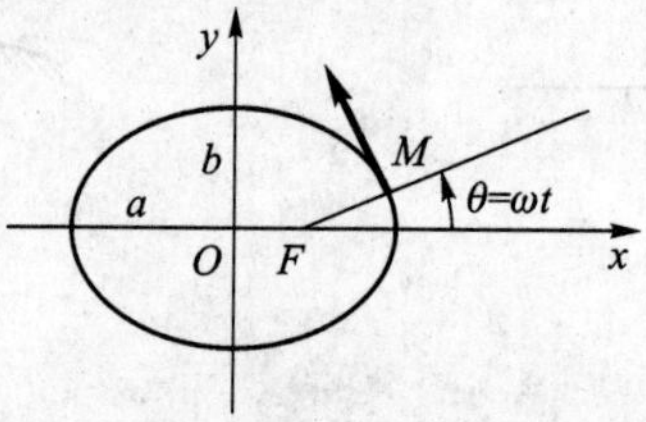

题 4.15 图

4.16 椭圆有如下性质：(1) 椭圆上一点到两焦点所引矢径大小之和为常数；(2) 椭圆的法线等分两矢径间的夹角。一点走一椭圆轨迹，试用运动学方法由第一条性质来证明第二条性质。

第 5 章 刚体的平面运动

5.1 刚体平面运动的简化

5.1.1 平面运动的定义与分类

刚体上任意一个确定点到某一固定平面的距离始终保持不变的运动称为刚体的平面运动，简称为平面运动。显然，平面运动刚体上各点的轨迹都是平面曲线。

平面运动的刚体大多受到约束，因约束的不同可分为三种类型：平面平移、定轴转动和一般平面运动。

1. 平移

刚体内任意一条直线在刚体运动过程中始终保持平行，这样的运动称为平移。平移刚体上各点轨迹的形状完全相同。当平移刚体上任一点的轨迹为直线，如图 5.1a 所示，则称运动为直线平移。如果平移刚体上任一点的轨迹为曲线，如图 5.1b 所示，则称运动为曲线平移。根据刚体上点的轨迹是空间曲线或是平面曲线，平移又分为空间平移和平面平移，其中平面平移属于平面运动的特例。

2. 定轴转动

当刚体作平面运动时，在运动过程中体内（或是延拓部分）始终存在一条固定不动的直线，这样的平面运动称为**定轴转动**，不动直线称为**转轴**。除转轴外，刚体上各点分别在与转轴垂直的各平面内作圆周运动，如图 5.1c 所示。

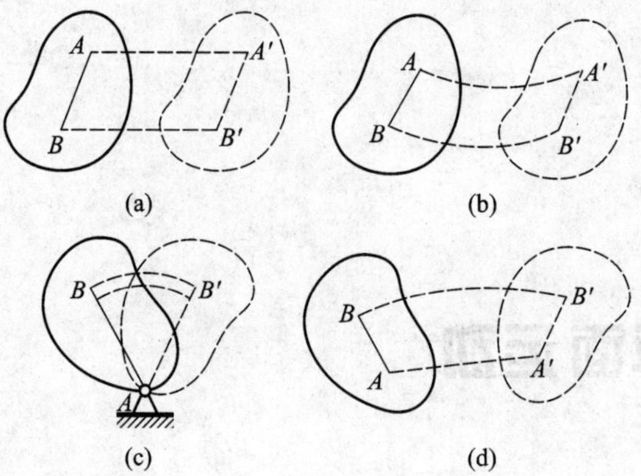

图 5.1

平移和转动是刚体的基本运动，它们不仅是刚体最简单的运动，而且是刚体复杂运动的基础。

3. 平面运动

既不是平面平移，也不是定轴转动的平面运动，称为**一般平面运动**。在刚体作一般平面运动时，刚体内各点的轨迹是形状各异的平面曲线，如图 5.1d 所示。

图 5.2 给出的“曲柄 - 连杆 - 滑块”机构，即为刚体平面运动的一个典型工程实例。

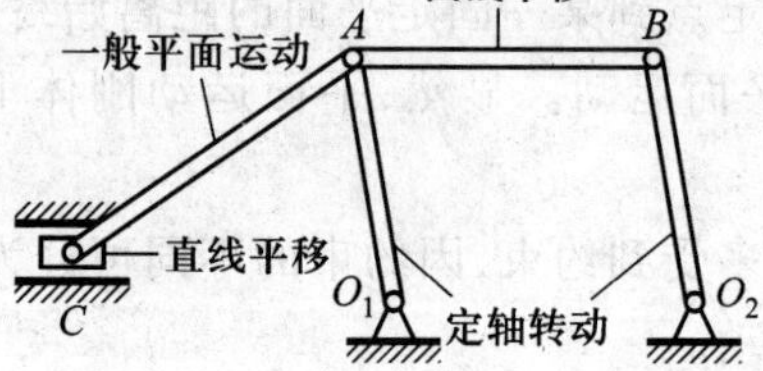

图 5.2

5.1.2 平面运动的简化

在刚体内任意一条与体内各点的运动平面相垂直的直线上，各点有相同的位移，因此也有相同的速度和相同的加速度。任意一个平行于某固定平面Ⅰ的平面Ⅱ、平面Ⅲ等分别将刚体截出一个平面图形。当刚体作平面运动时，这些图形在自身所在平面内运动。这样，刚体平面运动的研究，**可简化为对一个平截面**

图形 S 在其自身平面内运动的研究。平面图形 S 上的点 A 的运动代表刚体上直线 A_1A_2 的运动(图 5.3)。显然,在各处截得的具体平截面图形一般说来是不同的,为使研究更具一般性,将平截面图形的大小和形状看成是不受任何限制的,可以根据需要加以延拓的平面图形。

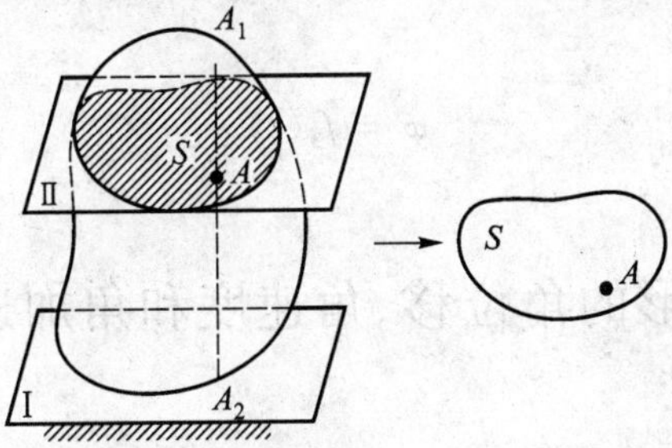

图 5.3

5.2 研究平面图形运动的分析方法

5.2.1 平面运动方程

在平面图形 S 上建立固定直角坐标系 Oxy,则平面图形的位置由其上任意一有向线段$\overrightarrow{AB}$确定,而要表示这个有向线段的位置,需要 3 个坐标,即点 A 的直角坐标 x_A,y_A 以及$\overrightarrow{AB}$与轴 Ox 的夹角 φ。点 A 称为**基点**,角 φ 称为**方位角**(图 5.4)。方位角 φ 的正向规定如下:从不动边轴 Ox 转向有向线段$\overrightarrow{AB}$的方向为正向。平面运动的运动方程为

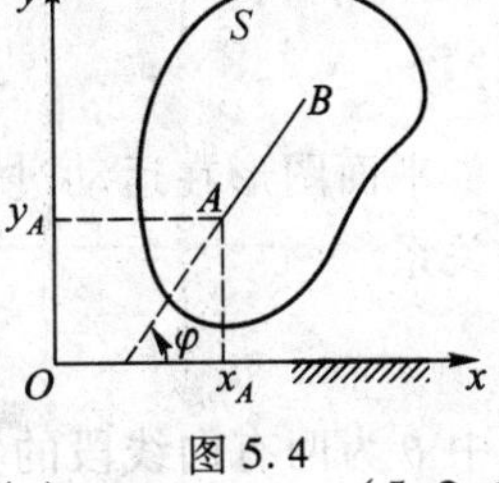

图 5.4

$$x_A = f_1(t), \quad y_A = f_2(t), \quad \varphi = f_3(t) \tag{5.2.1}$$

由式(5.2.1)可以完全确定平面运动刚体的运动规律,也可以完全确定刚体上任意一点的轨迹、速度和加速度。

由方程(5.2.1)可得到两种特殊情形:

(1) 当 $\varphi = f_3(t) =$ 常数时,表明刚体上任一直线在运动过程中始终保持平

行,即平面平移情形,此时运动方程为

$$x_A = f_1(t), \quad y_A = f_2(t)$$

(2) 当 $x_A = f_1(t) =$ 常数,$y_A = f_2(t) =$ 常数时,表明在运动过程中,刚体内过点 A 与图形 S 相垂直的直线上的点静止不动,即刚体作定轴转动情形,此时运动方程为

$$\varphi = f_3(t)$$

5.2.2 平面图形的角位移、角速度和角加速度

1. 平面图形的角位移

平面图形运动时,方位角 $\varphi = f_3(t)$ 一般是随时间变化的,即有向线段 $\overrightarrow{AB}$ 的方位是变化的。设从 t 至 $t+\Delta t$ 的时间间隔内,方位角的增量为 $\Delta\varphi$,即

$$\Delta\varphi = \varphi' - \varphi = f_3(t+\Delta t) - f_3(t)$$

称 $\Delta\varphi$ 为有向线段 $\overrightarrow{AB}$ 在时间间隔 Δt 内的**角位移**(图 5.5a)。

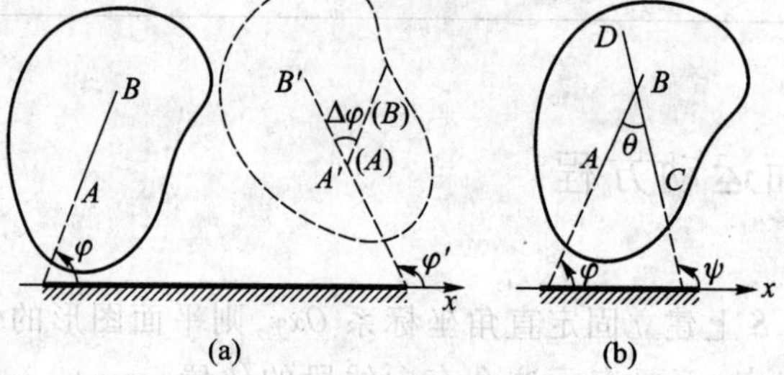

图 5.5

平面图形在运动过程中其上任意两条有向线段 $\overrightarrow{AB}$ 和 $\overrightarrow{CD}$ 的方位角 φ 和 ψ 存在关系

$$\varphi(t) = \psi(t) - \theta$$

其中 θ 为两有向线段的夹角,它是一个常量(图 5.5b)。由此知 $\Delta\varphi = \Delta\psi$,即在相同的时间间隔内,图形上任意一条有向线段的角位移相等。因此,平面图形上有向线段 $\overrightarrow{AB}$ 的角位移 $\Delta\varphi$ 也称为图形的角位移。

2. 平面图形的角速度与角加速度

平面图形的角位移 $\Delta\varphi$ 与时间间隔 Δt 之比在 $\Delta t \to 0$ 下的极限值称为平面图形的**角速度**,记作 ω

$$\omega = \lim_{\Delta t \to 0} \frac{\Delta \varphi}{\Delta t} = \frac{\mathrm{d}\varphi}{\mathrm{d}t} = \dot{\varphi} \tag{5.2.2}$$

角速度 ω 对时间 t 的导数称为平面图形的**角加速度**，记作 α

$$\alpha = \frac{\mathrm{d}\omega}{\mathrm{d}t} = \dot{\omega} = \ddot{\varphi} \tag{5.2.3}$$

平面图形的角速度和角加速度就是刚体平面运动角速度和角加速度，它们表示了刚体方位变化的快慢，是刚体运动的整体性质。角速度的单位是 $\mathrm{rad \cdot s^{-1}}$，角加速度的单位是 $\mathrm{rad \cdot s^{-2}}$。在刚体作定轴转动时，工程上常用每分钟转过的圈数 n 作为刚体转动快慢的度量，其单位是 $\mathrm{r \cdot min^{-1}}$。$n$ 与 ω 的关系为

$$\omega = \frac{2\pi n}{60} = \frac{\pi n}{30} \tag{5.2.4}$$

平面图形的角速度和角加速度都是可以用代数量表示的物理量。平面图形的角速度和角加速度也可表示为沿轴 Oz 的矢量，设轴 Oz 正向的单位矢量为 $\boldsymbol{k}$，则有

$$\boldsymbol{\omega} = \omega \boldsymbol{k} \tag{5.2.5}$$

$$\boldsymbol{\alpha} = \alpha \boldsymbol{k} \tag{5.2.6}$$

其中 ω 和 α 为角速度和角加速度在轴 Oz 上的投影，是代数量（图 5.6）。利用式(5.2.2)，(5.2.3)，以上两式还可表示为

$$\boldsymbol{\omega} = \frac{\mathrm{d}\varphi}{\mathrm{d}t}\boldsymbol{k} \tag{5.2.7}$$

$$\boldsymbol{\alpha} = \frac{\mathrm{d}\omega}{\mathrm{d}t}\boldsymbol{k} = \frac{\mathrm{d}^2\varphi}{\mathrm{d}t^2}\boldsymbol{k} = \frac{\mathrm{d}\boldsymbol{\omega}}{\mathrm{d}t} \tag{5.2.8}$$

5.2.3　平面图形上点的运动分析

设点 B 为平面图形上任意一点（图 5.6），则其运动方程为

$$x_B = x_A + l\cos\varphi$$

$$y_B = y_A + l\sin\varphi$$

其中 l 为 A，B 两点间的距离，是常数。对上式求对时间的一次导数和二次导数，可得到点 B 的速度和加速度在直角坐标轴上的投影。

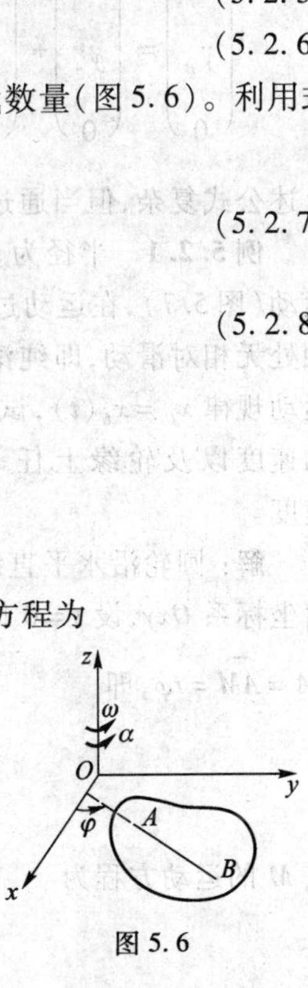

图 5.6

点 B 的速度投影为

$$\dot{x}_B = \dot{x}_A - l\dot{\varphi}\sin\varphi$$

$$\dot{y}_B = \dot{y}_A + l\dot{\varphi}\cos\varphi$$

将其写成矩阵形式，有

$$\begin{pmatrix}\dot{x}_B\\ \dot{y}_B\\ 0\end{pmatrix} = \begin{pmatrix}\dot{x}_A\\ \dot{y}_A\\ 0\end{pmatrix} + \begin{pmatrix}0 & -\dot{\varphi} & 0\\ \dot{\varphi} & 0 & 0\\ 0 & 0 & 0\end{pmatrix}\begin{pmatrix}l\cos\varphi\\ l\sin\varphi\\ 0\end{pmatrix}$$

点 B 的加速度投影为

$$\ddot{x}_B = \ddot{x}_A - l\dot{\varphi}^2\cos\varphi - l\ddot{\varphi}\sin\varphi$$

$$\ddot{y}_B = \ddot{y}_A - l\dot{\varphi}^2\sin\varphi + l\ddot{\varphi}\cos\varphi$$

将其写成矩阵形式，有

$$\begin{pmatrix}\ddot{x}_B\\ \ddot{y}_B\\ 0\end{pmatrix} = \begin{pmatrix}\ddot{x}_A\\ \ddot{y}_A\\ 0\end{pmatrix} + \begin{pmatrix}0 & -\ddot{\varphi} & 0\\ \ddot{\varphi} & 0 & 0\\ 0 & 0 & 0\end{pmatrix}\begin{pmatrix}l\cos\varphi\\ l\sin\varphi\\ 0\end{pmatrix} + \begin{pmatrix}-\dot{\varphi}^2 & 0 & 0\\ 0 & -\dot{\varphi}^2 & 0\\ 0 & 0 & 0\end{pmatrix}\begin{pmatrix}l\cos\varphi\\ l\sin\varphi\\ 0\end{pmatrix}$$

上述公式复杂，但当通过计算机实现数值计算时，常会用到这种方法。

例 5.2.1 半径为 r 的圆轮沿直线轨道运动（图 5.7），在运动过程中，圆轮与轨道接触处无相对滑动，即纯滚动。已知轮心 C 的运动规律 $x_C = x_C(t)$，试求圆轮的角速度、角加速度以及轮缘上任一点 M 的速度和加速度。

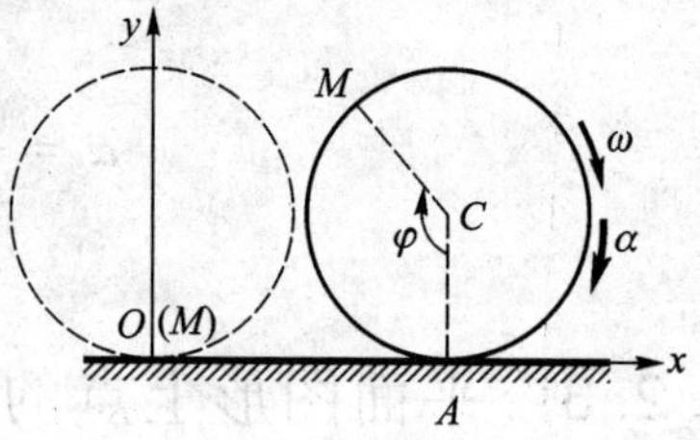

图 5.7

解： 圆轮沿水平直线作纯滚动。建立直角坐标系 Oxy，设 $t = 0$ 时，点 M 与坐标原点 O 重合。纯滚动条件意味着 $x_C = OA = \widehat{AM} = r\varphi$，即

$$\varphi = \frac{x_C(t)}{r} \tag{a}$$

点 M 的运动方程为

$$\left.\begin{aligned}x_M &= x_C - r\sin\varphi = x_C(t) - r\sin\frac{x_C}{r}\\ y_M &= y_C - r\cos\varphi = r - r\cos\frac{x_C}{r}\end{aligned}\right\}\tag{b}$$

将式(a)对 t 求导数,得

$$\left.\begin{aligned}\omega &= \dot{\varphi} = \frac{\dot{x}(t)}{r}\\ \alpha &= \dot{\omega} = \ddot{\varphi} = \frac{\ddot{x}(t)}{r}\end{aligned}\right\}\tag{c}$$

因

$$v_{Mx} = \dot{x}_M,\quad v_{My} = \dot{y}_M,\quad a_{Mx} = \ddot{x}_M,\quad a_{My} = \ddot{y}_M$$

故由式(b),(c)得

$$v_{Mx} = \dot{x}_C\left(1 - \cos\frac{x_C}{r}\right)$$

$$v_{My} = \dot{x}_C\sin\frac{x_C}{r}$$

$$a_{Mx} = \frac{\dot{x}_C^2}{r}\sin\frac{x_C}{r} + \ddot{x}_C\left(1 - \cos\frac{x_C}{r}\right)$$

$$a_{My} = \frac{\dot{x}_C^2}{r}\cos\frac{x_C}{r} + \ddot{x}_C\sin\frac{x_C}{r}$$

当 $\varphi = 2k\pi(k = 0,1,2,\cdots)$时,有

$$v_{Mx} = 0,\quad v_{My} = 0$$

$$a_{Mx} = 0,\quad a_{My} = \frac{\dot{x}_C^2}{r}$$

这说明,当点 M 与地面接触时,其速度为零,而加速度不为零。加速度的方向铅垂向上,大小为$\dfrac{\dot{x}_C^2}{r}$。

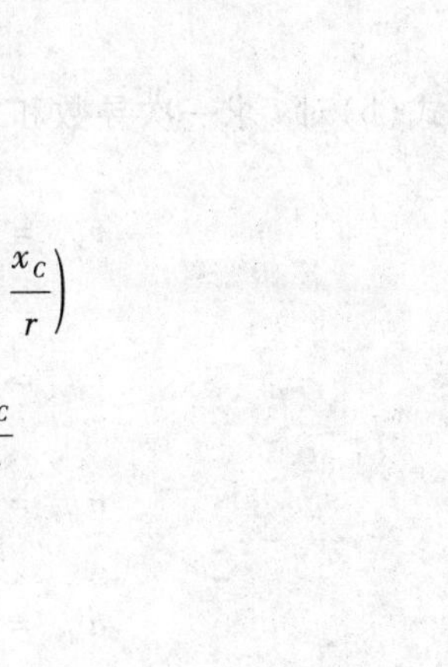

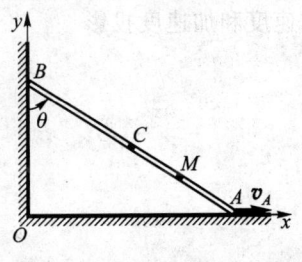

图 5.8

例 5.2.2　直杆 AB 长为 l,两端分别沿水平和铅垂方向运动(图 5.8)。已知点 A 的速度 $\boldsymbol{v}_A$ =

常矢量,试求任意时刻端点 B 和中点 C 的速度和加速度。

解: 建立直角坐标系 Oxy,令 $\angle OBA=\theta$。在杆上任取一点 M,令 $MA=b$。写出点 A 和点 M 的运动方程

$$x_A = l\sin\theta \tag{a}$$

$$\left.\begin{aligned} x_M &= x_A - b\sin\theta \\ y_M &= b\cos\theta \end{aligned}\right\} \tag{b}$$

将式(a)对 t 求一次导数和二次导数,得

$$\dot{x}_A = l\dot{\theta}\cos\theta$$

$$\ddot{x}_A = l\ddot{\theta}\cos\theta - l\dot{\theta}^2\sin\theta$$

由已知 $\dot{x}_A = v_A$, $\ddot{x}_A = 0$,得

$$\dot{\theta} = \frac{v_A}{l\cos\theta},\quad \ddot{\theta} = \frac{v_A^2}{l^2\cos^2\theta}\tan\theta \tag{c}$$

将式(b)对 t 求一次导数和二次导数,并利用式(c),得

$$\left.\begin{aligned} v_{Mx} &= \dot{x}_M = \dot{x}_A - b\dot{\theta}\cos\theta = \frac{l-b}{l}v_A \\ v_{My} &= \dot{y}_M = -b\dot{\theta}\sin\theta = -\frac{b}{l}v_A\tan\theta \\ a_{Mx} &= \dot{v}_{Mx} = 0 \\ a_{My} &= \dot{v}_{My} = -\frac{b}{l^2\cos^3\theta}v_A^2 \end{aligned}\right\} \tag{d}$$

式(d)是杆 AB 上任一点任意时刻的速度和加速度公式。令 $b=l$,便得点 B 的速度和加速度投影

$$v_{Bx} = 0$$

$$v_{By} = -v_A\tan\theta$$

$$a_{Bx} = 0$$

$$a_{By} = -\frac{v_A^2}{l\cos^3\theta}$$

令 $b=\dfrac{l}{2}$，便得点 C 的速度和加速度投影

$$v_{Cx}=\frac{v_A}{2},\quad v_{Cy}=-\frac{1}{2}v_A\tan\theta,$$

$$a_{Cx}=0\qquad a_{Cy}=-\frac{v_A^2}{2l\cos^3\theta}$$

5.3　研究平面图形运动的矢量方法

5.3.1　平面平移

考虑一作平面平移的刚体(图 5.9)，其上任意两点 A,B 的矢径在任意时刻有如下关系

$$\boldsymbol{r}_B=\boldsymbol{r}_A+\boldsymbol{r}_{AB}$$

当两点 A,B 取定后，在刚体平移过程中 $\boldsymbol{r}_{AB}=$ 常矢量。上式对时间 t 求导数，得

$$\boldsymbol{v}_B=\boldsymbol{v}_A \tag{5.3.1}$$

$$\boldsymbol{a}_B=\boldsymbol{a}_A \tag{5.3.2}$$

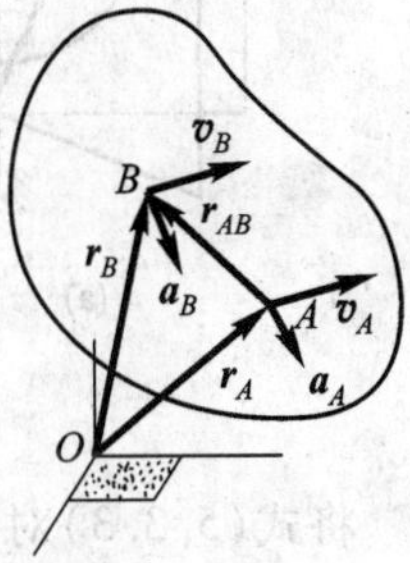

图 5.9

这表明，当刚体作平移时，其上各点有相同的速度和相同的加速度。因此，对平移刚体运动的研究可简化为其上某一点的运动的研究。

注意到，在得到式(5.3.1)，(5.3.2)时，并没有用到刚体的平移必须是平面平移的条件，即只要刚体平移，它们均成立。

5.3.2　定轴转动

研究定轴转动刚体上任一点 M 的速度和加速度。设刚体的角速度 $\boldsymbol{\omega}$、角加速度 $\boldsymbol{\alpha}$ 的方向分别如图 5.10a 所示，点 M 的矢径形式的运动方程为

$$\boldsymbol{r}_M = \boldsymbol{r}_M(t)$$

一个大小不变、仅方向改变的矢量 $\boldsymbol{r}_M$，其对时间 t 的导数就是矢端速度

$$\frac{\mathrm{d}\boldsymbol{r}_M}{\mathrm{d}t} = \boldsymbol{\omega} \times \boldsymbol{r}_M$$

即

$$\boldsymbol{v}_M = \boldsymbol{\omega} \times \boldsymbol{r}_M \tag{5.3.3}$$

其代数值为

$$v_M = r_M\omega\sin\theta = R_M\omega$$

方向如图 5.10c 所示，R_M 为点 M 到转轴的距离。

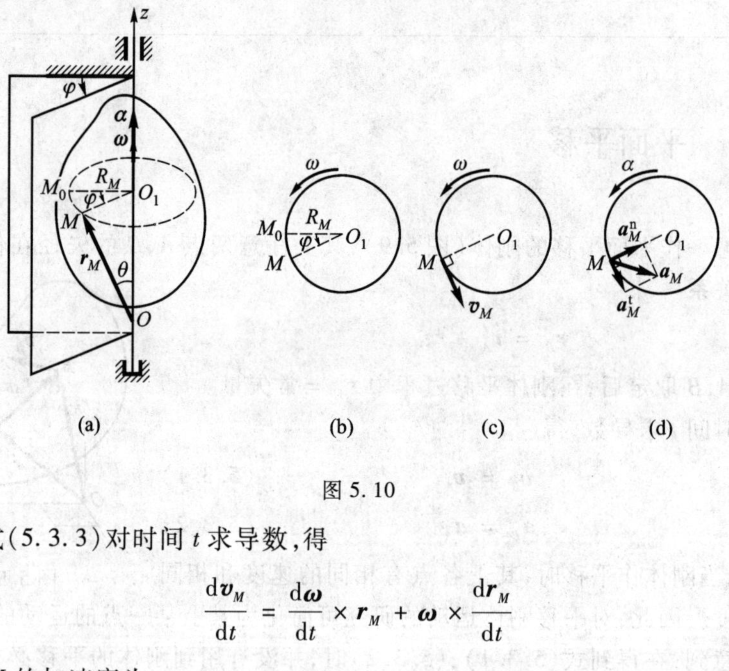

图 5.10

将式(5.3.3)对时间 t 求导数，得

$$\frac{\mathrm{d}\boldsymbol{v}_M}{\mathrm{d}t} = \frac{\mathrm{d}\boldsymbol{\omega}}{\mathrm{d}t} \times \boldsymbol{r}_M + \boldsymbol{\omega} \times \frac{\mathrm{d}\boldsymbol{r}_M}{\mathrm{d}t}$$

于是点 M 的加速度为

$$\boldsymbol{a}_M = \boldsymbol{\alpha} \times \boldsymbol{r}_M + \boldsymbol{\omega} \times (\boldsymbol{\omega} \times \boldsymbol{r}_M) \tag{5.3.4}$$

其中

$$\boldsymbol{a}_M^{\mathrm{t}} = \boldsymbol{\alpha} \times \boldsymbol{r}_M \tag{5.3.5}$$

为切向加速度，而

$$\boldsymbol{a}_M^{\mathrm{n}} = \boldsymbol{\omega} \times (\boldsymbol{\omega} \times \boldsymbol{r}_M) \tag{5.3.6}$$

为法向加速度，其代数值分别为

$$a_M^t = R_M \alpha$$

$$a_M^n = R_M \omega^2$$

方向如图 5.10d 所示。

5.3.3　平面图形上点的速度分析

1. 两点速度关系

平面图形上任意两确定点 A,B 的矢径有如下关系

$$\boldsymbol{r}_B = \boldsymbol{r}_A + \boldsymbol{r}_{AB}$$

如图 5.11a 所示,上式对时间 t 求导数,得

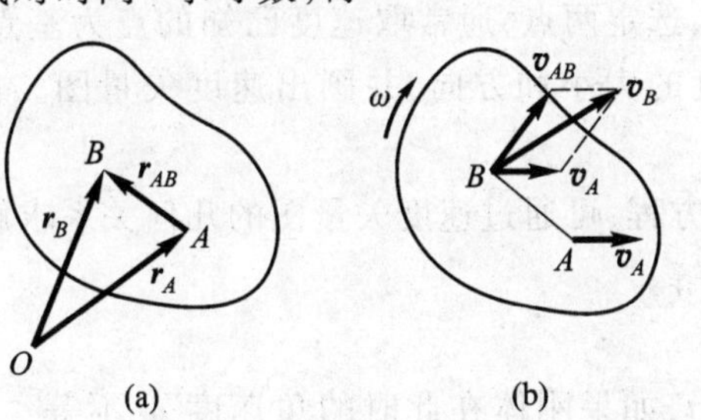

图 5.11

$$\frac{\mathrm{d}\boldsymbol{r}_B}{\mathrm{d}t} = \frac{\mathrm{d}\boldsymbol{r}_A}{\mathrm{d}t} + \frac{\mathrm{d}\boldsymbol{r}_{AB}}{\mathrm{d}t}$$

因 $\boldsymbol{r}_{AB}$是大小不变、仅方向改变的矢量,故有

$$\frac{\mathrm{d}\boldsymbol{r}_{AB}}{\mathrm{d}t} = \boldsymbol{\omega} \times \boldsymbol{r}_{AB}$$

于是有

$$\boldsymbol{v}_B = \boldsymbol{v}_A + \boldsymbol{\omega} \times \boldsymbol{r}_{AB} \tag{5.3.7}$$

这就是平面图形上两点速度关系,其中右端第二项可以看成是图形绕点 A 以角速度 $\boldsymbol{\omega}$ 转动时点 B 所具有的速度,一般记作 $\boldsymbol{v}_{AB}$

$$\boldsymbol{v}_{AB} = \boldsymbol{\omega} \times \boldsymbol{r}_{AB} \tag{5.3.8}$$

显然,$\boldsymbol{v}_{AB}$的大小 $v_{AB} = AB\omega$,其方向垂直于 A,B 两点连线,指向与图形角速度 $\boldsymbol{\omega}$ 的转向相一致(图 5.11b)。这样,式(5.3.7)可写成形式

$$\boldsymbol{v}_B = \boldsymbol{v}_A + \boldsymbol{v}_{AB} \tag{5.3.9}$$

在式(5.3.7),(5.3.9)中,点 A 称为基点。上述结果表明,**平面图形上某点 B 的**

速度等于基点的速度与平面图形以其角速度绕基点转动时点 B 所具有的速度矢量之和，这种方法称为**基点法**。

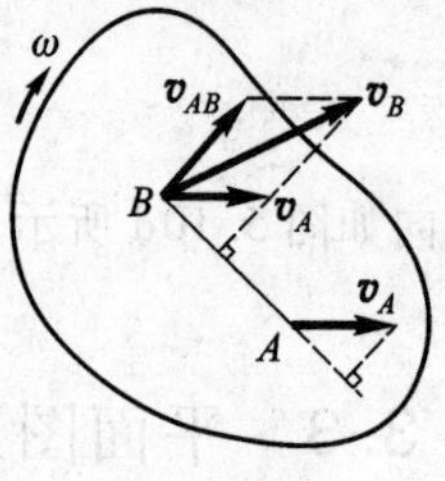

图 5.12

将式(5.3.9)在$\overrightarrow{AB}$方向上投影(图 5.12)，得到

$$[\boldsymbol{v}_B]_{AB} = [\boldsymbol{v}_A]_{AB} \tag{5.3.10}$$

这一关系称为**速度投影定理**，它表明，**平面图形上任意两点的速度在其连线上投影相等**。这一性质反映了刚体上任意两点间的距离保持不变，因此，也适用于刚体的任意运动情形。

应用式(5.3.9)求解任一时刻刚体作平面运动时的速度问题，这种方法称为**矢量法**，其解题一般步骤为：

(1) 运动分析，分析各构件的运动形式，作平移或定轴转动，或平面运动；

(2) 速度分析，选定两点，通常取速度已知的点为基点，写出两点的速度关系式，分析各项速度的大小和方向，并画出速度矢量图。如果未知量不超过两个，则问题可解；

(3) 求解矢量方程，可通过速度矢量图的几何关系求解，亦可将矢量方程投影到两根轴上来求解。

2. 速度瞬心法

考虑某一瞬时 t，如果刚体在此时的角速度 $\boldsymbol{\omega}$ 不等于零，那么平面刚体上必定存在一点，它的瞬时速度等于零。这样的点称为刚体的**速度瞬心**。设刚体上某一点 A 的速度为 $\boldsymbol{v}_A$，过点 A 将 $\boldsymbol{v}_A$ 顺着 ω 的指向转过 90°，得垂线 AP(图 5.13)，并取

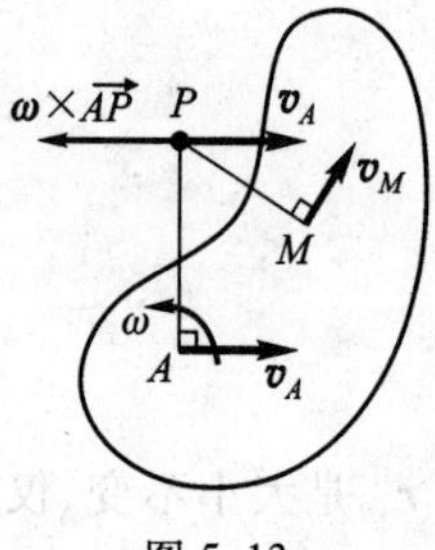

图 5.13

$$AP = \frac{v_A}{\omega}$$

则刚体上的点 P 的速度为

$$\boldsymbol{v}_P = \boldsymbol{v}_A + \boldsymbol{\omega} \times \overrightarrow{AP}$$

但是 $\boldsymbol{\omega}\times\overrightarrow{AP}$的方向恰好与 $\boldsymbol{v}_A$ 相反，而

$$|\boldsymbol{\omega} \times \overrightarrow{AP}| = v_A$$

因此有 $\boldsymbol{v}_P = \boldsymbol{0}$。

选择这一特殊点 P 为基点，图形上任一点 M 的速度为

$$\boldsymbol{v}_M = \boldsymbol{\omega} \times \boldsymbol{r}_{PM} = \boldsymbol{\omega} \times \overrightarrow{PM} \tag{5.3.11}$$

点 M 速度大小为 $v_M = PM\omega$，方向如图 5.13 所示。

式(5.3.11)与定轴转动刚体上点的速度公式(5.3.3)有相同的形式。这说明,任意瞬时 t,一般平面运动图形上各点的速度分布规律与图形绕过点 P 垂直于平面 S 的直线作“定轴转动”是完全相同的。但是,因为在不同瞬时,点 P 所在位置是变化的,它并不是平面图形的固定点,所以,虽然速度瞬心的速度为零,但其加速度一般不为零。

在计算平面图形上点的速度时,只要事先找到了速度瞬心 P 的位置,就可通过定轴转动的方法来求解,这种方法称为**速度瞬心法**。

在某一瞬时 t,速度瞬心 P 的位置可用如下方法确定:

(1) 已知平面图形上两点 A,B 的速度方向。

(a) $\boldsymbol{v}_A$ 不平行于 $\boldsymbol{v}_B$。由于图形上各点的速度应垂直于该点和速度瞬心 P 的连线,因此,分别过点 A,B 作它们速度矢量的垂线,其交点即为该瞬时平面图形的速度瞬心 P(图 5.14a)。

(b) $\boldsymbol{v}_A /\!/ \boldsymbol{v}_B$,且 $\boldsymbol{v}_A$ 不垂直于$\overrightarrow{AB}$(图 5.14b)。此时过点 A 和 B 分别作 $\boldsymbol{v}_A$ 和 $\boldsymbol{v}_B$ 的垂线,其交点 P 在无穷远处。在此瞬时,角速度 ω 为零,平面图形上各点的速度相同,称为瞬时平移。注意到,瞬时平移时,图形的角加速度一般不为零。

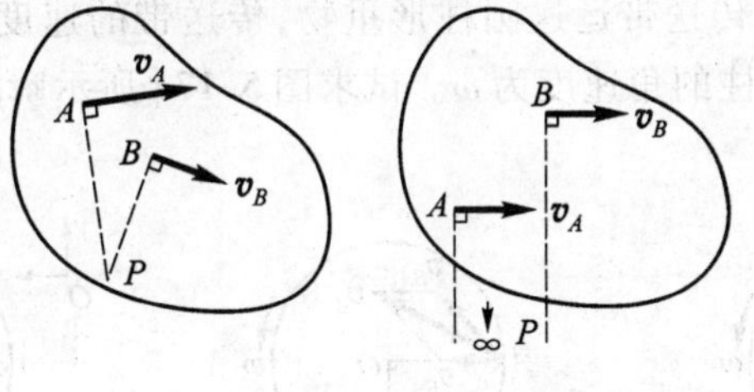

(a)　　(b)

图 5.14

(2) 已知平面图形上两点 A,B 的速度方向,且 $\boldsymbol{v}_A \perp \overrightarrow{AB}$, $\boldsymbol{v}_B \perp \overrightarrow{AB}$,此时点 P 的位置取决于 $\boldsymbol{v}_A,\boldsymbol{v}_B$ 的大小。

(a) $\boldsymbol{v}_A \neq \boldsymbol{v}_B$,两速度矢端连线的交点即为速度瞬心 P(图 5.15a,b)。

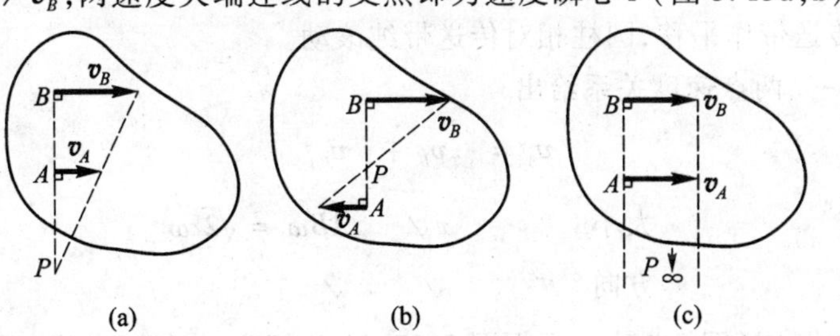

(a)　　(b)　　(c)

图 5.15

(b) $\boldsymbol{v}_A=\boldsymbol{v}_B$，此时角速度 ω 为零，速度瞬心在无穷远处(图 5.15c)，刚体作瞬时平移。

(3) 平面图形沿某固定曲线作纯滚动。在任意瞬时的速度瞬心 P 位于图形上图形与固定曲线的接触点(图 5.16)。

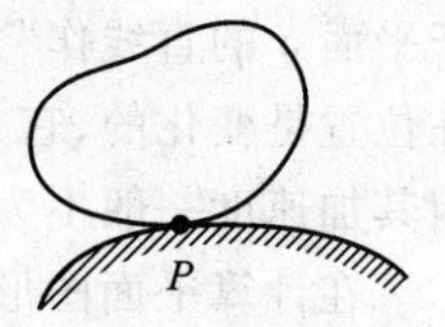

图 5.16

由上述结果不难看出，当刚体作一般平面运动时，在任意瞬时 t，图形的运动有两种情形。当 $\omega=0$ 时，图形作瞬时平移；当 $\omega\neq0$ 时，存在一个点 P，图形绕点 P 作瞬时转动。

3. 定瞬心线和动瞬心线

速度瞬心一般说是一个动点，当刚体作平面运动时，速度瞬心的点形成一条曲线。瞬心在固定系中的轨迹称为**定瞬心线**或**空间极迹**，瞬心在与刚体固连系中的轨迹称为**动瞬心线**或**本体极迹**。例如，在一直线上滚动的轮子，其定瞬心线就是这条直线，而动瞬心线就是轮子边缘的圆周。

如果把定瞬心线和动瞬心线分别假想为某个刚体的边缘，那么刚体的平面运动就好像是动瞬心线刚体在定瞬心线刚体上作纯滚动。

例 5.3.1 利用传送带运送圆柱形重物，传送带的速度为 $\boldsymbol{v}$，圆柱与传送带之间无相对滑动，圆柱的角速度为 ω。试求图 5.17a 所示瞬时圆柱体边缘上点 A 的速度。

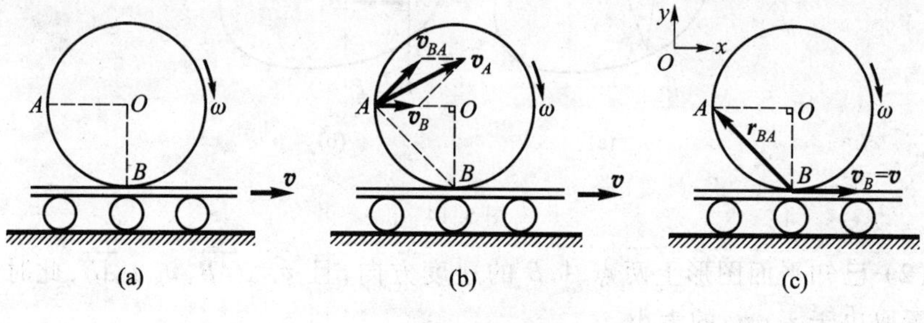

图 5.17

解： 传送带作平移，圆柱相对传送带纯滚动。

解法一 两点速度关系给出

$$\boldsymbol{v}_A \quad = \quad \boldsymbol{v}_B \quad + \quad \boldsymbol{v}_{BA}$$

大小	?	v ✓	$AB\omega=\sqrt{2}r\omega$
方向	?	✓	✓

画出速度矢量图(图 5.17b)，根据图 5.17b 中几何关系，解三角形，得

$$v_A^2 = v_B^2 + v_{BA}^2 - 2v_B v_{BA}\cos 135^\circ$$

$$= v^2 + 2r^2\omega^2 + 2vr\omega$$

$$v_A = \sqrt{v^2 + 2r^2\omega^2 + 2vr\omega}$$

方向如图 5.17b 所示。

解法二 两点速度关系表示为

$$\boldsymbol{v}_A = \boldsymbol{v}_B + \boldsymbol{\omega} \times \boldsymbol{r}_{BA}$$

建立坐标系如图 5.17c 所示。由 $\boldsymbol{v}_B = v\boldsymbol{i}, \boldsymbol{\omega} = -\omega\boldsymbol{k}, \boldsymbol{r}_{BA} = -r\boldsymbol{i} + r\boldsymbol{j}$，得

$$\boldsymbol{v}_A = (v + r\omega)\boldsymbol{i} + r\omega\boldsymbol{j}$$

即

$$v_{Ax} = v + r\omega, \quad v_{Ay} = r\omega$$

解法三 利用点的运动学方法，先求边缘上一点 M 的速度，设 OM 与 OB 夹角为 φ，则有

$$x_M = s + r\varphi - r\sin\varphi$$

$$y_M = r - r\cos\varphi$$

其中 s 为传送带的位移。对上式求对 t 的导数，得

$$\dot{x}_M = \dot{s} + r\dot{\varphi} - r\dot{\varphi}\cos\varphi$$

$$\dot{y}_M = r\dot{\varphi}\sin\varphi$$

其中 $\dot{s} = v, \dot{\varphi} = \omega$，于是有

$$\dot{x}_M = v + r\omega - r\omega\cos\varphi$$

$$\dot{y}_M = r\omega\sin\varphi$$

这是任一点的速度。

其次，求点 A 的速度。当点 M 取点 A 位置时，有 $\varphi = 90^\circ$，由上式得

$$\dot{x}_A = v + r\omega, \quad \dot{y}_A = r\omega$$

解法一和解法二是运动的瞬时分析，解法三则是运动的过程分析。

例 5.3.2 如图 5.18 所示，杆 AB 长为 l，其两端速度大小为 $\boldsymbol{v}_1$ 和 $\boldsymbol{v}_2$，方向分别与杆的夹角为 θ_1 和 θ_2。试求：(1) 杆上一点 M 的位置，这点的速度方向恰好沿着杆轴方向，并求这点速度大小；(2) 速度瞬心到杆轴的距离 h 及杆的角速度 ω。

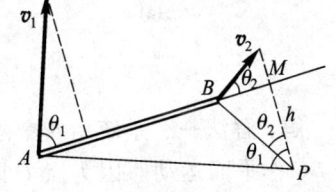

图 5.18

解：首先找速度瞬心 P。过点 A 作 $\boldsymbol{v}_1$ 的垂线，过点 B 作 $\boldsymbol{v}_2$ 的垂线，两垂线的交点 P 即为速度瞬心，如图所示。

其次，求点 M 的位置和 h。过点 P 作 AB 的垂线，它与 AB 延长线的交点即为 M，且 $PM=h$。由 $\triangle PAB$ 和 $\triangle PAM$，得

$$h(\tan\theta_1-\tan\theta_2)=l$$

由此解得

$$h=\frac{l}{\tan\theta_1-\tan\theta_2}$$

而

$$AM=h\tan\theta_1=\frac{l\tan\theta_1}{\tan\theta_1-\tan\theta_2}$$

它表示点 M 所在位置。

最后，求 v_M 和 ω。由速度投影定理可求出 v_M，有

$$v_M=v_1\cos\theta_1=v_2\cos\theta_2$$

而角速度 ω 为

$$\omega=\frac{v_M}{h}=\frac{v_M}{l}(\tan\theta_1-\tan\theta_2)$$

例 5.3.3 图 5.19a 所示机构中，$OO_1=0.4\ \mathrm{m}$，$OA=0.3\ \mathrm{m}$，$O_1B=0.2\ \mathrm{m}$，$\omega_1=2.5\ \mathrm{rad\cdot s^{-1}}$，$\omega_2=3\ \mathrm{rad\cdot s^{-1}}$。当 BC 呈水平，AO，BO_1 铅垂，三点 A，C，O_1 在一条直线上时，试求点 C 的速度大小。

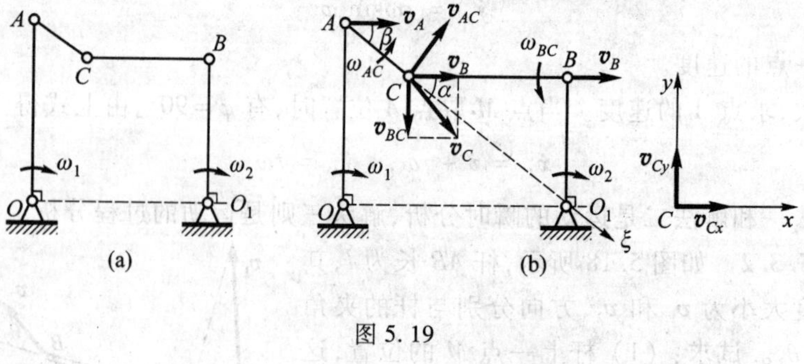

图 5.19

解：解法一 系统由 4 个刚体组成。杆 OA 和杆 O_1B 作定轴转动，杆 AC 和杆 BC 作平面运动。因为点 C 既在杆 AC 上，又在杆 BC 上，所以可用“两头碰”的方法来求解。

对杆 AC,用两点速度关系式

$$\boldsymbol{v}_C = \boldsymbol{v}_A + \boldsymbol{v}_{AC} \tag{a}$$

	$\boldsymbol{v}_C$	$\boldsymbol{v}_A$	$\boldsymbol{v}_{AC}$
大小	?	$OA\omega_1$	$AC\omega_{AC}$?
方向	?	✓	✓

还不能求解。再研究杆 BC,有

$$\boldsymbol{v}_C = \boldsymbol{v}_B + \boldsymbol{v}_{BC} \tag{b}$$

	$\boldsymbol{v}_C$	$\boldsymbol{v}_B$	$\boldsymbol{v}_{BC}$
大小	?	$O_1B\omega_2$	$BC\omega_{BC}$?
方向	?	✓	✓

式(a)和式(b)中有4个未知量:v_C 大小和方向,ω_{AC}和 ω_{BC}。问题可解。由式(a),(b)得

$$\boldsymbol{v}_A + \boldsymbol{v}_{AC} = \boldsymbol{v}_B + \boldsymbol{v}_{BC} \tag{c}$$

	$\boldsymbol{v}_A$	$\boldsymbol{v}_{AC}$	$\boldsymbol{v}_B$	$\boldsymbol{v}_{BC}$
大小	$OA\omega_1 = 0.75\ \mathrm{m\cdot s^{-1}}$	$AC\omega_{AC}$?	$O_1B\omega_2 = 0.6\ \mathrm{m\cdot s^{-1}}$	$BC\omega_{BC}$?
方向	✓	✓	✓	✓

这个公式中有两个未知量 ω_{AC}和 ω_{BC},只要求出其中之一,便可求得 $\boldsymbol{v}_C$。画出速度矢量图(图5.19b),将式(c)投影到轴 ξ 上,得

$$v_A\cos\beta = v_B\cos\beta + v_{BC}\sin\beta$$

由几何关系知

$$\cot\beta = \frac{4}{3}$$

因此有

$$v_{BC} = (v_A - v_B)\cot\beta = (0.75 - 0.6)\times\frac{4}{3}\mathrm{m\cdot s^{-1}} = 0.2\ \mathrm{m\cdot s^{-1}}$$

最后由式(b)得到点 C 的速度大小为

$$v_C = \sqrt{v_B^2 + v_{BC}^2} = \sqrt{0.4}\ \mathrm{m\cdot s^{-1}} \approx 0.632\ \mathrm{m\cdot s^{-1}}$$

解法二 令点 C 的速度为 v_{Cx}, v_{Cy},如图5.19b所示。对杆 BC 用速度投影定理,得

$$v_{Cx} = v_B \tag{d}$$

对杆 AC 用速度投影定理,得

$$v_{Cx}\cos\beta - v_{Cy}\sin\beta = v_A\cos\beta \tag{e}$$

由此得到

$$v_{Cy} = (v_B - v_A)\cot\beta$$

点 C 速度的大小为

$$v_C = \sqrt{v_{Cx}^2 + v_{Cy}^2}$$

例 5.3.4 试求柱形侧面的物体沿平面滚动而不滑动的条件(图 5.20)。

解: 基线方程认为是已知的,这条曲线在柱体侧面的横截面中得到,用固结于柱体的坐标来表示。为确定柱体截面在其平面上的位置,可选 3 个参量:基点 A 的坐标 x, y,以及固结于柱体的坐标系 $A\xi\eta\zeta$ 的转角 θ。

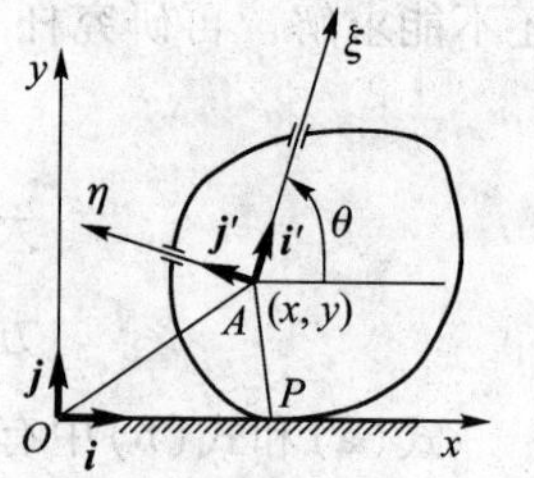

图 5.20

滚而不滑的条件表示为接触点 P 的速度为零,即

$$\boldsymbol{v}_P = \boldsymbol{v}_A + \boldsymbol{\omega} \times \overrightarrow{AP} = \boldsymbol{0} \tag{a}$$

注意到

$$\boldsymbol{\omega} = \dot{\theta}\boldsymbol{k}$$

$$\begin{aligned}\overrightarrow{AP} &= \xi_P \boldsymbol{i}' + \eta_P \boldsymbol{j}' \\ &= \xi_P(\boldsymbol{i}\cos\theta + \boldsymbol{j}\sin\theta) + \eta_P(-\boldsymbol{i}\sin\theta + \boldsymbol{j}\cos\theta) \\ &= \boldsymbol{i}(\xi_P\cos\theta - \eta_P\sin\theta) + \boldsymbol{j}(\xi_P\sin\theta + \eta_P\cos\theta)\end{aligned}$$

其中 ξ_P, η_P 为接触点 P 在 $A\xi\eta\zeta$ 中的坐标,对给定的柱面基线,它们是确定的。将 $\boldsymbol{\omega}, \overrightarrow{AP}$ 的表达式代入式(a),得

$$\boldsymbol{i}[\dot{x} - \dot{\theta}(\xi_P\sin\theta + \eta_P\cos\theta)] + \boldsymbol{j}[\dot{y} + \dot{\theta}(\xi_P\cos\theta - \eta_P\sin\theta)] = \boldsymbol{0}$$

于是得

$$\left.\begin{aligned}\dot{x} - \dot{\theta}(\xi_P\sin\theta + \eta_P\cos\theta) = 0 \\ \dot{y} + \dot{\theta}(\xi_P\cos\theta - \eta_P\sin\theta) = 0\end{aligned}\right\} \tag{b}$$

例 5.3.5 试就柱面基线为抛物线的情形求解例 5.3.4(图 5.21)。

解: 抛物线有如下性质:两切线 Ox 和 AT 的夹角 θ 为两切点的焦点半径夹角 $\angle AFP$ 之半,即 $\angle AFP = 2\theta$。

抛物线方程的极坐标表示为

$$r = \frac{p}{1 - \cos\varphi}$$

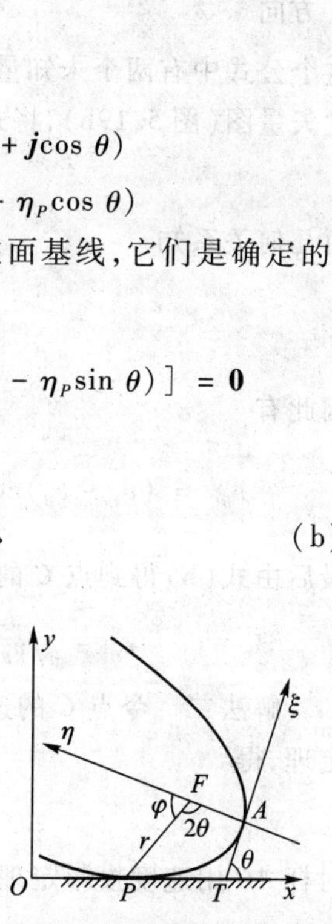

图 5.21

其中 r,φ 如图所示,而 $\varphi=\pi-2\theta$,于是有

$$r=\frac{p}{1+\cos 2\theta} \tag{a}$$

在坐标系 $A\xi\eta\zeta$ 中写出点 P 的坐标,有

$$\xi_P=-r\sin 2\theta=-\frac{p\sin 2\theta}{1+\cos 2\theta}=-p\tan\theta$$

$$\eta_P=\frac{p}{2}-r\cos 2\theta=\frac{1}{2}p\tan^2\theta$$

进而有

$$\begin{aligned}\xi_P\sin\theta+\eta_P\cos\theta&=-p\tan\theta\sin\theta+\frac{1}{2}p\tan^2\theta\sin\theta\\&=-\frac{1}{2}p\tan\theta\sin\theta\end{aligned} \tag{b}$$

$$\begin{aligned}\xi_P\cos\theta-\eta_P\sin\theta&=-p\tan\theta\cos\theta-\frac{1}{2}p\tan^2\theta\sin\theta\\&=-\frac{1}{2}p(2+\tan^2\theta)\sin\theta\end{aligned} \tag{c}$$

最后,将式(b),(c)代入例 5.3.4 中的式(b),得

$$\left.\begin{aligned}\dot{x}+\frac{1}{2}p\dot{\theta}\tan\theta\sin\theta&=0\\ \dot{y}-\frac{1}{2}p\dot{\theta}(2+\tan^2\theta)\sin\theta&=0\end{aligned}\right\} \tag{d}$$

例 5.3.6　一抛物线沿一固定直线作纯滚动,试求抛物线焦点的轨迹(图 5.22)。

解:设抛物线方程为

$$\xi^2=2p\eta \tag{a}$$

焦点 F 的轨迹方程为

$$y=y(x)$$

有

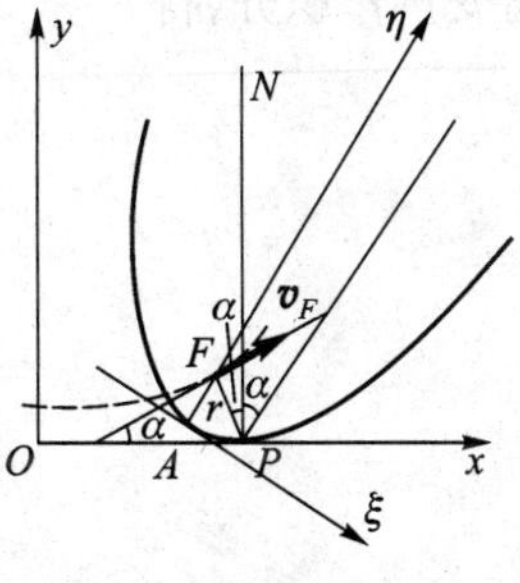

图 5.22

$$\frac{dy}{dx} = \tan\alpha \tag{b}$$

下面用 y 表示 α。

抛物线与轴 Ox 的切点 P 是速度瞬心，焦点 F 的速度 $\boldsymbol{v}_F$ 必垂直于 PF，即在焦点轨迹的切线方向，根据抛物线的性质知，法线 PN 平分轴与切点焦点连线所成之角，因此有 $\angle PFA = 2\alpha$，如图所示。焦点 F 的坐标

$$y = r\cos\alpha \tag{c}$$

点 P 的坐标为

$$\xi_P = r\sin 2\alpha$$

$$\eta_P = AF - r\cos 2\alpha = \frac{p}{2} - r\cos 2\alpha \tag{d}$$

将式(d)代入式(a)得

$$r = \frac{p}{2\cos^2\alpha}$$

将其代入式(c)，得

$$y = \frac{p}{2\cos\alpha}$$

于是有

$$\tan\alpha = \frac{\sqrt{1-\cos^2\alpha}}{\cos\alpha} = \frac{2}{p}\sqrt{y^2 - \frac{p^2}{4}} \tag{e}$$

再将式(e)代入式(b)，得

$$\frac{dy}{dx} = \frac{2}{p}\sqrt{y^2 - \frac{p^2}{4}} \tag{f}$$

分离变量作积分，得

$$\frac{2}{p}\int_0^x dx = \int_{p/2}^{y} \frac{dy}{\sqrt{y^2 - \frac{p^2}{4}}}$$

即

$$\frac{2}{p}x = \operatorname{arcosh}\left(\frac{2y}{p}\right)$$

进而有

$$y=\frac{2}{p}\cosh\left(\frac{2x}{p}\right) \tag{g}$$

为悬链线，如图中虚线所示。

例 5.3.7　一直角曲尺 ABC 在平面 Oxy 内运动，A 端通过一滑块套在轴 Ox 上，使点 A 可在此轴上自由滑动。在轴 Oy 上的固定点 D 处装一小环，曲尺臂 BC 穿过此小环可以自由滑动。设 $AB=OD=a$。试求定瞬心线和动瞬心线的方程（图 5.23）。

解： 取固连在曲尺上的坐标系 $B\xi\eta$，使轴 $B\xi$ 沿 BA，轴 $B\eta$ 沿 BC。在任意瞬时，点 A 的速度沿轴 Ox，在臂 BC 上与点 D 重合的那个点的速度 $\boldsymbol{v}_D$ 总沿着 BC 方向。过点 A 作轴 Ox 的垂线，过点 D 作轴 $B\eta$ 的垂线，两垂线交点 P 即为速度瞬心。

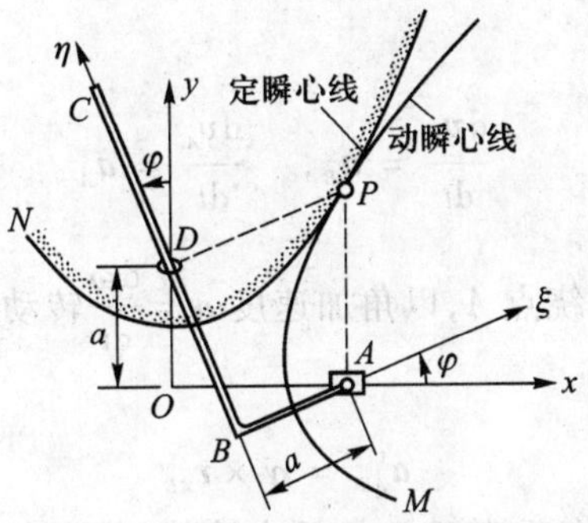

图 5.23

利用三角形关系，容易求出

$$BD=OA=a(\tan\varphi+\sec\varphi)$$

因而，瞬心 P 在坐标系 Oxy 中的坐标为

$$\left.\begin{aligned}x&=OA=a(\tan\varphi+\sec\varphi)\\y&=AP=BD\sec\varphi=OA\sec\varphi=x\sec\varphi\end{aligned}\right\} \tag{a}$$

从式(a)中消去 φ，便得定瞬心线 PN 的方程为

$$x^2=a(2y-a) \tag{b}$$

瞬心 P 在 $B\xi\eta$ 中的坐标为

$$\left.\begin{aligned}\xi&=PD=\eta\sec\varphi\\\eta&=BD=a(\tan\varphi+\sec\varphi)\end{aligned}\right\} \tag{c}$$

从式(c)中消去 φ，便得动瞬心线 PM 的方程为

$$\eta^2 = a(2\xi - a) \tag{d}$$

两条瞬心线式(b)和式(d)都是抛物线。曲尺的运动好像是由于抛物线 PM 在另一固定的抛物线 PN 上作纯滚动时所造成的。

5.3.4 平面图形上两点的加速度关系

用矢量分析的方法,可导出平面图形上任意两点的加速度关系。将式(5.3.7)对时间 t 求导数,得

$$\frac{\mathrm{d}\boldsymbol{v}_B}{\mathrm{d}t} = \frac{\mathrm{d}\boldsymbol{v}_A}{\mathrm{d}t} + \frac{\mathrm{d}\boldsymbol{\omega}}{\mathrm{d}t} \times \boldsymbol{r}_{AB} + \boldsymbol{\omega} \times \frac{\mathrm{d}\boldsymbol{r}_{AB}}{\mathrm{d}t}$$

其中

$$\frac{\mathrm{d}\boldsymbol{v}_B}{\mathrm{d}t} = \boldsymbol{a}_B, \quad \frac{\mathrm{d}\boldsymbol{v}_A}{\mathrm{d}t} = \boldsymbol{a}_A$$

右端第二项相当于图形绕点 A,以角加速度 $\boldsymbol{\alpha} = \dfrac{\mathrm{d}\boldsymbol{\omega}}{\mathrm{d}t}$ 转动时点 B 所具有的切向加速度,记作 $\boldsymbol{a}_{AB}^{\mathrm{t}}$

$$\boldsymbol{a}_{AB}^{\mathrm{t}} = \boldsymbol{\alpha} \times \boldsymbol{r}_{AB}$$

其大小为 $a_{AB}^{\mathrm{t}} = AB\alpha$,方向垂直于 A,B 两点连线,指向与图形角加速度 $\boldsymbol{\alpha}$ 的转向相一致,画在图 5.24 的点 B 上;右端第三项相当于图形绕点 A,以角速度 $\boldsymbol{\omega}$ 转动时点 B 所具有的法向加速度,记作 $\boldsymbol{a}_{AB}^{\mathrm{n}}$

$$\boldsymbol{a}_{AB}^{\mathrm{n}} = \boldsymbol{\omega} \times (\boldsymbol{\omega} \times \boldsymbol{r}_{AB}) = \boldsymbol{\omega} \times \boldsymbol{v}_{AB}$$

其大小为 $a_{AB}^{\mathrm{n}} = AB\omega^2$,方向由 B 指向 A,也画在点 B 上。于是有

$$\boldsymbol{a}_B = \boldsymbol{a}_A + \boldsymbol{a}_{AB}^{\mathrm{t}} + \boldsymbol{a}_{AB}^{\mathrm{n}} \tag{5.3.12}$$

这就是平面图形上两点的加速度关系式,它表明,**平面图形上任意点 B 的加速度,等于基点 A 的加速度与平面图形以其角速度、角加速度绕点 A 转动时,点 B 所具有的加速度之矢量和**。这种方法称为**加速度基点法**,加速度矢量图如图 5.24 所示。

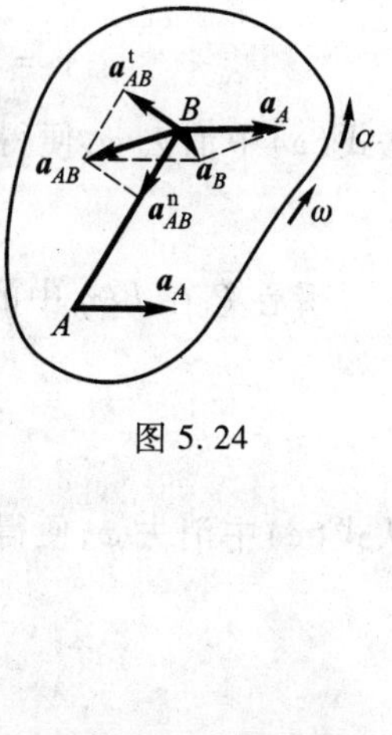

图 5.24

利用式(5.3.12)求解问题与用两点速度关系式(5.3.7)的方法基本相同,需要进行运动分析、速度分析和加速度分析等。

例 5.3.8　直杆 AB 长为 l,两端分别沿着水平和铅直方向运动(图 5.25),已知点 A 的速度 $\boldsymbol{v}_A$ = 常矢量。试求当 $\theta = 60°$时点 B 的加速度和杆 AB 的角加速度。

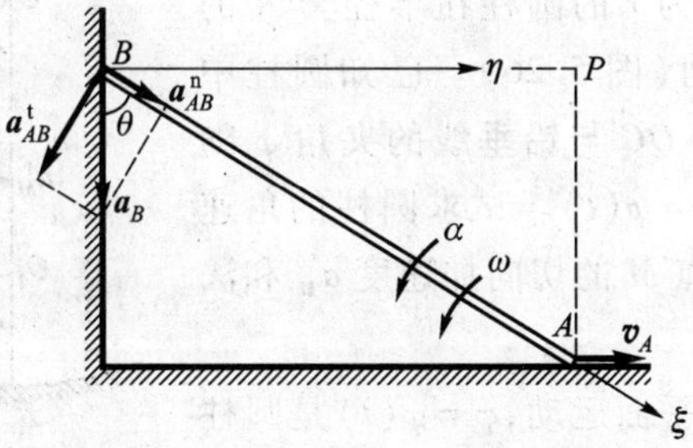

图 5.25

解: 杆 AB 作一般平面运动。在应用两点加速度关系式(5.3.12)时,一般会出现与图形角速度有关的项 $\boldsymbol{a}_{AB}^{\rm n}$,因此需先求角速度。容易找到杆 AB 的速度瞬心 P,角速度 ω 为

$$\omega = \frac{v_A}{PA} = \frac{v_A}{l\cos\theta} = \frac{2v_A}{l}$$

方向如图所示。

两点加速度关系式(5.3.12)给出

$$\begin{array}{lcccc} & \boldsymbol{a}_B = & \boldsymbol{a}_A + & \boldsymbol{a}_{AB}^{\rm t} + & \boldsymbol{a}_{AB}^{\rm n} \\ \text{大小} & ? & 0 & l\alpha ? & l\omega^2 = \dfrac{4}{l}v_A^2 \\ \text{方向} & \checkmark & \checkmark & \checkmark & \checkmark \end{array}$$

作加速度矢量图。将上式投影到轴 $B\xi$ 上,得

$$a_B\cos 60° = a_{AB}^{\rm n}$$

由此得

$$a_B = \frac{8}{l}v_A^2$$

投影到轴 $B\eta$ 上,得

$$0 = a_{AB}^{\rm n}\sin 60° - a_{AB}^{\rm t}\cos 60°$$

由此解得

$$\alpha = \frac{4\sqrt{3}}{l^2} v_A^2$$

转向如图所示。

例 5.3.9 半径为 r 的圆柱在半径为 R 的固定圆槽内作纯滚动(图 5.26)。已知圆柱中心和圆槽中心的连线 OC 与铅垂线的夹角 φ 随时间的变化规律为 $\varphi=\varphi(t)$。试求圆柱的角速度 $\boldsymbol{\omega}$,角加速度 $\boldsymbol{\alpha}$ 及点 M 的切向加速度 a_M^t 和法向加速度 a_M^n。

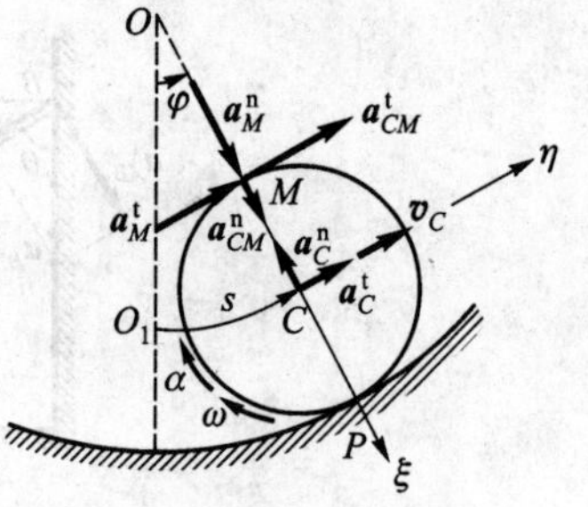

图 5.26

解: 圆柱作一般平面运动,$\varphi=\varphi(t)$ 是圆柱的运动方程,但不是圆柱的方位角,因此 $\omega \neq \dot{\varphi}$。圆柱作纯滚动,其中心 C 的轨迹是以 O 为圆心,$R-r$ 为半径的圆。点 C 的运动方程为

$$s=(R-r)\varphi$$

点 C 的速度为

$$v_C=\dot{s}=(R-r)\dot{\varphi}$$

方向如图所示。对圆柱,其速度瞬心为点 P,因此有

$$v_C=r\omega$$

于是求得圆柱的角速度为

$$\omega=\frac{R-r}{r}\dot{\varphi} \tag{a}$$

转向如图所示。将式(a)对 t 求导数,得到圆柱的角加速度为

$$\alpha=\dot{\omega}=\frac{R-r}{r}\ddot{\varphi} \tag{b}$$

其转向如图所示。

以点 C 为基点,用两点加速度关系式求点 M 的加速度,有

$$\boldsymbol{a}_M^t+\boldsymbol{a}_M^n=\boldsymbol{a}_C^t+\boldsymbol{a}_C^n+\boldsymbol{a}_{CM}^t+\boldsymbol{a}_{CM}^n \tag{c}$$

	$\boldsymbol{a}_M^t$	$\boldsymbol{a}_M^n$	$\boldsymbol{a}_C^t$	$\boldsymbol{a}_C^n$	$\boldsymbol{a}_{CM}^t$	$\boldsymbol{a}_{CM}^n$
大小	?	?	$(R-r)\ddot{\varphi}$	$(R-r)\dot{\varphi}^2$	$r\omega^2=\frac{(R-r)^2}{r}\dot{\varphi}^2$	$r\alpha=(R-r)\ddot{\varphi}$
方向	✓	✓	✓	✓	✓	✓

作加速度矢量图。将式(c)向轴 $O\xi$ 投影,得

$$a_M^n = -a_C^n + a_{CM}^n$$

由此得点 M 的法向加速度为

$$a_M^n = \frac{(R-r)(R-2r)}{r}\dot{\varphi}^2 \tag{d}$$

方向如图所示。将式(c)向轴 $C\eta$ 投影，得

$$a_M^t = a_C^t + a_{CM}^t$$

由此得点 M 的切向加速度为

$$a_M^t = 2(R-r)\ddot{\varphi}$$

例 5.3.10　杆 OA 具有水平固定轴 O，其上点 A 与杆 AB 用铰链连接，点 B 沿水平线运动。$AB = OA = 0.15$ m。图示位置有 $\theta = 30°$，$\beta = 30°$，杆 OA 的角速度 $\omega = 0.5$ rad · s^{-1}，角加速度 $\alpha = 2$ rad · s^{-2}，转向如图 5.27a 所示。试求此瞬时杆 AB 中点 C 的加速度。

解： 系统由两个刚体组成，杆 OA 作定轴转动，杆 AB 作一般平面运动。以点 A 为基点，用两点加速度关系研究点 C 的加速度，因其中 $\boldsymbol{a}_C$ 的大小、方向未知，杆 AB 的角速度 ω_1 和角加速度 α_1 的值也未知。因此，还不能解出。用速度分析法可以求出 ω_1，但仍有 3 个未知量。但是，点 B 的加速度方位已知，因此，以点 A 为基点，用两点加速度关系再研究点 B 的加速度，将两个加速度关系联合，便可解出。

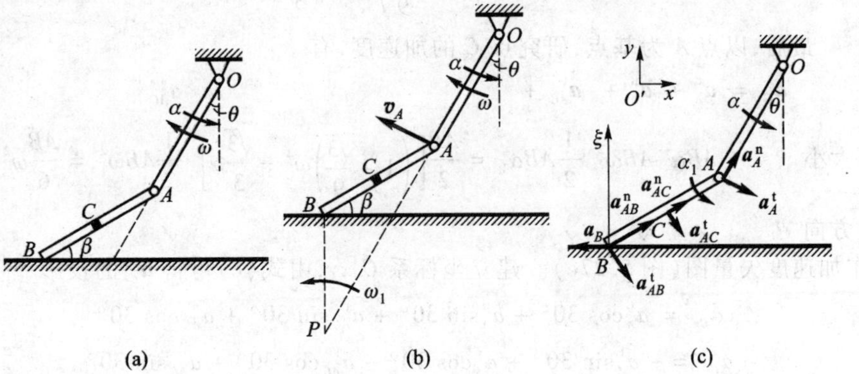

图 5.27

首先，对杆 OA 作速度分析，有

$$v_A = OA\omega = AB\omega$$

方向如图 5.27b 所示。对杆 AB，找速度瞬心点 P，可求出其角速度

$$\omega_1 = \frac{v_A}{PA}$$

其中

$$PA = 2AB\cos 30^\circ = \sqrt{3}AB$$

因此有

$$\omega_1 = \frac{\sqrt{3}}{3}\omega$$

转向如图 5.27b 所示。

其次,以点 A 为基点研究点 B 的加速度,两点加速度关系给出

$$\boldsymbol{a}_B = \boldsymbol{a}_A^{\mathrm{t}} + \boldsymbol{a}_A^{\mathrm{n}} + \boldsymbol{a}_{AB}^{\mathrm{t}} + \boldsymbol{a}_{AB}^{\mathrm{n}} \tag{a}$$

大小 ? $AB\alpha$ $AB\omega^2$ $AB\alpha_1$? $AB\omega_1^2 = \frac{1}{3}AB\omega^2$

方向 ✓ ✓ ✓ ✓ ✓

作加速度矢量图如图 5.27c 所示。为避开不需求的量 $\boldsymbol{a}_B$,将式(a)投影到轴 $B\xi$ 上,得

$$0 = a_A^{\mathrm{n}}\cos 30^\circ - a_A^{\mathrm{t}}\sin 30^\circ + a_{AB}^{\mathrm{n}}\sin 30^\circ - a_{AB}^{\mathrm{t}}\cos 30^\circ$$

由此可解出杆 AB 的角加速度为

$$\alpha_1 = \left(1 + \frac{\sqrt{3}}{9}\right)\omega^2 - \frac{\sqrt{3}}{3}\alpha \tag{b}$$

最后,以点 A 为基点,研究点 C 的加速度,有

$$\boldsymbol{a}_C = \boldsymbol{a}_A^{\mathrm{t}} + \boldsymbol{a}_A^{\mathrm{n}} + \boldsymbol{a}_{AC}^{\mathrm{t}} + \boldsymbol{a}_{AC}^{\mathrm{n}} \tag{c}$$

大小 ? $AB\alpha$ $AB\omega^2$ $\frac{1}{2}AB\alpha_1 = \frac{AB}{2}\left[\left(1 + \frac{\sqrt{3}}{9}\right)\omega^2 - \frac{\sqrt{3}}{3}\alpha\right]$ $\frac{1}{2}AB\omega_1^2 = \frac{AB}{6}\omega^2$

方向 ? ✓ ✓ ✓ ✓

作加速度矢量图(图 5.27c)。建立坐标系 $O'xy$,由式(c)可得 $\boldsymbol{a}_C$ 的投影

$$a_{Cx} = a_A^{\mathrm{t}}\cos 30^\circ + a_A^{\mathrm{n}}\sin 30^\circ + a_{AC}^{\mathrm{t}}\sin 30^\circ + a_{AC}^{\mathrm{n}}\cos 30^\circ$$

$$a_{Cy} = -a_A^{\mathrm{t}}\sin 30^\circ + a_A^{\mathrm{n}}\cos 30^\circ - a_{AC}^{\mathrm{t}}\cos 30^\circ + a_{AC}^{\mathrm{n}}\sin 30^\circ$$

代入数值,得

$$\left.\begin{aligned} a_{Cx} &= \frac{1}{2}AB\left(\frac{27 + 4\sqrt{3}}{18}\omega^2 + \frac{5}{6}\sqrt{3}\alpha\right) \approx 0.25\ \mathrm{m\cdot s^{-2}} \\ a_{Cy} &= \frac{1}{4}AB(\sqrt{3}\omega^2 - \alpha) \approx -0.059\ \mathrm{m\cdot s^{-2}} \end{aligned}\right\} \tag{d}$$

例 5.3.11　滑块 A 和 B 沿彼此垂直的直线导轨相向作加速运动，并与两根具有公共铰链 C 的杆 AC 和 BC 铰接（图 5.28）。试求当两杆分别垂直于两导轨时，点 C 的速度和加速度的大小。假设此时两滑块分别具有速度 $\boldsymbol{v}_A$ 和 $\boldsymbol{v}_B$，并具有任意的加速度。又设 $AC = a, BC = b$。

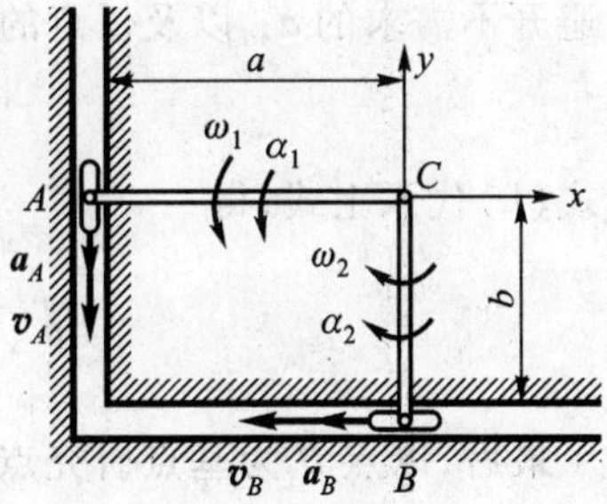

图 5.28

解： 系统由4个刚体组成，滑块 A 和 B 作直线平移，杆 AC 和 BC 作一般平面运动。设两杆的角速度分别为 ω_1 和 ω_2，角加速度分别为 α_1 和 α_2，转向如图所示。

首先，用两点速度关系求 $\boldsymbol{v}_C$ 和两杆角速度 ω_1 和 ω_2。以点 A 为基点研究点 C 的速度，有

$$\boldsymbol{v}_C = \boldsymbol{v}_A + \boldsymbol{v}_{AC} \tag{a}$$

将式(a)投影到轴 Cx 和 Cy 上，得

$$v_{Cx} = 0 \tag{b}$$

$$v_{Cy} = -v_A + \omega_1 a \tag{c}$$

以 B 为基点研究点 C 的速度，有

$$\boldsymbol{v}_C = \boldsymbol{v}_B + \boldsymbol{v}_{BC} \tag{d}$$

将式(d)投影，得

$$v_{Cx} = -v_B + \omega_2 b \tag{e}$$

$$v_{Cy} = 0 \tag{f}$$

于是有

$$v_{Cx} = v_{Cy} = 0 \tag{g}$$

$$\omega_1 = \frac{v_A}{a}, \quad \omega_2 = \frac{v_B}{b} \tag{h}$$

其次，以点 A 为基点，利用两点加速度关系研究点 C 的加速度，有

$$\boldsymbol{a}_C = \boldsymbol{a}_A + \boldsymbol{a}_{AC}^{t} + \boldsymbol{a}_{AC}^{n} \tag{i}$$

	$\boldsymbol{a}_C$	$\boldsymbol{a}_A$	$\boldsymbol{a}_{AC}^{t}$	$\boldsymbol{a}_{AC}^{n}$
大小	？	？	$a\alpha_1$？	$a\omega_1^2$
方向	？	✓	✓	✓

为避开不需求的$\boldsymbol{a}_{AC}^{t}$以及任意的$\boldsymbol{a}_A$,将式(i)投影到轴 Cx 上,得

$$a_{Cx} = -a\omega_1^2$$

将式(h)代入上式,得

$$a_{Cx} = -a\left(\frac{v_A}{a}\right)^2 = -\frac{v_A^2}{a} \tag{j}$$

最后,以点 B 为基点研究点 C 的加速度,有

$$\boldsymbol{a}_C = \boldsymbol{a}_B + \boldsymbol{a}_{BC}^{t} + \boldsymbol{a}_{BC}^{n} \tag{k}$$

大小	?	?	$b\alpha_2$?	$b\omega_2^2$
方向	?	✓	✓	✓

为避开不需求的$\boldsymbol{a}_{BC}^{t}$以及任意的$\boldsymbol{a}_B$,将式(k)投影到轴 Cy 上,得

$$a_{Cy} = -b\omega_2^2$$

将式(h)带入上式,得

$$a_{Cy} = -b\left(\frac{v_B}{b}\right)^2 = -\frac{v_B^2}{b} \tag{l}$$

由式(j)和式(l),得到点 C 加速度的大小为

$$a_C = \sqrt{\frac{v_A^4}{a^2} + \frac{v_B^4}{b^2}} \tag{m}$$

小　　结

1. 刚体的平面运动用平面图形在自身平面内的运动来描述,运动方程为

$$x_A = f_1(t), \quad y_A = f_2(t), \quad \varphi = f_3(t)$$

由此可求出刚体的角速度以及刚体上任意给定点的速度和加速度。

2. 平面图形上两点速度关系

$$\boldsymbol{v}_B = \boldsymbol{v}_A + \boldsymbol{v}_{AB} = \boldsymbol{v}_A + \boldsymbol{\omega} \times \boldsymbol{r}_{AB}$$

其中包括两点速度大小和方向及角速度大小和转向等 6 个量,已知 4 个可求另两个。

速度投影定理

$$(\boldsymbol{v}_B)_{AB} = (\boldsymbol{v}_A)_{AB}$$

瞬心法

$$\boldsymbol{v}_M = \boldsymbol{\omega} \times \boldsymbol{r}_{PM}$$

3. 平面图形上两点加速度关系

$$\boldsymbol{a}_B = \boldsymbol{a}_A + \boldsymbol{a}_{AB}^{t} + \boldsymbol{a}_{AB}^{n}$$

其中包括两点加速度大小和方向，角速度和角加速度大小和转向等 8 个量，而独立的方程只能列出两个。

4. 本章给出的 11 个例题具有代表性且有一定难度。为掌握这部分应用，需要在钻研理论方面和解算例题与习题之间反复交替。

习　　题

5.1　一凸轮机构如图所示。圆轮的半径为 R，偏心距为 e，绕固定轴 O 以匀角速度 ω 作逆时针定轴转动。试求导板 AB 上一点 D 的速度和加速度。

5.2　图示飞轮绕固定轴 O 作定轴转动，在运动过程中，其轮缘上一点的全加速度与轮半径的交角恒为 60°。当运动开始时，其转角 φ_0 等于零，其角速度为 ω_0。试求飞轮的转动方程，以及角速度与转角间的关系。

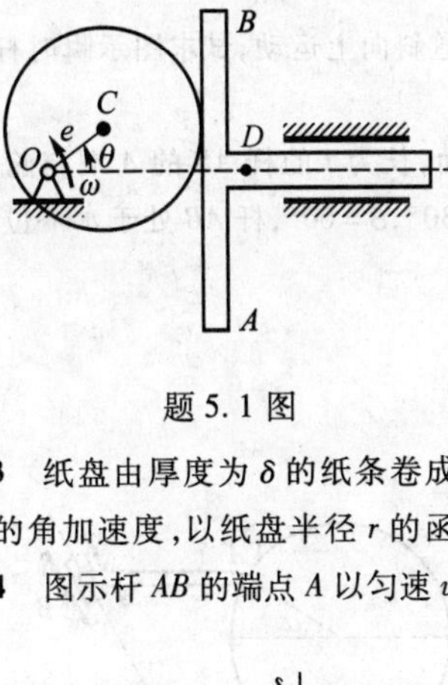

题 5.1 图

题 5.2 图

5.3　纸盘由厚度为 δ 的纸条卷成，如图所示。令纸盘中心不动，今以等速 $\boldsymbol{v}$ 拉纸条，试求纸盘的角加速度，以纸盘半径 r 的函数表示出来。

5.4　图示杆 AB 的端点 A 以匀速 v_A 向下运动，试求杆 AB 的角速度和角加速度与 γ 的关系。

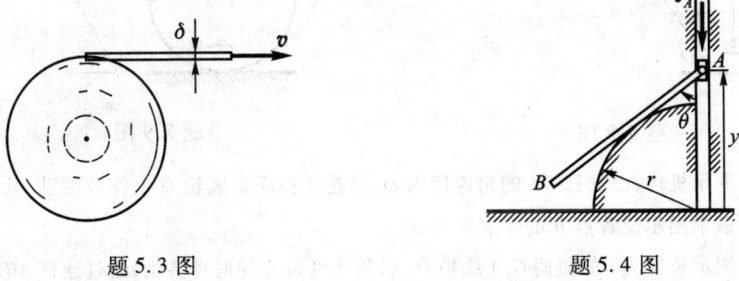

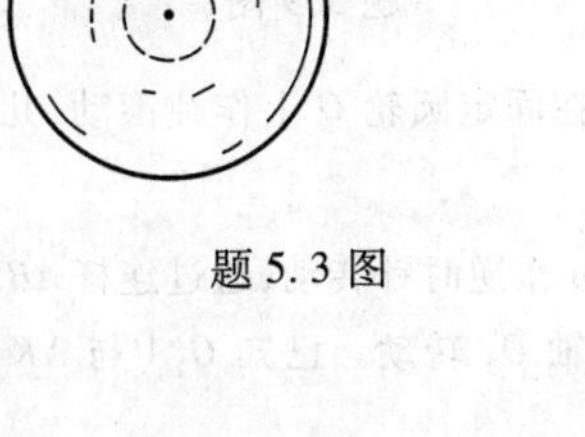

题 5.3 图

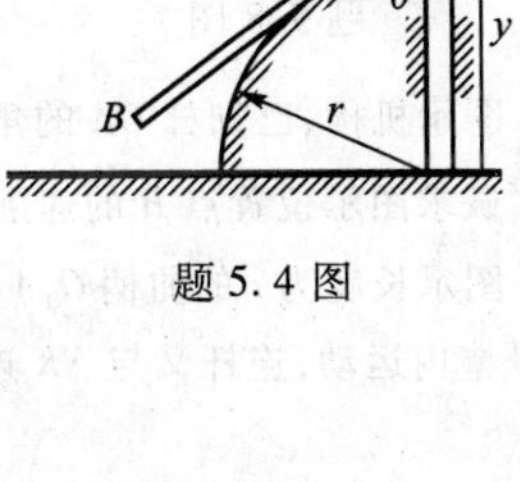

题 5.4 图

5.5 图示杆 OA 以角速度 ω 绕其端点 O 转动，杆的另一端系一绳，此绳绕过滑轮 B 并悬有一重物 P。试求重物的速度与角 φ 的关系。已知 $OA=R$，$OC=a$，$CB=b$，绳子是不可伸长且始终是拉直的。

5.6 一矩形薄板 $ABCD$ 在其自身平面内运动，其角速度为常值 ω，已知 $AB=a$，$BC=b$。在某一瞬时点 A 的速度大小为 v，方向沿对角线 AC，试求此瞬时点 B 的速度。

5.7 在动筛机构中，筛子的摆动由曲柄连杆机构带动，如图所示。已知曲柄的转速 $n=40\ \text{r}\cdot\text{min}^{-1}$，$OA=0.3\ \text{m}$。当筛子运动到与点 O 在同一水平线上时，$\angle BAO=90°$，试求此时筛子 BC 的速度。

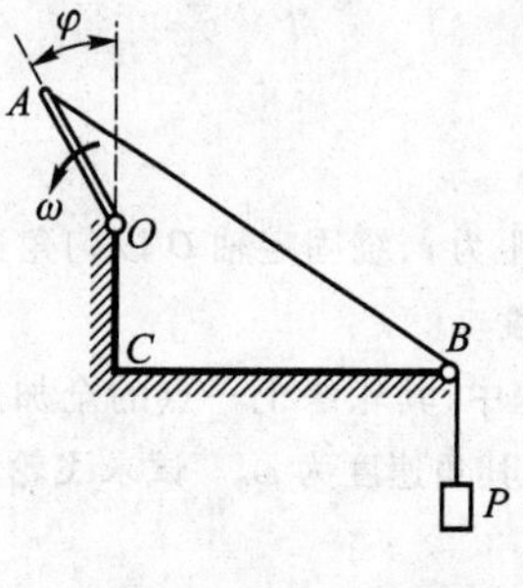

题 5.5 图

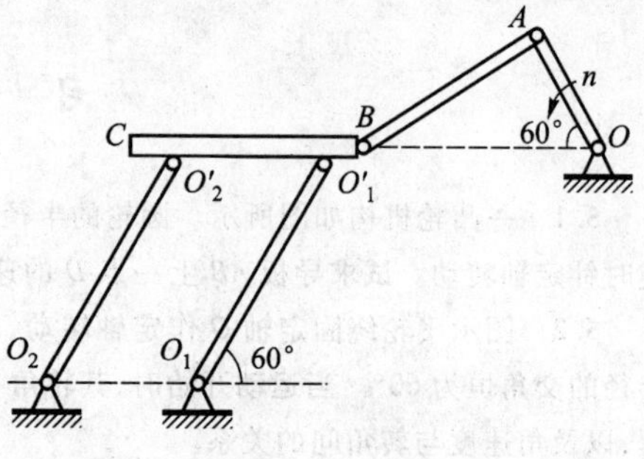

题 5.7 图

5.8 图示机构中滑块 B 以 $12\ \text{m}\cdot\text{s}^{-1}$ 的速度沿滑道斜向上运动，试求图示瞬时杆 OA 与杆 AB 的角速度。

5.9 直径为 d 的滚轮，在水平直线轨道上作纯滚动，长为 l 的杆 AB 的 A 端与轮缘用铰相连接。已知滚轮的角速度 ω，机构在图示位置时，$\alpha=30°$，$\beta=60°$，杆 AB 处于水平位置。试求此时杆 AB 的角速度和滑块 B 的速度。

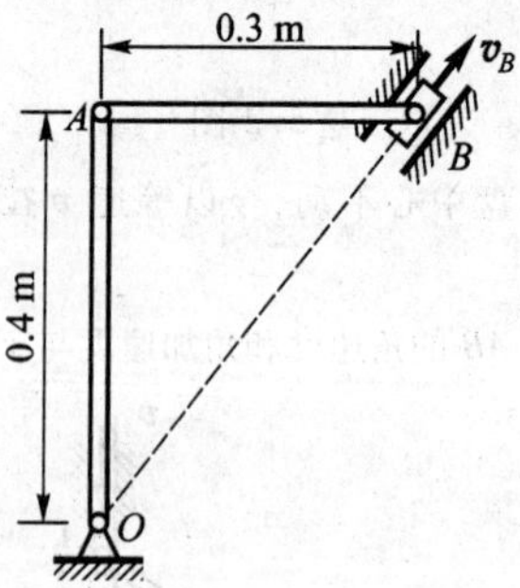

题 5.8 图

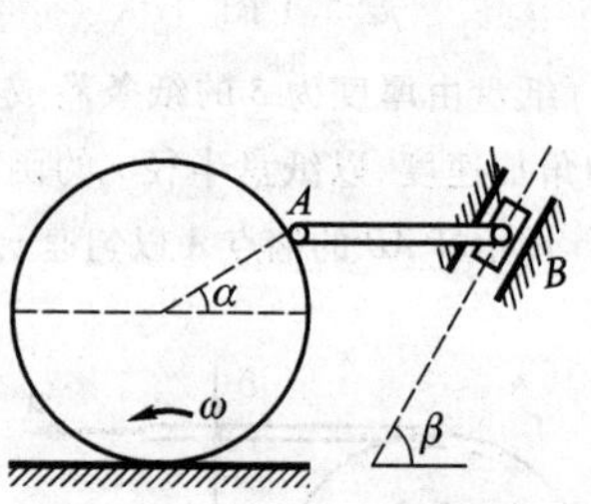

题 5.9 图

5.10 图示机构，已知杆 OA 的角速度为 ω，圆轮 A 在固定圆轮 O 上作纯滚动，几何尺寸如图所示。试求图示位置点 B 的速度。

5.11 图示长度为 r 的曲柄 O_1A 绕轴 O_1 以角速度 ω 作逆时针转动，通过连杆 AB 带动滑块 B 在水平槽内运动，连杆又与 NK 连接并带动 O_2N 绕轴 O_2 转动。已知 O_1A 与 NK 均处于铅垂位置，试求此时杆 NK 中点 D 的速度及杆 O_2N 的角速度。

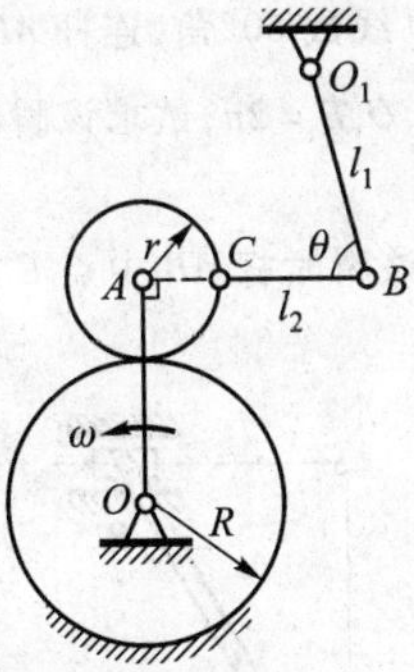

题 5.10 图

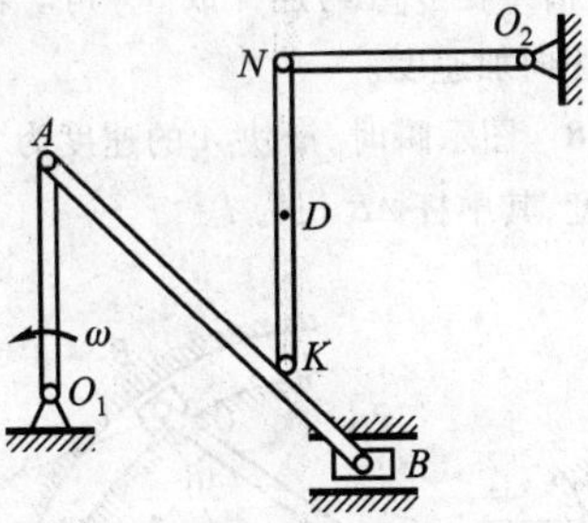

题 5.11 图

5.12　应用例 5.3.4 的结果，试求柱面基线为椭圆情况下的纯滚动条件。

5.13　图示杆 AB 作这样的运动：点 A 作以 O 为圆心、r 为半径的圆周运动，而杆本身则始终通过圆周上的固定点 N。试求杆的动瞬心轨迹和定瞬心轨迹。

5.14　图示机构，已知 $OA=AB=BO_1=l$，杆 OA 的角速度为 ω，角加速度为 α，转向如图所示。试求杆 AB 中点 M 的切向与法向加速度。

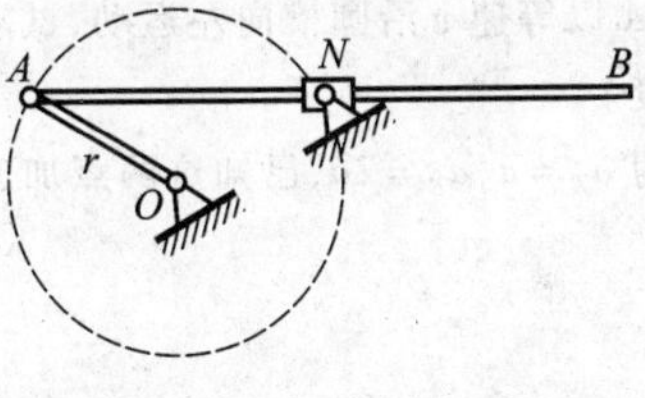

题 5.13 图

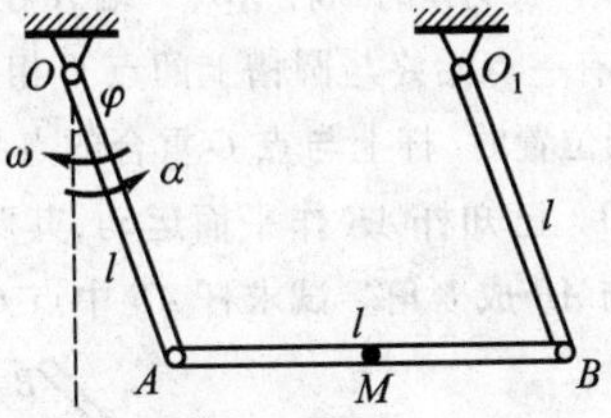

题 5.14 图

5.15　图示车轮半径 $R=0.5\ \mathrm{m}$，在铅垂平面内沿倾角为 θ 的直线作纯滚动，$v=1\ \mathrm{m\cdot s^{-1}}$，$a=3\ \mathrm{m\cdot s^{-2}}$。试求轮缘上点 M_1，M_2 的切向与法向加速度。

5.16　四连杆机构中，曲柄 AB 以匀角速度 ω 绕轴 A 转动，$AB=BC=a$，$CD=2a$。试求图示位置，即 $\theta=60°$，曲柄 AB 与连杆 BC 处于同一直线上时，杆 BC 的角速度、角加速度及点 C 的加速度。

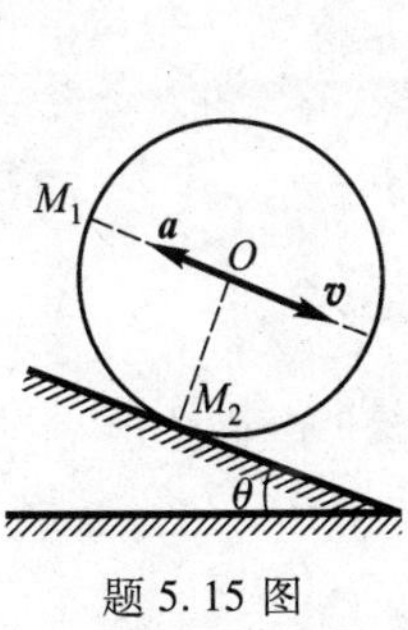

题 5.15 图

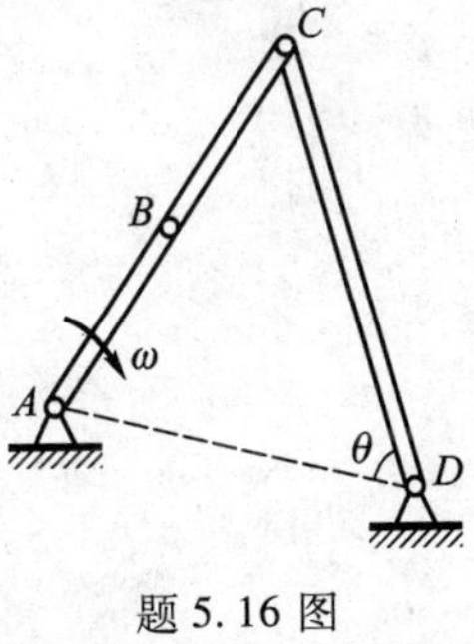

题 5.16 图

5.17　在图示曲柄连杆机构中，曲柄 OA 绕轴 O 转动，其角速度为 ω，角加速度为 α。通过连杆 AB 带动滑块 B 在圆槽内滑动。在某瞬时曲柄与水平线成 $60°$ 角，连杆 AB 与曲柄 OA 垂直，圆槽半径 O_1B 与连杆成 $30°$ 角。若 $OA=a$，$AB=2\sqrt{3}a$，$O_1B=2a$，试求该瞬时滑块 B 的切向与法向加速度。

5.18　图示瞬时，滑块 A 的速度为 $\boldsymbol{v}$，加速度为零，试求该瞬时杆 AB 中点 C 的切向与法向加速度，其中杆 AB 长为 l。

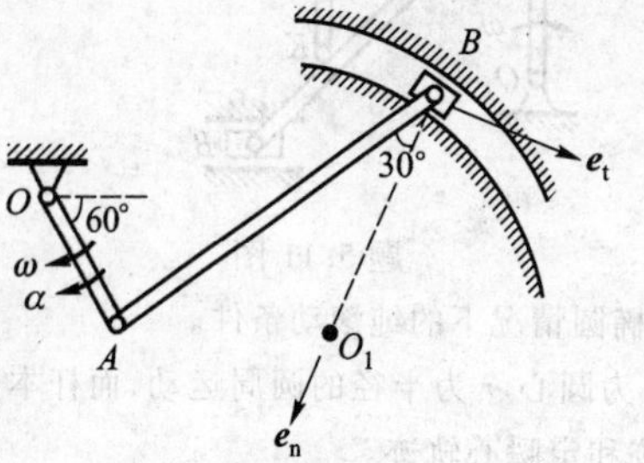

题 5.17 图

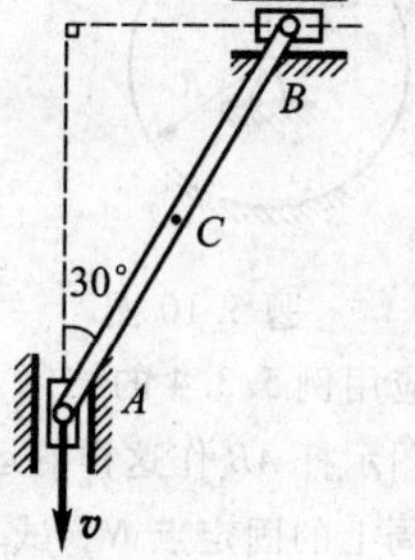

题 5.18 图

5.19　长为 l 的细杆 AB，一端 A 在半径为 $R(l>2R)$ 的固定圆槽内运动。当杆 AB 运动时，其上有一点始终与圆槽上的点 C 相接触。已知点 A 以等速 v 沿圆槽向左运动，试求当点 A 在最低位置时，杆上与点 C 重合的点的速度和加速度。

5.20　已知杆 AB 作平面运动，其两端的加速度为 $a_A=a$，$a_B=2a$，已知这两点加速度反向且均与 AB 成 θ 角。试求杆 AB 中点 C 的加速度。

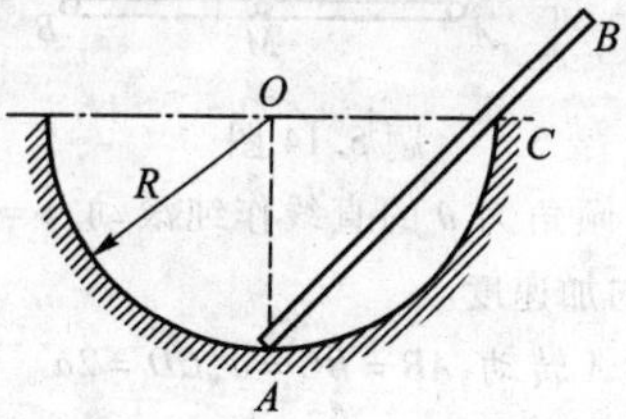

题 5.19 图

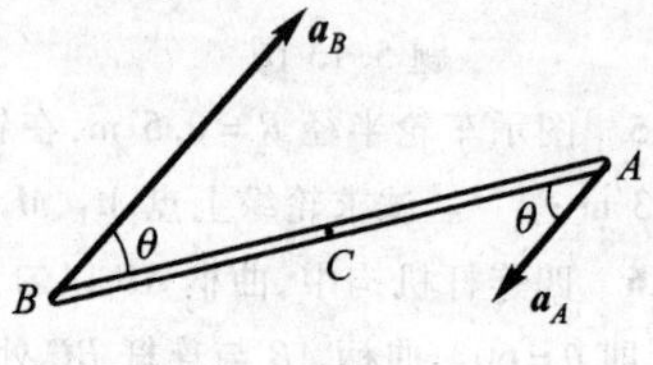

题 5.20 图

第 6 章

复合运动

物体的运动具有相对性，对于同一物体，如果选取的参考空间不同，则其运动状态一般说来也就不同。本章将在两个不同的参考空间中讨论同一物体的运动，并给出物体在这两个参考空间中的运动量之间的数学关系式。物体相对于甲空间的运动可当作相对于乙空间的运动和乙空间相对于甲空间运动的复合运动。

6.1 绝对运动、相对运动、牵连运动

当对物体运动的描述涉及两个参考空间时，不妨设其中一个为甲空间，另一个为乙空间，并将甲空间指定为定参考系，简称定系，将乙空间指定为**动参考系**，简称**动系**，物体相对于定系的运动称为**绝对运动**，物体相对于动系的运动称为**相对运动**，而动系相对于定系的运动称为**牵连运动**。

考虑在水平直线上行驶的自行车的运动（图 6.1），选取与地面固连的空间为定系，与车架固连的空间为动系。如果以车轮为研究对象，其绝对运动为平面运动，即纯滚动，其相对运动是绕车轴 O 的定轴转动，而牵连运动是固连于动空间的车架的绝对运动，它是直线平移。如果以轮缘上的任一点 M 为研究对象，点 M 的绝对运动是曲线运动，其轨迹为旋轮曲线，它的相对运动也是曲线运动，其轨迹是以点 O 为圆心、以 R 为半径的圆周曲线，而牵连运动仍是车架的运动，它是直线平移。

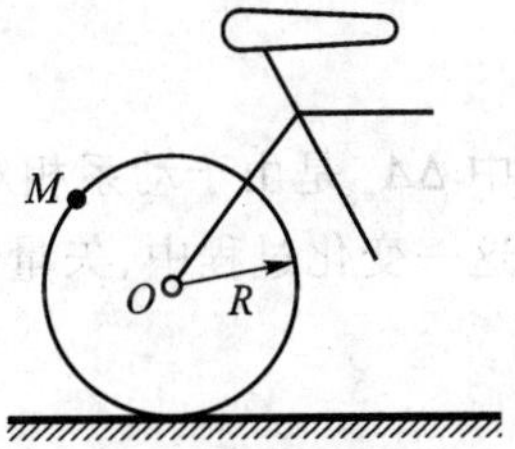

图 6.1

由以上例子可以看出，研究对象（车轮或点 M）

在不同的参考空间中的运动是不同的,这种差别完全是由动系相对定系有运动,即存在牵连运动所导致的。如果没有牵连运动,那么它的绝对运动和相对运动就没有任何差别。当已知研究对象的相对运动和牵连运动,则它的绝对运动必为某一确定的运动。这说明,研究对象的绝对运动可当作相对运动和牵连运动的合成运动,即复合运动。反之,绝对运动可分解为相对运动和牵连运动。

6.2 变矢量的绝对导数与相对导数

为研究点的绝对速度与相对速度,绝对加速度与相对加速度的关系,需要在两个参考空间中考察同一个变量对时间的变化率。为此,引入矢量的绝对导数与相对导数的概念,并研究它们之间的关系。

约定变矢量 $\boldsymbol{A}$ 相对定系的增量 $\Delta\boldsymbol{A}$ 称为绝对增量,相应的导数称为**绝对导数**,记作$\dfrac{\mathrm{d}\boldsymbol{A}}{\mathrm{d}t}$;该量相对动系的增量 $\widetilde{\Delta}\boldsymbol{A}$ 称为相对增量,相应的导数称为**相对导数**,记作$\dfrac{\widetilde{\mathrm{d}}\boldsymbol{A}}{\mathrm{d}t}$(图 6.2)。

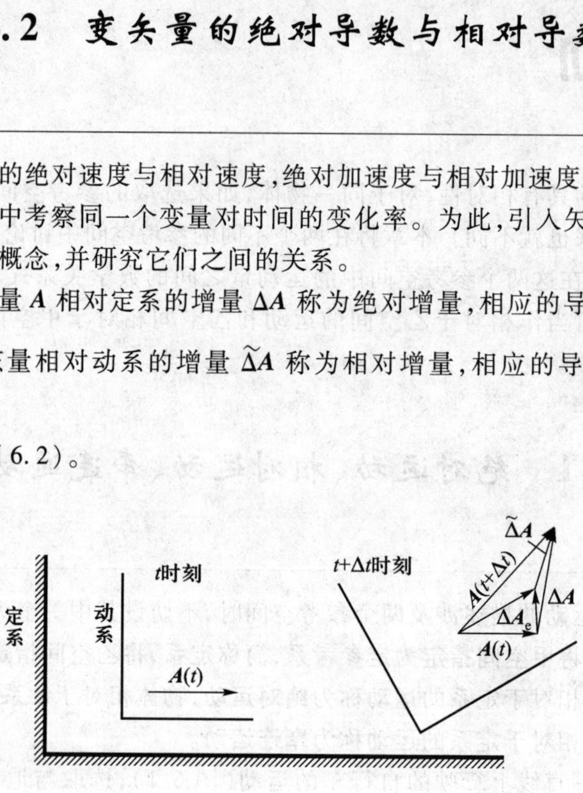

图 6.2

假设动系对定系作平面运动,由图 6.2 知

$$\Delta\boldsymbol{A} = \widetilde{\Delta}\boldsymbol{A} + \Delta\boldsymbol{A}_{\mathrm{e}}$$

其中 $\Delta\boldsymbol{A}_{\mathrm{e}}$ 是由于动系相对定系发生方位改变而使 $\boldsymbol{A}$ 的方向改变而产生的增量。在这一变化过程中,矢量 $\boldsymbol{A}$ 的大小保持时刻 t 的值不发生改变,因此有

$$\lim_{\Delta t\to 0}\frac{\Delta\boldsymbol{A}_{\mathrm{e}}}{\Delta t} = \boldsymbol{\omega}\times\boldsymbol{A}$$

其中 $\boldsymbol{\omega}$ 为动系相对定系在时刻 t 的角速度。而

$$\lim_{\Delta t \to 0} \frac{\Delta \boldsymbol{A}}{\Delta t} = \frac{\mathrm{d}\boldsymbol{A}}{\mathrm{d}t}$$

$$\lim_{\Delta t \to 0} \frac{\tilde{\Delta} \boldsymbol{A}}{\Delta t} = \frac{\tilde{\mathrm{d}}\boldsymbol{A}}{\mathrm{d}t}$$

于是有

$$\frac{\mathrm{d}\boldsymbol{A}}{\mathrm{d}t} = \frac{\tilde{\mathrm{d}}\boldsymbol{A}}{\mathrm{d}t} + \boldsymbol{\omega} \times \boldsymbol{A} \tag{6.2.1}$$

这就是变矢量的绝对导数与相对导数的关系式，它表明同一变矢量相对不同的参考空间其变化率一般是不同的，这种差别是由动系方位变化所引起的。

当动系作平移时，由于动系的方位不改变，即角速度 $\boldsymbol{\omega}$ 为零，因此，在这一特殊情形下，变矢量的绝对导数与相对导数相等，即有

$$\frac{\mathrm{d}\boldsymbol{A}}{\mathrm{d}t} = \frac{\tilde{\mathrm{d}}\boldsymbol{A}}{\mathrm{d}t} \tag{6.2.2}$$

上述结果式(6.2.1)对动系作一般运动时也适用。

6.3　点的复合运动的分析解法

6.3.1　动点的运动方程

在定系和动系中分别任选一固定点 O 和 O'为参考点。动点 M 在两个参考空间中位置的变化规律，可用矢径形式的运动方程来描述(图 6.3)，绝对运动方程为

$$\boldsymbol{r} = \boldsymbol{r}(t)$$

相对运动方程为

$$\boldsymbol{r}' = \boldsymbol{r}'(t)$$

点 O'相对点 O 的矢径为

$$\boldsymbol{r}_{O'} = \boldsymbol{r}_{O'}(t)$$

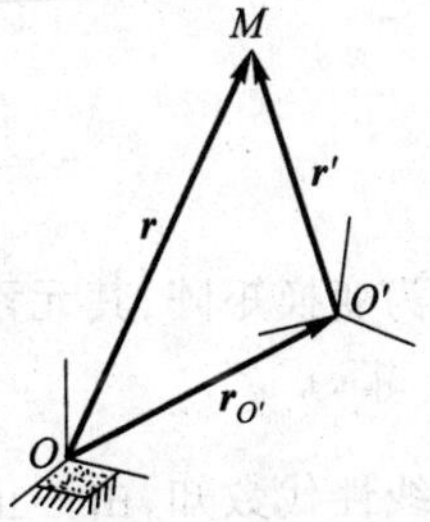

图 6.3

由图 6.3 知

$$r(t)=r_{O'}(t)+r'(t) \tag{6.3.1}$$

取与固定参考体固连的直角坐标系 $Ox_1x_2x_3$，其单位正交基为 $\boldsymbol{i}=(\boldsymbol{i}_1\quad \boldsymbol{i}_2\quad \boldsymbol{i}_3)^{\mathrm{T}}$，再取与动参考体固连的直角坐标系 $O'x'_1x'_2x'_3$，其单位正交基为 $\boldsymbol{e}=(\boldsymbol{e}_1\quad \boldsymbol{e}_2\quad \boldsymbol{e}_3)^{\mathrm{T}}$，如图 6.4 所示。动点 M 的直角坐标形式的绝对运动方程为

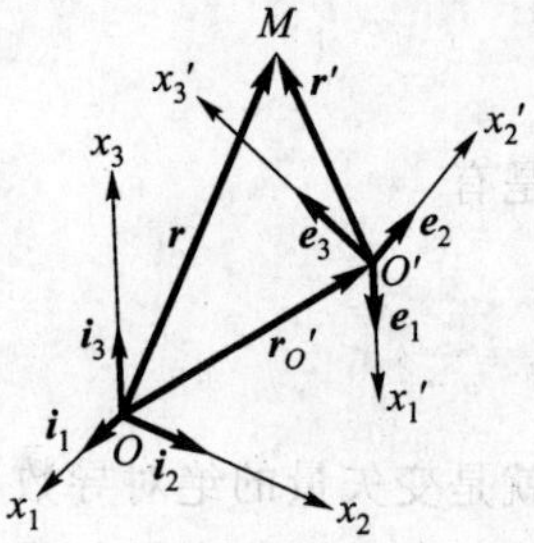

图 6.4

$$x_1^i=x_1^i(t)$$
$$x_2^i=x_2^i(t)$$
$$x_3^i=x_3^i(t)$$

相对运动方程为

$$x_1^e=x_1^e(t)$$
$$x_2^e=x_2^e(t)$$
$$x_3^e=x_3^e(t)$$

表示为矩阵形式，有

$$\boldsymbol{x}^i=(x_1^i\quad x_2^i\quad x_3^i)^{\mathrm{T}} \tag{6.3.2}$$

$$\boldsymbol{x}^e=(x_1^e\quad x_2^e\quad x_3^e)^{\mathrm{T}} \tag{6.3.3}$$

坐标基 $\boldsymbol{e}=(\boldsymbol{e}_1\quad \boldsymbol{e}_2\quad \boldsymbol{e}_3)^{\mathrm{T}}$ 可用定系中的坐标基 $\boldsymbol{i}=(\boldsymbol{i}_1\quad \boldsymbol{i}_2\quad \boldsymbol{i}_3)^{\mathrm{T}}$ 表示，有

$$\boldsymbol{e}_i=Q_{i1}\boldsymbol{i}_1+Q_{i2}\boldsymbol{i}_2+Q_{i3}\boldsymbol{i}_3\quad (i=1,2,3)$$

写成矩阵形式为

$$\boldsymbol{e}=\boldsymbol{Q}\boldsymbol{i} \tag{6.3.4}$$

其中

$$\boldsymbol{Q}=\begin{pmatrix} Q_{11} & Q_{12} & Q_{13} \\ Q_{21} & Q_{22} & Q_{23} \\ Q_{31} & Q_{32} & Q_{33} \end{pmatrix}$$

称为变换矩阵，其元素为

$$Q_{ij}=\boldsymbol{e}_i\cdot \boldsymbol{i}_j\quad (i,j=1,2,3) \tag{6.3.5}$$

由线性代数知，由一正交基变换为另一正交基的变换矩阵 $\boldsymbol{Q}$ 是一个正交矩阵，因此有

$$Q^{T}Q = I$$

$$Q^{-1} = Q^{T}$$

其中 I 为三阶单位矩阵，因此得

$$i = Q^{T}e \tag{6.3.6}$$

矢径 $r, r', r_{O'}$ 可沿所在参考空间坐标基方向分解为

$$r = (x^{i})^{T}i \tag{6.3.7}$$

$$r' = (x^{e})^{T}e \tag{6.3.8}$$

$$r_{O'} = (x^{i}_{O'})^{T}i \tag{6.3.9}$$

将式(6.3.7)～(6.3.9)代入式(6.3.1)，得

$$(x^{i})^{T}i = (x^{i}_{O'})^{T}i + (x^{e})^{T}e \tag{6.3.10}$$

将式(6.3.4)代入上式，得

$$(x^{i})^{T}i = (x^{i}_{O'})^{T}i + (x^{e})^{T}Qi \tag{6.3.11}$$

由此得动点 M 直角坐标形式的绝对运动方程与相对运动方程的关系

$$x^{i} = x^{i}_{O'} + Q^{T}x^{e} \tag{6.3.12}$$

或

$$x^{e} = Q(x^{i} - x^{i}_{O'}) \tag{6.3.13}$$

由于动系相对于定系有运动，因此，两种坐标基之间的变换矩阵 Q 一般是时间的函数。矩阵 Q 的具体表示式取决于牵连运动的形式。下面以牵连运动是平面运动的形式为例，导出变换矩阵 Q 的具体表达式。

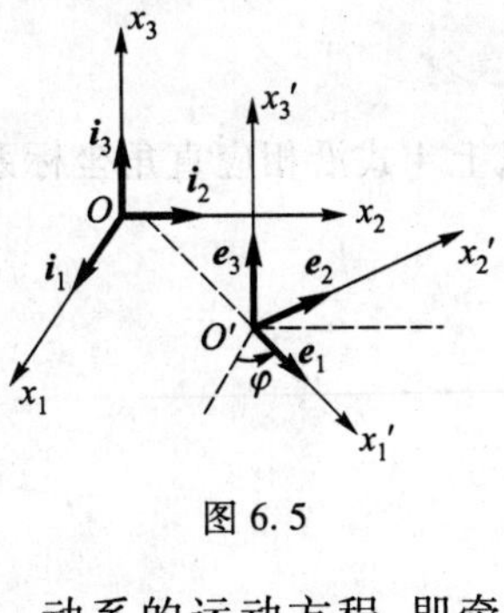

图 6.5

当动系作平面运动时，不妨取定坐标系的面 Ox_1x_2 与动坐标系的面 $O'x'_1x'_2$ 为同一平面（图 6.5）。取 O' 为基点，用轴 $O'x'_1$ 与单位矢量 i_1 的夹角 φ 来描述动系运动，此角即为牵连运动的方位角。动系的运动方程，即牵连运动方程为

$$\left.\begin{aligned} r_{O'} &= (x^{i}_{O'})^{T}i \\ \varphi &= \varphi(t) \end{aligned}\right\} \tag{6.3.14}$$

由式(6.3.5)计算得到变换矩阵

$$\boldsymbol{Q} = \begin{pmatrix} \cos\varphi & \sin\varphi & 0 \\ -\sin\varphi & \cos\varphi & 0 \\ 0 & 0 & 1 \end{pmatrix} \tag{6.3.15}$$

6.3.2 动点的速度、加速度合成的解析表达式

动点 M 相对于定系的速度和加速度分别称为绝对速度和绝对加速度，分别记作 $\boldsymbol{v}_a$ 和 $\boldsymbol{a}_a$，有

$$\boldsymbol{v}_a = \frac{d\boldsymbol{r}}{dt} \tag{6.3.16}$$

$$\boldsymbol{a}_a = \frac{d\boldsymbol{v}_a}{dt} \tag{6.3.17}$$

动点 M 相对于动系的速度和加速度分别称为相对速度和相对加速度，分别记作 $\boldsymbol{v}_r$ 和 $\boldsymbol{a}_r$，它们分别为在动系中对 $\boldsymbol{r}'$ 和 $\boldsymbol{v}_r$ 求相对导数得到，即

$$\boldsymbol{v}_r = \frac{\tilde{d}\boldsymbol{r}'}{dt} \tag{6.3.18}$$

$$\boldsymbol{a}_r = \frac{\tilde{d}\boldsymbol{v}_r}{dt} \tag{6.3.19}$$

以上 4 式沿相应直角坐标系的三坐标轴方向的分解式为

$$\boldsymbol{v}_a = (\dot{\boldsymbol{x}}^i)^T \boldsymbol{i} \tag{6.3.20}$$

$$\boldsymbol{a}_a = (\ddot{\boldsymbol{x}}^i)^T \boldsymbol{i} \tag{6.3.21}$$

$$\boldsymbol{v}_r = (\dot{\boldsymbol{x}}^e)^T \boldsymbol{e} \tag{6.3.22}$$

$$\boldsymbol{a}_r = (\ddot{\boldsymbol{x}}^e)^T \boldsymbol{e} \tag{6.3.23}$$

下面导出这些量的关系。将式(6.3.10)对时间 t 求一阶和二阶导数，得

$$(\dot{\boldsymbol{x}}^i)^T \boldsymbol{i} = (\dot{\boldsymbol{x}}^i_{O'})^T \boldsymbol{i} + (\dot{\boldsymbol{x}}^e)^T \boldsymbol{e} + (\boldsymbol{x}^e)^T \dot{\boldsymbol{e}} \tag{6.3.24}$$

$$(\ddot{\boldsymbol{x}}^i)^T \boldsymbol{i} = (\ddot{\boldsymbol{x}}^i_{O'})^T \boldsymbol{i} + (\ddot{\boldsymbol{x}}^e)^T \boldsymbol{e} + 2(\dot{\boldsymbol{x}}^e)^T \dot{\boldsymbol{e}} + (\boldsymbol{x}^e)^T \ddot{\boldsymbol{e}} \tag{6.3.25}$$

其中 $\dot{\boldsymbol{e}}$ 和 $\ddot{\boldsymbol{e}}$ 可由式(6.3.4)对 t 求导数得到,考虑到式(6.3.10),有

$$\dot{\boldsymbol{e}} = \dot{\boldsymbol{Q}}\boldsymbol{i} = \dot{\boldsymbol{Q}}\boldsymbol{Q}^{\mathrm{T}}\boldsymbol{e}$$

$$\ddot{\boldsymbol{e}} = \ddot{\boldsymbol{Q}}\boldsymbol{i} = \ddot{\boldsymbol{Q}}\boldsymbol{Q}^{\mathrm{T}}\boldsymbol{e}$$

当动系作平面运动时,由 $\boldsymbol{Q}$ 的表达式(6.3.15)得

$$\dot{\boldsymbol{Q}}\boldsymbol{Q}^{\mathrm{T}} = \begin{pmatrix} 0 & \dot{\varphi} & 0 \\ -\dot{\varphi} & 0 & 0 \\ 0 & 0 & 0 \end{pmatrix} \tag{6.3.26}$$

$$\ddot{\boldsymbol{Q}}\boldsymbol{Q}^{\mathrm{T}} = \begin{pmatrix} 0 & \ddot{\varphi} & 0 \\ -\ddot{\varphi} & 0 & 0 \\ 0 & 0 & 0 \end{pmatrix} + \begin{pmatrix} -\dot{\varphi}^2 & 0 & 0 \\ 0 & -\dot{\varphi}^2 & 0 \\ 0 & 0 & 0 \end{pmatrix} \tag{6.3.27}$$

将式(6.3.26),(6.3.27)分别代入式(6.3.24),(6.3.25)得到牵连运动为平面运动时动点绝对速度与相对速度、绝对加速度与相对加速度关系的解析表达式

$$\begin{pmatrix} \dot{x}_1^i \\ \dot{x}_2^i \\ \dot{x}_3^i \end{pmatrix}^{\mathrm{T}} \boldsymbol{i} = \begin{pmatrix} \dot{x}_{O'1} \\ \dot{x}_{O'2} \\ \dot{x}_{O'3} \end{pmatrix}^{\mathrm{T}} \boldsymbol{i} + \begin{pmatrix} x_1^e \\ x_2^e \\ x_3^e \end{pmatrix}^{\mathrm{T}} \begin{pmatrix} 0 & \dot{\varphi} & 0 \\ -\dot{\varphi} & 0 & 0 \\ 0 & 0 & 0 \end{pmatrix} \boldsymbol{e} + \begin{pmatrix} \dot{x}_1^e \\ \dot{x}_2^e \\ \dot{x}_3^e \end{pmatrix}^{\mathrm{T}} \boldsymbol{e} \tag{6.3.28}$$

$$\begin{aligned} \begin{pmatrix} \ddot{x}_1^i \\ \ddot{x}_2^i \\ \ddot{x}_3^i \end{pmatrix}^{\mathrm{T}} \boldsymbol{i} = {} & \begin{pmatrix} \ddot{x}_{O'1} \\ \ddot{x}_{O'2} \\ \ddot{x}_{O'3} \end{pmatrix}^{\mathrm{T}} \boldsymbol{i} + \begin{pmatrix} x_1^e \\ x_2^e \\ x_3^e \end{pmatrix}^{\mathrm{T}} \begin{pmatrix} 0 & \ddot{\varphi} & 0 \\ -\ddot{\varphi} & 0 & 0 \\ 0 & 0 & 0 \end{pmatrix} \boldsymbol{e} + \\ & \begin{pmatrix} x_1^e \\ x_2^e \\ x_3^e \end{pmatrix}^{\mathrm{T}} \begin{pmatrix} -\dot{\varphi}^2 & 0 & 0 \\ 0 & -\dot{\varphi}^2 & 0 \\ 0 & 0 & 0 \end{pmatrix} \boldsymbol{e} + 2 \begin{pmatrix} \dot{x}_1^e \\ \dot{x}_2^e \\ \dot{x}_3^e \end{pmatrix}^{\mathrm{T}} \begin{pmatrix} 0 & \dot{\varphi} & 0 \\ -\dot{\varphi} & 0 & 0 \\ 0 & 0 & 0 \end{pmatrix} \boldsymbol{e} + \begin{pmatrix} \ddot{x}_1^e \\ \ddot{x}_2^e \\ \ddot{x}_3^e \end{pmatrix}^{\mathrm{T}} \boldsymbol{e} \end{aligned} \tag{6.3.29}$$

例 6.3.1　已知凸轮推杆机构如图 6.6a 所示。试以 φ 为参量,在以下两种情况下写出动点的绝对运动方程和相对运动方程:(1) 以顶杆上的点为动点,动系与凸轮相固连;(2) 以图示瞬时凸轮上的点 A 为动点,动系与顶杆 AB 相固连。

解: 这是机构的运动传递问题。通过主动件的运动求解从动件的运动是机

构运动分析中经常遇到的问题，而运动的传递是通过主、从两构件的接触点来完成的。如果两构件在接触点处有相对滑动，则构件在接触点处的轨迹、速度和加速度不相同或不完全相同，这时一般需要用复合运动的知识来建立两构件运动之间的关系。本题中顶杆 AB 作直线平移，凸轮作定轴转动，接触点为 A。动点 A 选在杆上或选在凸轮上运动情况是不一样的。

(1) 以顶杆 AB 上的点 A 为动点，动系与凸轮固连。建立定坐标系 Oxy 和动坐标系 $Ox'y'$，如图 6.6b 所示。牵连运动是绕轴 O 的定轴转动。

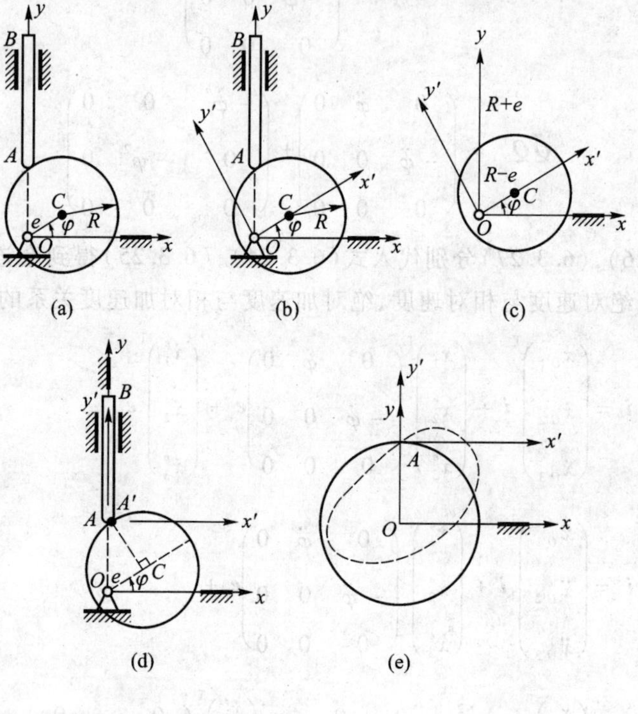

图 6.6

点 A 的绝对运动方程为

$$x_A = 0$$

$$y_A = e\sin\varphi + \sqrt{R^2 - e^2\cos^2\varphi}$$

绝对轨迹是直线。牵连运动方程为

$$\varphi = \varphi(t)$$

$$\boldsymbol{r}_0 \equiv \boldsymbol{0}$$

由式(6.3.15)和式(6.3.13)得到点 A 的相对运动方程为

$$\begin{pmatrix} x' \\ y' \end{pmatrix} = \begin{pmatrix} \cos\varphi & \sin\varphi \\ -\sin\varphi & \cos\varphi \end{pmatrix} \begin{pmatrix} x_A \\ y_A \end{pmatrix} = \begin{pmatrix} e\sin^2\varphi + \sqrt{R^2 - e^2\cos^2\varphi} & \sin\varphi \\ e\sin\varphi\cos\varphi + \sqrt{R^2 - e^2\cos^2\varphi} & \cos\varphi \end{pmatrix}$$

即

$$x' = (e\sin\varphi + \sqrt{R^2 - e^2\cos^2\varphi})\sin\varphi$$

$$y' = (e\sin\varphi + \sqrt{R^2 - e^2\cos^2\varphi})\cos\varphi$$

由此求得相对运动轨迹为

$$(x' - e)^2 + y'^2 = R^2$$

绝对轨迹和相对轨迹如图 6.6c 所示。

(2) 动点为偏心轮缘上点 A',为计算方便,不妨使所取点 A'满足 $CA' \perp OC$。动系与顶杆 AB 固连,牵连运动是直线平移。建立定坐标系 Oxy,动坐标系 $Ax'y'$,如图 6.6d 所示。

动点的绝对运动方程为

$$x = e\cos\varphi - R\sin\varphi$$

$$y = e\sin\varphi + R\cos\varphi$$

由此得到绝对轨迹方程为

$$x^2 + y^2 = e^2 + R^2$$

它是以点 O 为圆心,以 $\sqrt{e^2 + R^2}$为半径的圆。

牵连运动方程为

$$x_A = 0$$

$$y_A = e\sin\varphi + \sqrt{R^2 - e^2\cos^2\varphi}$$

$$\varphi = 0$$

由式(6.3.15)有

$$\boldsymbol{Q} = \begin{pmatrix} 1 & 0 \\ 0 & 1 \end{pmatrix}$$

代入式(6.3.13),并注意到动坐标系的原点 O'就是点 A,得到动点的相对运动方程

$$\begin{pmatrix} x' \\ y' \end{pmatrix} = \begin{pmatrix} 1 & 0 \\ 0 & 1 \end{pmatrix} \left[\begin{pmatrix} x \\ y \end{pmatrix} - \begin{pmatrix} x_A \\ y_A \end{pmatrix} \right]$$

$$= \begin{pmatrix} x - x_A \\ y - y_A \end{pmatrix} = \begin{pmatrix} e\cos\varphi - R\sin\varphi \\ R\cos\varphi - \sqrt{R^2 - e^2\cos^2\varphi} \end{pmatrix}$$

即

$$x' = e\cos\varphi - R\sin\varphi$$
$$y' = R\cos\varphi - \sqrt{R^2 - e^2\cos^2\varphi}$$

绝对轨迹与相对轨迹如图 6.6e 所示。

例 6.3.2 如图 6.7a 所示，小环 M 套在杆 OA 和固定大圆环 O_1 上。已知大圆环半径为 R，且 $OO_1 = 2R$。小环 M 沿大环作匀速圆周运动，其速度大小为 v_M。试求图示位置时，杆 OA 的角速度和角加速度，以及小环相对于杆 OA 的加速度。

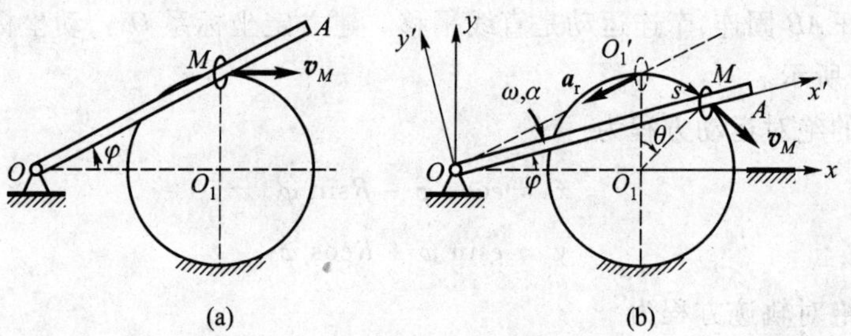

图 6.7

解：这是由 3 个物体组成的运动。取 O_1M 与铅垂向上方向的夹角 θ 为坐标。

取小环 M 为动点，动系与杆 OA 固连，牵连运动是绕轴 O 的定轴转动。建立如图 6.7b 所示的动坐标系 $Ox'y'$ 和弧坐标原点 O'_1。点 M 弧坐标形式的绝对运动方程为

$$s = R\theta \tag{a}$$

相对运动方程为

$$\left.\begin{aligned} x' &= (5R^2 + 4R^2\sin\theta)^{\frac{1}{2}} \\ y' &= 0 \end{aligned}\right\} \tag{b}$$

牵连运动方程为

$$\varphi = \varphi(t)$$

由 $\triangle OO_1M$ 知

$$\frac{R}{\sin\varphi}=\frac{2R}{\sin\left[180^\circ-\varphi-(90^\circ+\theta)\right]}$$

即

$$2\sin\varphi=\cos(\varphi+\theta) \tag{c}$$

将式(a)对时间 t 求导数,并注意到 $\dot{s}=v_M$,则有

$$\dot{\theta}=\frac{v_M}{R},\quad \ddot{\theta}=0 \tag{d}$$

将式(b)对时间 t 求导数,得到

$$x'\dot{x}'=2R^2\dot{\theta}\cos\theta \tag{e}$$

$$\dot{x}'^2+x'\ddot{x}'=2R^2(-\dot{\theta}^2\sin\theta+\ddot{\theta}\cos\theta) \tag{f}$$

将式(c)对时间 t 求导数,得到

$$2\dot{\varphi}\cos\varphi=-(\dot{\varphi}+\dot{\theta})\sin(\varphi+\theta) \tag{g}$$

$$-2\dot{\varphi}^2\sin\varphi+2\ddot{\varphi}\cos\varphi=-(\dot{\varphi}+\dot{\theta})^2\cos(\varphi+\theta)-(\ddot{\varphi}+\ddot{\theta})\sin(\varphi+\theta) \tag{h}$$

将 $\theta=0^\circ$, $x'=\sqrt{5}R$, $\sin\varphi=\frac{1}{\sqrt{5}}$, $\cos\varphi=\frac{2}{\sqrt{5}}$ 以及式(d)分别代入式(e),(f),(g),(h),可得

$$\dot{x}'=\frac{2}{\sqrt{5}}v_M$$

$$\ddot{x}'=-\frac{4v_M^2}{5\sqrt{5}R}$$

$$\dot{\varphi}=-\frac{v_M}{5R}$$

$$\ddot{\varphi}=-\frac{6}{25}\left(\frac{v_M}{R}\right)^2$$

因此,杆 OA 的角速度为

$$\omega = -\dot{\varphi} = \frac{v_M}{5R}$$

角加速度为

$$\alpha = \dot{\omega} = -\ddot{\varphi} = \frac{6v_M^2}{25R^2}$$

它们的实际转向如图 6.7b 所示。小环 M 相对于杆 OA 的加速度为

$$a_r = \frac{4v_M^2}{5\sqrt{5}R}$$

方向如图 6.7b 所示。

6.4 点的复合运动的矢量解法

6.4.1 速度合成定理

已知动点 M 相对定系的绝对矢径 $\boldsymbol{r}=\boldsymbol{r}(t)$，相对动系的相对矢径 $\boldsymbol{r}'=\boldsymbol{r}'(t)$，动空间参考点 O' 的绝对矢径 $\boldsymbol{r}_{O'}=\boldsymbol{r}_{O'}(t)$，它们满足

$$\boldsymbol{r}(t) = \boldsymbol{r}_{O'}(t) + \boldsymbol{r}'(t)$$

将其对时间 t 求导数，得

$$\frac{\mathrm{d}\boldsymbol{r}}{\mathrm{d}t} = \frac{\mathrm{d}\boldsymbol{r}_{O'}}{\mathrm{d}t} + \frac{\mathrm{d}\boldsymbol{r}'}{\mathrm{d}t}$$

上式左端表示点 M 的绝对速度 $\boldsymbol{v}_a$，右端第一项是动系参考点 O' 相对于定系的绝对速度 $\boldsymbol{v}_{O'}$，第二项是相对矢径的绝对导数，由式(6.2.1)知

$$\begin{aligned}\frac{\mathrm{d}\boldsymbol{r}'}{\mathrm{d}t} &= \frac{\tilde{\mathrm{d}}\boldsymbol{r}'}{\mathrm{d}t} + \boldsymbol{\omega}_e \times \boldsymbol{r}' \\ &= \boldsymbol{v}_r + \boldsymbol{\omega}_e \times \boldsymbol{r}'\end{aligned}$$

其中 $\boldsymbol{\omega}_e$ 为动系的角速度。因此，有

$$\boldsymbol{v}_a = \boldsymbol{v}_{O'} + \boldsymbol{\omega}_e \times \boldsymbol{r}' + \boldsymbol{v}_r \tag{6.4.1}$$

在动空间中对动点 M 的绝对运动产生直接影响的是此瞬时动系上与动点相重合的点 N 的运动。将重合点 N 相对定系的绝对速度定义为牵连速度,记作 $\boldsymbol{v}_e$(e 是法文 entraînement 的第一个字母,表示“带动”之意)。当牵连运动为平面运动时,其角速度为 $\boldsymbol{\omega}_e$,则重合点 N 的绝对速度为

$$\boldsymbol{v}_e = \boldsymbol{v}_N = \boldsymbol{v}_{O'} + \boldsymbol{\omega}_e \times \boldsymbol{r}' \tag{6.4.2}$$

于是式(6.4.1)可表示为

$$\boldsymbol{v}_a = \boldsymbol{v}_e + \boldsymbol{v}_r \tag{6.4.3}$$

这一关系即为**速度合成定理**,为矢量方程,它在任一瞬时均成立。速度合成定理表述如下:

在任一瞬时,动点的绝对速度等于其相对速度与牵连速度的矢量和。

实际上,上述定理对牵连运动为一般运动时也成立。

利用速度合成定理,可对机构中点的速度和刚体的角速度进行瞬时分析,也可用来求动点的轨迹。

例 6.4.1 试用矢量法,求例 6.3.1 中当 OC 与 AC 垂直时杆 AB 的速度,设此时凸轮的角速度为 ω(图 6.8a)。

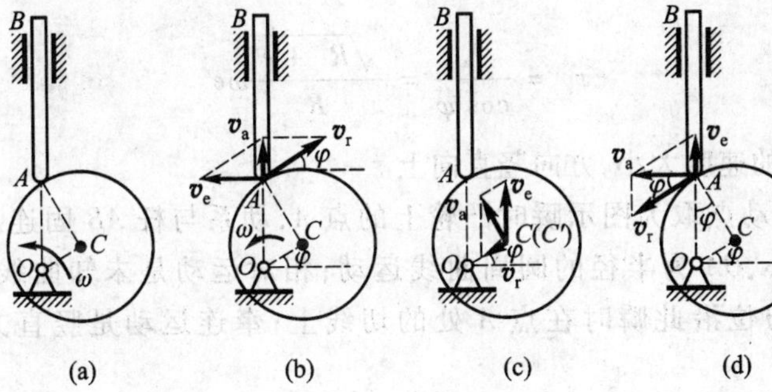

图 6.8

解: 应用矢量法解题的关键是选取适当的动点、动系和定系,因此可有多种解法。

解法一　将动点选在杆 AB 上的点 A,动系与凸轮固连。这样,点的绝对运动是铅垂方向的直线运动,相对运动是沿凸轮外缘的圆周曲线运动,牵连运动为凸轮绕轴 O 的定轴转动。

对式(6.4.3)进行分析

$$\boldsymbol{v}_a = \boldsymbol{v}_e + \boldsymbol{v}_r$$

大小 ? $\sqrt{e^2 + R^2}\omega$?

方向 ✓ ✓ ✓

作速度矢量图(图 6.8b)。由图中几何关系,得

$$v_a = v_e \tan\varphi = \frac{\sqrt{R^2 + e^2}}{R}\omega e$$

方向竖直向上。

解法二 动点取为凸轮上的点 C,动系与杆 AB 固连。此时,绝对运动是以点 O 为圆心,e 为半径的圆周曲线运动;相对运动是以点 A 为圆心,R 为半径的圆周曲线运动;牵连运动是杆 AB 的直线平移。设杆 AB 延拓部分上与动点相重合的点为 C'。

速度合成定理给出

$$\boldsymbol{v}_a = \boldsymbol{v}_e + \boldsymbol{v}_r$$

大小 $e\omega$ $v_{C'} = v_A$? ?

方向 ✓ ✓ ✓

作速度矢量图(图 6.8c)。由图中几何关系,得

$$v_e = \frac{v_a}{\cos\varphi} = \frac{\sqrt{R^2 + e^2}}{R}\omega e$$

这就是杆 AB 的速度大小,方向竖直向上。

解法三 动点取为图示瞬时凸轮上的点 A,动系与杆 AB 固连。绝对运动是以 O 为圆心、OA 为半径的圆周曲线运动;相对运动是未知曲线运动,但相对速度 $\boldsymbol{v}_r$ 的方位沿此瞬时在点 A 处的切线上;牵连运动是竖直方向的直线平移。

速度合成定理给出

$$\boldsymbol{v}_a = \boldsymbol{v}_e + \boldsymbol{v}_r$$

大小 $\sqrt{R^2 + e^2}\omega$? ?

方向 ✓ ✓ ✓

作速度矢量图(图 6.8d)。由图中几何关系,得

$$v_e = v_a \tan\varphi = \frac{\sqrt{R^2 + e^2}}{R}\omega e$$

这就是杆 AB 的速度大小，方向竖直向上。

例 6.4.2 如图 6.9a 所示机构，其中杆 AB 的两端 A，B 分别与可沿水平、铅垂滑道运动的滑块铰接，其上的套筒 C 可带动杆 OC 绕轴 O 作定轴转动，$AB = OC = l$。已知图示瞬时点 A 的速度 $\boldsymbol{v}_A$，试求杆 OC 的角速度。

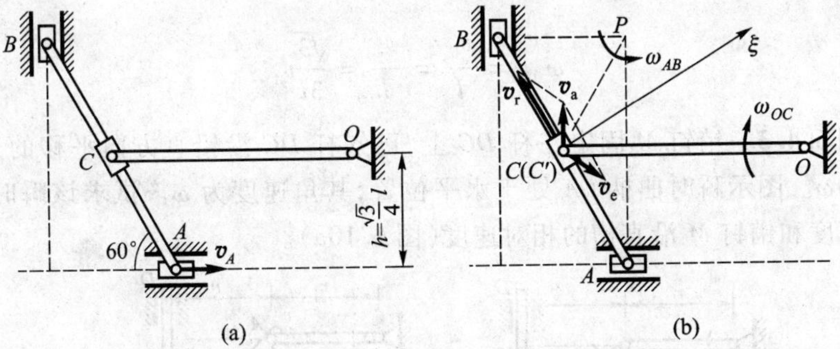

图 6.9

解：为求杆 OC 的角速度，只要求出杆上点 C 的速度。杆 OC 上点 C 的速度与杆 AB 上点 C 的速度不一样，它们具有复合运动的速度关系。杆 AB 上两点 A，C 的速度具有平面运动的速度关系。

取杆 OC 上的点 C 为动点，动系与杆 AB 固连。设杆 AB 上与动点重合的点为 C'。

由点 A 和 B 的速度方向可找到杆 AB 的速度瞬心 P，如图 6.9b 所示，有

$$\omega_{AB} = \frac{v_A}{l\sin 60^\circ} = \frac{2v_A}{\sqrt{3}l}$$

转向如图 6.9b 所示，而

$$v_{C'} = PC'\omega_{AB} = \frac{v_A}{\sqrt{3}}$$

方向如图 6.9b 所示。

对动点 C 应用速度合成定理

$$\boldsymbol{v}_a = \boldsymbol{v}_e + \boldsymbol{v}_r$$

$$\text{大小} \quad OC\omega_{OC}? \quad v_{C'} = \frac{v_A}{\sqrt{3}}\checkmark \quad ?$$

$$\text{方向} \quad \checkmark \quad \checkmark \quad \checkmark$$

作速度矢量图（图 6.9b）。为避开不需求的 v_r，将上式对轴 $C\xi$ 投影，得到

$$v_a\cos 60° = v_e\cos 60°$$

$$v_a = \frac{v_A}{\sqrt{3}}$$

于是有

$$\omega_{OC} = \frac{v_C}{l} = \frac{v_a}{l} = \frac{\sqrt{3}}{3l}v_A$$

例 6.4.3 销钉 M 固定在杆 DC 上，已知杆 DC 沿铅直方向平移的速度为 $v_{CD}=2r\omega$。图示瞬时曲柄 OA 处于水平位置，其角速度为 ω。试求该瞬时杆 AB 的角速度和销钉 M 沿直槽的相对速度(图 6.10a)。

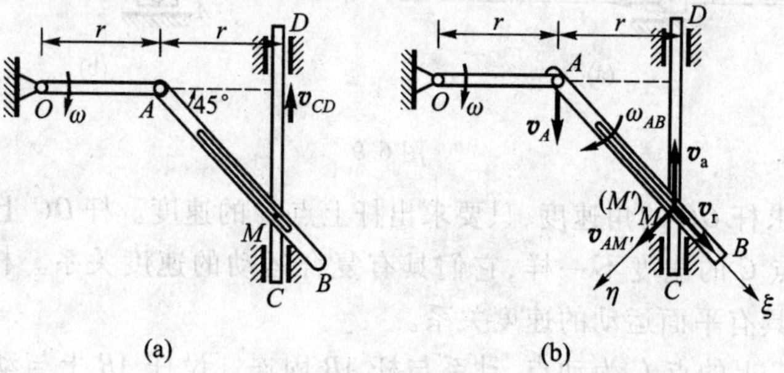

图 6.10

解：杆 OA 作定轴转动，杆 AB 作平面运动，杆 CD 作竖直方向的直线平移。选销钉 M 为动点，动系与杆 AB 固连，设杆 AB 上与动点相重合的点为 M'。

对于杆 AB，以 A 为基点研究点 M' 的速度，根据平面运动两点速度关系，有

$$\boldsymbol{v}_{M'} = \boldsymbol{v}_A + \boldsymbol{v}_{AM'}$$

	$\boldsymbol{v}_{M'}$	$\boldsymbol{v}_A$	$\boldsymbol{v}_{AM'}$
大小	?	$r\omega_r$ ✓	$\sqrt{2}r\omega_{AB}$?
方向	?	✓	✓

(a)

还不能求解。

在销钉 M 处，根据速度合成定理，有

$$\boldsymbol{v}_a = \boldsymbol{v}_e + \boldsymbol{v}_r$$

	$\boldsymbol{v}_a$	$\boldsymbol{v}_e$	$\boldsymbol{v}_r$
大小	$2r\omega$	$v_{M'}$?	?
方向	✓	?	✓

(b)

将式(a)代入式(b)，得

$$\boldsymbol{v}_{\mathrm{a}} = \boldsymbol{v}_A + \boldsymbol{v}_{AM'} + \boldsymbol{v}_{\mathrm{r}} \tag{c}$$

大小	$2r\omega$	$r\omega$	$\sqrt{2}r\omega_{AB}$	?
方向	✓	✓	?	✓

作速度矢量图(图 6.10 b)。将式(c)投影到轴 $M\xi$ 上,得

$$-v_{\mathrm{a}}\cos 45^\circ = v_A\cos 45^\circ + v_{\mathrm{r}}$$

由此求得点 M 的相对速度

$$v_{\mathrm{r}} = -\frac{3\sqrt{2}}{2}r\omega$$

方向如图 6.10b 所示。将式(c)投影到轴 $M\eta$ 上,得

$$-v_{\mathrm{a}}\sin 45^\circ = v_A\sin 45^\circ + v_{AM'}$$

由此得

$$v_{AM'} = -\frac{3\sqrt{2}}{2}r\omega$$

而杆 AB 的角速度为

$$\omega_{AB} = \frac{v_{AM'}}{\sqrt{2}r} = -\frac{3}{2}\omega$$

转向如图 6.10b 所示。

例 6.4.4　追踪轨道问题(图 6.11)。

设两点 A 和 B 在平面上运动。被追踪点 B 以常速 $\boldsymbol{u}$ 在离水平轴为常距离 l 的直线上运动。追踪点 A 以速度大小为常数 $v(>u)$,方向沿两点连线而运动。开始时,两点连线垂直于水平轴。试求两点 A,B 相遇的时间。

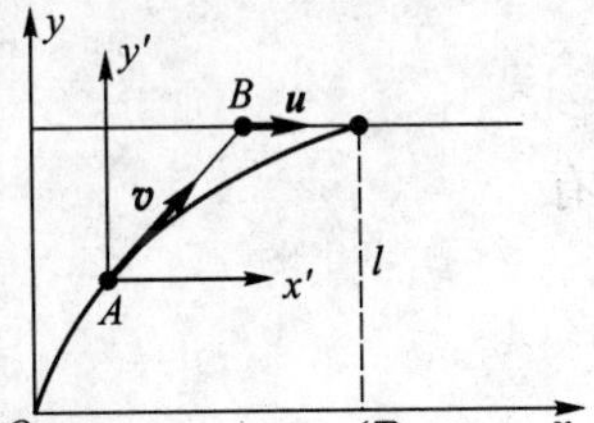

图 6.11

解: 取固定直角坐标系 Oxy,其原点 O 为开始时点 A 的位置,轴 Ox 水平,轴 Oy 铅垂向上。在点 A 处取平移动系 $Ax'y'$,其中 $Ax' /\!/ Ox, Ay' /\!/ Oy$。取点 B 为动点,$Ax'y'$为动系,设点 B 在 $Ax'y'$中的坐标为 x', y',水平方向单位矢量为 $\boldsymbol{i}$,铅垂方向单位矢量为 $\boldsymbol{j}$,则有

$$\left.\begin{aligned} \boldsymbol{v}_{\mathrm{a}} &= u\boldsymbol{i} \\ \boldsymbol{v}_{\mathrm{r}} &= \dot{x}'\boldsymbol{i} + \dot{y}'\boldsymbol{j} \\ \boldsymbol{v}_{\mathrm{e}} = \boldsymbol{v} &= \frac{vx'}{\sqrt{x'^2 + y'^2}}\boldsymbol{i} + \frac{vy'}{\sqrt{x'^2 + y'^2}}\boldsymbol{j} \end{aligned}\right\} \tag{a}$$

速度合成定理给出

$$\boldsymbol{v}_{\mathrm{a}} = \boldsymbol{v}_{\mathrm{e}} + \boldsymbol{v}_{\mathrm{r}} \tag{b}$$

将式(a)代入式(b),得到

$$u = \dot{x}' + \frac{vx'}{\sqrt{x'^2 + y'^2}}, \quad 0 = \dot{y}' + \frac{vy'}{\sqrt{x'^2 + y'^2}}$$

于是有

$$\left.\begin{aligned} \dot{x}' &= u - \frac{vx'}{\sqrt{x'^2 + y'^2}} \\ \dot{y}' &= -\frac{vy'}{\sqrt{x'^2 + y'^2}} \end{aligned}\right\} \tag{c}$$

令

$$\alpha = \frac{x'}{y'}, \quad \beta = \ln y' \tag{d}$$

容易计算得

$$\frac{\mathrm{d}\alpha}{\mathrm{d}\beta} = -\frac{u}{v}\sqrt{1 + \alpha^2}$$

令

$$k = \frac{u}{v} \tag{e}$$

则有

$$\frac{\mathrm{d}\alpha}{\mathrm{d}\beta} = -k\sqrt{1 + \alpha^2} \tag{f}$$

当 $t=0$ 时,$x'=0, y'=l$,因此有

$$\alpha(0) = 0, \quad \beta(0) = \ln l \tag{g}$$

在初条件式(g)下积分方程式(f),得到

$$\alpha = -\operatorname{sh}k(\beta - \ln l) \tag{h}$$

由式(f),(h)得到

$$\dot{\beta} = -\frac{v}{\sqrt{1 + \alpha^2}}\exp(-\beta)$$

由此得到

$$\int \exp \beta \mathrm{ch} k(\beta - \ln l)\mathrm{d}\beta = -vt + C$$

即

$$\frac{1}{2}\left\{\frac{1}{l^k(k+1)}\exp[\beta(k+1)] + \frac{l^k}{1-k}\exp[\beta(1-k)]\right\} = -vt + C \tag{i}$$

由初条件式(g)可求得常数 C 为

$$C = \frac{1}{2}\left(\frac{l}{1+k} + \frac{l}{1-k}\right) \tag{j}$$

当 $t = T$ 时两点相遇，此时 $\beta = -\infty$，因此有

$$-vT + \frac{l}{2}\left(\frac{1}{1+k} + \frac{1}{1-k}\right) = 0 \tag{k}$$

由此解得

$$T = \frac{l}{v(1-k^2)} = \frac{lv}{v^2 - u^2} \tag{l}$$ [①]

请读者试用极坐标法解此题。

例 6.4.5　设河流水速为常数 C_1，沿河宽不变。一划船人以相对速度为常数 C_2，朝岸上一定点 O 划近。试求船（当作点来考虑）的轨迹，并研究 $C_1 = C_2$ 的情形（图 6.12）。

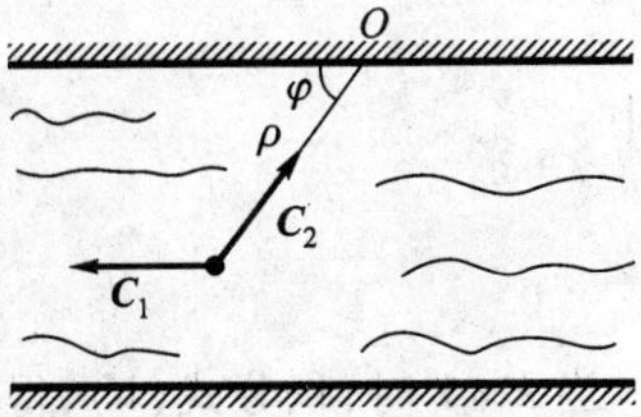

图 6.12

解： 在定点 O 建立极坐标系 (ρ, φ)。船 M 的绝对速度等于水速与船相对水的速度的矢量和，即

$$\boldsymbol{v}_a = \boldsymbol{v}_e + \boldsymbol{v}_r$$

将其在极坐标中投影，有

$$\begin{aligned}\dot{\rho} &= C_1 \cos\varphi - C_2 \\ \rho\dot{\varphi} &= -C_1 \sin\varphi\end{aligned} \tag{a}$$

以上二式相除，得

$$\frac{\mathrm{d}\rho}{\rho \mathrm{d}\varphi} = -\cot\varphi + \frac{k}{\sin\varphi} \tag{b}$$

---

① 此题源于：Журавлев В Ф. Основы Теоретической Механики. Москва：ФиЗматлит，2008. 这里叙述得更详细些。

其中

$$k = \frac{C_1}{C_2} \tag{c}$$

当 $k \neq 1$ 时，积分式(b)得

$$\rho = C \frac{\sin^{k-1} \dfrac{\varphi}{2}}{\cos^{k+1} \dfrac{\varphi}{2}}$$

由初条件 $t = 0, \rho = \rho_0, \varphi = \varphi_0$，得

$$C = \rho_0 \frac{\cos^{k+1} \dfrac{\varphi_0}{2}}{\sin^{k-1} \dfrac{\varphi_0}{2}}$$

于是得到轨迹方程

$$\rho = \rho_0 \frac{\cos^{k+1} \alpha_0}{\sin^{k-1} \alpha_0} \frac{\sin^{k-1} \alpha}{\cos^{k+1} \alpha} \tag{d}$$

其中

$$\alpha = \frac{\varphi}{2}$$

当 $k = 1$ 时，积分式(b)，得到轨迹方程为

$$\rho = \rho_0 \frac{\cos^2 \dfrac{\varphi_0}{2}}{\cos^2 \dfrac{\varphi}{2}} \tag{e}$$

为一抛物线。

6.4.2　加速度合成定理

将式(6.4.3)对时间 t 求导数，得

$$\frac{\mathrm{d}\boldsymbol{v}_a}{\mathrm{d}t} = \frac{\mathrm{d}\boldsymbol{v}_e}{\mathrm{d}t} + \frac{\mathrm{d}\boldsymbol{v}_r}{\mathrm{d}t} \tag{6.4.4}$$

上式左端表示点 M 的绝对加速度 $\boldsymbol{a}_{\mathrm{a}}$。右端第一项由式(6.4.2),(6.2.1),有

$$\begin{aligned}\frac{\mathrm{d}\boldsymbol{v}_{\mathrm{e}}}{\mathrm{d}t} &= \frac{\mathrm{d}}{\mathrm{d}t}(\boldsymbol{v}_{O'} + \boldsymbol{\omega}_{\mathrm{e}} \times \boldsymbol{r}') \\ &= \frac{\mathrm{d}\boldsymbol{v}_{O'}}{\mathrm{d}t} + \frac{\mathrm{d}\boldsymbol{\omega}_{\mathrm{e}}}{\mathrm{d}t} \times \boldsymbol{r}' + \boldsymbol{\omega}_{\mathrm{e}} \times \frac{\mathrm{d}\boldsymbol{r}'}{\mathrm{d}t} \\ &= \boldsymbol{a}_{O'} + \boldsymbol{\alpha}_{\mathrm{e}} \times \boldsymbol{r}' + \boldsymbol{\omega}_{\mathrm{e}} \times \left(\frac{\tilde{\mathrm{d}}\boldsymbol{r}'}{\mathrm{d}t} + \boldsymbol{\omega}_{\mathrm{e}} \times \boldsymbol{r}'\right) \\ &= \boldsymbol{a}_{O'} + \boldsymbol{\alpha}_{\mathrm{e}} \times \boldsymbol{r}' + \boldsymbol{\omega}_{\mathrm{e}} \times \boldsymbol{v}_{\mathrm{r}} + \boldsymbol{\omega}_{\mathrm{e}} \times (\boldsymbol{\omega}_{\mathrm{e}} \times \boldsymbol{r}')\end{aligned}$$

当动系作平面运动时,上式右端第一、第二和第四项合起来恰好是动系上与动点相重合的点 N 的绝对加速度,定义为动点的**牵连加速度**,记作 $\boldsymbol{a}_{\mathrm{e}}$,于是有

$$\boldsymbol{a}_{\mathrm{e}} = \boldsymbol{a}_{O'} + \boldsymbol{\alpha}_{\mathrm{e}} \times \boldsymbol{r}' + \boldsymbol{\omega}_{\mathrm{e}} \times (\boldsymbol{\omega}_{\mathrm{e}} \times \boldsymbol{r}') \tag{6.4.5}$$

$$\frac{\mathrm{d}\boldsymbol{v}_{\mathrm{e}}}{\mathrm{d}t} = \boldsymbol{a}_{\mathrm{e}} + \boldsymbol{\omega}_{\mathrm{e}} \times \boldsymbol{v}_{\mathrm{r}} \tag{6.4.6}$$

式(6.4.4)右端第二项为

$$\begin{aligned}\frac{\mathrm{d}\boldsymbol{v}_{\mathrm{r}}}{\mathrm{d}t} &= \frac{\tilde{\mathrm{d}}\boldsymbol{v}_{\mathrm{r}}}{\mathrm{d}t} + \boldsymbol{\omega}_{\mathrm{e}} \times \boldsymbol{v}_{\mathrm{r}} \\ &= \boldsymbol{a}_{\mathrm{r}} + \boldsymbol{\omega}_{\mathrm{e}} \times \boldsymbol{v}_{\mathrm{r}}\end{aligned} \tag{6.4.7}$$

由式(6.4.6)和式(6.4.7)看出,牵连速度的绝对导数并不等于牵连加速度,而是多出了一项 $\boldsymbol{\omega}_{\mathrm{e}} \times \boldsymbol{v}_{\mathrm{r}}$,相对速度的绝对导数并不等于相对加速度,同样多出了一项 $\boldsymbol{\omega}_{\mathrm{e}} \times \boldsymbol{v}_{\mathrm{r}}$。在式(6.4.6)中出现的项 $\boldsymbol{\omega}_{\mathrm{e}} \times \boldsymbol{v}_{\mathrm{r}}$,是由于相对运动的存在。在定系中看到的重合点不是动系中的不变点,由于重合点的改变而产生了该项附加加速度。在式(6.4.7)中出现的项 $\boldsymbol{\omega}_{\mathrm{e}} \times \boldsymbol{v}_{\mathrm{r}}$,是由于牵连速度使得相对速度的方向在定系中发生变化而产生的附加加速度。这两项附加加速度之和用 $\boldsymbol{a}_{\mathrm{C}}$ 表示,称为**科氏加速度**,是法国人科里奥利(Coriolis,G. G. ,1792—1843)于 1835 年提出的,即

$$\boldsymbol{a}_{\mathrm{C}} = 2\boldsymbol{\omega}_{\mathrm{e}} \times \boldsymbol{v}_{\mathrm{r}} \tag{6.4.8}$$

于是式(6.4.4)成为

$$\boldsymbol{a}_{\mathrm{a}} = \boldsymbol{a}_{\mathrm{e}} + \boldsymbol{a}_{\mathrm{r}} + \boldsymbol{a}_{\mathrm{C}} \tag{6.4.9}$$

这一关系在任一瞬时均成立,称为**加速度合成定理**,表述为:

任一瞬时动点的绝对加速度等于其相对加速度、牵连加速度与科氏加速度的矢量和。

上述定理也适用于其他运动形式的牵连运动。

例 6.4.6 图 6.13a 所示机构中，曲柄 OA 以匀角速度 ω 作定轴转动，带动杆 AC 在套筒 B 内滑动，套筒 B 和与其刚性连接的杆 BD 又可绕轴 B 转动。已知 $OA=BD=r$，图示瞬时杆 OA 处于铅垂位置，杆 AC 与水平线的夹角 $\varphi=30°$，试求此时点 D 的速度和加速度。

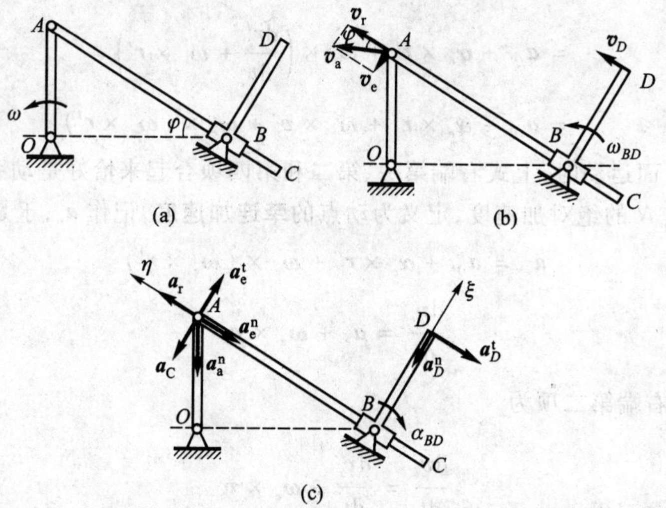

图 6.13

解：系统由三个刚体组成。杆 OA 作定轴转动，杆 BD 作定轴转动，杆 AC 作平面运动，它与套筒有同样的角速度和角加速度。

取动点为杆 AC 上的点 A，动系与杆 BD 固连。

速度合成定理给出

	$\boldsymbol{v}_a$ =	$\boldsymbol{v}_e$ +	$\boldsymbol{v}_r$
大小	$r\omega$ ✓	$2r\omega_{BD}$?	?
方向	✓	✓	✓

作速度矢量图如图 6.13b 所示。由几何关系，得

$$v_e = v_a \sin\varphi = \frac{1}{2}r\omega$$

$$v_r = v_a \cos\varphi = \frac{\sqrt{3}}{2}r\omega$$

于是有

$$\omega_{BD} = \frac{v_e}{2r} = \frac{1}{4}\omega$$

$$v_D = r\omega_{BD} = \frac{1}{4}r\omega$$

各速度方向及角速度转向如图 6.13b 所示。

加速度合成定理给出

$$\begin{array}{lcccccc} & \boldsymbol{a}_a^n + & \boldsymbol{a}_a^t = & \boldsymbol{a}_e^n + & \boldsymbol{a}_e^t + & \boldsymbol{a}_r + & \boldsymbol{a}_C \\ \text{大小} & r\omega^2 \checkmark & 0 & \frac{1}{8}r\omega^2 & 2r\alpha_{BD}? & ? & 2\omega_e v_r = \frac{\sqrt{3}}{4}r\omega^2 \\ \text{方向} & \checkmark & \checkmark & \checkmark & \checkmark & \checkmark & \checkmark \end{array}$$

作加速度矢量图(图 6.13c)。将上式沿图示轴 $B\xi$ 投影,得

$$-a_a^n\cos\varphi = a_e^t - a_C$$

即

$$-r\omega^2\frac{\sqrt{3}}{2} = 2r\alpha_{BD} - \frac{\sqrt{3}}{4}r\omega^2$$

由此得

$$\alpha_{BD} = -\frac{\sqrt{3}}{8}\omega^2$$

负号表示其转向与图 6.13c 所示相反。于是点 D 的加速度为

$$a_D^t = -\frac{\sqrt{3}}{8}r\omega^2$$

$$a_D^n = \frac{1}{16}r\omega^2$$

例 6.4.7　同一平面内两个圆盘以不同的匀角速度绕各自轴 O_1 和 O_2 转动。两盘中心的距离为 l,两盘的半径和角速度如图 6.14 所示,当小盘边缘上一点 A 位于最右端时,试求点 A 相对于大盘的速度和加速度。

解: 以点 A 为动点,定轴转动的大盘为动系。

速度合成定理给出

$$\begin{array}{lccc} & \boldsymbol{v}_a = & \boldsymbol{v}_e + & \boldsymbol{v}_r \\ \text{大小} & \omega_2 r & \omega_1(l+r) & ? \\ \text{方向} & \checkmark & \checkmark & \checkmark \end{array}$$

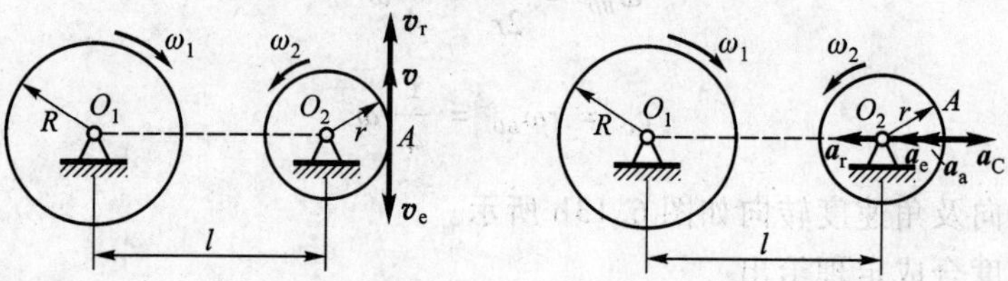

图 6.14

将上式投影到铅垂向上的轴,得到

$$\omega_2 r = -\omega_1(l+r)+v_r$$

由此得

$$v_r = \omega_2 r + \omega_1(l+r)$$

方向向上。

加速度合成定理给出

$$\boldsymbol{a}_a = \boldsymbol{a}_e + \boldsymbol{a}_r + \boldsymbol{a}_C$$

大小	$\omega_2^2 r$	$\omega_1^2(l+r)$	?	$2\omega_1 v_r = 2\omega_1[\omega_2 r+\omega_1(l+r)]$
方向	✓	✓	✓	✓

将上式投影到水平向左方向的轴,得到

$$\omega_2^2 r = \omega_1^2(l+r)+a_r-2\omega_1[\omega_2 r+\omega_1(l+r)]$$

由此解得

$$a_r = (\omega_1+\omega_2)^2 r + \omega_1^2 l$$

6.5 刚体的复合运动

刚体的复合运动是研究同一刚体在两个不同参考系中的运动关系。刚体在定系中的运动通常可分解为运动形式相对简单的相对运动与牵连运动。反之,两个简单的运动也可复合为一个复杂的运动。

6.5.1　刚体平面运动的角速度合成定理

设刚体相对于与地面固连的空间作平面运动。用 Ox_1x_2 表示定系，$O'x'_1x'_2$ 表示动系。平面运动方位角用 $\varphi_a, \varphi_r, \varphi_e$ 表示（图 6.15），它们随时间的变化规律分别为

$$\varphi_a = \varphi_a(t)$$

$$\varphi_r = \varphi_r(t)$$

$$\varphi_e = \varphi_e(t)$$

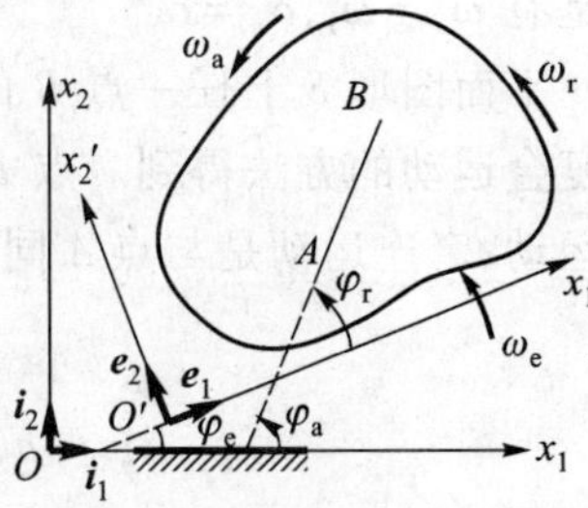

图 6.15

在任一瞬时各方位角有如下关系

$$\varphi_a = \varphi_e + \varphi_r \tag{6.5.1}$$

两端对时间 t 求导数，得到

$$\dot{\varphi}_a = \dot{\varphi}_e + \dot{\varphi}_r$$

即

$$\omega_a = \omega_e + \omega_r \tag{6.5.2}$$

其中 ω_a 称为绝对角速度，ω_e 称为牵连角速度，ω_r 称为相对角速度，转向如图 6.15 所示。

将式(6.5.2)表示为矢量形式，因

$$\boldsymbol{\omega}_a = \dot{\varphi}_a \boldsymbol{i}_3,\quad \boldsymbol{\omega}_e = \dot{\varphi}_e \boldsymbol{i}_3,\quad \boldsymbol{\omega}_r = \dot{\varphi}_r \boldsymbol{e}_3$$

故有

$$\boldsymbol{\omega}_a = \boldsymbol{\omega}_e + \boldsymbol{\omega}_r \tag{6.5.3}$$

式(6.5.3)称为刚体平面运动的**角速度合成定理**。

将式(6.5.3)对时间求导数，并注意到 $\boldsymbol{\omega}_e \times \boldsymbol{\omega}_r = \boldsymbol{0}$，得到

$$\boldsymbol{\alpha}_a = \boldsymbol{\alpha}_e + \boldsymbol{\alpha}_r \tag{6.5.4}$$

式(6.5.4)称为刚体平面运动的**角加速度合成定理**。

6.5.2　刚体平面运动可分解为平移和转动

将动系原点 O' 选为与图形 S 上的一点 A 铰接，并使动系以与点 A 相同的规

律作平移(图6.16)。此时图形 S 的绝对运动是平面运动,相对运动为绕轴 A 的定轴转动,牵连运动为与 A 同规律的平面平移。图形 S 的平面运动可以分解为绕轴 A 的转动和与 A 同规律的平移。由于牵连运动为平移,故有 $\boldsymbol{\omega}_e=\boldsymbol{\alpha}_e=\mathbf{0}$,于是有 $\boldsymbol{\omega}_a=\boldsymbol{\omega}_r,\boldsymbol{\alpha}_a=\boldsymbol{\alpha}_r$。

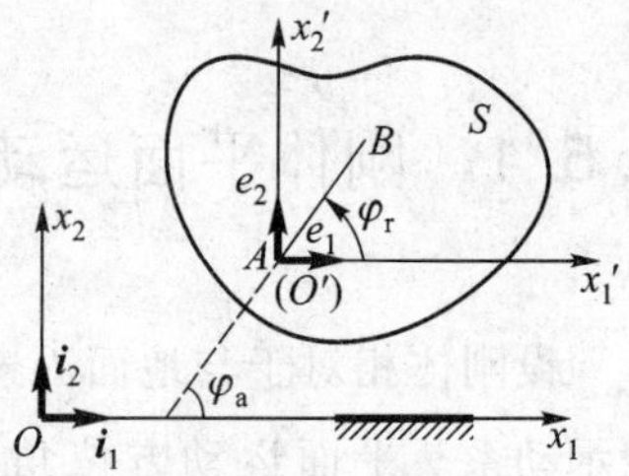

图6.16

平面图形 S 上任一点 B 的速度和加速度可由复合运动的方法得到。点 B 的相对运动是以点 A 为圆心,以 AB 为半径的圆周运动;牵连运动是与点 A 同规律的平移。因此,由速度合成定理得到

$$\boldsymbol{v}_B = \boldsymbol{v}_A + \boldsymbol{\omega} \times \overrightarrow{AB}$$

$$\boldsymbol{a}_B = \boldsymbol{a}_A + \boldsymbol{\omega} \times (\boldsymbol{\omega} \times \overrightarrow{AB}) + \boldsymbol{\alpha} \times \overrightarrow{AB}$$

以上两式正是平面图形上两点速度、加速度关系。

由于刚体的平面运动可以由平移和定轴转动合成而得到,因此,通常将平移和定轴转动称为刚体运动的基本形式。

6.5.3 刚体的平面运动分解为两个转动

如果平面图形 S 在运动过程中,其上有一点 A 到定系中某一固定点 O 的距离始终保持不变,那么点 A 在定系中的轨迹是以 O 为圆心,以 OA 为半径的圆周曲线。对满足这样条件的平面运动,引入与两点 O,A 连线固连的动系 $Ox'_1x'_2$ 和定系 Ox_1x_2(图6.17),动系相对定系绕轴 O 作定轴转动,图形 S 相对动系绕轴 A 作定轴转动。于是,这类刚体的平面运动可分解为两个转动,相对运动是相对于动系绕轴 A 的转动,牵连运动是随同动系绕轴 O 的转动。由于这两根轴相互平行,因此又称这样的平面运动为**绕两平行轴转动的合成**。

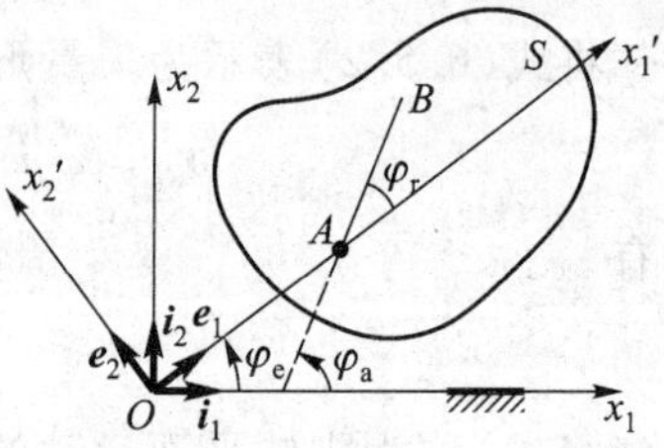

图6.17

在任一瞬时,绝对方位角 φ_a、相对方位角 φ_r 和牵连方位角 φ_e 满足式(6.5.1)。平面图形的绝对角速度、相对角速度和牵连角速度满足式(6.5.3),绝对角加速度、相对角加速度和牵连角加速度满足式(6.5.4)。

在特殊情况下,如果任意瞬时均有 $\omega_e=-\omega_r$,则 $\omega_a=0,\alpha_a=0$,此时刚体的绝对运动为平移,这样的运动称为**转动偶**。

利用上述分解可求得平面图形上任一点 B 的相对速度和相对加速度为

$$\boldsymbol{v}_{Br} = \boldsymbol{\omega}_{r} \times \overrightarrow{AB}$$

$$\boldsymbol{a}_{Br} = \boldsymbol{\alpha}_{r} \times \overrightarrow{AB} + \boldsymbol{\omega}_{r} \times (\boldsymbol{\omega}_{r} \times \overrightarrow{AB})$$

牵连速度、牵连加速度和科氏加速度为

$$\boldsymbol{v}_{Be} = \boldsymbol{\omega}_{e} \times \overrightarrow{OB}$$

$$\boldsymbol{a}_{Be} = \boldsymbol{\alpha}_{e} \times \overrightarrow{OB} + \boldsymbol{\omega}_{e} \times (\boldsymbol{\omega}_{e} \times \overrightarrow{OB})$$

$$\boldsymbol{a}_{C} = 2\boldsymbol{\omega}_{e} \times \boldsymbol{v}_{r} = 2\boldsymbol{\omega}_{e} \times (\boldsymbol{\omega}_{r} \times \overrightarrow{AB})$$

再利用速度合成定理式(6.4.3)和加速度合成定理式(6.4.9)，可得到点 B 的绝对速度和绝对加速度为

$$\begin{aligned}\boldsymbol{v}_{B} &= \boldsymbol{v}_{Br} + \boldsymbol{v}_{Be}\\ &= \boldsymbol{\omega}_{r} \times \overrightarrow{AB} + \boldsymbol{\omega}_{e} \times \overrightarrow{OB}\\ \boldsymbol{a}_{Ba} &= \boldsymbol{a}_{Br} + \boldsymbol{a}_{Be} + \boldsymbol{a}_{C}\\ &= \boldsymbol{\alpha}_{r} \times \overrightarrow{AB} + \boldsymbol{\omega}_{r} \times (\boldsymbol{\omega}_{r} \times \overrightarrow{AB}) + \boldsymbol{\alpha}_{e} \times \overrightarrow{OB} +\\ &\quad \boldsymbol{\omega}_{e} \times (\boldsymbol{\omega}_{e} \times \overrightarrow{OB}) + 2\boldsymbol{\omega}_{e} \times (\boldsymbol{\omega}_{r} \times \overrightarrow{AB})\end{aligned}$$

速度、加速度矢量图如图 6.18，6.19 所示。

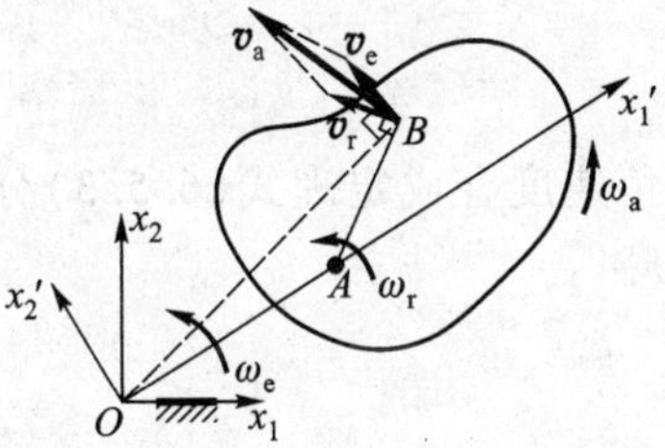

图 6.18

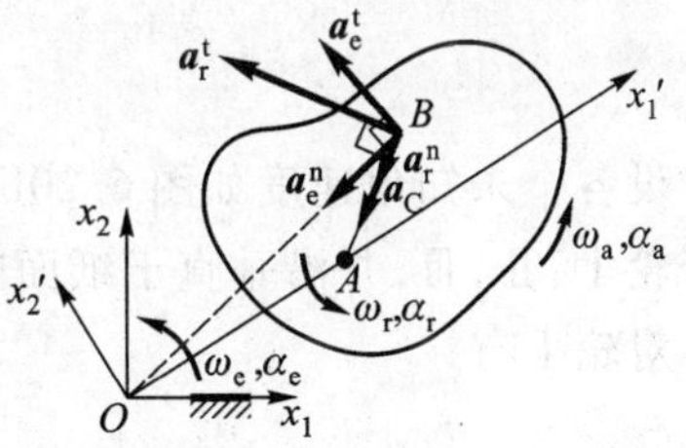

图 6.19

例 6.5.1　在图 6.20a 所示周转传递装置中，半径为 R 的主动齿轮 Ⅰ 以角速度 ω 和角加速度 α 作逆时针转动，而长为 $3R$ 的曲柄 OA 以同样的角速度和角加速度绕轴 O 作顺时针转动，点 M 位于半径为 R 的从动齿轮 Ⅲ 的边缘上，试求图示瞬时点 M 的速度和加速度。

解：本例可用角速度、角加速度的合成公式和平面运动的速度、加速度合成的矢量方法来求解，也可用复合运动的方法来求解。

解法一

轮 Ⅰ 和曲柄作定轴转动，轮 Ⅱ 和轮 Ⅲ 作平面运动。当动系与杆 OA 固连，轮 Ⅰ，Ⅱ，Ⅲ 在动系中分别绕轴 O，B，A 作定轴转动。

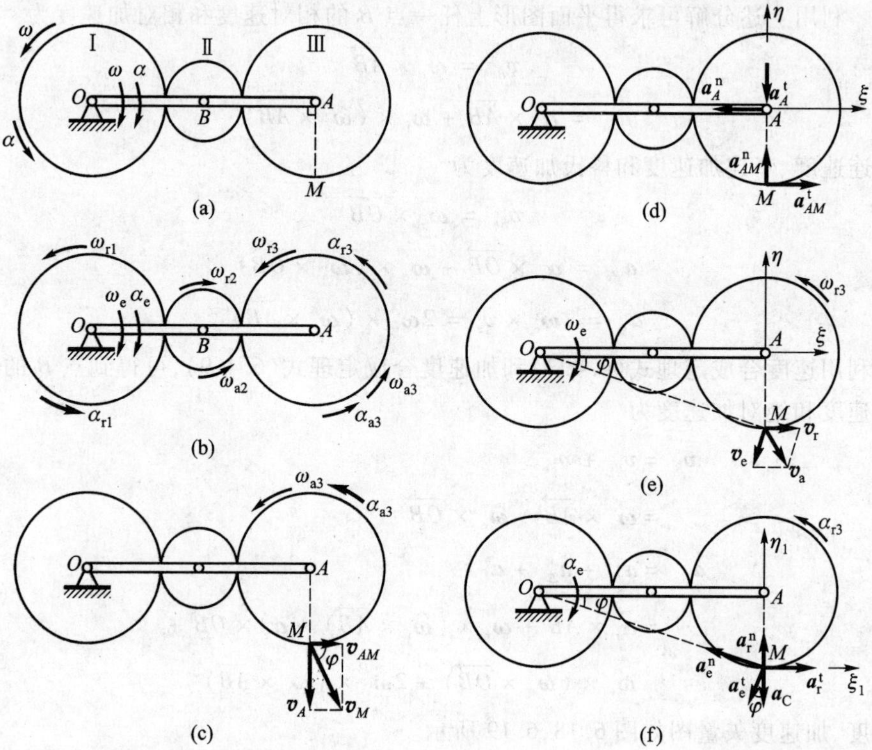

图 6.20

设各个未知角速度如图 6.20b 所示。将角速度合成定理式(6.5.3)分别应用于轮Ⅰ,Ⅱ,Ⅲ,并沿垂直于纸面向外的轴投影：

对轮Ⅰ有

$$\omega_{a1} = -\omega_e + \omega_{r1}$$

其中 $\omega_{a1} = \omega, \omega_e = \omega$,代入上式得

$$\omega_{r1} = 2\omega$$

对轮Ⅱ有

$$\omega_{a2} = -\omega_e - \omega_{r2}$$

对轮Ⅲ有

$$\omega_{a3} = -\omega_e + \omega_{r3}$$

在动系中,轮Ⅰ,Ⅱ,Ⅲ在啮合点处有相同速度,即

$$r_1\omega_{r1} = r_2\omega_{r2} = r_3\omega_{r3}$$

因此有

$$\omega_{r2} = 2\omega_{r1} = 4\omega$$

$$\omega_{r3} = \frac{1}{2}\omega_{r2} = 2\omega$$

于是得

$$\omega_{a3} = \omega$$

以上各式在任意瞬时均成立，因此可求得角加速度为

$$\alpha_{r3} = \dot{\omega}_{r3} = 2\dot{\omega} = 2\alpha$$

$$\alpha_{a3} = \dot{\omega}_{a3} = \dot{\omega} = \alpha$$

转向如图 6. 20b 所示。

下面用平面图形两点速度和两点加速度关系，以点 A 为基点，来求点 M 的速度和加速度。

在轮Ⅲ上取两点 M 和 A，以点 A 为基点，由速度合成定理有

$$\boldsymbol{v}_M = \boldsymbol{v}_A + \boldsymbol{v}_{AM}$$

	$\boldsymbol{v}_M$	$\boldsymbol{v}_A$	$\boldsymbol{v}_{AM}$
大小	?	$3R\omega$ ✓	$R\omega$ ✓
方向	?	✓	✓

作速度矢量图(图 6. 20c)，由几何关系得到

$$v_M = \sqrt{v_A^2 + v_{AM}^2} = \sqrt{10}R\omega$$

由加速度合成定理有

$$\boldsymbol{a}_M = \boldsymbol{a}_A^{t} + \boldsymbol{a}_A^{n} + \boldsymbol{a}_{AM}^{t} + \boldsymbol{a}_{AM}^{n}$$

	$\boldsymbol{a}_M$	$\boldsymbol{a}_A^{t}$	$\boldsymbol{a}_A^{n}$	$\boldsymbol{a}_{AM}^{t}$	$\boldsymbol{a}_{AM}^{n}$
大小	?	$3R\alpha$ ✓	$3R\omega^2$ ✓	$R\alpha$ ✓	$R\omega^2$ ✓
方向	?	✓	✓	✓	✓

作加速度矢量图(图 6. 20d)。将上式投影到轴 $A\xi$ 和 $A\eta$ 上，得

$$a_{M\xi} = -a_A^{n} + a_{AM}^{t}$$

$$a_{M\eta} = -a_A^{t} + a_{AM}^{n}$$

由此解得

$$a_{M\xi} = R(\alpha - 3\omega^2)$$

$$a_{M\eta} = R(\omega^2 - 3\alpha)$$

点 M 加速度大小为

$$a_M = \sqrt{a_{M\xi}^2 + a_{M\eta}^2} = R\sqrt{2(5\omega^4 - 6\omega^2\alpha + 5\alpha^2)}$$

解法二

用复合运动方法求解。取动系与杆 OA 固连,动点 M 的运动是复合运动,其相对运动为绕点 A 的圆周曲线运动,绝对运动是未知的曲线运动。

点的速度合成定理给出

$$\begin{array}{llll} & \boldsymbol{v}_a = & \boldsymbol{v}_e + & \boldsymbol{v}_r \\ \text{大小} & v_M ? & OM\omega_e = \dfrac{R\omega}{\sin\varphi} \checkmark & \\ \text{方向} & ? & \checkmark & \checkmark \end{array}$$

作速度矢量图如图 6.20e 所示。将上式投影到轴 $A\xi, A\eta$ 上,得

$$v_{M\xi} = v_r - v_e \sin\varphi$$

$$v_{M\eta} = -v_e \cos\varphi$$

由此解得

$$v_{M\xi} = R\omega, \quad v_{M\eta} = -3R\omega$$

点 M 速度大小为

$$v_M = \sqrt{v_A^2 + v_{AM}^2} = \sqrt{10}R\omega$$

加速度合成定理给出

$$\begin{array}{lllllll} & \boldsymbol{a}_a = & \boldsymbol{a}_e^n + & \boldsymbol{a}_e^t + & \boldsymbol{a}_r^n + & \boldsymbol{a}_r^t + & \boldsymbol{a}_C \\ \text{大小} & a_M ? & \dfrac{R\omega^2}{\sin\varphi} \checkmark & \dfrac{R\alpha}{\sin\varphi} \checkmark & R\omega_{r3}^2 = 4R\omega^2 \checkmark & R\alpha_{r3} = 2R\alpha \checkmark & 2\omega_e v_{r3} = 4R\omega^2 \checkmark \\ \text{方向} & ? & \checkmark & \checkmark & \checkmark & \checkmark & \checkmark \end{array}$$

作加速度图 6.20f 所示。将上式投影到轴 $M\xi_1, M\eta_1$,得到

$$a_{M\xi_1} = R\alpha - 3R\omega^2$$

$$a_{M\eta_1} = R\omega^2 - 3R\alpha$$

点 M 加速度大小为

$$\begin{aligned} a_M &= \sqrt{a_{M\xi_1}^2 + a_{M\eta_1}^2} \\ &= R\sqrt{10(\omega^4 + \alpha^2) - 12\omega^2\alpha} \\ &= R\sqrt{2(5\omega^4 - 6\omega^2\alpha + 5\alpha^2)} \end{aligned}$$

小　　结

1. 点作复合运动时，有三个研究对象：动点、动系和定系。动点相对定系的运动称为绝对运动，相应有绝对速度 $\boldsymbol{v}_a$，绝对加速度 $\boldsymbol{a}_a$；动点相对动系的运动称为相对运动，相应有相对速度 $\boldsymbol{v}_r$、相对加速度 $\boldsymbol{a}_r$。动系相对定系的运动称为牵连运动，它是刚体的运动；动系上与动点相重合之点的速度与加速度称为牵连速度 $\boldsymbol{v}_e$ 与牵连加速度 $\boldsymbol{a}_e$。由于动点的相对运动，在不同瞬时，牵连点在动系上的位置也不相同。

2. 变矢量的绝对导数与相对导数

$$\frac{\mathrm{d}\boldsymbol{A}}{\mathrm{d}t} = \frac{\tilde{\mathrm{d}}\boldsymbol{A}}{\mathrm{d}t} + \boldsymbol{\omega} \times \boldsymbol{A}$$

3. 点的复合运动的分析方法用变换矩阵表示绝对坐标与相对坐标、绝对速度与相对速度、绝对加速度与相对加速度的关系。分析方法便于求点的绝对轨迹、相对轨迹以及运动过程分析。

4. 点的速度合成定理

$$\boldsymbol{v}_a = \boldsymbol{v}_r + \boldsymbol{v}_e$$

点的加速度合成定理

$$\boldsymbol{a}_a = \boldsymbol{a}_r + \boldsymbol{a}_e + \boldsymbol{a}_C$$

$$\boldsymbol{a}_C = 2\boldsymbol{\omega}_e \times \boldsymbol{v}_r$$

矢量方法便于瞬时分析。关键在于选择适当的动点与动系。

5. 角速度合成定理

$$\boldsymbol{\omega}_a = \boldsymbol{\omega}_r + \boldsymbol{\omega}_e$$

习　　题

6.1　图示杆 AB 长为 l，其上 A 端沿水平地面运动，B 端沿铅垂墙运动。如以 φ 为坐标，动系的轴过点 O 和杆 AB 的中点 C。试求点 A 相对于动系的轨迹、速度和加速度。

6.2　如图所示，凸轮沿水平直线以匀速 v 水平向左平移，凸轮外形在与凸轮固连的坐标系 $Ox'y'$ 中的方程为 $y'=f(x')$。直杆 AB 长为 l，一端 A 与固定支座铰接，另一端搁在凸轮上。由于凸轮的平移带动杆 AB 作定轴转动。若要求杆以匀角速度 ω 转动，试求凸轮外形曲线方程。

6.3　一圆轮沿水平直线作纯滚动。如果动系与该轮固连，以轮缘与水平杆 AB 的交点 C 为动点，试将图示位置动点 C 的绝对速度、相对速度和牵连速度及其关系在图上表示并求出它们的大小。

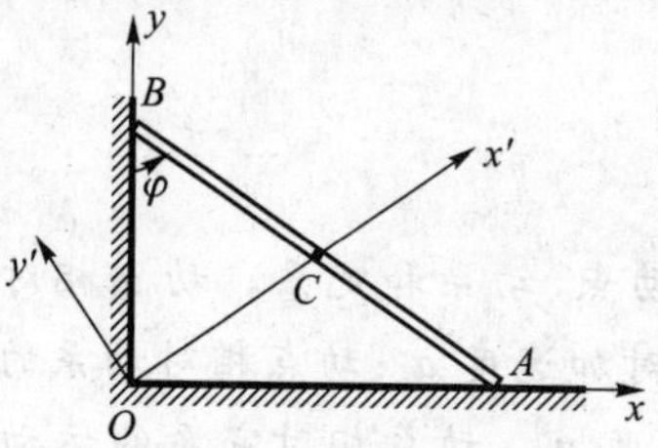

题 6.1 图

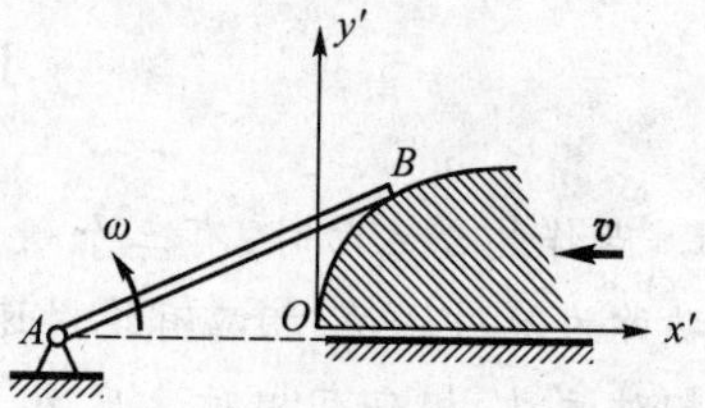

题 6.2 图

6.4 图示行星轮传动机构中，曲柄 OA 以角速度 ω 绕轴 O 作逆时针转动，带动与齿轮 A 固连在一起的杆 BD 运动。杆 BE 与 DB 在点 B 铰接，并且杆 BE 在运动时始终通过与固定铰支座相连的套筒 C。如定齿轮的半径为 $2r$，且 $AB=\sqrt{5}r$。图示瞬时，曲柄 OA 在铅垂位置，DB 在水平位置，杆 BE 与水平线成角 φ。试求该瞬时杆 BE 上的点 C 的速度。

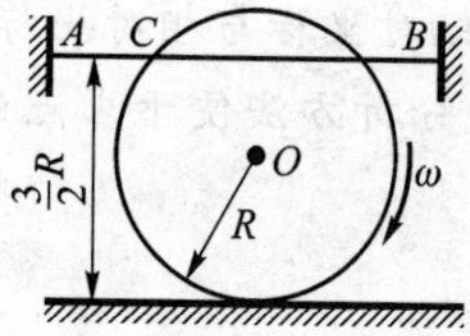

题 6.3 图

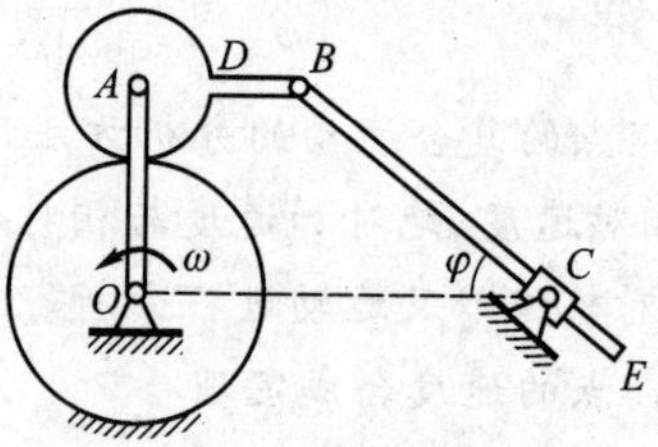

题 6.4 图

6.5 一点可以在某一平面内自由运动，试用点的复合运动矢量法推导点的速度和加速度在极坐标中的投影式。

6.6 一点 M 以常速度 v 相对平面运动，同时平面以匀角速度 ω 绕垂直于它的固定轴 O 转动。试证：点 M 的路径为方程

$$\frac{v\varphi}{\omega}=\sqrt{\rho^2-a^2}+\frac{v}{\omega}\arccos\frac{a}{\rho}$$

其中 ρ,φ 是以固定轴为原点的极坐标，a 为点 M 离转轴 O 的最短距离。

6.7 长度为 l 的直杆 AB 在平面内运动，其角速度为 ω，杆的一端 A 在半径为 r、中心为点 O 的圆周上运动，线 OA 的角速度为 ω'。试证：线 OB 的角速度为

$$\omega''=\frac{[\omega(R^2+l^2-r^2)+\omega'(R^2+r^2-l^2)]}{2R^2}$$

其中 $OB=R$。

6.8 在图示机构中，$OA=OO'=b$，$\angle A=90°$，折杆 OAC 以角速度 ω 顺时针匀速转动，试求 $\varphi=120°$时杆 BD 的速度。

6.9 图示机构中，销钉 M 可在直槽 EF 和 GH 中滑动。已知 $AB=CD=0.2\ \text{m}$，$AC=BD$，当 $\theta=30°$时，$\omega=2\ \text{rad}\cdot\text{s}^{-1}$，$\alpha=4\ \text{rad}\cdot\text{s}^{-2}$。试求该瞬时销钉 M 的速度和加速度。

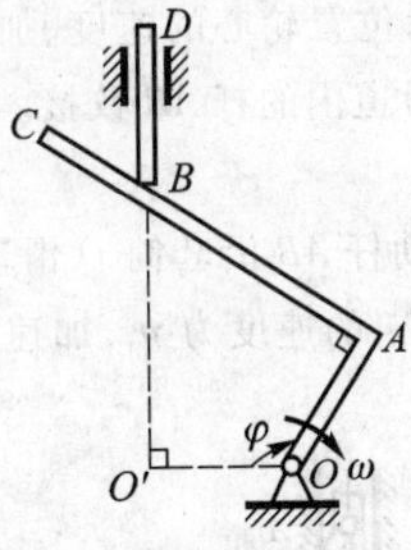

题 6.8 图

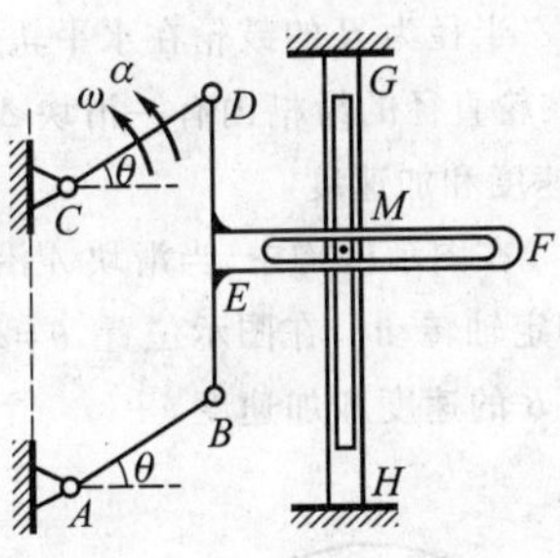

题 6.9 图

6.10　图示机构中，圆轮 O 在水平直线轨道上作纯滚动，其轮缘上固连一销钉 B，销钉置于摇杆 O_1A 的直槽内。已知轮的半径 $R=0.5\ \text{m}$，图示瞬时 $v=0.2\ \text{m}\cdot\text{s}^{-1}$，试求该瞬时摇杆的角速度。

6.11　转轴以匀角速度转动，其上有一固连的半径为 r 的圆环。当转轴转过一圈时，点 M 也沿圆环逆时针走过一圈，且 v_r = 常数。试求点在图示 θ 位置时的绝对速度、绝对加速度，以及对应于 $\theta=0°$，$\theta=90°$的值。

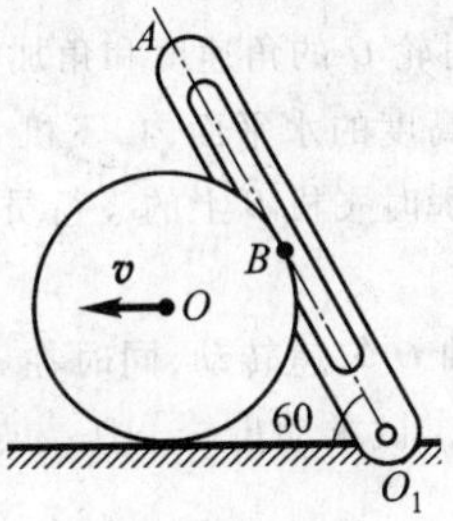

题 6.10 图

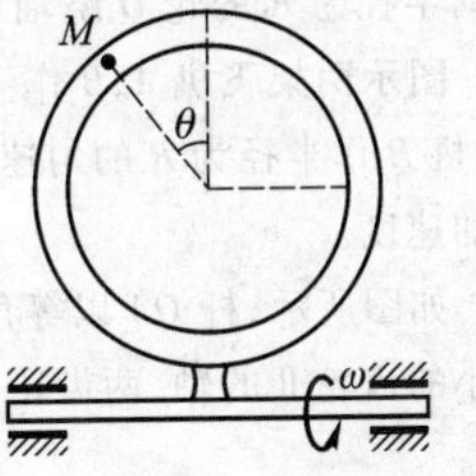

题 6.11 图

6.12　半径为 R 的圆轮与杆 OA 分别以匀角速度 ω_1，ω_2 绕轴 O 作定轴转动，其转向如图所示，并设 $\omega_1>\omega_2$。试求图示位置点 M 相对于杆 OA 的速度和加速度。

6.13　图示机构中，曲柄 OA 和摇杆 O_1B 的长度均为 r，连杆 AB 长为 $2r$。当曲柄 OA 以等角速度 ω 作定轴转动时，通过连杆 AB 和套筒 C 带动连杆 CD 沿水平轨道滑动。在图示位置时，OA 水平，O_1B 铅垂，$AC=CB=r$。试求此时杆 CD 的速度和加速度。

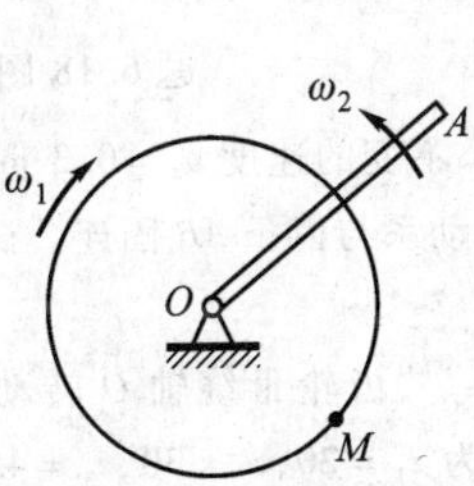

题 6.12 图

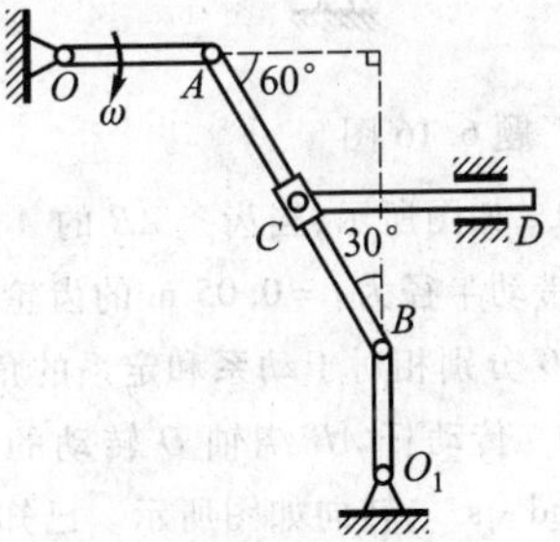

题 6.13 图

6.14　半径为 R 的鼓轮在水平轨道上作纯滚动，在图示位置轮心的速度、加速度分别为 $\boldsymbol{v}$, $\boldsymbol{a}$。沿鼓轮直径的滑槽内有一滑块 A，该滑块与置于水平滑道内的杆 AB 铰接。试求该位置杆 AB 的速度和加速度。

6.15　在图示机构中，当滑块 A 沿铅垂滑道滑动时，带动杆 AB 沿套筒 O 滑动，而套筒可绕轴 O 作定轴转动。在图示位置，$\theta=30°$，$OA=OB=l$，滑块 A 的速度为 $\boldsymbol{v}_A$，加速度为 $\boldsymbol{a}_A$。试求此时点 B 的速度和加速度。

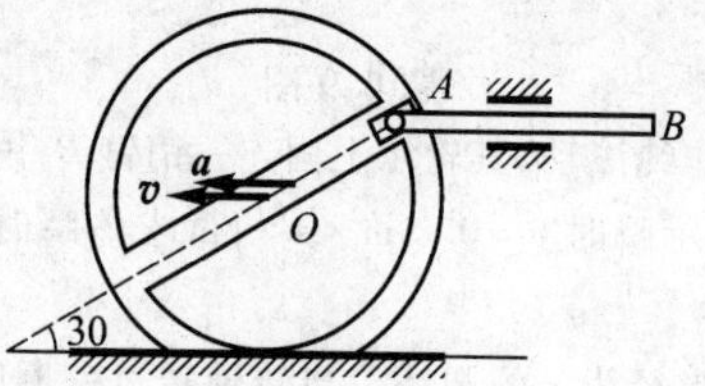

题 6.14 图

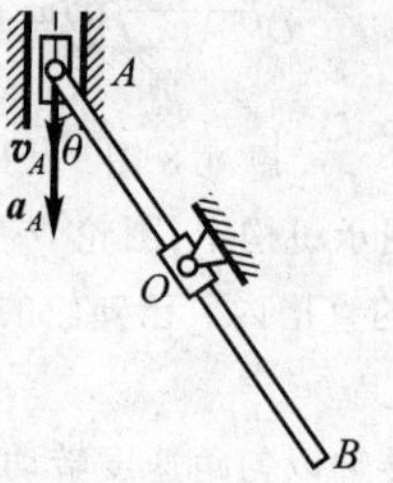

题 6.15 图

6.16　图示机构中，杆 O_1A 绕轴 O_1 作定轴转动，图示瞬时其角速度、角加速度分别为 ω_1, α_1，带动半径为 R 的轮 O 绕轴 O_2 转动，试求图示位置时轮 O 的角速度和角加速度。

6.17　图示两架飞机 A, B 作飞行表演，当它们在同一高度的水平面内，飞机 A 作加速直线飞行，飞机 B 作半径为 R 的匀速圆周飞行。试求在图示瞬时飞机 B 上的飞行员测得飞机 A 的速度和加速度。

6.18　如图所示，杆 OA 以等角速度 ω 绕定齿轮 Ⅰ 的轴 O 匀速转动，同时在 A 端带有另一同样大小的齿轮 Ⅱ 的轴，两齿轮用链条连接，已知 $OA=l$。试求动齿轮上任一点 M 的速度和加速度。

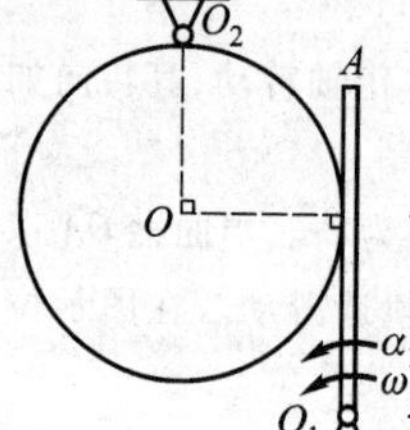

题 6.16 图

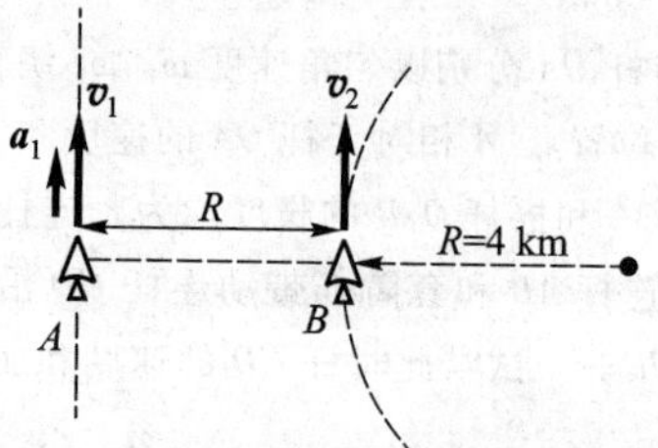

题 6.17 图

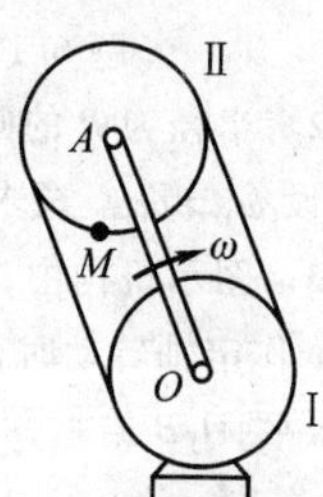

题 6.18 图

6.19　如图所示，当齿条 AB 的 A 端沿水平轨道以大小不变的速度 $v_A=0.3\ \mathrm{m\cdot s^{-1}}$ 向右运动时，带动半径为 $r=0.05\ \mathrm{m}$ 的齿轮绕其中心轴 O 转动，动系与齿条 AB 固连。试求图示瞬时，齿轮 O 分别相对于动系和定系的角速度。

6.20　传动杆 AB 绕轴 O 转动的角速度 $\omega=4\ \mathrm{rad\cdot s^{-1}}$，齿轮 Ⅲ 绕轴 O 转动的角速度 $\omega_3=10\ \mathrm{rad\cdot s^{-1}}$，转向如图所示。已知三齿轮的齿数分别为 $z_1=20$, $z_2=30$, $z_3=45$。当动系与杆 AB 固连时，试求齿轮 Ⅰ，Ⅱ 的相对角速度 ω_{r1}, ω_{r2}。

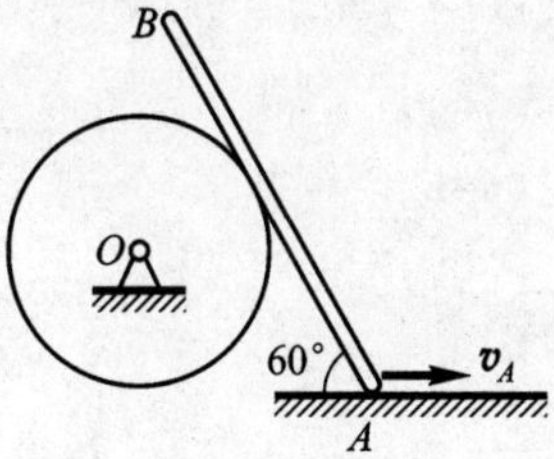

题 6.19 图

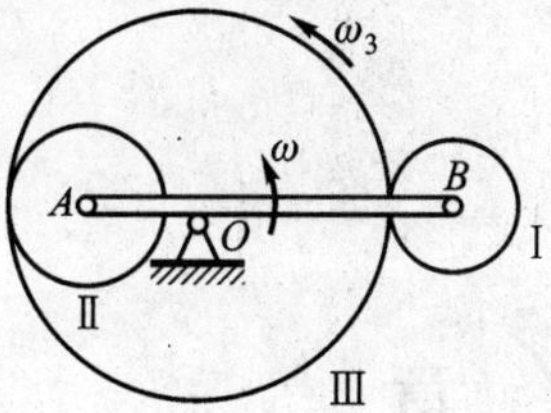

题 6.20 图

第 7 章

刚体的定点运动和一般运动

刚体运动时，刚体或其延拓部分上有且仅有一点相对参考空间始终保持固定不动，这种运动称为刚体的**定点运动**。在工程和生活中有许多定点运动的实例，如行星锥齿轮、玩具陀螺、陀螺仪中的高速转子等。

7.1 刚体定点运动的矢量描述法

7.1.1 欧拉位移定理

欧拉(Euler)位移定理表述为：

绕定点运动的刚体，从某一位置到任意另一位置的位移，可以由绕过该定点的某根轴的一次转动来实现。

证明：设点 O 为定点运动刚体的不动点。在刚体内任意取两点 A,B 使 A,B,O 不共线，则刚体的位置可由刚性三角形 OAB 的位置来确定。在瞬时 t，$\triangle OAB$ 所在位置为 $\triangle OA_1B_1$，经过时间 Δt 运动到 $\triangle OA_2B_2$ 的位置（图 7.1）。显然，$\triangle OA_1A_2$，$\triangle OB_1B_2$ 均为等腰三角形。过线段 A_1A_2 的中点 A_m，线段 B_1B_2 的中点 B_m 分别作与这两条线段垂直的平面 Ⅰ 和 Ⅱ。平面 Ⅰ，Ⅱ 均过点 O，这两平面的交线必定过点 O，记作 OP^*。过点 O 作垂直于 OP^* 的平面 Π，设点 A_1,A_2,B_1,B_2,A_m,B_m 在平面 Π 上的投影分别为 $A'_1,A'_2,B'_1,B'_2,A'_m,B'_m$；平面 Ⅰ，Ⅱ 在平面 Π 上的投影分别为直线 OA'_m,OB'_m（图 7.2），且 A'_m,B'_m 分别为 $A'_1A'_2$，

$B_1'B_2'$ 的中点。容易看出，$\triangle OA_1'A_2'$ 和 $\triangle OB_1'B_2'$ 为等腰三角形，$\triangle OA_1'B_1' \cong \triangle OA_2'B_2'$，故有

$$\angle A_1'OA_2' = \angle B_1'OB_2' = \Delta\theta$$

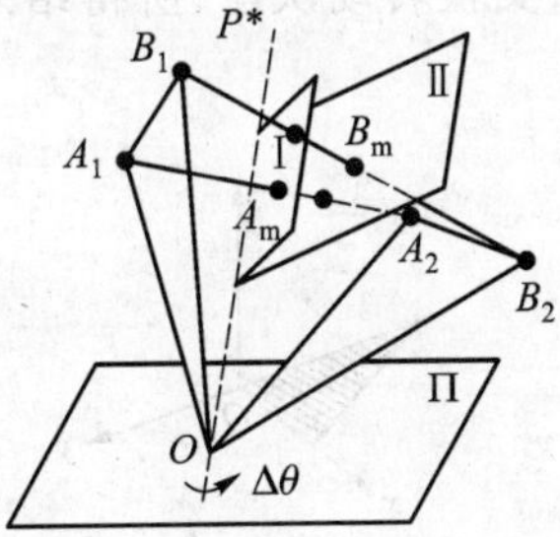

图 7.1

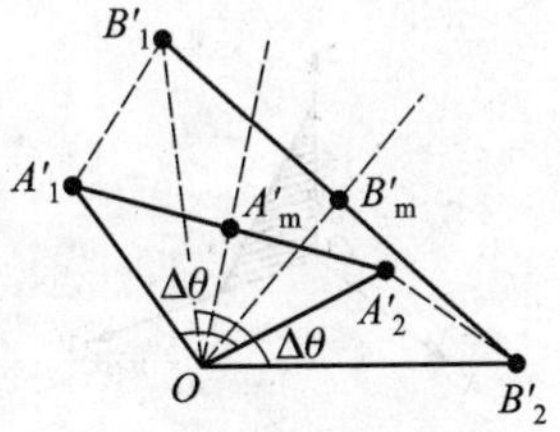

图 7.2

将 $\triangle OA_1'B_1'$ 绕轴 OP^* 转动角 $\Delta\theta$ 之后，便与 $\triangle OA_2'B_2'$ 完全重合。这表明，$\triangle OAB$ 从位置 $\triangle OA_1B_1$ 绕轴 OP^* 转动角 $\Delta\theta$ 之后即可到达 $\triangle OA_2B_2$ 的位置。证毕。

上述欧拉位移定理描述了定点运动刚体上各点的位移可以通过刚体绕过定点的某轴的一次转动来实现。虽然这样的一次转动并不是刚体的真实运动，但在时间间隔 Δt 内，刚体上各点的位移却与真实运动完全一致。时间间隔 Δt 越小，欧拉位移定理所给出的转动就越接近刚体的真实运动。当 $\Delta t \to 0$ 时，$\Delta\theta \to 0$，轴 OP^* 有一极限位置 OP，此时刚体的运动为绕轴 OP 的瞬时转动，轴 OP 称为**转动瞬轴**，简称**瞬轴**。此处的瞬时轴与刚体平面运动的瞬时轴不同，其方位是不断变化的。这样，刚体的定点运动可以精确地描述为依次绕通过定点 O 的一系列瞬时轴的瞬时转动。

7.1.2　角速度矢量

1. 有限转动与无限小转动

一个物理量可用矢量表示，一般必须满足以下三个条件：(1) 有大小，有方向；(2) 遵守加法交换律，即 $\boldsymbol{A} + \boldsymbol{B} = \boldsymbol{B} + \boldsymbol{A}$；(3) 通过该物理量描述一个客观的物理规律，则写出的公式对不同的坐标系具有相同的矢量形式，即对坐标变换具有不变性。通常，某一物理量只满足前两条，也理解为矢量，虽然不够全面，但在一般应用中已经够用了。

速度、加速度是可用矢量描述的物理量。刚体作有限转动时的有限转角，即角位移 θ 虽然可以定义它的大小和方向，但不满足矢量加法的交换律，因此它不

是矢量。下面给出一个例子来说明。

设一直角三角形，其初始位置如图 7.3a 所示。先绕轴 Ox 转过 90°为图 7.3b，再绕轴 Oy 转过 90°为图 7.3c。如果颠倒顺序，先绕轴 Oy 转过 90°为图 7.3d，再绕轴 Ox 转过 90°为图 7.3e。容易看出，交换转动次序，所得结果不同。因此，有限角位移 θ 不是矢量。

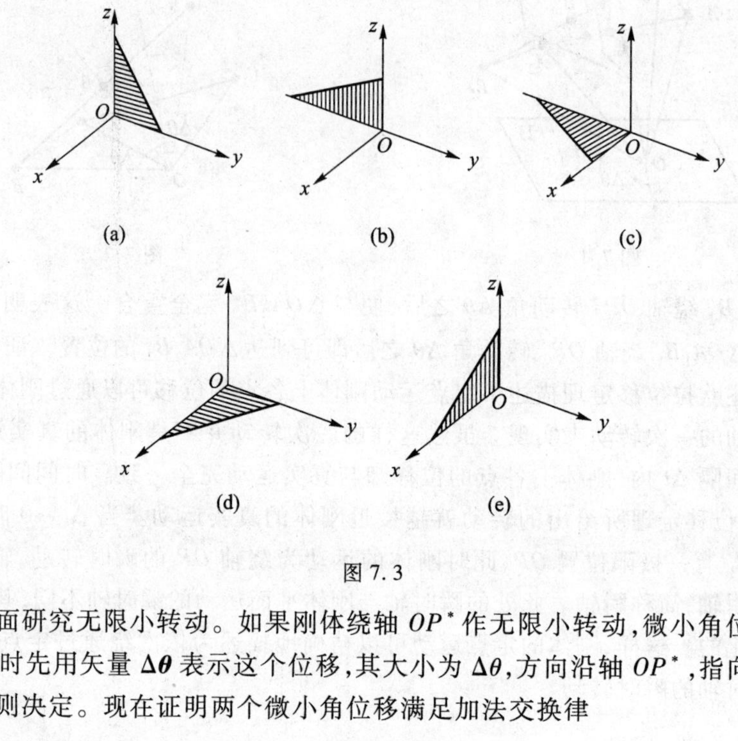

图 7.3

下面研究无限小转动。如果刚体绕轴 OP^* 作无限小转动，微小角位移记作 $\Delta\theta$。暂时先用矢量 $\Delta\boldsymbol{\theta}$ 表示这个位移，其大小为 $\Delta\theta$，方向沿轴 OP^*，指向由右手螺旋法则决定。现在证明两个微小角位移满足加法交换律

$$\Delta\boldsymbol{\theta}_1 + \Delta\boldsymbol{\theta}_2 = \Delta\boldsymbol{\theta}_2 + \Delta\boldsymbol{\theta}_1$$

实际上，研究定点运动刚体上任一点 M，设在瞬时 t，点 M 所在位置的矢径为 $\boldsymbol{r}$，当刚体绕轴 OP_1^* 转过一微小角位移 $\Delta\boldsymbol{\theta}_1$ 时，点 M 获得微小位移 $\Delta\boldsymbol{r}_1$，如图 7.4a 所示，精确到一阶微量，有

$$\Delta\boldsymbol{r}_1 = \Delta\boldsymbol{\theta}_1 \times \boldsymbol{r}$$

点 M 经过第一次无限小转动后到达位置 M'，相应的矢径为

$$\boldsymbol{r}' = \boldsymbol{r} + \Delta\boldsymbol{r}_1$$

当刚体绕轴 OP_2^* 实行第二次无限小转动时，转过的角位移为 $\Delta\boldsymbol{\theta}_2$，点 M 从 M' 到达 M''，所获得的位移近似到一阶微量，有

$$\Delta\boldsymbol{r}_2 = \Delta\boldsymbol{\theta}_2 \times \boldsymbol{r}' = \Delta\boldsymbol{\theta}_2 \times (\boldsymbol{r} + \Delta\boldsymbol{\theta}_1 \times \boldsymbol{r})$$

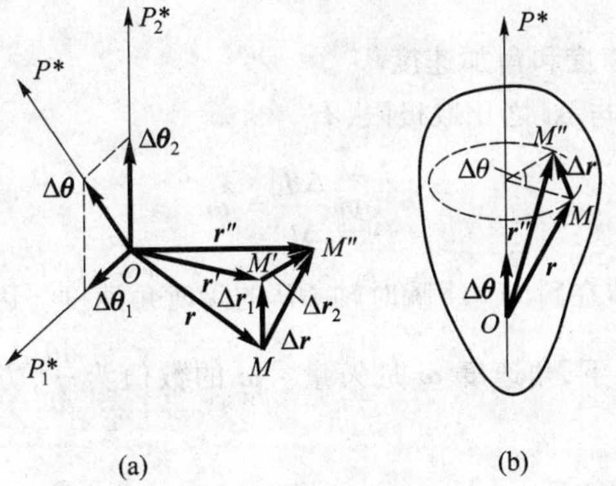

图 7.4

略去二阶微量，得

$$\Delta \boldsymbol{r}_2 = \Delta \boldsymbol{\theta}_2 \times \boldsymbol{r}$$

刚体从瞬时 t 经过两次无限小转动后，点 M 到达 M'' 位置，其位移为 $\Delta \boldsymbol{r}$，显然有

$$\Delta \boldsymbol{r} = \Delta \boldsymbol{r}_1 + \Delta \boldsymbol{r}_2$$

因为线位移 $\Delta \boldsymbol{r}$ 是矢量，满足加法交换律，即

$$\Delta \boldsymbol{r} = \Delta \boldsymbol{r}_1 + \Delta \boldsymbol{r}_2 = \Delta \boldsymbol{r}_2 + \Delta \boldsymbol{r}_1$$

由此得到

$$(\Delta \boldsymbol{\theta}_1 \times \boldsymbol{r}) + (\Delta \boldsymbol{\theta}_2 \times \boldsymbol{r}) = (\Delta \boldsymbol{\theta}_2 \times \boldsymbol{r}) + (\Delta \boldsymbol{\theta}_1 \times \boldsymbol{r})$$

即

$$\Delta \boldsymbol{\theta}_1 + \Delta \boldsymbol{\theta}_2 = \Delta \boldsymbol{\theta}_2 + \Delta \boldsymbol{\theta}_1$$

这就证明了微小位移 $\Delta \boldsymbol{\theta}$ 是矢量。

根据欧拉位移定理，上述两次无限小转动可以通过绕轴 OP^* 的一次无限小转动来实现，转过的角位移为 $\Delta \boldsymbol{\theta}$，这时点 M 所获得的位移 $\Delta \boldsymbol{r}$ 可用下式计算

$$\Delta \boldsymbol{r} = \Delta \boldsymbol{\theta} \times \boldsymbol{r}$$

于是得到

$$\Delta \boldsymbol{\theta} = \Delta \boldsymbol{\theta}_1 + \Delta \boldsymbol{\theta}_2 = \Delta \boldsymbol{\theta}_2 + \Delta \boldsymbol{\theta}_1 \tag{7.1.1}$$

这表明，刚体相继绕过定点两根轴作无限小转动后，到达的新位置和转动的先后次序无关，并且可以通过过定点的某根轴的一次无限小转动来实现上述的两次无限小转动，如图 7.4b 所示。式(7.1.1)给出了角位移之间应满足的

关系。

2. 刚体的角速度和角加速度

微小位移 $\Delta\boldsymbol{\theta}$ 与 Δt 之比取极限，有

$$\lim_{\Delta t\to 0}\frac{\Delta\boldsymbol{\theta}}{\Delta t}=\boldsymbol{\omega} \tag{7.1.2}$$

矢量 $\boldsymbol{\omega}$ 定义为刚体在瞬时 t 绕瞬时轴 OP 的瞬时角速度。因 $\Delta\boldsymbol{\theta}$ 为矢量，所以在满足矢量的前两条下，角速度 $\boldsymbol{\omega}$ 是矢量。$\boldsymbol{\omega}$ 的数值为$\dfrac{\mathrm{d}\theta}{\mathrm{d}t}$，方向沿轴 OP，指向由右手螺旋法则给出。

由式(7.1.1)知，刚体所作的两次无限小转动与先后顺序无关，如果认为这两次转动是在同一瞬时发生，则此时刚体的运动可当作复合运动，角速度间的关系可由式(7.1.1)求出为

$$\boldsymbol{\omega}=\boldsymbol{\omega}_1+\boldsymbol{\omega}_2 \tag{7.1.3}$$

式(7.1.3)为角速度合成定理，表述为：定点运动刚体同时绕过定点的两根轴的微小转动可以合成为绕某轴的微小转动。合成转动的角速度等于两分转动的角速度矢量和。

上述结论亦可推广到绕定点 O 的多根轴转动情形，有

$$\boldsymbol{\omega}=\sum_{i=1}^{n}\boldsymbol{\omega}_i \tag{7.1.4}$$

刚体定点运动的角加速度为角速度对时间的导数，即

$$\boldsymbol{\alpha}=\frac{\mathrm{d}\boldsymbol{\omega}}{\mathrm{d}t} \tag{7.1.5}$$

7.1.3 定点运动刚体上点的速度和加速度

由前述结果知，点 M 的位移为

$$\Delta\boldsymbol{r}=\Delta\boldsymbol{\theta}\times\boldsymbol{r}$$

由此得

$$\lim_{\Delta t\to 0}\frac{\Delta\boldsymbol{r}}{\Delta t}=\lim_{\Delta t\to 0}\left(\frac{\Delta\boldsymbol{\theta}}{\Delta t}\times\boldsymbol{r}\right)$$

即

$$\boldsymbol{v} = \boldsymbol{\omega} \times \boldsymbol{r} \tag{7.1.6}$$

这就是点 M 的速度,其中 $\boldsymbol{r}$ 为该瞬时点 M 的矢径(图 7.5)。由式(7.1.6)知,此时瞬时轴 OP 上各点的速度为零。

将式(7.1.6)两端对 t 求导数,得到点 M 的加速度为

$$\boldsymbol{a} = \frac{\mathrm{d}\boldsymbol{\omega}}{\mathrm{d}t} \times \boldsymbol{r} + \boldsymbol{\omega} \times \frac{\mathrm{d}\boldsymbol{r}}{\mathrm{d}t}$$

即

$$\boldsymbol{a} = \boldsymbol{\alpha} \times \boldsymbol{r} + \boldsymbol{\omega} \times (\boldsymbol{\omega} \times \boldsymbol{r}) \tag{7.1.7}$$

令

$$\boldsymbol{a}_{\mathrm{R}} = \boldsymbol{\alpha} \times \boldsymbol{r}$$

$$\boldsymbol{a}_{\mathrm{N}} = \boldsymbol{\omega} \times \boldsymbol{v}$$

则式(7.1.7)可写成形式

$$\boldsymbol{a} = \boldsymbol{a}_{\mathrm{R}} + \boldsymbol{a}_{\mathrm{N}} \tag{7.1.8}$$

其中 $\boldsymbol{a}_{\mathrm{R}}$ 称为转动加速度,$\boldsymbol{a}_{\mathrm{N}}$ 称为向轴加速度(图 7.6)。式(7.1.7)形式上与定轴转动中加速度分布公式相同,但这里由于 $\boldsymbol{\omega}$ 的方向是变化的,所以 $\boldsymbol{\alpha}$ 不一定与 $\boldsymbol{\omega}$ 平行。同时,$\boldsymbol{a}_{\mathrm{R}}$ 也不能理解为切向加速度。

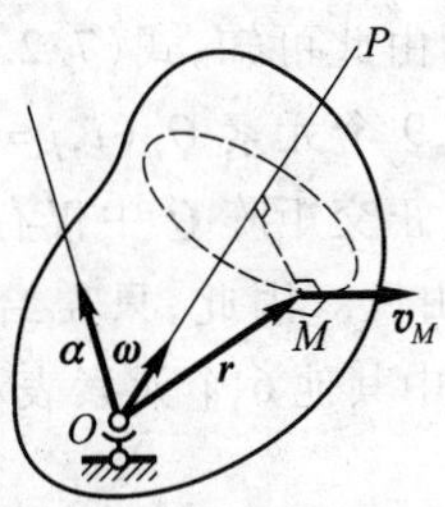

图 7.5

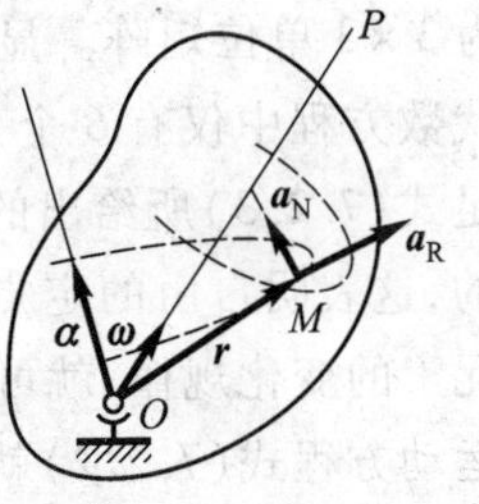

图 7.6

7.2　刚体定点运动的方向余弦矩阵描述法

7.2.1　刚体的运动方程

以定点运动刚体的定点为原点 O,分别建立与参考空间固连的右手直

角坐标系 $Oxyz$,其单位正交基,即固定基为 $\boldsymbol{i}=(\boldsymbol{i}_1\quad \boldsymbol{i}_2\quad \boldsymbol{i}_3)^{\mathrm{T}}$,以及与刚体固连的右手直角坐标系 $O\xi\eta\zeta$,其单位正交基,即固连基为 $\boldsymbol{e}=(\boldsymbol{e}_1\ \boldsymbol{e}_2\ \boldsymbol{e}_3)^{\mathrm{T}}$(图 7.7)。刚体在参考空间的位置变化可由固连基 $\boldsymbol{e}$ 相对于固定基 $\boldsymbol{i}$ 的位置变化来描述。设在运动初始瞬时 $\boldsymbol{e}$ 与 $\boldsymbol{i}$ 重合,在任意瞬时 $\boldsymbol{e}$ 的位置可由它相对于 $\boldsymbol{i}$ 的**方向余弦矩阵** $\boldsymbol{Q}=(Q_{ij})$ 来确定,其中

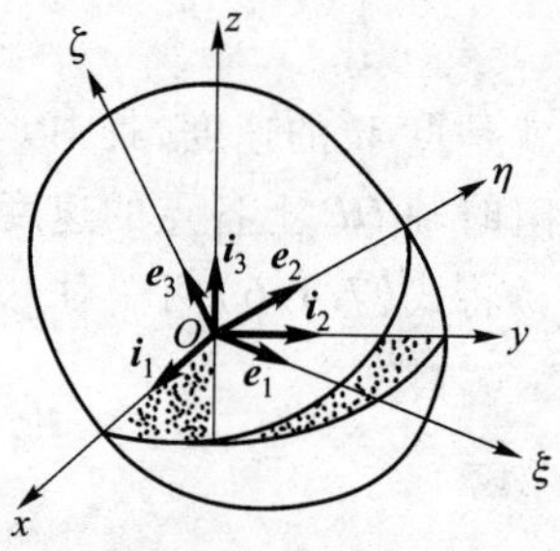

图 7.7

$$Q_{ij}=\boldsymbol{e}_i\cdot\boldsymbol{i}_j\quad(i,j=1,2,3)\tag{7.2.1}$$

于是

$$\boldsymbol{Q}=\boldsymbol{Q}(t)\tag{7.2.2}$$

描述了刚体定点运动的运动规律。式(7.2.2)就是用方向余弦矩阵表示的刚体定点运动的运动方程。

由线性代数知,$\boldsymbol{Q}$ 是正交矩阵,即

$$\boldsymbol{Q}\boldsymbol{Q}^{\mathrm{T}}=\boldsymbol{I}\tag{7.2.3}$$

其中 $\boldsymbol{I}$ 为 3×3 单位矩阵。显然,$\boldsymbol{Q}\boldsymbol{Q}^{\mathrm{T}}$ 是对称矩阵,由此可知,式(7.2.3)所表示的 9 个代数方程中仅有 6 个是独立的。这就是说,9 个元素 $Q_{ij}(i,j=1,2,3)$ 之间需满足式(7.2.3)所给出的 6 个独立方程,因此,正交矩阵 $\boldsymbol{Q}$ 中仅有 3 个元素是独立的,这表明自由的定点运动刚体有 3 个自由度。因此,只需给出 $\boldsymbol{Q}$ 中 3 个独立元素的变化规律,就可借助式(7.2.3)将 $\boldsymbol{Q}$ 中其他 6 个元素表示出来,然后通过运动方程式(7.2.2)就可求得运动学量。

7.2.2 刚体的角速度

已知刚体的运动方程式(7.2.2),下面通过求点的速度的方法来求角速度与 $\boldsymbol{Q}$ 和 $\dot{\boldsymbol{Q}}$ 的关系。

取定点运动刚体上任一点 M,它对定点 O 的矢径为 $\boldsymbol{r}$,在固定坐标系 $Oxyz$ 中的坐标为 $\boldsymbol{x}^i=(x_1^i\quad x_2^i\quad x_3^i)^{\mathrm{T}}$,在固连坐标系 $O\xi\eta\zeta$ 中的坐标为 $\boldsymbol{x}^e=(x_1^e\quad x_2^e\quad x_3^e)^{\mathrm{T}}$。固连基 $\boldsymbol{e}$ 与固定基 $\boldsymbol{i}$ 之间有关系

$$\boldsymbol{e}=\boldsymbol{Q}\boldsymbol{i}\tag{7.2.4}$$

或者

$$\boldsymbol{i} = \boldsymbol{Q}^{\mathrm{T}}\boldsymbol{e} \tag{7.2.5}$$

于是 $\boldsymbol{r}$ 可表为

$$\boldsymbol{r} = (\boldsymbol{x}^{e})^{\mathrm{T}}\boldsymbol{e} \tag{7.2.6}$$

或者

$$\boldsymbol{r} = (\boldsymbol{x}^{e})^{\mathrm{T}}\boldsymbol{Q}\boldsymbol{i} \tag{7.2.7}$$

将式(7.2.7)对 t 求导数，注意到$(\boldsymbol{x}^{e})^{\mathrm{T}}$ 是常列阵，得

$$\boldsymbol{v} = (\boldsymbol{x}^{e})^{\mathrm{T}}\dot{\boldsymbol{Q}}\boldsymbol{i} \tag{7.2.8}$$

其中

$$\dot{\boldsymbol{Q}} = \frac{\mathrm{d}}{\mathrm{d}t}\boldsymbol{Q}$$

表示对矩阵 $\boldsymbol{Q}$ 中的每一个元素求导。将式(7.2.5)代入式(7.2.8)，得

$$\boldsymbol{v} = (\boldsymbol{x}^{e})^{\mathrm{T}}\dot{\boldsymbol{Q}}\boldsymbol{Q}^{\mathrm{T}}\boldsymbol{e} \tag{7.2.9}$$

将式(7.2.3)两端对 t 求导数，得

$$\dot{\boldsymbol{Q}}\boldsymbol{Q}^{\mathrm{T}} + \boldsymbol{Q}\dot{\boldsymbol{Q}}^{\mathrm{T}} = \boldsymbol{0}$$

即

$$(\dot{\boldsymbol{Q}}\boldsymbol{Q}^{\mathrm{T}}) + (\dot{\boldsymbol{Q}}Q^{\mathrm{T}})^{\mathrm{T}} = \boldsymbol{0}$$

这表明，矩阵 $\boldsymbol{C} = \dot{\boldsymbol{Q}}\boldsymbol{Q}^{\mathrm{T}}$ 是一反对称矩阵，其对角线上元素 $C_{ii} = 0(i = 1,2,3)$，非对角线上元素 $C_{ij} = -C_{ji}(i \neq j)$。将此矩阵记作

$$\tilde{\boldsymbol{\omega}} = \begin{pmatrix} 0 & \omega_3 & -\omega_2 \\ -\omega_3 & 0 & \omega_1 \\ \omega_2 & -\omega_1 & 0 \end{pmatrix} \tag{7.2.10}$$

其中

$$\omega_1 = \sum_{i=1}^{3} \dot{Q}_{2i}Q_{3i}$$

$$\omega_2 = \sum_{i=1}^{3} \dot{Q}_{3i}Q_{1i}$$

$$\omega_3 = \sum_{i=1}^{3} \dot{Q}_{1i}Q_{2i}$$

因此，式(7.2.9)可写成

$$v = (x_1^e\ x_2^e\ x_3^e)\begin{pmatrix} 0 & \omega_3 & -\omega_2 \\ -\omega_3 & 0 & \omega_1 \\ \omega_2 & -\omega_1 & 0 \end{pmatrix}\begin{pmatrix} e_1 \\ e_2 \\ e_3 \end{pmatrix}$$

$$= (\omega_2 x_3^e - \omega_3 x_2^e)e_1 + (\omega_3 x_1^e - \omega_1 x_3^e)e_2 + (\omega_1 x_2^e - \omega_2 x_1^e)e_3 \tag{7.2.11}$$

引进一个新矢量 $\boldsymbol{\omega}$，它在固连坐标系 $O\xi\eta\zeta$ 三轴上投影为 $\omega_1,\omega_2,\omega_3$，于是 $\boldsymbol{\omega}$ 可表示为

$$\boldsymbol{\omega} = \omega_1 \boldsymbol{e}_1 + \omega_2 \boldsymbol{e}_2 + \omega_3 \boldsymbol{e}_3$$

$$= (\omega_1\ \omega_2\ \omega_3)(\boldsymbol{e}_1\ \boldsymbol{e}_2\ \boldsymbol{e}_3)^{\mathrm{T}} \tag{7.2.12}$$

而 $\boldsymbol{\omega}\times\boldsymbol{r}$ 与式(7.2.11)相同，因此有

$$\boldsymbol{v} = \boldsymbol{\omega}\times\boldsymbol{r} \tag{7.2.13}$$

它与式(7.1.6)相同。这说明，式(7.2.12)所定义的矢量 $\boldsymbol{\omega}$ 正是刚体作瞬时转动时的角速度。因此，可将矩阵 $\tilde{\boldsymbol{\omega}}$ 称为定点运动刚体的角速度矩阵。

注意到，角速度这个物理量不满足物理公式的不变性条件。

7.3 刚体定点运动的欧拉角描述法

7.3.1 欧拉角及其运动方程

欧拉提出用 3 个独立的角速度来描述刚体的定点运动。取两个右手直角坐标系：固定系 $Oxyz$ 和固连系 $O\xi\eta\zeta$（图 7.8）。平面 Oxy 与平面 $O\xi\eta$ 的交线 ON 称为节线，将其取为一根有方向的直线，其正向单位矢量为 $\boldsymbol{n}^\circ$。从轴 Ox 到节线 ON 的夹角 ψ 称为**进动角**；从轴 Oz 到轴 $O\zeta$ 的夹角 θ 称为**章动角**；从节线 ON 到轴 $O\xi$ 的夹角 φ 称为**自转角**。这 3 个角称为**欧拉角**。

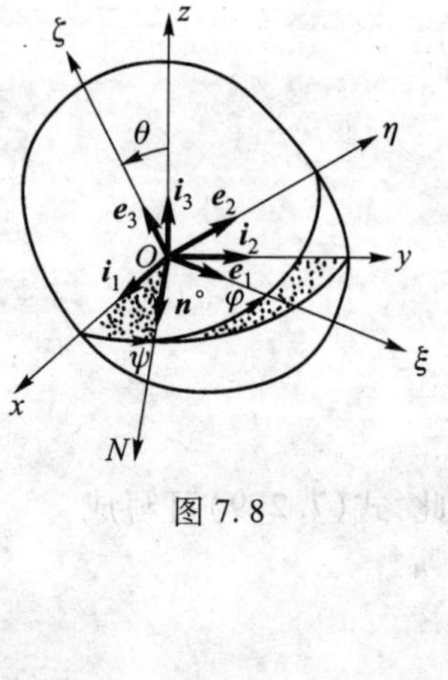

图 7.8

用欧拉角可以确定固连基 $\boldsymbol{e}$ 相对于固定基 $\boldsymbol{i}$ 的位置，也就确定了定点运动刚体在参考空间中的位置。设运动初始瞬时，固连基 $\boldsymbol{e}$ 与固定基 $\boldsymbol{i}$

重合，在任意瞬时刚体所到达的位置，即 $\boldsymbol{e}$ 的位置（图 7.8），可由固连基在初始瞬时的位置作连续三次转动来实现。第一次转动是固连基从与 $\boldsymbol{i}$ 重合的位置绕轴 Oz 转动角 ψ 到达位置 $\boldsymbol{e}_1=(\boldsymbol{e}_1^1\ \boldsymbol{e}_2^1\ \boldsymbol{e}_3^1)^{\mathrm{T}}$，且 $\boldsymbol{e}_1^1=\boldsymbol{n}^\circ$（图 7.9a）；第二次转动是固连基从 $\boldsymbol{e}_1$ 所在位置绕轴 ON 转动角 θ 到达位置 $\boldsymbol{e}_2=(\boldsymbol{e}_1^2\ \boldsymbol{e}_2^2\ \boldsymbol{e}_3^2)^{\mathrm{T}}$，且 $\boldsymbol{e}_3^2=\boldsymbol{e}_3$，$\boldsymbol{e}_1^2=\boldsymbol{n}^\circ$（图 7.9b）；第三次转动是固连基从 $\boldsymbol{e}_2$ 所在位置绕轴 $O\zeta$ 转动角 φ 到达位置 $\boldsymbol{e}$（图 7.9c）。

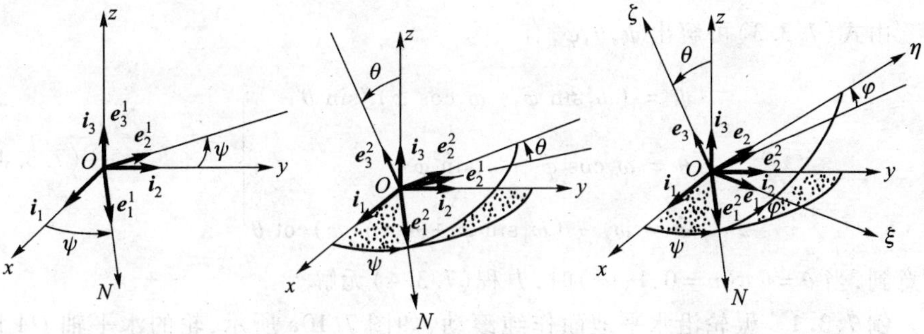

(a) (b) (c)

图 7.9

这样，3 个欧拉角可以唯一确定定点运动刚体在空间中的位置。当刚体转动时，角 ψ,θ,φ 是时间的函数，即

$$\psi=\psi(t),\quad \theta=\theta(t),\quad \varphi=\varphi(t) \tag{7.3.1}$$

7.3.2 欧拉运动学方程

引入欧拉角后，刚体的定点运动可分解为同时绕三根轴 $Oz,ON,O\zeta$ 的转动。刚体绕轴 Oz 转动的角速度为进动角速度，记作 $\boldsymbol{\omega}_z$，有 $\boldsymbol{\omega}_z=\dot{\psi}\boldsymbol{i}_3$；刚体绕轴 ON 转动的角速度为章动角速度，记作 $\boldsymbol{\omega}_N=\dot{\theta}\boldsymbol{n}^\circ$；刚体绕轴 $O\zeta$ 转动的角速度为自转角速度，记作 $\boldsymbol{\omega}_\zeta$，有 $\boldsymbol{\omega}_\zeta=\dot{\varphi}\boldsymbol{e}_3$。由角速度合成定理式（7.1.3）知，定点运动刚体的角速度 $\boldsymbol{\omega}$ 为

$$\begin{aligned}\boldsymbol{\omega}&=\boldsymbol{\omega}_z+\boldsymbol{\omega}_N+\boldsymbol{\omega}_\zeta\\&=\dot{\psi}\boldsymbol{i}_3+\dot{\theta}\boldsymbol{n}^\circ+\dot{\varphi}\boldsymbol{e}_3\end{aligned} \tag{7.3.2}$$

由此可得到角速度 $\boldsymbol{\omega}$ 在固连基 $\boldsymbol{e}$ 上的投影 $\omega_1,\omega_2,\omega_3$ 与欧拉角及其导数的关系

$$\left.\begin{aligned}\omega_1 &= \dot{\psi}\sin\theta\sin\varphi + \dot{\theta}\cos\varphi \\ \omega_2 &= \dot{\psi}\sin\theta\cos\varphi - \dot{\theta}\sin\varphi \\ \omega_3 &= \dot{\psi}\cos\theta + \dot{\varphi}\end{aligned}\right\} \tag{7.3.3}$$

这就是著名的**欧拉运动学方程**,它们与欧拉动力学方程一起可解定点运动刚体的动力学问题。

由式(7.3.3)可解出 $\dot{\psi},\dot{\theta},\dot{\varphi}$,有

$$\left.\begin{aligned}\dot{\psi} &= (\omega_1\sin\varphi + \omega_2\cos\varphi)/\sin\theta \\ \dot{\theta} &= \omega_1\cos\varphi - \omega_2\sin\varphi \\ \dot{\varphi} &= \omega_3 - (\omega_1\sin\varphi + \omega_2\cos\varphi)\cot\theta\end{aligned}\right\} \tag{7.3.4}$$

注意到,当 $\theta = n\pi(n = 0,1,\cdots)$ 时,方程(7.3.4)无解。

例 7.3.1 碾轮沿水平地面作纯滚动,如图 7.10a 所示,轮的水平轴 OA 以匀角速度 ω_0 绕铅垂轴 OB 转动。设 $OA = l, CA = AM = OB = R$,不论轮缘厚度,试求轮缘最高点 M 的速度和加速度。

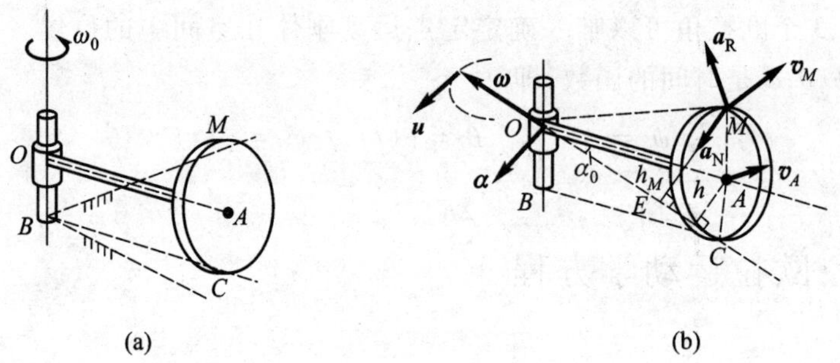

图 7.10

解: 求点 M 的速度和加速度关键在于求出碾轮的瞬时角速度和角加速度。轴 OA 作定轴转动,碾轮绕点 O 作定点运动。首先,求碾轮的角速度和角加速度。点 A 为定轴转动杆 OA 上的点,有

$$v_A = OA\omega_0 = l\omega_0$$

方向如图 7.10b 所示。对于碾轮,瞬时轴为 OC,因此,点 A 的速度又可表示为

$$v_A = h\omega = \omega l\sin\alpha_0$$

于是有

$$\omega = \frac{\omega_0}{\sin \alpha_0}$$

其方向由图 7.10b 所示。

当碾轮运动时,其角速度 $\boldsymbol{\omega}$ 的大小不变,且 $\boldsymbol{\omega}$ 绕铅垂轴 OB 以匀角速度 ω_0 转动,因此,$\boldsymbol{\omega}$ 矢端作匀速圆周运动,其矢端速度 $\boldsymbol{u}$ 即为角加速度 $\boldsymbol{\alpha}$,其大小为

$$|\boldsymbol{\alpha}| = |\boldsymbol{u}| = |\boldsymbol{\omega}|\omega_0\cos\alpha_0 = \omega_0^2\cot\alpha_0$$

其方向为 $\boldsymbol{\omega}$ 矢端图的切线方向,如图 7.10b 所示。

其次,求点 M 的速度和加速度。式(7.1.6)给出

$$\boldsymbol{v}_M = \boldsymbol{\omega} \times \boldsymbol{r}_M$$

其大小

$$v_M = ME\omega = \frac{R}{\sin\alpha_0}\omega\sin 2\alpha_0 = 2l\omega_0$$

方向与平面 OMC 垂直,指向如图 7.10b 所示。点 M 转动加速度大小为

$$|\boldsymbol{a}_{\mathrm{R}}| = |\boldsymbol{\alpha} \times \boldsymbol{r}_M| = \omega_0^2\cot\alpha_0\frac{R}{\sin\alpha_0} = \frac{l\omega_0^2}{\sin\alpha_0}$$

方向垂直于 $\boldsymbol{\alpha}$ 和 $\overrightarrow{OM}$ 组成的平面,指向如图 7.10b 所示。点 M 向轴加速度 $\boldsymbol{a}_{\mathrm{N}}$ 的大小为

$$|\boldsymbol{a}_{\mathrm{N}}| = ME\omega^2 = 2R\cos\alpha_0\frac{\omega_0^2}{\sin^2\alpha_0} = \frac{2l\omega_0^2}{\sin\alpha_0}$$

方向垂直于轴 OC 并指向轴 OC。

本题也可用角速度合成定理或角速度矩阵方法求解。

例 7.3.2　刚体定点运动时,如果 $\omega_z = \dot{\psi} =$ 常数,$\omega_\zeta = \dot{\varphi} =$ 常数,章动角 $\theta =$ 常数。这种定点运动称为规则进动(图 7.11)。陀螺以等角速度 ω' 绕轴 OB 转动,而轴 OB 又以等角速度 ω_1 绕轴 OL 转动,并且陀螺在运动过程中角 θ 保持不变。试求陀螺的角速度和角加速度。

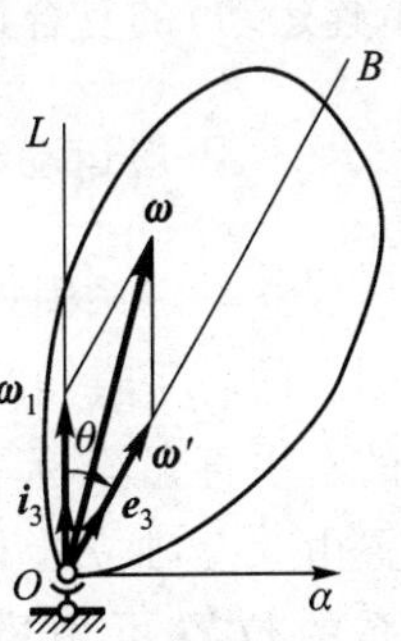

图 7.11

解: 陀螺作定点运动。利用式(7.3.2),得到陀螺的角速度为

$$\begin{aligned}\boldsymbol{\omega} &= \boldsymbol{\omega}_z + \boldsymbol{\omega}_N + \boldsymbol{\omega}_\zeta \\ &= \dot{\psi}\boldsymbol{i}_3 + \dot{\theta}\boldsymbol{n}^\circ + \dot{\varphi}\boldsymbol{e}_3 \\ &= \omega_1\boldsymbol{i}_3 + \omega'\boldsymbol{e}_3 \\ &= \boldsymbol{\omega}_1 + \boldsymbol{\omega}'\end{aligned}$$

角加速度为

$$\boldsymbol{\alpha} = \frac{\mathrm{d}\boldsymbol{\omega}}{\mathrm{d}t} = \omega'\frac{\mathrm{d}\boldsymbol{e}_3}{\mathrm{d}t} = \omega'(\boldsymbol{\omega}_1 \times \boldsymbol{e}_3) = \boldsymbol{\omega}_1 \times \boldsymbol{\omega}'$$

7.4　刚体的一般运动

自由刚体在空间中的运动称为刚体的一般运动。平移、定轴转动、平面运动、定点运动等各种运动形式，都是自由刚体强加约束的结果，都是刚体一般运动的特殊情形。

7.4.1　运动方程

在刚体上任取一点 O'，称为基点。选取与基点 O' 铰接的平移空间为动系，原空间为定系，于是刚体的一般运动可视为定点运动（相对运动）和空间平移（牵连运动）的复合运动，有

$$\text{一般运动} \underset{\text{合成}}{\overset{\text{分解}}{\rightleftharpoons}} \text{随基点的平移} + \text{相对于该平移系的定点运动}$$

建立与定系固连的右手直角坐标系 $Oxyz$，与动系固连的右手直角坐标系 $O'x'y'z'$，以及与刚体固连的右手直角坐标系 $O'\xi\eta\zeta$。基点 O' 在定系中的位置由 3 个独立坐标 $x_{O'}, y_{O'}, z_{O'}$ 来确定，刚体相对动系的位置可由欧拉角 ψ, θ 和 φ 来确定（图 7.12），刚体一般运动的位置可由这 6 个独立参数唯一确定。当刚体运动时，这 6 个参数是时间的连续函数

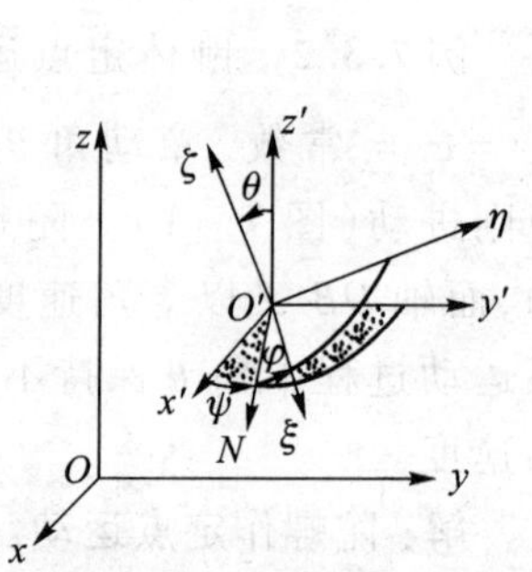

图 7.12

$$\left.\begin{aligned}x_{O'} = x_{O'}(t),\quad y_{O'} = y_{O'}(t),\quad z_{O'} = z_{O'}(t)\\ \psi = \psi(t),\quad \theta = \theta(t),\quad \varphi = \varphi(t)\end{aligned}\right\}\tag{7.4.1}$$

这就是刚体一般运动的运动方程。

7.4.2 点的速度和加速度

在刚体上任取一点 M,利用速度合成定理和加速度合成定理来研究它的速度和加速度。

速度合成定理给出点 M 的速度为

$$\boldsymbol{v} = \boldsymbol{v}_{\mathrm{e}} + \boldsymbol{v}_{\mathrm{r}}$$

其中

$$\boldsymbol{v}_{\mathrm{e}} = \boldsymbol{v}_{O'},\quad \boldsymbol{v}_{\mathrm{r}} = \boldsymbol{\omega} \times \boldsymbol{r}'$$

而 $\boldsymbol{r}'$为点 M 相对点 O'的矢径。于是有

$$\boldsymbol{v} = \boldsymbol{v}_{O'} + \boldsymbol{\omega} \times \boldsymbol{r}' \tag{7.4.2}$$

加速度合成定理给出点 M 的加速度

$$\boldsymbol{a} = \boldsymbol{a}_{\mathrm{e}} + \boldsymbol{a}_{\mathrm{r}} + \boldsymbol{a}_{\mathrm{C}}$$

因牵连运动是平移,故有

$$\boldsymbol{a}_{\mathrm{e}} = \boldsymbol{a}_{O'},\quad \boldsymbol{a}_{\mathrm{C}} = \mathbf{0}$$

而相对运动是定点运动,故有

$$\boldsymbol{a}_{\mathrm{r}} = \boldsymbol{\alpha} \times \boldsymbol{r}' + \boldsymbol{\omega} \times \boldsymbol{v}_{\mathrm{r}}$$

于是有

$$\boldsymbol{a} = \boldsymbol{a}_{O'} + \boldsymbol{\alpha} \times \boldsymbol{r}' + \boldsymbol{\omega} \times \boldsymbol{v}_{\mathrm{r}} \tag{7.4.3}$$

例 7.4.1 杆 AB 两端通过球铰与套筒 A,B 相铰接。已知套筒 A 以速度$v_A = 8\ \mathrm{m \cdot s^{-1}}$ 向上运动,设杆 AB 的角速度方向与 AB 垂直。试求图 7.13 所示瞬时杆 AB 的角速度和套筒 B 的速度。

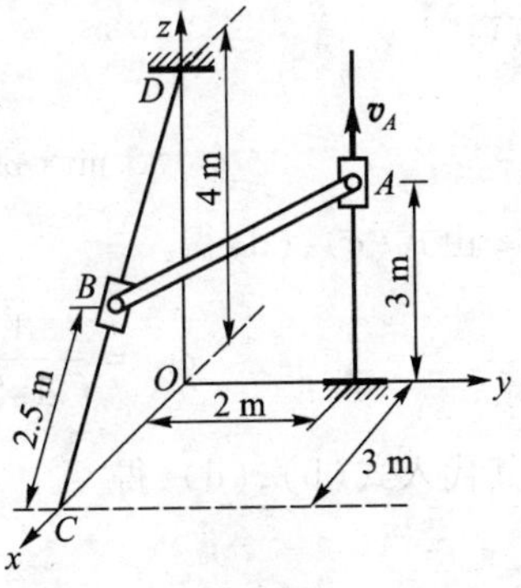

图 7.13

解: 以 A 为原点建立与 A 同规律的平移动系。研究点 B 的速度,有

$$\boldsymbol{v}_B = \boldsymbol{v}_A + \boldsymbol{\omega} \times \overrightarrow{AB} \tag{a}$$

令固定坐标系 $Oxyz$ 各轴方向单位矢量为 $\boldsymbol{i},\boldsymbol{j},\boldsymbol{k}$，则有

$$\boldsymbol{v}_A = 8\ \text{m}\cdot\text{s}^{-1}\times\boldsymbol{k}$$

点 B 的速度沿 CD，有

$$\boldsymbol{v}_B = \frac{4}{5}v_B\boldsymbol{k} - \frac{3}{5}v_B\boldsymbol{i}$$

而

$$\begin{aligned}\overrightarrow{AB} = \boldsymbol{r}_B - \boldsymbol{r}_A &= 1.5\ \text{m}\times\boldsymbol{i} + 2\ \text{m}\times\boldsymbol{k} - (2\ \text{m}\times\boldsymbol{j} + 3\ \text{m}\times\boldsymbol{k})\\ &= 1.5\ \text{m}\times\boldsymbol{i} - 2\ \text{m}\times\boldsymbol{j} - 1\ \text{m}\times\boldsymbol{k}\end{aligned}$$

令杆 AB 的角速度矢量为

$$\boldsymbol{\omega} = \omega_1\boldsymbol{i} + \omega_2\boldsymbol{j} + \omega_3\boldsymbol{k}$$

将以上各式代入式(a)，得

$$\begin{aligned}\frac{4}{5}v_B\boldsymbol{k} - \frac{3}{5}v_B\boldsymbol{i} = 8\ \text{m}\cdot\text{s}^{-1}\times\boldsymbol{k} + (\omega_1\boldsymbol{i} + \omega_2\boldsymbol{j} + \omega_3\boldsymbol{k})\times\\ (1.5\ \text{m}\times\boldsymbol{i} - 2\ \text{m}\times\boldsymbol{j} - 1\ \text{m}\times\boldsymbol{k})\end{aligned}$$

由此得到

$$-\frac{3}{5}v_B = -1\ \text{m}\times\omega_2 + 2\ \text{m}\times\omega_3 \tag{b}$$

$$0 = 1\ \text{m}\times\omega_1 + 1.5\ \text{m}\times\omega_3 \tag{c}$$

$$\frac{4}{5}v_B = 8\ \text{m}\cdot\text{s}^{-1} - 2\ \text{m}\times\omega_1 - 1.5\ \text{m}\times\omega_2 \tag{d}$$

由假设 $\boldsymbol{\omega}$ 与 $\overrightarrow{AB}$ 相垂直，有

$$\boldsymbol{\omega}\cdot\overrightarrow{AB} = 0$$

即

$$1.5\ \text{m}\times\omega_1 - 2\ \text{m}\times\omega_2 - 1\ \text{m}\times\omega_3 = 0 \tag{e}$$

由式(c)，(d)得

$$\omega_3 = -\frac{1}{1.5}\omega_1,\quad \omega_2 = \frac{1}{2}\left(\frac{1}{1.5} + 1.5\right)\omega_1$$

将其代入式(b)，(d)，得

$$v_B = \frac{72.5}{18}\ \text{m}\times\omega_1$$

$$v_B = 10 \text{ m} \cdot \text{s}^{-1} - \frac{36.25}{8} \text{ m} \times \omega_1$$

由此解得

$$\omega_1 \approx 1.17 \text{ rad} \cdot \text{s}^{-1}$$

$$v_B = 4.71 \text{ m} \cdot \text{s}^{-1}$$

进而求得

$$\omega_2 = 1.27 \text{ rad} \cdot \text{s}^{-1}, \quad \omega_3 = -0.78 \text{ rad} \cdot \text{s}^{-1}$$

小　　结

1. 刚体的定点运动

刚体的定点运动是一种基本运动，可用各种方法描述刚体的整体运动和刚体上点的速度与加速度，如矢量描述法、方向余弦矩阵法、欧拉角法，以及卡尔丹(Cardano,J.)角法、欧拉参数法等①。

角速度的方向余弦矩阵表示

$$\omega_1 = \sum_{i=1}^{3} \dot{Q}_{2i} Q_{3i}, \quad \omega_2 = \sum_{i=1}^{3} \dot{Q}_{3i} Q_{1i}, \quad \omega_3 = \sum_{i=1}^{3} \dot{Q}_{1i} Q_{2i}$$

欧拉角表示

$$\omega_1 = \dot{\psi} \sin\theta \sin\varphi + \dot{\theta} \cos\varphi$$

$$\omega_2 = \dot{\psi} \sin\theta \cos\varphi - \dot{\theta} \sin\varphi$$

$$\omega_3 = \dot{\psi} \cos\theta + \dot{\varphi}$$

角加速度

$$\boldsymbol{\alpha} = \frac{\mathrm{d}\boldsymbol{\omega}}{\mathrm{d}t}$$

刚体绕相交轴转动的合成，角速度

$$\boldsymbol{\omega}_{\mathrm{a}} = \boldsymbol{\omega}_{\mathrm{e}} + \boldsymbol{\omega}_{\mathrm{r}}$$

规则进动时的角加速度

$$\boldsymbol{\alpha} = \boldsymbol{\omega}_{\mathrm{e}} \times \boldsymbol{\omega}_{\mathrm{r}}$$

---

① 参见：刘延柱．高等动力学．北京：高等教育出版社，2001。

定点运动刚体上点的速度分布

$$\boldsymbol{v} = \boldsymbol{\omega} \times \boldsymbol{r}$$

加速度分布

$$\boldsymbol{a} = \boldsymbol{a}_{\mathrm{R}} + \boldsymbol{a}_{\mathrm{N}}$$

其中

$$\boldsymbol{a}_{\mathrm{R}} = \boldsymbol{\alpha} \times \boldsymbol{r}, \quad \boldsymbol{a}_{\mathrm{N}} = \boldsymbol{\omega} \times (\boldsymbol{\omega} \times \boldsymbol{r})$$

分别称为转动加速度和向轴加速度。

2. 刚体的一般运动

刚体的一般运动分解为随基点的平移和绕基点的定点运动。

刚体上点的速度为

$$\boldsymbol{v} = \boldsymbol{v}_{O'} + \boldsymbol{\omega} \times \boldsymbol{r}'$$

加速度为

$$\boldsymbol{a} = \boldsymbol{a}_{O'} + \boldsymbol{\alpha} \times \boldsymbol{r}' + \boldsymbol{\omega} \times (\boldsymbol{\omega} \times \boldsymbol{r}')$$

习 题

7.1 图示电风扇仰角为30°,支架以 $\omega_1 = 0.8\ \mathrm{rad \cdot s^{-1}}$ 的匀角速度绕铅垂轴转动,叶片以 $\omega_2 = 16\ \mathrm{rad \cdot s^{-1}}$ 的匀角速度自转,试求叶片相对地球的角速度和角加速度。

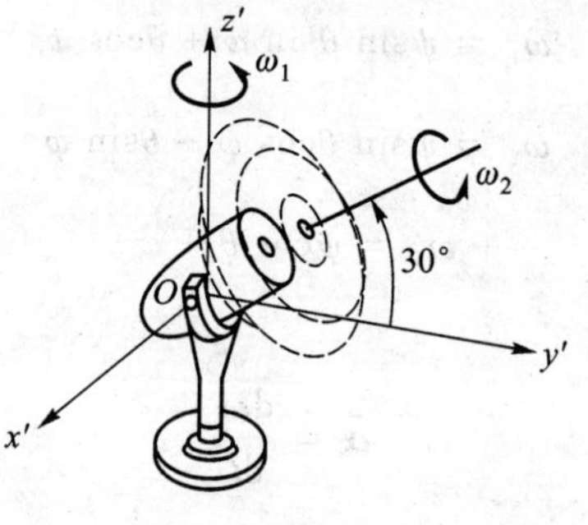

题 7.1 图

7.2 图示圆锥,底半径为 r,高为 h,在一水平地面上滚动而不滑动。底圆圆心 B 以等速率 v 运动,试求圆锥体上最高点 D 的速度和加速度。

7.3 图示正方形框架边长为 a,以匀角速度 ω_1 绕轴 AB 转动。半径 $R = \frac{\sqrt{2}}{4}a$ 的圆盘以相对于框架的匀角速度 $\omega_2 = \sqrt{2}\omega_1$ 绕轴 BC 转动。试求圆盘边缘上一点 M 的绝对加速度,点

M 在该瞬时恰好在对角线 AD 上。

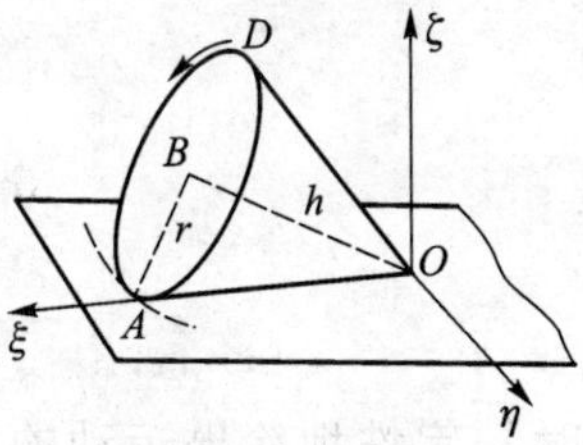

题 7.2 图

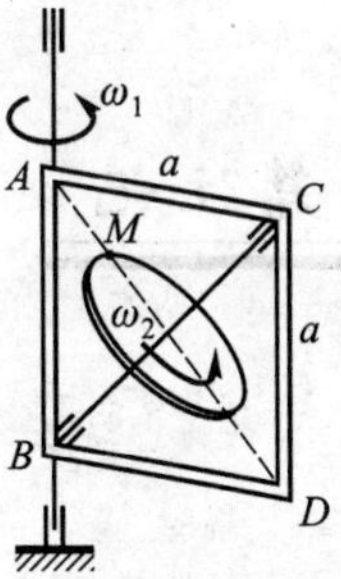

题 7.3 图

7.4　刚体作定点运动，试用欧拉角表示方向余弦矩阵。

7.5　图示立方体每边长为 a，点 A 的速度大小为 $a\omega_0$，方向沿 AG；点 B 的速度大小为 $\sqrt{2}a\omega_0$，方向沿 BE；点 C 的速度大小为 $\sqrt{2}a\omega_0$，方向平行于 DF，ω_0 是常量。试求立方体的角速度和点 D 的速度。

7.6　飞机质心 C 作匀速直线运动，若在该点铰接一平移坐标系如图所示。已知飞机相对于此平移坐标系的角速度为：翻滚 $\omega_{x'}=0.5\ \mathrm{rad\cdot s^{-1}}$，倾斜 $\omega_{y'}=-0.3\ \mathrm{rad\cdot s^{-1}}$，偏航 $\omega_{z'}=0.1\ \mathrm{rad\cdot s^{-1}}$。今有一旅客从点 C 之后 30 m，高于点 C 为 2 m 处，以相对于机身不变的速度 $v_1=1\ \mathrm{m\cdot s^{-1}}$ 沿与轴 Cx' 相反的方向走向机尾，试求此瞬时旅客的加速度。

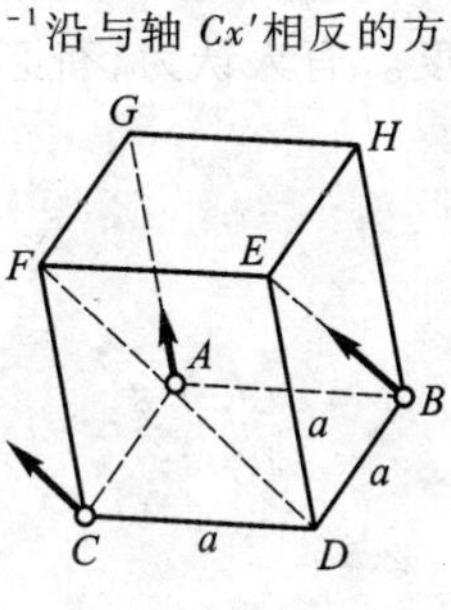

题 7.5 图

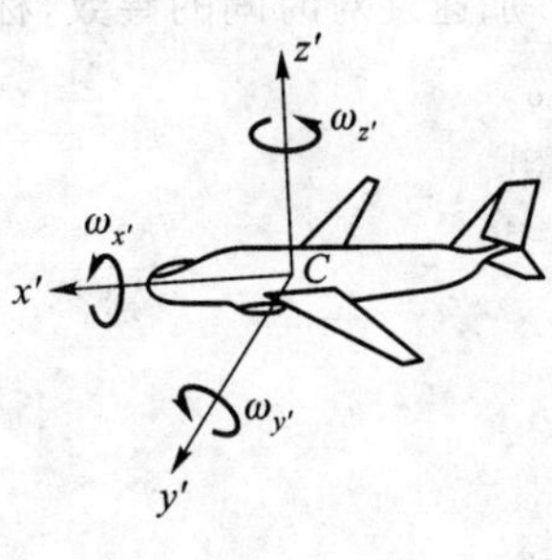

题 7.6 图

第二篇注记

1.《庄子》有“镞矢之疾，而有不行不止之时”，定性地给出运动的主要特征。自然辩证法提出“只有微分学才使自然科学有可能用数学来不仅仅表明状态，并且也表明过程：运动”。伽利略(Galilei，G.，1564—1642)研究过变速运动，初步有了加速度的概念。牛顿在归纳行星的运动规律时，进一步研究了变加速度的情况，也正是在这种研究中，牛顿创立了微分学。点的运动学在牛顿和莱布尼兹(Leibniz，G.W.，1646—1716)那个时期，基本上已经完备了。其后，欧拉(Euler，L.，1707—1783)发展了刚体的运动学(1765)。再后，潘索(Poinsot，L.，1777—1859)给出了刚体运动的几何图像。19世纪，人们采用矢量表示方法，后来引进了矩阵和张量的表示方法。①

2. 加速度对时间的导数，称为Jerk，即加加速度。有人认为，有必要对它进行研究。

① 摘自：朱照宣，周起钊，殷金生．理论力学：上册．北京：北京大学出版社，1982。

3

第三篇　动力学

静力学只研究力而不研究运动，运动学只研究运动而不研究力。动力学通过研究物体机械运动与物体受力之间的关系，从而建立物体机械运动的一般规律。动力学的研究对象是质点、质点系、刚体和刚体系，动力学的理论基础是牛顿三定律。

本篇包括第 8 章至第 12 章。第 8 章质点动力学和第 9 章质点系动力学属于牛顿的矢量力学。第 11 章分析静力学和第 12 章分析动力学属于拉格朗日的分析力学。牛顿力学是经典力学发展的第一个阶段，拉格朗日力学是经典力学发展的第二个阶段。第 10 章达朗贝尔原理和动静法，从理论体系上说是由牛顿力学到拉格朗日力学的一个过渡，当然，动静法本身也是处理动力学问题的一种有效方法。

第 8 章 质点动力学

本章介绍质点动力学,包括牛顿关于运动规律的三定律、质点的运动微分方程,质点动力学的两类问题、质点相对运动动力学的基本方程、单自由度系统的振动,以及有心力运动等。

8.1 动力学基本定律

牛顿关于运动规律的三定律是力学的物理基础,是整个动力学的基础。

第一定律(惯性定律) **如果质点不受力的作用,则将保持其运动状态不变,即保持静止或匀速直线运动。**

第二定律(力与加速度之间关系的定律) **质点的质量与其加速度的乘积等于作用在质点上的力,即**

$$m\boldsymbol{a} = \boldsymbol{F} \tag{8.1.1}$$

第三定律(作用与反作用定律) **两物体间的作用力与反作用力总是大小相等,方向相反,沿着同一直线并且分别作用在两个物体上。**

第一定律为整个力学系统选定了一类特殊的参考系——惯性参考系。在第一定律中所指的不受力,应该理解为质点受到一个平衡力系的作用,即合力为零。第二定律指出了不平衡力系的作用是质点运动状态发生改变的原因。式(8.1.1)给出质点的运动速度的变化率,即加速度,与其质量、所受力之间的定量关系。如果质点同时受到几个力的作用,则质点的加速度等于各力单独作用时所产生的加速度的矢量之和。这就是力的独立作用原理。根据力的独立作用原理,牛顿第二定律可写成

$$m\boldsymbol{a} = \sum_{i=1}^{n} \boldsymbol{F}_i \tag{8.1.2}$$

即质点的质量与加速度的乘积等于作用于质点上的各力的矢量和。

牛顿第二定律表明,质点的加速度不仅取决于作用在质点上的力,而且还与质量成反比。对于相同的力,质量大的质点加速度就小;反之,质量小的质点加速度就大。这就是说,质点的质量越大,其运动状态就越不容易改变,即力图保持其原有运动状态的能力就越大,或者说它的惯性就越大。因此,**质量是质点惯性的度量**。对非惯性系,牛顿第二定律不再适用。

假设质点的重量为 P,由物理学得知,它在重力场中作自由落体运动时,其加速度为重力加速度 $\boldsymbol{g}$。由牛顿第二定律得

$$mg = P$$

即

$$m = \frac{P}{g} \tag{8.1.3}$$

如果能够测得质点的重量和重力加速度的量值,就可根据式(8.1.3)求得质点的质量。比较精确的实测表明,在地面上各处的重力加速度并不相同,它与当地的纬度和高度有关。例如,在赤道海平面处,$g = 9.78\ \text{m}\cdot\text{s}^{-2}$;在南北极处,$g = 9.83\ \text{m}\cdot\text{s}^{-2}$。根据国际计量标准,重力加速度的数值取为 $g = 9.806\ 65\ \text{m}\cdot\text{s}^{-2}$,一般取为 $g = 9.80\ \text{m}\cdot\text{s}^{-2}$。

在国际单位制中,质量单位为 kg(千克);加速度单位为 $\text{m}\cdot\text{s}^{-2}$(米·秒$^{-2}$);力的单位为 $\text{kg}\cdot\text{m}\cdot\text{s}^{-2}$(千克·米·秒$^{-2}$),又称 N(牛),即 $1\ \text{N} = 1\ \text{kg}\cdot\text{m}\cdot\text{s}^{-2}$。

牛顿第三定律是静力学中提及的定律,它在动力学中仍然是分析两个物体之间相互作用关系的依据,在揭示质点动力学和质点系动力学之间内在联系上起着不可缺少的作用。第三定律与参考系的选取无关。

牛顿运动三定律是在观察大量的力学现象后总结出来的规律。这些规律以及由这些规律推演出来的各种原理、定理在被用来解释诸多复杂的力学现象时,又证明了它的正确性。

8.2 质点的运动微分方程

牛顿第二定律(8.1.2)可表示为

$$m\frac{\mathrm{d}^2\boldsymbol{r}}{\mathrm{d}t^2}=\sum_{i=1}^{n}\boldsymbol{F}_i \tag{8.2.1}$$

其中 $\boldsymbol{r}$ 为质点的矢径。式(8.2.1)称为**质点的运动微分方程**。

由运动学知,点的加速度可以根据不同的坐标系写成各种投影形式,因此,矢量形式的方程(8.2.1)可以表示为直角坐标形式、自然坐标形式、极坐标形式等。

8.2.1　质点运动微分方程的直角坐标形式

设质点相对于惯性直角坐标系 $Oxyz$ 的运动方程表示为

$$x=x(t),\quad y=y(t),\quad z=z(t)$$

将式(8.2.1)两端分别向各坐标轴投影,得到

$$\left.\begin{aligned}m\frac{\mathrm{d}^2x}{\mathrm{d}t^2}&=\sum_{i=1}^{n}F_{ix}\\m\frac{\mathrm{d}^2y}{\mathrm{d}t^2}&=\sum_{i=1}^{n}F_{iy}\\m\frac{\mathrm{d}^2z}{\mathrm{d}t^2}&=\sum_{i=1}^{n}F_{iz}\end{aligned}\right\} \tag{8.2.2}$$

或表示为

$$m\ddot{x}=\sum_{i=1}^{n}F_{ix},\quad m\ddot{y}=\sum_{i=1}^{n}F_{iy},\quad m\ddot{z}=\sum_{i=1}^{n}F_{iz} \tag{8.2.3}$$

其中 F_{ix},F_{iy},F_{iz} 为力 $\boldsymbol{F}_i$ 在 3 个坐标轴上的投影。式(8.2.2)或式(8.2.3)称为质点运动微分方程的直角坐标形式。

8.2.2　质点运动微分方程的自然轴形式

设质点的运动轨迹已知,由运动学知,质点的运动方程可用弧坐标 s 表示

$$s=s(t)$$

此时点的加速度在自然轴上的投影表示为

$$a_{\mathrm{t}}=\ddot{s}$$

$$a_n = \frac{1}{\rho}v^2 = \frac{1}{\rho}\dot{s}^2$$

$$a_b = 0$$

因此,将式(8.2.1)两端分别向自然轴系的三正交轴投影,得

$$\left.\begin{aligned} m\ddot{s} &= \sum_{i=1}^{n} F_{it} \\ m\frac{v^2}{\rho} &= \sum_{i=1}^{n} F_{in} \\ 0 &= \sum_{i=1}^{n} F_{ib} \end{aligned}\right\} \qquad (8.2.4)$$

其中 F_{it}, F_{in}, F_{ib} 分别为力 $\boldsymbol{F}_i$ 在运动轨迹该点处的切线、主法线和副法线 $\boldsymbol{t}, \boldsymbol{n}, \boldsymbol{b}$ 上的投影。式(8.2.4)称为质点运动微分方程在自然轴系上的投影式。

8.2.3 质点运动微分方程的极坐标形式

由运动学知,点的加速度在极坐标(ρ,φ)中表示为

$$a_\rho = \ddot{\rho} - \rho\dot{\varphi}^2, \quad a_\varphi = \frac{1}{\rho}\frac{\mathrm{d}}{\mathrm{d}t}(\rho^2\dot{\varphi})$$

它们分别称为径向加速度和横向加速度。质点运动微分方程的极坐标形式为

$$m(\ddot{\rho} - \rho\dot{\varphi}^2) = \sum_{i=1}^{n} F_{i\rho}, \quad m\frac{1}{\rho}\frac{\mathrm{d}}{\mathrm{d}t}(\rho^2\dot{\varphi}) = \sum_{i=1}^{n} F_{i\varphi} \qquad (8.2.5)$$

其中 $F_{i\rho}$ 和 $F_{i\varphi}$ 分别为力 $\boldsymbol{F}_i$ 在径向和横向的投影。

8.3 质点动力学的两类基本问题

利用质点运动微分方程可求解**质点动力学的两类问题**。

第一类问题是,已知质点的运动,求作用在质点上的力。第二类问题是,已知作用在质点上的力求质点的运动。

在第一类问题中,如果已知运动方程 $\boldsymbol{r} = \boldsymbol{r}(t)$,可将其对时间求两次导数,得

到 $\ddot{\boldsymbol{r}}$，将其代入方程(8.2.1)，得到 $\sum_{i=1}^{n}\boldsymbol{F}_i$，即作用在质点上的合力。如果作用在质点上的力仅有一个，则可求得这个力。如果有多个力，还不能求出全部力。如果已知质点的速度 $\boldsymbol{v}=\boldsymbol{v}(t)$，可将其对时间求一次导数，得 $\dot{\boldsymbol{v}}=\ddot{\boldsymbol{r}}$，再代入方程(8.2.1)而得到 $\sum_{i=1}^{n}\boldsymbol{F}_i$。如果已知质点的加速度 $\boldsymbol{a}=\ddot{\boldsymbol{r}}$，那么将其直接代入方程(8.2.1)可求出 $\sum_{i=1}^{n}\boldsymbol{F}_i$。因此，质点动力学第一类问题的求解，从数学上说是求导数的问题，是解代数方程的问题。质点动力学第一类问题思想的进一步发展成为所谓动力学逆问题。动力学逆问题的一般提法还是 20 世纪六七十年代才有的。动力学逆问题的提法和解法将在后面专题的第 17 章中做详细讨论。

在第二类问题中，如果要求的是加速度，那么问题归结为求解代数方程；如果要求的是质点的速度或运动方程，那么问题归结为求解微分方程。这时不仅需要进行积分，而且还要确定积分常数。确定积分常数的问题比较简单，通常由已知的运动初始条件，即运动开始时的位置和速度来确定。微分方程的积分问题比较困难，在力仅是时间，或仅是坐标，或仅是速度的函数时，积分问题往往可以得到一个精确解。但在许多情况下，积分问题会遇到很大困难，而得不到精确解。特别是当微分方程为非线性时，还可能出现对初始条件有敏感依赖性的混沌解。

此外，质点动力学的很多实际问题是属于以上两类基本问题的综合问题。例如，在非自由质点动力学问题中，一方面要求主动力作用下的运动规律，另一方面还要求质点在这种运动情况下所受到的未知约束力。

例 8.3.1　蹦极跳者重 888.9 N，弹性带原长为 18.3 m，刚度系数为 $k=0.204\ \mathrm{N\cdot mm^{-1}}$。当运动员从距河 39.6 m 高的桥上跳下，弹性带拉力使其减速为零时，试求运动员距河面的高度，以及弹性带作用于运动员的最大拉力(图 8.1)。

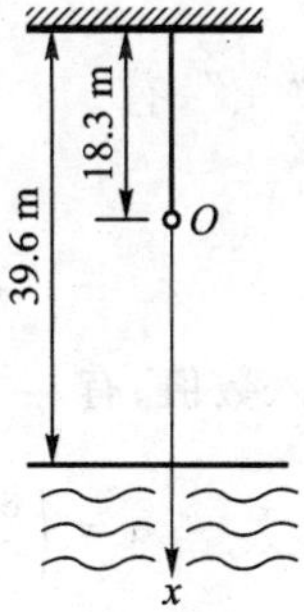

图 8.1

解：以跳至弹性带拉紧时的位置为坐标原点 O，Ox 向下，建立坐标系。对运动员作受力分析，列写运动微分方程，有

$$m\ddot{x}=mg-kx$$

即

$$\ddot{x}+\frac{k}{m}x=g \tag{a}$$

变换为

$$\dot{x}\frac{d\dot{x}}{dx} = g - \frac{k}{m}x$$

积分得

$$\frac{1}{2}(\dot{x}^2 - \dot{x}_0^2) = gx - \frac{1}{2}\frac{k}{m}x^2 \tag{b}$$

其中 $\dot{x}_0$ 是弹性带拉紧时运动员的速度，有

$$\dot{x}_0 = \sqrt{2gh} \tag{c}$$

而

$$h = 18.3 \text{ m}$$

当运动员速度变为零时，由式(b)得

$$\frac{1}{2}\frac{k}{m}x^2 - gx - \frac{1}{2}\dot{x}_0^2 = 0$$

将式(c)代入上式，得

$$\frac{1}{2}\frac{k}{m}x^2 - gx - gh = 0$$

由此解出

$$x = \frac{g \pm \sqrt{g^2 + 2\frac{k}{m}gh}}{\frac{k}{m}}$$

取"+"，有

$$x = \frac{mg}{k} + \frac{m}{k}\sqrt{g^2 + 2\frac{k}{m}gh}$$

代入数值，有

$$x = \left(\frac{888.9}{204} + \frac{888.9}{204 \times 9.8}\sqrt{9.8^2 + 2\frac{204}{888.9} \times 9.8^2 \times 18.3}\right) \text{ m}$$

$$\approx 17.7 \text{ m}$$

此时运动员距河面距离为

$$39.6 \text{ m} - (18.3 + 17.7) \text{ m} = 3.6 \text{ m}$$

而此时弹性带的拉力达到最大值

$$204 \times 17.7\ \text{N} = 3\ 611\ \text{N}$$

例 8.3.2　滑块 A 重为 W，因绳子的牵引而沿水平导轨滑动，绳子的另一端缠在半径为 r 的鼓轮上，鼓轮以等角速度 ω 转动（图 8.2）。若不计导轨摩擦，试求绳子的拉力 $\boldsymbol{F}_{\mathrm{T}}$ 和距离 x 之间的关系。

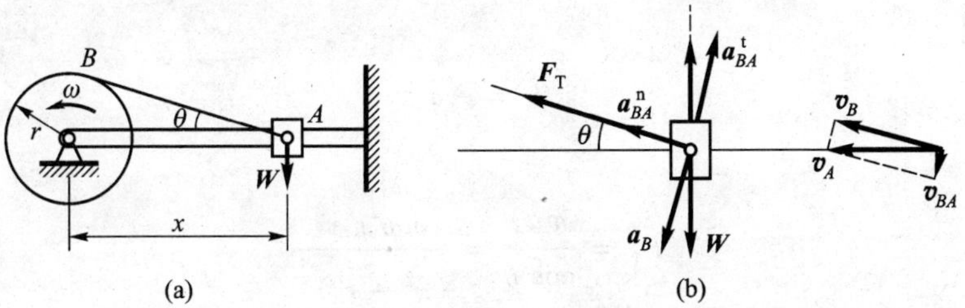

图 8.2

解： 这是质点动力学第一类问题。取滑块为研究对象，它受到重力 $\boldsymbol{W}$、导轨约束力 $\boldsymbol{F}_{\mathrm{N}}$ 以及绳子的拉力 $\boldsymbol{F}_{\mathrm{T}}$。

将 A，B 当作平面运动刚体上的两个点，据两点加速度关系，有

$$\boldsymbol{a}_A = \boldsymbol{a}_B + \boldsymbol{a}_{BA}^{\mathrm{t}} + \boldsymbol{a}_{BA}^{\mathrm{n}} \tag{a}$$

将式（a）投影到 AB 方向，得

$$a_A \cos\theta = a_{BA}^{\mathrm{n}} = \omega_{BA}^2 AB \tag{b}$$

再研究两点速度关系，有

$$\boldsymbol{v}_A = \boldsymbol{v}_B + \boldsymbol{v}_{BA}$$

$$\boldsymbol{v}_{BA} = \omega_{BA} AB$$

解得

$$v_{BA} = v_B \tan\theta = \omega r \tan\theta \tag{c}$$

将式（c）代入式（b），求得

$$a_A = \frac{\omega_{BA}^2 AB}{\cos\theta} = \frac{\omega^2 r^2 \tan^2\theta}{AB\cos\theta}$$

注意到

$$\cos\theta = \frac{\sqrt{x^2 - r^2}}{x}, \quad \tan\theta = \frac{r}{\sqrt{x^2 - r^2}}$$

则有

$$a_A = \frac{\omega^2 r^4 x}{(x^2 - r^2)^2} \tag{d}$$

质点运动微分方程在轴 Ox 上投影给出

$$m\ddot{x} = -F_{\mathrm{T}}\cos\theta \tag{e}$$

注意到

$$\ddot{x} = -a_A$$

则有

$$F_{\mathrm{T}} = \frac{ma_A}{\cos\theta} = \frac{m\omega^2 r^4 x^2}{(x^2 - r^2)^{\frac{5}{2}}}$$

例 8.3.3　质量为 m 的质点 M 在空气中自由下落,初速为零。已知空气阻力与质点速度平方成正比,比例系数为 μ。试求质点的运动规律。

解: 质点作直线运动,建立坐标轴 Oy,原点在质点的初始位置,向下为正(图 8.3a),用坐标 y 描述质点的运动。

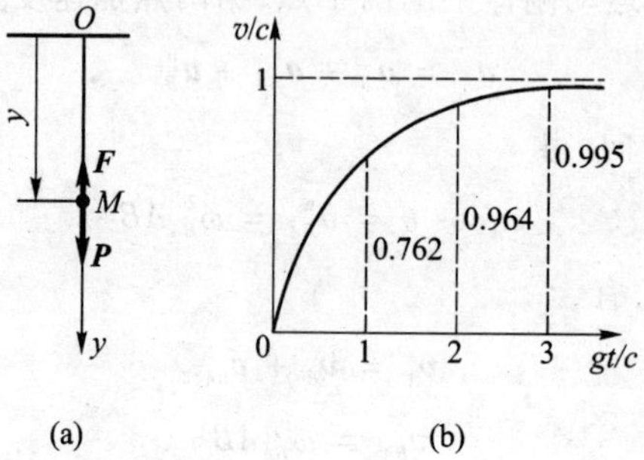

图 8.3

质点受重力 $m\boldsymbol{g}$ 及阻力 $F = \mu v^2 = \mu\dot{y}^2$ 的作用。质点运动微分方程给出

$$m\ddot{y} = mg - \mu\dot{y}^2 \tag{a}$$

运动的初始条件为

$$t = 0,\quad y = y_0 = 0,\quad \dot{y} = \dot{y}_0 = 0 \tag{b}$$

为求初值问题(a)、(b)的解,将方程(a)表示为

$$\dot{v} = g - \frac{\mu}{m}v^2$$

$$\dot{v} = \frac{\mu}{m}(c^2 - v^2),\quad c = \sqrt{\frac{mg}{\mu}}$$

作积分

$$\int_0^v \frac{\mathrm{d}v}{c^2 - v^2} = \int_0^t \frac{\mu}{m}\mathrm{d}t$$

得到

$$v = c\coth\left(\frac{g}{c}t\right) \tag{c}$$

再作积分

$$\int_0^y \mathrm{d}y = c\int_0^t \coth\left(\frac{g}{c}t\right)\mathrm{d}t$$

得到

$$y = \frac{c^2}{g}\ln\cosh\left(\frac{g}{c}t\right) \tag{d}$$

将速度 v 对时间 t 的依赖关系(c)用图 8.3b 表示,可看出存在极限关系 $v_m = c$,即空气中落体速度不会无限增大,而最终趋于等速运动。这个极限速度依赖于质点的质量和阻尼系数,表示为

$$v_m = \sqrt{\frac{mg}{\mu}} \tag{e}$$

跳伞员的下落运动大致可用上述模型描述。降落伞在空气阻力作用下会很快达到极限速度,大约为 $5\ \mathrm{m\cdot s^{-1}}$,落地时的冲击仅相当于从 1.25 m 的高处跳下着地,因而是安全的。但是,滞空时间太长。为缩短滞空时间,也为提高落地准确度,可采用延迟张伞技术,在离地面数百米的空中开伞。

例 8.3.4　以很大的初速度 v_0 自地球表面铅直向上抛出一物体,如图 8.4 所示。设物体所受引力 $\boldsymbol{F}$ 的大小与其到地心的距离平方成反比,地球表面处重力加速度为 $\boldsymbol{g}$,地球半径为 R。不计空气阻力,试求物体能达到的最大高度 H。

解: 取地心参考系,坐标原点在地心 O,轴 Ox 向上为正。质点受到的唯一力是引力 $\boldsymbol{F}$,它在轴 Ox 上的投影为

$$F_x = -\frac{k}{x^2}$$

其中 k 为比例常数。因为在地球表面 $x = R$ 处,有 $F_x = -mg$,所以 $k = mgR^2$,于是有 $F_x = \dfrac{-mgR^2}{x^2}$。质点运动微分方程为

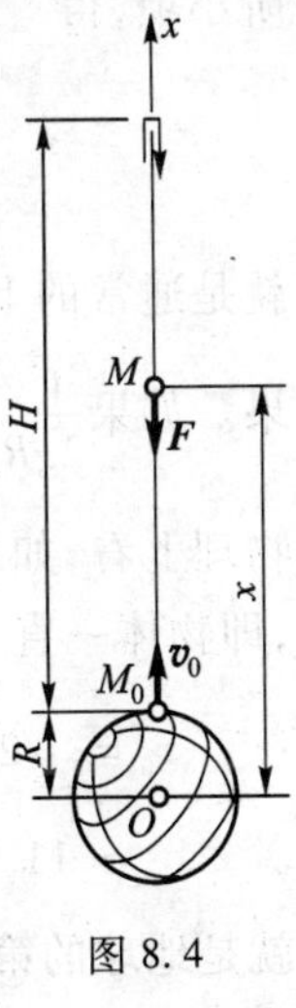

图 8.4

$$m\ddot{x} = -mg\frac{R^2}{x^2} \tag{a}$$

初始条件为

$$t = 0, \quad x = x_0 = R, \quad \dot{x} = \dot{x}_0 = v_0 \tag{b}$$

为解初值问题(a),(b),注意到关系

$$\ddot{x} = \frac{d\dot{x}}{dt} = \frac{d\dot{x}}{dx}\dot{x}$$

将其代入方程(a),分离变量后得到

$$d\left(\frac{1}{2}\dot{x}^2\right) = -\frac{gR^2}{x^2}dx$$

求积分时,取下限相应于初始状态 $x = R$, $\dot{x} = v_0$,上限相应于最高位置状态 $x = R + H, \dot{x} = 0$,则有

$$\int_{v_0}^{0} d\left(\frac{1}{2}\dot{x}^2\right) = \int_{R}^{R+H}\left(-\frac{gR^2}{x^2}\right)dx$$

由此得到上升的最大高度

$$H = \frac{v_0^2}{2g}\left(1 - \frac{v_0^2}{2gR}\right)^{-1} \tag{c}$$

如果 v_0 较小,即当 $v_0^2 \ll 2gR$ 时,则可将式(c)按幂级数展开,并略去$\frac{v^2}{2gR}$的高阶小项,得

$$H = \frac{v_0^2}{2g}\left(1 + \frac{v_0^2}{2gR} + \cdots\right) \approx \frac{v_0^2}{2g} \tag{d}$$

这就是通常的上抛运动高度公式,即将重力当作不变的量,也就是恒等于 mg 的结果。如果$\frac{v^2}{2gR}$较大时,就不能用这个近似式了。当 $v_0^2 \to 2gR$ 时,将得到 $H \to \infty$。从物理上看,如果以初速 $v_0 = \sqrt{2gR}$向上抛出物体,其最大上升高度将变成无限大,即物体一直上升,不再落回地球。此时

$$v_0 = \sqrt{2gR} = \sqrt{2 \times 9.8 \times 6\,370 \times 10^3}\ \text{m} \cdot \text{s}^{-1} = 11\,174\ \text{m} \cdot \text{s}^{-1}$$
$$\approx 11.2\ \text{km} \cdot \text{s}^{-1}$$

这就是地球的第二宇宙速度,或称逃逸速度。

例 8.3.5　一滑雪者沿光滑滑道下滑，滑道可近似地用一抛物线 $y=\dfrac{1}{20}x^2-5$ 表示，如图 8.5 所示。滑雪者由点 A 开始无初速地下滑，试求滑至点 B 时对滑道的压力。设滑雪者质量 $m=52$ kg。

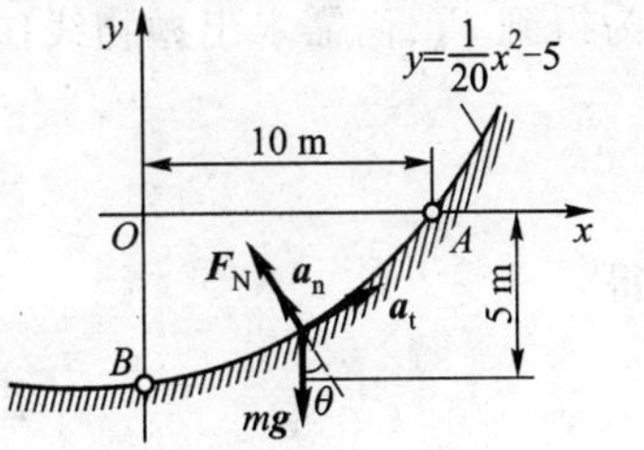

图 8.5

解： 滑雪者在任意位置的受力如图所示，有重力 $m\boldsymbol{g}$ 和滑道的约束力 $\boldsymbol{F}_N$，其中 $\boldsymbol{F}_N$ 沿曲线在该点处的法线方向。列写自然轴系的运动微分方程，将自然轴系的原点取为 B，正向沿 BA 方向，有

$$m\frac{\mathrm{d}v}{\mathrm{d}t}=-mg\sin\theta \tag{a}$$

$$m\frac{v^2}{\rho}=F_N-mg\cos\theta \tag{b}$$

初始条件为

$$t=0,\quad y=0,\quad v=0 \tag{c}$$

作变换

$$\frac{\mathrm{d}v}{\mathrm{d}t}=v\frac{\mathrm{d}v}{\mathrm{d}s}$$

$$\sin\theta=\frac{\mathrm{d}y}{\mathrm{d}s}$$

则方程(a)成为

$$v\mathrm{d}v=-g\mathrm{d}y$$

作积分

$$\int_0^{v_B}v\mathrm{d}v=\int_0^{-h}(-g)\mathrm{d}y$$

得

$$v_B^2=2gh=2\times9.8\ \mathrm{m\cdot s^{-2}}\times5\ \mathrm{m}=980\ \mathrm{m^2\cdot s^{-2}},\quad v_B=9.9\ \mathrm{m\cdot s^{-1}} \tag{d}$$

这就是滑雪者到达点 B 时的速度。

下面求到达点 B 时滑道的约束力 $\boldsymbol{F}_N$。方程(b)给出

$$F_N=m\frac{v^2}{\rho}+mg\cos\theta=m\frac{v_B^2}{\rho}+mg \tag{e}$$

为得到 F_N，尚需求出抛物线在点 B 的曲率半径 ρ。由抛物线方程

$$y=\frac{1}{20}x^2-5$$

得

$$\frac{dy}{dx}=\frac{1}{10}x,\quad \frac{d^2y}{dx^2}=\frac{1}{10}$$

当在点 B 时，有 $x=0$，故有

$$\frac{dy}{dx}=0,\quad \frac{d^2y}{dx^2}=\frac{1}{10}$$

曲率半径为

$$\rho=\frac{\left[1+\left(\frac{dy}{dx}\right)^2\right]^{\frac{3}{2}}}{\frac{d^2y}{dx^2}}=10\ \text{m} \tag{f}$$

将式(d)，(f)代入式(e)，得

$$F_N=52\times\frac{(9.90)^2}{10}\ \text{N}+52\times 9.8\ \text{N}=1\ 019\ \text{N}$$

例 8.3.6 光滑桌面上有一质量为 m 的小球 P，用不可伸长的绳子与另一小球 Q 相连，Q 的质量为 km。绳子穿过桌面上光滑的小孔 O，绳子 OQ 部分是自由悬挂着的(图 8.6)。初始时，$OP=a$，P 点的速度大小为 $\sqrt{8ga}$，方向垂直于 OP。试证：在 $k<8$ 的条件下 Q 将上升。又问 k 为多少时，P 离孔最大距离可以达到 $2a$？

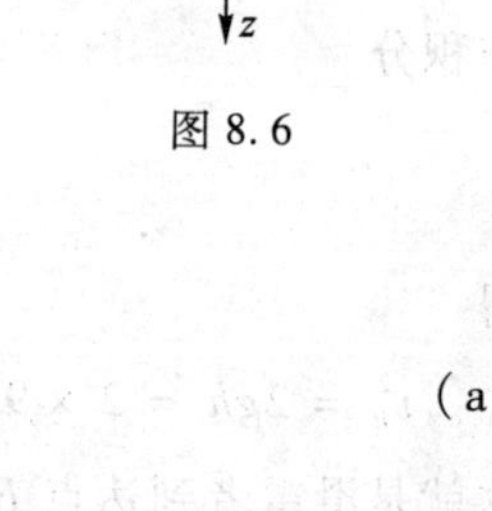

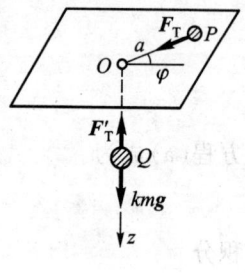

图 8.6

解：系统由两个质点组成，需对两个质点分别列写运动微分方程。对 P 宜选极坐标形式，式(8.2.5)给出

$$m(\ddot{\rho}-\rho\dot{\varphi}^2)=-F_T \tag{a}$$

$$m\frac{1}{\rho}\frac{d}{dt}(\rho^2\dot{\varphi})=0 \tag{b}$$

其中 F_T 为绳子张力。

对 Q 取直角坐标，轴 Oz 向下为正，其运动微分方程为

$$km\ddot{z} = kmg - F_{\mathrm{T}} \tag{c}$$

由于绳子不可伸长，故 $z+\rho=$ 常量，对 t 求两次导数，得

$$\ddot{\rho} + \ddot{z} = 0$$

将其代入式(c)得

$$km\ddot{\rho} = F_{\mathrm{T}} - kmg \tag{d}$$

由式(b)积分得 $\rho^2\dot{\varphi}=$ 常量，再利用初始条件 $\rho=a$ 时，有 $\rho\dot{\varphi}=\sqrt{8ga}$，由此定出常量为 $\sqrt{8ga^3}$，于是有

$$\rho^2\dot{\varphi} = \sqrt{8ga^3}$$

将其代入方程(a)，得

$$m\ddot{\rho} = -F_{\mathrm{T}} + \frac{8mg}{\rho^3}a^3 \tag{e}$$

将方程(e)，(d)相加，消去 F_{T}，得到

$$(1+k)\ddot{\rho} = \frac{8ga^3}{\rho^3} - kg \tag{f}$$

这是 ρ 所满足的微分方程。在运动起始时刻 $t=0, \rho=a$，故有

$$\ddot{\rho}\big|_{t=0} = \frac{(8-k)g}{1+k}$$

因此，当 $k<8$ 时，$\ddot{\rho}\big|_{t=0}>0$，即 OP 将开始增长，即 Q 将开始上升。

下面研究第二个问题。为此，需求出径向速度的关系式。利用关系式

$$\ddot{\rho} = \frac{1}{2}\frac{\mathrm{d}(\dot{\rho}^2)}{\mathrm{d}\rho}$$

代入式(f)，求积分，并利用初始条件 $\rho=a, \dot{\rho}=0$，最后可得

$$\frac{1}{2}(1+k)\dot{\rho}^2 = (4+k)ga - kg\rho - \frac{4a^3g}{\rho^2} \tag{g}$$

如果 $2a$ 是 P 离孔 O 的最大距离，则当 $\rho=2a$ 时应有 $\dot{\rho}=0$。将此条件代入式(g)，得

$$0 = (4+k)ga - 2kga - ga$$

由此解得

$$k = 3$$

例 8.3.7 如图 8.7 所示，物块 M 放在粗糙的斜面上，斜面倾角为 α，且 $\tan\alpha=\frac{1}{30}$。物块与斜面的动摩擦因数为 $f=0.1$，物块的质量为 $m=0.3\ \text{kg}$。今用绳水平牵引物块 M，牵引方向与 AB 边平行，经一段时间后，物块开始作匀速直线运动，已知其平行于 AB 的分速度为 $v_y=120\ \text{mm}\cdot\text{s}^{-1}$，试求与 AB 垂直的分速度 v_x 以及绳子的牵引力 $\boldsymbol{F}_{\text{T}}$。

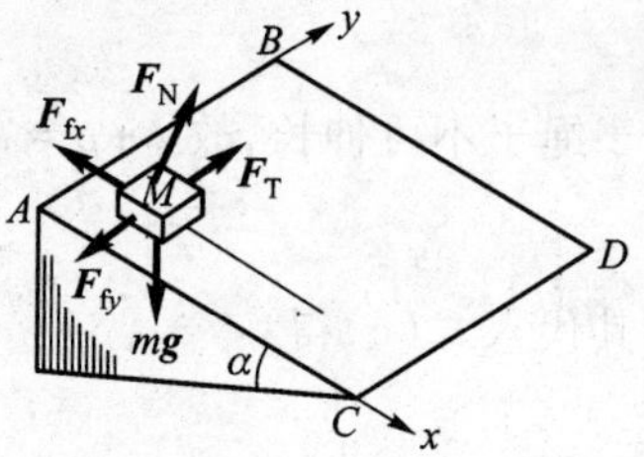

图 8.7

解：取 A 为坐标原点，AB 为 y 轴，AC 为 x 轴。物块 M 所受力有重力 $m\boldsymbol{g}$，垂直于斜面的约束力 $\boldsymbol{F}_{\text{N}}$，以及斜面上的摩擦力 $\boldsymbol{F}_{\text{f}x}$，$\boldsymbol{F}_{\text{f}y}$。根据摩擦定律，有

$$(F_{\text{f}x}^2+F_{\text{f}y}^2)^{\frac{1}{2}}=fF_{\text{N}} \tag{a}$$

因物块作匀速直线运动，其加速度为零，运动微分方程给出

$$0=mg\sin\alpha-F_{\text{f}x} \tag{b}$$

$$0=F_{\text{T}}-F_{\text{f}y} \tag{c}$$

$$0=F_{\text{N}}-mg\cos\alpha \tag{d}$$

由方程(b)解出 $F_{\text{f}x}$，由方程(c)解出 $F_{\text{f}y}$，再由方程(d)解出 F_{N}，最后将它们代入方程(a)，得

$$\begin{aligned}F_{\text{T}}&=mg(f^2\cos^2\alpha-\sin^2\alpha)^{\frac{1}{2}}\\&=0.3\times9.8\times\left(0.1^2\times\frac{900}{901}-\frac{1}{901}\right)^{\frac{1}{2}}\ \text{N}\\&\approx0.28\ \text{N}\end{aligned}$$

下面求 v_x。由式(b)，(c)求得

$$\frac{F_{\text{f}y}}{F_{\text{f}x}}=\frac{F_{\text{T}}}{mg\sin\alpha}=\frac{\left[(0.1)^2\times\frac{900}{901}-\frac{1}{901}\right]^{\frac{1}{2}}}{\frac{1}{\sqrt{901}}}=2.828$$

因摩擦力的方向总与速度方向相反，所以有

$$\frac{v_y}{v_x}=\frac{F_{\text{f}y}}{F_{\text{f}x}}=2.828$$

由此解得

$$v_x = \frac{v_y}{2.828} = \frac{120\ \mathrm{mm\cdot s^{-1}}}{2.828} = 42.4\ \mathrm{mm\cdot s^{-1}}$$

例 8.3.8　如图 8.8 所示，物块 A，B 的重量均为 300 N。当 A 受到一水平力 $F = 500$ N 作用时，试求物块 A 的加速度。不计各接触面之间的摩擦。

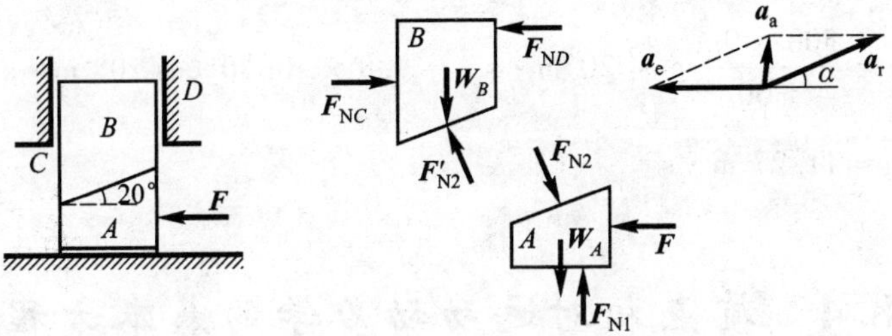

图 8.8

解：系统由两个物块 A，B 组成，两物块均作平移，可当作质点考虑。首先，研究物块 A，它的受力有重力 $\boldsymbol{W}_A$，主动力 $\boldsymbol{F}$，地面约束力 $\boldsymbol{F}_{N1}$，以及物块 B 的力 $\boldsymbol{F}_{N2}$。它的加速度 $\boldsymbol{a}_A$，水平向左。运动微分方程在水平方向的投影给出

$$\frac{W_A}{g}a_A = F - F_{N2}\sin\alpha \tag{a}$$

其次，研究物块 B，运动微分方程向铅垂方向的投影给出

$$\frac{W_B}{g}a_B = F'_{N2}\cos\alpha - W_B \tag{b}$$

注意到

$$F'_{N2} = F_{N2}$$

由方程(a)，(b)消去 F_{N2}，得到

$$\frac{W_A}{g}a_A\cos\alpha + \frac{W_B}{g}a_B\sin\alpha = F\cos\alpha - W_B\sin\alpha \tag{c}$$

这里 a_A 与 a_B 不是彼此独立的。由运动学中点的复合运动，取物块 A 为动系，物块 B 上的点为动点，则 $a_a = a_B$，$a_e = a_A$，而 a_r 沿两物块的接触面，由

$$\boldsymbol{a}_a = \boldsymbol{a}_e + \boldsymbol{a}_r$$

得

$$a_a = a_e \tan\alpha$$

即

$$a_B = a_A \tan\alpha \tag{d}$$

注意到 $W_A = W_B$,将式(d)代入式(c),得到

$$\begin{aligned} a_A &= \frac{Fg}{W_A}\cos^2\alpha - g\sin\alpha\cos\alpha \\ &= \frac{500\times 9.8}{300}\cos^2 20°\,\mathrm{m\cdot s^{-2}} - 9.8\times\sin 20°\cos 20°\,\mathrm{m\cdot s^{-2}} \\ &\approx 11.27\ \mathrm{m\cdot s^{-2}} \end{aligned}$$

8.4 质点相对运动动力学的基本方程

牛顿运动定律只适用于惯性参考系,但在自然和工程中常常需要解决物体相对非惯性系的运动问题。例如,在飞机、舰船、导弹等运动载体中力学仪器的行为,载人飞船在发射及轨道飞行中航天员的姿态及动作规范等。

8.4.1 质点的相对运动微分方程

牛顿第二定律在惯性参考系中表示为

$$m\boldsymbol{a}_a = \sum_{i=1}^{n}\boldsymbol{F}_i \tag{8.4.1}$$

由点的复合运动理论知,点的绝对加速度等于牵连加速度、相对加速度和科氏加速度的矢量和,即

$$\boldsymbol{a}_a = \boldsymbol{a}_e + \boldsymbol{a}_r + \boldsymbol{a}_C$$

将其代入方程(8.4.1)得到

$$m\boldsymbol{a}_r = \sum_{i=1}^{n}\boldsymbol{F}_i - m\boldsymbol{a}_e - m\boldsymbol{a}_C$$

引入**牵连惯性力** $\boldsymbol{F}_{Ie}$和**科氏惯性力** $\boldsymbol{F}_{IC}$,有

$$\boldsymbol{F}_{Ie} = -m\boldsymbol{a}_e,\quad \boldsymbol{F}_{IC} = -2m\boldsymbol{\omega}_e\times\boldsymbol{v}_r \tag{8.4.2}$$

则得

$$m\boldsymbol{a}_{\mathrm{r}} = \sum_{i=1}^{n} \boldsymbol{F}_i + \boldsymbol{F}_{\mathrm{Ie}} + \boldsymbol{F}_{\mathrm{IC}} \tag{8.4.3}$$

式(8.4.3)建立了质点相对非惯性系的运动与作用力之间的关系,称为质点的相对运动微分方程。它表明,**在研究质点相对非惯性系的运动时,除真实作用力外,还要加上牵连惯性力和科氏惯性力**。

和质点绝对运动微分方程(8.1.1)一样,在具体应用时,可以选取不同的投影形式。

例 8.4.1　非惯性系中的超重与失重问题。

电梯中放一磅秤,质量为 m 的人站在磅秤上,电梯以等加速度 a 上升,则磅秤指示的力大于人体的体重,这称为**超重**现象。超重现象可用质点相对运动微分方程作出解释,将动系与电梯固结,这个动系是非惯性系,人在动系中处于相对平衡。方程(8.4.3)给出

$$0 = F_{\mathrm{N}} - P - F_{\mathrm{Ie}} \tag{a}$$

其中 F_{N} 为磅秤对人体的约束力,P 为人的体重,$F_{\mathrm{Ie}} = ma$ 为牵连惯性力。由式(a)解出

$$F_{\mathrm{N}} = P + ma = m(g + a) \tag{b}$$

人体对磅秤的压力,即磅秤的指示为

$$F'_{\mathrm{N}} = F_{\mathrm{N}} = m(g + a) > mg \tag{c}$$

这就是所谓超重现象。

当非惯性系的加速度沿人体纵轴由脚指向头部时,人体就处于超重状态。因此,在运载火箭发射阶段的宇航员以及在飞机某些机动飞行阶段(如从俯冲拉起)的飞行员都处于超重状态。在超重状态下,人体头部的血液将向下流动,造成脑部缺血,发生“黑视”。因此,运载火箭发射时,宇航员采取卧姿。

如果电梯的加速度向下,则磅秤指示为

$$F'_{\mathrm{N}} = F_{\mathrm{N}} = m(g - a)$$

这时人体处于**失重**状态。当 $a = g$ 时,人体处于完全失重状态。载人飞船作轨道飞行时,宇航员就处于完全失重状态。当 $a > g$ 时,人体处于负超重状态,此时血液会过多地流入头部而造成“红视”。

例 8.4.2　杆 OA 在铅垂面内以匀角速度 ω 绕轴 O 转动,一质量为 m 的滑块 B 由一条通过定滑轮 C 的绳索牵引在杆 OA 上滑动,如图 8.9 所示。已知绳索拉力的大小 F 为常值,$CO = L$,系统运动到图示位置时,绳与杆的夹角 $\theta = 30°$,

滑块相对杆的速度为 u。略去所有摩擦，试求此时杆作用在滑块 B 上的约束力 $\boldsymbol{F}_N$ 和滑块的相对加速度 $\boldsymbol{a}_r$。

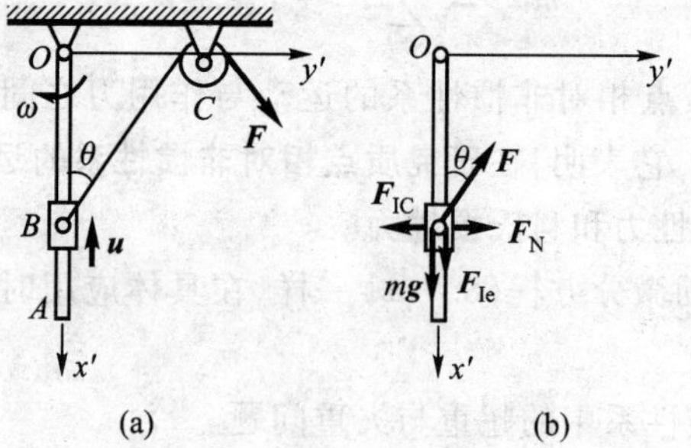

图 8.9

解：将动系 $Ox'y'$ 固连在杆 OA 上，滑块视为质点，其上作用有重力 $m\boldsymbol{g}$，杆对滑块的约束力 $\boldsymbol{F}_N$，绳索的拉力 $\boldsymbol{F}$ 和牵连惯性力 $\boldsymbol{F}_{Ie}$ 以及科氏惯性力 $\boldsymbol{F}_{IC}$，如图 8.9b 所示。这里有 $F_{Ie}=m\omega^2 OB=m\omega^2 L\cot\theta, F_{IC}=2m\omega u$。方程(8.4.3)给出

$$m\boldsymbol{a}_r = m\boldsymbol{g}+\boldsymbol{F}+\boldsymbol{F}_N+\boldsymbol{F}_{Ie}+\boldsymbol{F}_{IC} \tag{a}$$

将式(a)投影到轴 Ox' 和轴 Oy'，分别得到

$$\left.\begin{aligned} m\ddot{x}' &= mg+F_{Ie}-F\cos\theta \\ 0 &= F_N-F_{IC}+F\sin\theta \end{aligned}\right\} \tag{b}$$

解方程，得

$$\left.\begin{aligned} \ddot{x}' &= g+L\omega^2\cot\theta-\frac{F}{m}\cos\theta \\ F_N &= 2m\omega u-F\sin\theta \end{aligned}\right\} \tag{c}$$

其中 $a_r=\ddot{x}'$。

这个问题也可以用牛顿第二定律来求解，有

$$\left.\begin{aligned} m(\ddot{x}'-\omega^2 L\cot\theta) &= mg-F\cos\theta \\ m(2\omega u) &= F_N+F\sin\theta \end{aligned}\right\} \tag{d}$$

解此方程亦得式(c)。

例 8.4.3 质量为 m 的小球置于过坐标原点的曲线 $y=f(x)$ 的光滑钢管中，此曲线以匀角速度 ω 绕轴 Oy 转动(图 8.10)。如欲使小球可在管中任何位置处于静止，试求此曲线方程以及管壁对小球的约束力。

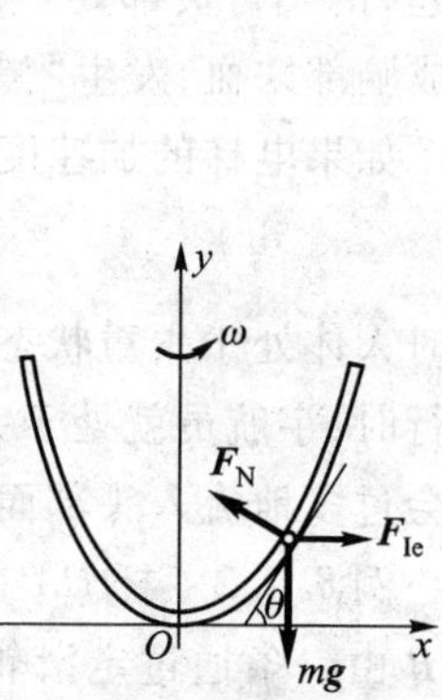

图 8.10

解：以小球为研究对象，建立与曲线固连的动系 Oxy，小球的相对运动为静止。设小球在点 $x,f(x)$ 处静止。小球受力有主动力 $m\boldsymbol{g}$，约束力 $\boldsymbol{F}_{\mathrm{N}}$，以及牵连惯性力 $\boldsymbol{F}_{\mathrm{Ie}}$，其中 $\boldsymbol{F}_{\mathrm{N}}$ 在曲线的法方向，$\boldsymbol{F}_{\mathrm{Ie}}$ 水平，且 $F_{\mathrm{Ie}}=m\omega^2x$。设曲线在 $x,f(x)$ 处的斜率为 $\tan\theta$，则相对运动微分方程(8.4.3)在曲线的切向和法向的投影分别给出

$$0=-mg\sin\theta+F_{\mathrm{Ie}}\cos\theta \tag{a}$$

$$0=F_{\mathrm{N}}-mg\cos\theta-F_{\mathrm{Ie}}\sin\theta \tag{b}$$

由式(a)得

$$\tan\theta=\frac{\mathrm{d}y}{\mathrm{d}x}=\frac{\omega^2}{g}x$$

分离变量并积分

$$\int_0^y\mathrm{d}y=\int_0^x\frac{\omega^2}{g}x\mathrm{d}x$$

得

$$y=\frac{\omega^2}{2g}x^2 \tag{c}$$

注意到，一桶水绕铅垂轴作匀速转动，相对静止时液面的形状就是形如式(c)的抛物线。因为这个抛物线在转，所以构成旋转抛物面。

由方程(b)解得

$$F_{\mathrm{N}}=mg\cos\theta+m\omega^2x\sin\theta \tag{d}$$

因

$$\tan\theta=\frac{\omega^2}{g}x$$

固有

$$\cos\theta=\frac{1}{\sqrt{1+\left(\frac{\omega^2x}{g}\right)^2}},\quad\sin\theta=\frac{\frac{\omega^2x}{g}}{\sqrt{1+\left(\frac{\omega^2x}{g}\right)^2}}$$

将其代入式(d)，得约束力

$$F_{\mathrm{N}}=mg\sqrt{1+\left(\frac{\omega^2}{g}x\right)^2}$$

它是 x 的函数。

例 8.4.4 质量分别为 m 及 m'的两个质点(图 8.11),用一固有长度为 a 的弹性绳相连,绳的刚度系数为

$$k = \frac{2mm'\omega^2}{m+m'}$$

如果将它们放在光滑的水平直管内,管子绕通过管上一点的铅垂轴以匀角速度 ω 转动,开始时质点相对于管子是静止的,两点间的距离为 a。试求任一瞬时两质点间的距离 s。

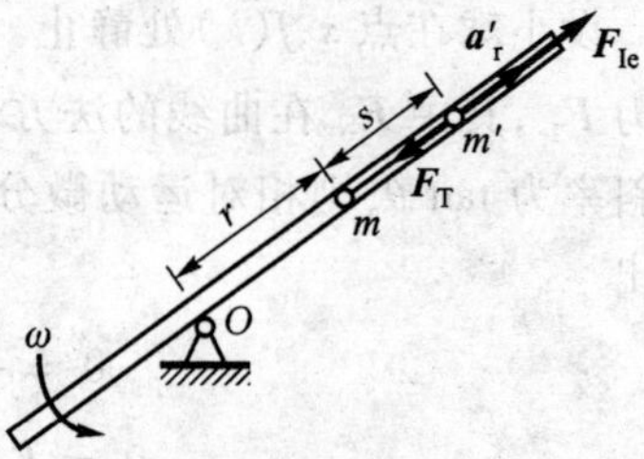

图 8.11

解: 以转轴 O 为原点,质量为 m 的质点沿管离 O 为 r,而质量为 m'的质点离 O 为 $r+s$。对质量为 m'和 m 分别列写相对运动微分方程沿管方向的投影式,得到

$$m'a'_r = F'_{Ie} - F_T$$

$$ma_r = F_T + F_{Ie}$$

其中

$$a'_r = \ddot{r} + \ddot{s}, \quad a_r = \ddot{r}$$

$$F_T = -k(s-a), \quad F_{Ie} = m\omega^2 r, \quad F'_{Ie} = m'\omega^2(r+s)$$

于是有

$$\left.\begin{aligned} m'(\ddot{r}+\ddot{s}) &= m'\omega^2(r+s) - k(s-a) \\ m\ddot{r} &= m\omega^2 r + k(s-a) \end{aligned}\right\} \tag{a}$$

两式相减,并注意到

$$k = \frac{2mm'\omega^2}{m+m'}$$

得到

$$\ddot{s} = -2\omega^2 s + 2\omega^2 a$$

积分得

$$s = 2a + A\cos\omega t + B\sin\omega t \tag{b}$$

将初始条件

$$t=0, \quad s=a, \quad \dot{s}=0$$

代入式(b),得

$$a = 2a + A$$

$$0 = B\omega$$

于是有

$$A = -a, \quad B = 0$$

而

$$s = a(2 - \cos\omega t) \tag{c}$$

8.4.2 自由落体的东偏问题

例 8.4.5 物体在地球表面的高度 A 处自由落下，如图 8.12 所示，由于地球自转的影响，落体并不沿铅垂线下降，落地点将比垂足点 O 稍微偏东一些。下面计算这个东偏量 Δ。

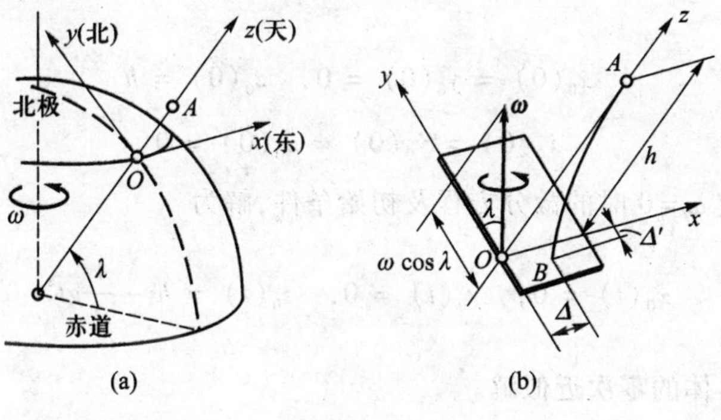

图 8.12

取地面上点 O 为原点，当地的东北天方向为直角坐标系 $Oxyz$ 各轴的方向。设在北半球当地的纬度为 λ，因此地球自转速度可表示为

$$\boldsymbol{\omega} = \omega\cos\lambda\boldsymbol{j} + \omega\sin\lambda\boldsymbol{k} \tag{a}$$

质点的相对运动微分方程为

$$m\ddot{\boldsymbol{r}} = -mg\boldsymbol{k} - 2m\boldsymbol{\omega}\times\dot{\boldsymbol{r}} \tag{b}$$

注意右端第一项为表观重力，它是地心引力与牵连惯性力的矢量和，$\boldsymbol{k}$ 沿表观重力的反方向。将式(a)代入式(b)，并投影到 Ox, Oy 和 Oz 方向，得到

$$\left.\begin{aligned}\ddot{x} &= 2\omega(\dot{y}\sin\lambda - \dot{z}\cos\lambda)\\ \ddot{y} &= -2\omega(\dot{x}\sin\lambda)\\ \ddot{z} &= -g + 2\omega(\dot{x}\cos\lambda)\end{aligned}\right\}\tag{c}$$

自由落体的初始条件为

$$\left.\begin{aligned}&t = 0,\quad x(0) = y(0) = 0\\ &z(0) = h,\quad \dot{x}(0) = \dot{y}(0) = \dot{z}(0) = 0\end{aligned}\right\}\tag{d}$$

因 ω 是小量,近似解可取为

$$\left.\begin{aligned}x(t) &= x_0(t) + x_1(t)\omega\\ y(t) &= y_0(t) + y_1(t)\omega\\ z(t) &= z_0(t) + z_1(t)\omega\end{aligned}\right\}\tag{e}$$

将式(e)代入式(c)及式(d)中,比较 ω 的零次项及一次项系数,得出两组微分方程的初值问题。$x_0(t)$,$y_0(t)$,$z_0(t)$满足方程

$$\ddot{x}_0 = 0,\quad \ddot{y}_0 = 0,\quad \ddot{z}_0 = -g$$

初始条件为

$$x_0(0) = y_0(0) = 0,\quad z_0(0) = h$$

$$\dot{x}_0(0) = \dot{y}_0(0) = \dot{z}_0(0) = 0$$

这恰好是假定 $\omega = 0$ 时的微分方程及初始条件,解为

$$x_0(t) = 0,\quad y_0(t) = 0,\quad z_0(t) = h - \frac{1}{2}gt^2\tag{f}$$

这就是自由落体的零次近似解。

另外,$x_1(t)$,$y_1(t)$,$z_1(t)$满足微分方程

$$\ddot{x}_1 = 2\dot{y}_0\sin\lambda - 2\dot{z}_0\cos\lambda$$

$$\ddot{y}_1 = -2\dot{x}_0\sin\lambda$$

$$\ddot{z}_1 = 2\dot{x}_0\cos\lambda$$

初始条件为

$$x_1(0) = y_1(0) = z_1(0) = 0$$

$$\dot{x}_1(0) = \dot{y}_1(0) = \dot{z}_1(0) = 0$$

将零次近似解代入后便可求得

$$x_1(t) = \frac{1}{3}gt^3\cos\lambda,\quad y_1(t) = 0,\quad z_1(t) = 0 \tag{g}$$

将式(f),(g)代入式(e),得到自由落体的一次近似解为

$$x(t) = \frac{1}{3}gt^3\cos\lambda,\quad y(t) = 0,\quad z_1(t) = h - \frac{1}{2}gt^2 \tag{h}$$

由式(h)第三项求得落地时间为

$$t = \left(\frac{2h}{g}\right)^{\frac{1}{2}}$$

代入第一式便求出物体落地时向东的偏差量为

$$\Delta = \frac{1}{3}g\left(\frac{2h}{g}\right)^{\frac{3}{2}}\cos\lambda \tag{i}$$

可以类似地再取 ω^2 项继续计算下去,得出物体落地时不仅东偏 Δ,而且还有南偏 Δ'。

曾经有过不少实验证实了**落体东偏**,如 1912 年 Hagen 在罗马,纬度为 $\lambda = 41°54'$,从高 $h = 22.96$ m 处作自由落体实测试验,总共实测 66 次,平均东偏量为 0.899 ± 0.027 mm,而按式(i)计算出的理论值为 0.899 mm,结果相当吻合。

8.5　单自由度系统的振动

振动是工程中经常遇到的一类动力学问题。外界的某种因素,引起物体或结构在其平衡位置附近的运动,称其为振动。按系统的特性分为线性振动和非线性振动。如果系统运动的微分方程为线性微分方程,则称为线性系统;否则称为非线性系统。线性系统的振动称为**线性振动**,非线性系统的振动则称为**非线性振动**。按输入的特性可分为自由振动、受迫振动、随机振动等。激励撤除后的振动,称为**自由振动**。系统在外界激励下的振动,称为**受迫振动**。如果输入是随机的,则称为随机振动。本节讨论单自由度系统的振动,包括模型与方程、无阻尼自由振动、有阻尼振动、受迫振动等。

8.5.1 模型与方程

图 8.13 是一个典型的振动的模型，它由质量块 m、弹簧 k 和阻尼 c 组成。一般说来，弹簧力 F_k 与位移 x 有关，阻尼力 F_c 与速度 $\dot{x}$ 有关，即 $F_k = F_k(x)$，$F_c = F_c(\dot{x})$。当它们分别与 $x,\dot{x}$ 成正比时，有

$$F_k = -kx, \quad F_c = -c\dot{x}$$

此时构成一个线性系统。这样的弹簧称为线性弹簧，阻尼则称为线性阻尼，c 称为阻尼系数。此时，质点运动微分方程给出

$$m\ddot{x} = -kx - c\dot{x} + F \qquad (8.5.1)$$

其中 F 为外力。

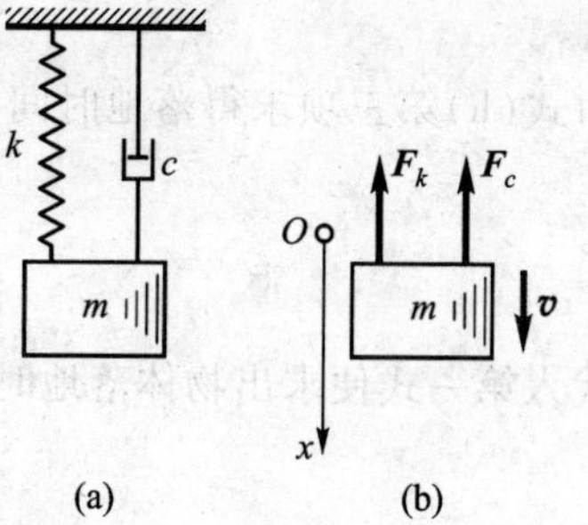

图 8.13

8.5.2 无阻尼自由振动

当 $F_c = F = 0$ 时，方程(8.5.1)成为

$$\ddot{x} + \omega_0^2 x = 0 \qquad (8.5.2)$$

其中

$$\omega_0 = \sqrt{\frac{k}{m}} \qquad (8.5.3)$$

称为系统的**固有频率**。方程(8.5.2)的通解为

$$x = A\sin(\omega_0 t + \theta) \qquad (8.5.4)$$

其中 A,θ 为积分常数，它们可由初始条件来确定。假设初始条件为

$$t = 0, \quad x = x_0, \quad \dot{x} = \dot{x}_0 \qquad (8.5.5)$$

将式(8.5.5)代入式得

$$x_0 = A\sin\theta \qquad (8.5.6)$$

将式(8.5.4)对 t 求导数，得

$$\dot{x} = A\omega_0\cos(\omega_0 t + \theta)$$

将式(8.5.5)代入上式，得

$$\dot{x}_0 = A\omega_0 \cos\theta \tag{8.5.7}$$

由式(8.5.6)和式(8.5.7)解得

$$A = \sqrt{x_0^2 + \left(\frac{\dot{x}_0}{\omega_0}\right)^2} \tag{8.5.8}$$

$$\theta = \arctan\left(\frac{\omega_0 x_0}{\dot{x}_0}\right) \tag{8.5.9}$$

分别称为**振幅**和**初相角**。这样,解可表示为

$$x = \sqrt{x_0^2 + \left(\frac{\dot{x}_0}{\omega_0}\right)^2} \sin\left(\omega_0 t + \arctan\left(\frac{\omega_0 x_0}{\dot{x}_0}\right)\right) \tag{8.5.10}$$

无阻尼自由振动的基本振动参数,除固有频率 ω_0、振幅 A 和初相角 θ 外,还有**周期** T 和**频率** f,分别表示为

$$T = \frac{2\pi}{\omega_0} = 2\pi\sqrt{\frac{m}{k}} \tag{8.5.11}$$

$$f = \frac{1}{T} = \frac{1}{2\pi}\sqrt{\frac{k}{m}} \tag{8.5.12}$$

可以看出,振动的固有频率 ω_0、周期 T 和频率 f 均与振动的初始条件 x_0,$\dot{x}_0$ 无关,只与系统的固有参数,即质量 m 和弹簧的刚度系数 k 有关。而振幅 A 和初相角不仅与系统的固有参数有关,还与振动的初始条件 x_0,$\dot{x}_0$ 有关。将式(8.5.4)表示的运动称为简谐振动。

8.5.3　有阻尼自由振动

当式(8.5.1)中 $F = 0$,但 $c \neq 0$,则成为有阻尼振动。此时,方程(8.5.1)成为

$$\ddot{x} + 2\delta\dot{x} + \omega_0^2 x = 0 \tag{8.5.13}$$

其中

$$\delta = \frac{c}{2m} \tag{8.5.14}$$

方程(8.5.13)的通解写成

$$x = \exp(\lambda t)$$

将其代入式(8.5.13),得到特征方程

$$\lambda^2 + 2\delta\lambda + \omega_0^2 = 0$$

因此有

$$\lambda_{1,2} = -\delta \pm \sqrt{\delta^2 - \omega_0^2}$$

根据不同的 δ 值,可分三种情形:

1. 小阻尼或欠阻尼($\delta<\omega_0$)情形

此时有

$$\lambda_{1,2} = -\delta \pm \mathrm{i}\sqrt{\omega_0^2 - \delta^2}$$

微分方程的解为

$$x = A\exp(-\delta t)\sin(\sqrt{\omega_0^2 - \delta^2}\,t + \theta) \tag{8.5.15}$$

其中振幅中的常数 A 和初相角 θ 由初始条件确定,有

$$A = \sqrt{x_0^2 + \frac{(\dot{x}_0 + \delta x_0)^2}{\omega_0^2 - \delta^2}} \tag{8.5.16}$$

$$\theta = \arctan\frac{x_0\sqrt{\omega_0^2 - \delta^2}}{\dot{x}_0 + \delta x_0} \tag{8.5.17}$$

$x-t$ 曲线如图 8.14 所示。小阻尼振动亦称衰减振动,其基本振动参数有:

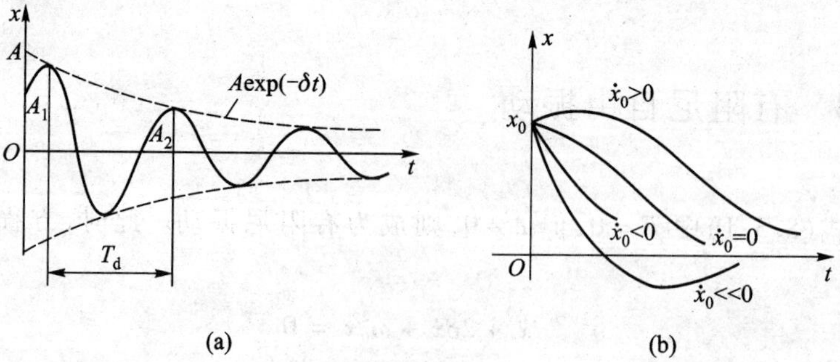

图 8.14

振幅

$$A\exp(-\delta t) \tag{8.5.18}$$

固有频率

$$\omega_d = \sqrt{\omega_0^2 - \delta^2} \tag{8.5.19}$$

周期

$$T_d = \frac{2\pi}{\omega_d} = \frac{2\pi}{\sqrt{\omega_0^2 - \delta^2}} = \frac{2\pi}{\omega_0 \sqrt{1 - \zeta^2}} \tag{8.5.20}$$

阻尼比

$$\zeta = \frac{\delta}{\omega_0} = \frac{c}{2\sqrt{mk}} \tag{8.5.21}$$

减缩因数

$$\eta = \frac{A_i}{A_{i+1}} = \exp(\delta T_d) \tag{8.5.22}$$

对数减缩

$$\Lambda = \ln \frac{A_i}{A_{i+1}} = \delta T_d \tag{8.5.23}$$

可见,衰减振动的周期 T_d 比无阻尼自由振动周期 T 要长,但阻尼对周期影响较小;阻尼对振幅影响显著,振幅按几何级数衰减。

2. 临界阻尼($\delta = \omega_0$)情形

此时有

$$\lambda_{1,2} = -\delta$$

微分方程的解为

$$x = \exp(-\delta t)(c_1 + c_2 t) \tag{8.5.24}$$

其中积分常数由初始条件 $t = 0, x = x_0, \dot{x} = \dot{x}_0$ 确定,有

$$c_1 = x_0, \quad c_2 = \dot{x}_0 + \delta x_0 \tag{8.5.25}$$

图 8.14b 给出不同的初值 $\dot{x}_0$ 所对应的 $x - t$ 曲线。可见,这时系统已不再具有振动的特性了。

3. 大阻尼或过阻尼($\delta > \omega_0$)情形

此时有

$$\lambda_{1,2} = -\delta \pm \sqrt{\delta^2 - \omega_0^2}$$

为两个不相等的负实根。方程的解为

$$x = \exp(-\delta t)\left[c_1 \exp\left(\sqrt{\delta^2 - \omega_0^2}\, t\right) + c_2 \exp\left(-\sqrt{\delta^2 - \omega_0^2}\, t\right)\right] \tag{8.5.26}$$

其中积分常数 c_1, c_2 由初始条件给出，有

$$\left.\begin{aligned} c_1 &= \frac{\dot{x}_0 + (\delta + \sqrt{\delta^2 - \omega_0^2})x_0}{2\sqrt{\delta^2 - \omega_0^2}} \\ c_2 &= \frac{-[\dot{x}_0 + (\delta - \sqrt{\delta^2 - \omega_0^2})x_0]}{2\sqrt{\delta^2 - \omega_0^2}} \end{aligned}\right\} \tag{8.5.27}$$

在大阻尼情形，系统也不再有振动特性了。

8.5.4 受迫振动

系统在干扰力作用下的振动称为**受迫振动**。设方程(8.5.1)右端作用一简谐激励力 $F = F_0 \sin \omega t$，则

$$m\ddot{x} + c\dot{x} + kx = F_0 \sin \omega t$$

将其表示为标准形式

$$\ddot{x} + 2\delta\dot{x} + \omega_0^2 x = B_0 \omega_0^2 \sin \omega t \tag{8.5.28}$$

其中 $B_0 = F_0/k$。令

$$x = x_1 + x_2$$

其中 x_1 为齐次方程的通解，对应于阻尼自由振动，即衰减振动(8.5.15)或衰减非周期运动(8.5.24)或(8.5.26)。由于 x_1 仅在振动开始后的短暂时间内有意义，随后即趋于衰减，因此称为瞬态响应。特解 x_2 表示在简谐激励力作用下产生的持续等幅振动，称为**稳态响应**。设特解为

$$x_2 = B\sin(\omega t - \psi) \tag{8.5.29}$$

将其代入方程(8.5.28)，并引入频率比

$$s = \frac{\omega}{\omega_0}$$

和阻尼比

$$\zeta = \frac{\delta}{\omega_0}$$

整理后得

$$[B-(1-s^2)-B_0\cos\psi]\sin(\omega t-\psi)+(2\zeta sB-B_0\sin\psi)\cos(\omega t-\psi)=0$$

由 $\sin(\omega t-\psi)$ 和 $\cos(\omega t-\psi)$ 前的系数为零，得到

$$\left.\begin{aligned} B &= \frac{B_0}{\sqrt{(1-s^2)^2+(2\zeta s)^2}} \\ \psi &= \arctan\left(\frac{2\zeta s}{1-s^2}\right) \end{aligned}\right\} \tag{8.5.30}$$

式中 B 称为**受迫振动的振幅**，ψ 称为**相位差**。由式(8.5.29)，(8.5.30)可以看出受迫振动有以下 4 个特点：

(1) 受迫振动是与激励力频率相同的简谐振动。

(2) 振幅 B 和相位差均与初始条件无关，仅取决于系统本身及激励力的物理性质。

(3) 振幅 B 的大小取决于 B_0，s 和 ζ，即取决于激励力的幅值 F_0、频率 ω 和阻尼系数 δ。频率对振幅的影响，可用幅频响应曲线表示为

$$\beta=\frac{1}{\sqrt{(1-s^2)^2+(2\zeta s)^2}}$$

其中 $\beta=\dfrac{B}{B_0}$，称为放大因子。对于不同的 ζ 值，可作出**幅频响应曲线族**，如图 8.15 所示。从图中可以看出，当 $s\ll1$ 时，$\beta\approx1$；当 $s\gg1$ 时，$\beta\approx0$；当 $s\approx1$ 时，β 急剧增大。由此得知：当激励力的频率远小于固有频率时，振幅接近于弹簧静变形；当激励力的频率远大于固有频率时，振幅趋于零；当激励力的频率接近固有频率时，分两种情形讨论：

对于无阻尼($\zeta=0$)情形，$\omega=\omega_0$ 时，即 $s=1$ 时，振幅 B 为无限大，通常将这

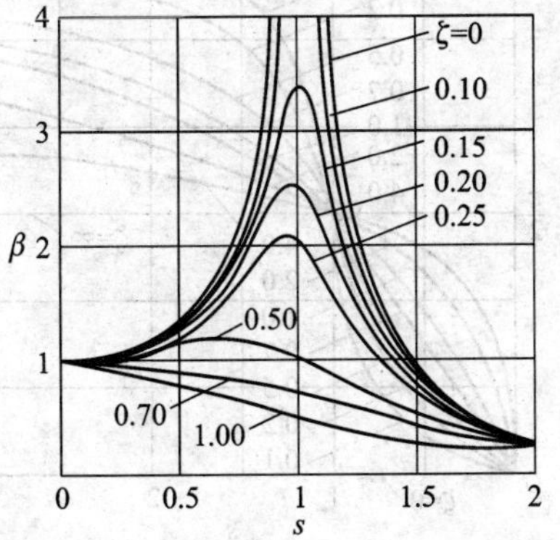

图 8.15

种情形称为**共振**。在共振状态，特解(8.5.29)已失去意义，此时微分方程

$$\ddot{x} + \omega_0^2 x = B_0 \omega_0^2 \sin \omega_0 t \tag{8.5.31}$$

有如下特解

$$x_2^* = -\frac{1}{2} B_0 \omega_0 t \cos \omega_0 t \tag{8.5.32}$$

这表明振幅将随时间线性增长。

对于有阻尼情形，令$\frac{\mathrm{d}\beta}{\mathrm{d}s}=0$，可计算出振幅取极大值时所对应的频率

$$\omega_m = \omega_0 \sqrt{1-2\zeta^2}$$

可见，ω_m 比 ω_0 略小，为有阻尼情形的共振频率。在共振区附近，阻尼对减少振幅有显著作用。阻尼较弱时振幅较大且变化急剧，阻尼较强时振幅较小且变化平缓。当阻尼比$\zeta > \frac{1}{\sqrt{2}}$时，振幅没有极值。共振时的振幅放大因子反映了系统阻尼的强弱性质和共振峰的陡峭程度，因此也称为品质因数，记作 Q

$$Q = \beta\big|_{s=1} = \frac{1}{2\zeta} \tag{8.5.33}$$

(4) 相位差 ψ 是指响应与激励之间的相位差。ψ 与激励频率的关系，可用**相频响应曲线**表示，即以 s 为横坐标，以 ψ 为纵坐标，以 ζ 为参量画出的曲线族，如图 8.16 所示。从图中可以看出，当 $s \ll 1$ 时，$\psi=0$；当 $s \gg 1$ 时，$\psi=\pi$；当 $s=1$ 时，$\psi=\frac{\pi}{2}$。这说明，响应和激励在低频范围内同相，在高频范围内反向。在共

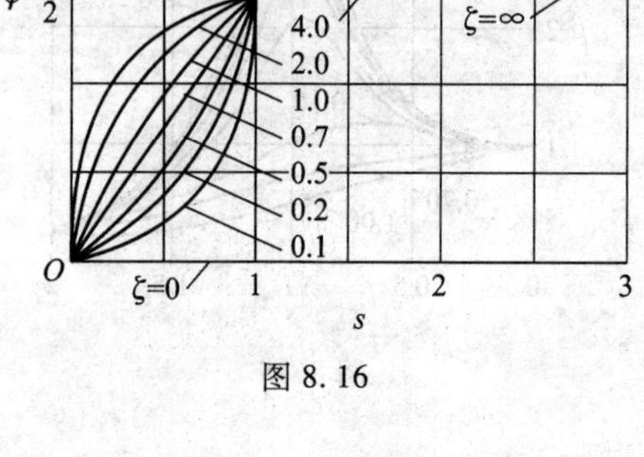

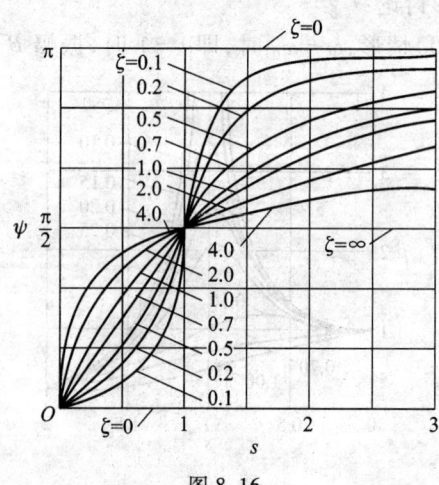

图 8.16

振时，相位差为$\frac{\pi}{2}$且与阻尼无关。

例 8.5.1　质量为 m 的匀质杆 AB 水平放在两滑轮上，如图 8.17 所示。两滑轮半径相同，以相同角速度 ω 反向转动。滑轮中心在同一水平线上，相距为 $2a$。杆与滑轮之间的摩擦因数为 f。试写出杆在其平衡位置附近作微振动的运动微分方程，并求其周期。

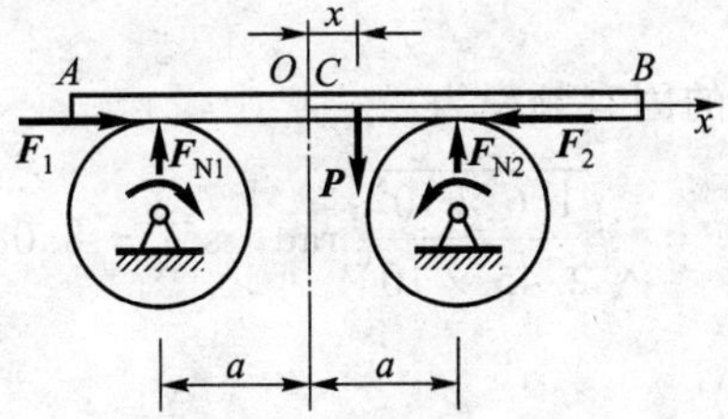

图 8.17

解： 以杆 AB 为研究对象，杆沿 x 方向作往复运动。所受力有作用在质心 C 的重力 $m\boldsymbol{g}$，作用在与滑轮相接触处的法向力 $\boldsymbol{F}_{N1}$，$\boldsymbol{F}_{N2}$ 和摩擦力 $\boldsymbol{F}_1$，$\boldsymbol{F}_2$。列写运动微分方程

$$m\ddot{x} = F_1 - F_2$$

$$0 = F_{N1} + F_{N2} - mg$$

摩擦定律给出

$$F_1 = fF_{N1},\quad F_2 = fF_{N2}$$

注意到

$$F_{N2}(a - x) - F_{N1}(a + x) = 0$$

它表示杆不能转动。

由以上各式，得

$$\ddot{x} = -\frac{fg}{a}x$$

这就是无阻尼自由振动的方程，振动的固有频率为

$$\omega_0 = \sqrt{\frac{fg}{a}}$$

周期为

$$T = \frac{2\pi}{\omega_0} = 2\pi\sqrt{\frac{a}{fg}}$$

例 8.5.2 已知质量 $m=2\ 450\ \mathrm{kg}$，弹簧刚度系数 $k=1.6\times10^5\ \mathrm{N\cdot m^{-1}}$ 的质量－弹簧系统，受到一初扰动后，作衰减振动。经测试，经过两次振动后其振幅减少到原来的 0.1 倍，即 $\frac{A_1}{A_3}=10$。试求：(1) 振动的减缩因数 η 和对数减缩 Λ；(2) 系统的阻尼系数 c 和衰减振动周期 T_d；(3) 临界阻力系数；(4) 在平衡位置受到一冲击并获得初速度 $v_0=0.12\ \mathrm{m\cdot s^{-1}}$ 的初扰动，系统离开平衡位置的最大距离 x_{max} 为多少？

解：(1) 系统振动的固有频率为

$$\omega_0=\sqrt{\frac{k}{m}}=\sqrt{\frac{1.6\times10^5}{2.45\times10^3}}\ \mathrm{rad\cdot s^{-1}}=8.08\ \mathrm{rad\cdot s^{-1}}$$

减缩因数为

$$\eta=\frac{A_1}{A_2}=\frac{A_2}{A_3}$$

因

$$\eta^2=\frac{A_1}{A_3}=10$$

故有

$$\eta=\sqrt{10}=3.162$$

对数减缩为

$$\Lambda=\ln\eta=1.151$$

(2) 求 c 和 T_d

式(8.5.20)给出

$$T_d=\frac{2\pi}{\sqrt{\omega_0^2-\delta^2}}$$

式(8.5.23)给出

$$\Lambda=\delta T_d$$

代入 $\omega_0=8.08$，$\Lambda=1.151$，可求得

$$T_d=0.788\ \mathrm{s},\quad \delta=1.459\ \mathrm{s^{-1}}$$

于是有

$$c=2m\delta=2\times2.45\times10^3\times1.459\ \mathrm{N\cdot s\cdot m^{-1}}=7.149\times10^3\ \mathrm{N\cdot s\cdot m^{-1}}$$

(3) 求临界阻尼时的阻力系数

在临界阻尼下 $\delta=\omega_0$，相应的阻尼系数为

$$c = 2m\delta = 2m\omega_0 = 2\sqrt{mk}$$

$$= 2\sqrt{2.45\times 10^3 \times 1.6\times 10^5}\ \mathrm{N\cdot s\cdot m^{-1}}$$

$$= 3.96\times 10^4\ \mathrm{N\cdot s\cdot m^{-1}}$$

（4）求 $x_{\max}$

因小阻尼情形的衰减振动有式(8.5.15)，即

$$x = A\exp(-\delta t)\sin(\sqrt{\omega_0^2-\delta^2}\,t+\theta)$$

因 $t=0$ 时，$x=x_0=0, \dot{x}=\dot{x}_0=1.2$，故有

$$A = \sqrt{x_0^2+\frac{(\dot{x}_0+\delta x_0)^2}{\omega_0^2-\delta^2}}$$

$$= \frac{\dot{x}_0}{\sqrt{\omega_0^2-\delta^2}} = \frac{0.12}{\sqrt{8.08^2-1.459^2}}\ \mathrm{m} = \frac{0.12}{7.947}\ \mathrm{m}$$

$$= 0.015\ 1\ \mathrm{m}$$

$$\theta = \arctan\frac{x_0\sqrt{\omega_0^2-\delta^2}}{\dot{x}_0+\delta x} = 0$$

于是有

$$x = 0.015\ 1\ \mathrm{m}\times\exp(-1.459\ \mathrm{s^{-1}}t)\sin(7.947\ \mathrm{s^{-1}}t)$$

因此

$$\dot{x} = 0.015\ 1\ \mathrm{m}\times\exp(-1.459\ \mathrm{s^{-1}}t)(-1.459\ \mathrm{s^{-1}}\sin 7.947\ \mathrm{s^{-1}}t + 7.947\ \mathrm{s^{-1}}\cos 7.947\ \mathrm{s^{-1}}t)$$

由 $\dot{x}=0$，解得

$$\tan(7.947\ \mathrm{s^{-1}}t_1) = \frac{7.947}{1.459} = 5.447$$

$$7.947\ \mathrm{s^{-1}}t_1 = 1.389$$

$$t_1 = 0.175\ \mathrm{s}$$

$$x_{\max} = x\big|_{t=t_1} = 0.015\ 1\ \mathrm{m}\times\exp(-1.459\times 0.175)\sin(7.947\times 0.175)$$

$$= 0.011\ 5\ \mathrm{m}$$

例 8.5.3　如图 8.18 所示，车轮上装置一质量为 m 的物块 B，于某瞬时（$t=0$）车轮由水平路面进入曲线路面，并继续以等速 v 行驶。该曲线路面按 $y_1=$

$d\sin\left(\frac{\pi}{l}x_1\right)$的规律起伏，坐标原点和坐标系$O_1x_1y_1$的位置如图所示。当轮 A 进入曲线路面时，物块 B 在铅垂方向无速度。设弹簧的刚度系数为 k。试求：(1) 物块 B 的受迫振动方程；(2) 轮 A 的临界速度 v_{cr}。

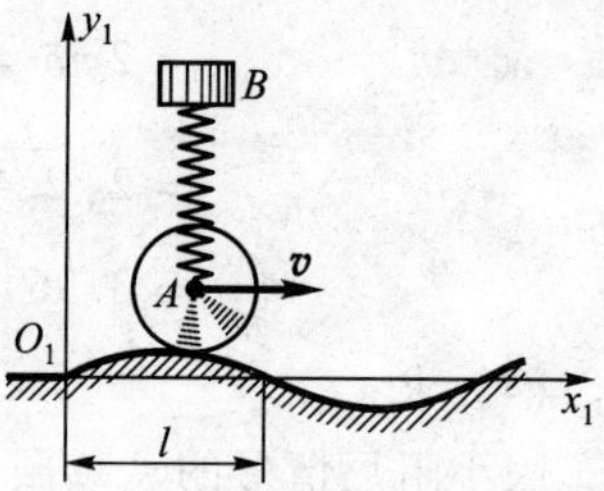

图 8.18

解：以物块 B 为研究对象，列写运动微分方程，有

$$m\ddot{y} = -mg - k(y - y_1 - l_0) \tag{a}$$

其中 y 由轴 Ox_1 计起，向上为正，l_0 为弹簧的自然长。

令

$$\tilde{y} = y - l_0 + \frac{mg}{k} \tag{b}$$

则式(a)成为

$$\ddot{\tilde{y}} = -\frac{k}{m}(\tilde{y} - y_1)$$

注意到 $x_1 = vt$，则

$$\ddot{\tilde{y}} + \frac{k}{m}\tilde{y} = \frac{kd}{m}\sin\left(\frac{\pi}{l}vt\right) \tag{c}$$

化成标准形式(8.5.28)，有

$$\ddot{\tilde{y}} + \omega_0^2\tilde{y} = B_0\omega_0^2\sin\omega t$$

其中

$$\omega_0^2 = \frac{k}{m},\quad \omega = \frac{\pi}{l}v,\quad B_0 = d$$

又

$$s = \frac{\omega}{\omega_0} = \frac{\frac{\pi}{l}v}{\sqrt{\frac{k}{m}}}$$

故受迫振动的振幅为

$$B = \frac{B_0}{1 - s^2} = \frac{dkl^2}{kl^2 - m\pi^2v^2} \tag{d}$$

而解为

$$\tilde{y} = \frac{dkl^2}{kl^2 - m\pi^2 v^2}\sin\left(\frac{\pi}{l}vt\right) \tag{e}$$

由式(d)知,车轮速度越大,则振幅越大。临界速度 v_{cr} 满足

$$kl^2 - m\pi^2 v_{cr}^2 = 0$$

由此得

$$v_{cr} = \frac{l}{\pi}\sqrt{\frac{k}{m}} \tag{f}$$

8.6 有心力运动

有心力场是自然界中最具普遍性的力场。宏观物体相互吸引的万有引力、电荷或磁极之间的静电或磁作用力都构成有心力场。万有引力场中天体运动规律的研究在力学发展史中占有重要的地位。天体或航天器的运动可简化为质心运动和刚体绕质心的转动,质心运动即是轨道运动,而刚体绕质心的运动即是姿态运动。

8.6.1 有心力场的普遍性质

1. 有心力场

如果质点在运动过程中,所受到的力 $\boldsymbol{F}$ 总是通过惯性空间的固定点 O,则称此力为**有心力**,点 O 称为**力心**,有心力构成的力场称为有心力场。有心力表示为

$$\boldsymbol{F}(\boldsymbol{r}) = F(r)\frac{\boldsymbol{r}}{r} \tag{8.6.1}$$

其中 $\boldsymbol{r}$ 为质点的矢径。如果 $F(r)<0$,则有心力指向力心,称为引力;如果 $F(r)>0$,则称为斥力。质量为 m 的质点在有心力作用下的运动微分方程为

$$m\ddot{\boldsymbol{r}} - \frac{F(r)}{r}\boldsymbol{r} = \boldsymbol{0} \tag{8.6.2}$$

2. 能量积分

将方程(8.6.2)表示为

$$m\dot{\boldsymbol{v}} - \frac{F(r)}{r}\boldsymbol{r} = \boldsymbol{0}$$

用速度矢量 $\boldsymbol{v}=\dot{\boldsymbol{r}}$ 标量积上式,得

$$m\boldsymbol{v}\cdot\dot{\boldsymbol{v}} - \frac{F(r)}{r}\boldsymbol{r}\cdot\dot{\boldsymbol{r}} = 0$$

对任意矢量 $\boldsymbol{a}$ 有 $\boldsymbol{a}\cdot\dot{\boldsymbol{a}} = a\dot{a}$, 上式成为

$$mv\dot{v} - F(r)\dot{r} = 0$$

由此得到积分

$$\frac{1}{2}mv^2 + V(r) = E \tag{8.6.3}$$

其中 $V(r)$ 为质点在有心力场内的势函数,即势能

$$V(r) = -\int_{\infty}^{r} F(r)\,\mathrm{d}r \tag{8.6.4}$$

$V(r)$ 的等势面是以力心为中心的球面,零等势面在无限远处。积分(8.6.3)就是**能量积分**,其意义为保守力场中质点的机械能守恒。积分常数 E 为质点的总机械能。

3. 面积积分

用矢径 $\boldsymbol{r}$ 矢量积式(8.6.2)的各项,得到

$$m\boldsymbol{r}\times\dot{\boldsymbol{v}} - \frac{F(r)}{r}\boldsymbol{r}\times\boldsymbol{r} = m\frac{\mathrm{d}}{\mathrm{d}t}(\boldsymbol{r}\times\boldsymbol{v}) = \boldsymbol{0}$$

于是有积分

$$\boldsymbol{r}\times m\boldsymbol{v} = \boldsymbol{L} \tag{8.6.5}$$

称为**动量矩积分**。矢量形式的积分常数 $\boldsymbol{L}$ 垂直于矢量 $\boldsymbol{r}$ 和 $\boldsymbol{v}$,其物理意义为质点相对点 O 的动量矩。由于 $\boldsymbol{L}$ 为常矢量,$\boldsymbol{r}$ 与 $\boldsymbol{v}$ 组成在惯性空间中方位不变的平面,质点的运动必限制在此平面内,称为质点的轨道平面。采用极坐标 ρ,φ 来确定质点在轨道平面内的位置,则积分(8.6.5)的标量形式为

$$m\rho^2\dot{\varphi} = L \tag{8.6.6}$$

设 t 和 $t+\mathrm{d}t$ 时刻质点的矢径分别为 $\boldsymbol{r}$ 和 $\boldsymbol{r}+\mathrm{d}\boldsymbol{r}$,矢径转过的角度为 $\mathrm{d}\varphi$,如图 8.19 所示。

质点的矢径 $\boldsymbol{r}$ 在 $\mathrm{d}t$ 时间内扫过的面积为

$$\mathrm{d}A = \frac{1}{2}\rho^2\mathrm{d}\varphi$$

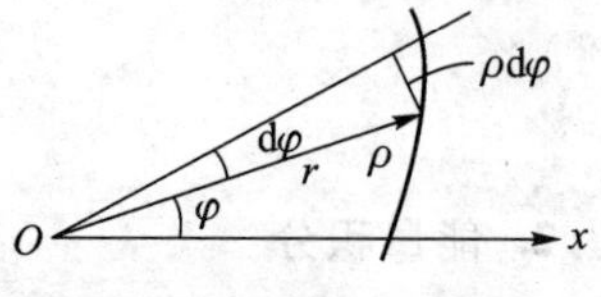

图 8.19

则有

$$\dot{A} = \frac{1}{2}\rho^2\dot{\varphi} = \frac{1}{2}\frac{L}{m} \tag{8.6.7}$$

即质点矢径扫过的面积速度保持为常值。因此,动量矩积分(8.6.6)也称为**面积积分**。将能量积分(8.6.3)用极坐标表示,有

$$\frac{1}{2}m(\dot{\rho}^2 + \rho^2\dot{\varphi}^2) + V(\rho) = E \tag{8.6.8}$$

式(8.6.6)和式(8.6.8)组成封闭方程组,方程组的解 $\rho(t)$,$\varphi(t)$完全确定质点在有心力作用下的平面运动规律。

4. 轨道方程

由式(8.6.6)解出

$$\dot{\varphi} = \frac{L}{m\rho^2} \tag{8.6.9}$$

将其代入式(8.6.8),并解出 $\dot{\rho}$,得

$$\dot{\rho} = \pm\sqrt{\frac{2}{m}}\sqrt{E - V(\rho) - \frac{L^2}{2m\rho^2}} \tag{8.6.10}$$

积分得 ρ 与 t 的关系

$$t = \pm\sqrt{\frac{m}{2}}\int_{\rho_0}^{\rho}\frac{\mathrm{d}\rho}{\sqrt{E - V(\rho) - \frac{L^2}{2m\rho^2}}} \tag{8.6.11}$$

由此反解出 $\rho = \rho(t)$,再代入式(8.6.6),可得

$$\varphi = \varphi_0 + \frac{L}{m}\int_{t_0}^{t}\frac{\mathrm{d}t}{\rho^2} \tag{8.6.12}$$

这样,$\rho = \rho(t)$,$\varphi = \varphi(t)$就是质点的极坐标运动方程,从中消去时间 t 就是轨道方程。由式(8.6.9)和式(8.6.10)两式相除,得到 ρ 与 φ 之间的一阶微分方程

$$\frac{\mathrm{d}\rho}{\mathrm{d}\varphi} = \pm\sqrt{\frac{2m}{L^2}}\sqrt{E - V(\rho) - \frac{L^2}{2m\rho^2}}\,\rho^2 \tag{8.6.13}$$

积分得轨道方程

$$\varphi = \varphi_0 + \sqrt{\frac{L^2}{2m}}\int_{\rho_0}^{\rho}\frac{\mathrm{d}\rho}{\pm\rho^2\sqrt{E - V(\rho) - \frac{L^2}{2m\rho^2}}} \tag{8.6.14}$$

5. 比内方程

质点的径向运动微分方程为

$$m(\ddot{\rho} - \rho\dot{\varphi}^2) = F(\rho) \tag{8.6.15}$$

引进新变量

$$u = \frac{1}{\rho}$$

则动量矩积分(8.6.6)可写成

$$\dot{\varphi} = \frac{L}{m}u^2$$

分别将 $\dot{\rho}$ 和 $\ddot{\rho}$ 写成

$$\dot{\rho} = \frac{\mathrm{d}\rho}{\mathrm{d}\varphi}\dot{\varphi} = \frac{L}{m}u^2\frac{\mathrm{d}\rho}{\mathrm{d}\varphi} = -\frac{L}{m}\frac{\mathrm{d}u}{\mathrm{d}\varphi}$$

$$\ddot{\rho} = -\frac{L}{m}\frac{\mathrm{d}^2u}{\mathrm{d}\varphi^2}\dot{\varphi} = -\frac{L^2}{m^2}u^2\frac{\mathrm{d}^2u}{\mathrm{d}\varphi^2}$$

代入式(8.6.15),得

$$\frac{\mathrm{d}^2u}{\mathrm{d}\varphi^2} + u = -\frac{m}{L^2}\frac{1}{u^2}F\left(\frac{1}{u}\right) \tag{8.6.16}$$

或写成

$$\frac{\mathrm{d}^2}{\mathrm{d}\varphi^2}\left(\frac{1}{\rho}\right) + \frac{1}{\rho} = -\frac{m\rho^2}{L^2}F(\rho) \tag{8.6.17}$$

这就是**比内**(Binet)**方程**。比内方程(8.6.17)可用来求解有心力场的运动轨道。

8.6.2 开普勒问题

求质点在万有引力作用下的运动轨道问题,称为**开普勒**(Kepler)**问题**。开普勒问题对于研究行星、彗星以及人造地球卫星、人造天体的运动有重要实用价值。

1. 轨道方程

有心力的径向投影为

$$F(\rho) = -\frac{k}{\rho^2} \quad (k > 0)$$

代入比内方程(8.6.16),得

$$\frac{d^2u}{d\varphi^2}+u=\frac{mk}{L^2}$$

这是一个线性微分方程,其通解为

$$u=A\cos(\varphi-\varphi_0)+\frac{mk}{L^2} \tag{8.6.18}$$

其中 A 和 φ_0 为积分常数。式(8.6.18)就是万有引力作用下质点的最一般形式的轨道方程。

由式(8.6.9)和式(8.6.18),得

$$\frac{d\rho}{d\varphi}=\rho^2A\sin(\varphi-\varphi_0)$$

将上式及 $V(\rho)=-\dfrac{k}{\rho}$代入式(8.6.8)得

$$E=\frac{1}{2}m\left(\frac{L}{m\rho^2}\right)^2\left[\left(\frac{d\rho}{d\varphi}\right)^2+\rho^2\right]-\frac{k}{\rho}$$

$$=\frac{L^2A^2}{2m}-\frac{mk^2}{2L^2}$$

由此解出

$$A=\pm\frac{mk}{L^2}\sqrt{1+\frac{2L^2E}{mk^2}}$$

令

$$e=\sqrt{1+\frac{2L^2E}{mk^2}}\geqslant 0$$

则式(8.6.18)表示为

$$\rho=\frac{p}{1+e\cos(\varphi-\varphi_0)} \tag{8.6.19}$$

其中

$$p=\frac{L^2}{mk}$$

当 $\varphi=\varphi_0$ 时,$\rho=\dfrac{p}{1+e}$是 ρ 的极小值,它对应轨道上的近心点。为方便起见,

可取力心至近心点的连线为极坐标的极轴方向，那么 $\varphi_0=0$。轨道方程(8.6.19)可简写成

$$\rho=\frac{p}{1+e\cos\varphi} \tag{8.6.20}$$

式(8.6.20)为圆锥曲线的极坐标方程，力心 O 是它的一个焦点，e 是**偏心率**，p 是**焦点参数**。已知动量矩 $L(L\neq0)$ 和能量 E 时，质点的运动轨道可能有 4 种情形：

(1) $E=-m\dfrac{k^2}{2L^2}$，此时 $e=0$，对应于圆形轨道，圆的半径为 $\rho=p$；

(2) $-m\dfrac{k^2}{2L^2}<E<0$，此时 $0<e<1$，对应于椭圆形轨道；

(3) $E=0$，此时 $e=1$，对应于抛物线轨道；

(4) $E>0$，此时 $e>1$，对应于双曲线轨道。

例如，设 L 为定值，$L\neq0$，E 取不同值时，4 种可能的情形如图 8.20 所示。

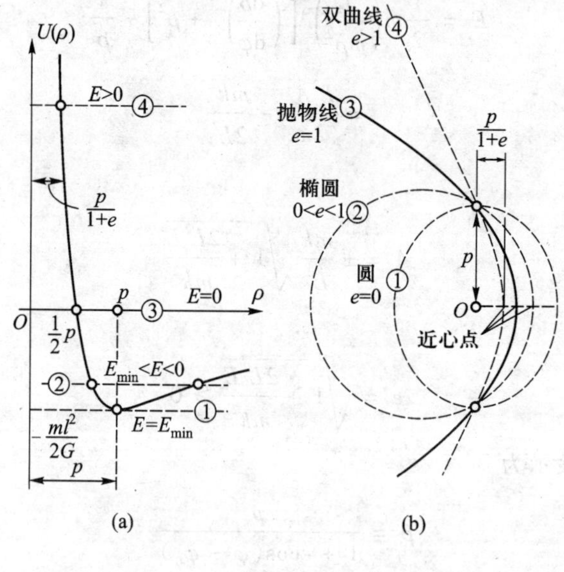

图 8.20

图中在 4 条轨道上 $\rho=p$ 的两点处，质点速度的横向分量的大小都是 $\dfrac{L}{mp}$，但径向分量的大小不同，径向分量越大，则能量 E 也越大。

再以发射地球卫星为例。如果将进入轨道的那个点叫做初始点，它的矢径

大小 $\rho=R$(略大于地球半径),假定此时卫星的速度大小为 v_0,方向与矢径垂直,则动量矩为

$$L = m\rho^2\dot{\varphi} = mRv_0$$

而机械能为

$$E = \frac{1}{2}mv^2 - \frac{k}{\rho} = \frac{1}{2}mv_0^2 - mgR$$

其中 $k=mgR^2$,g 为初始点处的重力加速度,略小于 $9.8\ \mathrm{m\cdot s^{-2}}$。椭圆轨道与双曲线轨道的分界点是 $E=0$,由此计算出 $v_0=\sqrt{2gR}$,这就是第二宇宙速度。形成圆形轨道的条件是

$$E = -\frac{mk^2}{2L^2}$$

将 L,E 和 R 代入,可解出 $v_0=\sqrt{gR}$,这就是第一宇宙速度。

2. 椭圆运动轨道的周期

式(8.6.7)给出面积速度

$$\frac{1}{2}\rho^2\dot{\varphi} = \frac{L}{2m}$$

整个椭圆的面积是 πab,其中 a 和 b 分别为椭圆的半长轴和半短轴,因此矢径扫过整个椭圆面积的时间就是周期,即

$$T = 2\pi ma\frac{b}{L}$$

由解析几何知,a 与 b 的关系为 $b^2=pa$。代入上式并利用

$$p = \frac{L^2}{mk}$$

得到

$$T^2 = \frac{4\pi^2 m}{k}a^3 \tag{8.6.21}$$

这说明周期平方与椭圆半长轴立方成正比。这就是开普勒关于行星运动的第三定律。这里是由牛顿定律和万有引力定律推导出了开普勒第三定律。在历史上恰好相反,正是有了它,牛顿才得出万有引力定律,而开普勒定律本身,则是根据长期天文观测的数据归纳出来的。

在地球表面,万有引力等于重力

$$\frac{k}{R^2} = mg$$

因此有

$$\frac{k}{m} = gR^2 = 9.82 \times 10^{-3} \times 6\,371^2\ \mathrm{km^3 \cdot s^{-2}} \approx 3.986 \times 10^5\ \mathrm{km^3 \cdot s^{-2}}$$

通常用μ表示,称为地球的引力参数。这样,在研究人造卫星轨道周期时,式(8.6.21)可写成

$$T = 2\pi\sqrt{\frac{a^3}{\mu}} \tag{8.6.22}$$

3. 椭圆轨道上点的速度

椭圆轨道上点的速度 $\boldsymbol{v}$ 可沿横向和径向分解为 v_φ 和 v_ρ,如图 8.21 所示。横向速度为

$$v_\varphi = \rho\dot{\varphi} = \frac{L}{m\rho} = \frac{L}{mp}(1 + e\cos\varphi)$$

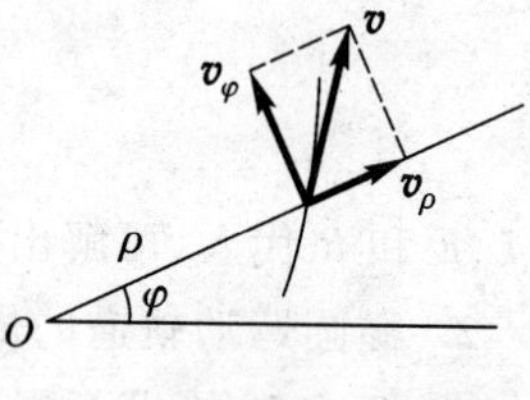

图 8.21

考虑到

$$p = \frac{L^2}{mk}, \quad \frac{k}{m} = \mu$$

则有

$$\frac{L}{m} = \sqrt{\mu p}$$

于是

$$v_\varphi = \sqrt{\frac{\mu}{p}}(1 + e\cos\varphi) \tag{8.6.23}$$

径向速度为

$$v_\rho = \dot{\rho} = \frac{\mathrm{d}\rho}{\mathrm{d}\varphi}\dot{\varphi} = \frac{\mathrm{d}\rho}{\mathrm{d}\varphi}\frac{L}{m\rho^2} = \sqrt{\frac{\mu}{p}}e\sin\varphi \tag{8.6.24}$$

于是速度大小为

$$v = \sqrt{v_\varphi^2 + v_\rho^2} = \sqrt{\frac{\mu}{p}}\sqrt{1 + e^2 + 2e\cos\varphi} \tag{8.6.25}$$

当 $\varphi = 0$ 时,速度最大

$$v_{max} = v_{\pi} = v(0) = \sqrt{\frac{\mu}{p}}(1+e) \tag{8.6.26}$$

而当 $\varphi=\pi$ 时，速度最小

$$v_{min} = v_{\alpha} = v(\pi) = \sqrt{\frac{\mu}{p}}(1-e) \tag{8.6.27}$$

对于圆轨道 $e=0$ 的特殊情形，可导出圆速度 v_c 和矢径 $\boldsymbol{r}$ 的转动角速度 ω_c 分别为

$$v_c = \sqrt{\frac{\mu}{r}}, \quad \omega_c = \frac{v_c}{r} = \sqrt{\frac{\mu}{r^3}} \tag{8.6.28}$$

例 8.6.1　一质量为 m 的航天器从绕地球的半径为 a 的圆轨道经过**霍曼(Hohmann)轨道**转移到半径为 $2a$ 的圆轨道，如图 8.22 所示。试求霍曼转移轨道的参数 p,e，在转移点 A,B 处所需施加的冲量，以及在转移轨道内的运行时间。

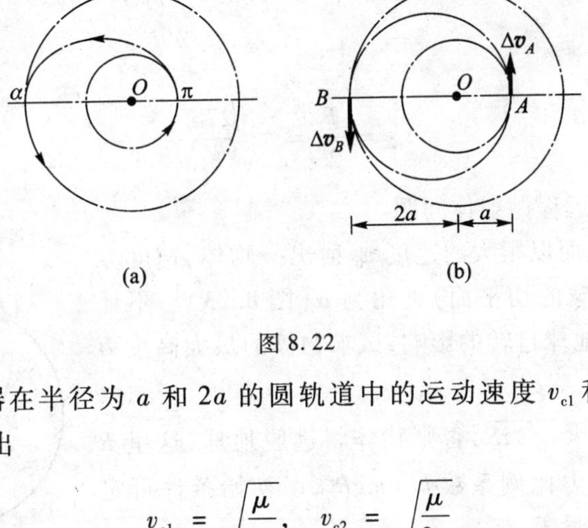

图 8.22

解：航天器在半径为 a 和 $2a$ 的圆轨道中的运动速度 v_{c1} 和 v_{c2}，可利用式(8.6.28)计算出

$$v_{c1} = \sqrt{\frac{\mu}{a}}, \quad v_{c2} = \sqrt{\frac{\mu}{3a}} \tag{a}$$

霍曼转移轨道的近地点和远地点距离分别为 a 和 $2a$，由

$$\rho_{min} = \rho_{\pi} = \rho(0) = \frac{p}{1+e} = a$$

$$\rho_{max} = \rho_{\alpha} = \rho(\pi) = \frac{p}{1-e} = 2a$$

可解出

$$p = \frac{4}{3}a, \quad e = \frac{1}{3} \tag{b}$$

利用式(8.6.26),(8.6.27)可计算出霍曼轨道的近地点和远地点速度分别为

$$v_\pi = 2\sqrt{\frac{\mu}{3a}}, \quad v_\alpha = \sqrt{\frac{\mu}{2a}} \tag{c}$$

航天器在转移点 A,B 处的速度增量为

$$\left.\begin{aligned} \Delta v_A &= v_\pi - v_{c1} = 0.154\,7\sqrt{\frac{\mu}{a}} \\ \Delta v_B &= -v_\alpha + v_{c2} = 0.129\,8\sqrt{\frac{\mu}{a}} \end{aligned}\right\} \tag{d}$$

需施加的冲量

$$I_A = m\Delta v_A, \quad I_B = m\Delta v_B \tag{e}$$

航天器在转移轨道内的运行时间 t_H 为周期的一半,将轨道半长轴$\frac{3a}{2}$代入式(8.6.22),得

$$t_H = \frac{T}{2} = \pi\sqrt{\frac{27a^3}{8\mu}} \tag{f}$$

例 8.6.2 远程抛射体问题。

设在地球表面以很大的速度 v_0 射出一物体,速度方向与水平面(地球的切平面)夹角为 α(图 8.23)。不计空气阻力,不计地球自转的影响,试求物体的最大高度 H 和射程 l。

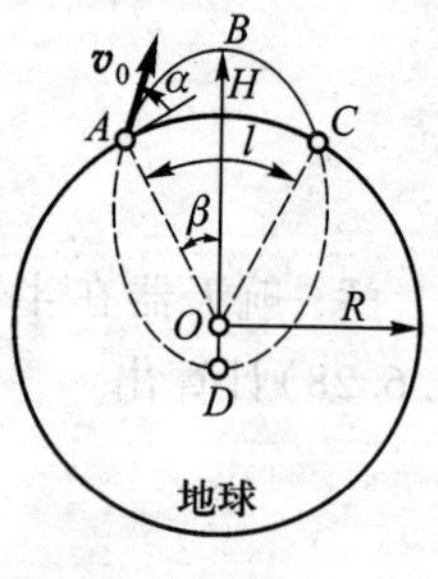

图 8.23

解: 假定 $v_0 < \sqrt{2gR}$,否则物体将逃脱地球,这里 R 是地球半径。引力比例系数 $k = mgR^2$,由初始条件可定出动量矩 L 和能量 E,有

$$L = mRv_0\cos\alpha$$

$$E = \frac{1}{2}mv_0^2 - \frac{k}{R} = \frac{1}{2}m(v_0^2 - 2gR) < 0$$

由此可计算出圆锥曲线参数 p 和 e,有

$$p = \frac{L^2}{mk} = 2R\left(\frac{v_0}{c}\right)^2\cos^2\alpha$$

$$e = \sqrt{1 + \frac{2EL^2}{mk^2}} = \sqrt{1 - 4\left(\frac{v_0}{c}\right)^2\left(1 - \frac{v_0^2}{c^2}\right)\cos^2\alpha}$$

其中 $c = \sqrt{2gR}$,是第二宇宙速度。令

$$\theta = \frac{v_0}{c} < 1$$

则有

$$p = 2R\theta^2\cos^2\alpha$$

$$e = [1 - 4\theta^2(1 - \theta^2)\cos^2\alpha]^{\frac{1}{2}}$$

由 e 的表达式可以看出 $e < 1$,而 $\theta^2(1 - \theta^2)\cos^2\alpha$ 的最大值为 $\frac{1}{4}$,这只出现在 $\theta = \frac{1}{\sqrt{2}}$(对应于 $v_0 = \sqrt{gR}$)以及 $\alpha = 0$ 的情况下,除此之外,必有 $e > 0$,因此,一般说来抛射体的轨道是椭圆,如图 8.23 所示,地心是它的一个焦点。椭圆的远地点距离是

$$\rho = \frac{p}{1 - e}$$

因此,最高点 B 离地面的距离为

$$H = \frac{p}{1 - e} - R$$

将 p 与 e 代入并简化后得

$$H = \frac{p(1 + e)}{1 - e^2} - R = \frac{\frac{1}{2}(e - 1) + \theta^2}{1 - \theta^2}R$$

发射点 A 的坐标是 $\rho = R, \varphi = \pi - \beta$($\varphi$ 自近心点 D 算起)。将其代入轨道方程

$$\rho = \frac{p}{1 + e\cos\varphi}$$

可以从中解出

$$\beta = \arccos\left[\frac{1}{e}\left(1 - \frac{p}{R}\right)\right]$$

射程 l 是地面上 2β 角所张的弧长,因此

$$l = 2R\beta = 2R\arccos\left[\frac{1}{e}\left(1 - \frac{p}{R}\right)\right]$$

$$= 2R\arcsin\left[\frac{1}{e}\sqrt{e^2 - \left(1 - \frac{p}{R}\right)^2}\right]$$

$$= 2R\arcsin\left(\frac{1}{e}\theta^2 \sin 2\alpha\right)$$

当

$$\theta = \frac{v_0}{c} \ll 1$$

时,可将 H 和 l 的表达式按 θ 的幂次展开,并略去高阶小量,得

$$H = \frac{v_0^2 \sin^2\alpha}{2g}, \quad l = \frac{v_0^2 \sin 2\alpha}{g}$$

它们就是将地面看成平面,重力均匀不变时抛射体的高度和射程,这两个式子就是本问题的一次近似值。

小 结

本章介绍了质点动力学。动力学的任务是研究物体运动与受力之间的关系,动力学基本定律是牛顿关于运动规律的三定律。

1. 牛顿第二定律可表示为

矢量形式

$$m\ddot{\boldsymbol{r}} = \sum \boldsymbol{F}$$

直角坐标形式

$$m\ddot{x} = \sum F_x, \quad m\ddot{y} = \sum F_y, \quad m\ddot{z} = \sum F_z$$

自然坐标形式

$$m\ddot{s} = \sum F_{\mathrm{t}}, \quad m\frac{v^2}{\rho} = \sum F_{\mathrm{n}}, \quad 0 = \sum F_{\mathrm{b}}$$

极坐标形式

$$m(\ddot{\rho} - \rho\dot{\varphi}^2) = \sum F_\rho, \quad m\frac{1}{\rho}\frac{\mathrm{d}}{\mathrm{d}t}(\rho^2\dot{\varphi}) = \sum F_\varphi$$

利用这些方程可解质点动力学两类问题:已知运动求力和已知力求运动。

2. 在非惯性系中质点的相对运动微分方程为

$$m\boldsymbol{a}_{\mathrm{r}} = \sum \boldsymbol{F} + \boldsymbol{F}_{\mathrm{Ie}} + \boldsymbol{F}_{\mathrm{IC}}$$

其中

$$\boldsymbol{F}_{\mathrm{Ie}} = -m\boldsymbol{a}_{\mathrm{e}}, \quad \boldsymbol{F}_{\mathrm{IC}} = -2m\boldsymbol{\omega}_{\mathrm{e}} \times \boldsymbol{v}_{\mathrm{r}}$$

分别为牵连惯性力和科氏惯性力。

3. 单自由度系统的振动

自由振动

$$m\ddot{x} + kx = 0$$

固有频率

$$\omega_0 = \sqrt{\frac{k}{m}}$$

阻尼振动

$$m\ddot{x} + c\dot{x} + kx = 0$$

频率

$$\omega_{\mathrm{d}} = \sqrt{\omega_0^2 - \delta^2}$$

减缩因数

$$\eta = \exp(\delta T_{\mathrm{d}})$$

受迫振动

$$m\ddot{x} + c\dot{x} + kx = F_0 \sin \omega t$$

稳态运动

$$x_2(t) = B\sin(\omega t - \psi)$$

$$B = \frac{B_0}{\sqrt{(1-s^2)^2 + (2\zeta s)^2}}, \quad \psi = \arctan\left(\frac{2\zeta s}{1-s^2}\right)$$

$$B_0 = \frac{F_0}{k}, \quad s = \frac{\omega}{\omega_0}, \quad \zeta = \frac{\delta}{\omega_0}, \quad \delta = \frac{c}{2m}$$

4. 有心力运动

极坐标的微分方程为

$$m(\ddot{\rho}-\rho\dot{\varphi}^2)=F(\rho)$$

$$m\frac{1}{\rho}\frac{\mathrm{d}}{\mathrm{d}t}(\rho^2\dot{\varphi})=0$$

动量积分

$$m\rho^2\dot{\varphi}=L$$

能量积分

$$\frac{1}{2}m(\dot{\rho}^2+\rho^2\dot{\varphi}^2)+V(\rho)=E$$

轨道方程

$$\rho=\frac{p}{1+e\cos\varphi}$$

当 $e=0$ 时为圆形轨道；当 $0<e<1$ 时为椭圆轨道；

当 $e=1$ 时为抛物线轨道；当 $e>1$ 时为双曲线轨道。

习 题

8.1 起重机起重的重物 A 的质量 $m=500$ kg，已知重物上升的速度变化曲线如图所示。试求重物上升过程中绳索的拉力。

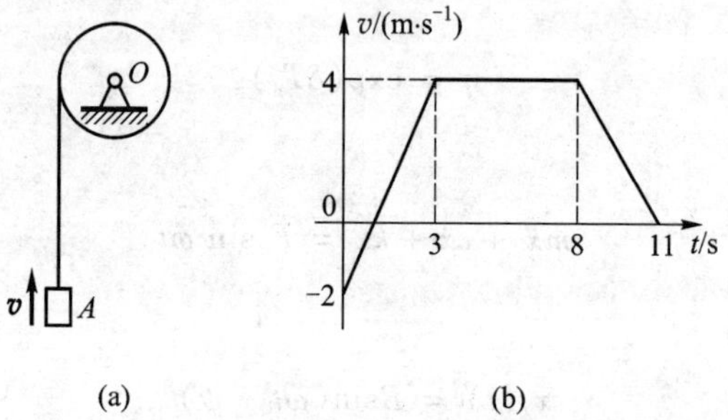

题 8.1 图

8.2 图示为桥式起重机上的小车吊着重量为 W 的物体沿桥架以匀速 $\boldsymbol{v}_0$ 运动。当小车突然停止后，重物由于惯性继续向前运动。试求重物在停车后的运动规律，假设 $\boldsymbol{v}_0$ 很小，其摆角 φ 为小量，并求绳的张力随摆角 φ 的变化情况。已知绳长为 l。

8.3 图示套筒 A 的质量为 m，因受绳子牵引沿铅垂杆向上滑动。绳子的另一端绕过离杆距离为 l 的滑轮而缠在鼓轮上。当鼓轮转动时，其边缘上各点的速度大小 v_0 为常量，试求绳子拉力与距离 x 之间的关系。

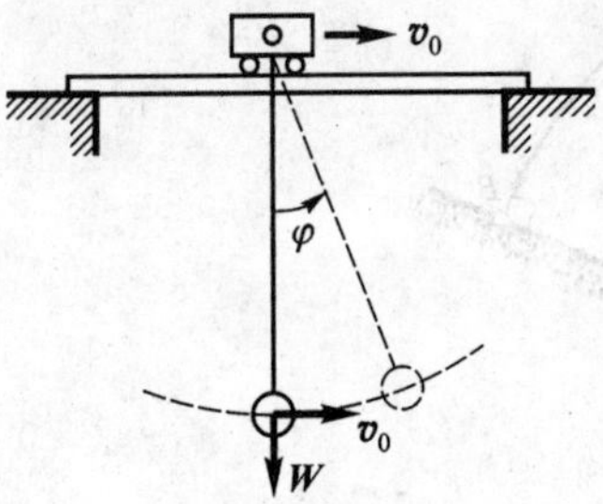

题 8.2 图

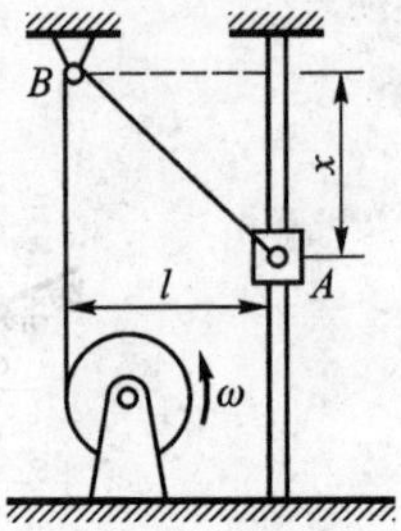

题 8.3 图

8.4　质量为 m 的小球 C,由两根杆支撑如图所示。球和杆一起以匀角速度 ω 绕铅垂轴 AB 转动。已知 $AC=5a,BC=3a,AB=4a$。A,B,C 三点均为光滑铰链,不计杆重。试求:(1) AC,BC 两杆所受力;(2) ω 等于多大时两杆所受力相等。

8.5　图示单摆的摆长为 l,摆锤质量为 m,摆角的摆动方程为 $\varphi=\varphi_m\sin\sqrt{\dfrac{g}{l}}t$,试求摆锤在最高位置和最低位置时绳的张力。

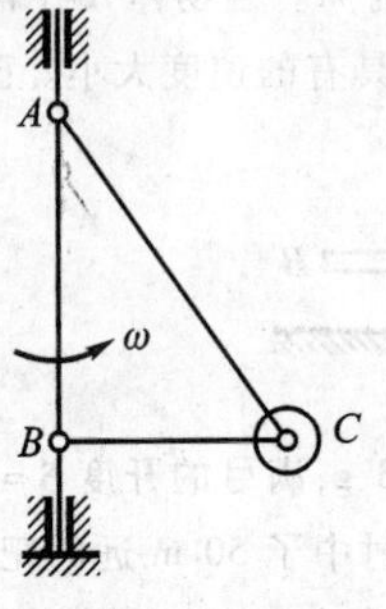

题 8.4 图

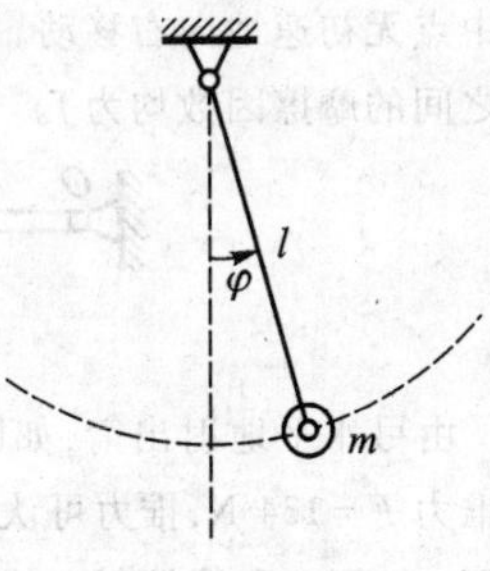

题 8.5 图

8.6　用炮弹轰击水平地面上某一目标。如以仰角 α 发射,炮弹落地处超过目标 a 米;如以仰角 β 发射,则落地处在目标以内,并离目标 b 米。假定炮弹的腔口速度相同,不计空气阻力,试证:当仰角为

$$\frac{1}{2}\arcsin\left(\frac{a\sin 2\beta+b\sin 2\alpha}{a+b}\right)$$

时,恰好命中目标。

8.7　图示斜面 OA 与 OB 的倾角各为 α 与 β。设自 A 处射出一子弹,初速为 $\boldsymbol{v}_0$,且垂直于斜面 OA,距离 $OA=a$。子弹击中斜面 OB 时其速度与 OB 恰好垂直,试证

$$v_0^2=\frac{2ga\sin^2\beta}{\sin\alpha-\sin\beta\cos(\alpha+\beta)}$$

8.8　图示一物体沿倾角为 α 的斜面向下运动,设物体的初速为零,物体与斜面间的动摩擦因数为 f。试求物体经过路程 l 时所需的时间。

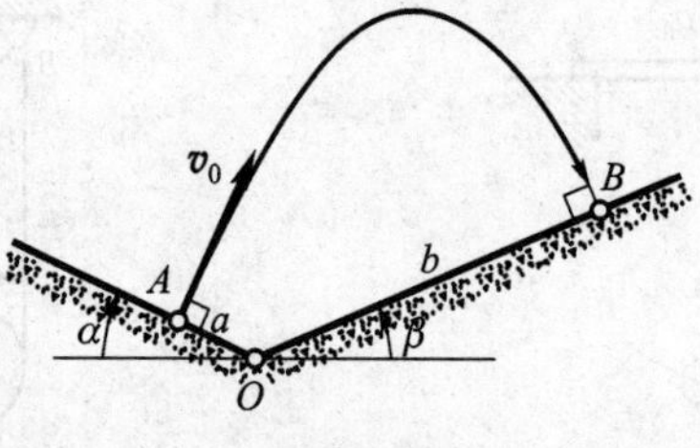

题 8.7 图

8.9 图示桌面上下平动的运动方程为 $x=25\sin\omega t$（其中 x 以 mm 计，t 以 s 计）。试问 ω 为何值时，桌面上的物体 A 才不至于被抛离桌面。

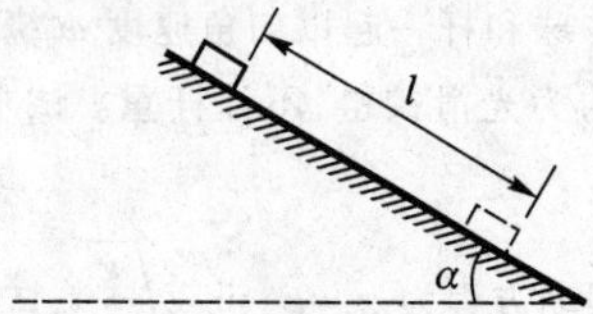

题 8.8 图

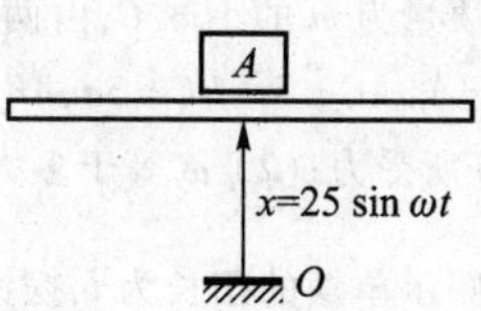

题 8.9 图

8.10 图中杆 OB 的质量为 $2m$，长为 l，物体 A 的质量为 m。当物体 A 在常力 $\boldsymbol{F}$ 的拉动下从杆的中点无初速地向右移动。试求物体 A 离开杆时所具有的速度大小。已知物体 A 和地面及杆之间的摩擦因数均为 f。

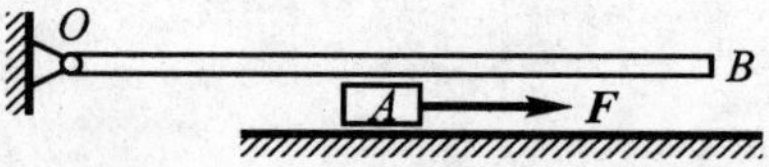

题 8.10 图

8.11 由弓水平地射出箭，如图所示。箭的质量 $m=23$ g，满弓的开度 $\delta=0.72$ m，弦所产生对应推力 $F=134$ N，推力可认为正比于开度。已知箭射中了 50 m 远的靶，试求靶心的高度。又问：如靶心和箭发射点的高度相等，则发射角应为多大？空气阻力不计，箭作平移，可视为质点。

8.12 图示质量为 m 的物块 B 可沿光滑杆 OA 运动，而 OA 则在水平面内以匀角速度 ω 绕轴 O 转动。设物块 B 在距转轴为 r_0 处被无初速地释放。试将物块 B 沿 OA 运动的相对速度表示成距离 r 的函数，并求杆 OA 作用于物块 B 的水平力。

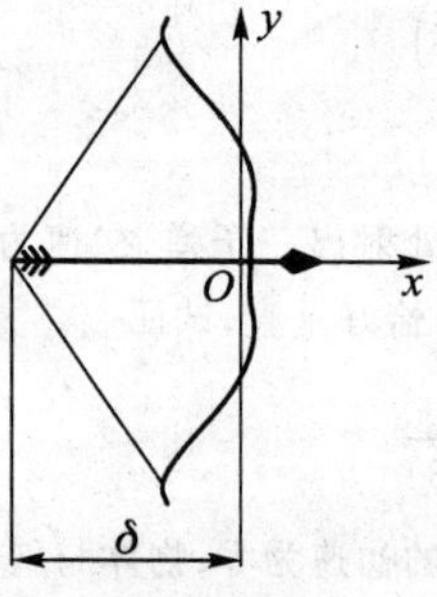

题 8.11 图

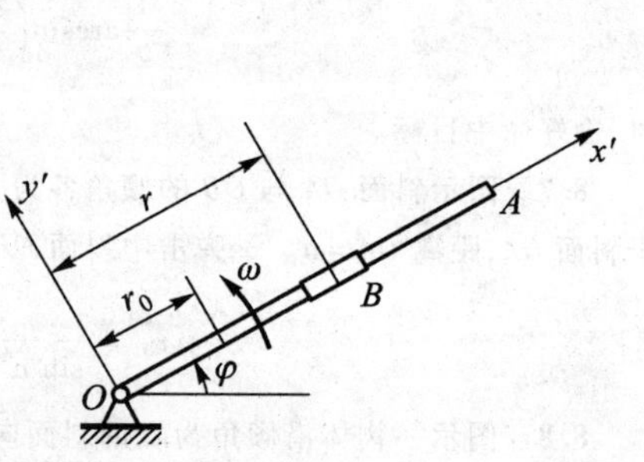

题 8.12 图

8.13　一质点沿光滑摆线 $x=r(\varphi+\sin\varphi)$，$y=r(1-\cos\varphi)$ 运动（$r=\text{const.}$），试证：质点的运动微分方程为 $\ddot{s}+\dfrac{g}{4r}s=0$，其中 s 为弧长。

8.14　水平圆台上有一光滑导槽 BC，槽内有一方块 A，如图所示。今圆台从静止开始，以角加速度 $\alpha=10\ \text{rad}\cdot\text{s}^{-2}$ 绕铅垂轴转动。试求开始转动时，A 相对于圆台的加速度，图中 $\theta=30^\circ$，$l=0.5\ \text{m}$。

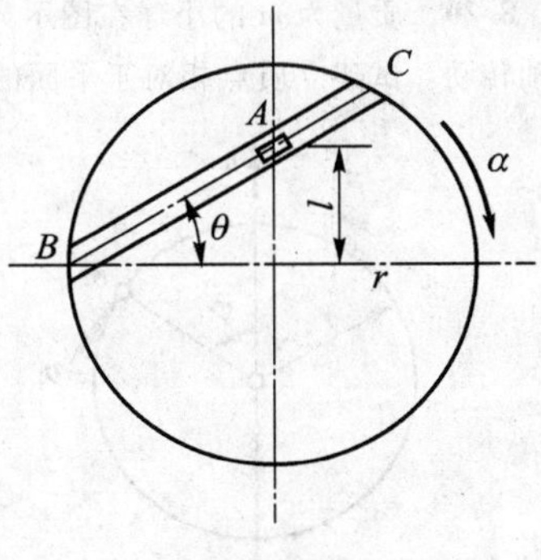

题 8.14 图

8.15　轴 AB 以匀角速度 ω 转动，质量为 m 的物体 E 可在与轴 AB 成 30°角并与之相固结的光滑杆 CD 上滑动，如图所示。若 C，E 间的弹簧刚度系数为 k，试建立物体 E 的运动微分方程。

8.16　直管 AB 在铅垂面内以匀角速度 ω 绕定轴 O 转动，如图所示。管内有一质量为 m 的质点在管内作无摩擦相对运动。当 $t=0$ 时，OA 处于铅垂位置，质点于 A 处处于相对静止。试求任一瞬时 t 质点在管内的位置及管壁对质点的作用力。

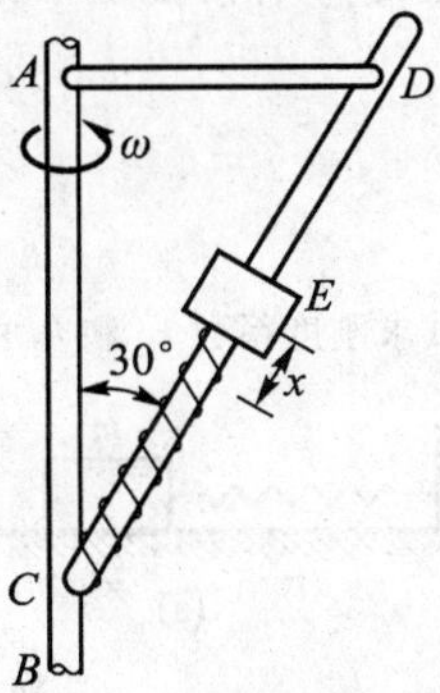

题 8.15 图

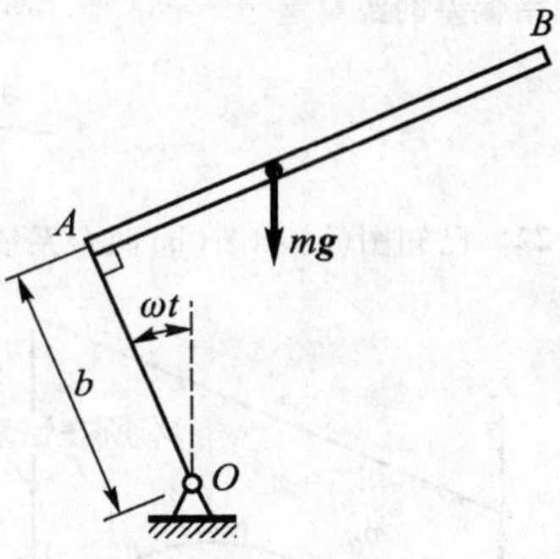

题 8.16 图

8.17　图示电梯以匀加速度 $\boldsymbol{a}_0$ 上升，从距电梯底部高 h 处以初速 $\boldsymbol{v}_0$ 水平抛出一物体，试求物体相对电梯的运动方程。

8.18　图示长为 l 倾角为 30°的光滑斜面，以加速度 $a=6t+2$（a 以 $\text{m}\cdot\text{s}^{-2}$ 计，t 以 s 计）向上运动，今有一质点在 $t=0$ 时由相对静止从定点下滑。试求在瞬时 t 质点离底部点 A 的距离。

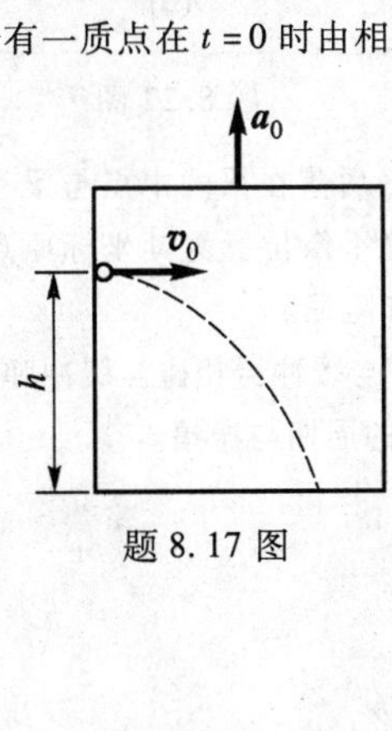

题 8.17 图

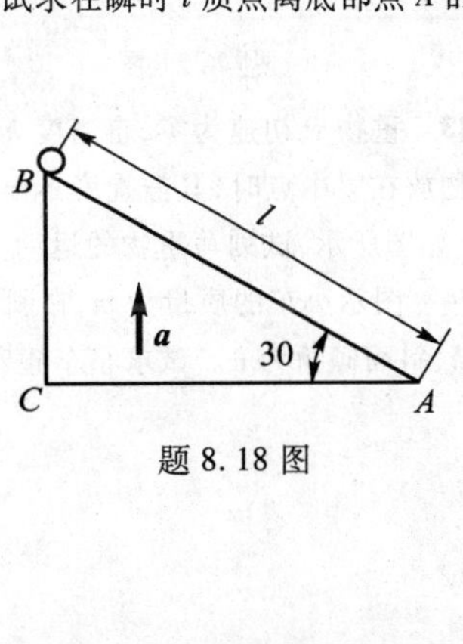

题 8.18 图

8.19 图示光滑钢丝圆圈半径为 r，位于铅垂平面内，以匀加速度 $\boldsymbol{a}$ 沿铅垂方向向上移动。圆圈上套一小环，其质量为 m，开始时小环位于偏角 φ_0 处，其相对速度为 v_{r0}，试求此后小环的相对速度及圈的反作用力。

8.20 质量为 m 的小球在图示光滑水平面上运动。此平面以匀角速度 ω 绕垂直于平面的轴转动。试建立质点相对于平面的运动微分方程。

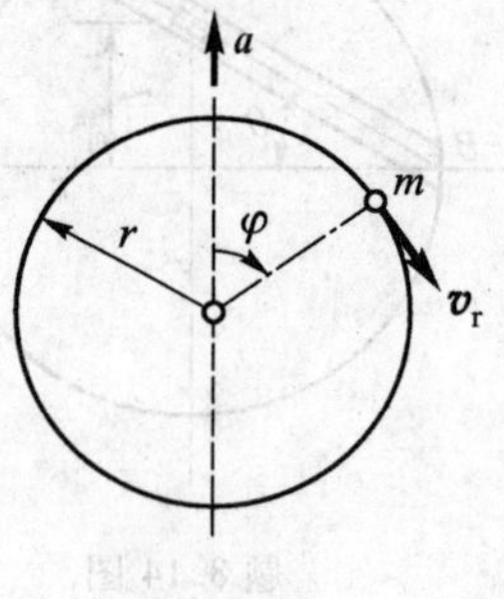

题 8.19 图

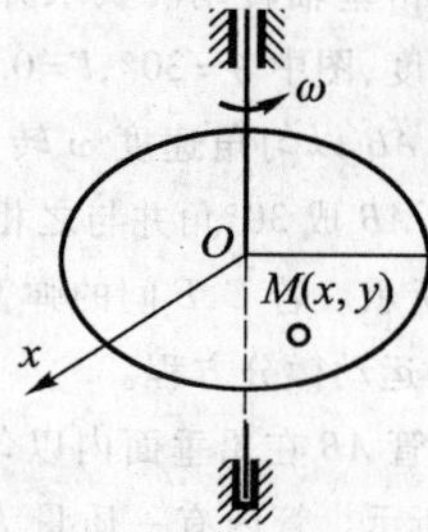

题 8.20 图

8.21 图示一炮弹在地球表面北纬 λ 处向东发射，初速为 v_0，仰角为 α。试证：炮弹落地时向南偏差的距离是

$$s = \frac{4v_0^3}{g^2}\omega\sin^2\alpha\cos\alpha\sin\lambda$$

8.22 已知图(a)和图(b)两个系统的固有频率相同，试求刚度系数 k_1 和 k_2 的关系。

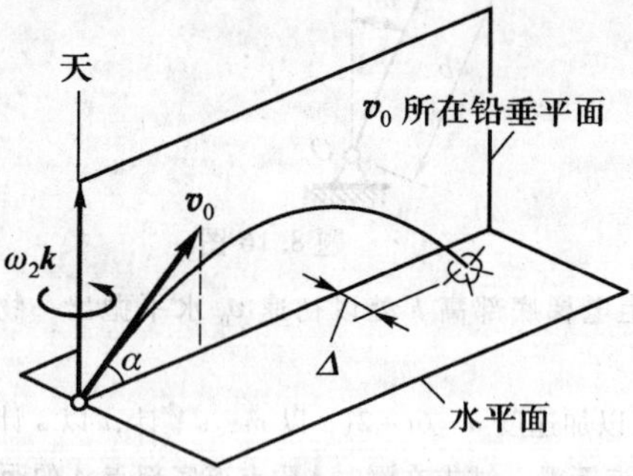

题 8.21 图

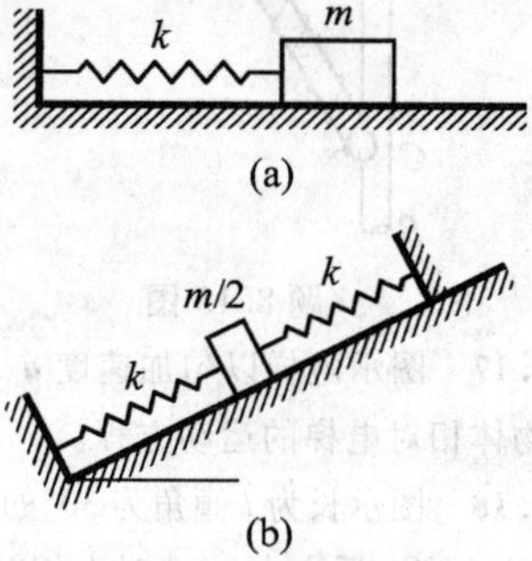

题 8.22 图

8.23 重物 P 初速为零，自高度 $h=1$ m 处自由下落，最后落在梁的中点与梁一起运动。已知重物放在梁中点时，其静扰度 $\delta_0=0.5$ cm。如以重物静平衡位置为其坐标原点，建立坐标系 Oy 如图所示，试列写重物的运动方程，不计梁的重量和阻尼。

8.24 图示小车的质量为 m，在斜面上自高度 h 处滑下与缓冲器相碰。缓冲弹簧的刚度系数为 k，斜面倾角为 α。试求小车碰着缓冲器后自由振动的周期与振幅。

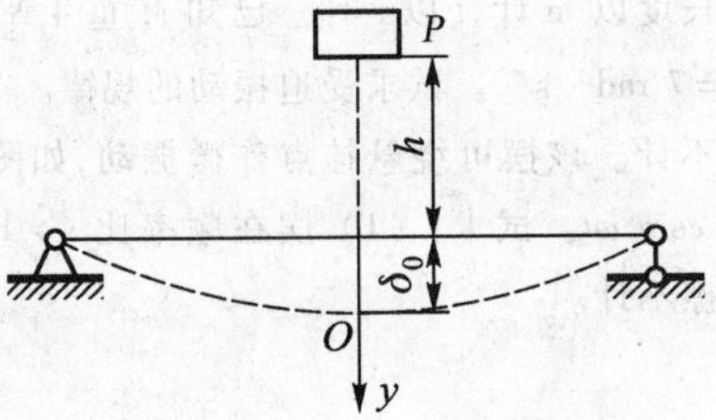

题 8.23 图

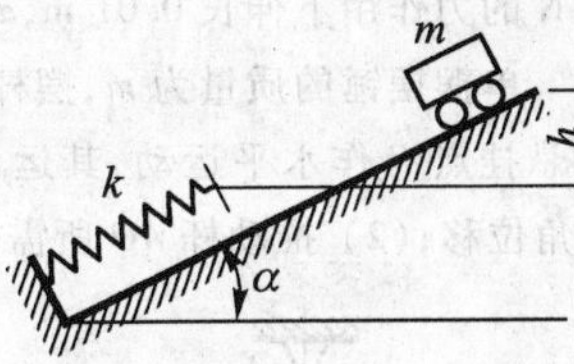

题 8.24 图

8.25　一小球的质量为 m，紧系在完全拉紧的韧性线 AB 的中部，如图所示。线的张力的大小为 F，当球沿侧向作微小运动时，设张力不变。若重力不计，试证明小球的侧向运动为谐振动，并求其周期。

8.26　细管被弯成半径为 $R=0.49$ m 的圆环，并固定在铅垂面内，如图所示。质量为 m 的钢珠在管内从最低平衡位置以速度 $v=v_0=0.2\ \text{m}\cdot\text{s}^{-1}$ 出发，在平衡位置附近振动。设阻力为 $4m\dot{v}$，试求钢珠的运动规律。

8.27　图示为一具有阻尼的质量－弹簧系统。已知 $k=87.5\ \text{N}\cdot\text{cm}^{-1}$，$m=22.7$ kg，$c=3.5\ \text{N}\cdot\text{s}\cdot\text{cm}^{-1}$，开始时系统静止，在物体受到一外冲量作用以后，获得初速 $v_0=12.7\ \text{cm}\cdot\text{s}^{-1}$ 沿轴 x 正向运动。试求系统衰减振动的周期 T_d 和对数减缩 Λ，以及物体离开平衡位置的最大距离 $x_{\max}$。

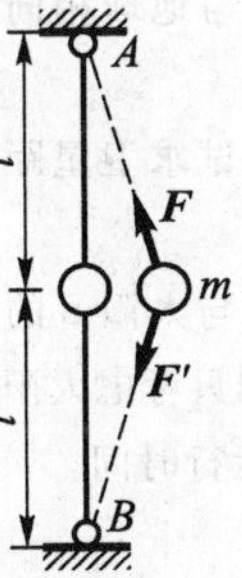

题 8.25 图

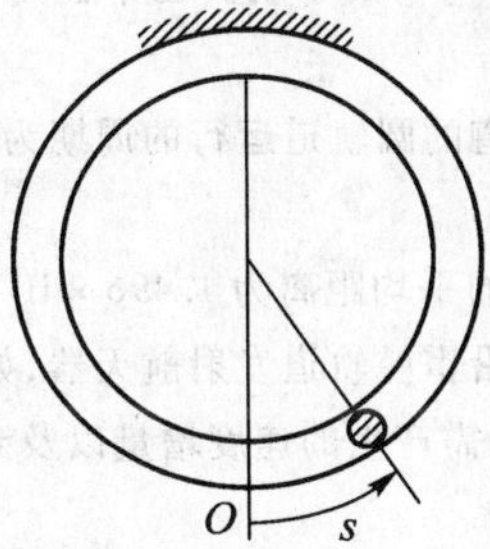

题 8.26 图

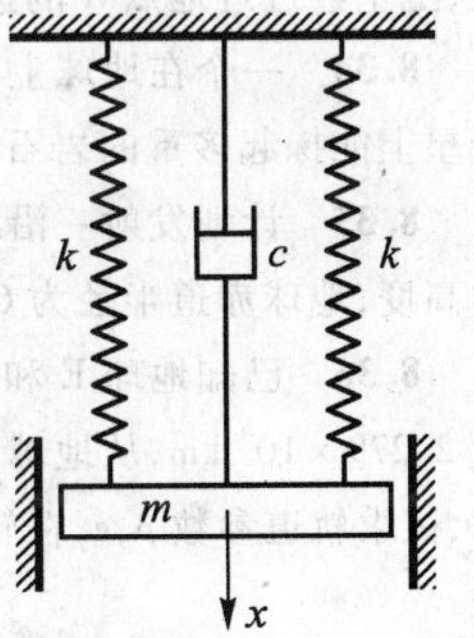

题 8.27 图

8.28　弹簧上悬挂的振体质量 $m=6$ kg，在没有阻尼时，振体振动周期 $T=0.4\pi$ s，在阻力与速度一次方成正比时，其周期为 $T_d=0.5\pi$ s。将振体从平衡位置拉开 4 cm 后无初速地释放，试求当速度为 $1\ \text{cm}\cdot\text{s}^{-1}$ 时的阻尼力，并求物体的振动规律。

8.29　质量－弹簧系统的阻力 $\boldsymbol{F}=-c\boldsymbol{v}$，已知质量 $m=2$ kg，弹簧刚度 $k=2\text{kN}\cdot\text{m}^{-1}$。欲使物体的振幅经过 8 个周期后降低为原来$\dfrac{1}{100}$，问阻尼系数 c 应为多大？

8.30　质量－弹簧系统，已知质量为 m，弹簧刚度系数为 k，激励力 $F=2\cos 2t$（F 以 N 计，t 以 s 计）。当 $t=0$ 时，系统于平衡位置静止，不计阻尼，试求系统的运动规律。

8.31　图示物体 M 悬挂在弹簧 AB 上，弹簧上端由于曲柄滑块机构的带动作铅垂直线运动,其振幅为 a,圆频率为 ω,即 $O_1C=a\sin\omega t$,式中长度以 m 计,t 以 s 计。已知 M 重 4 N,弹簧在 0.4 N 的力作用下伸长 0.01 m,$a=0.02$ m,$\omega=7\ \mathrm{rad\cdot s^{-1}}$。试求受迫振动的规律。

8.32 单摆摆锤的质量为 m,摆杆长为 l,质量不计。该摆可绕悬挂点作微振动,如图所示。已知悬挂点 O 作水平运动,其运动规律为 $x=e\sin\omega t$。试求:(1) 摆在频率比 $s>1$ 与 $s<1$时的角位移;(2) 推动杆 AO 所需的水平力,摩擦不计。

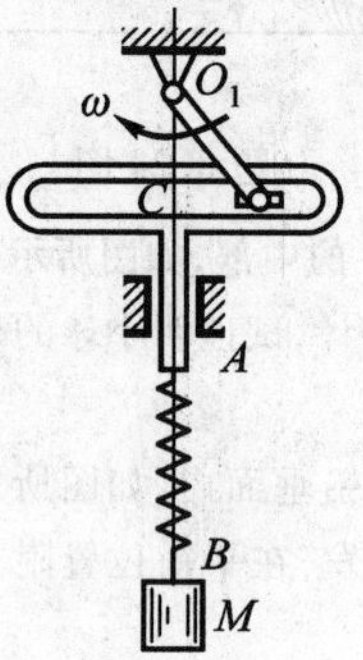

题 8.31 图

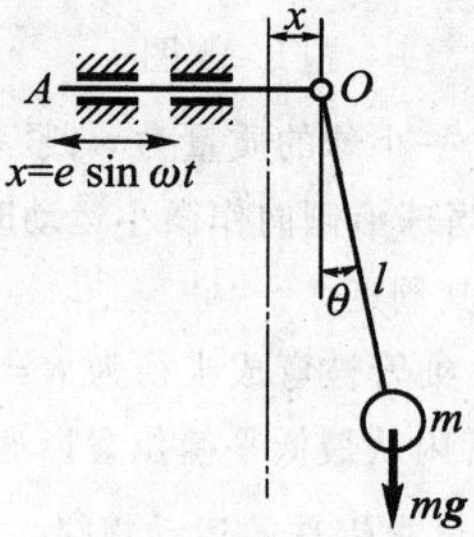

题 8.32 图

8.33 图示人造地球卫星沿椭圆轨道运动,离地面最大高度为 $h_{\max}=1\ 880$ km,经过远地点 B 的速度为 $v_B=6.6\ \mathrm{km\cdot s^{-1}}$,地球的平均半径 $R=6\ 370$ km。试求卫星离地面的最小高度,卫星经过近地点 A 的速度及运行周期。

8.34 一个在地球上能举起 50 kg 的宇航员在半径为 10 km,密度与地球相同的球形小行星上能拣起多重的岩石?

8.35 计划发射一沿地球赤道的圆轨道运行的周期为 2 h 的卫星,试求卫星距地球表面的高度,地球赤道半径为 6 378 km。

8.36 已知地球 E 和太阳 S 的平均距离为 1.496×10^8 km,火星 M 与太阳 S 的平均距离为 2.279×10^8 km,从地球向火星沿霍曼轨道发射航天器,如图所示。如只考虑太阳的万有引力,试求轨道参数 p,e,在转移点处需产生的速度增量以及到达火星的运行时间。

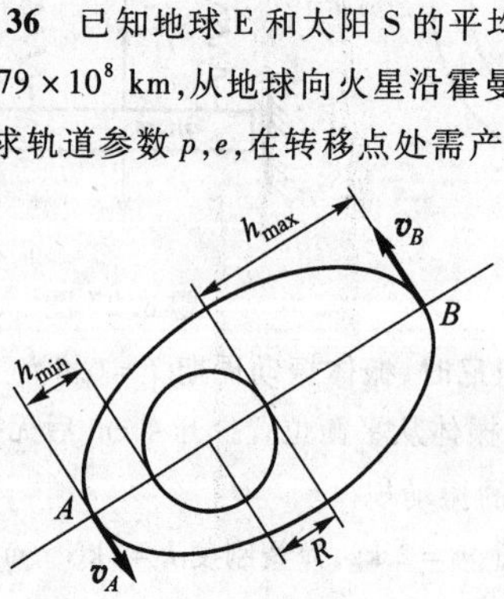

题 8.33 图

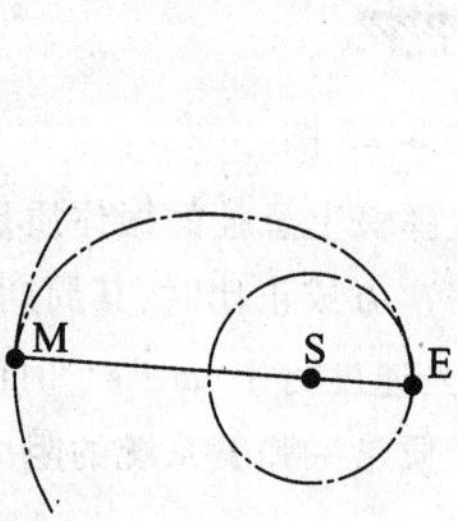

题 8.36 图

第9章

质点系动力学

质点系是由有限个或无限个质点组成的系统，系统中的质点可能相互分离，也可能相互聚集。刚体是一种特殊的质点系，其内部各质点间的距离保持不变。对于质点系内的每一个质点，均可列出3个运动微分方程。具有N个质点的质点系共有$3N$个运动微分方程，将它们与各质点间的约束方程联立求解，原则上便可解决质点系的动力学问题。但对于大多数有约束的实际问题，这种解法过于繁琐，甚至难以实现。

下面将要讨论动力学普遍定理，包括动量定理、动量矩定理和动能定理。这些定理是通过对单个质点或质点系中每一质点的运动微分方程的变换，给出质点或质点系的某些运动特征量（动量、动量矩、动能）和力对质点或质点系的作用量（力的冲量、力矩、力的功）之间的定量关系。普遍定理中的各运动特征量，一方面都具有明确的物理意义，另一方面又都是各自反映质点或质点系的独立运动参数。普遍定理为解决质点系动力学问题提供了一个非常适用的工具。

本章讨论质量中心和转动惯量、动量定理、动量矩定理、动能定理、刚体动力学、碰撞等。

9.1 质量中心和转动惯量

9.1.1 质点系的质量中心

质点系的动力学特性与质点系质量的几何分布密切相关，因此，在研究质点系动力学问题之前,先介绍质量的几何分布的两个特征量:质量中心和转动惯量。

1. 质量中心

设质点系由 N 个质点组成,质点的质量为 $m_i(i=1,2,\cdots,N)$。在某瞬时 t,质点相对于某点 O 的矢径为 $\boldsymbol{r}_i(i=1,2,\cdots,N)$,则由下式确定的矢径 $\boldsymbol{r}_C$ 所对应的点 C 称为该质点系的质量中心,简称**质心**

$$\boldsymbol{r}_C=\frac{\sum_{i=1}^{N}m_i\boldsymbol{r}_i}{\sum_{i=1}^{N}m_i} \tag{9.1.1}$$

这里 $\boldsymbol{r}_C$ 应理解为它是质点系中各质点矢径 $\boldsymbol{r}_i$ 的加权平均值。

以 O 为原点建立直角坐标系 $Oxyz$,则质心 C 的直角坐标表示为

$$x_C=\frac{\sum_{i=1}^{N}m_ix_i}{\sum_{i=1}^{N}m_i},\quad y_C=\frac{\sum_{i=1}^{N}m_iy_i}{\sum_{i=1}^{N}m_i},\quad z_C=\frac{\sum_{i=1}^{N}m_iz_i}{\sum_{i=1}^{N}m_i} \tag{9.1.2}$$

其中 x_i,y_i,z_i 为第 i 个质点的直角坐标。

值得注意的是,质心是与质点系的质量分布有关的几何点,此点并不一定存在质量。当质点系中质点的位置发生改变时,质心的位置也会发生改变。研究质心的改变规律是质点系动力学的重要问题之一。

2. 质心和重心

将式(9.1.1)右端分子分母同乘以重力加速度 g,得

$$\boldsymbol{r}_C=\frac{\sum_{i=1}^{N}m_ig\boldsymbol{r}_i}{\sum_{i=1}^{N}m_ig}=\frac{\sum_{i=1}^{N}P_i\boldsymbol{r}_i}{\sum_{i=1}^{N}P_i}$$

其中 P_i 为第 i 个质点的重量。可见,质心即为质点系在重力场中的**重心**。因此,质心的求法与重心的求法完全相同。但是,质心是比重心更为广义的物理概念。

9.1.2 刚体的转动惯量和惯性积

1. 刚体的转动惯量和回转半径

刚体对某轴的转动惯量是指刚体内各质点的质量与该质点到此轴距离平方

的乘积的总和,即

$$J_z = \sum_{i=1}^{N} m_i d_i^2 \tag{9.1.3}$$

这里 J_z 表示对 z 轴的**转动惯量**,d_i 为第 i 个质点到 z 轴的距离。

如果刚体的质量是连续分布的,刚体对 z 轴的转动惯量可写成积分形式

$$J_z = \int_M d^2 \mathrm{d}m \tag{9.1.4}$$

其中 M 表示积分范围遍及刚体全部质量。

如果设想刚体的质量集中于某一点,它与轴 z 的距离为 ρ_z,这时集中质量对 z 轴的转动惯量与原刚体对 z 轴的转动惯量相等,则 ρ_z 称为刚体的**回转半径**。显然有

$$\rho_z = \sqrt{\frac{J_z}{M}} \tag{9.1.5}$$

其中 M 为刚体的总质量。

刚体对轴的转动惯量是一个大于或等于零的物理量,它的单位为 $\mathrm{kg \cdot m^2}$(千克 · 米^2)。

刚体的转动惯量,一般可利用式(9.1.4)进行计算。对于有规则几何形状的匀质刚体,其转动惯量可以用工程手册中给出的公式直接进行计算。本书附录Ⅱ中摘录了其中部分结果。对于几何形状或质量分布不规则的物体,其转动惯量可根据力学规律用实验方法进行测定。

例 9.1.1　已知匀质细长杆的质量为 M,长为 l,试求杆对于过端点且垂直于杆的 z 轴的转动惯量(图 9.1)。

解:建立坐标系如图所示,沿杆取微段 $\mathrm{d}x$,其质量为

$$\mathrm{d}m = \frac{M}{l}\mathrm{d}x$$

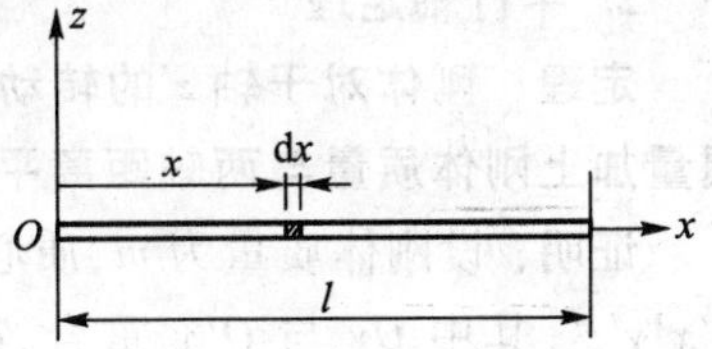

图 9.1

杆对 z 轴转动惯量为

$$J_z = \int_0^l x^2 \frac{M}{l}\mathrm{d}x = \frac{1}{3}Ml^2$$

杆对 z 轴的回转半径为

$$\rho_z = \sqrt{\frac{J_z}{M}} = \frac{\sqrt{3}}{3}l$$

例 9.1.2 试求三角形薄板对一边 OB 的转动惯量 J_x。

解: 在三角形上平行于轴 OB 取微面积 ds(图 9.2),有

$$ds = \frac{h-y}{h}OB\,dy$$

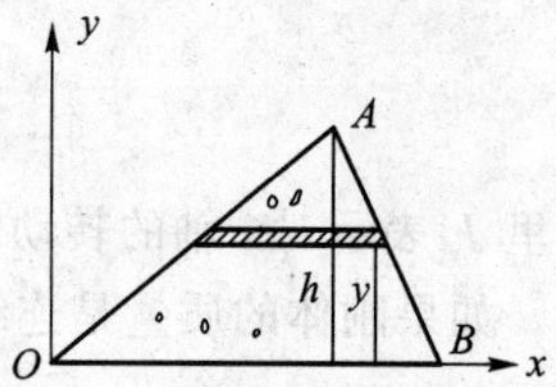

图 9.2

其质量

$$dm = M\frac{ds}{\frac{1}{2}hOB}$$

于是有

$$J_x = \int_M y^2 dm = \frac{2M}{h^2}\int_0^h (h-y)y^2 dy = \frac{1}{6}Mh^2$$

例 9.1.3 匀质圆盘质量为 m,半径为 r。试求圆盘对中轴 Oz 的转动惯量(图 9.3)。

解: 取半径为 ρ、宽为 $d\rho$ 的圆环,其质量元为

$$dm = \frac{m}{\pi r^2}\times 2\pi\rho d\rho = \frac{2m}{r^2}\rho d\rho$$

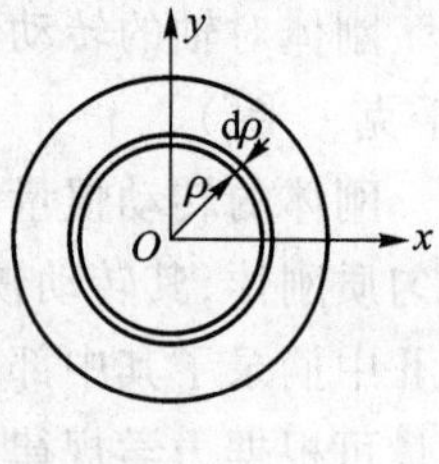

图 9.3

因该质量元到轴 Oz 的距离为 ρ,故转动惯量为

$$J_z = \int_0^r \rho^2 \times \frac{2m}{r^2}\rho d\rho = \frac{1}{2}mr^2$$

2. 平行轴定理

定理 刚体对于轴 z' 的转动惯量等于刚体对平行于轴 z' 的质心轴 z 的转动惯量加上刚体质量与两轴距离平方的积。

证明: 设刚体质量为 m,质心为 C,如图 9.4 所示。建立平行坐标系 $Oxyz$ 和 $O'x'y'z'$,其中 Oy 与 $O'y'$ 重合,$OO'=d$ 为两轴 Oz 和 $O'z'$ 间的距离。轴 Oz 为质心轴,且与 $O'z'$ 平行。这样,刚体上任一点的两组坐标有关系

$$x'=x,\quad y'=y-d,\quad z'=z$$

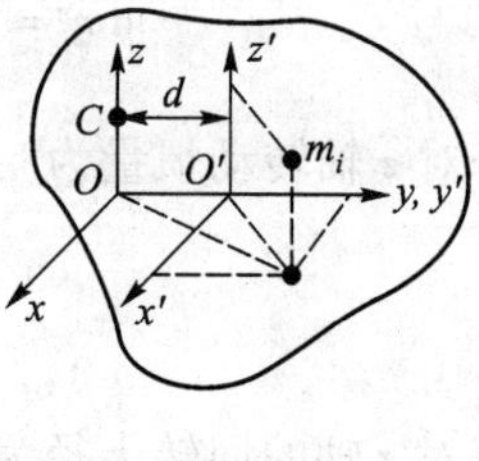

图 9.4

对于质心 C,则有

$$x_C = y_C = 0,\quad x'_C = 0,\quad y'_C = -d$$

对 $O'z'$ 的转动惯量为

$$J_{z'} = \sum_{i=1}^{N} m_i(x_i'^2 + y_i'^2) = \sum_{i=1}^{N} m_i[x_i^2 + (y_i - d)^2]$$

$$= \sum_{i=1}^{N} m_i(x_i^2 + y_i^2) - 2d\sum_{i=1}^{N} m_i y_i + d^2 \sum_{i=1}^{N} m_i$$

其中

$$\sum_{i=1}^{N} m_i(x_i^2 + y_i^2) = J_z$$

$$\sum_{i=1}^{N} m_i y_i = m y_C = 0$$

$$\sum_{i=1}^{N} m_i = m$$

于是得

$$J_{z'} = J_z + md^2 \tag{9.1.6}$$

证毕。

上述平行轴定理表明，在一系列平行轴中，刚体对过质心轴的转动惯量最小。

如果点 O' 的坐标为 $x_{O'} = d\cos\alpha, y_{O'} = d\sin\alpha$，试证平行轴定理。

例 9.1.4　匀质圆锥体，质量为 M，高为 h，底半径为 a，质心为 C。试求相对标架 $Cx'y'z'$ 的轴的转动惯量。

解：在顶点 O 建立标架 $Oxyz$，如图 9.5 所示。先求对轴 Ox，Oy 和 Oz 的转动惯量。为求 J_x，取厚度为 dz 的体积元，其质量为

$$dm = \frac{M}{\frac{1}{3}\pi a^2 h}\pi\left(\frac{z}{h}a\right)^2 dz$$

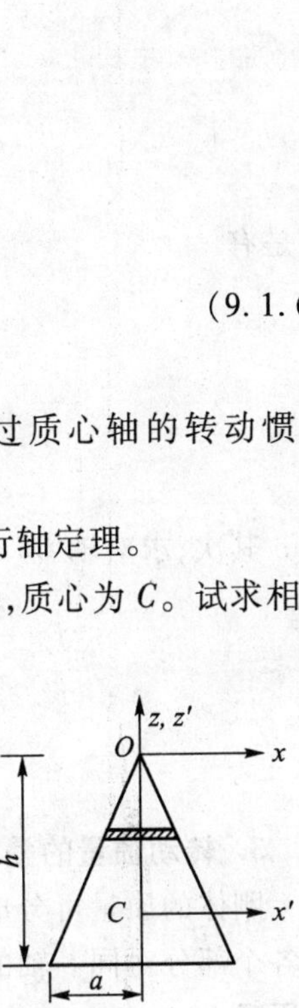

图 9.5

利用平行轴定理可以求出它对 Ox 轴的转动惯量为

$$dJ_x = dm\left[\frac{1}{4}\left(\frac{z}{h}a\right)^2 + z^2\right]$$

将上式由 $z = -h$ 至 $z = 0$ 积分，可得

$$J_x = M\left(\frac{3}{20}a^2 + \frac{3}{5}h^2\right)$$

由对称性，显然有

$$J_y = J_x = M\left(\frac{3}{20}a^2 + \frac{3}{5}h^2\right)$$

注意到

$$J_z = J_x + J_y - 2\int z^2 \mathrm{d}m$$

而

$$\int z^2 \mathrm{d}m = \int_{-h}^{0} \frac{M}{\frac{1}{3}\pi a^2 h}\pi\left(\frac{z}{h}a\right)^2 z^2 \mathrm{d}z$$

$$= \frac{3}{5}Mh^2$$

于是有

$$J_z = 2M\left(\frac{3}{20}a^2 + \frac{3}{5}h^2\right) - \frac{6}{5}Mh^2$$

$$= \frac{3}{10}Ma^2$$

其次，求对轴 Cx'，Cy'和 Cz'的转动惯量。利用平行轴定理，有

$$J_{x'} = J_{y'} = J_x - M\left(\frac{3}{4}h\right)^2 = M\left(\frac{3}{20}a^2 + \frac{3}{80}h^2\right)$$

$$J_{z'} = J_z = \frac{3M}{10}a^2$$

3. 转动惯量的叠加原理

刚体的质量可分成两部分或更多部分，为求刚体对某轴的转动惯量，可分别求各个部分对同一轴的转动惯量，然后再相加起来即可。这就是转动惯量的**叠加原理**。

例 9.1.5 匀质圆环质量为 m，外半径为 R，内半径为 r。试求环对中心轴 Oz 的转动惯量（图 9.6）。

解： 设半径为 r 的圆盘的质量为 m_1，有

$$m_1 = \frac{mr^2}{R^2 - r^2}$$

根据转动惯量的叠加原理，有

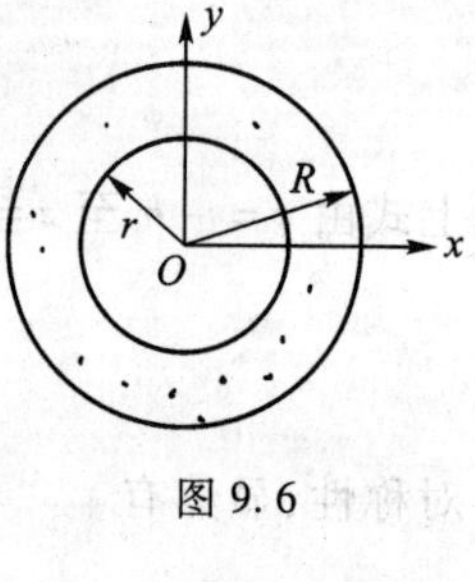

图 9.6

$$J_z = \frac{1}{2}(m + m_1)R^2 - \frac{1}{2}m_1 r^2 = \frac{1}{2}m(R^2 + r^2)$$

4. 刚体的惯性积

刚体各质点质量与它们两个直角坐标的乘积之和,称为刚体对于直角坐标的惯性积,分别记作 J_{xy}, J_{yz}, J_{zx},表示为

$$J_{xy} = \sum_{i=1}^{N} m_i x_i y_i, \quad J_{yz} = \sum_{i=1}^{N} m_i y_i z_i, \quad J_{zx} = \sum_{i=1}^{N} m_i z_i x_i \tag{9.1.7}$$

显然有

$$J_{xy} = J_{yx}, \quad J_{yz} = J_{zy}, \quad J_{zx} = J_{xz}$$

惯性积的单位与转动惯量的相同,即 $\mathrm{kg \cdot m^2}$(千克 · 米^2)。

5. 刚体惯性主轴,中心惯性主轴

由惯性积的定义,可知惯性积的值不仅依赖于刚体的质量,还依赖它的质量相对于坐标轴的分布情况。惯性积的值可正可负,亦可为零。下面将证明,过刚体上任一点 O,总可适当选取坐标系 $Oxyz$ 的方位,使刚体相对于点 O 的三个惯性积均为零。如果刚体对于某点的两个惯性积为零,则与这两个惯性积都相关的轴称为过该点的一根**惯性主轴**。例如,当 $J_{yz} = J_{zx} = 0$,则轴 Oz 为过点 O 的惯性主轴。如果 $J_{xy} = J_{yz} = J_{zx} = 0$,则轴 Ox, Oy, Oz 均为刚体过点 O 的惯性主轴。于是,刚体过任一点均存在三根正交的惯性主轴。刚体对惯性主轴的转动惯量称为主转动惯量。通过质心的惯性主轴称为**中心惯性主轴**,简称**中心主轴**,相应的转动惯量称为中心主转动惯量。

有时可以根据对称性来确定主轴。

情形 1 如果刚体具有质量对称面,则垂直于该对称面的任一轴都是刚体过该轴与对称面交点的一根惯性主轴。

情形 2 如果刚体具有质量对称轴,则该轴是刚体过轴上任一点的惯性主轴,同时也是刚体的一根中心惯性主轴。

情形 3 如果刚体是匀质旋转体,则旋转轴必是中心主轴。

9.1.3 刚体对任意轴的转动惯量 · 惯性椭球

1. 刚体对过同一点的任意轴的转动惯量

设 OL 为过点 O 的任意轴。以点 O 为原点建立直角坐标系 $Oxyz$,用 $\cos\alpha$, $\cos\beta$, $\cos\gamma$ 表示 OL 的方向余弦,如图 9.7 所示。刚体对轴 OL 的转动惯量为

$$J_z = \sum md^2$$

其中 m 为点 $A(x,y,z)$ 处的质量，d 为 A 到轴 OL 的距离。设点 B 为过 A 作 OL 的垂线之垂足，则有

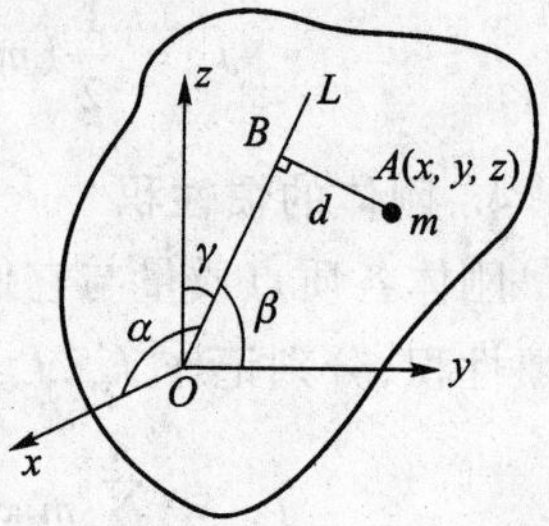

图 9.7

$$d^2 = AB^2 = OA^2 - OB^2$$
$$= (x^2 + y^2 + z^2) - (x\cos\alpha + y\cos\beta + z\cos\gamma)^2$$

注意到

$$\cos^2\alpha + \cos^2\beta + \cos^2\gamma = 1$$

则

$$d^2 = (x^2 + y^2 + z^2)(\cos^2\alpha + \cos^2\beta + \cos^2\gamma) - (x\cos\alpha + y\cos\beta + z\cos\gamma)^2$$
$$= (y^2 + z^2)\cos^2\alpha + (z^2 + x^2)\cos^2\beta + (x^2 + y^2)\cos^2\gamma -$$
$$2yz\cos\beta\cos\gamma - 2zx\cos\gamma\cos\alpha - 2xy\cos\alpha\cos\beta$$

于是有

$$J_L = \sum m(y^2 + z^2)\cos^2\alpha + \sum m(z^2 + x^2)\cos^2\beta + \sum m(x^2 + y^2)\cos^2\gamma -$$
$$2\sum myz\cos\beta\cos\gamma - 2\sum mzx\cos\gamma\cos\alpha - 2\sum mxy\cos\alpha\cos\beta$$

即

$$J_L = J_x\cos^2\alpha + J_y\cos^2\beta + J_z\cos^2\gamma -$$
$$2J_{yz}\cos\beta\cos\gamma - 2J_{zx}\cos\gamma\cos\alpha - 2J_{xy}\cos\alpha\cos\beta \qquad (9.1.8)$$

或写成矩阵形式

$$J_L = (\cos\alpha \quad \cos\beta \quad \cos\gamma)\begin{pmatrix} J_x & -J_{xy} & -J_{xz} \\ -J_{xy} & J_y & -J_{yz} \\ -J_{xz} & -J_{yz} & J_z \end{pmatrix}\begin{pmatrix} \cos\alpha \\ \cos\beta \\ \cos\gamma \end{pmatrix}$$

其中

$$J = \begin{pmatrix} J_x & -J_{xy} & -J_{xz} \\ -J_{xy} & J_y & -J_{yz} \\ -J_{xz} & -J_{yz} & J_z \end{pmatrix}$$

为刚体关于 $Oxyz$ 的**惯性矩阵**。

请读者证明刚体的任意两个转动惯量之和必大于或等于第三个转动惯量。

2. 刚体对任意轴的转动惯量

设刚体质心为 C，建立直角坐标系 $Cxyz$。现有任意轴 OL，如图 9.8 所示，它相对于 $Cxyz$ 各轴的方向余弦为 $\cos\alpha,\cos\beta,\cos\gamma$，且与质心 C 的距离为 d。利用平行轴定理和式(9.1.8)得到刚体对轴 OL 的转动惯量为

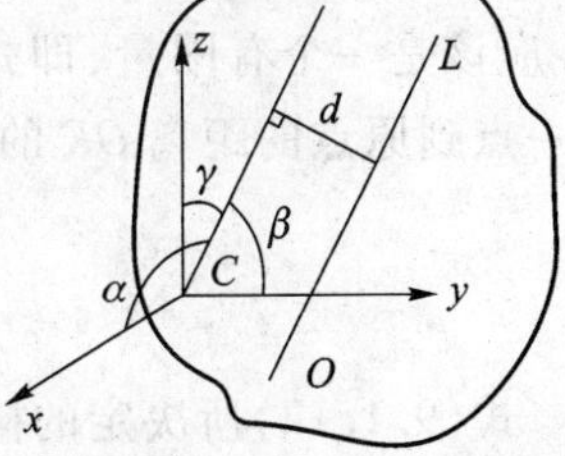

图 9.8

$$J_L=Md^2+J_x\cos^2\alpha+J_y\cos^2\beta+J_z\cos^2\gamma-2J_{yz}\cos\beta\cos\gamma-2J_{zx}\cos\gamma\cos\alpha-2J_{xy}\cos\alpha\cos\beta \qquad (9.1.9)$$

或写成矩阵形式

$$J_L=Md^2+(\cos\alpha\quad\cos\beta\quad\cos\gamma)\begin{pmatrix}J_x & -J_{xy} & -J_{xz}\\ -J_{xy} & J_y & -J_{yz}\\ -J_{xz} & -J_{yz} & J_z\end{pmatrix}\begin{pmatrix}\cos\alpha\\ \cos\beta\\ \cos\gamma\end{pmatrix}$$

3. 惯性椭球及惯性主轴坐标系的存在性

为形象地描述刚体对过一点 O 的各轴的转动惯量与轴的方位之间的关系，以及说明惯性主轴坐标系的存在性问题，下面介绍惯性椭球的概念。

在过点 O 的轴 OL 上截取 OK，如图 9.9 所示，使其长度为

$$|OK|=\frac{1}{\sqrt{J_L}} \qquad (9.1.10)$$

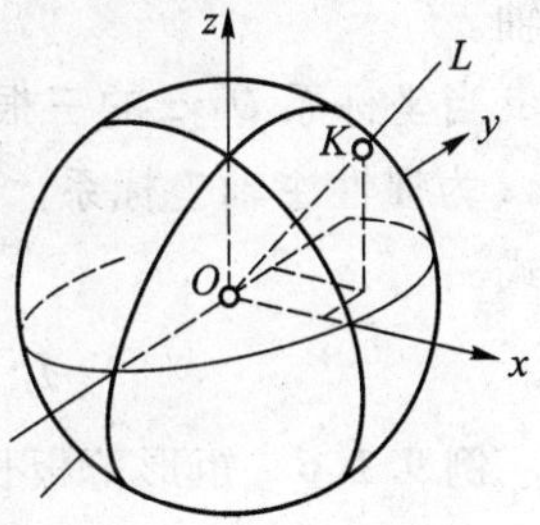

图 9.9

其中 J_L 为刚体对轴 OL 的转动惯量。建立坐标系 $Oxyz$，则点 K 坐标可表示为

$$x=|OK|\cos\alpha=\frac{\cos\alpha}{\sqrt{J_L}}$$

$$y=|OK|\cos\beta=\frac{\cos\beta}{\sqrt{J_L}}$$

$$z=|OK|\cos\gamma=\frac{\cos\gamma}{\sqrt{J_L}}$$

即

$$x\sqrt{J_L}=\cos\alpha,\quad y\sqrt{J_L}=\cos\beta,\quad z\sqrt{J_L}=\cos\gamma \qquad (9.1.11)$$

将式(9.1.11)代入式(9.1.8)，得

$$J_x x^2 + J_y y^2 + J_z z^2 - 2J_{yz}yz - 2J_{zx}zx - 2J_{xy}xy = 1 \quad (9.1.12)$$

式(9.1.12)是关于 x,y,z 的二次方程,它所对应的曲面是以 O 为中心的二次曲面。按定义,有 $J_L>0$(仅在刚体退化为沿 OL 的细线时,才有 $J_L=0$),由此可知 OK 应该是一个有限量,即式(9.1.12)所表示的只能是一个椭球面。椭球面上任一点到原点的距离 OK 的平方的倒数,即为刚体对与 OK 重合的轴的转动惯量

$$J_L = \frac{1}{OK^2} \quad (9.1.13)$$

式(9.1.12)所决定的椭球面形象地描述了刚体对过点 O 的各轴的转动惯量。式(9.1.12)所对应的椭球称为对于点 O 的**惯性椭球**。在刚体的每一点都可得到一个惯性椭球。同一刚体对不同的点所得到的惯性椭球的大小、形状以及长、中、短轴的方向,一般说都不一样。

如果选取的直角坐标系 $Oxyz$ 恰好与惯性椭球的长、中、短轴重合,则式(9.1.12)有形式

$$J_x x^2 + J_y y^2 + J_z z^2 = 1 \quad (9.1.14)$$

此时惯性积 J_{yz},J_{zx},J_{xy} 皆为零。可见,椭球的三根正交的长、中、短轴即为过点 O 的三根正交惯性主轴。这就证明了刚体对每一点都一定存在三根正交的惯性主轴。

当坐标系 $Oxyz$ 的三根轴分别与刚体过点 O 的三根惯性主轴相重合时,则称 $Oxyz$ 为惯性主轴坐标系。此时刚体对过点 O 的任意轴的转动惯量有如下简单形式

$$J_L = J_x\cos^2\alpha + J_y\cos^2\beta + J_z\cos^2\gamma \quad (9.1.15)$$

例 9.1.6 矩形薄板长宽分别为 $3a$ 和 $2a$,质量为 m(图 9.10),在板平面上过一个顶点的所有轴中,试问对哪一个轴的转动惯量最小?最小值等于多少?试求薄板的惯性椭球。

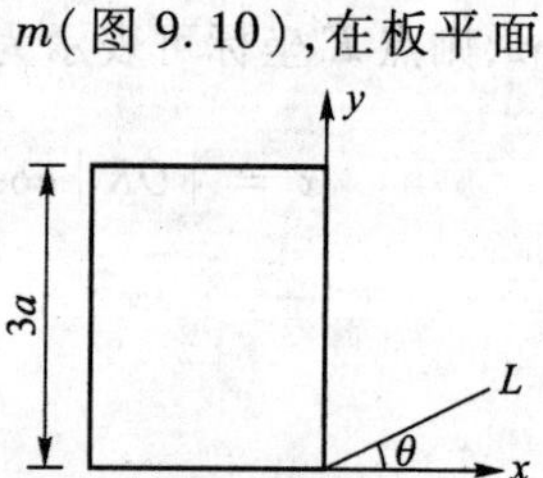

图 9.10

解:取坐标系 Oxy 如图所示。首先,求转动惯量 J_x,J_y 和惯性积 J_{xy},有

$$J_x = \int_0^{3a} \frac{m}{2a\times 3a} y^2 \times 2a\mathrm{d}y = 3ma^2$$

$$J_y = \int_{-2a}^{0} \frac{m}{2a\times 3a} x^2 \times 3a\mathrm{d}x = \frac{4}{3}ma^2$$

$$J_{xy} = \int_0^{3a}\int_{-2a}^{0} \frac{m}{2a\times 3a} xy\mathrm{d}x\mathrm{d}y = -\frac{3}{2}ma^2$$

其次，求转动惯量最小的轴。取 OL 与轴 Ox 夹角为 θ，求对 OL 的转动惯量，按式(9.1.8)，得

$$J_L = J_x\cos^2\theta + J_y\sin^2\theta - 2J_{xy}\cos\theta\sin\theta$$

将 J_L 作为 θ 的函数，求其极值，令

$$\frac{\mathrm{d}J_L}{\mathrm{d}\theta} = (J_y - J_x)\sin 2\theta - 2J_{xy}\cos 2\theta = 0$$

由此得

$$\tan 2\theta = \frac{2J_{xy}}{J_y - J_x} = \frac{-3ma^2}{\frac{4}{3}ma^2 - 3ma^2} = 1.8$$

它有两个解

$$2\theta_1 = 60°56'$$

$$2\theta_2 = 180° + 60°56'$$

即

$$\theta_1 = 30°28'$$

$$\theta_2 = 90° + 30°28' = 120°28'$$

第一个解对应最大的惯量，第二个解对应最小的惯量，并且有

$$\begin{aligned} J_{\min} &= J_x\cos^2\theta_2 + J_y\sin^2\theta_2 - 2J_{xy}\cos\theta_2\sin\theta_2 \\ &= 0.450\,7ma^2 \end{aligned}$$

最后，求惯性椭球。将已计算得到的

$$J_x = 3ma^2,\quad J_y = \frac{4}{3}ma^2,\quad J_{xy} = -\frac{3}{2}ma^2$$

以及

$$J_z = J_x + J_y = \frac{13}{3}ma^2,\quad J_{yz} = J_{zx} = 0$$

代入式(9.1.12),得到

$$3ma^2x^2+\frac{4}{3}ma^2y^2+\frac{13}{3}ma^2z^2+2\times\frac{3}{2}ma^2xy=1$$

即

$$9x^2+9xy+4y^2+13z^2=\frac{3}{ma^2}$$

例 9.1.7 匀质圆锥体的高为 h,底半径为 a,质量为 m(图 9.11)。试求其对于每一条母线 OL 的转动惯量。

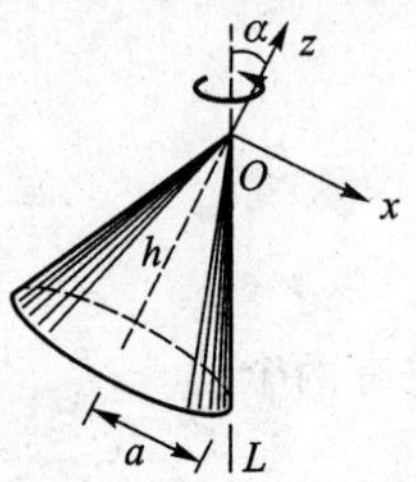

图 9.11

解: 圆锥体对轴 Ox 和轴 Oz 的转动惯量,已由例 9.1.4 给出为

$$J_x=m\left(\frac{3}{20}a^2+\frac{3}{5}h^2\right)$$

$$J_z=\frac{3}{5}mh^2$$

利用式(9.1.12),得

$$J_L=J_z\cos^2\alpha+J_x\sin^2\alpha$$

因

$$\tan\alpha=\frac{a}{h}$$

故

$$\cos^2\alpha=\frac{h^2}{a^2+h^2},\quad \sin^2\alpha=\frac{a^2}{a^2+h^2}$$

于是有

$$J_L=\frac{3}{5}mh^2\frac{h^2}{a^2+h^2}+m\left(\frac{3}{20}a^2+\frac{3}{5}h^2\right)\frac{a^2}{a^2+h^2}$$

$$=\frac{3ma^2}{20}\frac{a^2+6h^2}{a^2+h^2}$$

本节讨论了质点系和刚体的质量几何,包括质心、转动惯量、惯性积、惯性椭

球等的概念和计算。有了这些知识，就为下面讨论质点系动力学普遍定理，特别是刚体动力学打下了基础。

9.2　质点系动量定理

9.2.1　动量定理

1. 质点的动量定理

在质量不变的条件下，质点运动微分方程可改写为

$$\frac{\mathrm{d}}{\mathrm{d}t}(m\boldsymbol{v}) = \boldsymbol{F} \tag{9.2.1}$$

质点的质量 m 与其速度 $\boldsymbol{v}$ 的乘积 $m\boldsymbol{v}$ 称为**质点的动量**，记作 $\boldsymbol{p}$

$$\boldsymbol{p} = m\boldsymbol{v} \tag{9.2.2}$$

则式(9.2.1)成为

$$\frac{\mathrm{d}\boldsymbol{p}}{\mathrm{d}t} = \boldsymbol{F}$$

这就是**质点的动量定理**，表述为：**质点的动量对时间的导数等于质点受到的作用力。**

2. 质点系的动量定理

设质点系由 N 个质点 $P_i(i=1,2,\cdots,N)$ 组成，其质量为 m_i，速度为 $\boldsymbol{v}_i$，所受外力为 $\boldsymbol{F}_i^{(\mathrm{e})}$，内力为 $\boldsymbol{F}_i^{(\mathrm{i})}$，质点 P_i 的动量定理写成

$$\frac{\mathrm{d}}{\mathrm{d}t}(m_i\boldsymbol{v}_i) = \boldsymbol{F}_i^{(\mathrm{e})} + \boldsymbol{F}_i^{(\mathrm{i})} \quad (i = 1,2,\cdots,N)$$

将上面 N 个方程相加，得

$$\frac{\mathrm{d}}{\mathrm{d}t}\sum_{i=1}^{N}(m_i\boldsymbol{v}_i) = \sum_{i=1}^{N}\boldsymbol{F}_i^{(\mathrm{e})} + \sum_{i=1}^{N}\boldsymbol{F}_i^{(\mathrm{i})}$$

上式右端第一项为质点系的外力主矢 $\boldsymbol{F}_{\mathrm{R}} = \sum\limits_{i=1}^{N}\boldsymbol{F}_i^{(\mathrm{e})}$，第二项因内力总是大小相

等,方向相反,成对地出现而和式为零,于是有

$$\frac{\mathrm{d}\boldsymbol{p}}{\mathrm{d}t}=\boldsymbol{F}_{\mathrm{R}} \tag{9.2.3}$$

这就是**质点系的动量定理**,表述为:**质点系的动量对时间的导数等于外力系的主矢**。

将式(9.2.3)在瞬时 t_0 至 t 之间积分,将力 $\boldsymbol{F}_{\mathrm{R}}$ 在此时间间隔内的积分称为力 $\boldsymbol{F}_{\mathrm{R}}$ 的**冲量**,并记作 $\boldsymbol{I}$

$$\boldsymbol{I}=\int_{t_0}^{t}\boldsymbol{F}_{\mathrm{R}}\mathrm{d}t \tag{9.2.4}$$

设 $\boldsymbol{p}_0$ 为 $\boldsymbol{p}$ 在 $t=t_0$ 的值,得到

$$\boldsymbol{p}-\boldsymbol{p}_0=\boldsymbol{I} \tag{9.2.5}$$

这是**质点系动量定理的积分形式**,表述为:**质点系的动量在某个时间间隔内的改变等于外力系主矢在同一时间间隔内的冲量**。

矢量形式的动量定理(9.2.3)可以向固结于惯性参考系的坐标轴上投影。在直角坐标中,有

$$\frac{\mathrm{d}p_x}{\mathrm{d}t}=F_{\mathrm{R}x},\quad \frac{\mathrm{d}p_y}{\mathrm{d}t}=F_{\mathrm{R}y},\quad \frac{\mathrm{d}p_z}{\mathrm{d}t}=F_{\mathrm{R}z} \tag{9.2.6}$$

矢量形式的动量定理(9.2.5)在直角坐标中表示为

$$p_x-p_{x0}=I_x,\quad p_y-p_{y0}=I_y,\quad p_z-p_{z0}=I_z \tag{9.2.7}$$

其中 I_x,I_y,I_z 为 $\boldsymbol{F}_{\mathrm{R}}$ 的冲量 $\boldsymbol{I}$ 在坐标轴的投影

$$I_x=\int_{t_0}^{t}F_{\mathrm{R}x}\mathrm{d}t,\quad I_y=\int_{t_0}^{t}F_{\mathrm{R}y}\mathrm{d}t,\quad I_z=\int_{t_0}^{t}F_{\mathrm{R}z}\mathrm{d}t \tag{9.2.8}$$

3. 质点系对动轴的动量定理

设轴 AL 具有给定的运动 $\boldsymbol{e}(t)$,$\boldsymbol{e}$ 为轴 AL 方向的单位矢量,并设质点系像刚体一样可沿轴 AL 移动。将式(9.2.3)两端标量积矢量 $\boldsymbol{e}$,得到

$$\frac{\mathrm{d}\boldsymbol{p}}{\mathrm{d}t}\cdot\boldsymbol{e}=\boldsymbol{F}_{\mathrm{R}}\cdot\boldsymbol{e}$$

将其改写为

$$\frac{\mathrm{d}}{\mathrm{d}t}(\boldsymbol{p}\cdot\boldsymbol{e})=\boldsymbol{p}\cdot\dot{\boldsymbol{e}}+\boldsymbol{F}_{\mathrm{R}}\cdot\boldsymbol{e} \tag{9.2.9}$$

这就是**质点系对动轴的动量定理**,表述为:**质点系动量在动轴上投影对时间的导数,等于外力系主矢在该动轴上投影加上动量与动轴单位矢量导数的标量积**

(Козлов В В, Колесников Н Н ПММ, 1978, 42(1): 28 – 33.)。

如果 $\boldsymbol{e}$ 不动,则式(9.2.9)成为式(9.2.6)。因此,式(9.2.9)比式(9.2.6)更为普遍,并且由式(9.2.9)可找到对动轴的动量守恒律。

4. 动量守恒定律

由动量定理(9.2.3)得知,质点系的动量的改变仅取决于质点系外力的主矢,而与系统的内力无关。如果外力主矢为零,即 $\boldsymbol{F}_{\mathrm{R}}=\mathbf{0}$,则动量的变化率为零,$\boldsymbol{p}$ 保持为常矢量不变,即

$$\boldsymbol{p}=\text{常矢量} \tag{9.2.10}$$

如果外力主矢在某个固定方向的投影为零,例如在轴 x 方向,则动量在此方向投影保持不变,即

$$p_x = \mathrm{const} \tag{9.2.11}$$

由对动轴的动量定理(9.2.9)得知,如果外力主矢在动轴方向投影为零,即

$$\boldsymbol{F}_{\mathrm{R}} \cdot \boldsymbol{e} = 0 \tag{9.2.12}$$

并且满足

$$\boldsymbol{p} \cdot \dot{\boldsymbol{e}} = 0 \tag{9.2.13}$$

则动量在动轴上的投影保持为常值,即

$$\boldsymbol{p} \cdot \boldsymbol{e} = C \tag{9.2.14}$$

例 9.2.1　试计算以速度 $\boldsymbol{v}_0$ 行驶的拖拉机的一条履带的动量(图 9.12)。已知轮轴距离为 l,轮的半径为 r,履带单位长的质量为 ρ。

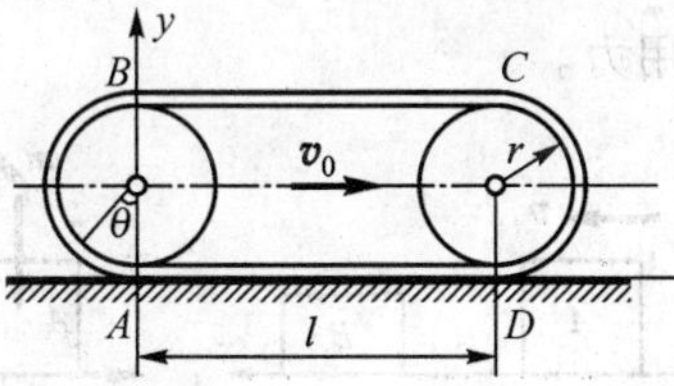

图 9.12

解:履带上各点速度大小和方向不同。AD 段各点速度为零,动量也为零

$$\boldsymbol{p}_{AD} = \mathbf{0}$$

BC 段各点速度为 $2\boldsymbol{v}_0$,动量为

$$\boldsymbol{p}_{BC} = 2\rho l \boldsymbol{v}_0$$

为计算 AB 段动量,在张角 θ 处取微段 $r\mathrm{d}\theta$,质量为 $\mathrm{d}m=\rho r\mathrm{d}\theta$,速度投影为

$$v_x = \omega \times 2r\sin\frac{\theta}{2}\sin\frac{\theta}{2}$$

$$v_y = \omega \times 2r\sin\frac{\theta}{2}\cos\frac{\theta}{2}$$

$$\omega = \frac{v_0}{r}$$

作积分

$$p_{ABx} = \int_0^{\pi} 2v_0 \sin^2 \frac{\theta}{2} \rho r \mathrm{d}\theta = 2v_0 \rho r \int_0^{\pi} \frac{1}{2}(1 - \cos\theta)\mathrm{d}\theta$$
$$= v_0 \rho r \pi$$

$$p_{ABy} = \int_0^{\pi} 2v_0 \sin\frac{\theta}{2} \cos\frac{\theta}{2} \rho r \mathrm{d}\theta = 2v_0 \rho r$$

对 CD 段,有

$$p_{CDx} = p_{ABx} = v_0 \rho r \pi$$

$$p_{CDy} = -p_{ABy} = -2v_0 \rho r$$

将各段动量相加,得

$$p_x = p_{ABx} + p_{BCx} + p_{CDx} + p_{ADx} = 2v_0\rho(l + r\pi)$$

$$p_y = p_{ABy} + p_{BCy} + p_{CDy} + p_{ADy} = 0$$

上面计算颇显麻烦,有什么简单方法吗?

例 9.2.2 在水平面上有两物体 A 和 B,其质量分别为 $m_A = 10$ kg,$m_B = 5$ kg(图 9.13)。今物体 A 以某速度冲击原来静止的物体 B,且在很短的时间 $\tau = 0.01$ s 之后,A 与 B 以同一速度向前运动,历时 4 s 而停止。已知 A、B 与平面间的动摩擦因数为 $f = 0.25$。试求冲击前 A 的速度以及撞击过程中 A,B 相互的平均作用力。

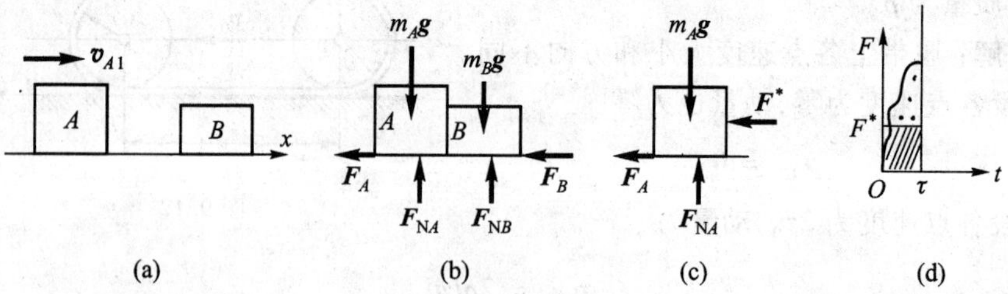

图 9.13

解:运动分冲击和非冲击两个过程。设冲击前,$t = 0$ 时,A 的速度为 v_{A1},B 静止,$v_{B1} = 0$;冲击后,$t = 0.01$ s,两物体速度相同 $v_{A2} = v_{B2}$。非冲击过程为从 $t = 0.01$ s 至 $t = 4$ s,两物体受摩擦阻力作用而停止。

研究冲击过程。取物体 A 和 B 为对象,用动量定理的积分形式,有

$$(m_A + m_B)v_{A2} - m_A v_{A1} = -\int_0^{\tau}(m_A + m_B)gf\mathrm{d}t$$

代入数据,得

$$15\ \mathrm{kg}\times v_{A2} - 10\ \mathrm{kg}\times v_{A1} = -0.367\,5\ \mathrm{kg\cdot m\cdot s^{-1}} \tag{a}$$

研究非冲击过程,时间由 $t = 0.01$ s 至 $t = 4$ s。以 A 和 B 为对象,动量定理给出

$$0 - (m_A + m_B)v_{A2} = -\int_{0.01\ \mathrm{s}}^{4\ \mathrm{s}}(m_A + m_B)gf\mathrm{d}t$$

代入数据,得

$$v_{A2} \approx 9.78\ \mathrm{m\cdot s^{-1}} \tag{b}$$

将式(b)代入式(a),解得

$$v_{A1} = 1.5v_{A2} + 0.036\,75\ \mathrm{m\cdot s^{-1}} \approx 14.66\ \mathrm{m\cdot s^{-1}}$$

下面计算冲击过程中 A,B 间的平均作用力 F^*。冲击过程中,力极大,时间极短,起作用的是力的积分效应。以 A 为对象,动量定理给出

$$m_A v_{A2} - m_A v_{A1} = -\int_0^{\tau}F(t)\mathrm{d}t = -F^*\tau \tag{c}$$

将所得数据代入式(c),计算得

$$F^* = \frac{m_A(v_{A1} - v_{A2})}{\tau} = \frac{10(14.66 - 9.78)}{0.01}\ \mathrm{N} = 4\,880\ \mathrm{N}$$

冲击力的平均值 F^* 的意义如图 9.13d 所示。实际中 $F(t)$ 的形式可能很复杂,平均用斜线面积代替有点的面积。

请读者考虑能否不用 v_{A2} 求出 v_{A1}?

例 9.2.3　图 9.14 所示凸轮机构中,凸轮以等角速度 ω 绕定轴 O 转动。重为 P 的滑杆 Ⅰ 借助右端弹簧的推压而始终顶在凸轮上。当凸轮转动时,滑杆作往复运动。设凸轮为一匀质圆盘,重为 Q,半径为 r,偏心距为 e。试求在任一瞬时,机座螺钉总的附加动约束力主矢。

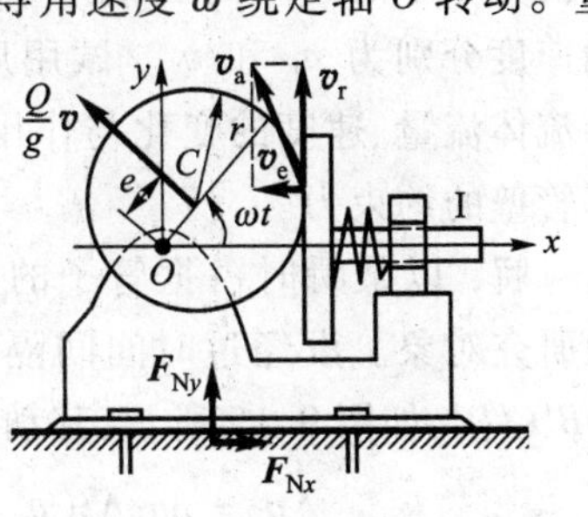

图 9.14

解:凸轮作匀速转动,滑杆 Ⅰ 作平移。取整体为对象,铰 O 的力和弹簧力都是内力。外力有重力和机座约束力。附加动约束力是指由运动而产生的力,如果不动则应为零。因此,在求机座附加动约束力时,重力可不计。

利用动量定理

$$\dot{\boldsymbol{p}} = \boldsymbol{F}_R$$

凸轮动量

$$\boldsymbol{p}_0 = -\frac{Q}{g}\omega e\sin\omega t\boldsymbol{i} + \frac{Q}{g}\omega e\cos\omega t\boldsymbol{j}$$

滑杆动量

$$\boldsymbol{p}_{\mathrm{I}} = \frac{P}{g}\boldsymbol{v}_{\mathrm{I}}$$

用点的复合运动求 $\boldsymbol{v}_{\mathrm{I}}$，有

$$v_{\mathrm{I}} = v_e = v_a\sin\theta = \omega e\sin\omega t$$

方向向左。于是

$$\boldsymbol{p}_{\mathrm{I}} = -\frac{P}{g}\omega e\sin\omega t\boldsymbol{i}$$

设附加动约束力为 $\boldsymbol{F}_N$，则有 $\boldsymbol{F}_R = \boldsymbol{F}_N$。于是动量定理表示为

$$\frac{\mathrm{d}}{\mathrm{d}t}\left[-\frac{Q}{g}\omega e\sin\omega t\boldsymbol{i} + \frac{Q}{g}\omega e\cos\omega t\boldsymbol{j} - \frac{P}{g}\omega e\sin\omega t\boldsymbol{i}\right] = \boldsymbol{F}_N$$

即

$$\boldsymbol{F}_N = -\frac{\omega^2 e}{g}(P+Q)\cos\omega t\boldsymbol{i} - \frac{\omega^2 e}{g}Q\sin\omega t\boldsymbol{j}$$

例 9.2.4 密度为 ρ 的流体在弯管中以流量 q_V 作定常运动，即管内流体速度的分布不随时间而改变。设截面 AB 和 CD 处的流动速度分别为 $\boldsymbol{v}_1$ 和 $\boldsymbol{v}_2$。试用质点系的动量定理推导流体流量、速度的变化与作用力之间的关系，并计算管壁的约束力。

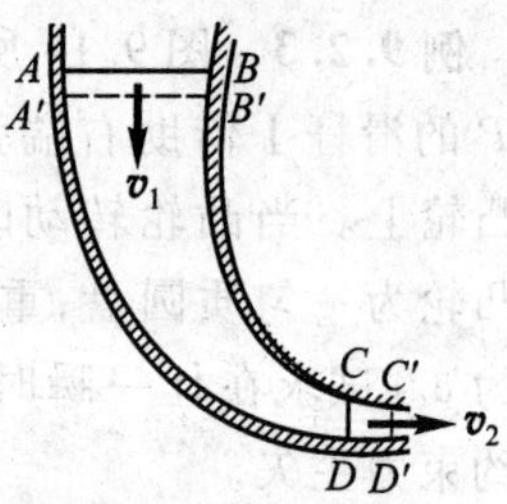

图 9.15

解：以某瞬时占据管子的 $ABCD$ 部分的流体团为研究对象。设经过时间间隔 Δt，此流体团流动至 $A'B'C'D'$，如图 9.15 所示，其动量的变化为

$$\Delta\boldsymbol{p} = \rho q_V\Delta t(\boldsymbol{v}_2 - \boldsymbol{v}_1)$$

将其除以 Δt，令 $\Delta t\to 0$，得到

$$\frac{\mathrm{d}\boldsymbol{p}}{\mathrm{d}t} = \rho q_V(\boldsymbol{v}_2 - \boldsymbol{v}_1)$$

作用于流体的外力有管内流体重力 $\boldsymbol{W}$,进口和出口处相邻流体的压力 $\boldsymbol{F}_1$ 和 $\boldsymbol{F}_2$,以及管壁的约束力 $\boldsymbol{F}_N$。由质点系动量定理(9.2.3),有

$$\rho q_V(\boldsymbol{v}_2-\boldsymbol{v}_1)=\boldsymbol{W}+\boldsymbol{F}_1+\boldsymbol{F}_2+\boldsymbol{F}_N$$

其右端为作用于流体的全部外力的主矢。由此解出

$$\boldsymbol{F}_N=-(\boldsymbol{W}+\boldsymbol{F}_1+\boldsymbol{F}_2)+\rho q_V(\boldsymbol{v}_2-\boldsymbol{v}_1)$$

它的右端第二项为流体流动引起的动约束力。

例 9.2.5　一刚体在水平面 P 上有 3 个接触点,其中两个是自由滑动的腿,第 3 个是固连于刚体上的刀轮的接触点 B。刀轮不能在垂直于它的平面方向滑动。取直角坐标系 $B\xi\zeta$ 与刚体固连。质心 C 的坐标为 ξ,ζ,轴 $B\xi$,$B\zeta$ 平行于平面 P,轴 $B\xi$ 平行于刀轮。设 x,y 为接触点 B 在平面 P 上的固定系 Oxy 中的坐标,φ 为轴 $B\xi$ 与 Ox 间的夹角,M 为刚体质量,J 为刚体对平面 P 之垂线的中心主转动惯量(图 9.16)。约束方程为

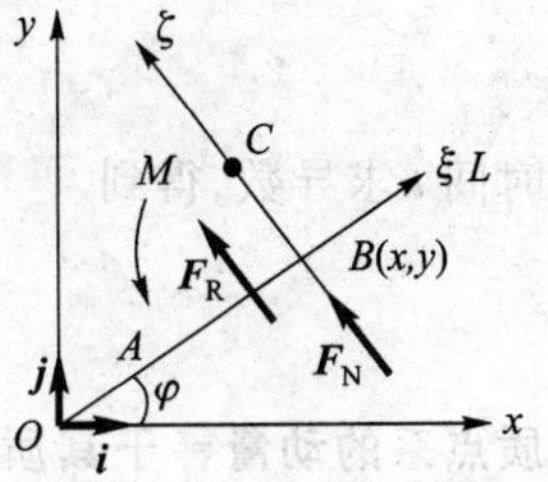

图 9.16

$$\dot{x}\sin\varphi-\dot{y}\cos\varphi=0$$

设 $\xi=0$,即质心 C 在轴 $B\zeta$ 上。外主动力归为一个平行于 $B\zeta$ 的力 $\boldsymbol{F}_R$ 及任一力偶 M。试研究对动轴 AL 的动量。

解: 取 AL 为动轴。系统动量

$$\boldsymbol{p}=m\boldsymbol{v}_C=M(\dot{x}-\zeta\dot{\varphi}\cos\varphi)\boldsymbol{i}+M(\dot{y}-\zeta\dot{\varphi}\sin\varphi)\boldsymbol{j}$$

动轴上单位矢量

$$\boldsymbol{e}=\cos\varphi\boldsymbol{i}+\sin\varphi\boldsymbol{j}$$

于是

$$\dot{\boldsymbol{e}}=\dot{\varphi}\boldsymbol{k}\times\boldsymbol{e}=-\dot{\varphi}\sin\varphi\boldsymbol{i}+\dot{\varphi}\cos\varphi\boldsymbol{j}$$

而

$$\boldsymbol{p}\cdot\dot{\boldsymbol{e}}=0$$

刀片约束力沿 $B\zeta$ 方向,因此外主动力和约束力在动轴 AL 上的投影为零。根据对动轴的动量定理,知有守恒量

$$\boldsymbol{p}\cdot\boldsymbol{e}=M(\dot{x}\cos\varphi+\dot{y}\sin\varphi-\zeta\dot{\varphi})=C$$

9.2.2 质心运动定理

1. 质心运动定理

设 $\boldsymbol{r}_C$ 是质心 C 的矢径,据质心的定义有

$$\boldsymbol{r}_C = \frac{\sum_{i=1}^{N} m_i \boldsymbol{r}_i}{\sum_{i=1}^{N} m_i} = \frac{\sum_{i=1}^{N} m_i \boldsymbol{r}_i}{m}$$

对时间 t 求导数,得到

$$m\boldsymbol{v}_C = \sum_{i=1}^{N} m_i \boldsymbol{v}_i = \boldsymbol{p} \tag{9.2.15}$$

即质点系的动量等于其质量与质心速度的乘积。利用式(9.2.15)计算质点系的动量会带来方便。

将式(9.2.15)代入动量定理(9.2.3),得到

$$m\boldsymbol{a}_C = \boldsymbol{F}_{\mathrm{R}} \tag{9.2.16}$$

或写成

$$m\frac{\mathrm{d}\boldsymbol{v}_C}{\mathrm{d}t} = \boldsymbol{F}_{\mathrm{R}} \tag{9.2.17}$$

或

$$m\frac{\mathrm{d}^2\boldsymbol{r}_C}{\mathrm{d}t^2} = \boldsymbol{F}_{\mathrm{R}} \tag{9.2.18}$$

可表述为:**质点系的质量与质心加速度的乘积等于外力系的主矢**。可以看出,质点系的质心运动规律完全等同于一个质点的运动规律,该质点在质心处集中了整个质点系的质量,且受到作用于质点系的全部外力主矢的作用。这就是**质心运动定理**,它是质点系动量定理的一种形式。

质心运动定理给出的微分方程(9.2.18)可投影到固定直角坐标系中,有

$$m\ddot{x}_C = F_{\mathrm{R}x}, \quad m\ddot{y}_C = F_{\mathrm{R}y}, \quad m\ddot{z}_C = F_{\mathrm{R}z} \tag{9.2.19}$$

由质心运动定理知,质心加速度完全取决于外力系主矢的大小和方向,与质点系的内力无关,也与外力的作用位置无关。最常见的例子是作腾空运动的运动员无论肢体作何动作都不能改变质心的抛物线运动。当然,这里假设阻力的

主矢为零。

2. 质心运动守恒定律

如果外力系的主矢等于零，即 $\boldsymbol{F}_{\mathrm{R}} \equiv \mathbf{0}$，由式(9.2.17)知

$$\boldsymbol{v}_C = \text{常矢量}$$

即质心处于静止状态或作匀速直线运动。如果外力系主矢为零，且 $t=0$ 时，$\boldsymbol{v}_C = \mathbf{0}$，则

$$\boldsymbol{v}_C \equiv \mathbf{0}$$

即质心保持静止。此时质心相对定点的矢径

$$\boldsymbol{r}_C = \text{常矢量}$$

如果外力系的主矢在 x 轴上的投影为零，即 $F_{\mathrm{R}x}=0$，则

$$v_{Cx} = \text{常量}$$

即质心速度在该轴上的投影保持不变。进而，如果 $t=0$ 时还有 $v_{Cx}=0$，则有

$$v_{Cx} = 0$$

而

$$x_C = \text{常量}$$

以上结果称为**质心运动的守恒定律**。

例 9.2.6　匀质杆 AB 长为 l，质量为 m，端点 B 放在光滑水平面上，并与铅垂线成30°角，如图 9.17 所示。杆由静止状态进入运动。试求杆的质心 C 和端点 A 的轨迹。

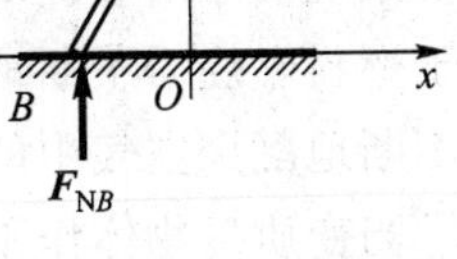

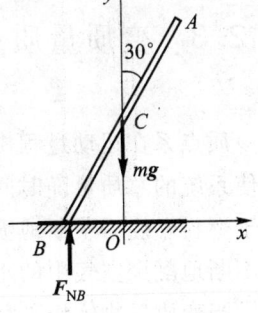

图 9.17

解：杆所受外力为重力 $m\boldsymbol{g}$ 和点 B 处地面约束力 $\boldsymbol{F}_{\mathrm{N}B}$，它们都在铅垂方向，故有 $F_{\mathrm{R}x}=0$，且 $t=0$ 时，有 $v_C=0$，由质心运动守恒定律知 $x_C=\text{const}$。由图示坐标，有 $x_C \equiv 0$，即质心 C 沿 y 轴作直线运动。

因 B 端沿水平面运动，可知 A 点在任意瞬时的坐标为

$$x_A = \frac{l}{2}\sin\varphi, \quad y_A = l\cos\varphi$$

其中 φ 为杆与铅垂轴 y 的夹角。消去 φ，得到 A 点的轨迹方程为

$$(2x_A)^2 + y_A^2 = l^2$$

这是一个椭圆方程。

例 9.2.7　一长为 l，质量为 m 的匀质杆放在光滑水平面上(图 9.18)。在

杆的两端沿轴施加两个方向相反的拉力 $\boldsymbol{F}_P$ 和 $\boldsymbol{F}_Q$，如 $F_P > F_Q$，试求杆的质心的加速度及杆上任一截面所受的张力。

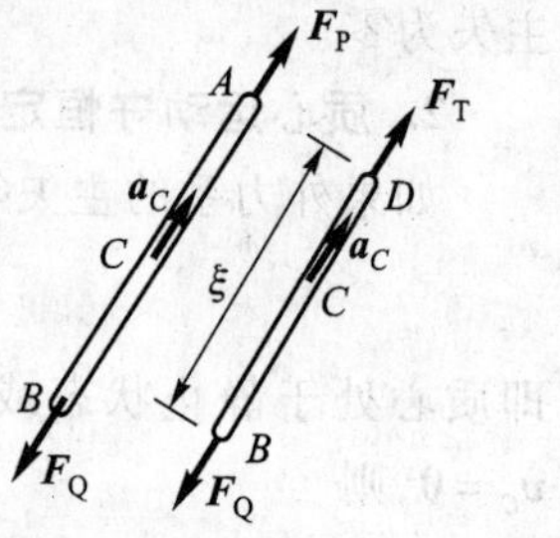

图 9.18

解：将质心运动定理给出的方程(9.2.16)向杆轴方向投影，得到

$$ma_C = F_P - F_Q$$

由此得到

$$a_C = \frac{F_P - F_Q}{m}$$

杆上任意一点的加速度都是 a_C。

在离 B 端为 ξ 处取一截面 D，以 BD 段为研究对象，质心运动定理的方程(9.2.16)给出

$$m\frac{\xi}{l}a_C = F_T - F_Q$$

由此解得该截面的张力

$$F_T = F_Q + \frac{\xi}{l}(F_P - F_Q)$$

9.2.3 变质量质点的运动

质点系在运动过程中，如果发生系统外的质点并入，或系统内的质点排出，致使系统的总质量随时间不断改变，这样的质点系称为**变质量系统**。例如，火箭由于燃料燃烧后不断地喷出，火箭的质量就会不断地减少；空气中下降的雨滴由于不断地凝聚空气中的水分，其质量不断地增加，等等。

当变质量物体作平移或只研究其质心运动时，可当作变质量质点。设在瞬时 t，变质量质点的质量为 $m(t)$，速度为 $\boldsymbol{v}(t)$；在瞬时 $t+\Delta t$，该质点的质量变为 $m(t)+\Delta m$，速度变为 $\boldsymbol{v}(t)+\Delta\boldsymbol{v}$，其中 Δm 为在 Δt 时间内由外部并入质点的质量。Δm 亦可为负值，表示有质量分离出去。设 Δm 并入时的速度为 $\boldsymbol{u}$，如图 9.19 所示。

在时间间隔 Δt 内，由 m 和 Δm 两部分组成的系统的动量变化为

$$\Delta\boldsymbol{p} = (m+\Delta m)(\boldsymbol{v}+\Delta\boldsymbol{v}) - (m\boldsymbol{v}+\Delta m\boldsymbol{u}) \tag{9.2.20}$$

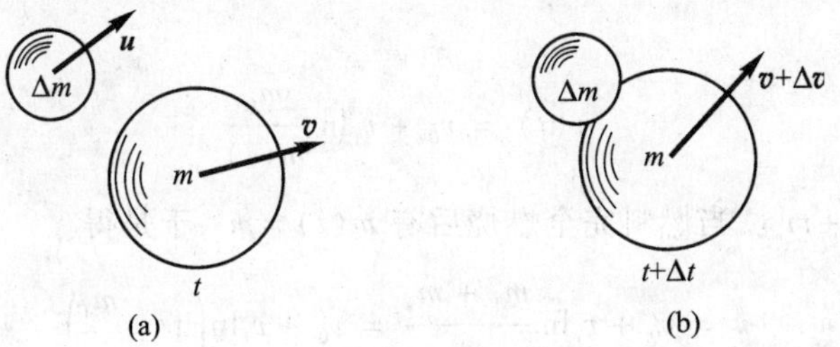

图 9.19

上式中 $\Delta m\Delta \boldsymbol{v}$ 为二阶小量，可以忽略。将各项除以 Δt，并在 $\Delta t\to 0$ 下取极限，得到

$$\frac{\mathrm{d}\boldsymbol{p}}{\mathrm{d}t}=\lim_{\Delta t\to 0}\frac{\Delta \boldsymbol{p}}{\Delta t}=\lim_{\Delta t\to 0}m\frac{\Delta \boldsymbol{v}}{\Delta t}-\lim_{\Delta t\to 0}\frac{\Delta m}{\Delta t}(\boldsymbol{u}-\boldsymbol{v})$$

令

$$\boldsymbol{v}_{\mathrm{r}}=\boldsymbol{u}-\boldsymbol{v}\tag{9.2.21}$$

$$\boldsymbol{F}_{\mathrm{p}}=\frac{\mathrm{d}m}{\mathrm{d}t}\boldsymbol{v}_{\mathrm{r}}\tag{9.2.22}$$

动量定理给出

$$m\frac{\mathrm{d}\boldsymbol{v}}{\mathrm{d}t}=\boldsymbol{F}_{\mathrm{R}}+\boldsymbol{F}_{\mathrm{p}}\tag{9.2.23}$$

式(9.2.23)称为**变质量质点的运动微分方程**，也称为**密歇尔斯基**（Мещерский И. В.，1859—1935）**方程**，它表明：**变质量质点的质量与其加速度的乘积等于外力主矢与反推力的矢量和。**

式(9.2.22)称为反推力，它等于质量对时间的导数与并入质量的相对速度的乘积。当 $\frac{\mathrm{d}m}{\mathrm{d}t}>0$ 时，$\boldsymbol{F}_{\mathrm{p}}$ 与 $\boldsymbol{v}_{\mathrm{r}}$ 同向；当 $\frac{\mathrm{d}m}{\mathrm{d}t}<0$ 时，$\boldsymbol{F}_{\mathrm{p}}$ 与 $\boldsymbol{v}_{\mathrm{r}}$ 反向。

例 9.2.8　运载火箭在太空中运动，初始速度大小为 v_0。火箭中燃料的质量为 m_{f}，其余部分的质量为 m_{s}。假设燃料喷出的相对速度大小 v 为常数，方向与火箭速度 $\boldsymbol{v}$ 相反。试求燃料完全喷出时火箭速度的大小。

解：将变质量质点的运动微分方程(9.2.23)向火箭运动方向投影，得到

$$m\frac{\mathrm{d}v}{\mathrm{d}t}=-v_{\mathrm{r}}\frac{\mathrm{d}m}{\mathrm{d}t}$$

这是因为，在太空中可以认为火箭不受任何外力作用。上述方程改写为

$$\mathrm{d}v=-v_{\mathrm{r}}\frac{\mathrm{d}m}{m}$$

积分得

$$v(t)=v_0+v_r\ln\frac{m_0}{m(t)}$$

其中 $m_0=m_f+m_s$。当燃料完全燃烧后有 $m(t)=m_s$，于是得

$$v=v_0+v_r\ln\frac{m_f+m_s}{m_s}=v_0+v_r\ln\left(1+\frac{m_f}{m_s}\right)$$

按目前的技术水平，$v_r<4\ \text{km}\cdot\text{s}^{-1}$，$\frac{m_f}{m_s}<5$。如取 $v_r=3\ \text{km}\cdot\text{s}^{-1}$ 而 $\frac{m_f}{m_s}\equiv 4$，并假设火箭从静止开始运动 $v_0=0$，则当燃料完全燃烧后火箭的速度为 $v=3\ln 5\ \text{km}\cdot\text{s}^{-1}\approx 3\times 1.609\ \text{km}\cdot\text{s}^{-1}=4.827\ \text{km}\cdot\text{s}^{-1}$，还不能达到第一宇宙速度。因此，用单级火箭还无法将卫星送入轨道，必须采用多级火箭。例如，用二级火箭，也取 $v_r=3\ \text{km}\cdot\text{s}^{-1}$ 和 $\frac{m_f}{m_s}\equiv 4$，则二级火箭工作结束后，火箭的速度为 $v=2v_r\ln\left(1+\frac{m_f}{m_s}\right)=6\ln 5\ \text{km}\cdot\text{s}^{-1}\approx 9.654\ \text{km}\cdot\text{s}^{-1}$。这样就超过了第一宇宙速度，可将卫星送入轨道。

例 9.2.9 用手将软链的一端提起，使其另一端恰好与装砂子的小车相接，如图 9.20 所示。今突然将手放开，软链下落，在下落过程中让小车水平运动以保证软链不相互重叠。试证明，在软链下落过程中，小车所受到的压力为落到小车部分重量的 3 倍。

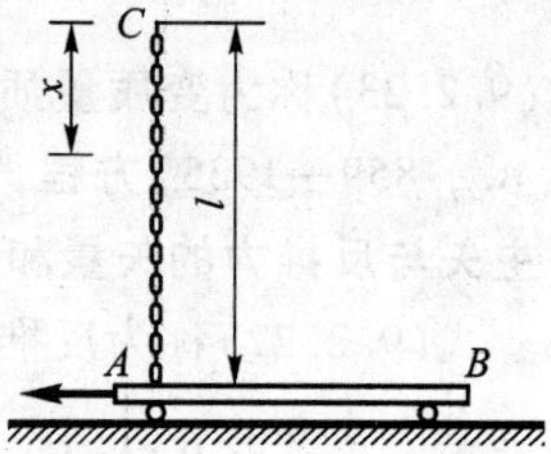

图 9.20

证明：设在软链下落过程中，上端落下距离 x，在空中这段质量为

$$m=\frac{l-x}{l}m_0$$

其中 l 为软链长度，m_0 为其质量。这是一个变质量问题。因相对速度为零，故反推力为零，方程(9.2.23)给出

$$m\frac{\mathrm{d}\boldsymbol{v}}{\mathrm{d}t}=m\boldsymbol{g}$$

它如同自由落体方程，因此有 $v^2=2gx$。

再以整个软链为对象，这是一个常质量系统。由于已落在小车上部分软链的动量在铅垂方向上为零，因此系统的动量大小为

$$p = mv = \frac{l - x}{l} m_0 v$$

利用常质量系统的动量定理,有

$$\dot{p} = m_0 g - F_N$$

其中 F_N 为小车对软链的约束力,方向铅垂向上。于是有

$$F_N = m_0 g - \dot{p} = m_0 g - \dot{m} v - m\dot{v}$$

$$= (m_0 - m) g + m_0 v \frac{\dot{x}}{l}$$

由 $\dot{x} = v$ 以及 $v^2 = 2gx$,得

$$F_N = \frac{3x}{l} m_0 g$$

即约束力等于落在小车这部分软链重量的 3 倍。证毕。

本节介绍了质点系的动量定理,包括动量定理的导数形式

$$\frac{d\boldsymbol{p}}{dt} = \boldsymbol{F}_R$$

积分形式

$$\boldsymbol{p} - \boldsymbol{p}_0 = \boldsymbol{I} = \int_{t_0}^{t} \boldsymbol{F}_R \, dt$$

以及质心运动形式

$$m\boldsymbol{a}_C = \boldsymbol{F}_R$$

$$m \frac{d\boldsymbol{v}_C}{dt} = \boldsymbol{F}_R$$

同时给出了动量守恒律。本节还介绍了变质量质点的运动微分方程

$$m \frac{d\boldsymbol{v}}{dt} = \boldsymbol{F}_R + \boldsymbol{F}_p$$

其中反推力

$$\boldsymbol{F}_p = \frac{dm}{dt} \boldsymbol{v}_r$$

在计算质点系动量时,只要找到质心 C 的速度,然后与系统的总质量相乘即可。

在应用上述公式解题时,应注意选取研究对象,并分析受力和运动。

应用动量定理可解两类动力学问题：已知运动求力(例 9.2.2 ~ 例 9.2.4，例 9.2.7，例 9.2.9)以及已知力求运动(例 9.2.5，例 9.2.6，例 9.2.8)。

9.3 质点系动量矩定理

9.3.1 质点和质点系的动量矩

1. 质点的动量矩

质量为 m 的质点，相对点 O 的矢径为 $\boldsymbol{r}$，其速度为 $\boldsymbol{v}$，则质点对点 O 的**动量矩**定义为

$$\boldsymbol{L}_O = \boldsymbol{r} \times m\boldsymbol{v} \tag{9.3.1}$$

质点的动量矩是表征质点绕矩心 O 转动的运动特征量。动量矩是一个矢量，它的单位是 $\mathrm{kg \cdot m^2 \cdot s^{-1}}$。

以矩心 O 为原点建立直角坐标系，根据矢积定义有

$$\boldsymbol{L}_O = \begin{vmatrix} \boldsymbol{i} & \boldsymbol{j} & \boldsymbol{k} \\ x & y & z \\ mv_x & mv_y & mv_z \end{vmatrix}$$

$$= (myv_z - mzv_y)\boldsymbol{i} + (mzv_x - mxv_z)\boldsymbol{j} + (mxv_y - myv_x)\boldsymbol{k} \tag{9.3.2}$$

根据动量对 z 轴的矩 $M_z(m\boldsymbol{v})$ 等于动量在垂直于 z 轴的任意平面上的投影($mv_x\boldsymbol{i} + mv_y\boldsymbol{j}$)对 z 轴与平面交点 O 的矩，即

$$M_z(m\boldsymbol{v}) = [(x\boldsymbol{i} + y\boldsymbol{j}) \times (mv_x\boldsymbol{i} + mv_y\boldsymbol{j})] \cdot \boldsymbol{k} = mxv_y - myv_x$$

于是有

$$L_{Oz} = \boldsymbol{L}_O \cdot \boldsymbol{k} = M_z(m\boldsymbol{v}) \tag{9.3.3}$$

即，**质点对过点 O 的固定轴的动量矩，等于对定点 O 的动量矩在该轴上的投影。**

2. 质点系的动量矩

由 N 个质点组成的质点系对点 O 的动量矩，等于各个质点对 O 的动量矩的矢量和，即

$$L_O = \sum_{i=1}^{N} M_O(m_i v_i) = \sum_{i=1}^{N} (r_i \times m_i v_i) \tag{9.3.4}$$

类似于式(9.3.3),对质点系有

$$L_O \cdot k = \sum_{i=1}^{N} M_z(m_i v_i) \tag{9.3.5}$$

3. 质点系对不同两点动量矩的关系

下面讨论质点系对任意两点 O 和 A 的动量矩 L_O 和 L_A 之间的关系。如图 9.21 所示,点 A 在坐标系 $Oxyz$ 中的矢径为 r_{OA},质点 P_i 相对于点 A 的矢径为 ρ_i,因此,质点 P_i 的矢径 r_i 写成

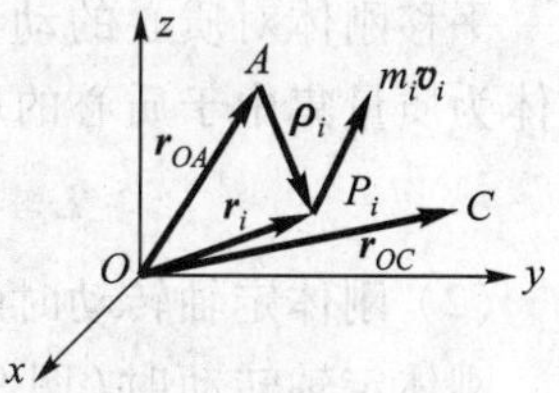

图 9.21

$$r_i = r_{OA} + \rho_i$$

将其代入式(9.3.4),得

$$L_O = \sum_{i=1}^{N} \rho_i \times m_i v_i + r_{OA} \times \sum_{i=1}^{N} m_i v_i$$

上式右端第一项为质点系对点 A 的动量矩 L_A,于是有

$$L_O = L_A + r_{OA} \times p = L_A + p \times r_{AO} \tag{9.3.6}$$

它表明,**质点系对点 O 的动量矩等于质点系对另一点 A 的动量矩与质点系的动量位于点 A 时对点 O 之矩的矢量和。**

4. 质点系对质心的动量矩

下面讨论质点系对质心的动量矩。以质心 C 为原点,建立**平移坐标系** $Cx'y'z'$,如图 9.22 所示,质点 P_i 的速度 v_i 等于质点 C 的速度 v_C 与相对速度 v'_i 的矢量和,即

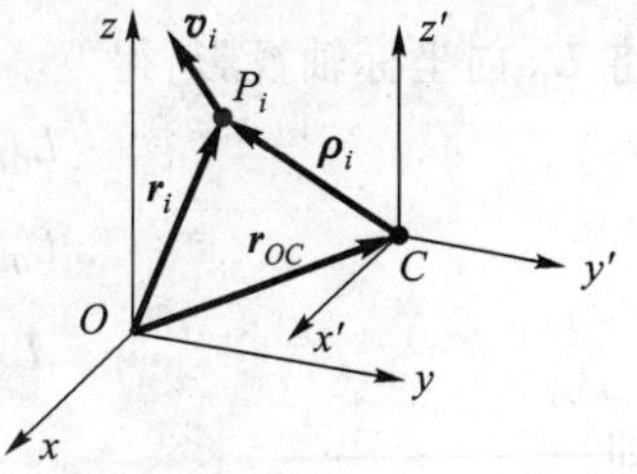

图 9.22

$$v_i = v_C + v'_i$$

质点系对质心 C 的动量矩为

$$L_C = \sum_{i=1}^{N} \rho_i \times m_i v_i = \sum_{i=1}^{N} \rho_i \times m_i v_C + \sum_{i=1}^{N} \rho_i \times m_i v'_i$$

由质心的定义知

$$\sum_{i=1}^{N} m_i \rho_i = m \rho_C$$

其中 m 为质点系的总质量,ρ_C 为质心 C 在质心平移系 $Cx'y'z'$ 中的矢径,显然有

$\boldsymbol{\rho}_C = \mathbf{0}$，于是得

$$\boldsymbol{L}_C = \boldsymbol{L}_{Cr} = \sum_{i=1}^{N} \boldsymbol{\rho}_i \times m_i \boldsymbol{v}'_i \tag{9.3.7}$$

它表明，**质点系绝对运动对质心的动量矩等于它的相对运动对质心的动量矩。** 有时应用式(9.3.7)计算刚体对质心的动量矩更为方便。

5. 刚体运动时动量矩的计算

(1) 刚体平移时的动量矩

平移刚体对质心的动量矩恒为零。平移刚体对任意点 O 的动量矩等于视刚体为质量集中于质心的质点对同一点 O 的动量矩，即

$$\boldsymbol{L}_O = \boldsymbol{L}_C + \boldsymbol{r}_{OC} \times m\boldsymbol{v}_C = \boldsymbol{r}_{OC} \times m\boldsymbol{v}_C$$

(2) 刚体定轴转动时的动量矩

刚体定轴转动时(图 9.23)，对轴上一点 O 的动量矩为

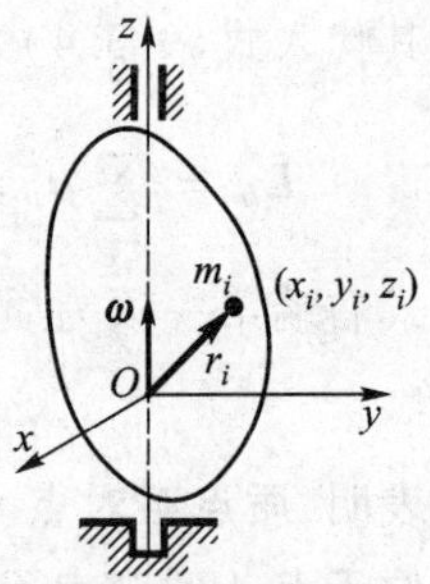

图 9.23

$$\boldsymbol{L}_O = \sum_{i=1}^{N} \boldsymbol{r}_i \times m_i \boldsymbol{v}_i = \sum_{i=1}^{N} \boldsymbol{r}_i \times m_i(\boldsymbol{\omega} \times \boldsymbol{r}_i)$$

$$= \sum_{i=1}^{N} m_i[r_i^2\boldsymbol{\omega} - (\boldsymbol{r}_i \cdot \boldsymbol{\omega})\boldsymbol{r}_i]$$

考虑到

$$r_i^2 = x_i^2 + y_i^2 + z_i^2$$

$$\boldsymbol{r} \cdot \boldsymbol{\omega} = (x_i\boldsymbol{i} + y_i\boldsymbol{j} + z_i\boldsymbol{k}) \cdot \omega\boldsymbol{k} = \omega z_i$$

将 $\boldsymbol{L}_O$ 向坐标轴投影，得

$$L_{Ox} = -\left(\sum m_i z_i x_i\right)\omega = -J_{zx}\omega$$

$$L_{Oy} = -\left(\sum m_i z_i y_i\right)\omega = -J_{yz}\omega$$

$$L_{Oz} = \sum m_i(x_i^2 + y_i^2)\omega = J_z\omega$$

即

$$\boldsymbol{L}_O = -J_{zx}\omega\boldsymbol{i} - J_{yz}\omega\boldsymbol{j} + J_z\omega\boldsymbol{k} \tag{9.3.8}$$

其中 J_{zx}，J_{yz} 为刚体相对于坐标系 $Oxyz$ 的两个惯性积，J_z 为刚体相对轴 Oz 的转动惯量。仅当转轴为刚体的一根惯性主轴时，才有

$$\boldsymbol{L}_O = J_z\omega\boldsymbol{k} \tag{9.3.9}$$

(3) 刚体作平面运动时的动量矩

建立质心平移坐标系 $Cx'y'z'$，其中 Cz' 垂直于刚体运动的平面，如图 9.24 所

示。刚体对质心 C 的动量矩为

$$\boldsymbol{L}_C = \boldsymbol{L}_{Cr} = -J_{z'x'}\omega\boldsymbol{i} - J_{y'z'}\omega\boldsymbol{j} + J_{z'}\omega\boldsymbol{k} \tag{9.3.10}$$

对其他点的动量矩可按式(9.3.6)计算。

(4) 刚体定点转动时的动量矩

刚体对定点 O 的动量矩(图 9.25)为

$$\boldsymbol{L}_O = \sum_{i=1}^{N} \boldsymbol{r}_i \times m_i(\boldsymbol{\omega} \times \boldsymbol{r}_i) = \sum_{i=1}^{N} m_i[r_i^2\boldsymbol{\omega} - (\boldsymbol{\omega}\cdot\boldsymbol{r}_i)\boldsymbol{r}_i]$$

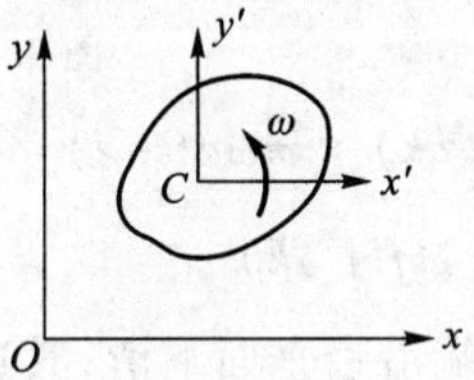

图 9.24

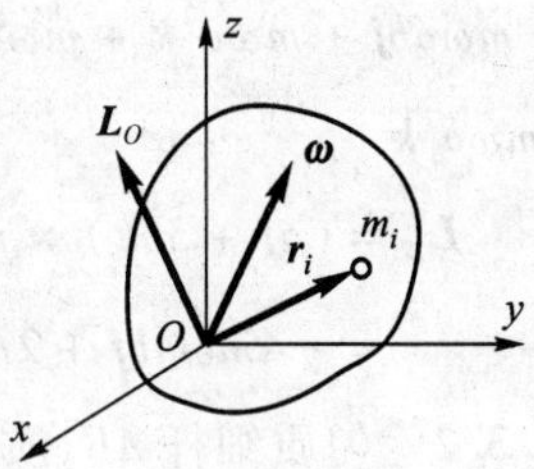

图 9.25

投影到轴 Ox 上，得

$$L_{Ox} = \sum m_i[r_i^2\omega_x - (\omega_x x_i + \omega_y y_i + \omega_z z_i)x_i]$$

考虑到

$$r_i^2 = x_i^2 + y_i^2 + z_i^2$$

有

$$\begin{aligned} L_{Ox} &= [\sum m_i(y_i^2 + z_i^2)]\omega_x - \\ &\quad [\sum m_i x_i y_i]\omega_y - [\sum m_i z_i x_i]\omega_z \\ &= J_x\omega_x - J_{xy}\omega_y - J_{zx}\omega_z \end{aligned}$$

类似地有

$$\begin{aligned} L_{Oy} &= -J_{xy}\omega_x + J_y\omega_y - J_{yz}\omega_z \\ L_{Oz} &= -J_{xz}\omega_x - J_{yz}\omega_y + J_z\omega_z \end{aligned}$$

写成矩阵形式为

$$\begin{pmatrix} L_{Ox} \\ L_{Oy} \\ L_{Oz} \end{pmatrix} = \begin{pmatrix} J_x & -J_{xy} & -J_{xz} \\ -J_{xy} & J_y & -J_{yz} \\ -J_{xz} & -J_{yz} & J_z \end{pmatrix}\begin{pmatrix} \omega_x \\ \omega_y \\ \omega_z \end{pmatrix} \tag{9.3.11}$$

特别地，当 $Oxyz$ 为刚体过点 O 的惯性主轴坐标系时，有

$$\boldsymbol{L}_O = J_x\omega_x\boldsymbol{i} + J_y\omega_y\boldsymbol{j} + J_z\omega_z\boldsymbol{k} \tag{9.3.12}$$

例 9.3.1 两球 C,D,质量均为 m,并可视为质点。两球用不计质量的杆相连并固结在转轴 AB 上,尺寸如图 9.26 所示。如轴以匀角速度 ω 转动,试求系统分别对轴上点 O 和点 B 的动量矩。

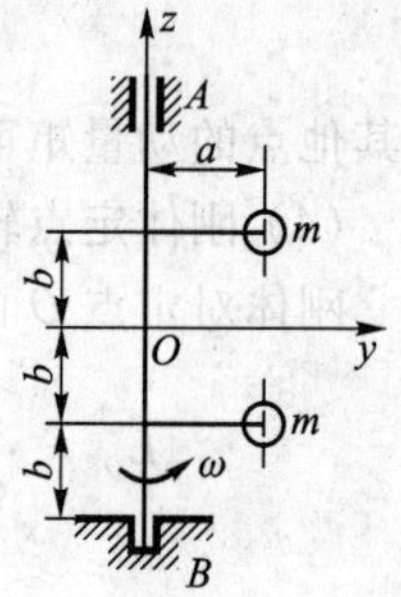

图 9.26

解: 取坐标系 $Oxyz$,其中 Oz 为转轴,Oy 在杆的平面内。轴向单位矢量分别为 $\boldsymbol{i},\boldsymbol{j},\boldsymbol{k}$。按定义计算两球对点 O 和点 B 的动量矩,有

$$\begin{aligned}\boldsymbol{L}_O &= (a\boldsymbol{j}+b\boldsymbol{k})\times m\omega a(-\boldsymbol{i})+(a\boldsymbol{j}-b\boldsymbol{k})\times m\omega a(-\boldsymbol{i})\\ &= -m\omega ab\boldsymbol{j}+m\omega a^2\boldsymbol{k}+m\omega ab\boldsymbol{j}+m\omega a^2\boldsymbol{k}\\ &= 2m\omega a^2\boldsymbol{k}\end{aligned}$$

$$\begin{aligned}\boldsymbol{L}_B &= (a\boldsymbol{j}+3b\boldsymbol{k})\times m\omega a(-\boldsymbol{i})+(a\boldsymbol{j}+b\boldsymbol{k})\times m\omega a(-\boldsymbol{i})\\ &= -4m\omega ab\boldsymbol{j}+2m\omega a^2\boldsymbol{k}=2m\omega a(-2b\boldsymbol{j}+a\boldsymbol{k})\end{aligned}$$

例 9.3.2 匀质细杆 AB,质量为 m,长为 l,一端沿铅垂面下滑,其速度为 $\boldsymbol{v}$,另一端沿水平面滑动(图 9.27)。试求杆与铅垂面成角 φ 时,它对于质心 C 和定点 O 的动量矩。

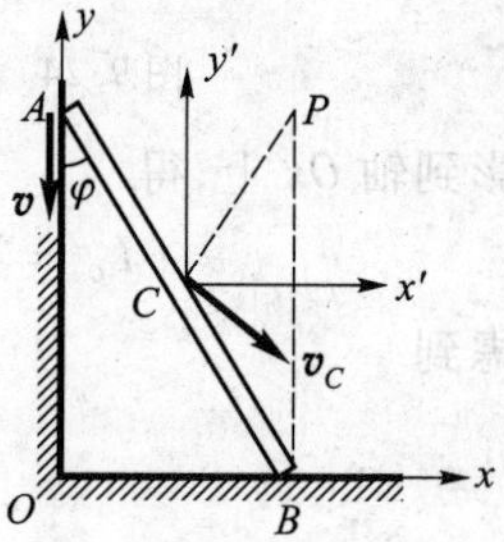

图 9.27

解: 杆 AB 作平面运动,按式(9.3.10)计算,注意到 $J_{z'x'}=J_{y'z'}=0$,有

$$\boldsymbol{L}_C=J_{z'}\omega\boldsymbol{k}$$

而

$$J_{z'}=\frac{1}{12}ml^2,\quad \omega=\frac{v}{l\sin\varphi}$$

于是得

$$\boldsymbol{L}_C=\frac{mlv}{12\sin\varphi}\boldsymbol{k}$$

为求对点 O 的动量矩,利用两点动量矩关系式(9.3.6),有

$$\boldsymbol{L}_O=\boldsymbol{L}_C+\boldsymbol{r}_{OC}\times\boldsymbol{p}$$

而

$$\boldsymbol{p}=m\boldsymbol{v}_C=m\frac{l}{2}\omega(\cos\varphi\boldsymbol{i}-\sin\varphi\boldsymbol{j})$$

$$\boldsymbol{r}_{OC}=\frac{l}{2}\sin\varphi\boldsymbol{i}+\frac{l}{2}\cos\varphi\boldsymbol{j}$$

于是得

$$\begin{aligned}L_O &= \frac{mlv}{12\sin\varphi}\boldsymbol{k} + \frac{l}{2}(\sin\varphi\boldsymbol{i} + \cos\varphi\boldsymbol{j}) \times m\frac{l}{2}\omega(\cos\varphi\boldsymbol{i} - \sin\varphi\boldsymbol{j}) \\ &= -\frac{mlv}{6\sin\varphi}\boldsymbol{k}\end{aligned}$$

例 9.3.3　匀质薄圆盘质量为 m，半径为 r，以角速度 ω 绕其对称轴 OA 转动，同时 OA 又以角速度 ω' 绕铅垂轴转动（图 9.28）。已知 OA 长 $l=r$，与铅垂线夹角为常值 θ。试求圆盘对点 O 的动量矩。

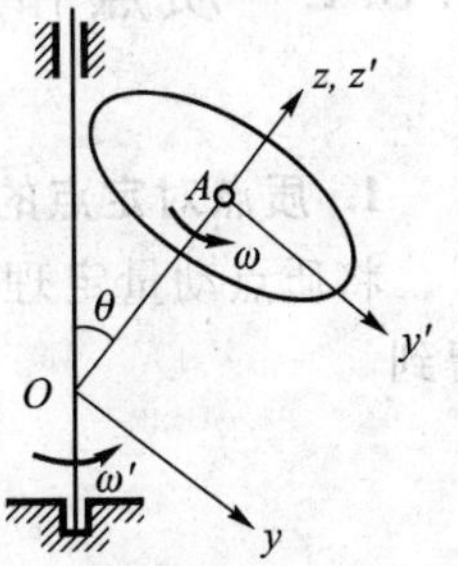

图 9.28

解： 取 $Ax'y'z'$ 固结在圆盘上，坐标系 $Oxyz$ 与其平行。先用定点运动的动量矩公式直接计算。角速度投影为

$$\omega_x = 0, \quad \omega_y = -\omega'\sin\theta, \quad \omega_z = \omega'\cos\theta + \omega$$

转动惯量为

$$J_x = J_{x'} + mr^2 = \frac{1}{4}mr^2 + mr^2 = \frac{5}{4}mr^2$$

$$J_y = \frac{5}{4}mr^2, \quad J_z = \frac{1}{2}mr^2$$

式(9.3.11)给出

$$\begin{pmatrix} L_{Ox} \\ L_{Oy} \\ L_{Oz} \end{pmatrix} = \begin{pmatrix} \frac{5}{4}mr^2 & 0 & 0 \\ 0 & \frac{5}{4}mr^2 & 0 \\ 0 & 0 & \frac{1}{2}mr^2 \end{pmatrix} \begin{pmatrix} 0 \\ -\omega'\sin\theta \\ \omega'\cos\theta + \omega \end{pmatrix} = \begin{pmatrix} 0 \\ -\frac{5}{4}mr^2\omega'\sin\theta \\ \frac{1}{2}mr^2(\omega'\cos\theta + \omega) \end{pmatrix}$$

其次可先求 $\boldsymbol{L}_A$，再用对两点动量矩的关系求 $\boldsymbol{L}_O$。因

$$\boldsymbol{L}_A = -\frac{1}{4}mr^2\omega'\sin\theta\boldsymbol{j}' + \frac{1}{2}mr^2(\omega'\cos\theta + \omega)\boldsymbol{k}'$$

利用公式(9.3.6)，有

$$\boldsymbol{L}_O = \boldsymbol{L}_A + \boldsymbol{r}_{OA} \times \boldsymbol{p}$$

其中

$$\boldsymbol{r}_{OA} = r\boldsymbol{k}', \quad \boldsymbol{p} = -mr\omega'\sin\theta\boldsymbol{i}'$$

于是有

$$\boldsymbol{L}_O = -\frac{5}{4}mr^2\omega'\sin\theta\boldsymbol{j}' + \frac{1}{2}mr^2(\omega'\cos\theta+\omega)\boldsymbol{k}'$$

9.3.2 质点和质点系的动量矩定理

1. 质点对定点的动量矩定理

将质点动量定理(9.2.1)两端与质点对固定点 O 的矢径 $\boldsymbol{r}$ 作矢积运算，得到

$$\boldsymbol{r}\times\frac{\mathrm{d}}{\mathrm{d}t}(m\boldsymbol{v}) = \boldsymbol{r}\times\boldsymbol{F}$$

注意到

$$\begin{aligned}\frac{\mathrm{d}}{\mathrm{d}t}(\boldsymbol{r}\times m\boldsymbol{v}) &= \frac{\mathrm{d}\boldsymbol{r}}{\mathrm{d}t}\times m\boldsymbol{v}+\boldsymbol{r}\times\frac{\mathrm{d}}{\mathrm{d}t}(m\boldsymbol{v})\\ &= \boldsymbol{v}\times m\boldsymbol{v}+\boldsymbol{r}\times\frac{\mathrm{d}}{\mathrm{d}t}(m\boldsymbol{v})\\ &= \boldsymbol{r}\times\frac{\mathrm{d}}{\mathrm{d}t}(m\boldsymbol{v})\end{aligned}$$

则有

$$\frac{\mathrm{d}}{\mathrm{d}t}(\boldsymbol{r}\times m\boldsymbol{v}) = \boldsymbol{r}\times\boldsymbol{F}$$

因 $\boldsymbol{r}\times m\boldsymbol{v}$ 是质点动量对点 O 的矩，记作 $\boldsymbol{L}_O$，而 $\boldsymbol{r}\times\boldsymbol{F}$ 为作用力 $\boldsymbol{F}$ 对点 O 的矩，记作 $\boldsymbol{M}_O$，即

$$\boldsymbol{L}_O = \boldsymbol{r}\times m\boldsymbol{v} = \boldsymbol{M}_O(m\boldsymbol{v})$$
$$\boldsymbol{M}_O = \boldsymbol{r}\times\boldsymbol{F} = \boldsymbol{M}_O(\boldsymbol{F})$$

于是有

$$\frac{\mathrm{d}\boldsymbol{L}_O}{\mathrm{d}t} = \boldsymbol{M}_O \tag{9.3.13}$$

它称为**质点的动量矩定理**，表述为：**质点对固定点的动量矩对时间的导数，等于作用力对该点的矩。**

以点 O 为原点建立直角坐标系 $Oxyz$，矢量式(9.3.13)可表示为3个投影式

$$\frac{\mathrm{d}L_{Ox}}{\mathrm{d}t}=M_{Ox},\quad \frac{\mathrm{d}L_{Oy}}{\mathrm{d}t}=M_{Oy},\quad \frac{\mathrm{d}L_{Oz}}{\mathrm{d}t}=M_{Oz} \tag{9.3.14}$$

其中 L_{Ox},L_{Oy},L_{Oz} 为质点的动量矩在坐标轴上的投影,它们分别等于质点动量相对该坐标轴的矩,称为质点对固定轴的动量矩,即

$$L_{Ox}=M_x(m\boldsymbol{v}),\quad L_{Oy}=M_y(m\boldsymbol{v}),\quad L_{Oz}=M_z(m\boldsymbol{v}) \tag{9.3.15}$$

式(9.3.14)表明,质点对固定轴的动量矩对时间的导数,等于作用力对该轴的矩。

2. 质点系对定点的动量矩定理

对于质点系中每一个质点列写对同一固定点 O 的方程(9.3.13),然后相加,得

$$\frac{\mathrm{d}\boldsymbol{L}_O}{\mathrm{d}t}=\sum_{i=1}^{N}\frac{\mathrm{d}}{\mathrm{d}t}(\boldsymbol{r}_i\times m\boldsymbol{v}_i)=\sum_{i=1}^{N}\boldsymbol{r}_i\times\boldsymbol{F}_i^{(\mathrm{e})}+\sum_{i=1}^{N}\boldsymbol{r}_i\times\boldsymbol{F}_i^{(\mathrm{i})}$$

由于内力总是成对出现的,有

$$\sum_{i=1}^{N}\boldsymbol{r}_i\times\boldsymbol{F}_i^{(\mathrm{i})}=\boldsymbol{0}$$

因此得

$$\frac{\mathrm{d}\boldsymbol{L}_O}{\mathrm{d}t}=\boldsymbol{M}_O \tag{9.3.16}$$

其中

$$\boldsymbol{M}_O=\sum_{i=1}^{N}\boldsymbol{r}_i\times\boldsymbol{F}_i^{(\mathrm{e})}$$

为质点系外力对点 O 的主矩。式(9.3.16)为**质点系对定点的动量矩定理**,表述为:**质点系对定点的动量矩对时间的导数,等于质点系的外力对该点的主矩。**

类似于质点的情形,有

$$\frac{\mathrm{d}L_{Ox}}{\mathrm{d}t}=M_{Ox},\quad \frac{\mathrm{d}L_{Oy}}{\mathrm{d}t}=M_{Oy},\quad \frac{\mathrm{d}L_{Oz}}{\mathrm{d}t}=M_{Oz} \tag{9.3.17}$$

这表明,质点系对固定轴的动量矩对时间的导数,等于质点系的外力对该轴的矩。

3. 质点系动量矩守恒定律

如果外力对某固定点的主矩为零,则由式(9.3.16)得

$$\boldsymbol{L}_O=\text{常矢量}$$

即质点系对点 O 的动量矩为常矢量。如果外力对某定轴之矩的代数和恒为零，例如对 z 轴，则由式(9.3.17)得

$$L_{Oz} = \text{常量}$$

即质点系对该轴的动量矩为常量。

以上两种情形称为**质点系的动量矩守恒律**。

例 9.3.4 利用质点动量矩定理研究单摆的微摆动规律(图 9.29)。

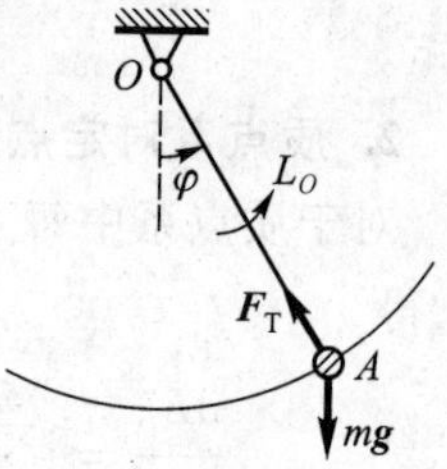

图 9.29

解：取摆锤 A 为研究对象，并当作质点。摆锤在铅垂面内作圆周运动。设在任意瞬时，摆线的摆角为 φ，则摆锤对定点 O 的动量矩为

$$L_O = mvl = ml^2\dot{\varphi}$$

摆锤受重力 $m\boldsymbol{g}$ 和摆线拉力 $\boldsymbol{F}_\text{T}$ 作用，它们对点 O 的矩为

$$M_O = -mgl\sin\varphi$$

由对点 O 的动量矩定理知

$$\frac{\mathrm{d}}{\mathrm{d}t}(ml^2\dot{\varphi}) = -mgl\sin\varphi$$

即

$$\ddot{\varphi} + \frac{g}{l}\sin\varphi = 0$$

在微摆动假设下，$\sin\varphi \approx \varphi$，故微摆动微分方程为

$$\ddot{\varphi} + \frac{g}{l}\varphi = 0$$

其解为

$$\varphi = \varphi_\text{m}\sin\left(\sqrt{\frac{g}{l}}t + \alpha\right)$$

其中积分常数 φ_m 和 α 由运动初始条件决定。

例 9.3.5 匀质圆盘Ⅰ，Ⅱ的半径均为 R，质量为 m。两轮以绕在它们上面的无重细绳相连，其中轮Ⅰ只能绕过中心 A 的水平轴转动，如图 9.30a 所示。轮Ⅱ在重力作用下作平面运动。试求系统由静止开始运动

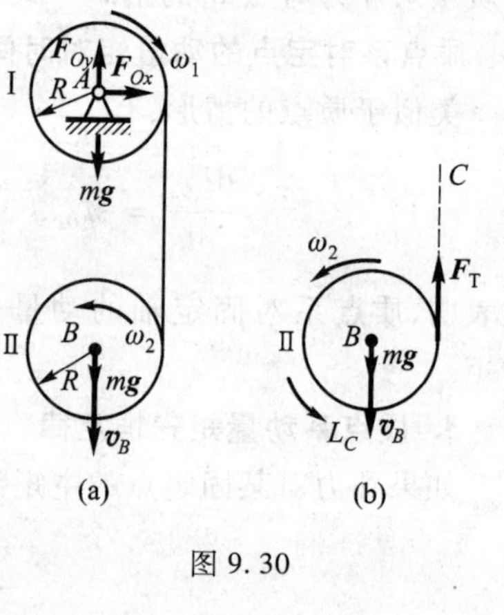

图 9.30

时，轮Ⅱ的中心点 B 的加速度。

解： 系统有两个自由度。先取整个系统为研究对象，所受外力有两轮重力和轴承约束力，如图 9.30a 所示。考虑到外力对转轴之矩恒为零，和初瞬时系统处于静止，有

$$L_A = J_A\omega_1 - J_B\omega_2 \equiv 0$$

其中 ω_1 和 ω_2 分别为两轮角速度，转向如图 9.30a 所示；J_A 和 J_B 分别为两轮对其中心对称轴 A 和 B 的转动惯量，有

$$J_A = J_B = \frac{1}{2}mR^2$$

因此有

$$\omega_1 = \omega_2$$

由运动学知，轮 B 中心的速度为

$$v_B = R(\omega_1 + \omega_2) = 2R\omega_1$$

再取轮Ⅱ为研究对象，所受外力有重力 $m\boldsymbol{g}$ 和绳子张力 $\boldsymbol{F}_{\mathrm{T}}$。轮Ⅱ对定点 C 的动量矩为

$$L_C = mv_BR + J_B\omega_2 = mRv_B + \frac{1}{2}mR^2\,\frac{v_B}{2R} = \frac{5}{4}mRv_B$$

转向如图 9.30b 所示。由动量矩定理得

$$\frac{\mathrm{d}}{\mathrm{d}t}\left(\frac{5}{4}mRv_B\right) = mgR$$

由此解得点 B 的加速度

$$a_B = \frac{\mathrm{d}v_B}{\mathrm{d}t} = \frac{4}{5}g$$

例 9.3.6　两人同时爬绳，如图 9.31 所示，A 与 B 相对于绳子的速率分别为 u_1 和 u_2。两人质量同为 m，不计绳的质量，不计绳与滑轮之间的摩擦。开始时两人都静止在同一高度。试证明在任意瞬时两人离地面的高度都相同，并求绳子的移动速率。

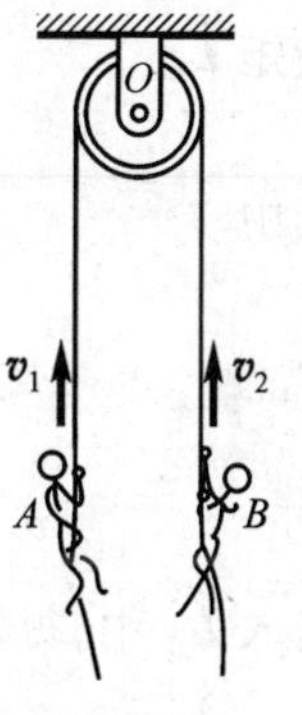

图 9.31

解： 取人与绳为对象。考虑对轮心 O 的外力矩：滑轮对绳的作用力都通过点 O，因为不计摩擦力，故对点 O 的力矩为零；作用在两人身上的重力对点 O 的力矩之和为零，因而所有

外力对点 O 的主矩为零，所以动量矩守恒。初始瞬时两人都静止，动量矩为零，因此以后动量矩保持为零。

设 A 上升的绝对速度大小为 v_1，B 上升的绝对速度大小为 v_2，滑轮半径为 r，则任何瞬时的动量矩 $(mv_1 - mv_2)r$ 应为零，即 $v_1 = v_2$。既然每一瞬时 A 和 B 上升的速度相同，上升的高度自然也是完全相同的。

设绳子移动速率为 u（与 $\boldsymbol{v}_2$ 同向），则 $v_1 = u_1 - u$，$v_2 = u_2 + u$，代入 $v_1 = v_2$，则 $u = \frac{1}{2}(u_1 - u_2)$。不论 A 与 B 强弱如何，他们上升的速度都是一样的，即使 A 不爬，即 $u_1 = 0$，那么他还是与 B 一样以相同的绝对速度上升并同时到达顶点。

例 9.3.7 如图 9.32 所示，质量均为 m 的两小球 C 和 D 用长为 $2l$ 的无质量刚性杆连接，其中点 O 固定在铅垂轴 AB 上，杆与轴 AB 之间的夹角为 α，轴 AB 以匀角速度 ω 转动。轴承 A，B 间的距离为 h。试求轴承 A，B 的约束力。

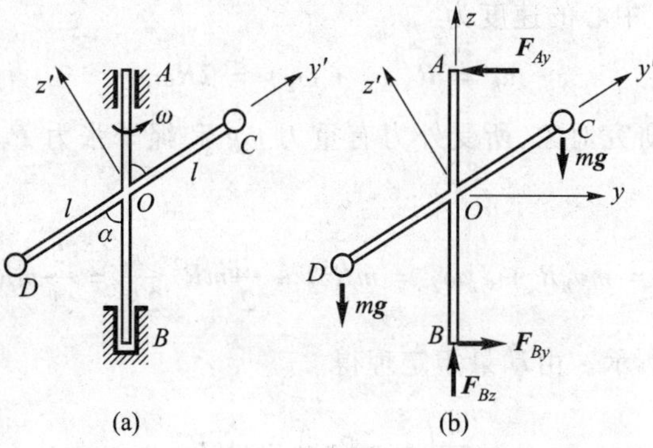

图 9.32

解： 取两小球、刚性杆及铅垂轴组成的质点系为研究对象。建立固结在杆 CD 上的动坐标系 $Ox'y'z'$，其单位矢量为 $\boldsymbol{i}'$，$\boldsymbol{j}'$，$\boldsymbol{k}'$。首先，计算系统对点 O 的动量矩 $\boldsymbol{L}_O$

$$\boldsymbol{L}_O = \boldsymbol{r}_C \times m\boldsymbol{v}_C + \boldsymbol{r}_D \times m\boldsymbol{v}_D$$

其中

$$\boldsymbol{\omega} = \omega(\cos\alpha\boldsymbol{j}' + \sin\alpha\boldsymbol{k}')$$

$$\boldsymbol{r}_C = l\boldsymbol{j}', \quad \boldsymbol{r}_D = -l\boldsymbol{j}'$$

$$\boldsymbol{v}_C = \boldsymbol{\omega} \times \boldsymbol{r}_C = -\omega l\sin\alpha\boldsymbol{i}', \quad \boldsymbol{v}_D = \boldsymbol{\omega} \times \boldsymbol{r}_D = \omega l\sin\alpha\boldsymbol{i}'$$

代入 $\boldsymbol{L}_O$ 中，得

$$\boldsymbol{L}_O = 2ml^2\omega\sin\alpha\boldsymbol{k}'$$

其次,求轴承 A,B 的约束力。注意到,动量矩 $\boldsymbol{L}_O$ 以角速度 $\boldsymbol{\omega}$ 绕铅垂轴转动,有

$$\frac{\mathrm{d}\boldsymbol{L}_O}{\mathrm{d}t} = \boldsymbol{\omega} \times \boldsymbol{L}_O = ml^2\omega^2 \sin 2\alpha \boldsymbol{i}'$$

由质心运动定理得

$$F_{Ay} = F_{By}, \quad F_{Bz} = 2mg$$

外力系对点 O 的主矩为

$$\boldsymbol{M}_O = F_{Ay} h \boldsymbol{i}$$

由质点系动量矩定理得

$$F_{Ay} = F_{By} = \frac{ml^2\omega^2}{h}\sin 2\alpha$$

例 9.3.8　图 9.33a 所示匀质细杆 OA 和 EC 的质量分别为 $m_1 = 50$ kg 和 $m_2 = 100$ kg,在点 A 焊接起来。若此结构在图示位置由静止状态释放。试计算刚释放时,铰链 O 的约束力,不计铰链摩擦,OA 长为 l,CE 长为 $2l$,$l = 1$ m。

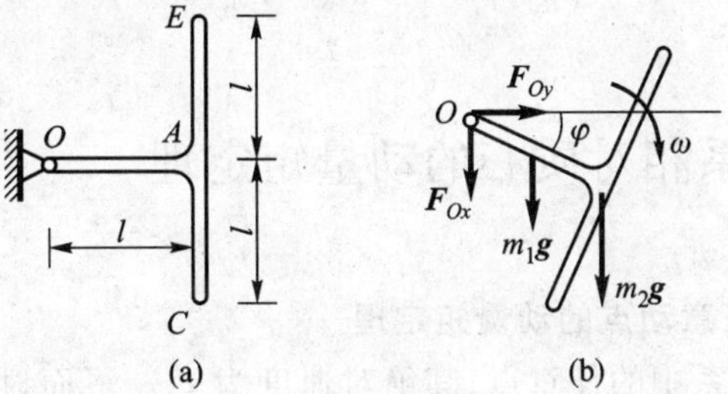

图 9.33

解: 以整体为研究对象,受力如图 9.33b 所示。将系统放在一般位置 φ 上。动量定理给出

$$\frac{\mathrm{d}^2}{\mathrm{d}t^2}\left(m_1 \frac{l}{2}\sin\varphi + m_2 l \sin\varphi\right) = F_{Ox} + m_1 g + m_2 g \tag{a}$$

$$\frac{\mathrm{d}^2}{\mathrm{d}t^2}\left(m_1 \frac{l}{2}\cos\varphi + m_2 l \cos\varphi\right) = F_{Oy} \tag{b}$$

对定点 O 的动量矩定理给出

$$\frac{\mathrm{d}}{\mathrm{d}t}\left\{\frac{1}{3}m_1 l^2\omega + \left[\frac{1}{12}m_2(2l)^2 + m_2 l^2\right]\omega\right\} = m_1 g\frac{l}{2}\cos\varphi + m_2 g l\cos\varphi \tag{c}$$

其中

$$\omega = \dot{\varphi}$$

由式(c)求得

$$\dot{\omega} = \frac{3}{2}\frac{g}{l}\frac{m_1 + 2m_2}{m_1 + 4m_2}\cos\varphi$$

当 $\varphi=0$ 时,有

$$\dot{\omega} = \frac{3}{2}\frac{g}{l}\frac{m_1 + 2m_2}{m_1 + 4m_2}$$

以 $\varphi=0, \dot{\varphi} = \omega = 0, \ddot{\varphi} = \dot{\omega}$ 代入式(a),(b),得到

$$F_{Ox} = -(m_1 + m_2)g + \frac{3}{4}(m_1 + 2m_2)\frac{m_1 + 2m_2}{m_1 + 4m_2}g$$

$$F_{Oy} = 0$$

代入数值,得

$$F_{Ox} \approx -449\ \text{N},\quad F_{Oy} = 0$$

9.3.3 质点系相对质心的动量矩定理

1. 质点系对任意动点的动量矩定理

设点 A 为惯性系中的任意点,其绝对速度为 $\boldsymbol{v}_A$。下面讨论质点系对动点 A 的动量矩定理。质点系对点 A 的动量矩为

$$\boldsymbol{L}_A = \sum_{i=1}^{N}\boldsymbol{\rho}_i \times m_i\boldsymbol{v}_i$$

将其对时间求导数,得

$$\frac{\mathrm{d}\boldsymbol{L}_A}{\mathrm{d}t} = \sum_{i=1}^{N}\frac{\mathrm{d}\boldsymbol{\rho}_i}{\mathrm{d}t}\times m_i\boldsymbol{v}_i + \sum_{i=1}^{N}\boldsymbol{\rho}_i \times m_i\boldsymbol{a}_i \tag{9.3.18}$$

由质点运动微分方程有

$$m_i\boldsymbol{a}_i = \boldsymbol{F}_i^{(e)} + \boldsymbol{F}_i^{(i)}$$

质点系中内力总是成对出现的,且大小相等,方向相反,因此内力系对任意点的主矩为零,即 $\boldsymbol{M}_A^{(i)} = \sum_{i=1}^{N}\boldsymbol{\rho}_i \times \boldsymbol{F}_i^{(i)} = \boldsymbol{0}$。于是,式(9.3.18)右端第二项正是作用在质点系上外力对点 A 的主矩,即

$$\boldsymbol{M}_A^{(e)} = \sum_{i=1}^{N} \boldsymbol{\rho}_i \times \boldsymbol{F}_i^{(e)}$$

注意到

$$\frac{\mathrm{d}\boldsymbol{\rho}_i}{\mathrm{d}t} = \boldsymbol{v}_i - \boldsymbol{v}_A$$

将其代入式(9.3.18),并考虑到 $\boldsymbol{v}_i \times \boldsymbol{v}_i = \boldsymbol{0}$,可得

$$\frac{\mathrm{d}\boldsymbol{L}_A}{\mathrm{d}t} = \boldsymbol{M}_A^{(e)} + m\boldsymbol{v}_C \times \boldsymbol{v}_A \tag{9.3.19}$$

这就是**对任意点 A 的动量矩定理**,表述为:**质点系对任意点 A 的动量矩对时间的导数,等于外力系对点 A 的主矩与质点系动量与点 A 的速度矢积的矢量和。**

2. 质点系对动轴的动量矩定理

假设由点 A 引出一动轴 AL,其上单位矢量记作 $\boldsymbol{e}(t)$。下面导出对动轴的动量矩定理。将式(9.3.19)两端标量积矢量 $\boldsymbol{e}$,得

$$\frac{\mathrm{d}}{\mathrm{d}t}(\boldsymbol{L}_A \cdot \boldsymbol{e}) - \boldsymbol{L}_A \cdot \dot{\boldsymbol{e}} = \boldsymbol{M}_A^{(e)} \cdot \boldsymbol{e} + m(\boldsymbol{v}_C \times \boldsymbol{v}_A) \cdot \boldsymbol{e}$$

或表示为

$$\frac{\mathrm{d}}{\mathrm{d}t}(\boldsymbol{L}_A \cdot \boldsymbol{e}) = \boldsymbol{M}_A^{(e)} \cdot \boldsymbol{e} + \boldsymbol{L}_A \cdot \dot{\boldsymbol{e}} + m\boldsymbol{v}_C \cdot (\boldsymbol{v}_A \times \boldsymbol{e}) \tag{9.3.20}$$

这就是**质点系对动轴 AL 的动量矩定理**。

3. 质点系对质心的动量矩定理

当选质心 C 为动点 A 时,式(9.3.19)给出

$$\frac{\mathrm{d}\boldsymbol{L}_C}{\mathrm{d}t} = \boldsymbol{M}_C^{(e)} \tag{9.3.21}$$

这就是**质点系对质心的动量矩定理**,表述为:**质点系对质心的动量矩对时间的导数,等于质点系的外力系对质心的主矩。**

注意到式(9.3.7),它表明质点系绝对运动对质心的动量矩等于它的相对运动对质心的动量矩。因此,式(9.3.21)可表示为形式

$$\frac{\mathrm{d}\boldsymbol{L}_{Cr}}{\mathrm{d}t} = \boldsymbol{M}_C^{(e)} \tag{9.3.22}$$

将其投影到与固定直角坐标系 $Oxyz$ 相平行的轴系 $Cx'y'z'$ 中,得

$$\frac{\mathrm{d}L_{Cx'}}{\mathrm{d}t} = M_{Cx'}^{(e)}, \quad \frac{\mathrm{d}L_{Cy'}}{\mathrm{d}t} = M_{Cy'}^{(e)}, \quad \frac{\mathrm{d}L_{Cz'}}{\mathrm{d}t} = M_{Cz'}^{(e)} \tag{9.3.23}$$

4. 动量矩守恒定律

如果外力对质心的主矩为零,即 $\boldsymbol{M}_C^{(e)}=\mathbf{0}$,则式(9.3.21)给出

$$\boldsymbol{L}_C = \text{常矢量}$$

如果外力主矩沿某个确定方向,例如 z' 轴方向的投影为零,即 $M_{Cz'}=0$,则式(9.3.23)给出

$$L_{Cz'} = \text{常量}$$

以上两种情况称为**对质心的动量矩守恒**。

对过动点 A 的动轴 $\boldsymbol{e}=\boldsymbol{e}(t)$,如果满足条件

$$\boldsymbol{L}_A\cdot\dot{\boldsymbol{e}}+m\boldsymbol{v}_C\cdot(\boldsymbol{v}_A\times\boldsymbol{e})=0 \tag{9.3.24}$$

并且外力主矩在该动轴的投影等于零,则有**对动轴的动量矩守恒律**

$$\boldsymbol{L}_A\cdot\boldsymbol{e}=C \tag{9.3.25}$$ ①

例 9.3.9 质量为 m,半径为 r 的滑轮上绕有软绳,将绳的一端固定于点 A 而令滑轮自由下落如图 9.34 所示。不计绳子的质量,试求轮心 C 的加速度和绳子的拉力。

解: 以滑轮和软绳组成的系统为研究对象。滑轮的运动可看作沿过点 A 的铅垂线向下作纯滚动,滚动角速度为

$$\omega=\frac{v_C}{r}$$

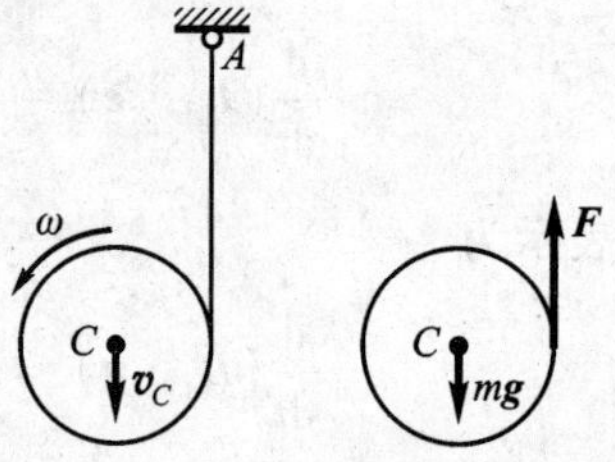

图 9.34

角加速度为

$$\alpha=\frac{a_C}{r}$$

系统有两个未知量: 轮心 C 的加速度 $\boldsymbol{a}_C$ 和绳子的拉力 $\boldsymbol{F}$,需列写两个方程来求解。

首先,用质心运动定理沿铅垂轴的投影,有

$$ma_C=mg-F \tag{a}$$

其次,用相对质心的动量矩定理,有

$$\frac{\mathrm{d}}{\mathrm{d}t}(J_C\omega)=Fr$$

---

① Козлов В В, Колесников Н Н. ПММ, 1978, 42(1): 28 – 33。

即

$$\frac{1}{2}ma_C = F \tag{b}$$

联合式(a),(b),解得

$$a_C = \frac{2}{3}g, \quad F = \frac{1}{3}mg$$

另外,可用对固定轴 Az 的动量矩定理来代替对质心的动量矩定理,有

$$\frac{\mathrm{d}}{\mathrm{d}t}(J_C\omega + mv_C r) = mgr$$

例 9.3.10 匀质细杆 OA 可绕水平轴 O 转动。杆的另一端 A 以光滑铰链与一物体 B 的质心相连(图 9.35)。当系统由静止状态从杆的水平位置转到铅垂位置时,试问物体 B 绕光滑铰链相对于杆 OA 转过多少角度。如已知杆质量为 m,长为 l,物体 B 的质量为 M,试求 OA 铅直时所具有的角速度。

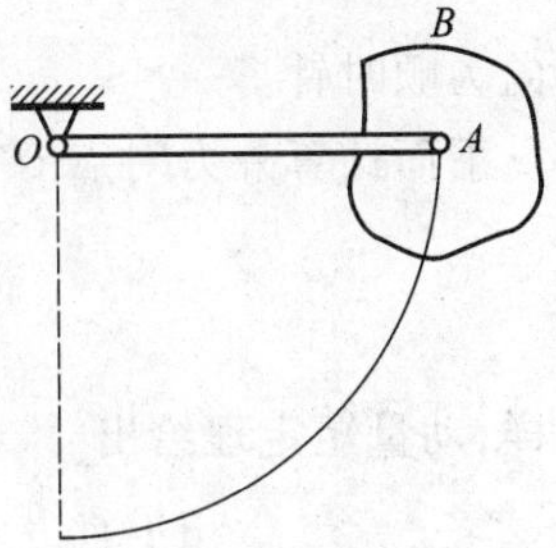

图 9.35

解: 首先,以物体 B 为研究对象,它仅在质心 A 处受力,用相对质心的动量矩定理得

$$\frac{\mathrm{d}}{\mathrm{d}t}(J_B\omega_B) = 0$$

于是

$$\omega_B = \text{const}$$

又开始时静止,因此永远有

$$\omega_B = 0$$

在运动过程中,物体 B 作平面运动,姿态不变,它的绝对角速度为零。由角速度合成

$$\boldsymbol{\omega}_\mathrm{a} = \boldsymbol{\omega}_\mathrm{e} + \boldsymbol{\omega}_\mathrm{r}$$

知,物体 B 相对杆 OA 的角速度 $\boldsymbol{\omega}_\mathrm{r}$ 与杆 OA 的角速度,即牵连角速度 $\boldsymbol{\omega}_\mathrm{e}$ 大小相等,转向相反。因此,牵连转角与相对转角大小相等,当杆 OA 转至铅垂位置时,牵连转角按顺时针转过$\frac{\pi}{2}$,因此物体 B 相对杆 OA 按逆时针转过$\frac{\pi}{2}$。

其次,求杆 OA 到达铅垂位置时的角速度。为此,取杆 OA 和物体 B 组成的质点系为研究对象。将其放在一般位置上,此时杆 OA 转过角 φ。计算对点 O

的动量矩，对杆 OA 有

$$L'_O = \frac{1}{3}ml^2\omega$$

对物体 B，利用对两点动量矩的关系式(9.3.6)，有

$$\boldsymbol{L}''_O = \boldsymbol{L}_A + \boldsymbol{r}_{OA} \times \boldsymbol{p}$$

因 $\boldsymbol{L}_A = \boldsymbol{0}$，$p = M\omega l$，于是有

$$L''_O = M\omega l^2$$

质点系对点 O 的动量矩为

$$L_O = L'_O + L''_O = \frac{1}{3}ml^2\omega + Ml^2\omega$$

转向为顺时针。

下面计算外力对点 O 的矩，即杆 OA 的重力和物体 B 的重力之矩，有

$$M_O = mg\frac{l}{2}\cos\varphi + Mgl\cos\varphi$$

这样，动量矩定理给出

$$\frac{\mathrm{d}}{\mathrm{d}t}\left(\frac{1}{3}ml^2\omega + Ml^2\omega\right) = mg\frac{l}{2}\cos\varphi + Mgl\cos\varphi$$

由此得

$$\dot{\omega} = \frac{3}{2}\frac{g}{l}\frac{m+2M}{m+3M}\cos\varphi$$

它给出在任意位置 φ，杆 OA 的角加速度。因

$$\dot{\omega} = \frac{\mathrm{d}\omega}{\mathrm{d}t} = \frac{\mathrm{d}\omega}{\mathrm{d}\varphi}\frac{\mathrm{d}\varphi}{\mathrm{d}t} = \omega\frac{\mathrm{d}\omega}{\mathrm{d}\varphi}$$

于是有

$$\omega\mathrm{d}\omega = \frac{3}{2}\frac{g}{l}\frac{m+2M}{m+3M}\cos\varphi\mathrm{d}\varphi$$

作积分

$$\int_0^{\omega}\omega\mathrm{d}\omega = \frac{3}{2}\frac{g}{l}\frac{m+2M}{m+3M}\int_0^{\pi/2}\cos\varphi\mathrm{d}\varphi$$

$$= \frac{3}{2}\frac{g}{l}\frac{m+2M}{m+3M}(\sin\varphi)\Big|_0^{\pi/2}$$

$$= \frac{3}{2}\frac{g}{l}\frac{m+2M}{m+3M}$$

因此得

$$\omega = \sqrt{\frac{3g}{l}\frac{m+2M}{m+3M}}$$

注意，上面的解法可以求出任意位置时杆 OA 的角速度。

例 9.3.11　无外力矩作用的半径为 R、质量为 m_0 的圆柱形自旋卫星绕对称轴旋转，质量均为 m 的两个质点沿径向对称地向外伸展，与旋转轴的距离 x 不断地增大，如图 9.36 所示。联系卫星与质点的变长度杆的质量不计，设质点自卫星表面出发时卫星的初始角速度为 ω_0。试计算卫星自旋角速度 ω 的变化规律。

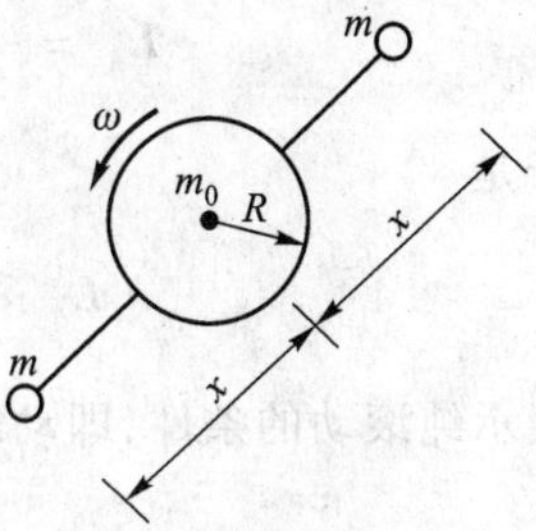

图 9.36

解：卫星对旋转轴的转动惯量为

$$J_z = \frac{1}{2}m_0R^2 + 2mx^2$$

令转动惯量的初始值为

$$J_{z0} = \frac{1}{2}m_0R^2 + 2mR^2$$

根据动量矩守恒定律，有

$$L_{Cz} = J_z\omega = J_{z0}\omega_0$$

于是得

$$\omega = \left[\frac{m_0+4m}{m_0+4m\left(\dfrac{x}{R}\right)^2}\right]\omega_0$$

自旋卫星的角速度随质点的伸展而不断降低。

例 9.3.12　质量为 m、半径为 a 的粗糙匀质圆球在重力作用下，沿另一半径为 b 的固定球面上作纯滚动。令 (b,θ,φ) 为两球接触点 A 的球坐标。在球心 C 处选一坐标系 $Cx'y'z'$，使轴 Cz' 在两球中心连线上，轴 Cx' 水平且垂直于 Cz'，轴 Cy' 垂直于 Cz' 并在角 θ 增大方向上，如图 9.37 所示。试证明：球对动轴 OC 的动量矩守恒。

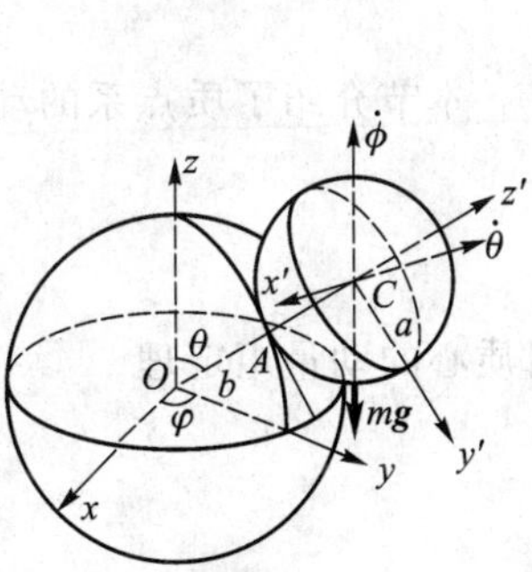

图 9.37

证明： 令 $\boldsymbol{i}',\boldsymbol{j}',\boldsymbol{k}'$ 为动轴 Cx',Cy',Cz' 的单位矢量。动系 $Cx'y'z'$ 的角速度为

$$\boldsymbol{\omega} = -\dot{\theta}\boldsymbol{i}' - \dot{\varphi}\sin\theta\boldsymbol{j}' + \dot{\varphi}\cos\theta\boldsymbol{k}'$$

选 AC 为动轴，有

$$\boldsymbol{e} = \boldsymbol{k}'$$

$$\dot{\boldsymbol{e}} = \boldsymbol{\omega}\times\boldsymbol{k}' = -\dot{\varphi}\sin\theta\boldsymbol{i}' + \dot{\theta}\boldsymbol{j}'$$

令 $\omega_1,\omega_2,\omega_3$ 为球的角速度在动系 $Cx'y'z'$ 上的投影，则对点 A 的动量矩为

$$\boldsymbol{L}_A = \frac{7}{5}ma^2\omega_1\boldsymbol{i}' + \frac{7}{5}ma^2\omega_2\boldsymbol{j}' + \frac{2}{5}ma^2\omega_3\boldsymbol{k}' \tag{a}$$

于是

$$\boldsymbol{L}_A\cdot\dot{\boldsymbol{e}} = -\frac{7}{5}ma^2\omega_1\dot{\varphi}\sin\theta + \frac{7}{5}ma^2\omega_2\dot{\theta} \tag{b}$$

表示纯滚动的条件，即动球上接触点 A 的速度为零，有

$$a\omega_2 + (a+b)\dot{\varphi}\sin\theta = 0,\quad a\omega_1 + (a+b)\dot{\theta} = 0 \tag{c}$$

将式(c)代入式(b)得

$$\boldsymbol{L}_A\cdot\dot{\boldsymbol{e}} = 0$$

又知动轴上点 A 和点 C 的速度彼此平行，即

$$\boldsymbol{v}_A /\!/ \boldsymbol{v}_C$$

因此

$$\boldsymbol{v}_C\cdot(\boldsymbol{v}_A\times\boldsymbol{e}) = 0$$

于是式(9.3.24)满足。由所有外力，包括 A 处约束力和在点 C 的重力，对轴 AC 的矩都为零。因此，有对动轴 AC 的动量矩守恒律

$$\boldsymbol{L}_A\cdot\boldsymbol{e} = \frac{2}{5}ma^2\omega_3 = C$$

本节介绍了质点系的动量矩定理，包括对固定点的动量矩定理

$$\frac{\mathrm{d}\boldsymbol{L}_O}{\mathrm{d}t} = \boldsymbol{M}_O$$

对质心的动量矩定理

$$\frac{\mathrm{d}\boldsymbol{L}_C}{\mathrm{d}t} = \frac{\mathrm{d}\boldsymbol{L}_{C\mathrm{r}}}{\mathrm{d}t} = \boldsymbol{M}_C^{(\mathrm{e})}$$

以及对任意动点 A 的动量矩定理

$$\frac{\mathrm{d}\boldsymbol{L}_A}{\mathrm{d}t} = \boldsymbol{M}_A^{(\mathrm{e})} + m\boldsymbol{v}_C \times \boldsymbol{v}_A$$

这些定理及其守恒形式可用来解一些质点系动力学问题。用对定轴的动量矩定理可导出刚体定轴运动微分方程。用对定点的动量矩定理可导出刚体定点运动微分方程。

另外,动量矩定理和动量定理联合,还可解更多的质点系动力学问题。用质心运动定理和相对质心动量矩定理可导出刚体平面运动动力学方程。

应用动量矩定理可解两类动力学问题：已知运动求力(与质心运动定理联合,例 9.3.7～例 9.3.9)以及已知力求运动(例 9.3.4～例 9.3.6,例 9.3.10～例 9.3.12)。

当 $\boldsymbol{v}_A /\!/ \boldsymbol{v}_C$ 时,对动点 A 的动量矩定理有形式

$$\frac{\mathrm{d}\boldsymbol{L}_A}{\mathrm{d}t} = \boldsymbol{M}_A^{(\mathrm{e})}$$

这个结果可用来建立某些平面运动刚体的动力学方程。例如,半径为 r 的匀质圆盘在半径为 R 的铅垂固定圆周内的滚动;又如,一端靠墙另一端着地的匀质杆在铅垂平面内运动。在这些问题中,动点 A 都可选在定瞬心线上与瞬心相重合的点。此时有 $\boldsymbol{v}_A /\!/ \boldsymbol{v}_C$。但是对于匀质半圆在水平直线上滚动问题,则没有 $\boldsymbol{v}_A /\!/ \boldsymbol{v}_C$。

9.4　质点系动能定理

9.4.1　质点和质点系的动能

1. 质点的动能

质点的质量与速度平方的乘积的二分之一定义为**质点的动能**,记作 T,有

$$T = \frac{1}{2}mv^2 \tag{9.4.1}$$

质点的动能为正标量,其大小取决于质点速度的大小而与方向无关。动能的单位为 J(焦)

$$1\ \mathrm{J} = 1\ \mathrm{N \cdot m} = 1\ \mathrm{kg \cdot m^2 \cdot s^{-2}}$$

2. 质点系的动能和柯尼希定理

质点系中各质点动能的总和称为**质点系的动能**,有

$$T = \sum_{i=1}^{N} \frac{1}{2} m_i v_i^2 \tag{9.4.2}$$

当质点系中各质点的运动较为复杂时,可将各质点的运动分解为随质心作平移的牵连运动和相对于质心平移系的相对运动。建立与质心固连的平移坐标系 $Cxyz$,如图 9.38 所示。质量为 m_i 的质点 P_i 的速度 $\boldsymbol{v}_i$ 等于质心的速度 $\boldsymbol{v}_C$ 与相对平移系的速度 $\boldsymbol{v}_{ri}$的矢量和,即

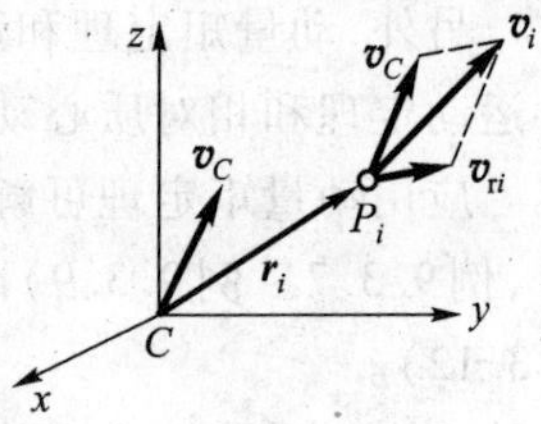

图 9.38

$$\boldsymbol{v}_i = \boldsymbol{v}_C + \boldsymbol{v}_{ri}$$

质点系的动能

$$T = \sum_{i=1}^{N} \frac{1}{2} m_i (\boldsymbol{v}_C + \boldsymbol{v}_{ri}) \cdot (\boldsymbol{v}_C + \boldsymbol{v}_{ri})$$

$$= \frac{1}{2}\left(\sum_{i=1}^{N} m_i\right) v_C^2 + \frac{1}{2}\sum_{i=1}^{N} m_i v_{ri}^2 + \boldsymbol{v}_C \cdot \left(\sum_{i=1}^{N} m_i \boldsymbol{v}_{ri}\right)$$

注意到 $\sum_{i=1}^{N} m_i = m$ 为质点系的质量,$\sum_{i=1}^{N} m_i \boldsymbol{v}_{ri} = m\boldsymbol{v}_{rC} = \boldsymbol{0}$, 则有

$$T = \frac{1}{2} m v_C^2 + \frac{1}{2}\sum_{i=1}^{N} m_i v_{ri}^2 \tag{9.4.3}$$

这表明,**质点系的动能等于质点系质量集中在质心处的质点动能与相对质心平移系运动的动能之和,称为柯尼希**(König,S. ,1712—1757)**定理**。

3. 刚体运动时的动能

(1) 刚体平移时的动能

刚体平移时,其上各点的速度相同,如用质心速度 $\boldsymbol{v}_C$ 表示这个共同速度,m 表示刚体的总质量,则刚体的动能为

$$T = \sum_{i=1}^{N} \frac{1}{2} m_i v_i^2 = \sum_{i=1}^{N} \frac{1}{2} m_i v_C^2 = \frac{1}{2}\left(\sum_{i=1}^{N} m_i\right) v_C^2 = \frac{1}{2} m v_C^2 \tag{9.4.4}$$

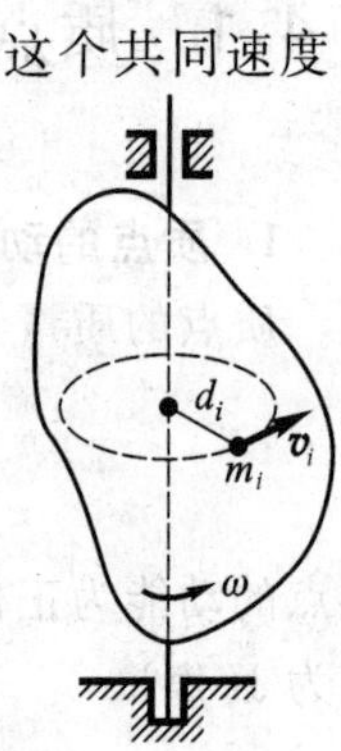

图 9.39

(2) 刚体绕定轴转动时的动能

设刚体角速度为 ω(图 9.39),质量为 m_i 的质点 P_i 距转轴为 d_i,则其速度为

$$v_i = \omega d_i$$

于是刚体的动能为

$$T = \sum_{i=1}^{N} \frac{1}{2} m_i v_i^2 = \sum_{i=1}^{N} \frac{1}{2} m_i \omega^2 d_i^2 = \frac{1}{2} \left(\sum_{i=1}^{N} m_i d_i^2 \right) \omega^2$$

即

$$T = \frac{1}{2} J_z \omega^2 \tag{9.4.5}$$

其中 $J_z = \sum_{i=1}^{N} m_i d_i^2$ 为刚体对转轴的转动惯量，因此，定轴转动刚体的动能，等于刚体的转动角速度的平方与刚体对转轴的转动惯量的乘积的一半。

(3) 刚体作平面运动时的动能

刚体的平面运动可分解为随质心的平移和绕质心的转动，由柯尼希定理得到刚体平面运动时的动能为

$$T = \frac{1}{2} m v_C^2 + \frac{1}{2} J_{Cz} \omega^2 \tag{9.4.6}$$

其中 $J_{Cz} = \sum_{i=1}^{N} m_i r_{ri}^2$ 为刚体相对于过质心并垂直于运动平面的轴的转动惯量。因此，平面运动刚体的动能等于刚体随质心平移的动能与刚体绕质心转动的动能之和。

(4) 刚体绕定点转动时的动能

定点转动刚体上点 P_i 的速度 $\boldsymbol{v}_i$ 为

$$\boldsymbol{v}_i = \boldsymbol{\omega} \times \boldsymbol{r}_i$$

刚体的动能为

$$\begin{aligned} T &= \frac{1}{2} \sum_i m_i (\boldsymbol{\omega} \times \boldsymbol{r}_i) \cdot (\boldsymbol{\omega} \times \boldsymbol{r}_i) \\ &= \frac{1}{2} \boldsymbol{\omega} \cdot \sum_i m_i \boldsymbol{r}_i \times (\boldsymbol{\omega} \times \boldsymbol{r}_i) \\ &= \frac{1}{2} \boldsymbol{\omega} \cdot \sum_i m_i [r_i^2 \boldsymbol{\omega} - \boldsymbol{r}_i (\boldsymbol{r}_i \cdot \boldsymbol{\omega})] \\ &= \frac{1}{2} (J_{11} \omega_x^2 + J_{22} \omega_y^2 + J_{33} \omega_z^2 + 2 J_{12} \omega_x \omega_y + 2 J_{23} \omega_y \omega_z + 2 J_{31} \omega_z \omega_x) \end{aligned} \tag{9.4.7}$$

当连体坐标系为刚体的主轴坐标系时，上式简化为

$$T = \frac{1}{2} (A \omega_x^2 + B \omega_y^2 + C \omega_z^2) \tag{9.4.8}$$

其中 $A = J_{11}$，$B = J_{22}$，$C = J_{33}$。

9.4.2　力的功

1. 力对质点的功

作用于质点的力 $\boldsymbol{F}$ 与质点的无限小位移 $\mathrm{d}\boldsymbol{r}$ 的标积，称为力对质点所作的**元功**，记作 $\mathrm{d}'W$，即

$$\mathrm{d}'W = \boldsymbol{F}\cdot\mathrm{d}\boldsymbol{r} \tag{9.4.9}$$

当质点沿路径 C 自 P_0 运动到 P 时（图 9.40），元功沿路径的积分，称为力 $\boldsymbol{F}$ 在有限路径上的**功**，记作 W

$$W = \int_C \boldsymbol{F}\cdot\mathrm{d}\boldsymbol{r} = \int_C F_{\mathrm{t}}\mathrm{d}s \tag{9.4.10}$$

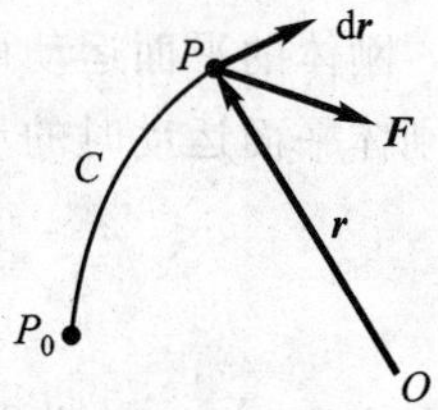

图 9.40

其中 F_{t} 为力在运动方向上的投影，$\mathrm{d}s$ 为弧元。一般情况下，积分 W 与路径有关。

2. 力对质点系的功

设质点系内各质点 $P_i(i=1,2,\cdots,N)$ 的作用力、矢径和运动轨迹分别为 $\boldsymbol{F}_i$，$\boldsymbol{r}_i$ 和 $C_i(i=1,2,\cdots,N)$，则力系的总元功等于所有力的元功之和，力系的总功等于所有力的功之和，分别表示为

$$\mathrm{d}'W = \sum_{i=1}^{N}\boldsymbol{F}_i\cdot\mathrm{d}\boldsymbol{r}_i \tag{9.4.11}$$

$$W = \sum_{i=1}^{N}\int_{C_i}\boldsymbol{F}_i\cdot\mathrm{d}\boldsymbol{r}_i \tag{9.4.12}$$

3. 几种常见力的功

（1）常力的功

如果力 $\boldsymbol{F}$ 为常矢量，则由式(9.4.10)积分得

$$W = \boldsymbol{F}\cdot\int_C \mathrm{d}\boldsymbol{r} = \boldsymbol{F}\cdot(\boldsymbol{r}-\boldsymbol{r}_0) \tag{9.4.13}$$

因此，常力的功只与力作用点的起点和终点位置 $\boldsymbol{r}_0$ 和 $\boldsymbol{r}$ 有关，而与路径无关。重力属于最常见的常力。如取 z 轴铅垂向上，则重力沿 z 轴负向，令式(9.4.13)中 $\boldsymbol{F}=-mg\boldsymbol{k}$，得到

$$W = -mg\boldsymbol{k}\cdot(\boldsymbol{r}-\boldsymbol{r}_0) = mg(z_0-z) \tag{9.4.14}$$

其中 z_0 和 z 分别为重力作用点的起点和终点高度。计算质点系的重力功时，令式(9.4.12)中的 $\boldsymbol{F}_i=-m_i g\boldsymbol{k}$，得到

$$W = -g\boldsymbol{k}\cdot\sum_{i=1}^{N}m_i\int_{C_i}\mathrm{d}\boldsymbol{r}_i = -g\boldsymbol{k}\cdot\sum_{i=1}^{N}m_i(\boldsymbol{r}_i-\boldsymbol{r}_{i0})$$

利用质心的定义,上式可表示为

$$W = g\boldsymbol{k}\cdot m(\boldsymbol{r}_{P_0}-\boldsymbol{r}_P) = mg(z_{P_0}-z_P) \tag{9.4.15}$$

其中 $m=\sum_{i=1}^{N}m_i$ 为质点系的质量,$\boldsymbol{r}_{P_0}$,z_{P_0} 和 $\boldsymbol{r}_P$,z_P 分别为质点系的质心在起点 P_0 和终点 P 处的矢径和高度,如图9.41所示。式(9.4.15)表明,质点系重力的功与质心运动的高度差成正比。

(2)弹性力的功

如果力 $\boldsymbol{F}$ 的作用线始终通过某固定点 O,则称此力为有心力,例如一端固定于点 O 的弹簧在另一端 P 处作用于物体的弹性力 $\boldsymbol{F}$。设弹簧的原长为 l,点 P 至点 O 的距离为 r,则弹性力 $\boldsymbol{F}$ 的大小与变形 $\lambda=r-l$ 成正比,作用线沿点 P 相对 O 的矢径 $\boldsymbol{r}$,指向变形的反方向,如图9.42所示。令弹簧刚度系数为 k,则有

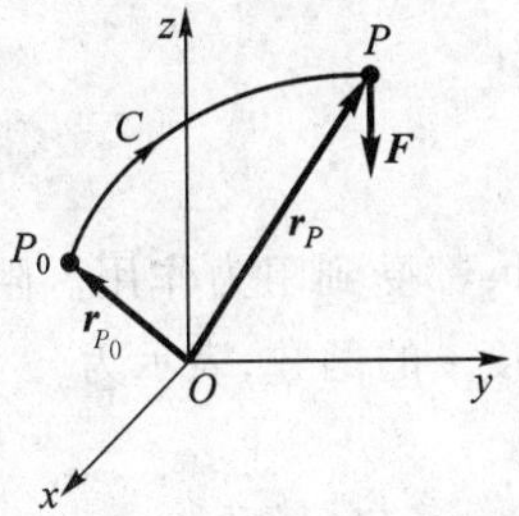

图9.41

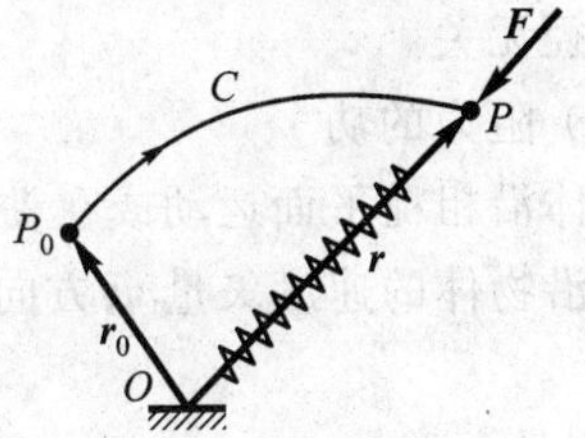

图9.42

$$\boldsymbol{F} = -k(r-l)\left(\frac{\boldsymbol{r}}{r}\right) \tag{9.4.16}$$

将其代入式(9.4.10),并注意到

$$\boldsymbol{r}\cdot\mathrm{d}\boldsymbol{r} = \mathrm{d}\left(\frac{1}{2}\boldsymbol{r}\cdot\boldsymbol{r}\right) = \mathrm{d}\left(\frac{1}{2}r^2\right) = r\mathrm{d}r$$

则有

$$W = -k\int_C\left(1-\frac{l}{r}\right)\boldsymbol{r}\cdot\mathrm{d}\boldsymbol{r} = -k\int_C\left(1-\frac{l}{r}\right)r\mathrm{d}r = -k\int_C\lambda\mathrm{d}\lambda$$

令 λ_0 和 λ 分别为弹簧在 P_0 和 P 处的变形,由上式积分得

$$W = \frac{1}{2}k(\lambda_0^2-\lambda^2) \tag{9.4.17}$$

即弹性力的功与弹簧变形的平方差成正比。

(3) 万有引力的功

设质量为 m 的质点，受到固定于 O 处的另一质量为 M 的质点的引力作用，如图 9.43 所示，其作用力为

$$\boldsymbol{F}=-\frac{GMm}{r^{3}}\boldsymbol{r}$$

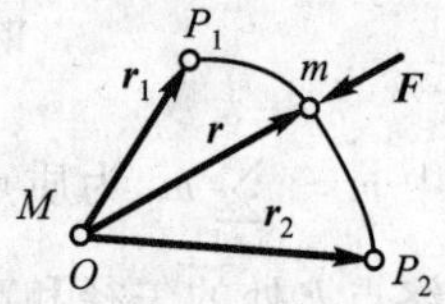

图 9.43

其中 $\boldsymbol{r}$ 为质量为 m 的质点相对 O 的矢径，G 是引力常数。引力 $\boldsymbol{F}$ 的元功为

$$\mathrm{d}'W=-\frac{GMm}{r^{3}}\boldsymbol{r}\cdot\mathrm{d}\boldsymbol{r}=-\frac{GMm}{r^{2}}\mathrm{d}r$$

设质点从离点 O 的距离为 r_1 的位置运动到距离为 r_2 的位置，则力 $\boldsymbol{F}$ 的功为

$$W=\int\mathrm{d}'W=\int_{r_1}^{r_2}\left(-\frac{GMm}{r^{2}}\right)\mathrm{d}r=GMm\left(\frac{1}{r_2}-\frac{1}{r_1}\right)\qquad(9.4.18)$$

它与路径无关。

(4) 阻力的功

物体沿粗糙平面运动或在粘性介质中运动时，都受到阻力作用。阻力 $\boldsymbol{F}$ 的作用线沿物体的速度矢量 $\boldsymbol{v}$，方向相反，大小为速度 v 的函数，表示为

$$\boldsymbol{F}=-F(v)\frac{\boldsymbol{v}}{v}$$

此力的功为

$$W=-\int_{C}F(v)v\mathrm{d}t=-\int_{C}F(v)\mathrm{d}s\qquad(9.4.19)$$

4. 作用于刚体上的力系的功

在平移刚体上作用一力系 $\boldsymbol{F}_1,\boldsymbol{F}_2,\cdots,\boldsymbol{F}_N$，各力作功之和称为力系的功，它们的元功之和为

$$\sum\mathrm{d}'W_i=\sum\boldsymbol{F}_i\cdot\mathrm{d}\boldsymbol{r}_i$$

因刚体平移时，其上各点位移相同，用质心的位移 $\mathrm{d}\boldsymbol{r}_C$ 替代各点位移，则有

$$\sum\mathrm{d}'W_i=\sum\boldsymbol{F}_i\cdot\mathrm{d}\boldsymbol{r}_C=\boldsymbol{F}_\mathrm{R}\cdot\mathrm{d}\boldsymbol{r}_C$$

进而有

$$W=\int_{C}\boldsymbol{F}_\mathrm{R}\cdot\mathrm{d}\boldsymbol{r}_C\qquad(9.4.20)$$

可见，刚体平移时，力系的功等于与力系主矢相等的力作用于质心的有限路径上

的功。

在刚体绕 z 轴作定轴转动时，力 $\boldsymbol{F}_i$ 的作用点的小位移为

$$\mathrm{d}\boldsymbol{r}_i = \boldsymbol{v}_i\mathrm{d}t = (\boldsymbol{\omega} \times \boldsymbol{r}_i)\mathrm{d}t$$

元功为

$$\begin{aligned}\mathrm{d}'W_i &= \boldsymbol{F}_i \cdot \mathrm{d}\boldsymbol{r}_i = \boldsymbol{F}_i \cdot (\boldsymbol{\omega} \times \boldsymbol{r}_i)\mathrm{d}t \\ &= (\boldsymbol{r}_i \times \boldsymbol{F}_i) \cdot \boldsymbol{\omega}\mathrm{d}t = (\boldsymbol{r}_i \times \boldsymbol{F}_i) \cdot \boldsymbol{k}\omega\mathrm{d}t\end{aligned}$$

因

$$\omega\mathrm{d}t = \mathrm{d}\varphi$$

而 $(\boldsymbol{r}_i \times \boldsymbol{F}_i) \cdot \boldsymbol{k}$ 是力 $\boldsymbol{F}_i$ 对 z 轴之矩 $M_z(\boldsymbol{F}_i)$。于是有

$$\mathrm{d}'W_i = M_z(\boldsymbol{F}_i)\mathrm{d}\varphi$$

力系的元功为

$$\mathrm{d}'W = \sum \mathrm{d}'W_i = \sum M_z(\boldsymbol{F}_i)\mathrm{d}\varphi \qquad (9.4.21)$$

这表明，作用在定轴转动刚体上的力系的元功等于力系各力对转轴之矩的代数和与刚体微小转角之乘积。因此，力系在有限转角上的功为

$$W = \int_{\varphi_1}^{\varphi_2} \sum M_z(\boldsymbol{F}_i)\mathrm{d}\varphi \qquad (9.4.22)$$

当 M_z = 常值时，有

$$W = \sum M_z(\boldsymbol{F}_i)(\varphi_2 - \varphi_1)$$

在刚体作平面运动时，选其上任一点 A 为基点，力 $\boldsymbol{F}_i$ 的作用点 P_i 的无限小位移表示为

$$\mathrm{d}\boldsymbol{r}_i = \boldsymbol{v}_i\mathrm{d}t = (\boldsymbol{v}_A + \boldsymbol{\omega} \times \boldsymbol{\rho}_i)\mathrm{d}t$$

如图 9.44 所示。力 $\boldsymbol{F}_i$ 的元功为

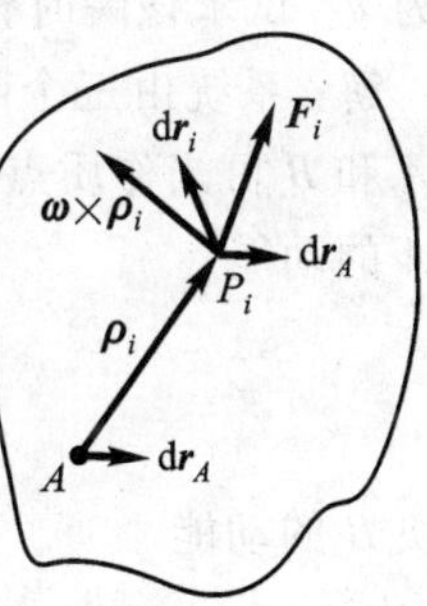

图 9.44

$$\begin{aligned}\mathrm{d}'W_i &= \boldsymbol{F}_i \cdot \mathrm{d}\boldsymbol{r}_i = \boldsymbol{F}_i \cdot \mathrm{d}\boldsymbol{r}_A + \boldsymbol{F}_i \cdot (\boldsymbol{\omega} \times \boldsymbol{\rho}_i)\mathrm{d}t \\ &= \boldsymbol{F}_i \cdot \mathrm{d}\boldsymbol{r}_A + (\boldsymbol{\rho}_i \times \boldsymbol{F}_i) \cdot \omega\boldsymbol{k}\mathrm{d}t \\ &= \boldsymbol{F}_i \cdot \mathrm{d}\boldsymbol{r}_A + M_A(\boldsymbol{F}_i)\mathrm{d}\varphi\end{aligned}$$

力系的元功为

$$\mathrm{d}'W = \sum \mathrm{d}'W_i = \sum \boldsymbol{F}_i \cdot \mathrm{d}\boldsymbol{r}_A + \sum M_A(\boldsymbol{F}_i)\mathrm{d}\varphi$$

即

$$\mathrm{d}'W = \boldsymbol{F}_\mathrm{R} \cdot \mathrm{d}\boldsymbol{r}_A + M_A\mathrm{d}\varphi \qquad (9.4.23)$$

其中 $\boldsymbol{F}_\mathrm{R} = \sum \boldsymbol{F}_i$ 为力系的主矢，$M_A = \sum M_A(\boldsymbol{F}_i)$ 为力系对点 A 的主矩。力系在刚

体平面运动的有限运动过程中的功为

$$W = \int \boldsymbol{F}_{\mathrm{R}} \cdot \mathrm{d}\boldsymbol{r}_A + \int M_A \mathrm{d}\varphi \tag{9.4.24}$$

这说明刚体作平面运动时,可将力系向刚体任一点简化为一力和一力偶,力系的功等于此力在简化点的位移上的功与此力偶在刚体绕此简化点转动位移上的功之和。

5. 约束力的功

(1) 外力中作功为零的约束力

固定光滑曲面的约束力,一端固定的不可伸长柔绳的约束力,固定端光滑铰链的约束力,物体沿固定曲面作无滑滚动时的约束力等都是作功为零的约束力。

(2) 内力作功之和为零的约束力

刚体内任意两点的内力不作功;质点系内刚体与刚体光滑接触时,质点系内刚体和刚体以光滑铰链连接时,质点之间用不可伸长的柔绳连接时,等等,约束力不作功。

例 9.4.1 滑块 A,B 分别铰接于杆 AB 的两端点(图 9.45),并可以在相互垂直的槽内运动。已知滑块 A,B 及杆 AB 的质量均为 m,杆长为 l。当杆 AB 与铅垂槽的夹角为 φ 时,滑块 A 的速度为 $\boldsymbol{v}$。试求该瞬时整个系统的动能。

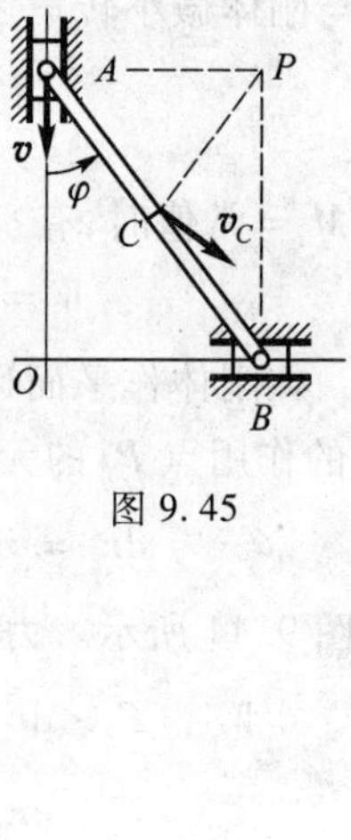

图 9.45

解: 系统由三个刚体组成:滑块 A,B 以及杆 AB。滑块 A 和 B 可当作质点或平移刚体,杆 AB 作平面运动。滑块 A 的动能

$$T_A = \frac{1}{2}mv^2$$

滑块 B 的动能

$$T_B = \frac{1}{2}mv_B^2$$

杆 AB 的动能,按式(9.4.6)计算,得

$$T_{AB} = \frac{1}{2}mv_C^2 + \frac{1}{2}\left(\frac{1}{12}ml^2\right)\omega^2$$

利用运动学知识,将 v_B,v_C 和 ω 用 v 表出,有

$$\omega = \frac{v}{l\sin\varphi} = \frac{v_B}{l\cos\varphi} = \frac{v_C}{l/2}$$

因此有

$$v_B = v\cot\varphi,\quad v_C = \frac{v}{2\sin\varphi},\quad \omega = \frac{v}{l\sin\varphi}$$

系统动能为

$$\begin{aligned} T &= T_A + T_B + T_{AB} \\ &= \frac{1}{2}mv^2 + \frac{1}{2}mv^2\cot^2\varphi + \frac{1}{2}m\frac{v^2}{4\sin^2\varphi} + \frac{1}{2}\left(\frac{1}{12}ml^2\right)\frac{v^2}{l^2\sin^2\varphi} \\ &= \frac{2}{3}\frac{mv^2}{\sin^2\varphi} \end{aligned}$$

请读者考虑：用柯尼希定理能否计算出系统的动能？

例 9.4.2　曲柄 OA 可绕固定齿轮Ⅰ的轴 O 转动，A 端带有动齿轮Ⅱ，两齿轮用链条相连如图 9.46 所示。如已知两齿轮的半径均为 r，重量均为 P，且可视为匀质圆盘。曲柄长为 l，重为 Q，可视为匀质细杆。链条重为 W，可视为不可伸长的匀质细绳。试求曲柄以匀角速度 ω 转动时系统的动能。

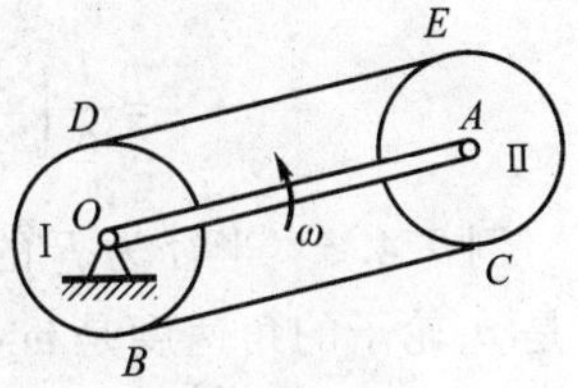

图 9.46

解：系统由两齿轮、细杆和链条组成。齿轮Ⅰ不动，其动能

$$T_{\mathrm{I}} = 0$$

齿轮Ⅱ作平移，因为站到细杆 OA 上看，两齿轮有同样的角速度，即

$$\frac{\omega_{\mathrm{II}} - \omega}{0 - \omega} = 1$$

于是有 $\omega_{\mathrm{II}} = 0$。齿轮上各点的速度等于其上点 A 的速度

$$v_A = \omega l$$

因此齿轮Ⅱ的动能为

$$T_{\mathrm{II}} = \frac{1}{2}\frac{P}{g}(\omega l)^2$$

细杆 OA 作定轴转动，其动能为

$$T_{OA} = \frac{1}{2}J_O\omega^2 = \frac{1}{2}\left(\frac{1}{3}\frac{Q}{g}l^2\right)\omega^2$$

为计算链条的动能，将其分为 4 个部分。BD 段不动

$$T_{BD} = 0$$

CE 段各点的速度等于 v_A，于是

$$T_{CE} = \frac{1}{2}\left[\pi r \frac{W}{2(\pi r + l)g}\right](\omega l)^2$$

BC 段与 DE 段的速度呈线性分布

$$v_B = v_D = 0, \quad v_C = v_E = \omega l$$

可按定轴转动情形来计算

$$T_{BC} = T_{DE} = \frac{1}{2}\left\{\left[\frac{1}{3}l\frac{W}{2(\pi r + l)g}\right]l^2\right\}\omega^2$$

于是系统的动能为

$$T = T_{\mathrm{I}} + T_{\mathrm{II}} + T_{OA} + T_{BD} + T_{CE} + T_{BC} + T_{DE}$$

$$= \frac{1}{2}\left[\frac{1}{3}Q + P + \frac{3\pi r + 2l}{6(\pi r + l)}W\right]\frac{l^2\omega^2}{g}$$

例 9.4.3 半径为 R 的轮子在地面上滚动，如图 9.47 所示。设轮心 O 的速度是 $\boldsymbol{v}$，轮子的角速度是 ω。讨论地面对轮子的摩擦力 $\boldsymbol{F}_{\mathrm{f}}$ 所作的元功。

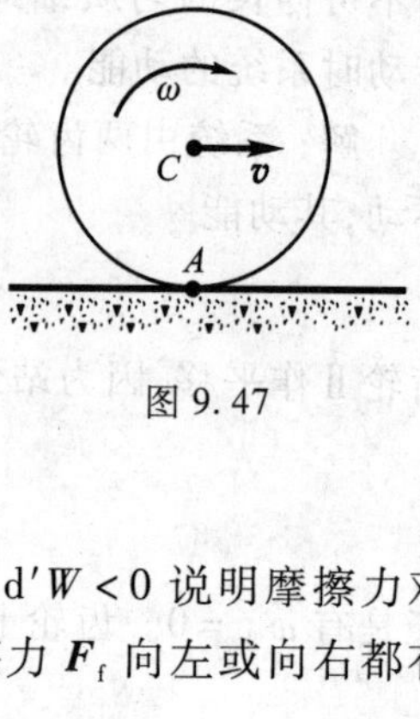

图 9.47

解： 摩擦力的方向总是与点 A 的速度方向相反。由元功定义式(9.4.9)，有

$$\mathrm{d}'W = \boldsymbol{F}_{\mathrm{f}} \cdot \mathrm{d}\boldsymbol{r}_A = \boldsymbol{F}_{\mathrm{f}} \cdot \boldsymbol{v}_A \mathrm{d}t$$

因此有

$$\mathrm{d}'W = -F_{\mathrm{f}}\left|v - \omega R\right|\mathrm{d}t < 0$$

这个关系式对于点 A 的速度不论向左还是向右都成立。$\mathrm{d}'W<0$ 说明摩擦力对轮子作负功。当轮子作纯滚动时，有 $v-\omega R=0$，不论摩擦力 $\boldsymbol{F}_{\mathrm{f}}$ 向左或向右都有 $\mathrm{d}'W=0$，说明摩擦力不作功。

例 9.4.4 在阻力与速度成正比的落体运动中，速度为

$$\dot{x} = v^*\left(1 - \exp\left(-\frac{t}{\tau}\right)\right)$$

其中 $v^*=mg/c$，$\tau=m/c$，而 m 是质点的质量，c 为阻尼系数，τ 为特征时间间隔。试求由初始瞬时至 3 倍特征时间间隔内，外力对落体所作的功。

解： 阻力 $F_{\mathrm{R}x}=-c\dot{x}$，由 $t=0$ 至 $t=3\tau$ 内阻力的总功为

$$W_1 = -\int_0^{3\tau} c\dot{x}^2\mathrm{d}t = -c(v^*)^2\int_0^{3\tau}\left[1 - \exp\left(-\frac{t}{\tau}\right)\right]^2\mathrm{d}t \approx -1.60m(v^*)^2$$

在此期间重力的功为

$$W_2 = \int_0^{3\tau} mg\dot{x}\,\mathrm{d}t = mgx\Big|_{t=0}^{t=3\tau} \approx 2.05m(v^*)^2$$

外力的总功为

$$W = W_1 + W_2 \approx 0.45m(v^*)^2$$

例 9.4.5　连接两个滑块 A 和 B 的弹簧原长 $l_0 = 4$ cm，刚度系数为 $k = 49\ \mathrm{N\cdot cm^{-1}}$（图 9.48）。试求当两滑块分别从位置 A_1 和 B_1 运动到位置 A_2 和 B_2 的过程中弹性力的功。各点位置的坐标是 $A_1(4,0)$，$B_1(0,3)$，$A_2(6,0)$，$B_2(0,6)$，其中坐标单位是 cm。

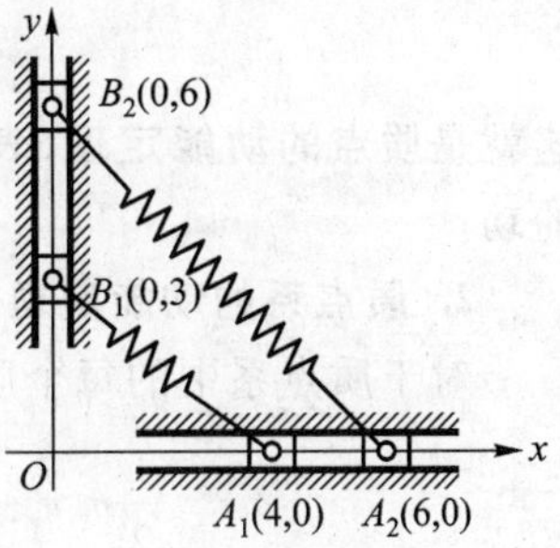

图 9.48

解：弹性力的功由式(9.4.17)给出

$$W = \frac{1}{2}k(\lambda_0^2 - \lambda^2)$$

$$\lambda_0 = (\sqrt{3^2 + 4^2} - 4)\ \mathrm{cm} = 1\ \mathrm{cm}$$

$$\lambda = (\sqrt{6^2 + 6^2} - 4)\ \mathrm{cm} \approx 4.485\ \mathrm{cm}$$

代入 W 中，得

$$W = \frac{1}{2} \times 49 \times [1^2 - (6\sqrt{2} - 4)^2] \times 10^{-2}\ \mathrm{J} = -4.68\ \mathrm{J}$$

9.4.3　质点和质点系的动能定理

1. 质点的动能定理

将质点的运动微分方程

$$m\frac{\mathrm{d}\boldsymbol{v}}{\mathrm{d}t} = \boldsymbol{F}$$

两端标量积 $\mathrm{d}\boldsymbol{r}$，得到

$$m\boldsymbol{v}\cdot\mathrm{d}\boldsymbol{v} = \boldsymbol{F}\cdot\mathrm{d}\boldsymbol{r}$$

即

$$\mathrm{d}\left(\frac{1}{2}m\boldsymbol{v}\cdot\boldsymbol{v}\right) = \mathrm{d}'W$$

或

$$dT = d'W \tag{9.4.25}$$

将其沿路径积分,得到

$$T - T_0 = W \tag{9.4.26}$$

即

$$\frac{1}{2}mv^2 - \frac{1}{2}mv_0^2 = W \tag{9.4.27}$$

这就是**质点的动能定理**,表明**质点的动能改变等于运动过程中力对质点所作的功**。

2. 质点系的动能定理

对于质点系中的每个质点,列写动能定理式(9.4.27)

$$\frac{1}{2}m_i v_i^2 - \frac{1}{2}m_i v_{i0}^2 = W_i \quad (i = 1,2,\cdots,N) \tag{9.4.28}$$

上式右端 W_i 包含外力功 W_{ei} 和内力功 W_{ii}

$$W_i = W_{ei} + W_{ii}$$

将式(9.4.28)的 N 个方程相加,得质点系的动能定理

$$T - T_0 = W \tag{9.4.29}$$

其中

$$T = \sum_{i=1}^{N} \frac{1}{2}m_i v_i^2, \quad T_0 = \sum_{i=1}^{N} \frac{1}{2}m_i v_{i0}^2, \quad W = \sum_{i=1}^{N} W_{ei} + \sum_{i=1}^{N} W_{ii}$$

式(9.4.29)表述为:**质点系动能的改变等于质点系所有外力功和内力功的总和**。

3. 功率·功率方程·机械效率

如果对质点的元功 $d'W$ 在时间 dt 内完成,则 $\frac{d'W}{dt}$ 表示力作功的速率,称为**功率**,记作 P,有

$$P = \frac{d'W}{dt} \tag{9.4.30}$$

由元功的定义式(9.4.9),上式可表示为

$$P = \boldsymbol{F} \cdot \frac{d\boldsymbol{r}}{dt} = \boldsymbol{F} \cdot \boldsymbol{v} \tag{9.4.31}$$

因此,力对质点所作的功率等于力与质点速度的标量积。功率的单位为瓦,符号

为 W,1 W = 1 J · s^{-1} = 1 N · m · s^{-1},1 kW = 1 000 W。

对于质点系,功率表示为

$$P = \sum_{i=1}^{N} \boldsymbol{F}_i \cdot \boldsymbol{v}_i \tag{9.4.32}$$

对于刚体的特殊情形,功率表示为

$$\begin{aligned} P &= \sum \boldsymbol{F}_i \cdot (\boldsymbol{v}_0 + \boldsymbol{\omega} \times \boldsymbol{\rho}_i) \\ &= \sum \boldsymbol{F}_i \cdot \boldsymbol{v}_0 + \boldsymbol{\omega} \cdot \sum \boldsymbol{\rho}_i \times \boldsymbol{F}_i \\ &= \boldsymbol{F}_{\mathrm{R}} \cdot \boldsymbol{v}_0 + \boldsymbol{M}_O \cdot \boldsymbol{\omega} \end{aligned} \tag{9.4.33}$$

它表明,力系对刚体所作的功率等于力系的主矢与基点速度的标量积以及力系对基点的主矩与刚体角速度的标量积之和。

用功率表示动能定理,有

$$\frac{\mathrm{d}T}{\mathrm{d}t} = P \tag{9.4.34}$$

即:**质点系动能的变化率等于作用于质点系的所有外力与内力所作的功率之和。**

在机器的输入功率中,一部分转换为对外作功的有用功率,另一部分转换为克服阻力所消耗的无用功率,剩余部分则改变机器的动能,即

$$P_{\text{输入}} = P_{\text{有用}} + P_{\text{无用}} + \frac{\mathrm{d}T}{\mathrm{d}t} \tag{9.4.35}$$

有用功率与输入功率之比,作为评定机器质量的指标之一,称之为**机械效率**,记作 η

$$\eta = \frac{P_{\text{有用}}}{P_{\text{输入}}} \tag{9.4.36}$$

9.4.4　势力场 · 势能 · 机械能守恒定律

1. 势力场

如果质点在一空间区域的任意位置处,受到大小和方向都单值地确定的力作用,则称该区域为力场。例如,万有引力和弹性力都是仅与空间位置有关的作用力,所对应的力场称为万有引力场和弹性力场。

将力场对质点的作用力 $\boldsymbol{F}$ 表示为空间位置的单值可微函数

$$F_x = F_x(x,y,z),\quad F_y = F_y(x,y,z),\quad F_z = F_z(x,y,z)$$

如果存在单值可微函数 $U(x,y,z)$,其梯度恰好等于力 $\boldsymbol{F}$,即

$$F_x = \frac{\partial U}{\partial x}, \quad F_y = \frac{\partial U}{\partial y}, \quad F_z = \frac{\partial U}{\partial z} \tag{9.4.37}$$

或

$$\boldsymbol{F} = \mathrm{grad}\ U \tag{9.4.38}$$

则此特殊力场称为**势力场**,或称为保守力场,U 称为力函数。

2. 势能

将力函数 U 的负值定义为势能,记作 V,有

$$V = -U \tag{9.4.39}$$

质点在势力场内运动时,力场对质点作用的势力所作的功,可利用力函数 U 或势能 V 计算,有

$$W = \int_C \boldsymbol{F} \cdot \mathrm{d}\boldsymbol{r} = \int_C \mathrm{d}U = U - U_0 = V_0 - V \tag{9.4.40}$$

其中 U_0, U, V_0, V 分别为运动初始和终了时的力函数和势能值。式(9.4.40)表明,势力场的功仅取决于质点的起止点位置,而与质点运动的路径无关,因此 U 或 V 本身的绝对值大小并不重要。可在势力场内任意选定一点 $P_0(x_0,y_0,z_0)$ 作为零势能位置,即令

$$U_0 = U(x_0,y_0,z_0) = 0, \quad 或 \quad V_0 = V(x_0,y_0,z_0) = 0$$

这样,由式(9.4.40)得

$$W = U = -V \tag{9.4.41}$$

这表明,势能为质点从零势能位置移到所在位置过程中势力所作功的负值。

3. 常见的势力场

(1) 重力场

重力场的势能为

$$V = mgz + C \tag{9.4.42}$$

其中 C 为任意常数,重力场的等势面为水平面。如果将坐标 z 的基准点取在零势面上,则 $C=0$,势能为 $V=mgz$。

(2) 弹性力场

弹性力场的势能

$$V = \frac{1}{2}k\lambda^2 + C \tag{9.4.43}$$

其中 k 为弹簧的刚度系数,λ 为弹簧的变形量。

如果以弹簧原长为半径的球面作为零势面，则 $C=0$，而势能为 $V=\frac{1}{2}k\lambda^2$。

（3）万有引力场

万有引力场的势能为

$$V=-\frac{Gm}{r}+C \tag{9.4.44}$$

如果取无穷远处的势能为零，则 $C=0$，势能为 $V=-\frac{Gm}{r}$。其中 G 为万有引力常数，r 为两物体质心之间的距离。

4. 机械能守恒定律

能量守恒定律是宇宙中普遍规律之一。一般意义下的动量守恒和动量矩守恒是空间均匀性和空间各向同性的结果，而能量守恒是时间均匀性的结果。物理系统的能量是各种形式能量的总和，这些形式包括动能、势能、电能、磁能、热能，等等。在力学中只讨论机械能守恒，机械能包括动能和势能两种。

将动能定理(9.4.29)中力的总功 W 按保守力和非保守力分为两类功，则有

$$T-T_0=W_c+W_{nc}$$

其中 W_c 为保守力的功

$$W_c=V_0-V$$

而 W_{nc} 为非保守力的功。于是有

$$T+V-(T_0+V_0)=W_{nc} \tag{9.4.45}$$

将质点系的动能和势能的总和，即机械能记作 E，则有

$$E=T+V$$

于是式(9.4.45)成为

$$E-E_0=W_{nc} \tag{9.4.46}$$

此式表明，**质点系机械能的改变量等于所有非保守力作的功**。如果除了保守力作用外，没有其他力作用，则有

$$T+V=E_0 \tag{9.4.47}$$

这就是**机械能守恒定律**。有一些力，虽然不是保守力，但是它们不作功，或者它们作功之和为零，它们虽然存在，但机械能仍然是守恒的。

5. 动能定理的应用

例 9.4.6　两匀质杆 OA 和 O_1B，分别以一端与同一水平面上的两光滑固定铰相连接。它们的另一端又分别与杆 AB 的端点以光滑铰链相连接，如图 9.49

所示。已知三杆 OA, O_1B 和 AB 的质量、长度相同，分别为 m 和 l。试求杆 OA 和铅垂线成 φ_0 角处无初速释放后，运动至铅垂位置时，杆 OA 的转动角速度。

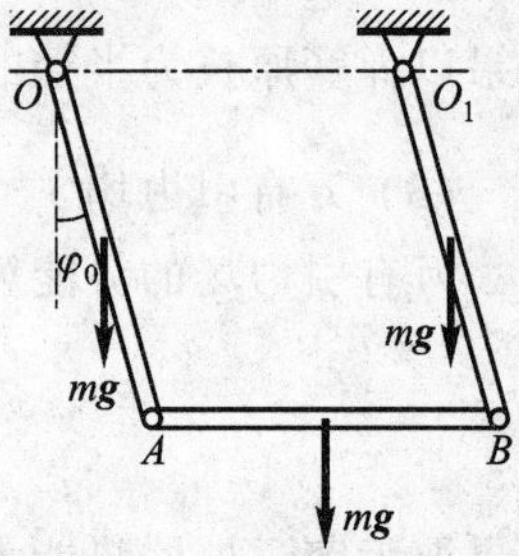

图 9.49

解：以三杆为研究对象。杆 OA 和 O_1B 作定轴转动，杆 AB 作平移。设杆 OA 运动到铅垂位置时的角速度为 ω_1，则系统的动能为

$$T = T_{OA} + T_{O_1B} + T_{AB}$$

$$= \frac{1}{2}J_O\omega_1^2 + \frac{1}{2}J_{O_1}\omega_1^2 + \frac{1}{2}m(l\omega_1)^2$$

$$= \frac{5}{6}ml^2\omega_1^2$$

系统作功的力为三杆的重力，当角 φ 由 $\varphi = \varphi_0$ 到 $\varphi = 0$ 的过程中重力的功为

$$W = 2 \times mg \times \frac{l}{2}(1 - \cos\varphi_0) + mgl(1 - \cos\varphi_0)$$

$$= 2mgl(1 - \cos\varphi_0)$$

动能定理式(9.4.29)给出

$$\frac{5}{6}ml^2\omega_1^2 - 0 = 2mgl(1 - \cos\varphi_0)$$

由此解得

$$\omega_1 = \sqrt{\frac{12g}{5l}(1 - \cos\varphi_0)}$$

例 9.4.7 行星轮系传动机构放在水平面内，如图 9.50 所示。已知定齿轮半径为 r_1；动齿轮半径为 r_2，质量为 m_2；曲柄 OA 的质量为 m_3。一力偶矩为常量 M 的力偶作用于曲柄 OA 上，此机构从静止开始运动。试求曲柄转过角 φ 时的角速度和角加速度。齿轮当作匀质圆盘，曲柄当作匀质细杆，不计摩擦。

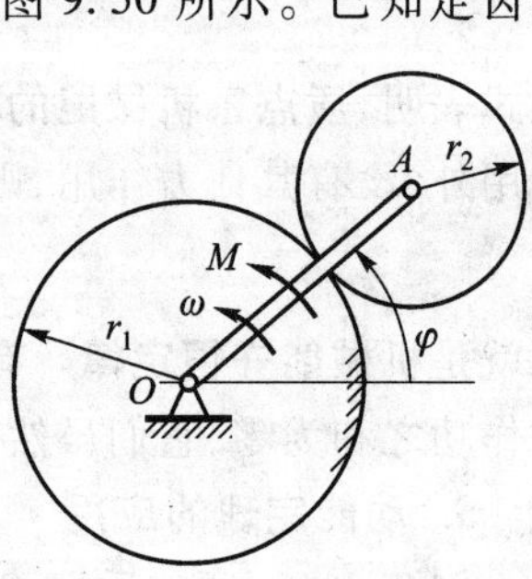

图 9.50

解：以曲柄和动齿轮为研究对象。曲柄 OA 作定轴转动，齿轮 A 作平面运动。设曲柄 OA 任意瞬时的角速度为 ω，则齿轮 A 的角速度为 $(r_1 + r_2)\omega / r_2$。曲柄 OA 的动能为

$$T_{OA}=\frac{1}{2}\left[\frac{1}{3}m_3(r_1+r_2)^2\right]\omega^2$$

齿轮 A 的动能为

$$T_A=\frac{1}{2}m_2(r_1+r_2)^2\omega^2+\frac{1}{2}\left[\frac{1}{2}m_2r_2^2\left(\frac{r_1+r_2}{r_2}\right)^2\right]\omega^2$$

$$=\frac{3}{4}m_2(r_1+r_2)^2\omega^2$$

系统的动能为

$$T=T_{OA}+T_A=\frac{1}{12}(2m_3+9m_2)(r_1+r_2)^2\omega^2$$

作功不为零的力只有力偶,元功为

$$\mathrm{d}'W=M\mathrm{d}\varphi$$

动能定理

$$\mathrm{d}T=\mathrm{d}'W$$

给出

$$\frac{1}{6}(2m_3+9m_2)(r_1+r_2)^2\omega\mathrm{d}\omega=M\mathrm{d}\varphi$$

两端除以 $\mathrm{d}t$,并注意到$\frac{\mathrm{d}\omega}{\mathrm{d}t}=\alpha,\frac{\mathrm{d}\varphi}{\mathrm{d}t}=\omega$,则得曲柄 OA 的角加速度为

$$\alpha=\frac{6M}{(2m_3+9m_2)(r_1+r_2)^2}$$

例 9.4.8　如图 9.51 所示机构中 AB 和 BC 为两相同匀质细杆,长 $l=1\ \mathrm{m}$,质量 $m=2\ \mathrm{kg}$。匀质圆轮半径 $r=0.25\ \mathrm{m}$,质量 $m_1=4\ \mathrm{kg}$,可沿水平面作无滑滚动。机构中弹簧的自然长 $l_0=1\ \mathrm{m}$,弹簧刚度系数为 $k=50\ \mathrm{N\cdot m^{-1}}$。如在点 B 加一铅垂常力 $F=60\ \mathrm{N}$。试求系统从 $\theta=\theta_0=60°$静止开始运动到 $\theta=0$ 时两杆的角速度各等于多少?

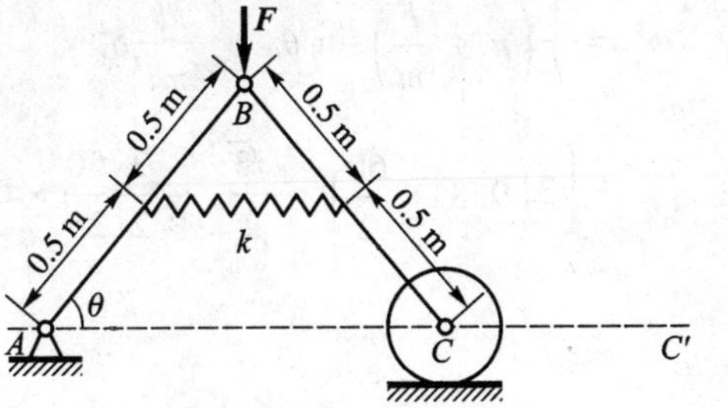

图 9.51

解: 求两个状态 $\theta=60°$至 $\theta=0$ 的角速度关系,宜用动能定理。两杆角速度总是大小相等,转向相反。设 $\theta=0$ 时杆的角速度为 ω。轮心 C 移动到 C',此时

轮心速度为零，其角速度也为零。杆 AB 作定轴转动，动能为

$$T_{AB} = \frac{1}{2}\left(\frac{1}{3}ml^2\right)\omega^2$$

杆 BC 作平面运动，其动能为

$$T_{BC} = \frac{1}{2}m\left(\frac{1}{2}\omega l\right)^2 + \frac{1}{2}\left(\frac{1}{12}ml^2\right)\omega^2$$

圆轮动能

$$T_C = 0$$

系统的动能为

$$T_2 = \frac{1}{3}ml^2\omega^2$$

力的功包括重力的功和弹性力的功以及常力 $\boldsymbol{F}$ 的功，有

$$W = mg \times \frac{l}{2}\sin\theta_0 \times 2 + \frac{1}{2}k(\delta_1^2 - \delta_2^2) + Fl\sin\theta_0$$

其中

$$\delta_1 = 0.5\ \text{m} - 1\ \text{m} = -0.5\ \text{m},\quad \delta_2 = 1\ \text{m} - 1\ \text{m} = 0,\quad \theta_0 = 60^\circ$$

动能定理

$$T_2 - T_1 = W$$

给出

$$\omega^2 = \frac{3}{l}\left(g + \frac{F}{m}\right)\sin\theta_0 + \frac{3k}{2ml^2}\delta_1^2$$

$$= \left[3\left(9.8 + \frac{60}{2}\right) \times \frac{\sqrt{3}}{2} + \frac{3}{2}\frac{50}{25} \times 0.5^2\right]\text{rad}^2\cdot\text{s}^{-2} \approx 110.9\ \text{rad}^2\cdot\text{s}^{-2}$$

于是

$$\omega = 10.53\ \text{rad}\cdot\text{s}^{-1}$$

例 9.4.9 绳子 OA 的一端拴一小球 A，另一端固定，如图 9.52 所示。设球以 $\boldsymbol{v}_0$ 从 OA 处于水平位置开始摆下，当摆至铅垂位置时，绳子受到固定点 O_1 处

的钉子限制，开始绕点 O_1 摆动。已知绳长为 l，$OO_1=h$。试求小球摆至与点 O_1 等高的点 C 处时，绳子的张力。设绳子不可伸长，且不计其质量。

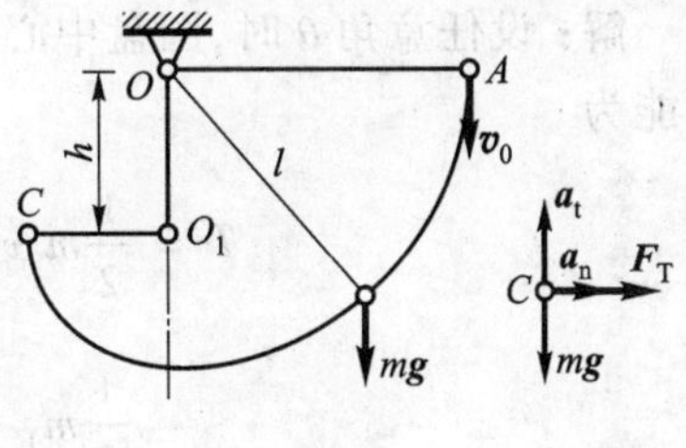

图 9.52

解： 首先由动能定理求小球运动至点 C 时的速度。以小球为研究对象，小球作已知曲线运动，初速 v_0 为已知，末速 v_C 待求。运动过程中只有重力作功，从初始位置到末了位置，其功为

$$W = mgh$$

动能定理给出

$$\frac{1}{2}mv_C^2 - \frac{1}{2}mv_0^2 = mgh$$

于是，质点在点 C 处的速度为

$$v_C = \sqrt{2gh + v_0^2}$$

其次，利用质点运动微分方程求绳子张力。小球运动至点 C 时，其轨迹的曲率半径为 $\rho = l - h$，因此，水平方向的加速度为

$$a_n = \frac{v_C^2}{\rho} = \frac{1}{l-h}(2gh + v_0^2)$$

将质点运动微分方程在法向投影，有

$$ma_n = F_T$$

于是得

$$F_T = \frac{m}{l-h}(2gh + v_0^2)$$

例 9.4.10　匀质细杆 AB 的质量为 m_1，长度为 l，上端 B 靠在光滑墙上，下端 A 以光滑圆柱铰链与质量为 m_2、半径为 r 的匀质圆盘的中心 A 相连，圆盘可沿粗糙水平面作纯滚动（图 9.53）。如果当 $\theta=45°$ 时，圆盘中心 A 的速度为 v_0，方向向左，试求该瞬时点 A 的加速度。

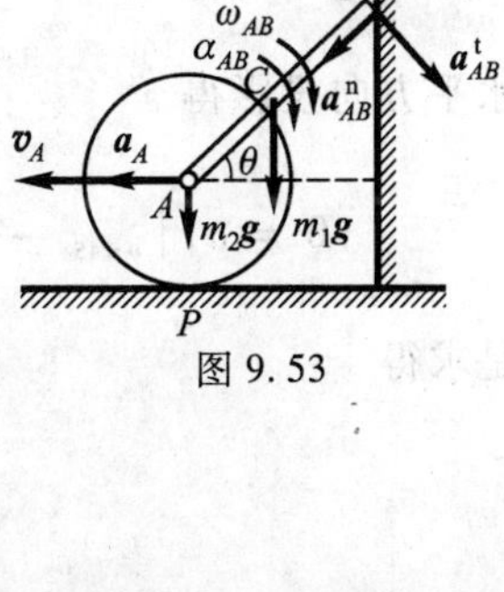

图 9.53

解：设任意角 θ 时，圆盘中心 A 的速度为 v_A，杆 AB 的角速度为 ω_{AB}。系统的动能为

$$T = \frac{1}{2}m_2 v_A^2 + \frac{1}{2}\left(\frac{1}{2}m_2 r^2\right)\left(\frac{v_A}{r}\right)^2 + \frac{1}{2}m_1\frac{l^2}{4}\omega_{AB}^2 + \frac{1}{2}\left(\frac{1}{12}m_1 l^2\right)\omega_{AB}^2 = \frac{3}{4}m_2 v_A^2 + \frac{1}{6}m_1 l^2\omega_{AB}^2$$

动能的微分为

$$\mathrm{d}T = \frac{3}{2}m_2 v_A \mathrm{d}v_A + \frac{1}{3}m_1 l^2 \omega_{AB}\mathrm{d}\omega_{AB}$$

当 $\theta=45°$ 的瞬时，设点 A 发生了位移 $\mathrm{d}s$，则作用于系统的各力只有杆 AB 的重力有元功，其值为

$$\mathrm{d}'W = m_1 g(\mathrm{d}r_C)\cos 45° = m_1 g\left(\frac{\mathrm{d}s}{\sin 45°}\times\frac{l}{2}\right)\cos 45° = \frac{1}{2}m_1 g\mathrm{d}s$$

由动能定理有

$$\mathrm{d}T\big|_{\theta=45°} = \mathrm{d}'W$$

两端同时除以 $\mathrm{d}t$，并将 $\frac{\mathrm{d}v_A}{\mathrm{d}t}=a_A$，$\frac{\mathrm{d}\omega_{AB}}{\mathrm{d}t}=\alpha_{AB}$，$\frac{\mathrm{d}s}{\mathrm{d}t}\big|_{\theta=45°}=v_0$，$v_A\big|_{\theta=45°}=v_0$ 代入，得

$$\frac{3}{2}m_2 v_0(a_A\big|_{\theta=45°}) + \frac{1}{3}m_1 l^2(\omega_{AB}\big|_{\theta=45°})(\alpha_{AB}\big|_{\theta=45°}) = \frac{1}{2}m_1 g v_0 \tag{a}$$

对系统进行运动学分析，有

$$\omega_{AB}\big|_{\theta=45°} = \frac{v_0}{l\sin 45°} = \frac{\sqrt{2}v_0}{l} \tag{b}$$

将两点加速度关系

$$\boldsymbol{a}_B = \boldsymbol{a}_A + \boldsymbol{a}_{AB}^{\mathrm{t}} + \boldsymbol{a}_{AB}^{\mathrm{n}}$$

沿水平方向投影得

$$0 = a_A\big|_{\theta=45°} - (l\alpha_{AB}\big|_{\theta=45°})\times\frac{\sqrt{2}}{2} + (l\omega_{AB}^2\big|_{\theta=45°})\times\frac{\sqrt{2}}{2}$$

于是求得

$$a_{AB}\big|_{\theta=45^\circ}=\left(a_A\big|_{\theta=45^\circ}+\frac{\sqrt{2}v_0^2}{l}\right)\times\frac{\sqrt{2}}{2}\tag{c}$$

将式(b),(c)代入式(a),最终得到

$$a_{AB}\big|_{\theta=45^\circ}=\frac{6m_1g}{9m_2+4m_1}\left(\frac{1}{2}-\frac{2\sqrt{2}}{3gl}v_0^2\right)$$

例 9.4.11　台秤可以认为由重为 P 的盘子和刚度系数为 k 的弹簧组成,如图 9.54 所示。现有一面团,重为 Q,无初速地自高 h 处落到台秤盘上。试问台秤的最大读数是多少?

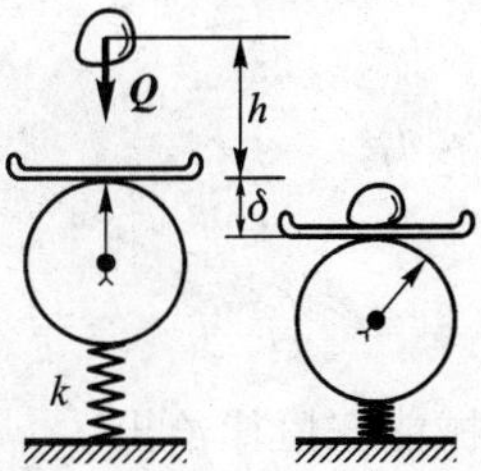

图 9.54

解:设秤盘下降的最大距离为 δ,则台秤的最大读数是 $k\delta$。面团和秤盘的碰撞过程可以认为是完全非弹性的,在碰撞过程中有动能损失。

将整个过程分成三个阶段。第一阶段,面团碰撞秤盘之前,机械能守恒,于是可算得刚开始碰撞前的面团速度是 $u=\sqrt{2gh}$。

第二阶段,有动能损失,但动量守恒,于是面团和秤盘在碰撞结束时的速度为

$$v=\frac{Q}{P+Q}u=\frac{Q}{P+Q}\sqrt{2gh}$$

第三阶段是压缩弹簧,面团和秤盘一起下落距离 δ,这一阶段机械能守恒。动能由 $\frac{1}{2g}(P+Q)v^2$ 变为零,重力势能减少 $(P+Q)\delta$,弹性势能的增加量为

$$\frac{1}{2}k\left[\left(\frac{P}{k}+\delta\right)^2-\left(\frac{P}{k}\right)^2\right]=P\delta+\frac{1}{2}k\delta^2$$

由机械能守恒定律可得

$$-\frac{P+Q}{2g}v^2-(P+Q)\delta+P\delta+\frac{1}{2}k\delta^2=0$$

将 v^2 的表达式代入,可解出

$$\delta=\frac{Q}{k}+\sqrt{\left(\frac{Q}{k}\right)^2+\frac{2hQ^2}{k(P+Q)}}$$

因此,秤上的最大读数为

$$k\delta=Q\left[1+\sqrt{1+2kh/(P+Q)}\right]$$

如果 $h=0$,则最大读数是真实重量的 2 倍。

例 9.4.12 在地球万有引力场中,一质量为 m,与地球中心 O 的距离为 r 的返回式飞船在 $r_0=2\times10^4$ km 的点 A 处的速度为 $v_0=4.46$ km · s^{-1},如图 9.55 所示。试求飞船下降至 $r=8\times10^3$ km 的点 B 处的速度 v。已知地球的引力参数为 $G=3.986\times10^5$ km^3 · s^2。

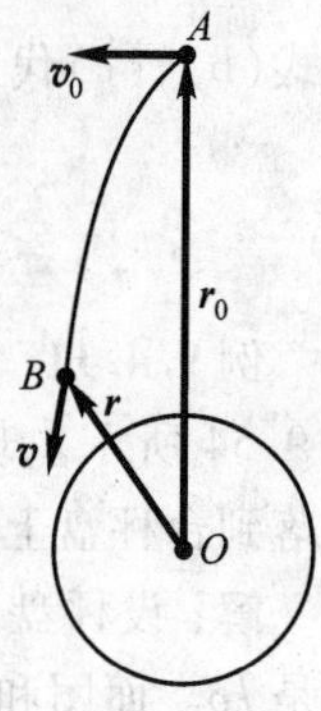

图 9.55

解: 动能为

$$T=\frac{1}{2}mv^2$$

势能为

$$V=-\frac{Gm}{r}$$

机械能守恒律给出

$$\frac{1}{2}mv^2-\frac{Gm}{r}=\frac{1}{2}mv_0^2-\frac{Gm}{r_0}$$

由此解得

$$v=\sqrt{v_0^2+2G\left(\frac{1}{r}-\frac{1}{r_0}\right)}$$

代入数据后,算得

$$v\approx8.93\ \text{km}\cdot\text{s}^{-1}$$

例 9.4.13 匀质铁链长为 l,放在光滑桌面上,在桌边垂下一段长为 a 的位置,自静止开始下滑(图 9.56)。试求它全部离开桌面时的速度。

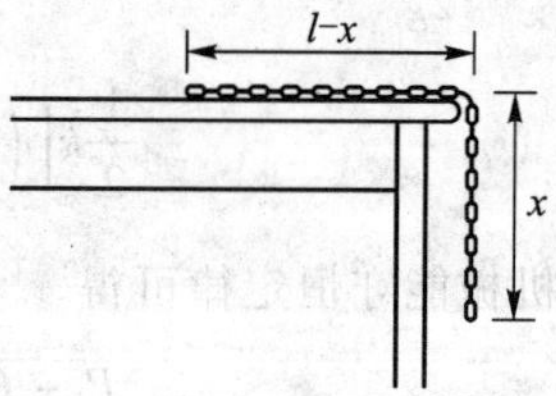

图 9.56

解: 以铁链为研究对象。运动过程中,各质点的速度大小相等。作功的力仅有重力。机械能守恒定律给出

$$T+V=h$$

开始时动能

$$T_1=0$$

势能为

$$V_1=-\rho ag\times\frac{a}{2}$$

其中 ρ 为铁链单位长质量。在全部离开桌面时，动能为

$$T_2 = \frac{1}{2}\rho l v^2$$

势能为

$$V_2 = -\rho l g \times \frac{l}{2}$$

于是有

$$T_2 + V_2 = T_1 + V_1$$

即

$$\frac{1}{2}\rho l v^2 - \rho g \times \frac{l^2}{2} = -\rho g \times \frac{a^2}{2}$$

由此解得

$$v = \sqrt{\frac{g(l^2 - a^2)}{l}}$$

例 9.4.14　皮带输送机如图 9.57 所示。皮带速度为 $\boldsymbol{v}$（以 $m \cdot s^{-1}$ 计），每分钟输送质量为 $Q(t)$，输送高度为 h（以 m 计）。已知机械效率为 η，试求输送机所用电机的功率应为多少。

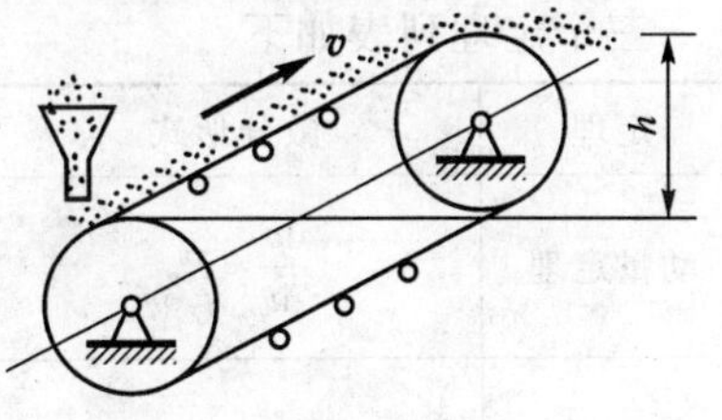

图 9.57

解：机器运转过程中，对物料所作的功为有用功。设物料在 Δt 时间内有 Δm 的质量由初速为零变成速度为 v，且升高 h。因此，对这部分质量利用动能定理有

$$\frac{1}{2}\Delta m v^2 - 0 = W_{有用} - \Delta m g h$$

即

$$W_{有用} = \left(\frac{1}{2}v^2 + gh\right)\Delta m$$

其有用功率则为

$$P_{有用} = \frac{W_{有用}}{\Delta t} = \left(\frac{1}{2}v^2 + gh\right)\frac{\Delta m}{\Delta t}$$

因已知输送流量为

$$\frac{\Delta m}{\Delta t}=\frac{1\ 000}{60}Q=\frac{100}{6}Q(\text{以 kg}\cdot\text{s}^{-1}\text{ 计})$$

故有

$$P_{有用}=\frac{100}{6}Q\left(\frac{1}{2}v^2+gh\right)(\text{以 W 计})$$

而电机功率为

$$P_{输入}=\frac{P_{有用}}{\eta}=\frac{100}{6\eta}Q\left(\frac{1}{2}v^2+gh\right)$$

9.4.5 动力学普遍定理的综合应用

动量定理、动量矩定理和动能定理,称为**动力学普遍定理**。动力学普遍定理是动力学基本定律经过数学加工得到的。这些定理从不同的方面给出了研究对象(质点或质点系)的运动特征量和力的作用量之间的关系,为解决动力学,特别是质点系动力学的两大类问题提供了依据。

三个定理列表如下

定理	微分形式	积分形式	守恒形式
动量定理	$\frac{\mathrm{d}\boldsymbol{p}}{\mathrm{d}t}=\boldsymbol{F}_{\mathrm{R}}$	$\boldsymbol{p}-\boldsymbol{p}_0=\int_{t_0}^{t}\boldsymbol{F}_{\mathrm{R}}\mathrm{d}t$	$\boldsymbol{p}=$ 常矢量
质心运动定理	$m\boldsymbol{a}_C=\boldsymbol{F}_{\mathrm{R}}$	$m(\boldsymbol{v}_C-\boldsymbol{v}_{C0})=\int_{t_0}^{t}\boldsymbol{F}_{\mathrm{R}}\mathrm{d}t$	$\boldsymbol{v}_C=$ 常矢量
动量矩定理	$\frac{\mathrm{d}\boldsymbol{L}_O}{\mathrm{d}t}=\boldsymbol{M}_O$ $\frac{\mathrm{d}\boldsymbol{L}_C}{\mathrm{d}t}=\boldsymbol{M}_C$	$\boldsymbol{L}_O-(\boldsymbol{L}_O)_0=\int_{t_0}^{t}\boldsymbol{M}_O\mathrm{d}t$ $\boldsymbol{L}_C-(\boldsymbol{L}_C)_0=\int_{t_0}^{t}\boldsymbol{M}_C\mathrm{d}t$	$\boldsymbol{L}_O=$ 常矢量 $\boldsymbol{L}_C=$ 常矢量
动能定理	$\mathrm{d}T=\mathrm{d}'W$	$T_2-T_0=W$	$T+V=T_0+V_0$

应用动力学普遍定理解决具体问题时,必须对所要研究的对象进行运动分析和受力分析。运动分析就是根据约束条件,弄清研究对象作何种运动。在分析力的作用量时,要注意分清主动力和约束力,内力和外力,以及作功的力和不作功的力。

动量定理最多可列写 3 个方程,动量矩定理最多可列写 3 个方程,动能定理只给出1个方程。这7个方程有时并不是彼此独立的。在解具体动力学问题时,可采用三个定理中的1个,2个或3个,其间的灵活性需通过一定数量的练习方能掌握。

下面通过一些例题来说明普遍定理的综合应用。

例9.4.15　复摆支点为O,质心为C,$OC=l$,总质量为m,相对质心的回转半径为k,如图9.58所示。试求支点对复摆的约束力$\boldsymbol{F}_{\mathrm{N}}$。

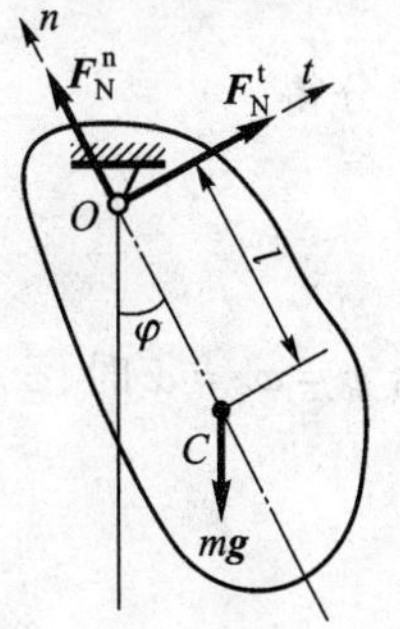

图9.58

解: 设摆角为φ,最大摆角为α。由机械能守恒定律,得到

$$\frac{1}{2}m(k^2+l^2)\dot{\varphi}^2-mgl\cos\varphi=-mgl\cos\alpha$$

由此解得

$$\dot{\varphi}^2=\frac{2gl}{k^2+l^2}(\cos\varphi-\cos\alpha)$$

将上式对时间求一次导数,得

$$\ddot{\varphi}=-\frac{gl}{k^2+l^2}\sin\varphi$$

将质心运动定理给出的方程向$\boldsymbol{t}$和$\boldsymbol{n}$方向投影,得到

$$\begin{aligned}ml\ddot{\varphi}&=-mg\sin\varphi+F_{\mathrm{Nt}}\\ ml\dot{\varphi}^2&=-mg\cos\varphi+F_{\mathrm{Nn}}\end{aligned}\tag{c}$$

将上面所得$\dot{\varphi}$和$\ddot{\varphi}$代入上式,得

$$F_{\mathrm{Nt}}=\frac{k^2}{k^2+l^2}mg\sin\varphi$$

$$F_{\mathrm{Nn}}=Mg\left(\frac{3l^2+k^2}{k^2+l^2}\cos\varphi-\frac{2l^2}{k^2+l^2}\cos\alpha\right)\tag{d}$$

因此约束力$\boldsymbol{F}_{\mathrm{N}}$的大小为

$$F_{\mathrm{N}}=\sqrt{F_{\mathrm{Nt}}^2+F_{\mathrm{Nn}}^2}$$

$\boldsymbol{F}_{\mathrm{N}}$与$\boldsymbol{n}$的夹角为

$$\theta=\arctan\left(\frac{F_{\mathrm{Nt}}}{F_{\mathrm{Nn}}}\right)$$

这样,用机械能守恒定律和质心运动定理解决了问题。

下面用动量矩定理和质心运动定理来解题。对定点 O 的动量矩定理给出

$$m(k^2+l^2)\ddot{\varphi} = -mgl\sin\varphi \tag{e}$$

即

$$\frac{\dot{\varphi}\mathrm{d}\dot{\varphi}}{\mathrm{d}\varphi} = -\frac{gl}{k^2+l^2}\sin\varphi$$

积分得

$$\frac{1}{2}(\dot{\varphi}^2-\dot{\varphi}_0^2) = \frac{gl}{k^2+l^2}(\cos\varphi-\cos\varphi_0)$$

当 $\varphi=\varphi_0=\alpha$ 时，$\dot{\varphi}_0=0$，于是有

$$\dot{\varphi}^2 = \frac{2gl}{k^2+l^2}(\cos\varphi-\cos\alpha) \tag{f}$$

将由式(e)，(f)得到的 $\ddot{\varphi}$ 和 $\dot{\varphi}^2$ 代入式(d)。这样，用对定点 O 的动量矩和质心运动定理也解决了问题。

为求得约束力 F_{Nt}，还可用对质心 C 的动量矩定理。此时有

$$mk^2\ddot{\varphi} = F_{\mathrm{Nt}}l \tag{g}$$

将由式(e)给出的 $\ddot{\varphi}$ 代入式(g)，便得式(d)。

例 9.4.16 有一个从高为 h 的绝对粗糙的桌子上无初速地滚下半径为 R、重为 Q 的匀质圆球(图 9.59)。试求当落地时球心的速度和球的角速度的大小。又问：如果桌沿是理想光滑的，则结果如何？

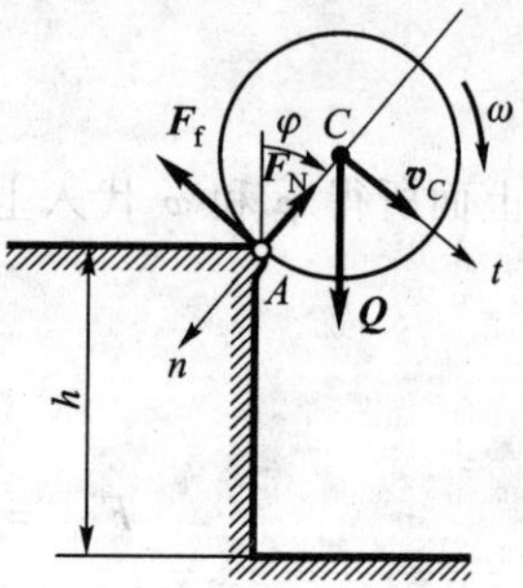

图 9.59

解：首先，假设摩擦足够大，能阻止任何滑动，在脱离以前球绕台沿作定轴转动，接触点 A 上出现的是静摩擦力，不作功。球对桌沿的转动惯量为

$$J_A = J_C+\frac{Q}{g}R^2 = \frac{7}{5}\frac{Q}{g}R^2$$

动能为

$$T = \frac{1}{2}J_A\omega^2 = \frac{7}{10}\frac{Q}{g}R^2\dot{\varphi}^2$$

重力 Q 的功为

$$W_1 = QR(1-\cos\varphi)$$

由动能定理

$$T - T_0 = W$$

有

$$\frac{7}{10}\frac{Q}{g}R^2\dot{\varphi}^2 = QR(1-\cos\varphi) \tag{a}$$

从而求得角速度

$$\omega = \dot{\varphi} = \sqrt{\frac{10}{7}\frac{g}{R}(1-\cos\varphi)} \tag{b}$$

将式(a)对时间 t 求导数，得

$$\frac{7}{5}\frac{Q}{g}R^2\dot{\varphi}\ddot{\varphi} = \dot{\varphi}\sin\varphi$$

由此求得角加速度

$$\alpha = \ddot{\varphi} = \frac{5}{7}\frac{g}{R}\sin\varphi \tag{c}$$

为检验 A 处的约束力，可应用质心运动定理。脱离前质心 C 作圆周运动，加速度具有法向分量 $a_C^{\mathrm{n}} = R\omega^2$，故由质心运动定理，有

$$\frac{Q}{g}a_C^{\mathrm{n}} = Q\cos\varphi - F_{\mathrm{N}} \tag{d}$$

从而求得法向约束力

$$F_{\mathrm{N}} = Q\cos\varphi - \frac{Q}{g}R\times\frac{10}{7}\frac{g}{R}(1-\cos\varphi) = Q\left(\frac{17}{7}\cos\varphi - \frac{10}{7}\right) \tag{e}$$

球脱离桌沿时，应有 $F_{\mathrm{N}}=0$，故由上式得

$$\cos\varphi_1 = \frac{10}{17}$$

因而脱离时的偏角为

$$\varphi_1 = \arccos\frac{10}{17} \approx 54^\circ$$

它与半径无关。此时将 φ_1 代入式(b)，得球的角速度为

$$\omega_1 = \dot{\varphi}_1 = \sqrt{\frac{10}{7}\frac{g}{R}\left(1-\frac{10}{17}\right)} = \sqrt{\frac{10}{17}\frac{g}{R}} \tag{f}$$

而质心 C 的速度

$$v_{C1} = R\dot{\varphi}_1 = \sqrt{\frac{10}{17}gR}$$

球脱离桌沿后作平面运动，其角速度不变，而质心 C 按抛射体的规律运动，初速度是 v_{C1}，抛射角是 $-\varphi_1$。为求球落地时球心速度 v_{C2}，可对整个运动过程应用动能定理。在此过程中重力的功

$$W_2 = Qh$$

而球的动能为

$$T_2 = \frac{1}{2}\frac{Q}{g}v_{C2}^2 + \frac{1}{2}\left(\frac{2}{5}\frac{Q}{g}R^2\right)\omega_2^2$$

其中落地时的角速度为 $\omega_2 = \omega_1$。由动能定理

$$T_2 - T_0 = W_2$$

有

$$\frac{1}{2}\frac{Q}{g}v_{C2}^2 + \frac{1}{5}\frac{Q}{g}R^2 \times \frac{10}{17}\frac{g}{R} = Qh \tag{g}$$

从而解得球心 C 落地时的速度大小为

$$v_{C2} = \sqrt{2g\left(h - \frac{2}{17}R\right)} \tag{h}$$

其次，如果桌沿是理想光滑的，这时球将不会转动。当球由桌沿滑下时，始终作平移，动能为

$$T = \frac{1}{2}\frac{Q}{g}v_C^2$$

此时式(a)写成

$$\frac{1}{2}\frac{Q}{g}v_C^2 = QR(1 - \cos\varphi)$$

由此求得

$$v_C = \sqrt{2gR(1 - \cos\varphi)} \tag{i}$$

在脱离前，点 C 作圆周运动，圆心在点 A，故法向加速度的大小为

$$a_C^{\mathrm{n}} = \frac{v_C^2}{R} = 2g(1 - \cos\varphi)$$

由质心运动定理求得脱离前桌沿 A 的约束力大小

$$F_{\mathrm{N}} = Q\cos\varphi - \frac{Q}{g}a_C^{\mathrm{n}} = Q(3\cos\varphi - 2)$$

令 $F_{\mathrm{N}}=0$,求得在桌沿理想光滑的条件下脱离时的偏角

$$\varphi_2 = \arccos\frac{2}{3} \approx 48.2°$$

而球心速度大小是

$$v'_C = \sqrt{\frac{2}{3}gR}$$

此后球作抛射运动。为求落地速度,仍可应用动能定理。现在球不转动,故式(g)左端第二项为零,因而求得

$$v'_{C2} = \sqrt{2gh} \tag{j}$$

请读者思考:如果摩擦因数小于1,如何求解?

例 9.4.17　一半径为 R、对回转轴的转动惯量为 J_z 的圆柱形航天器处于无力矩状态。在圆柱壁的 A,B 两处(AB 为中心圆截面的直径),各栓一等长、不计质量的软绳,如图 9.60 所示。两软绳同沿中心圆截面圆周缠绕,其另一端各连接一质量为 m 的质量块。初始时质量块分别锁紧于 C,D,圆柱体以角速度 ω_0 绕自旋轴 z 转动。在控制系统作用下,两质量块同时释放,至软绳与 AB 垂直时释放结束。试问软绳长度如何才能使释放后航天器的角速度为零。

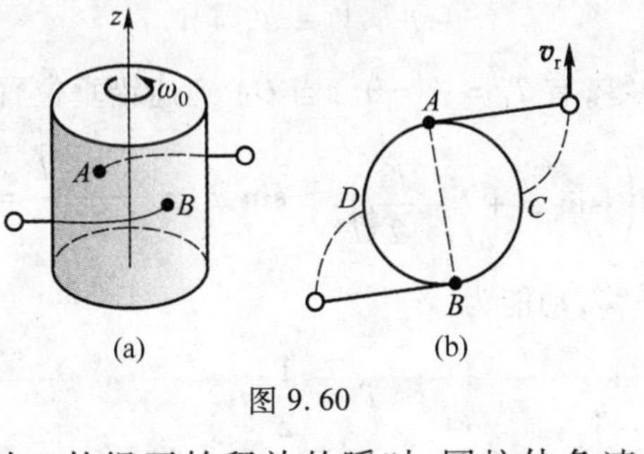

图 9.60

解:首先分析运动。软绳开始释放的瞬时,圆柱体角速度为 ω_0,质量块的速度为 $\omega_0 R$。释放结束瞬时,圆柱的角速度为零,质量块的速度 $v_a=v_r$,因为 $\omega=0$,故 $v_e=0$,如图所示。

其次,分析系统所受的力的特点:(1) 无外力矩;(2) 约束力不作功。以系统为研究对象,利用对轴 z 的动量矩守恒定律和机械能守恒定律,有

$$2mv_r l = J_z\omega_0 + 2m(\omega_0 R)R$$

$$2 \times \frac{1}{2} m v_r^2 = \frac{1}{2} J_z \omega_0^2 + 2 \times \frac{1}{2} m (\omega_0 R)^2$$

消去 v_r，得

$$l = \sqrt{R^2 + \frac{J_z}{2m}}$$

例 9.4.18 匀质细杆 AB 质量为 m，长为 $2l$，一端用长为 l 的细绳 OA 拉住，一端 B 置于地面上，可以无摩擦地滑动，如图 9.61 所示。初瞬时，绳 OA 位于水平位置，而 O，B 两点在同一铅垂线上，系统处于静止状态。试求当 OA 运动到铅垂位置时，点 B 的速度以及此时绳子的拉力和地面的约束力。

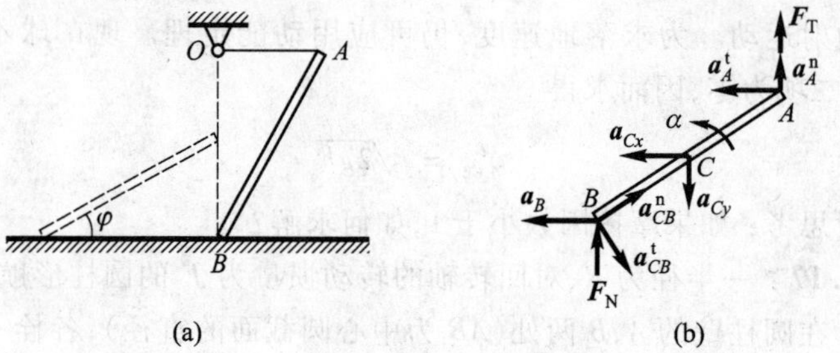

图 9.61

解：首先，求当 OA 运动到铅垂位置时点 B 的速度 v_B。由初瞬时系统不动，到所研究位置的过程中仅重力作功，有机械能守恒定律

$$T + V = T_0 + V_0$$

取初瞬时的势能为零，有 $T_0 = V_0 = 0$。当 OA 到达铅垂位置时的势能为

$$V = -mg\left(l\sin\varphi + l - \frac{\sqrt{3}}{2}l\right), \quad \sin\varphi = \frac{\sqrt{3}l - l}{2l} = \frac{1}{2}(\sqrt{3} - 1)$$

此时，因杆 AB 作平移，动能为

$$T = \frac{1}{2} m v_B^2$$

机械能守恒定律给出

$$\frac{1}{2} m v_B^2 - \frac{1}{2} mgl = 0$$

从而得

$$v_B = \sqrt{gl} \tag{a}$$

其次，求绳子拉力 $\boldsymbol{F}_{\mathrm{T}}$ 和地面约束力 $\boldsymbol{F}_{\mathrm{N}}$。质心运动定理给出

$$\left.\begin{aligned} ma_{Cx} &= 0 \\ ma_{Cy} &= mg - F_{\mathrm{N}} - F_{\mathrm{T}} \end{aligned}\right\} \tag{b}$$

相对质心的动量矩定理给出

$$\left.\begin{aligned} \frac{1}{3}ml^2\alpha &= (F_{\mathrm{T}} - F_{\mathrm{N}})l\cos\varphi \\ \cos\varphi &= \sqrt{\sqrt{3}/2} \end{aligned}\right\} \tag{c}$$

方程(b)，(c)有 4 个未知量，需补充两个运动学关系。已知 a_{Cy} 的方向，点 A 法向加速度 $\boldsymbol{a}_A^{\mathrm{n}}$ 的大小和方向以及点 B 的加速度 $\boldsymbol{a}_B$ 的方向。此时，杆 AB 作平移，$\omega_{AB}=0$。利用刚体平面运动两点加速度关系，以点 C 为基点，研究点 B，有

$$\boldsymbol{a}_B = \boldsymbol{a}_C + \boldsymbol{a}_{CB}^{\mathrm{t}} + \boldsymbol{a}_{CB}^{\mathrm{n}}$$

将其向铅垂向下方向投影，得

$$0 = a_{Cy} + \alpha l\cos\varphi \tag{d}$$

再以点 C 为基点研究点 A，有

$$\boldsymbol{a}_A^{\mathrm{t}} + \boldsymbol{a}_A^{\mathrm{n}} = \boldsymbol{a}_C + \boldsymbol{a}_{CA}^{\mathrm{t}} + \boldsymbol{a}_{CA}^{\mathrm{n}}$$

将其投影到铅垂向上方向，得

$$a_A^{\mathrm{n}} = -a_{Cy} + \alpha l\cos\varphi \tag{e}$$

因

$$a_A^{\mathrm{n}} = \frac{v_A^2}{l} = \frac{v_B^2}{l}$$

将式(a)代入上式，得

$$a_A^{\mathrm{n}} = g$$

于是式(e)成为

$$g = -a_{Cy} + \alpha l\cos\varphi \tag{f}$$

联合(d)，(f)解得

$$\alpha = \frac{g}{2l\sqrt{\sqrt{3}/2}},\quad a_{Cy} = -\frac{1}{2}g \tag{g}$$

将式(f)，(g)代入式(b)，(c)，得

$$F_{\mathrm{N}} = \frac{1}{36}(27 - 2\sqrt{3})mg,\quad F_{\mathrm{T}} = \frac{1}{36}(27 + 2\sqrt{3})mg$$

例 9.4.19 圆环质量为 M,放在光滑水平面上。有一质量为 m 的小虫在圆环上爬行,如图 9.62 所示。试证:小虫在圆环上相对地爬行一周时,圆环的自转角度不超过 180°。设初始时系统静止。

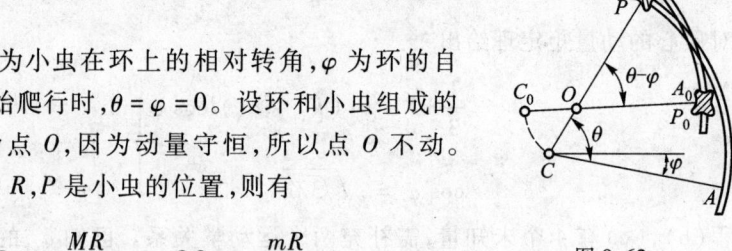

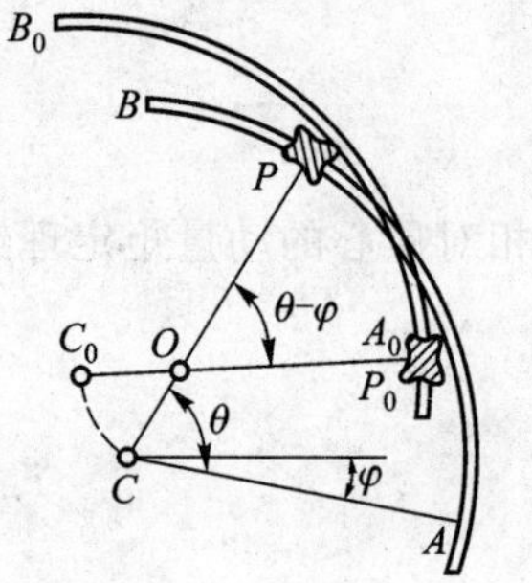

图 9.62

解: 设 θ 为小虫在环上的相对转角,φ 为环的自转角,小虫开始爬行时,$\theta=\varphi=0$。设环和小虫组成的系统的质心为点 O,因为动量守恒,所以点 O 不动。设圆环半径为 R,P 是小虫的位置,则有

$$OP=\frac{MR}{m+M},\quad OC=\frac{mR}{m+M}$$

小虫 P 和圆环中心 C 的连线绕固定点 O 的绝对转角是 $\theta-\varphi$。

小虫对点 O 的动量矩是

$$m\left(\frac{MR}{M+m}\right)^2(\dot{\theta}-\dot{\varphi})$$

圆环对其自身质心 C 的动量矩为

$$-MR^2\dot{\varphi}$$

圆环质心对点 O 的动量矩为

$$M\left(\frac{mR}{M+m}\right)^2(\dot{\theta}-\dot{\varphi})$$

因对固定点 O 的动量矩守恒,所以三项之和应恒等于零,即

$$\frac{Mm}{M+m}R^2(\dot{\theta}-\dot{\varphi})-MR^2\dot{\varphi}=0$$

利用初条件 $\theta=0,\varphi=0$,积分后得

$$\frac{Mm}{M+m}R^2(\theta-\varphi)-MR^2\varphi=0$$

由此解出

$$\varphi=\frac{\dfrac{m}{M}}{1+\dfrac{2m}{M}}\theta$$

当小虫爬过一周,即 $\theta=2\pi$ 时,有

$$\varphi = \frac{\frac{m}{M}}{1 + \frac{2m}{M}} \times 2\pi$$

当小虫与圆环的质量比$\frac{m}{M} \to 0$时，$\varphi \to 0$，即圆环几乎不转。当$\frac{m}{M} \to \infty$时，$\varphi \to \pi$，即圆环自转角接近180°。对于任何质量比$\frac{m}{M}$，圆环自转角φ在0°和180°之间。

本节讨论了质点系的动能定理，包括质点和质点系的动能的计算，力的功的计算，动能定理以及机械能守恒定律及其应用等。在力的元功或力的功容易计算时，应用动能定理求运动比较方便。本节最后还通过几个典型例子讨论了动力学普遍定理的综合应用。

动能定理主要用来求运动（例9.4.6～例9.4.13）。动力学普遍定理的综合应用问题，通常称为混合题或杂题。解这类问题，一般说来比较困难。本节涉及质心运动定理和动能定理的综合应用（例9.4.15，例9.4.16，例9.4.18），质心运动定理和相对质心的动量矩定理的综合应用（例9.4.15，例9.4.19），动量矩定理和动能定理的综合应用（例9.4.17）等。

9.5 刚体动力学

9.5.1 平移刚体动力学

刚体平移时，其上各点同一瞬时具有同样的加速度，因此，刚体的平移规律完全由质点系的质心运动定理来决定，即

$$m\boldsymbol{a}_C = \boldsymbol{F}_{\mathrm{R}} \qquad (9.5.1)$$

其中m为刚体的质量，$\boldsymbol{a}_C$为质心的加速度，$\boldsymbol{F}_{\mathrm{R}}$为作用于刚体的外力系的主矢，包括主动力和约束力。

建立坐标系$Oxyz$，则对于质心C的坐标(x_C, y_C, z_C)，有投影式

$$m\frac{\mathrm{d}^2 x_C}{\mathrm{d}t^2} = F_{\mathrm{R}x}, \quad m\frac{\mathrm{d}^2 y_C}{\mathrm{d}t^2} = F_{\mathrm{R}y}, \quad m\frac{\mathrm{d}^2 z_C}{\mathrm{d}t^2} = F_{\mathrm{R}z} \qquad (9.5.2)$$

由于刚体相对于质心平移系处于静止状态,因此刚体相对于质心的动量矩恒为零,即

$$L_{Cr} \equiv 0$$

根据质点系相对质心动量矩定理可得

$$M_C \equiv 0 \tag{9.5.3}$$

式(9.5.3)表明,平移刚体外力系对其质心的主矩恒等于零。这是刚体作平移时应该满足的条件,它经常用来求解未知的约束力。

例 9.5.1 质量为 m 的杆 AB,两端分别以等长为 l 的细绳 O_1A,O_2B 悬于等高度的两点 O_1,O_2,且 $O_1O_2=AB$。设 O_1A 与铅垂线的夹角为 θ,如图 9.63 所示。若系统在 $\theta=\theta_0$ 处静止释放,试求系统运动到 $\theta=0$ 处时,杆 AB 的速度和两绳的拉力。

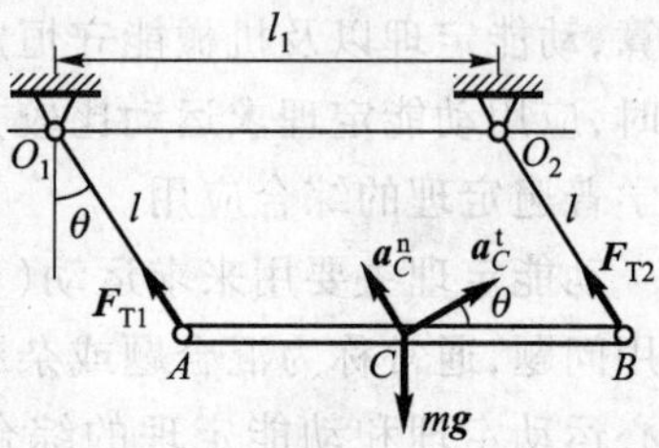

图 9.63

解:以杆 AB 为研究对象。杆 AB 作平移,且其质心 C 作圆周运动,在任意位置 θ 时质心加速度

$$\boldsymbol{a}_C = \boldsymbol{a}_C^{\mathrm{t}} + \boldsymbol{a}_C^{\mathrm{n}}$$

并且

$$a_C^{\mathrm{t}} = \frac{\mathrm{d}v_C}{\mathrm{d}t}, \quad a_C^{\mathrm{n}} = \frac{v_C^2}{l}$$

杆 AB 受重力 mg 和绳的拉力 $\boldsymbol{F}_{\mathrm{T1}}$,$\boldsymbol{F}_{\mathrm{T2}}$的作用。

将式(9.5.1)在自然轴系上投影,得

$$m\frac{\mathrm{d}v_C}{\mathrm{d}t} = -mg\sin\theta \tag{a}$$

$$m\frac{v_C^2}{l} = F_{\mathrm{T1}} + F_{\mathrm{T2}} - mg\cos\theta \tag{b}$$

注意到

$$\frac{\mathrm{d}v_C}{\mathrm{d}t} = \frac{\mathrm{d}v_C}{\mathrm{d}\theta}\frac{\mathrm{d}\theta}{\mathrm{d}t} = \frac{v_C}{l}\frac{\mathrm{d}v_C}{\mathrm{d}\theta}$$

由式(a)得

$$v_C\mathrm{d}v_C = -g\sin\theta\mathrm{d}\theta$$

考虑到初始条件,两端积分得

$$\int_{0}^{v_C} v_C \mathrm{d} v_C = \int_{\theta_0}^{0} (-gl\sin\theta)\mathrm{d}\theta$$

即

$$\frac{1}{2}v_C^2 = gl(1-\cos\theta_0)$$

由此得 $\theta=0$ 时质心的速度大小为

$$v_C = \sqrt{2gl(1-\cos\theta_0)} \tag{c}$$

而速度方向为水平向左。

将式(c)代入式(b),并考虑到 $\theta=0$,得

$$F_{\mathrm{T1}} + F_{\mathrm{T2}} = mg(3-2\cos\theta_0) \tag{d}$$

利用式(9.5.3),在 $\theta=0$ 时得

$$F_{\mathrm{T2}} \times \frac{l_1}{2} - F_{\mathrm{T1}} \times \frac{l_1}{2} = 0 \tag{e}$$

由式(d),(e)解得

$$F_{\mathrm{T1}} = F_{\mathrm{T2}} = \frac{1}{2}mg(3-2\cos\theta_0)$$

例 9.5.2　一质量为 m 的滑块 A 可在铅垂导槽内滑动。现以一铅垂向上偏离质心的力 $\boldsymbol{F}$ 推动滑块,如图 9.64 所示。如已知滑块与导槽的动滑动摩擦因数为 f,推力偏离质心的距离为 e。试求滑块 A 的加速度。

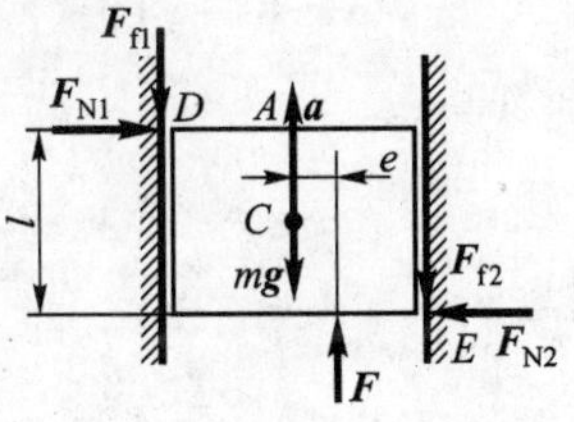

图 9.64

解: 以滑块 A 为研究对象。滑块 A 作平移,且质心作直线运动。滑块所受外力有重力 $m\boldsymbol{g}$,推力 $\boldsymbol{F}$,由于偏心推力使导槽于 D,E 两处产生法向约束力 $\boldsymbol{F}_{\mathrm{N1}}$ 和 $\boldsymbol{F}_{\mathrm{N2}}$ 以及摩擦力 $\boldsymbol{F}_{\mathrm{f1}}$ 和 $\boldsymbol{F}_{\mathrm{f2}}$,且 $F_{\mathrm{f1}}=fF_{\mathrm{N1}}$,$F_{\mathrm{f2}}=fF_{\mathrm{N2}}$。利用式(9.5.1),有

$$ma = F - mg - F_{\mathrm{f1}} - F_{\mathrm{f2}} \tag{a}$$

$$0 = F_{\mathrm{N1}} - F_{\mathrm{N2}} \tag{b}$$

于是得 $F_{\mathrm{N1}}=F_{\mathrm{N2}}$,$F_{\mathrm{f1}}=F_{\mathrm{f2}}$。利用式(9.5.3),并注意到 $F_{\mathrm{f1}}=F_{\mathrm{f2}}$,得

$$M_C = -\left(F_{\mathrm{N1}}\frac{l}{2} + F_{\mathrm{N2}}\frac{l}{2}\right) + Fe = 0 \tag{c}$$

联立式(b),(c)得

$$F_{N1} = F_{N2} = \frac{e}{l}F$$

考虑到

$$F_{f1} = fF_{N1} = \frac{e}{l}Ff, \quad F_{f2} = fF_{N2} = \frac{e}{l}Ff$$

于是由式(a)求得滑块 A 的加速度

$$a = \frac{l-2ef}{ml}F - g$$

9.5.2 刚体定轴转动微分方程

刚体定轴转动时的动量矩表达式为式(9.3.8),即

$$\boldsymbol{L}_O = -J_{zx}\omega\boldsymbol{i} - J_{yz}\omega\boldsymbol{j} + J_z\omega\boldsymbol{k}$$

其中 Oz 为转轴。质点系对定点的动量矩定理(9.3.15)在轴 Oz 上的投影给出

$$\frac{\mathrm{d}L_z}{\mathrm{d}t} = M_z \tag{9.5.4}$$

即

$$\frac{\mathrm{d}}{\mathrm{d}t}(J_z\omega) = M_z$$

或

$$J_z\frac{\mathrm{d}\omega}{\mathrm{d}t} = M_z \tag{9.5.5}$$

或

$$J_z\alpha = M_z \tag{9.5.6}$$

或

$$J_z\ddot{\varphi} = M_z \tag{9.5.7}$$

式(9.5.6)表明,转动刚体对转动轴的转动惯量与其角加速度的乘积等于外力对转轴的矩。式(9.5.5)或式(9.5.7)称为刚体定轴转动微分方程。

由所得微分方程可以看出:(1) 当外力对轴之矩的代数和为零时,刚体作匀速转动,即转动状态不变;(2) 当外力对转轴之矩的代数和不为零时,刚体作

变速转动，J_z 越大，其角加速度 α 就越小；反之，J_z 越小，则 α 越大。因此，转动惯量 J_z 可以作为刚体绕轴 Oz 转动惯性的度量；(3) 如需求解轴承上的约束力，则要建立动量矩定理在另外两轴 Ox，Oy 上的投影式。

例 9.5.3　已知刚体绕水平轴 O 作微幅摆动的周期为 T，试求刚体相对于转轴的回转半径 ρ。已知刚体质量为 m，质心 C 距转轴为 a，如图 9.65 所示。

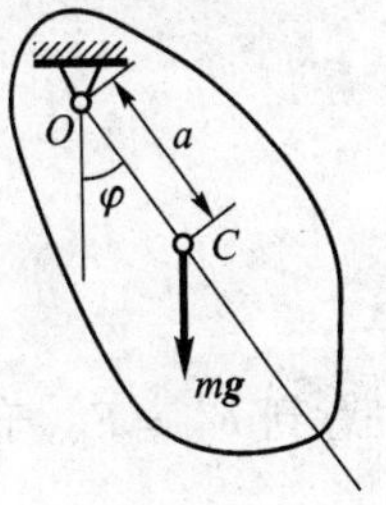

图 9.65

解： 以刚体为研究对象，刚体受重力 $m\boldsymbol{g}$，以及轴承 O 的约束力作用。设质心 C 与转轴 O 的连线与铅垂线的夹角为 φ。定轴转动微分方程(9.5.7)给出

$$m\rho^2\ddot{\varphi} = -mga\sin\varphi$$

当微摆动时，$\sin\varphi\approx\varphi$，上式给出

$$\ddot{\varphi} + \frac{ag}{\rho^2}\varphi = 0$$

微分方程的解为

$$\varphi = \varphi_{\mathrm{m}}\sin\left(\frac{\sqrt{ga}}{\rho}t + \beta\right)$$

其中 φ_{m}，β 由初始条件确定。摆动周期为

$$T = 2\pi\frac{\rho}{\sqrt{ga}}$$

与初始条件无关。于是，刚体相对转轴的回转半径为

$$\rho = \frac{T}{2\pi}\sqrt{ga}$$

工程中常用此结果来计算回转半径或转动惯量。

例 9.5.4　飞轮半径为 R，回转半径为 ρ，定轴转动角速度为 ω。在制动杆上加一力大小为 F，飞轮转了 n 转后停止。设 l 和 b 已知，如图 9.66a 所示。试求制动块 B 与轮边之间的滑动摩擦因数 f。

解： 取飞轮为研究对象。定轴转动微分方程(9.5.5)给出

$$m\rho^2\frac{\mathrm{d}\omega}{\mathrm{d}t} = -F_{\mathrm{f}}R \tag{a}$$

其中 F_{f} 为摩擦力，有

$$F_{\mathrm{f}} = fF_{\mathrm{N}} \tag{b}$$

取制动杆 AC 为研究对象，对点 A 取矩，得

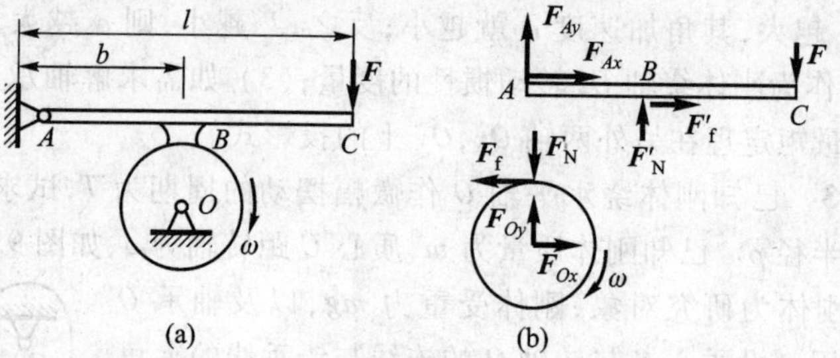

图 9.66

$$F'_N b - Fl = 0$$

注意到 $F'_N = F_N$，于是得

$$F_N = \frac{Fl}{b} \tag{c}$$

将式(b)，(c)代入式(a)得

$$\frac{d\omega}{dt} = -\frac{fRFl}{bm\rho^2}$$

即

$$\omega\frac{d\omega}{d\varphi} = -\frac{fRFl}{bm\rho^2}$$

积分得

$$\int_{\omega}^{0} d\left(\frac{1}{2}\omega^2\right) = -\int_{0}^{2\pi n}\frac{fRFl}{bm\rho^2}d\varphi$$

解得

$$f = \frac{bm\rho^2\omega^2}{4\pi nFlR}$$

9.5.3 刚体平面运动微分方程

设刚体在外力系 $F_i(i=1,2,\cdots,N)$ 作用下，在平面 Oxy 内运动，如图 9.67 所示。由运动学知，刚体的运动可分解为随基点的牵连平移和绕基点的相对转动。选质心 C 为基点，则刚体的运动方程为

$$x_C = f_1(t), \quad y_C = f_2(t), \quad \varphi = f_3(t) \tag{9.5.8}$$

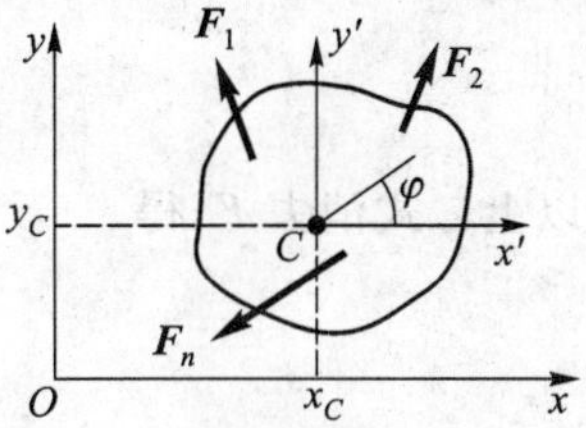

图 9.67

其中 x_C, y_C 为质心 C 相对于固定坐标系 Oxy 的两个坐标，而 φ 为刚体相对于质心轴 Cz'的转角。坐标 x_C, y_C 的变化规律可由质心运动定理在轴 Ox，Oy 的投影确定，而角 φ 可由相对质心的平移轴 Cz'的动量矩定理来确定，因此有

$$\left.\begin{aligned} ma_{Cx} &= F_x \\ ma_{Cy} &= F_y \\ J_{Cz'}\alpha &= M_{Cz'} \end{aligned}\right\} \tag{9.5.9}$$

或者表示为

$$\left.\begin{aligned} m\ddot{x}_C &= F_x \\ m\ddot{y}_C &= F_y \\ J_{Cz'}\ddot{\varphi} &= M_{Cz'} \end{aligned}\right\} \tag{9.5.10}$$

式(9.5.10)就是刚体的平面运动微分方程，3 个独立方程的数目恰好等于平面运动刚体的自由度。如果刚体运动受有约束，则独立方程数目减少，需要根据具体条件列出相应的约束方程。

请读者思考：刚体能保持平面运动，对刚体相对质心的动量矩和作用力的力系有什么限制？

例 9.5.5 半径为 r 的匀质圆柱体在半径为 R 的半圆槽内作纯滚动(图 9.68)。试建立圆柱体的运动微分方程。

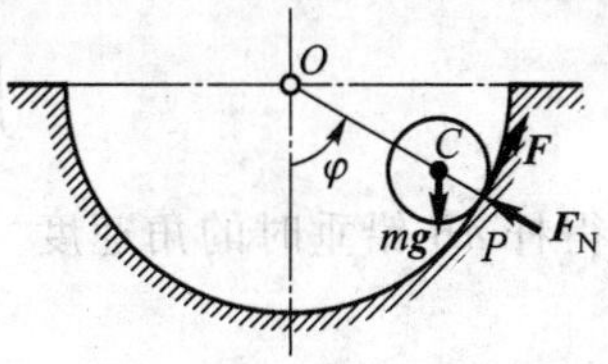

图 9.68

解：作纯滚动的圆柱体只有一个自由度，以 OC 与铅垂线的夹角 φ 为坐标，接触点 P 为速度瞬心，有

$$v_C = (R-r)\dot{\varphi} = r\omega$$

因此，圆柱体的角速度为

$$\omega = (R-r)\frac{\dot{\varphi}}{r}$$

设圆柱体的质量为 m，圆柱体受重力 $m\boldsymbol{g}$、法向约束力 $\boldsymbol{F}_N$ 和摩擦力 $\boldsymbol{F}$ 的作用。列写质心运动定理沿切向的投影式，以及对质心的动量矩定理，有

$$m(R-r)\ddot{\varphi} = F - mg\sin\varphi$$

$$\frac{1}{2}mr^2\left(\frac{R-r}{r}\right)\ddot{\varphi} = -Fr$$

由以上二式消去 F,得

$$\ddot{\varphi} + \frac{2g}{3(R-r)}\sin\varphi = 0$$

请读者用对速度瞬心 P 的动量矩定理解此题。

例 9.5.6 一匀质杆 AB,长为 $2l$,质量为 m。当两端固定时,杆在水平位置,如图 9.69 所示。某瞬时杆的 A 端脱落,则杆开始绕 B 端的水平轴转动。当杆转到铅垂位置时,B 端也脱落了。试求此杆在以后的运动过程中,重新回到水平时,质心 C 的位置。

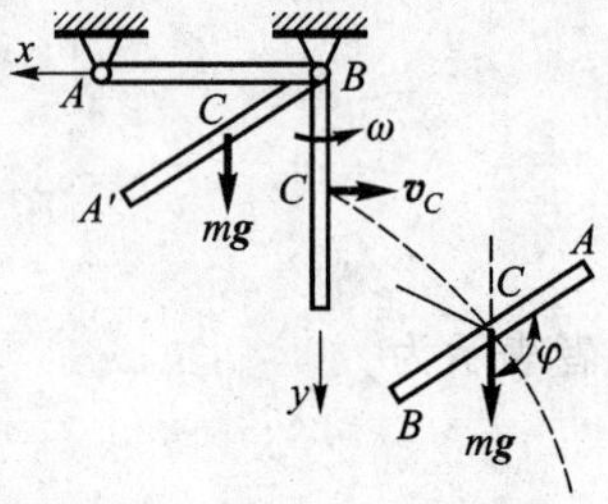

图 9.69

解: 杆 AB 在整个运动过程中,先作定轴转动,后作平面运动。以杆 AB 为研究对象,讨论 B 端脱落前的运动。利用定轴转动微分方程(9.5.5),有

$$\frac{1}{3}[m(2l)^2]\frac{d\omega}{dt} = mgl\cos\varphi$$

即

$$\omega d\omega = \frac{3g}{4l}\cos\varphi d\varphi$$

积分得

$$\int_0^{\omega}\omega d\omega = \frac{3g}{4l}\int_0^{\frac{\pi}{2}}\cos\varphi d\varphi$$

解得杆 AB 铅垂时的角速度

$$\omega = \sqrt{\frac{3g}{2l}}$$

此时杆的质心 C 的速度为

$$v_C = \omega l = \sqrt{\frac{3}{2}gl}$$

方向水平向右。

其次,讨论 B 端脱落后的运动。杆 AB 作平面运动,微分方程(9.5.10)给出

$$m\ddot{x}_C = 0,\quad m\ddot{y}_C = mg,\quad J_C\ddot{\varphi} = 0$$

初始条件为 $t = 0, x_C = 0, y_C = l, \varphi = 0, \dot{x}_C = -\sqrt{\frac{3}{2}gl}, \dot{y}_C = 0, \dot{\varphi} = \sqrt{\frac{3g}{2l}}$。解微分方程,得

$$x_C = -\sqrt{\frac{3}{2}gl}t,\quad y_C = l + \frac{1}{2}gt^2,\quad \varphi = \sqrt{\frac{3g}{2l}}t$$

当杆重新转到水平时,$\varphi = \frac{\pi}{2}$,因此有

$$t_1 = \frac{\pi}{2}\sqrt{\frac{2l}{3g}}$$

而质心 C 的位置为

$$x_C = -\frac{\pi}{2}l,\quad y_C = l\left(1 + \frac{\pi^2}{12}\right)$$

例 9.5.7　匀质细杆 AB 长为 $2l$,质量为 m,于铅垂面内,两端分别沿光滑的铅直墙和光滑的水平面滑动,如图 9.70 所示。当杆与墙成 φ_0 角时被静止释放。试求 A 端脱离墙时杆与墙所成的夹角 φ_1 以及在此之前 A,B 两端受的约束力与它和墙的夹角 φ 之关系。

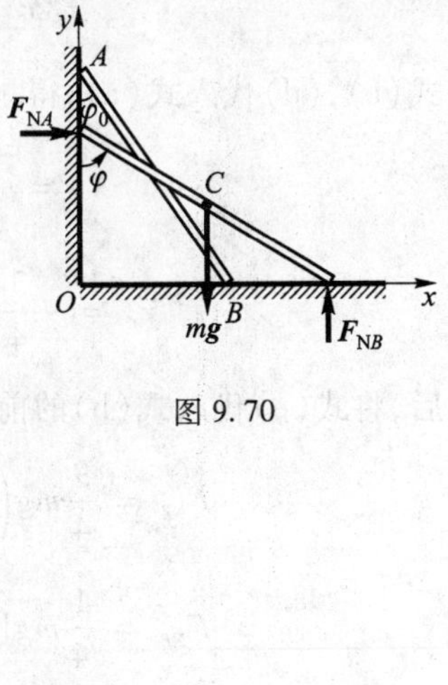

图 9.70

解: 以杆 AB 为研究对象。在 A 端脱离墙之前,杆作平面运动,质心 C 的坐标用角 φ 表示为

$$x_C = l\sin\varphi,\quad y_C = l\cos\varphi$$

对时间 t 求导数,得

$$\left.\begin{aligned}\dot{x}_C &= l\dot{\varphi}\cos\varphi \\ \dot{y}_C &= -l\dot{\varphi}\sin\varphi \\ \ddot{x}_C &= l\ddot{\varphi}\cos\varphi - l\dot{\varphi}^2\sin\varphi \\ \ddot{y}_C &= -l\ddot{\varphi}\sin\varphi - l\dot{\varphi}^2\cos\varphi\end{aligned}\right\}\quad (a)$$

杆所受外力有重力 $m\boldsymbol{g}$ 和约束力 $\boldsymbol{F}_{NA}$,$\boldsymbol{F}_{NB}$。由平面运动微分方程得

$$\left.\begin{aligned}m\ddot{x}_C &= F_{NA} \\ m\ddot{y}_C &= F_{NB} - mg \\ J_C\ddot{\varphi} &= F_{NB}l\sin\varphi - F_{NA}l\cos\varphi\end{aligned}\right\}\quad (b)$$

由式(a),(b)消去 F_{NA},F_{NB},$\ddot{x}_C$,$\ddot{y}_C$,得

$$\ddot{\varphi} = \frac{mgl\sin\varphi}{J_C + ml^2} \tag{c}$$

考虑到 $J_C = \frac{1}{3}ml^2$,于是有

$$\ddot{\varphi} = \frac{3g}{4l}\sin\varphi$$

即

$$\frac{1}{2}\mathrm{d}(\dot{\varphi}^2) = \frac{3g}{4l}\sin\varphi\mathrm{d}\varphi$$

积分得

$$\frac{1}{2}\int_0^{\dot{\varphi}}\mathrm{d}(\dot{\varphi}^2) = \int_{\varphi_0}^{\varphi}\frac{3g}{4l}\sin\varphi\mathrm{d}\varphi$$

即

$$\dot{\varphi}^2 = \frac{3g}{2l}(\cos\varphi_0 - \cos\varphi) \tag{d}$$

将式(c),(d)代入式(a),得

$$\left.\begin{aligned}\ddot{x}_C &= \frac{9}{4}g\left(\cos\varphi - \frac{2}{3}\cos\varphi_0\right)\sin\varphi\\ \ddot{y}_C &= -\frac{3}{4}g(1 - 3\cos^2\varphi + 2\cos\varphi\cos\varphi_0)\end{aligned}\right\} \tag{e}$$

最后,将式(e)代入式(b)的前两式,求得约束力

$$\left.\begin{aligned}F_{NA} &= \frac{9}{4}mg\left(\cos\varphi - \frac{2}{3}\cos\varphi_0\right)\sin\varphi\\ F_{NB} &= \frac{1}{4}mg[1 + 3(3\cos\varphi - 2\cos\varphi_0)\cos\varphi]\end{aligned}\right\} \tag{f}$$

杆脱离墙的瞬时有 $F_{NA} = 0$,即

$$\frac{9}{4}mg\left(\cos\varphi_1 - \frac{2}{3}\cos\varphi_0\right)\sin\varphi_1 = 0$$

由此得杆脱离时它与墙的夹角为

$$\varphi_1 = \arccos\left(\frac{2}{3}\cos\varphi_0\right)$$

例 9.5.8　重为 100 N,长为 1 m 的匀质细杆 AB,一端搁在地面上,一端用细绳吊住,如图 9.71 所示。设杆与地面间的摩擦因数为 $f=0.3$,试问当细绳被拉断的瞬间,B 端能否滑动?并求此瞬时杆的角加速度以及地面对杆的反作用力。

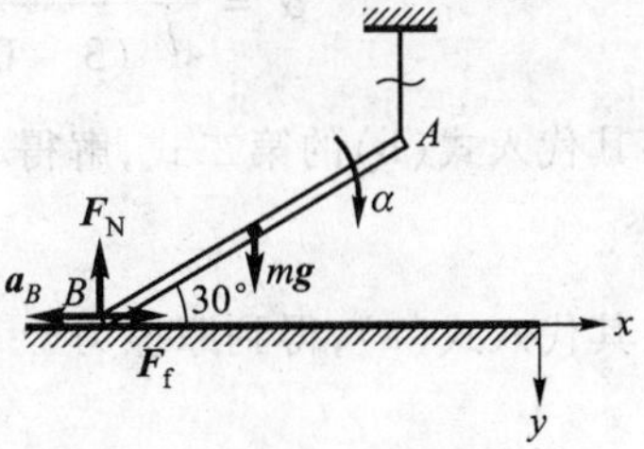

图 9.71

解:绳断时杆 AB 的角速度为零。杆 AB 作平面运动。B 端能否滑动要看 $\boldsymbol{a}_B$ 是否为零,也要看摩擦力是否达到最大值。

杆 AB 在重力 $m\boldsymbol{g}$、B 端的法向约束力 $\boldsymbol{F}_N$ 和摩擦力 $\boldsymbol{F}_f$ 作用下运动。设此时杆 AB 的角加速度为 α,如图所示。假设 B 端滑动,则有

$$F_f = fF_N \tag{a}$$

利用平面运动微分方程,有

$$\left.\begin{aligned} ma_{Cx} &= F_f \\ ma_{Cy} &= mg - F_N \\ J_C\alpha &= F_N \times \frac{l}{2}\cos 30^\circ - F_f \times \frac{l}{2}\sin 30^\circ \end{aligned}\right\} \tag{b}$$

根据平面运动两点加速度关系,质心的加速度可用 a_B 和 α 表示出

$$\left.\begin{aligned} a_{Cx} &= \alpha\frac{l}{2}\sin 30^\circ - a_B \\ a_{Cy} &= \alpha\frac{l}{2}\cos 30^\circ \end{aligned}\right\} \tag{c}$$

注意到

$$J_C = \frac{1}{12}ml^2$$

由式(b)后两式相除,并利用式(a),得

$$\frac{m\alpha\dfrac{l}{2}\times\dfrac{\sqrt{3}}{2} - mg}{\dfrac{1}{12}ml^2\alpha} = -\frac{1}{\dfrac{l}{2}\times\dfrac{\sqrt{3}}{2} - f\dfrac{l}{2}\times\dfrac{1}{2}}$$

由此解得角加速度

$$\alpha = \frac{g}{l}\frac{4(\sqrt{3}-0.3)}{(3-0.3\sqrt{3}+4/3)} \approx 14.7\ \mathrm{rad\cdot s^{-2}} \tag{d}$$

将其代入式(b)的第二式,解得

$$F_{\mathrm{N}} \approx 35\ \mathrm{N} \tag{e}$$

将其代入式(a),得到摩擦力

$$F_{\mathrm{f}} \approx 10.5\ \mathrm{N}$$

再由方程(b)的第一式求得

$$a_B = \alpha\frac{l}{2}\times\frac{1}{2} - \frac{F_{\mathrm{f}}}{m} = 14.72\times\frac{1}{4}\ \mathrm{m\cdot s^{-2}} - \frac{10.5}{100}\ \mathrm{m\cdot s^{-2}} > 0 \tag{f}$$

因此,滑动假设成立。

还有其他方法可以判断 B 端滑动。假设 B 端不滑动,平面运动微分方程给出

$$m\alpha\times\frac{l}{2}\sin 30° = F_{\mathrm{f}} \tag{g}$$

$$m\alpha\times\frac{l}{2}\cos 30° = mg - F_{\mathrm{N}} \tag{h}$$

$$\frac{1}{12}ml^2\alpha = F_{\mathrm{N}}\times\frac{l}{2}\cos 30° - F_{\mathrm{f}}\times\frac{l}{2}\sin 30° \tag{i}$$

由式(g),(i)求得

$$\frac{F_{\mathrm{f}}}{F_{\mathrm{N}}} = \frac{3}{7}\sqrt{3} \approx 0.7 > f = 0.3$$

这与

$$F_{\mathrm{f}} < fF_{\mathrm{N}}$$

矛盾,因此,B 端不滑动的假设不对,B 端应滑动。

例 9.5.9 两杆各重为 W,长为 l,以光滑铰链铰接,如图 9.72 所示。在图示位置上系统处于静止,试求当一已知水平力 $\boldsymbol{F}$ 作用于点 C 时,两杆所产生的角加速度。

解: 杆 AB 作定轴转动,杆 BC 作平面运动。该瞬时两杆角速度均为零。两杆除重力外,还有点 A 和点 B 的约束力,受力分析如图 9.72b 所示。首先,研究杆 AB。定轴运动微分方程给出

$$\frac{1}{3}\frac{W}{g}l^2\alpha_{AB} = F_{Bx}l \qquad (a)$$

其次，研究杆 BC。平面运动微分方程给出

$$\frac{W}{g}\left(\alpha_{AB}l + \alpha_{BC} \times \frac{l}{2}\right) = F - F'_{Bx} \qquad (b)$$

$$\frac{1}{12}\frac{W}{g}l^2\alpha_{BC} = (F + F'_{Bx}) \times \frac{l}{2} \qquad (c)$$

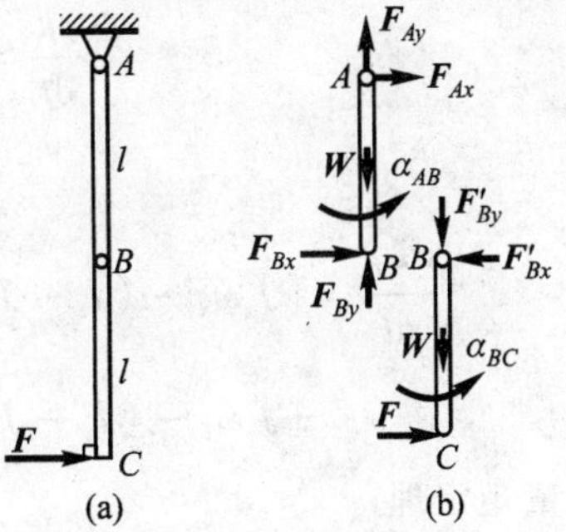

图 9.72

由作用与反作用关系，有

$$F'_{Bx} = F_{Bx} \qquad (d)$$

联合方程(a)，(b)，(c)，(d)可求出两杆的角加速度分别为

$$\alpha_{BC} = \frac{70}{3}\frac{Fg}{Wl}, \quad \alpha_{AB} = -\frac{6}{7}\frac{Fg}{Wl}$$

本题中方程(a)，(b)，(c)都是代数方程，而非微分方程，它们都是瞬时的，不是任意位置的。本题亦可用动量矩定理求解。

9.5.4　刚体定点转动和一般运动的动力学方程

1. 欧拉动力学方程

设刚体绕固定点 O 作定点转动，令坐标系 $Oxyz$ 各轴为刚体的惯性主轴。刚体对定点 O 的动量矩为

$$\boldsymbol{L}_O = J_x\omega_x\boldsymbol{i} + J_y\omega_y\boldsymbol{j} + J_z\omega_z\boldsymbol{k} \qquad (9.5.11)$$

其中 $\boldsymbol{i},\boldsymbol{j},\boldsymbol{k}$ 为坐标轴的单位矢量，它们与刚体固联并与刚体一起转动，角速度为

$$\boldsymbol{\omega} = \omega_x\boldsymbol{i} + \omega_y\boldsymbol{j} + \omega_z\boldsymbol{k} \qquad (9.5.12)$$

将式(9.5.11)对时间 t 求导数，得

$$\frac{\mathrm{d}\boldsymbol{L}_O}{\mathrm{d}t} = J_x\dot{\omega}_x\boldsymbol{i} + J_y\dot{\omega}_y\boldsymbol{j} + J_z\dot{\omega}_z\boldsymbol{k} + J_x\omega_x\frac{\mathrm{d}\boldsymbol{i}}{\mathrm{d}t} + J_y\omega_y\frac{\mathrm{d}\boldsymbol{j}}{\mathrm{d}t} + J_z\omega_z\frac{\mathrm{d}\boldsymbol{k}}{\mathrm{d}t}$$

因

$$\frac{\mathrm{d}\boldsymbol{i}}{\mathrm{d}t} = \boldsymbol{\omega} \times \boldsymbol{i} = \omega_z\boldsymbol{j} - \omega_y\boldsymbol{k}, \quad \frac{\mathrm{d}\boldsymbol{j}}{\mathrm{d}t} = \boldsymbol{\omega} \times \boldsymbol{j} = \omega_x\boldsymbol{k} - \omega_z\boldsymbol{i}$$

$$\frac{\mathrm{d}\boldsymbol{k}}{\mathrm{d}t} = \boldsymbol{\omega} \times \boldsymbol{k} = \omega_y \boldsymbol{i} - \omega_x \boldsymbol{j}$$

故

$$\frac{\mathrm{d}\boldsymbol{L}_O}{\mathrm{d}t} = [J_x\dot{\omega}_x - (J_z - J_y)\omega_y\omega_z]\boldsymbol{i} + [J_y\dot{\omega}_y - (J_x - J_z)\omega_z\omega_x]\boldsymbol{j} + [J_z\dot{\omega}_z - (J_y - J_x)\omega_x\omega_y]\boldsymbol{k}$$

动量矩定理

$$\frac{\mathrm{d}\boldsymbol{L}_O}{\mathrm{d}t} = \boldsymbol{M}_O$$

给出如下**欧拉动力学方程**

$$\left.\begin{aligned} J_x\dot{\omega}_x - (J_z - J_y)\omega_y\omega_z &= M_x \\ J_y\dot{\omega}_y - (J_x - J_z)\omega_z\omega_x &= M_y \\ J_z\dot{\omega}_z - (J_y - J_x)\omega_x\omega_y &= M_z \end{aligned}\right\} \tag{9.5.13}$$

其中 M_x, M_y, M_z 为对定点的力矩在 $Oxyz$ 轴上投影，亦即力对轴 Ox, Oy, Oz 的矩。

方程(9.5.13)中的角速度 $\omega_x, \omega_y, \omega_z$ 可用欧拉角以及对时间的导数表示出来，有如下欧拉运动学方程

$$\left.\begin{aligned} \omega_x &= \dot{\psi}\sin\theta\sin\varphi + \dot{\theta}\cos\varphi \\ \omega_y &= \dot{\psi}\sin\theta\cos\varphi - \dot{\theta}\sin\varphi \\ \omega_z &= \dot{\psi}\cos\theta + \dot{\varphi} \end{aligned}\right\} \tag{9.5.14}$$

2. 重刚体定点运动的微分方程

重刚体定点运动是指仅在重力作用下的刚体定点运动。设质心在 $Oxyz$ 中的坐标为 x_C, y_C, z_C，铅垂向上的单位矢量在 $Oxyz$ 上的投影为 $\gamma, \gamma', \gamma''$，则力对轴的矩表示为

$$M_x = mg(z_C\gamma' - y_C\gamma'')$$

$$M_y = mg(x_C\gamma'' - z_C\gamma)$$

$$M_z = mg(y_C\gamma - x_C\gamma')$$

这样，欧拉动力学方程(9.5.13)成为

$$\left.\begin{aligned} J_x\dot{\omega}_x-(J_z-J_y)\omega_y\omega_z &= mg(z_C\gamma'-y_C\gamma'') \\ J_y\dot{\omega}_y-(J_x-J_z)\omega_z\omega_x &= mg(x_C\gamma''-z_C\gamma) \\ J_z\dot{\omega}_z-(J_y-J_x)\omega_x\omega_y &= mg(y_C\gamma-x_C\gamma') \end{aligned}\right\} \tag{9.5.15}$$

因铅垂向上单位矢量 $\gamma\boldsymbol{i}+\gamma'\boldsymbol{j}+\gamma''\boldsymbol{k}$ 的矢端速度在固定系中为零,即

$$\begin{aligned} \frac{\mathrm{d}}{\mathrm{d}t}(\gamma\boldsymbol{i}+\gamma'\boldsymbol{j}+\gamma''\boldsymbol{k}) &= \dot{\gamma}\boldsymbol{i}+\dot{\gamma}'\boldsymbol{j}+\dot{\gamma}''\boldsymbol{k}+\gamma\frac{\mathrm{d}\boldsymbol{i}}{\mathrm{d}t}+\gamma'\frac{\mathrm{d}\boldsymbol{j}}{\mathrm{d}t}+\gamma''\frac{\mathrm{d}\boldsymbol{k}}{\mathrm{d}t} \\ &= (\dot{\gamma}-\omega_z\gamma'+\omega_y\gamma'')\boldsymbol{i}+(\dot{\gamma}'-\omega_x\gamma''+\omega_z\gamma)\boldsymbol{j}+ \\ &\quad (\dot{\gamma}''-\omega_y\gamma+\omega_x\gamma')\boldsymbol{k}=\boldsymbol{0} \end{aligned}$$

故有

$$\left.\begin{aligned} \dot{\gamma} &= \omega_z\gamma'-\omega_y\gamma'' \\ \dot{\gamma}' &= \omega_x\gamma''-\omega_z\gamma \\ \dot{\gamma}'' &= \omega_y\gamma-\omega_x\gamma' \end{aligned}\right\} \tag{9.5.16}$$

式(9.5.16)称为**泊松(Poisson)方程**。

看似简单的6阶方程,欧拉方程(9.5.15),泊松方程(9.5.16),人们研究了两百多年,直到1959年只找到3种通解和9种特解。

3. 对称刚体作规则进动的回转力矩

刚体以大小不变的角速度 ω 绕其自身的对称轴 Oz 转动,另一方面它的对称轴 Oz 又同时以大小和方向均不变的角速度 ω' 绕空间定轴 Oz_1 转动。设轴 Oz 与 Oz_1 的夹角为 θ,它为一常值,如图9.73所示。绕动轴 Oz 的转动称为刚体的自转,动轴绕轴 Oz_1 的转动称为进动。刚体的这种运动称为**规则进动**。

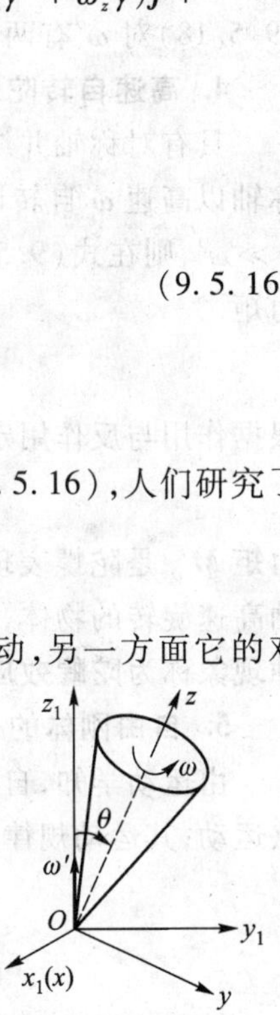

图 9.73

刚体的规则进动是一类特殊的定点运动。由于已知其运动规律,便可以利用动量矩定理计算出它所受到的力矩的值。建立惯性主轴坐标系 $Oxyz$,其中平面 Oyz 始终与轴 Oz 和 Oz_1 所决定的平面重合,并以角速度 ω' 作定轴转动。由于刚体角速度为 $\boldsymbol{\omega}+\omega'$,故刚体对定点 O 的动量矩为

$$\boldsymbol{L}_O=-J_y\omega'\sin\theta\boldsymbol{j}+J_z(\omega+\omega'\cos\theta)\boldsymbol{k}=J_y\boldsymbol{\omega}'+\left[J_z+(J_z-J_y)\frac{\omega'}{\omega}\cos\theta\right]\boldsymbol{\omega}$$

对定点 O 的动量矩定理给出

$$\boldsymbol{M}_O = \frac{\mathrm{d}\boldsymbol{L}_O}{\mathrm{d}t} = \left[J_z + (J_z - J_y)\frac{\omega'}{\omega}\cos\theta\right]\boldsymbol{\omega}' \times \boldsymbol{\omega} \tag{9.5.17}$$

于是外力矩 $\boldsymbol{M}_O$ 的大小为

$$|\boldsymbol{M}_O| = \left|J_z + (J_z - J_y)\frac{\omega'}{\omega}\cos\theta\right|\omega'\omega\sin\theta \tag{9.5.18}$$

方向始终与由轴 Oz 和 Oz_1 所决定的平面相垂直,其指向则由式(9.5.18)中方括号内数值的正负来决定。

如果已知 $\boldsymbol{\omega}$ 和外力矩 $\boldsymbol{M}_O$,则可由式(9.5.18)求出进动角速度 ω'。式(9.5.18)对 ω'有两个解,较大的 ω'对应快进动,较小的对应慢进动。

4. 高速自转陀螺的陀螺力矩和陀螺效应

具有对称轴并绕此轴上一固定点转动的匀质刚体称为**陀螺**。当陀螺绕其对称轴以高速 ω 自转时,如果自转轴又以角速度 ω'在固定空间作定轴转动,且 $\omega \gg \omega'$,则在式(9.5.17)中可略去方括号中的第二项,得到作用于陀螺的外力矩

$$\boldsymbol{M}_O \approx J_z\boldsymbol{\omega}' \times \boldsymbol{\omega} = \boldsymbol{\omega}' \times J_z\boldsymbol{\omega} \tag{9.5.19}$$

根据作用与反作用定律,陀螺对迫使它进动的物体所施加的反作用力矩为

$$\boldsymbol{M}'_O = -\boldsymbol{M}_O = J_z\boldsymbol{\omega} \times \boldsymbol{\omega}' \tag{9.5.20}$$

力矩 $\boldsymbol{M}'_O$ 是陀螺表现出来的一种惯性阻抗力矩,称为陀螺力矩。任何绕其对称轴高速旋转的物体,当它的自转轴在空间被迫转动时,都将会产生**陀螺力矩**。这种现象称为**陀螺效应**。

5. 自由刚体的一般运动微分方程

由运动学知,自由刚体的运动可以分解为随质心的平移和相对于质心的定点运动,其运动规律表示为

$$\left.\begin{aligned} x_C = f_1(t),\quad y_C = f_2(t),\quad z_C = f_3(t) \\ \psi = f_4(t),\quad \theta = f_5(t),\quad \varphi = f_6(t) \end{aligned}\right\} \tag{9.5.21}$$

其中 x_C, y_C, z_C 为刚体质心 C 相对于惯性坐标系 $Oxyz$ 的坐标,ψ, θ, φ 为刚体相对随质心平移系 $Cx'y'z'$的欧拉角,如图 9.74 所示。

由质心运动定理在惯性坐标系 $Oxyz$ 轴上的投影,得到微分方程

$$m\ddot{x}_C = F_{Rx},\quad m\ddot{y}_C = F_{Ry},\quad m\ddot{z}_C = F_{Rz} \tag{9.5.22}$$

其中 F_{Rx}, F_{Ry}, F_{Rz}为作用于刚体的外力主矢在坐标系 $Oxyz$ 轴上的投影。如果选坐标系 $Cx_1y_1z_1$ 为与刚体固连的坐标系,则由相对质心动量矩定理在坐标系 $Cx_1y_1z_1$ 轴上的投影有微分方程

$$\left.\begin{aligned} J_{x_1}\dot{\omega}_{x_1} + (J_{z_1} - J_{y_1})\omega_{z_1}\omega_{y_1} &= M_{x_1} \\ J_{y_1}\dot{\omega}_{y_1} + (J_{x_1} - J_{z_1})\omega_{x_1}\omega_{z_1} &= M_{y_1} \\ J_{z_1}\dot{\omega}_{z_1} + (J_{y_1} - J_{x_1})\omega_{y_1}\omega_{x_1} &= M_{z_1} \end{aligned}\right\} \tag{9.5.23}$$

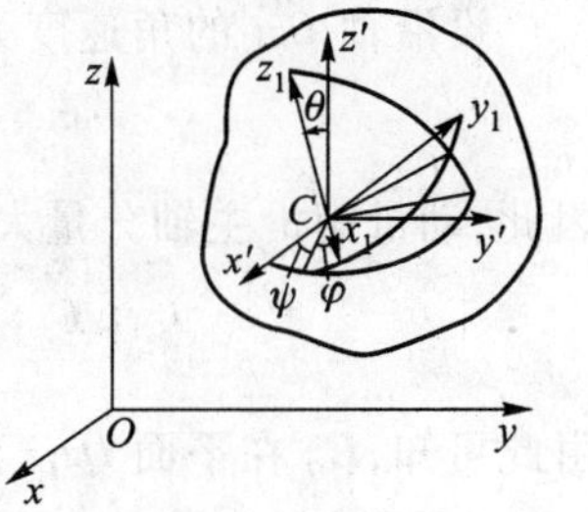

图 9.74

其中 $J_{x_1}, J_{y_1}, J_{z_1}$ 为刚体对 $Cx_1y_1z_1$ 三主轴的主转动惯量；$\omega_{x_1}, \omega_{y_1}, \omega_{z_1}$ 为刚体瞬时的角速度在 $Cx_1y_1z_1$ 轴上的投影；$M_{x_1}, M_{y_1}, M_{z_1}$ 为作用于刚体的外力对质心的主矩在 $Cx_1y_1z_1$ 轴上的投影，亦即外力对轴的矩。

欧拉运动学方程，类似于式(9.5.14)，为

$$\left.\begin{aligned} \omega_{x_1} &= \dot{\psi}\sin\theta\sin\varphi + \dot{\theta}\cos\varphi \\ \omega_{y_1} &= \dot{\psi}\sin\theta\cos\varphi - \dot{\theta}\sin\varphi \\ \omega_{z_1} &= \dot{\psi}\cos\theta + \dot{\varphi} \end{aligned}\right\} \tag{9.5.24}$$

将式(9.5.24)代入式(9.5.23)，得到关于 ψ, θ, φ 的3个二阶微分方程，再将它们与方程(9.5.22)联立，便得到关于 $x_C, y_C, z_C, \psi, \theta, \varphi$ 的6个二阶微分方程。在给出初始条件下，解此方程组便可求得刚体一般运动的规律。

例 9.5.10　匀质圆柱体的高和底圆直径相等，轴 Oz_1 过圆柱体中心 O 以及底圆边缘上一点 A，如图 9.75 所示。当圆柱体绕轴 Oz_1 转动时，试求动量矩矢量 $\boldsymbol{L}_O$ 与角速度矢量 $\boldsymbol{\omega}$ 之间的夹角 β。

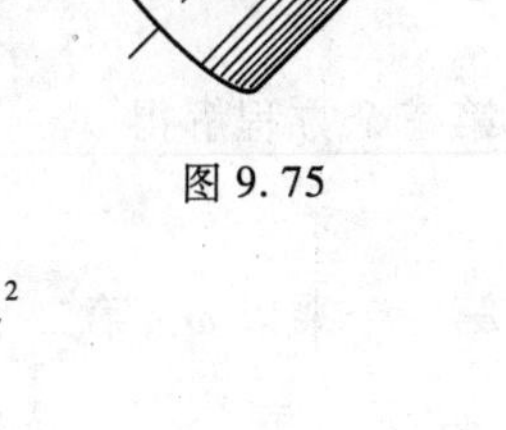

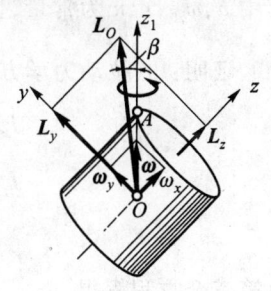

图 9.75

解：对称轴 Oz 是一主轴，另一主轴 Oy 可在垂直于 Oz 的平面内任意选取。为简单起见，取轴 Ox 垂直于平面 Oz_1z，轴 Oy 在平面 Oz_1z 内。设圆柱体质量为 m，高为 h，半径为 $\frac{h}{2}$，则可算出三个主惯量

$$J_x = J_y = \frac{m}{12}(3r^2 + h^2) = \frac{7}{48}mh^2$$

$$J_z = \frac{1}{2}mr^2 = \frac{1}{8}mh^2$$

即

$$J_x : J_y : J_z = 7 : 7 : 6$$

设沿轴 Oz_1 的角速度为 $\boldsymbol{\omega}$,它在三个主轴上的投影大小之比为

$$\omega_x : \omega_y : \omega_z = 0 : 1 : 1$$

因此,动量矩沿主轴分量大小之比为

$$L_x : L_y : L_z = J_x\omega_x : J_y\omega_y : J_z\omega_z = 0 : 7 : 6$$

由此可知,$\boldsymbol{L}_O$ 在平面 Oz_1z 内,与轴 Oz 夹角为 $\arctan\left(\frac{7}{6}\right)$,而 $\boldsymbol{L}_O$ 与 Oz_1 的夹角为

$$\beta = \arctan\left(\frac{7}{6}\right) - 45° = 4°24'$$

例 9.5.11 一刚体的主惯量 $J_x = J_y \neq J_z$,它绕质心作定点运动。已知作用在刚体上的阻尼力矩为一力偶,力偶所在平面与瞬时转动轴相垂直,力偶矩的大小与瞬时角速度成正比,比例系数为 λJ_z,试求证刚体的瞬时角速度在三根主轴上的分量为

$$\omega_x = a\exp\left(-\lambda\frac{J_z t}{J_x}\right)\sin\left(\frac{n}{\lambda}\exp(-\lambda t) + \varepsilon\right)$$

$$\omega_y = a\exp\left(-\lambda\frac{J_z t}{J_x}\right)\cos\left(\frac{n}{\lambda}\exp(-\lambda t) + \varepsilon\right)$$

$$\omega_z = \omega_{z0}\exp(-\lambda t)$$

其中 $a,\omega_{z0},\varepsilon,n$ 为常量,且 $n = \frac{(J_z - J_x)\omega_{z0}}{J_x}$。

证明: 欧拉动力学方程(9.5.13)给出

$$\left.\begin{aligned} J_x\dot{\omega}_x + (J_z - J_y)\omega_z\omega_y &= -\lambda J_z\omega_x \\ J_y\dot{\omega}_y + (J_x - J_z)\omega_x\omega_z &= -\lambda J_z\omega_y \\ J_z\dot{\omega}_z &= -\lambda J_z\omega_z \end{aligned}\right\} \tag{a}$$

由第三个方程解得

$$\omega_z = \omega_{z0}\exp(-\lambda t) \tag{b}$$

将第一个乘以 ω_x,第二个乘以 ω_y,然后相加,得

$$J_x(\dot{\omega}_x\omega_x + \dot{\omega}_y\omega_y) = -\lambda J_z(\omega_x^2 + \omega_y^2)$$

积分得

$$\omega_x^2 + \omega_y^2 = a^2\exp\left(-\frac{2\lambda J_z}{J_x}t\right) \tag{c}$$

令

$$\omega_x = a\exp\left(-\frac{\lambda J_z}{J_x}t\right)\sin[f(t)+\varepsilon],\quad \omega_y = a\exp\left(-\frac{\lambda J_z}{J_x}t\right)\cos[f(t)+\varepsilon] \tag{d}$$

其中 $f(t)$ 待定。将式(d)代入式(a)第一个方程,得到

$$\left[J_x\frac{\mathrm{d}f}{\mathrm{d}t}+(J_z-J_x)\omega_{z0}\exp(-\lambda t)\right]\cos[f(t)+\varepsilon]=0$$

由此得

$$f=\frac{J_z-J_x}{J_x\lambda}\omega_{z0}\exp(-\lambda t)=\frac{n}{\lambda}\exp(-\lambda t) \tag{e}$$

将式(e)代入式(d),得

$$\omega_x = a\exp\left(-\frac{\lambda J_z}{J_x}t\right)\sin\left[\frac{n}{\lambda}\exp(-\lambda t)+\varepsilon\right]$$

$$\omega_y = a\exp\left(-\frac{\lambda J_z}{J_x}t\right)\cos\left[\frac{n}{\lambda}\exp(-\lambda t)+\varepsilon\right]$$

例 9.5.12　匀质薄圆盘质量为 m,半径为 r,绕轴 AB 以匀角速度 ω 转动。由于安装误差,盘的旋转对称轴与转轴成 β 角,如图 9.76 所示。圆盘质心 O 在转轴上,分别距 A,B 的距离为 a 和 b。试求轴承 A,B 处的附加动约束力。

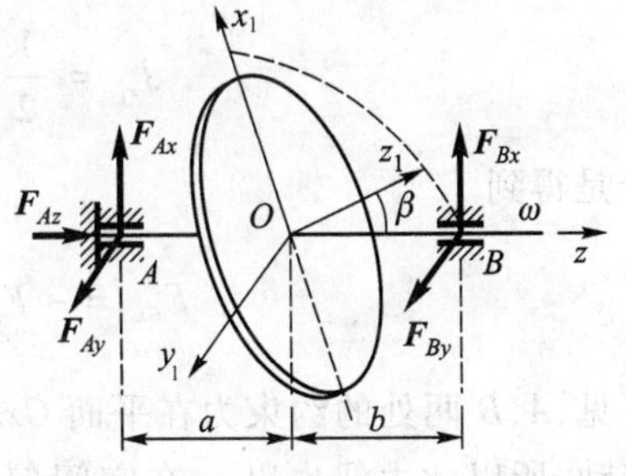

图 9.76

解: 取圆盘为研究对象。圆盘作定轴转动,它是刚体定点运动的一种特殊情形。建立与圆盘固联的惯性主轴坐标系 $Ox_1y_1z_1$,其中转轴 Oz 在平面 Ox_1z_1 上,平面 Ox_1y_1 与盘面重合。圆盘的角速度为

$$\boldsymbol{\omega}=-\omega\sin\beta\boldsymbol{i}+\omega\cos\beta\boldsymbol{k}$$

即

$$\omega_{x_1}=-\omega\sin\beta,\quad \omega_{y_1}=0,\quad \omega_{z_1}=\omega\cos\beta \tag{a}$$

圆盘质心加速度 $a_O=0$。

圆盘受力有轴承 A,B 的约束力,在任意瞬时可表示为 $F_{Ax},F_{Ay},F_{Az},F_{Bx},F_{By}$,其中 F_{Ax},F_{Bx} 总在平面 Oxz 内。由于只求附加动约束力,故不计重力。外力对轴

Ox_1, Oy_1, Oz_1 的矩分别为

$$\left.\begin{aligned} M_{x_1} &= F_{Ay}a\cos\beta - F_{By}b\cos\beta \\ M_{y_1} &= F_{Bx}b - F_{Ax}a \\ M_{z_1} &= F_{Ay}a\sin\beta - F_{By}b\sin\beta \end{aligned}\right\} \tag{b}$$

将式(a),(b)代入欧拉动力学方程(9.5.13),并注意到 $J_{x_1} = J_{y_1}$,得

$$\left.\begin{aligned} 0 &= F_{Ay}a\cos\beta - F_{By}b\cos\beta \\ -(J_{x_1} - J_{z_1})\omega^2\sin\beta\cos\beta &= F_{Bx}b - F_{Ax}a \\ 0 &= F_{Ay}a\sin\beta - F_{By}b\sin\beta \end{aligned}\right\} \tag{c}$$

由质心运动定理,得到

$$0 = F_{Ax} + F_{Bx}, \quad 0 = F_{Ay} + F_{By}, \quad 0 = F_{Az} \tag{d}$$

联合式(c),(d),得

$$F_{Bx} = -F_{Ax} = \frac{(J_{z_1} - J_{x_1})}{a + b}\omega^2\sin\beta\cos\beta$$

$$F_{By} = F_{Ay} = 0, \quad F_{Az} = 0$$

由于

$$J_{z_1} = \frac{1}{2}mr^2, \quad J_{x_1} = \frac{1}{4}mr^2$$

于是得到

$$F_{Bx} = -F_{Ax} = \frac{mr^2\omega^2}{8(a + b)}\sin 2\beta$$

可见,A,B 两处的约束力在平面 Oxz 内组成一力偶。由于平面 Ox_1z_1 随刚体以 ω 转动,所以此力偶也以 ω 在空间匀速转动,亦即轴承约束力在任何固定方位的投影将以正弦规律发生变化。

例 9.5.13 半径为 r 的匀质圆盘的中心 C 与固定点 O 之间用一细杆相连,OC 垂直于盘面,点 O 为球铰链,且圆盘在水平面上无滑动地滚动。试证在接触点 A 处的动压力可由下式表示

$$F_{\mathrm{N}} = \frac{ab + hr}{arR^4}[J_z(ab + hr)b - J_y(hb - ar)r]\omega'^2$$

其中 ω'为对称轴 OC 绕铅垂轴的转动角速度,$b = OC$,a,h 如图 9.77 所示,J_y 和 J_z为圆盘对点 O 的主转动惯量,$R^2 = b^2 + r^2$。

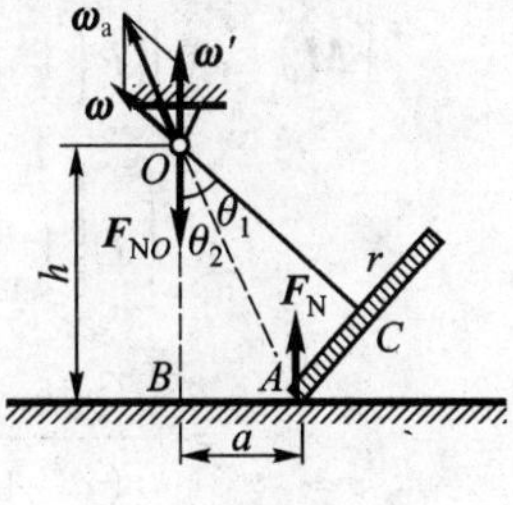

图 9.77

证明： 利用式(9.5.17)，有

$$M_O = \left[J_z + (J_z - J_y)\frac{\omega'}{\omega}\cos\theta\right]\omega' \times \omega$$

圆盘的绝对角速度 ω_a 在 AO 方向，由绕 OB 的牵连角速度 ω'和绕 OC 的相对角速度 ω 合成。轴 OA 为瞬时转动轴。M_O 的方向垂直于纸面向外。

因

$$|\omega' \times \omega| = \omega'\omega\sin\theta$$

而

$$\theta = \theta_1 + \theta_2$$

$$\sin\theta_1 = \frac{r}{\sqrt{a^2 + h^2}}, \quad \sin\theta_2 = \frac{a}{\sqrt{a^2 + h^2}}$$

$$\begin{aligned}\sin\theta &= \sin\theta_1\cos\theta_2 + \sin\theta_2\cos\theta_1\\ &= \frac{r}{\sqrt{a^2+h^2}}\frac{h}{\sqrt{a^2+h^2}} + \frac{a}{\sqrt{a^2+h^2}}\frac{\sqrt{a^2+b^2-r^2}}{\sqrt{a^2+h^2}}\\ &= \frac{hr+ab}{a^2+h^2}\end{aligned}$$

$$\begin{aligned}\cos\theta &= \cos\theta_1\cos\theta_2 - \sin\theta_1\sin\theta_2\\ &= \frac{b}{\sqrt{a^2+h^2}}\frac{h}{\sqrt{a^2+h^2}} - \frac{r}{\sqrt{a^2+h^2}}\frac{a}{\sqrt{a^2+h^2}}\\ &= \frac{hb-ar}{a^2+h^2}\end{aligned}$$

由点 A 速度为零，得

$$\omega r = \omega' a$$

有

$$\omega = \omega'\frac{a}{r}$$

于是有

$$
\begin{aligned}
|\boldsymbol{M}_O| &= \left[J_z\left(1+\frac{\omega'}{\omega}\cos\theta\right)-J_y\frac{\omega'}{\omega}\cos\theta\right]\omega'\omega\sin\theta \\
&= \left\{J_z\left[1+\frac{r}{a}\left(\frac{hb-ar}{a^2+h^2}\right)\right]-J_y\frac{r}{a}\left(\frac{hb-ar}{a^2+h^2}\right)\right\}\frac{\omega'^2 r}{a}\left(\frac{hr+ab}{a^2+h^2}\right) \\
&= \frac{\omega'^2(hr+ab)}{r(a^2+h^2)^2}\left[J_z(hr+ab)-J_y(hb-ar)r\right]
\end{aligned}
$$

上式的外力矩等于 A 处的约束力 $\boldsymbol{F}_\mathrm{N}$ 和 O 处的约束力所构成的力偶矩。因此

$$
F_\mathrm{N}=\frac{M_O}{a}=\frac{\omega'^2(hr+ab)}{ar(a^2+h^2)^2}\left[J_z(hr+ab)-J_y(hb-ar)r\right]
$$

注意到

$$
a^2+h^2=r^2+b^2=R^2
$$

便证得。

本节讨论了刚体动力学的基本微分方程,包括平移刚体动力学、定轴转动动力学、平面运动动力学、定点运动动力学以及一般运动动力学。刚体动力学理论基础是质心运动定理和相对质心的动量矩定理,它们一般给出 6 个二阶微分方程。在刚体平移时,最多有 3 个微分方程,其他 3 个为代数方程;在刚体定轴转动时,微分方程只有 1 个;在刚体平面运动和定点运动时,最多有 3 个微分方程;在刚体一般运动时,最多有 6 个微分方程。

应用刚体动力学方程可解两类动力学问题:已知运动求力(例 9.5.4,例 9.5.7,例 9.5.12)以及已知力求运动(例 9.5.2,例 9.5.3,例 9.5.5,例 9.5.6,例 9.5.9 ~ 例 9.5.11)。

9.6 碰　　撞

9.6.1 碰撞的基本特性

碰撞是一种复杂的物理现象。碰撞有以下基本特征:

(1) 相互作用的时间极短，往往从千分之几秒到万分之几秒。因此，**碰撞作用力**又称为**瞬时力**。

(2) 碰撞力在极短的时间内的变化规律与物体相对速度、材料性质、接触表明状况等有关。因此，要想知道具体规律是十分困难的。可以由动量的改变依据动量定理来计算其碰撞力在全过程中的冲量值，即

$$\boldsymbol{I} = \int_0^\tau \boldsymbol{F}\mathrm{d}t = m\boldsymbol{v} - m\boldsymbol{v}_0 \tag{9.6.1}$$

其中 $\boldsymbol{v}_0$ 和 $\boldsymbol{v}$ 分别为物体碰撞前后的速度，它们是可以测量的，而 $\boldsymbol{I}$ 称为**碰撞冲量**。

(3) 由于碰撞冲量可测，如果再测出其作用时间 τ，则可计算出瞬时力的平均值

$$\boldsymbol{F}_{\mathrm{a}} = \frac{\boldsymbol{I}}{\tau} \tag{9.6.2}$$

实测结果表明，瞬时力的平均值往往是物体本身重量的几百倍到几千倍。因此，碰撞力是一个极大的力。

(4) 相互碰撞的物体，由于受到极大碰撞力的作用，一般都要发生变形，因此，碰撞力在整个过程中作功不为零。

根据以上基本特征，通常在研究碰撞问题时作如下两点简化：

(1) 在整个碰撞过程中，忽略非碰撞力。因为它们比起碰撞力来说是一个很小的量。

(2) 在整个碰撞过程中，忽略物体的位移。因为物体虽有一定的速度，但所经历的时间 τ 都极短。

9.6.2　两物体的对心正碰撞·恢复因数

在两物体碰撞时，如果接触点的公法线与其质心连线重合，如图 9.78 所示，则两物体的碰撞称为**对心碰撞**，否则称为**偏心碰撞**。如果两物体碰撞时接触点的相对速度垂直于公切面，则两物体的碰撞称为正碰撞，否则称为斜碰撞。下面研究的碰撞既是对心碰撞又是正碰撞，即对心正碰撞。对于对心正碰撞，如果碰撞前物体不转动，则碰撞力过其质心，因此

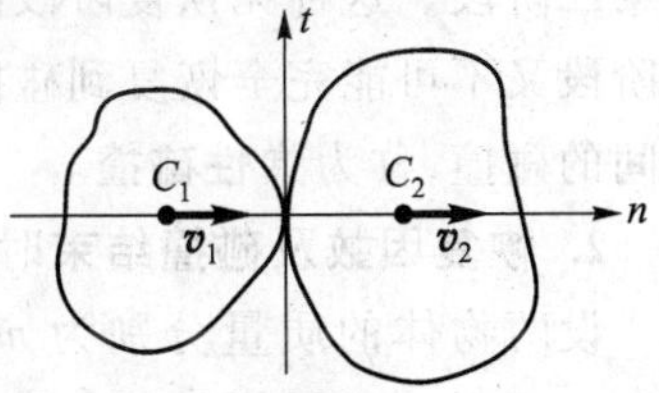

图 9.78

碰撞后物体也将不转动。这样,在碰撞过程中物体只作平移。下面研究两球对心正碰撞规律。

1. 碰撞过程的两个阶段

物体碰撞过程均可分为两个阶段:变形阶段和恢复阶段。

(1) 第一阶段——变形阶段

设开始碰撞瞬时 $t=0$,两物体的速度分别为 $\boldsymbol{v}_{10}$ 和 $\boldsymbol{v}_{20}$(图 9.79)。显然,$v_{10}>v_{20}$是发生碰撞的必要条件。由于相互碰撞力的存在,后面物体的速度 v_{10}将逐渐减少,而前面物体的速度 v_{20}则会逐渐增大,直到两物体具有相同的速度 u。在这个阶段中,物体的变形量也由零逐渐增至最大。因此,这个阶段称为变形阶段。

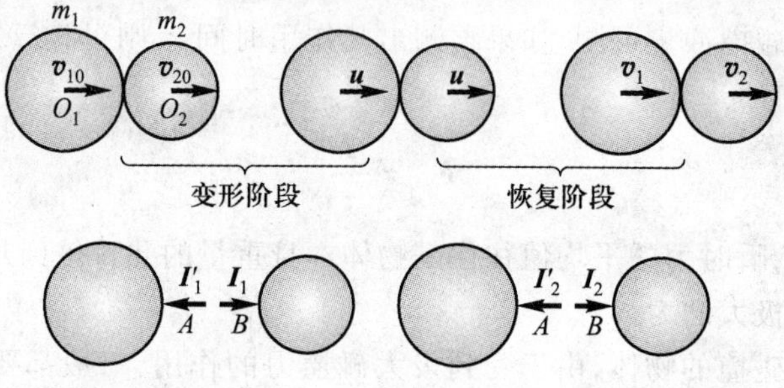

图 9.79

(2) 第二阶段——恢复阶段

当两物体具有相同速度 u 时,$t=t_1$,物体就会停止变形。由于两物体之间仍然存在相互作用力,因此,后面物体的速度将继续减小,而前面物体的速度将继续增大,直到两物体分离。此时 $t=\tau$。在此阶段,物体的变形量由大变小。因此,这个阶段称为恢复阶段。

如果在第二阶段结束时,物体的形状完全恢复到碰撞前的形状,则物体在整个碰撞过程中,内力不作功,其动能守恒。这种理想情况下的碰撞称为**完全弹性碰撞**。如果当两物体完成第一阶段($t=t_1$)后,物体不恢复其变形,即继续保留其变形量,以同一速度继续运动下去,则碰撞于 $t=t_1$ 时刻即停止,实际上并不存在第二阶段。这种无恢复阶段的碰撞称为**塑性碰撞**。大多数的碰撞是既存在恢复阶段又不可能完全恢复到碰撞前的原形。这类介于完全弹性碰撞和塑性碰撞之间的碰撞,称为**弹性碰撞**。

2. 恢复因数及碰撞结束时两物体的速度

设两物体的质量分别为 m_1 和 m_2,碰撞结束时($t=\tau$)的速度分别为 $\boldsymbol{v}_1$ 和 $\boldsymbol{v}_2$。以两物体作为研究对象,考虑到碰撞力为内力,因此在忽略非碰撞力的前提下,根据动量定理在连心线上的投影式,有

$$\left.\begin{aligned}(m_1+m_2)u&=m_1v_{10}+m_2v_{20}\\ m_1v_1+m_2v_2&=(m_1+m_2)u\end{aligned}\right\}\tag{9.6.3}$$

或者

$$m_1v_1+m_2v_2=m_1v_{10}+m_2v_{20}\tag{9.6.4}$$

因而有

$$u=\frac{m_1v_{10}+m_2v_{20}}{m_1+m_2}=\frac{m_1v_1+m_2v_2}{m_1+m_2}\tag{9.6.5}$$

在第一阶段,后面物体施加于前面物体的冲量为

$$I_1=m_2u-m_2v_{20}=m_2\left(\frac{m_1v_{10}+m_2v_{20}}{m_1+m_2}\right)-m_2v_{20}=\frac{m_1m_2}{m_1+m_2}(v_{10}-v_{20})$$

方向如图 9.79 所示。在第二阶段,后面物体施加于前面物体的冲量为

$$I_2=m_2v_2-m_2u=m_2v_2-m_2\left(\frac{m_1v_{10}+m_2v_{20}}{m_1+m_2}\right)=\frac{m_1m_2}{m_1+m_2}(v_2-v_1)$$

方向如图 9.79 所示。

两个碰撞阶段物体之间的作用冲量之比表示为

$$e=\frac{I_2}{I_1}=\frac{v_2-v_1}{v_{10}-v_{20}}\tag{9.6.6}$$

称 e 为恢复因数。**恢复因数等于恢复阶段与变形阶段两个碰撞冲量之比,即等于碰撞结束时两物体分离的相对速度与开始碰撞时两物体接近的相对速度之比**。对于塑性碰撞,由于 $I_2=0$,得 $e=0$。对于完全弹性碰撞,下面将证明 $e=1$。对于普通材料,则有 $0<e<1$。常见恢复因数如下表所示。

物体材料	恢复因数 e
铁对铅	0.14
铅对铅	0.20
木对胶木	0.26
木对木	0.50
钢对钢	0.56
铁对钢	0.66
象牙对象牙	0.89
玻璃对玻璃	0.94

如果质量 $m_2 \gg m_1$，这相当于 m_1 和一固定面相撞。此时有 $v_{20}=v_2=0$，于是恢复因数为

$$e=-\frac{v_1}{v_{10}}$$

或

$$v_1=-ev_{10}$$

负号表示 m_1 碰撞后的速度与碰撞前的速度反向。

如果物体从高度 h_1 自由落下与固定面相撞而弹回高度为 h_2，则有

$$h_1=\frac{1}{2g}v_{10}^2,\quad h_2=\frac{1}{2g}v_1^2=\frac{1}{2g}e^2v_{10}^2$$

因此有

$$h_2=e^2h_1$$

或

$$e=\sqrt{\frac{h_2}{h_1}}$$

若测得 h_1,h_2，便可算出恢复因数 e 的值。

当已知两物体碰撞的恢复因数时，可由式(9.6.4)和式(9.6.6)，求得碰后两物体的速度

$$\left.\begin{aligned}v_1&=v_{10}-(1+e)\frac{m_2}{m_1+m_2}(v_{10}-v_{20})\\v_2&=v_{20}+(1+e)\frac{m_1}{m_1+m_2}(v_{10}-v_{20})\end{aligned}\right\}\qquad(9.6.7)$$

3. 动能损失·恢复因数与动能改变的关系

由于碰撞存在变形，因而内力作负功，两物体的动能要减小。碰撞中动能的损失量，即减少量为

$$\begin{aligned}\Delta T&=\frac{1}{2}m_1(v_{10}^2-v_1^2)+\frac{1}{2}m_2(v_{20}^2-v_2^2)\\&=\frac{1}{2}m_1(v_{10}-v_1)(v_{10}+v_1)+\frac{1}{2}m_2(v_{20}-v_2)(v_{20}+v_2)\end{aligned}$$

由式(9.6.7)得

$$v_{10}-v_1=(1+e)\frac{m_2}{m_1+m_2}(v_{10}-v_{20})$$

$$v_{20}-v_2=-(1+e)\frac{m_1}{m_1+m_2}(v_{10}-v_{20})$$

于是

$$\Delta T=\frac{(1+e)m_1m_2}{2(m_1+m_2)}(v_{10}-v_{20})(v_{10}+v_1-v_{20}-v_2)$$

考虑到

$$v_1-v_2=-e(v_{10}-v_{20})$$

则

$$\Delta T=\frac{m_1m_2}{2(m_1+m_2)}(1-e^2)(v_{10}-v_{20})^2 \tag{9.6.8}$$

由于 $\Delta T\geqslant 0$,故知 $e\leqslant 1$。当 $e=1$ 时,$\Delta T=0$。这就证明了 $e=1$ 对应的碰撞为完全弹性碰撞,内力之功为零。反之,如果 $e=0$,即碰撞为塑性碰撞时,动能损失取最大值,其值为

$$\Delta T=\frac{m_1m_2}{2(m_1+m_2)}(v_{10}-v_{20})^2 \tag{9.6.9}$$

两物体在碰撞第一阶段的动能损失可表示为

$$\Delta T_1=\frac{1}{2}\frac{m_1m_2}{m_1+m_2}(v_{10}-v_{20})^2 \tag{9.6.10}$$

在第二阶段动能损失值为

$$\Delta T_2=\Delta T-\Delta T_1=-\frac{1}{2}\frac{m_1m_2}{m_1+m_2}e^2(v_{10}-v_{20})^2 \tag{9.6.11}$$

这里负号表示在碰撞第二阶段,动能不是减小,而是增加。这是因为物体恢复变形时,内力作正功。于是,第二阶段动能的增量为

$$\Delta T'_2=-\Delta T_2=\frac{1}{2}\frac{m_1m_2}{m_1+m_2}e^2(v_{10}-v_{20})^2=e^2\Delta T_1 \tag{9.6.12}$$

这样,恢复因数等于第二阶段动能的增量与第一阶段动能的损失量之比的平方根,即

$$e=\sqrt{\frac{\Delta T'_2}{\Delta T_1}} \tag{9.6.13}$$

9.6.3 两物体的对心斜碰撞

两物体接触点的相对速度与其连心线不重合的对心碰撞,称为**对心斜碰撞**。设两物体的相互碰撞力沿其公法线方向,即不计瞬时摩擦力。于是,碰撞力必过质心。不考虑物体的转动,故接触点的速度仍以质心速度代表。

设碰撞前瞬间两球的速度为 $\boldsymbol{v}_{10}$ 和 $\boldsymbol{v}_{20}$,碰撞结束瞬间两球的速度为 $\boldsymbol{v}_1$ 和 $\boldsymbol{v}_2$,如图 9.80 所示。取两球为系统,对碰撞过程应用动量守恒在法向 $\boldsymbol{n}$ 和切向 $\boldsymbol{t}$ 上的投影式,有

$$\left.\begin{aligned} m_1(v_{10})_{\mathrm{n}} + m_2(v_{20})_{\mathrm{n}} &= m_1(v_1)_{\mathrm{n}} + m_2(v_2)_{\mathrm{n}} \\ m_1(v_{10})_{\mathrm{t}} + m_2(v_{20})_{\mathrm{t}} &= m_1(v_1)_{\mathrm{t}} + m_2(v_2)_{\mathrm{t}} \end{aligned}\right\} \tag{9.6.14}$$

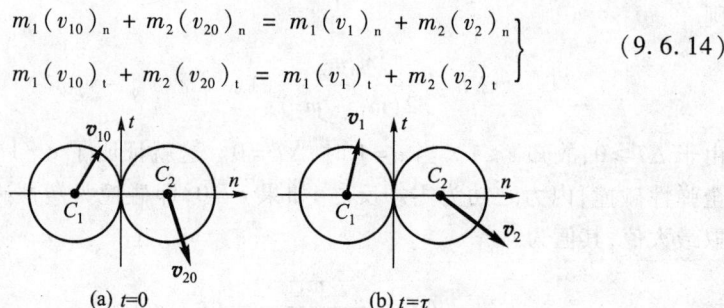

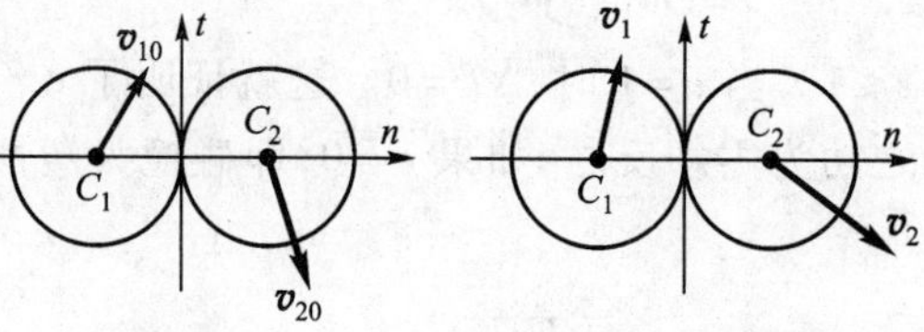

图 9.80

再考虑第一个球,由于碰撞力在 $\boldsymbol{t}$ 方向投影为零,于是有

$$(v_{10})_{\mathrm{t}} = (v_1)_{\mathrm{t}} \tag{9.6.15}$$

类似于正碰撞,恢复因数定义为:**两球碰撞后的法线方向的分离速度与碰撞前在法线方向的接近速度之比**,即

$$e = \frac{(v_2)_{\mathrm{n}} - (v_1)_{\mathrm{n}}}{(v_{10})_{\mathrm{n}} - (v_{20})_{\mathrm{n}}} \tag{9.6.16}$$

如果已知恢复因数 e,以及碰撞前的速度 $(v_{10})_{\mathrm{t}}$,$(v_{20})_{\mathrm{t}}$,$(v_{10})_{\mathrm{n}}$,$(v_{20})_{\mathrm{n}}$,则可由式(9.6.14),(9.6.15)和式(9.6.16)求出碰撞结束时的速度 $(v_1)_{\mathrm{t}}$,$(v_2)_{\mathrm{t}}$,$(v_1)_{\mathrm{n}}$ 和 $(v_2)_{\mathrm{n}}$。

例 9.6.1 如图 9.81 所示,弹性球自高 h 处无初速地下落在水平冰面上,碰撞恢复因数为 e。试证:(1)经过时间 $t = \dfrac{1+e}{1-e}\sqrt{\dfrac{2h}{g}}$ 后此球将停止跳动。(2)在整个弹跳过程中,球所经过的路程为 $s = \dfrac{(1+e^2)h}{(1-e^2)}$。

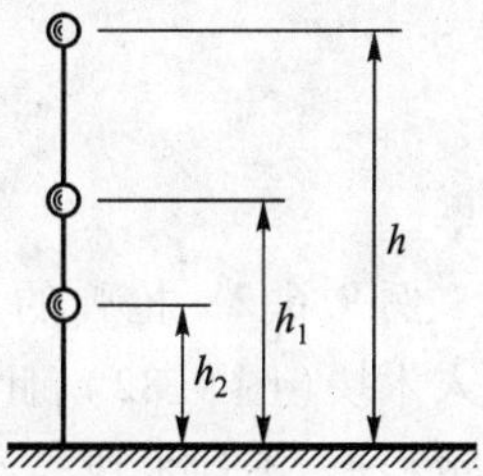

图 9.81

证明:(1) 球从高 h 处下落时间为 $\sqrt{\frac{2h}{g}}$。第一次碰后跳起高度为 h_1,所用时间为 $\sqrt{\frac{2h_1}{g}}$,再落下 h_1,所用时间仍为 $\sqrt{\frac{2h_1}{g}}$。因此,在第二次碰撞前所用时间为

$$\sqrt{\frac{2h}{g}}+2\sqrt{\frac{2h_1}{g}}$$

第二次碰后跳起高度为 h_2。第三次碰撞前所用时间为

$$\sqrt{\frac{2h}{g}}+2\sqrt{\frac{2h_1}{g}}+2\sqrt{\frac{2h_2}{g}}$$

这样,第 n 次碰撞前所用时间为

$$t=\sqrt{\frac{2h}{g}}+2\sqrt{\frac{2h_1}{g}}+2\sqrt{\frac{2h_2}{g}}+\cdots+2\sqrt{\frac{2h_{n-1}}{g}}$$

由恢复因数定义,有

$$h_1=e^2h,\quad h_2=e^2h_1,\quad \cdots,\quad h_n=e^2h_{n-1}$$

于是第 n 次碰撞前所用时间为

$$t=\sqrt{\frac{2h}{g}}+2e\sqrt{\frac{2h}{g}}+2e^2\sqrt{\frac{2h}{g}}+\cdots+2e^{n-1}\sqrt{\frac{2h}{g}}$$

按几何级数求和,有

$$t=\sqrt{\frac{2h}{g}}+2\sqrt{\frac{2h}{g}}\frac{e(1-e^{n-2})}{1-e}$$

当 $n\to\infty$ 时,有

$$t\to\sqrt{\frac{2h}{g}}+\sqrt{\frac{2h}{g}}\frac{2e}{1-e}=\frac{1+e}{1-e}\sqrt{\frac{2h}{g}}$$

(2) 走过路程为

$$s=h+2(h_1+\cdots+h_{n-1})=h+2h(e^2+\cdots+e^{2n-2})=h+2he^2\frac{1-e^{2n-4}}{1-e^2}$$

当 $n\to\infty$ 时,有

$$s \to h + 2h\frac{e^2}{1-e^2} = \frac{1+e^2}{1-e^2}h$$

证毕。

例 9.6.2 枪弹的质量为 m_1，木块的质量为 m_2，枪弹以速度 $v=50\ \text{m}\cdot\text{s}^{-1}$ 打入木块(图 9.82)，此木块与刚度系数为 k 的弹簧相连，不计木块与水平面的摩擦。试求弹簧的最大变形 $\delta_{\max}$。

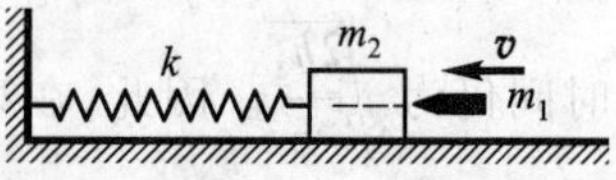

图 9.82

解: 碰撞前子弹的动量为 $m_1\boldsymbol{v}$，木块静止。子弹射入木块为塑性碰撞，碰后子弹与木块一起运动。设碰后子弹和木块的速度为 u，由动量守恒得

$$m_1 v = (m_1 + m_2)u \tag{a}$$

以上为碰撞问题。碰撞后的运动是非碰撞问题，由于不计摩擦，故有机械能守恒。取两个瞬时，第一个瞬时为碰撞结束时，第二个瞬时为弹簧最大变形时。第一个瞬时势能为零，第二个瞬时动能为零。机械能守恒律给出

$$T_1 + V_1 = T_2 + V_2$$

并且

$$T_1 = \frac{1}{2}(m_1 + m_2)u^2,\quad V_1 = 0$$

$$T_2 = 0,\quad V_2 = \frac{1}{2}k\delta_{\max}^2$$

于是有

$$\frac{1}{2}(m_1 + m_2)u^2 = \frac{1}{2}k\delta_{\max}^2 \tag{b}$$

由式(a)，(b)解出

$$\delta_{\max} = m_1 v\sqrt{\frac{1}{(m_1 + m_2)k}}$$

例 9.6.3 蒸汽锤的锤头质量为 $m_1 = 3\ 000\ \text{kg}$，以速度 $v=5\ \text{m}\cdot\text{s}^{-1}$ 落到锻件上，锻件和砧块质量为 $m_2 = 24\ 000\ \text{kg}$，试求铁块所吸收的功 W_1，消耗于基础振动的功 W_2 以及汽锤的效率 η。设碰撞是塑性的。

解: 碰撞过程的动能损失，按式(9.6.8)有

$$\Delta T = \frac{1}{2}\frac{m_1 m_2}{m_1 + m_2}(1 - e^2)(v_{10} - v_{20})^2$$

对本题有 $e=0, v_{10}=v, v_{20}=0$，于是

$$\Delta T = \frac{1}{2}\frac{m_1 m_2}{m_1+m_2}v^2 = \frac{1}{2}\frac{3\ 000\times 24\ 000}{3\ 000+24\ 000}\times 5^2\ \text{J} = 33\ 400\ \text{J}$$

它被铁块吸收了，即

$$\Delta T = W_1$$

碰撞前的动能为

$$T_0 = \frac{1}{2}m_1 v^2 = \frac{1}{2}\times 3\ 000\times 5^2\ \text{J} = 37\ 500\ \text{J}$$

消耗于基础振动的功为

$$W_2 = T_0 - W_1 = 37\ 500\ \text{J} - 33\ 400\ \text{J} = 4\ 100\ \text{J}$$

因此，汽锤的效率为

$$\eta = \frac{W_1}{T_0} = 0.89$$

例 9.6.4　设有两个重物 W_0 和 W_1，以柔软而不可伸长的轻绳连接，如图 9.83 所示，绳长为 l。若将重物 W_0 自 W_1 上面以初速 v_0 竖直上抛，开始时图中 $x=0$，W_1 放在地面上。试求重物 W_0 上抛的最大距离 H。

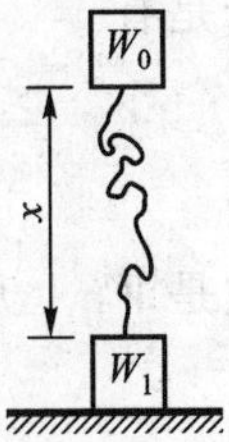

图 9.83

解：先研究重物 W_0 的上抛运动，微分方程为

$$\frac{W_0}{g}\ddot{x} = -W_0 \quad (0 \leqslant x < l)$$

积分得

$$\dot{x} = v_0 - gt$$

$$x = v_0 t - \frac{1}{2}gt^2$$

当柔绳被拉直时，$x=l$，有

$$l = v_0 t - \frac{1}{2}gt^2$$

由此解出拉直的时间为

$$t = \frac{1}{g}\left(v_0 \pm \sqrt{v_0^2 - 2gl}\right)$$

它有解需 $v_0^2 \geqslant 2gl$。

再研究碰撞过程。当重物 W_0 升至高 l 时，它的速度为

$$\dot{x} = \sqrt{v_0^2 - 2gl}$$

此时柔绳被拉紧并带动重物 W_1。由碰撞前后动量守恒，有

$$W_0 \sqrt{v_0^2 - 2gl} = (W_0 + W_1)u$$

由此解出两重物的速度

$$u = \frac{W_0}{W_0 + W_1}\sqrt{v_0^2 - 2gl}$$

最后，研究两重物一起上升的高度。由机械能守恒得

$$T_1 + V_1 = T_0 + V_0$$

而

$$T_0 = \frac{1}{2}\frac{W_0 + W_1}{g}u^2, \quad V_0 = 0$$

$$T_1 = 0, \quad V_1 = (W_0 + W_1)h$$

于是有

$$h = \frac{u^2}{2g} = \left(\frac{W_0}{W_0 + W_1}\right)^2 (v_0^2 - 2gl)\frac{1}{2g}$$

这是 W_1 上升的高度。因此，W_0 上升的高度为

$$H = h + l = \left[1 - \left(\frac{W_0}{W_0 + W_1}\right)^2\right]l + \frac{v_0^2}{2g}\left(\frac{W_0}{W_0 + W_1}\right)^2$$

如果 $v_0^2 \leqslant 2gl$，则柔绳未被拉直时，W_0 已升至

$$h = \frac{v_0^2}{2g}$$

此时，重物 W_1 仍然停在地面上，而不发生碰撞。

9.6.4 碰撞冲量对定轴转动刚体的作用 · 撞击中心

当刚体绕固定轴转动时，如果受到一碰撞力的作用，刚体的角速度将会发生改变。设刚体绕定轴 Oz 转动，受到外碰撞力系 $\boldsymbol{F}_i(i=1,2,\cdots,N)$ 作用。定轴转动微分方程给出

$$J_z \frac{d\omega}{dt} = \sum_{i=1}^{N} M_z(\boldsymbol{F}_i)$$

设碰撞初瞬时，$t=0$，刚体有角速度 ω_0；碰撞结束时，$t=\tau$，刚体角速度为 ω。将上式对 t 由 0 至 τ 积分，得

$$J_z\omega - J_z\omega_0 = \int_0^{\tau} \sum_{i=1}^{N} M_z(\boldsymbol{F}_i)\,dt = \sum_{i=1}^{N} M_z(\boldsymbol{I}_i)$$

由此得

$$\omega - \omega_0 = \frac{1}{J_z}\sum_{i=1}^{N} M_z(\boldsymbol{I}_i) \tag{9.6.17}$$

此式表明，碰撞时转动刚体角速度的增量，等于碰撞冲量对转轴之矩的代数和除以刚体对转轴的转动惯量。

当定轴转动刚体受到碰撞冲量作用时，除了引起角速度的改变外，轴承 O 上还会产生相应的约束碰撞力。这种巨大的约束碰撞力可能引起轴承损坏。下面研究碰撞冲量应作用在何处可避免或减轻这种有害的轴承碰撞力。

设刚体具有与固定轴 Oz 垂直的对称平面，刚体的质量为 m，对转轴的转动惯量为 J_z，质心 C 到转轴的距离为 b。某瞬时，在刚体对称面内受到一碰撞冲量 $\boldsymbol{I}$ 的作用，此冲量与 OC 的延长线交于点 O'，与轴 Ox 的交角为 θ，点 O' 与点 O 的距离为 h，如图 9.84 所示。式(9.6.17)给出

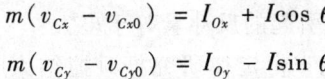

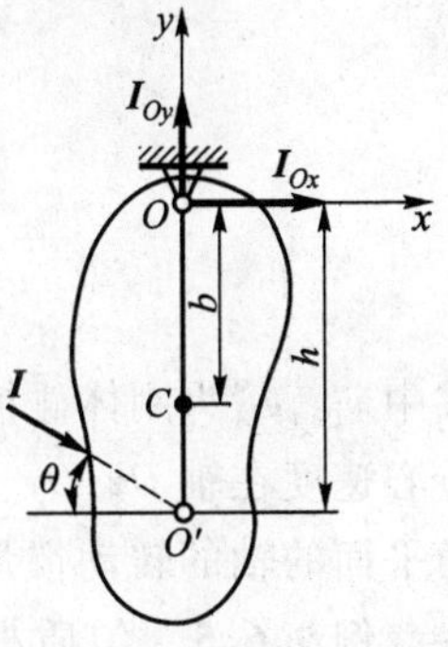

图 9.84

$$\omega - \omega_0 = \frac{I}{J_z}h\cos\theta \tag{9.6.18}$$

为求出轴承的碰撞冲量 I_{Ox}，I_{Oy}，可将质心运动定理表示为

$$m(v_{Cx} - v_{Cx0}) = I_{Ox} + I\cos\theta$$

$$m(v_{Cy} - v_{Cy0}) = I_{Oy} - I\sin\theta$$

考虑到

$$v_{Cx0} = b\omega_0, \quad v_{Cx} = b\omega, \quad v_{Cy0} = v_{Cy} = 0$$

代入上式并利用式(9.6.18)，解得

$$\left.\begin{aligned} I_{Ox} &= mb(\omega - \omega_0) - I\cos\theta = I\cos\theta\left(\frac{mbh}{J_z} - 1\right) \\ I_{Oy} &= I\sin\theta \end{aligned}\right\} \tag{9.6.19}$$

由此得知,欲使 I_{Ox} 和 I_{Oy} 均为零,必须满足以下两式

$$\theta = 0, \quad h = \frac{J_z}{mb} \tag{9.6.20}$$

满足此条件时,$\boldsymbol{I}$ 与 OC 的交点 O'称为**撞击中心**。打垒球时,必须打击在棒的撞击中心处,手上才不会感到冲击而避免震痛。

9.6.5 碰撞冲量对平面运动刚体的作用

刚体作平面运动时,如果突然受到一碰撞力的作用,一般说来,刚体的质心速度和刚体的角速度都将产生一增量。根据平面运动微分方程的积分形式,有

$$\left.\begin{aligned} mv_{Cx} - mv_{Cx0} &= \sum_{i=1}^{N} I_{ix} \\ mv_{Cy} - mv_{Cy0} &= \sum_{i=1}^{N} I_{iy} \\ J_C\omega - J_C\omega_0 &= \sum_{i=1}^{N} M_z(\boldsymbol{I}_i) \end{aligned}\right\} \tag{9.6.21}$$

式中 v_{Cx},v_{Cy} 为刚体碰撞后质心速度在轴 Ox,Oy 上的投影,v_{Cx0},v_{Cy0} 为刚体碰撞前质心速度在轴 Ox,Oy 上的投影,m 为刚体质量,J_C 为刚体对过质心且垂直于运动平面的轴的转动惯量,$M_z(\boldsymbol{I}_i)$为碰撞冲量 $\boldsymbol{I}_i$ 对上述质心轴的冲量矩。

例 9.6.5 匀质杆 OA 质量为 m,长为 l,可绕端点 O 处的水平轴转动(图 9.85)。欲使杆从铅垂位置的静止状态转到与铅垂线成 α 角的位置,试问在另一端点 A 应施加多大的水平碰撞冲量?这时在轴承 O 处所引起的反冲量等于多大?

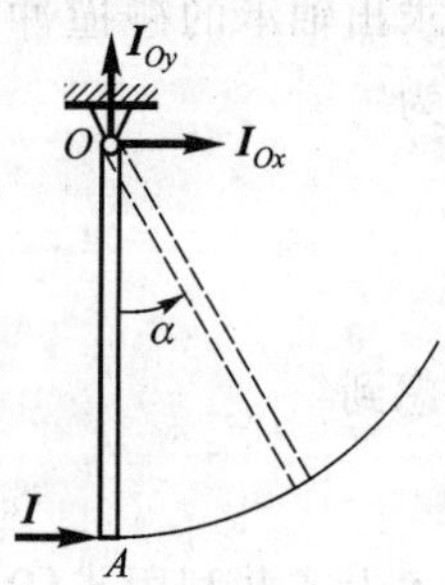

图 9.85

解: 首先,利用机械能守恒定律研究杆碰撞结束时的角速度 ω。当杆 OA 在铅垂位置时的动能为

$$T_0 = \frac{1}{2}J_O\omega^2, \quad J_O = \frac{1}{3}ml^2$$

势能可取为零

$$V_0 = 0$$

当杆在转过角 α 后,杆子不动,动能为

$$T = 0$$

而势能为

$$V = mgl(1 - \cos\alpha)$$

机械能守恒定律给出

$$T + V = T_0 + V_0$$

由此求得

$$\omega = \sqrt{\frac{6g}{l}(1 - \cos\alpha)}$$

其次,研究碰撞过程。式(9.6.18)给出

$$\omega - 0 = \frac{Il}{J_O}$$

于是得

$$I = \frac{J_O\omega}{l} = \frac{1}{3}ml\omega = m\sqrt{\frac{2gl}{3}(1 - \cos\alpha)}$$

由式(9.6.19)得轴承的碰撞冲量为

$$I_{Ox} = I\left(\frac{ml \times \frac{l}{2}}{J_O} - 1\right) = m\sqrt{\frac{gl}{6}(1 - \cos\alpha)}$$

$$I_{Oy} = 0$$

例 9.6.6　匀质杆 AB 的质量为 m,长为 $2a$,其上一端 A 由光滑铰链固定(图9.86)。杆由水平位置无初速地落下,撞上一固定物块 D。设恢复因数为 e。试求:(1) 杆弹回的角速度;(2) 轴承的反碰撞冲量;(3) 杆的撞击中心的位置。

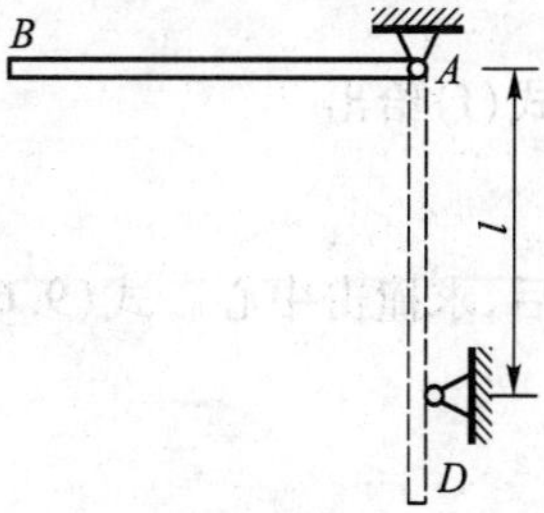

图 9.86

解: 首先,求杆弹回的角速度。设杆碰前角速度为 ω_0,碰后为 ω。杆由水平位置转到铅垂位置,用机械能守恒律可求出碰前角速度 ω_0,有

$$\frac{1}{2}\left[\frac{1}{3}m(2a)^2\right]\omega_0^2 = mga$$

于是得

$$\omega_0 = \sqrt{\frac{3g}{2a}} \tag{a}$$

碰前杆上与物块 D 相应点的速度为

$$v_{10} = \omega_0 l \tag{b}$$

方向向右。设碰后杆 AB 的角速度为 ω,则上述点碰后速度为

$$v_1 = \omega l \tag{c}$$

方向向左。恢复因数为

$$e = \frac{v_2 - v_1}{v_{10} - v_{20}} = \frac{\omega}{\omega_0} \tag{d}$$

于是杆弹回的角速度为

$$\omega = e\omega_0 = e\sqrt{\frac{3g}{2a}} \tag{e}$$

其次,求轴承的反碰撞冲量。质心运动定理对碰撞过程给出

$$0 = I_{Ay} \tag{f}$$

$$mv_1 + mv_{10} = I_D - I_{Ax} \tag{g}$$

而式(9.6.17)给出

$$\omega + \omega_0 = \frac{1}{J_A} I_D l \tag{h}$$

将式(a),(e)代入式(h)可求得 I_D,再将所得 I_D 代入式(g),可求得

$$I_{Ax} = \left(\frac{4}{3}\frac{ma^2}{l} - ma\right)(1 + e)\sqrt{\frac{3g}{2a}}$$

而式(f)给出

$$I_{Ay} = 0$$

最后,求撞击中心。式(9.6.20)给出

$$h = \frac{I_A}{ma} = \frac{4}{3}a$$

例 9.6.7 如图 9.87a 所示,平板以匀速 $\boldsymbol{v}$ 沿水平路轨运动,其上放置匀质正方形物块 $ABED$,其边长为 a,质量为 m。当平台车突然停住时,物块由于惯性,其角 B 与车面上凸起物相碰撞,并假设为塑性碰撞。试求物块绕 B 转动的角速度及角 B 受到的碰撞冲量。

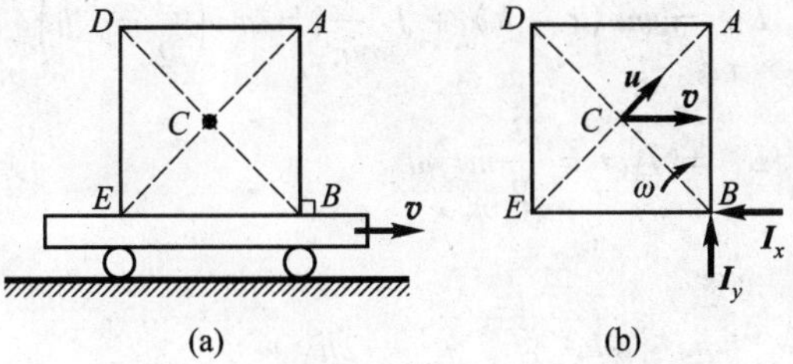

图 9.87

解：以物块为研究对象。碰撞前质心速度为 $\boldsymbol{v}$，角速度为零。碰撞结束时，由于塑性碰撞，因此点 B 的速度为零。设碰后角速度为 ω，则质心速度为 $u=\frac{\sqrt{2}}{2}a\omega$，方向如图 9.87b 所示。设点 B 的碰撞冲量为 I_x, I_y，由式(9.6.21)得

$$mu\cos 45^\circ - v = -I_x$$

$$mu\sin 45^\circ = I_y$$

$$J_C\omega = I_x \times \frac{a}{2} - I_y \times \frac{a}{2}$$

其中

$$J_C = \frac{1}{6}ma^2,\quad u = \frac{\sqrt{2}}{2}a\omega$$

可解得

$$\omega = \frac{3v}{4a},\quad I_x = \frac{5}{8}mv,\quad I_y = \frac{3}{8}mv$$

例 9.6.8　沿水平面作纯滚动的匀质圆盘的质量为 m，半径为 r，其中心 C 以匀速 $\boldsymbol{v}$ 前进。圆盘突然与一高度为 $h(h<r)$ 的凸台碰撞，如图 9.88 所示。设碰撞为完全塑性，试求圆盘碰撞后的角速度及碰撞冲量。

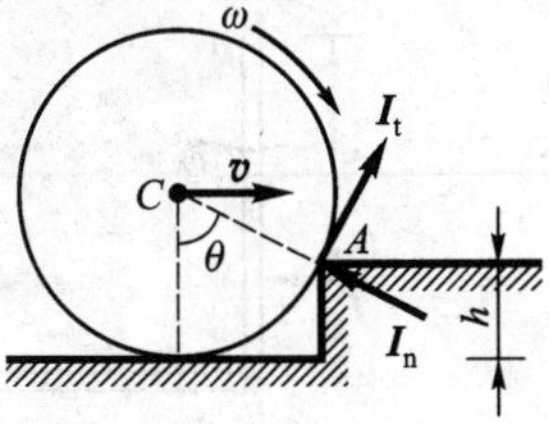

图 9.88

解：圆盘在点 A 处受到突加约束，因碰撞为完全塑性的，故圆盘与凸台的棱缘 A 相碰后不再分离，圆盘的运动由平面运动突变为绕棱缘 A 的定轴转动。圆盘仅受到作用于 A 轴的碰撞冲量 $\boldsymbol{I}_n$ 和 $\boldsymbol{I}_t$，故碰撞前后对 A 轴的动量矩守恒。设圆盘碰后的角速度为 ω，则碰撞前后圆盘对 A 轴的动量矩 L_{A0} 和 L_A 分别为

$$L_{A0} = mv(r-h) + J_C\frac{v}{r} = mv\left(\frac{3}{2}r - h\right)$$

$$L_A = J_A\omega = \frac{3}{2}mr^2\omega$$

由 $L_{A0} = L_A$ 得

$$\omega = \left(1 - \frac{2h}{3r}\right)\frac{v}{r}$$

碰撞前后质心 C 的速度沿法向和切向的分量分别为

$$v_{Cn0} = -v\sin\theta,\quad v_{Ct0} = v\cos\theta,\quad v_{Cn} = 0,\quad v_{Ct} = \omega r$$

其中

$$\cos\theta = \frac{r-h}{r},\quad \sin\theta = \sqrt{\frac{h}{r}(2r-h)}$$

代入碰撞的质心运动定理(9.6.21),解得碰撞冲量为

$$I_n = mv_{Cn} - mv_{Cn0} = mv\sqrt{\frac{h}{r}(2r-h)}$$

$$I_t = mv_{Ct} - mv_{Ct0} = \frac{mvh}{3r}$$

例 9.6.9 三根杆开始静止,$AB = BD = 2CD = l$,彼此用铰链连接,AB,CD 铅垂,BD 水平(图 9.89)。AB,BD 质量为 m,CD 质量为$\frac{m}{2}$,在 AB 杆上有一水平冲量 $\boldsymbol{I}$ 作用,试求杆 AB 的角速度。假设铰链都是光滑的。

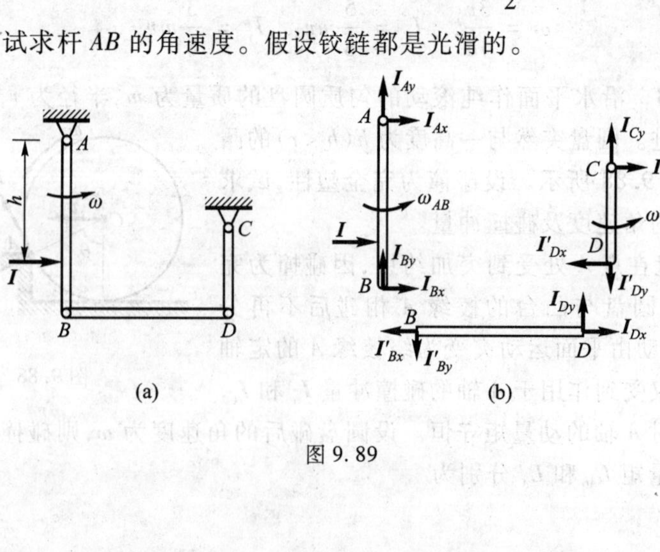

图 9.89

解：取杆 AB 为研究对象，受冲量如图 9.89b 所示。对点 A 取矩，得

$$J_A\omega_{AB} = Ih + I_{Bx}l$$

取杆 BD 为对象，质心运动定理给出

$$m\omega_{AB}l = I_{Dx} - I'_{Bx}$$

$$I'_{Bx} = I_{Bx}$$

取杆 CD 为对象，定轴转动方程给出

$$J_C\omega_{CD} = -I'_{Dx} \times \frac{l}{2}$$

$$I'_{Dx} = I_{Dx}$$

注意到运动学关系

$$\omega_{CD} = 2\omega_{AB}$$

以及

$$J_A = \frac{1}{3}ml^2,\ J_C = \frac{1}{3}\frac{m}{2}\left(\frac{l}{2}\right)^2$$

由上述诸方程可以解得

$$\omega_{AB} = \frac{2Ih}{3ml^2}$$

例 9.6.10　一边长为 10 cm 的正方形平板重 10 N，在距杆 AB 高 10 cm 处掉下，平板一端点与杆 B 端发生碰撞如图 9.90a 所示，恢复因数为 $e=0.7$。设杆 AB 重 20 N，可绕其中点 O 转动。试求碰撞后杆 AB 的角速度。

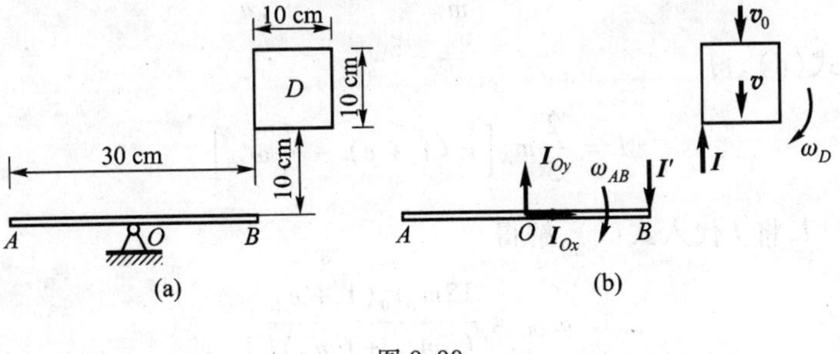

图 9.90

解: 令平板 D 的质量为 m_D,边长为 a,杆 AB 的质量为 m_{AB},长为 l。取平板为研究对象,质心定理和相对质心的动量矩定理对碰撞问题给出

$$m_D(v - v_0) = -I \tag{a}$$

$$\frac{1}{12}m_D(a^2 + a^2)\omega_D = \frac{a}{2}I \tag{b}$$

其中 v 和 v_0 是平板质心碰后和碰前的速度,并知

$$v_0 = \sqrt{2gh}$$

这里 h 是平板对杆的初始高度;ω_D 为平板碰后的角速度;I 为 B 处对平板的碰撞冲量。

再取杆 AB 为研究对象。对中点 O 的动量矩定理给出

$$\frac{1}{12}m_{AB}l^2\omega_{AB} = \frac{l}{2}I' \tag{c}$$

其中 ω_{AB}为碰后杆 AB 的角速度,I'为平板在 B 处对杆的碰撞冲量,并且有 $I' = I$。

在 B 处,平板上的相应点碰前速度为 v_0,碰后速度为 $v - \frac{a}{2}\omega_D$;杆上的点,碰前速度为零,碰后速度为$\frac{l}{2}\omega_{AB}$。由恢复因数的定义,有

$$e = \frac{v - \frac{a}{2}\omega_D - \frac{l}{2}\omega_{AB}}{-v_0} \tag{d}$$

由式(a),(b)解出

$$v = v_0 - \frac{I}{m_D},\quad \omega_D = \frac{3I}{m_D a}$$

将其代入式(d),得

$$I = \frac{2}{5}m_D\left[v_0(1 + e) - \frac{l}{2}\omega_{AB}\right]$$

考虑到 $I' = I$,将 I 代入式(c),解得

$$\omega_{AB} = \frac{12m_D v_0(1 + e)}{(5m_{AB} + 6m_D)l}$$

代入数值得

$$\omega_{AB} = \frac{12 \times 10 \times \sqrt{2 \times 9.8 \times 0.1} \times (1 + 0.7)}{(5 \times 20 + 6 \times 10) \times 0.3} \text{ rad} \cdot \text{s}^{-1} = 5.95 \text{ rad} \cdot \text{s}^{-1}$$

例 9.6.11　匀质细杆 AB 两端都系在不可伸长的绳子上(图 9.91)。杆水平地落下,直到两绳被同时拉紧而发生碰撞。设开始碰撞时杆的平移速度为 $\boldsymbol{v}_0$,且两端的碰撞都是完全塑性的,试求碰撞结束时杆的质心速度和转动角速度。

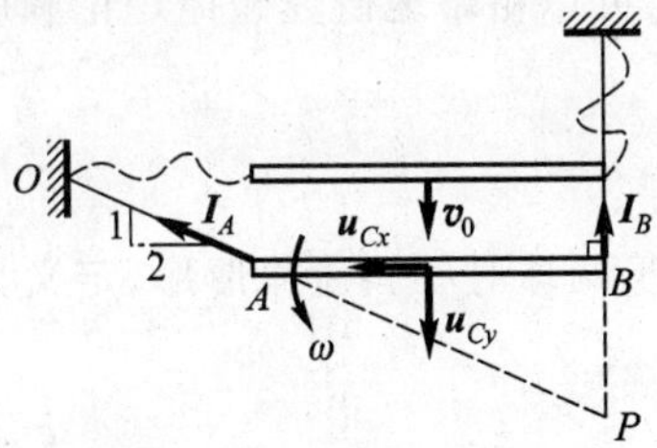

图 9.91

解: 当绳子张紧时发生碰撞。在此瞬时 $\boldsymbol{v}_B$ 方向水平,$\boldsymbol{v}_A$ 方向垂直于 OA,可找到瞬时速度中心 P,如图所示。设碰后杆的角速度为 ω,质心速度为 u_{Cx},u_{Cy},则有

$$u_{Cx} = \omega \frac{l}{2}, \quad u_{Cy} = \omega \frac{l}{2} \tag{a}$$

绳子张紧时,在 A 和 B 两处受碰撞冲量 $\boldsymbol{I}_A$ 和 $\boldsymbol{I}_B$,沿绳子方向并离开杆子,如图所示。

平面运动的碰撞方程(9.6.21)给出

$$mu_{Cx} = \frac{2}{\sqrt{5}} I_A, \quad m(u_{Cy} - v_0) = -I_B - \frac{1}{\sqrt{5}} I_A, \quad \frac{1}{12} ml^2 \omega = \frac{l}{2} I_B - \frac{1}{\sqrt{5}} \frac{l}{2} I_A \tag{b}$$

联立方程(a),(b)解得

$$u_C = \sqrt{u_{Cx}^2 + u_{Cy}^2} = \frac{1}{\sqrt{2}} \omega l, \quad \omega = \frac{6v_0}{7l}$$

对瞬心 P 取矩,由碰撞前后动量矩守恒得

$$\frac{l}{2} mv_0 = \frac{l}{2} mu_{Cy} + \frac{l}{2} mu_{Cx} + \frac{1}{12} ml^2 \omega \tag{c}$$

将式(a)代入式(c)可解得

$$\omega = \frac{6v_0}{7l}$$

然后再按式(a)求出 u_{Cx} 和 u_{Cy}。这一方法更为方便。

本节介绍了碰撞问题,这是一个动力学专门问题。因碰撞时间极短而力极大,起作用的是力对时间的积分,即冲量,即动量的增量,表示为

$$I = \int_0^{\tau} F\mathrm{d}t = mv - mv_0$$

其中 m 为质点的质量，v_0 为碰撞前的速度，v 为碰撞后的速度。恢复因数的引进，可以粗略地研究碰撞理论和应用，对两球对心正碰撞情形，定义为

$$e = \frac{I_2}{I_1} = \frac{v_2 - v_1}{v_{10} - v_{20}}$$

对于两球对心斜碰撞情形，定义为

$$e = \frac{(v_2)_n - (v_1)_n}{(v_{10})_n - (v_{20})_n}$$

碰撞冲量对刚体平面运动情形，有代数方程

$$mv_{Cx} - mv_{Cx0} = \sum_{i=1}^{N} I_{ix}$$

$$mv_{Cy} - mv_{Cy0} = \sum_{i=1}^{N} I_{iy}$$

$$J_C\omega - J_C\omega_0 = \sum_{i=1}^{N} M_z(I_i)$$

对平移情形，第三个方程左端为零。对定轴转动情形，第三个方程表示为

$$\omega - \omega_0 = \frac{1}{J_z}\sum_{i=1}^{N} M_z(I_i)$$

在具体应用时，要进行两个分析。一是速度和角速度分析，二是碰撞冲量分析。同时，要分清碰撞过程和非碰撞过程。

小　结

1. 本章用较大篇幅讨论了质点系动力学，包括质量中心和转动惯量、动力学普遍定理（即动量定理）、动量矩定理和动能定理、刚体动力学，以及碰撞等6个部分。质量中心和转动惯量是质点系和刚体的质量几何问题，碰撞是一个动力学的专门问题，刚体动力学的理论基础是动力学普遍定理。

2. 动力学普遍定理给出的7个方程，包括动量定理的3个方程，动量矩定理的3个方程，以及动能定理的1个方程，被称为**7个普适方程**（Appell语）。

对一个具体的质点系动力学问题，用哪几个普适方程去求解，是一个较为困

难的问题。一般说来,在求运动时宜用动能定理和动量矩定理,而在求约束力时宜用动量定理。

3. 动力学普遍定理在一定条件下可导致守恒律。这就是牛顿力学通过力的分析给出的 3 个经典守恒律,包括动量守恒、动量矩守恒和机械能守恒。

4. 应用质点系动力学可解两类动力学问题:已知运动求力和已知力求运动。

习　题

9.1　如果刚体可视为一平面刚体,即其质量集中分布于同一平面内。试证:该刚体对于正交坐标系 $Oxyz$ 三轴的转动惯量有关系

$$J_z = J_x + J_y$$

其中 Oxy 与刚体平面重合。

9.2　图示为一齿轮轴的简图,试求它对中心轴 z 的转动惯量。已知齿轮轴材料的密度为 $\rho = 7\ 850\ \text{kg}\cdot\text{m}^{-3}$,图中长度单位是 mm。

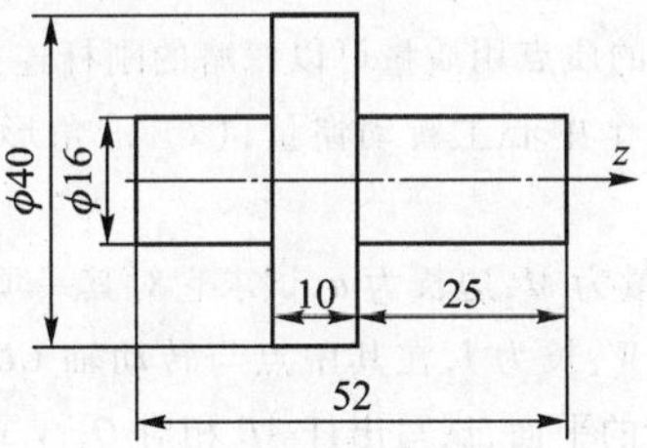

题 9.2 图

9.3　匀质圆盘上有一个偏心圆孔,试求该圆盘对轴 z 的转动惯量。圆盘的材料密度为 $\rho = 7\ 850\ \text{kg}\cdot\text{m}^{-3}$,图中长度单位是 mm。

9.4　试求匀质细杆 AB 对于图示坐标系 $Axyz$ 的惯性积 J_{xy}, J_{yz}, J_{zx}。已知 AB 长为 l,质量为 m。杆 AB 在平面 Axy 内,图中角 α 为已知。

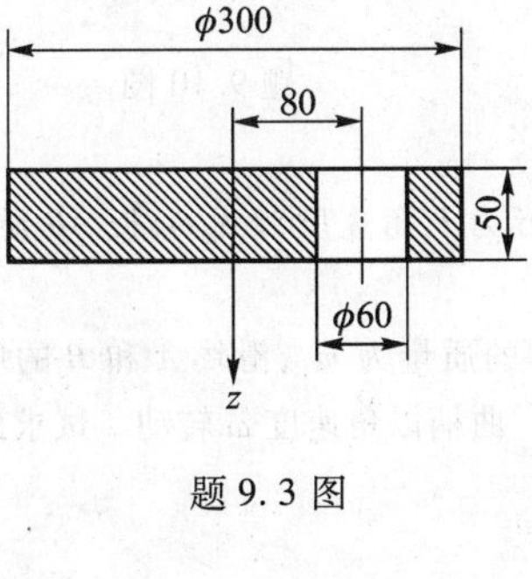

题 9.3 图

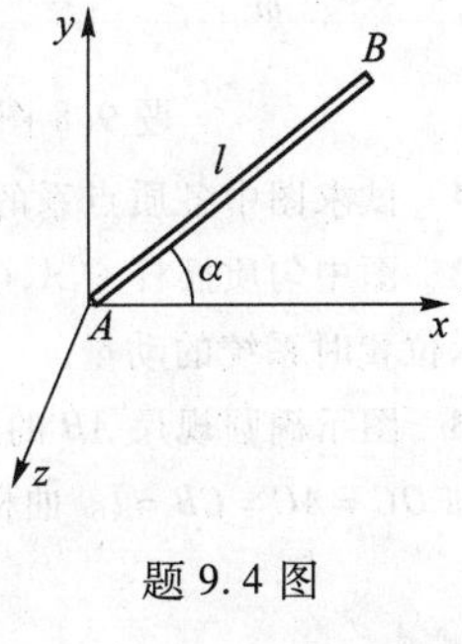

题 9.4 图

9.5 试求匀质薄圆盘相对于坐标系 $Oxyz$ 的惯性积 J_{xy}, J_{yz}, J_{zx}，其中 O 为圆盘中心，轴 Ox 位于圆盘上，轴 Oz 与圆盘中心轴的夹角为 α，圆盘的质量为 m，半径为 r。

9.6 质量为 M 的薄片，其质心为 C，$C\xi$，$C\eta$ 为它在薄片平面内的主轴。点 O 在薄片平面内，轴 Ox，Oy 相应地与轴 $C\xi$，$C\eta$ 平行。(1) 试证：薄片相对于 Oxy 的惯性积是 Mab，其中 a，b 是点 C 在 Oxy 中的坐标。(2) 如果薄片关于 $C\xi$，$C\eta$ 的主转动惯量分别是 nMa^2，mMb^2，并且薄片在点 O 有一与轴 Ox 成 45°的主轴，试证：$(n-1)a^2=(m-1)b^2$。

9.7 匀质圆柱体的质量为 m，高为 h，底半径为 a，A 与 B 是上、下底圆周上的点，且 AB 通过柱体中心 O。试求对轴 AB 的转动惯量。

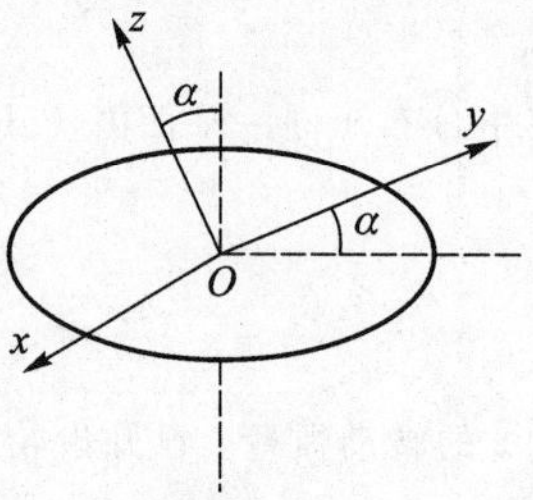

题 9.5 图

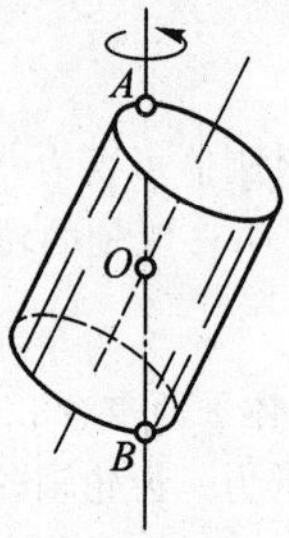

题 9.7 图

9.8 三个质量均等于 m 的质点用质量可以忽略的刚杆连接成边长为 a 的等边三角形。试求：(1) 这三角形物体的三个中心主转动惯量；(2) 三角形对其中一顶点的三个主转动惯量。

9.9 匀质正立方体的质量为 M，边长为 a，试求它对其一顶点的三个主转动惯量。

9.10 匀质细杆 AB 重为 W，长为 l，在其中点与转动轴 CD 刚性连接如图所示。设 Oz_1 沿 CD，Ox_1z_1 沿 AB 与 CD 形成的平面，试写出杆 AB 相对 $Ox_1y_1z_1$ 的惯性椭球方程。

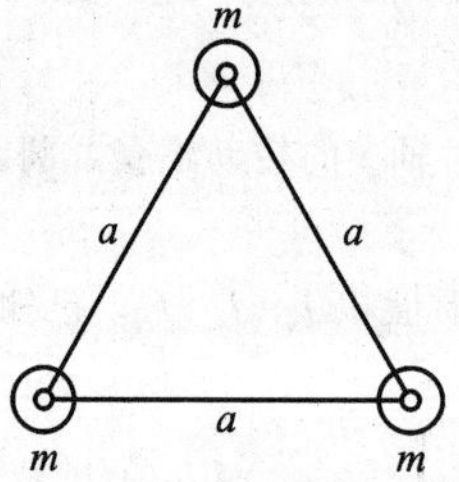

题 9.8 图

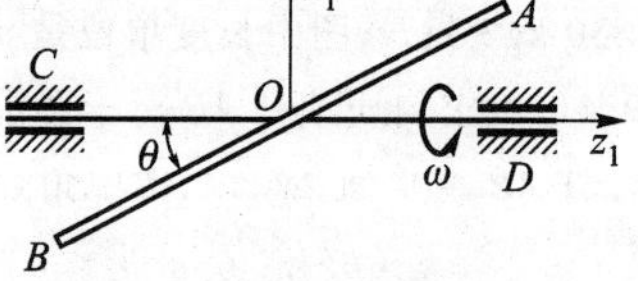

题 9.10 图

9.11 试求图中各质点系的动量。

9.12 图中匀质摆杆 O_1A，O_2B，质量皆为 m，长皆为 l，角速度皆为 ω，板 AB 质量为 M。试求图示位置时系统的动量。

9.13 图示椭圆规尺 AB 的质量为 $2m_1$，曲柄 OC 的质量为 m_1，滑块 A 和 B 的质量均为 m_2。已知 $OC=AC=CB=l$。曲柄和规尺均为匀质杆。曲柄以角速度 ω 转动。试求此椭圆规的动量。

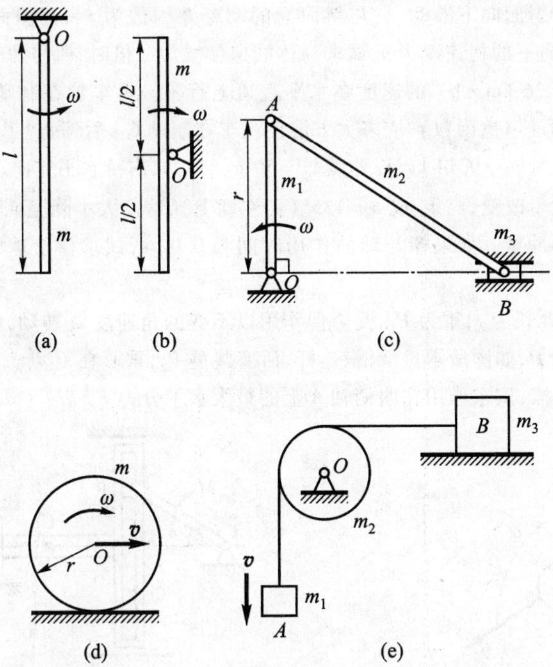

题 9.11 图

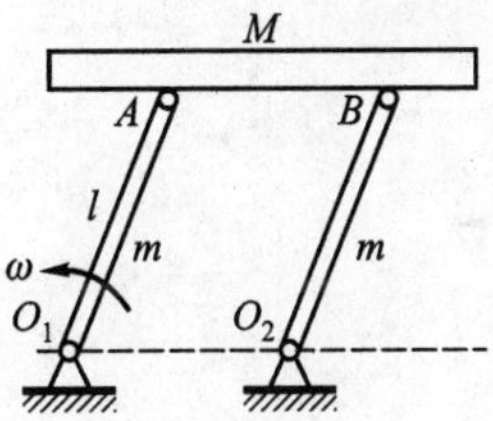

题 9.12 图

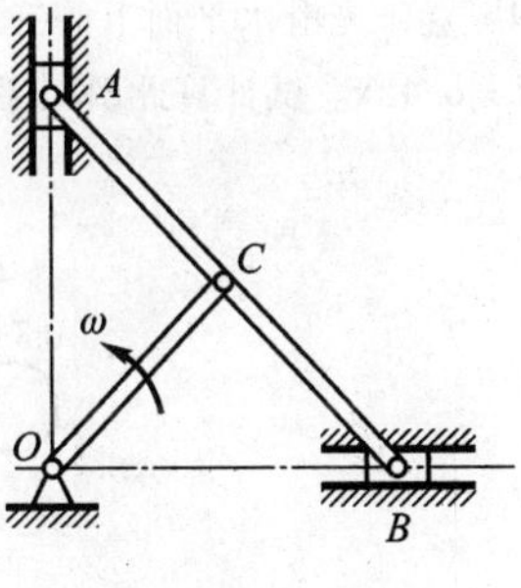

题 9.13 图

9.14　质量 $m=980$ kg 的小车，静止在水平轨道上，受到一始终沿其轨道方向的力的作用，其大小如图中曲线所示。如不计摩擦力，试求 $t=150$ s 时小车的速度等于多少？

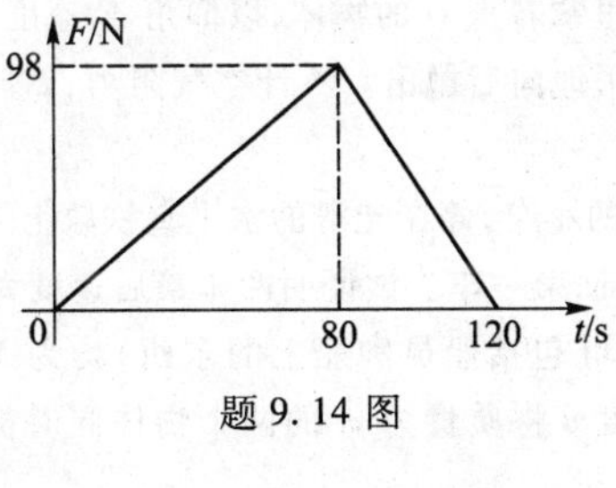

题 9.14 图

9.15 物体沿斜面向下滑动，它与斜面间的动摩擦因数为 f'，而斜面的倾角为 α，并且 $\tan\alpha > f'$。如物体向下的初速度为 v，试求物体的速度增加一倍时，所需的时间。

9.16 汽车以 36 $km \cdot h^{-1}$ 的速度在水平直道上行驶。设车轮在制动后立即停止转动。试问车轮与地面的动摩擦因数 f' 应多大方能使汽车在制动 6 s 后停止？

9.17 棒球质量 $m = 0.14$ kg，以速度 $v_0 = 50$ $m \cdot s^{-1}$ 向右沿水平方向运动时被棒球打击，击后其速度方向发生改变，与 $\boldsymbol{v}_0$ 成 $\alpha = 135°$（向左朝上），速度大小降至 $v = 40$ $m \cdot s^{-1}$。试计算球棒作用于球的冲量。如果棒与球的作用时间为 0.02 s，试求棒给球的平均作用力的大小。不计重力。

9.18 曲柄 AB 长为 r，重为 P_1，受力偶作用以不变的角速度 ω 转动，并带动滑槽连杆以及与它固结的活塞 D，如图所示。滑槽、连杆、活塞共重 P_2，重心在 C 点。在活塞上作用一恒力 $\boldsymbol{F}$。不计各处摩擦，试求作用在曲柄轴 A 上的最大水平分力 F_{Nx}。

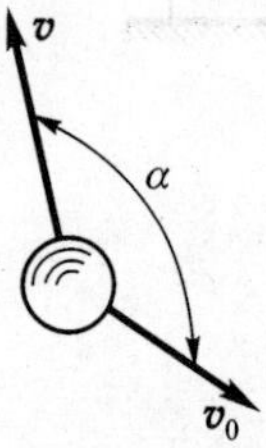

题 9.17 图

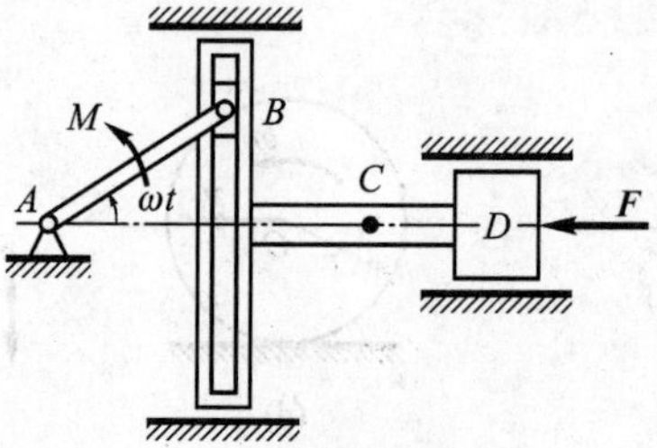

题 9.18 图

9.19 置于光滑水平面上的三个小球由细绳和弹簧连接如图所示。作用在一细绳上的水平力 $F = 6.4$ N。试计算此瞬时系统质心的加速度。

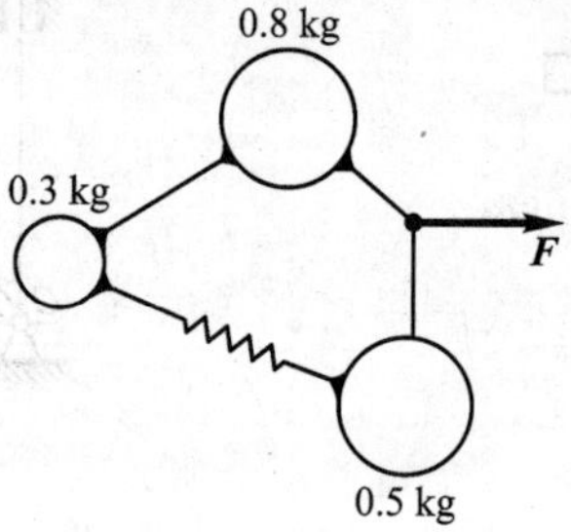

题 9.19 图

9.20 一个重 P 的人手里拿着重 Q 的物体，以仰角 α、速度 v_0 向前跳去。当他到达最高点时将物体以相对速度 u 水平地向后抛出。不计空气阻力，试问由于物体的抛出，跳远的距离增加了多少？

9.21 两质量都等于 M 的小车，停在光滑的水平直铁轨上。一质量为 m 的人，自一车跳到另一车，并立刻自第二车跳回第一车。试证明两车最后速度大小之比为 $M:(M+m)$。

9.22 三只小船的总质量（包括船员和船上的东西）均为 M，以相同速度鱼贯而行。如中间船上的人以水平相对速度 u 将质量为 m 的两个物体同时掷给前后两只船，试求以后各船的速度。

9.23　车厢的质量为 100 kg，在光滑的直线轨道上以 1 $\mathrm{m \cdot s^{-1}}$ 的速度匀速运动。今有一质量为 50 kg 的人从高处跳到车上，其速度为 2 $\mathrm{m \cdot s^{-1}}$，与水平面成 60°角如图所示。随后此人又从车上向后跳下，他跳离车厢后相对车厢的速度为 1 $\mathrm{m \cdot s^{-1}}$，方向与水平面成 30°角。试求人跳离车厢后的车速。

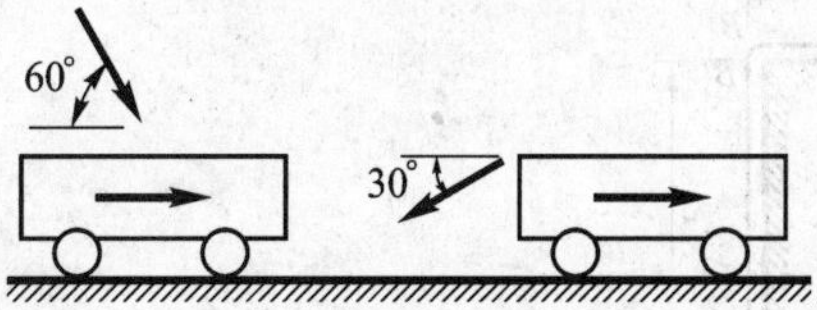

题 9.23 图

9.24　质量为 m 的子弹以速度 v 打入相向而行的质量为 M、速度为 V 的物体内。试证：(1) 若子弹留在物体内，则物体的速度为 $(MV-mv)/(M+m)$（正向同 V）；(2) 若子弹穿透物体并以速度 u 继续前进，则物体的速度为 $V-m(v-u)/M$。

9.25　质量为 m_1、长为 l 的匀质杆 OP，端部连接一质量为 m_2 的小球 P（可视为质点）。杆 OP 以匀角速度 ω 绕基座上的轴 O 转动。基座质量为 m_3，放在足够粗糙的水平面上。(1) 试求水平面对基座的约束力主矢；(2) 试问 ω 多大时基座会跳离地面？

9.26　图示系统中，方块 A 的质量为 m，小车 B 的质量为 m_0，弹簧刚度系数为 k，斜面光滑。不计轮子质量，试建立系统的运动微分方程。

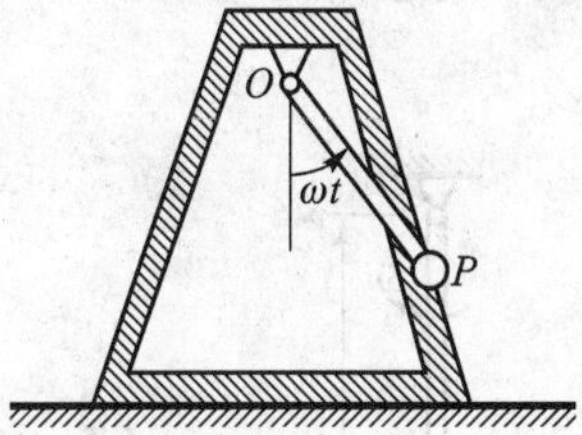

题 9.25 图

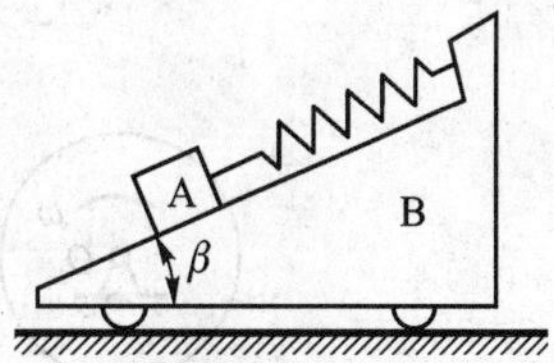

题 9.26 图

9.27　一载人输送带以 $v=1.5\ \mathrm{m \cdot s^{-1}}$ 的速度运行，行人列队步入输送带前的绝对速度为 $v_1=0.9\ \mathrm{m \cdot s^{-1}}$，如图所示，人的体重以 800 $\mathrm{m \cdot s^{-1}}$ 的速率加到输送带上。试问，需多大的驱动力才能使载人输送带保持恒速运动？

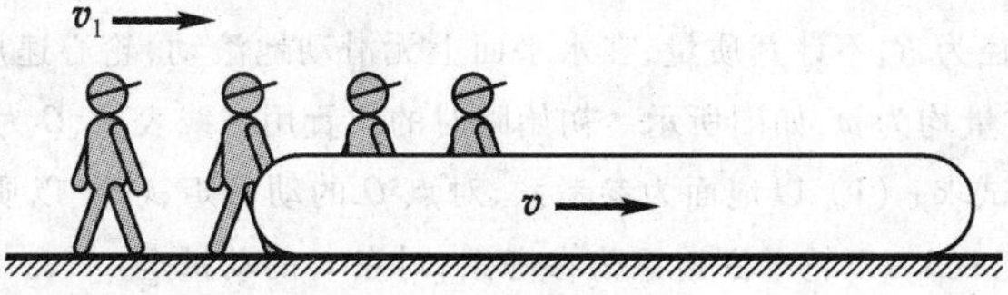

题 9.27 图

9.28　长度为 l、单位长度质量为 ρ 的链条置于光滑桌面上，下垂部分长度为 x，如图所示，试建立链条的运动微分方程。如果初始时链条静止，下垂长度为 b，试求链条末端滑离桌

面时的速度 v。

9.29 从喷嘴射出的水流顺着翼板改变流向如图所示。已知水流的横截面面积为 A，流速为 $\boldsymbol{v}$，体积流量 $q_V = Av$。设翼板是光滑的，水流速度的大小不变。分别就下列两种情况计算水流对翼板的作用力：(1) 翼板是固定的；(2) 翼板以速度 u 水平向右运动，$u < v$。

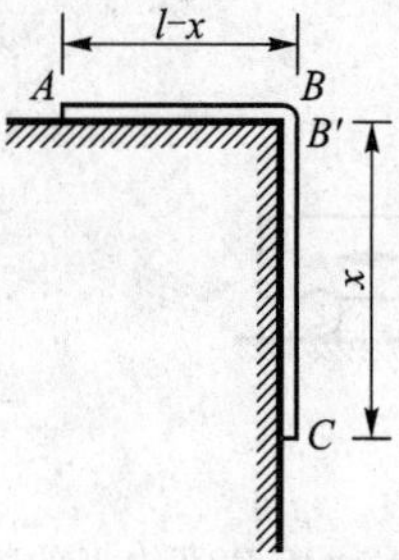

题 9.28 图

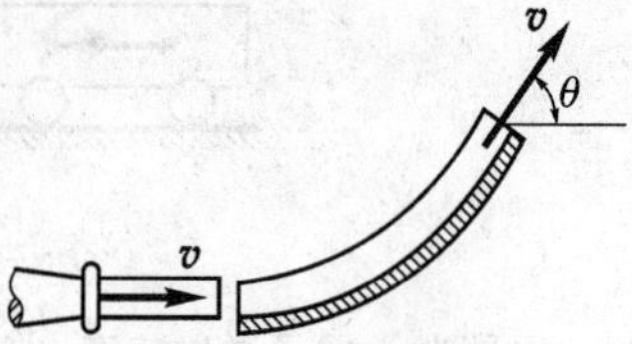

题 9.29 图

9.30 已知质点质量为 m，在平面 Oxy 内的运动方程为

$$x = a\cos \omega t, \quad y = b\sin \omega t$$

其中 a, b, ω 为常数，试求质点对坐标原点的动量矩。

9.31 试计算下列情形下系统对固定轴 O 的动量矩：(1) 匀质圆盘质量为 m，半径为 r，绕垂直于盘面且过圆盘中心的轴 O 转动，角速度为 ω；(2) 上述圆盘以角速度 ω 绕垂直于盘面且过盘边缘的轴 O 转动；(3) 匀质杆的质量为 m，长为 l，绕过端点且垂直于杆长的轴 O 转动，角速度为 ω。

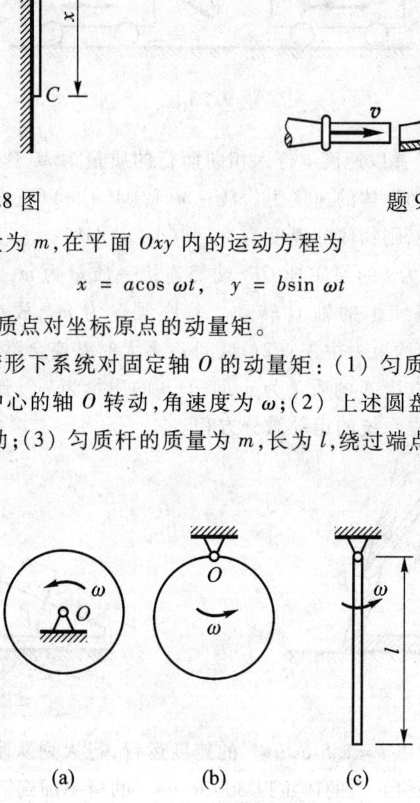

题 9.31 图

9.32 轮子半径为 R，不计其质量，在水平面上无滑动地滚动，轮心速度为 $\boldsymbol{v}$。轮缘上粘有两质点 A 和 B，质量均为 m，如图所示。初始瞬时的位置用虚线表示，C 为轮心，O 为初始瞬时轮心所在位置。试求：(1) 以地面为参考系，对点 O 的动量矩；(2) 以质心平移系为参考系，对点 C 的动量矩；(3) 以轮子固连系为参考系，对点 C 的动量矩。

9.33 两重物质量分别为 m_1 和 m_2，分别系在不可伸长的绳上，如图所示。两绳分别绕在半径为 r_1 和 r_2 并固结在一起的两鼓轮上。已知鼓轮质量为 m，对其轴的回转半径为 ρ。某瞬时鼓轮角速度为 ω，试计算此时系统对转轴的动量矩。

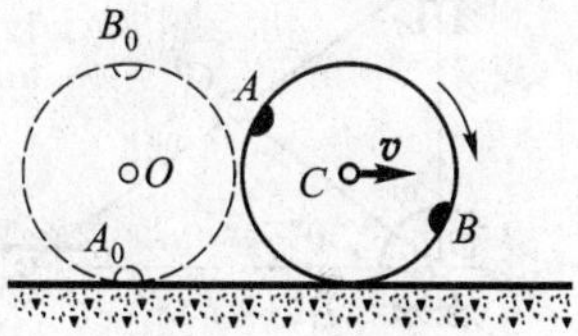

题 9.32 图

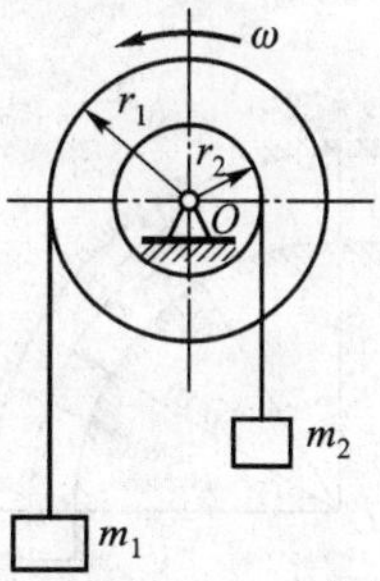

题 9.33 图

9.34　如图所示，匀质圆盘半径为 r，质量为 m。细杆 OA 长 l，质量为 M，绕轴 O 以角速度 ω 转动。同时圆盘相对于杆 OA 以同样大小的角速度 ω'绕 A 作相反转动。试求系统对转轴 O 的动量矩。

9.35　匀质圆轮 O 和 A 质量和半径均为 m 和 r。轮 O 以角速度 ω 作定轴转动，并通过绕在它们上面的无质量且不可伸长的绳子带动轮 A 在与绳子平行的水平面上作无滑滚动。试求系统对轴 O 的动量矩。

9.36　匀质细杆 OA 质量为 m，长为 l，以角速度 ω 绕铅垂轴 Oz 转动。已知杆 OA 与铅垂线的夹角 φ 保持常值不变。试求杆对点 O 的动量矩。图中平面 Oyz 始终与杆 OA 所在铅垂面重合。

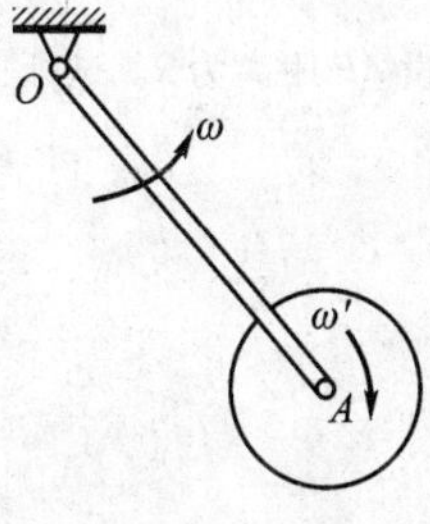

题 9.34 图

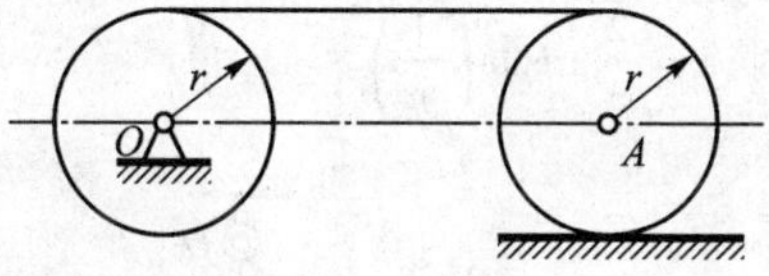

题 9.35 图

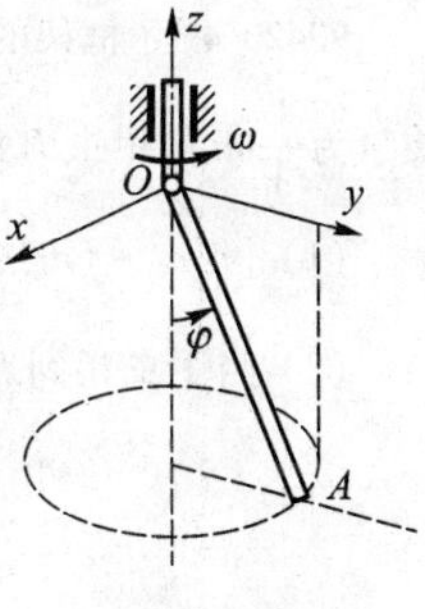

题 9.36 图

9.37　图示矩形截面的渠道，宽 10 m，水深 2 m，转弯半径为 30 m。设水的速度沿截面宽度呈抛物线分布

$$v_\varphi = \frac{1}{5}(25 - \delta^2)$$

其中 δ 为任意点至中心线的距离，以 m 计，v_φ 以 $\mathrm{m \cdot s^{-1}}$ 计。试求任意瞬时弯道内（即在 xOy 象限内）水对固定点 O 的动量矩。

9.38　匀质椭圆规尺 AB 的质量为 $2m$，曲柄 OC 的质量为 m，滑块 A，B 的质量均为 m。$OC = AC = BC = l$，规尺及曲柄为匀质杆，曲柄以匀角速度 ω 绕轴 O 转动。试求系统在图示位置时对点 O 的动量矩。

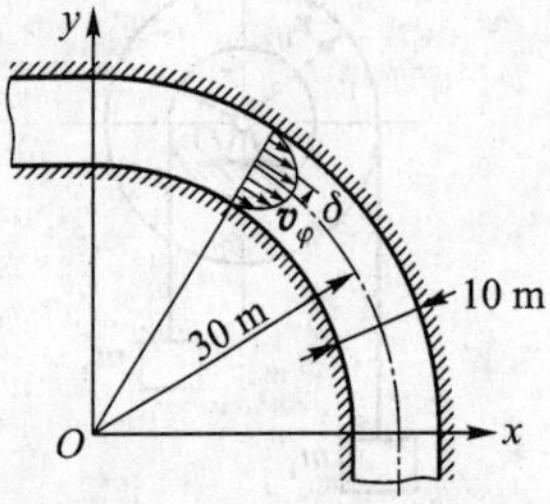

题 9.37 图

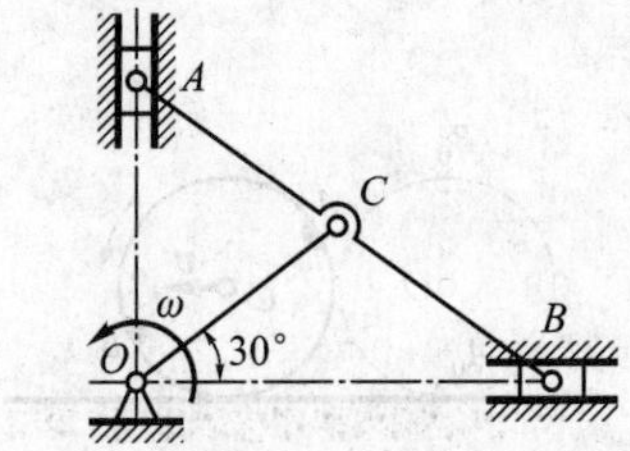

题 9.38 图

9.39 图示机构中，匀质杆 OA 铅垂，杆 AB 水平，匀质圆轮 B 在水平面上作纯滚动。已知杆 OA 质量为 m、长为 l，杆 AB 质量为 m，轮 B 质量为 2 m、半径为 r。试求此机构关于点 O 的动量矩。

9.40 小球 M 系于 MOA 的一端点，绕铅垂线作水平圆周运动，每分钟转 120 圈，如图所示。如将 AO 慢慢向下拉，直到小球转动到半径减小到原来转动半径的一半，试求此时小球每分钟转多少圈。

9.41 两个刚体互不相关地各以角速度 ω_1 和 ω_2 绕同一轴同向转动。已知两刚体对于此转轴的转动惯量分别等于 J_1 和 J_2。现突然将这两个刚体联结在一起，试求此时共同的角速度 ω。

9.42 图示框架的线密度为 ρ，框架由一圆环及其直径组成，圆环半径为 a，O 为固定点。质量为 $\frac{1}{3}a\rho$ 的甲虫 P 沿杆 AB 爬动，开始时甲虫在点 A 处，系统静止。设 AP 距离为 x。试证：

(1) $[n^2a^2+(a-x)^2]\dot{\varphi}=a\dot{x}$，其中 $n^2=12\pi+9$；

(2) 当甲虫爬到点 B 时，$\varphi=\frac{2}{n}\arctan\left(\frac{1}{n}\right)$。

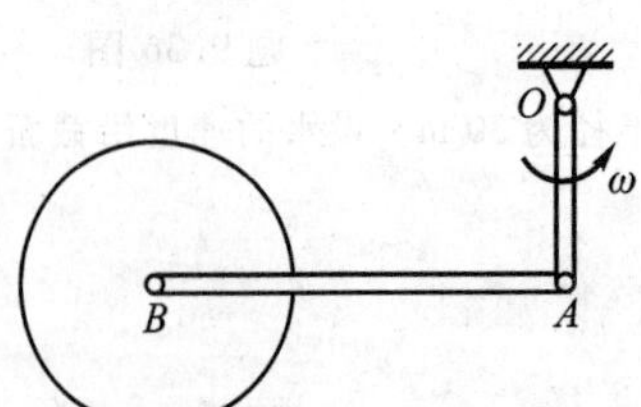

题 9.39 图

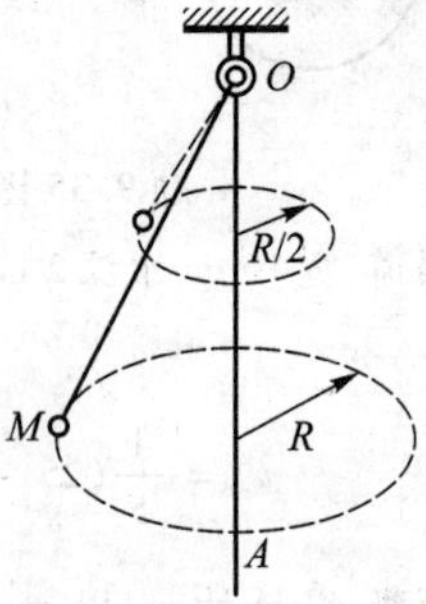

题 9.40 图

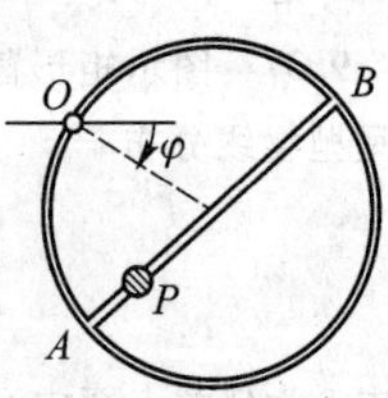

题 9.42 图

9.43 半径为 R 的环形管以某一角速度绕通过直径的铅垂轴转动，环对此轴的转动惯量为 J。管内有一质量为 m 的小球自最高点无初速地下滑，如图所示。试求环形管转动的最大角速度与最小角速度之比值。

9.44　水平细杆 AB 可绕铅垂轴转动。质量为 m 的滑块 C，由于弹簧的作用，可在杆上作相对运动。已知相对运动方程为

$$r = (10 + 3\sin 4t)\ \text{cm}$$

且当 $t=0$ 时，杆 AB 的角速度为 $\omega_0 = 10\ \text{rad}\cdot\text{s}^{-1}$，如不计杆 AB 的质量和各处摩擦，试求杆 AB 的角速度随时间 t 的变化规律。滑块视为质点。

9.45　质量为 m 的质点 P 位于一水平板上，此平板可绕铅垂轴 O 转动。质点 P 在板上作圆周运动，其相对速度的大小 u 不变。此圆半径为 r，圆心 A 到转动轴的距离 $OA = l(>r)$。已知平板的转动惯量为 J，且当点 P 距转轴最远时平板的角速度为零。不计轴承摩擦和空气阻力。试证：平板角速度 ω 与 P 在平板上的位置角 φ 之间有如下关系

$$\omega = \frac{mul(1-\cos\varphi)}{J + m(l^2 + r^2 + 2lr\cos\varphi)}$$

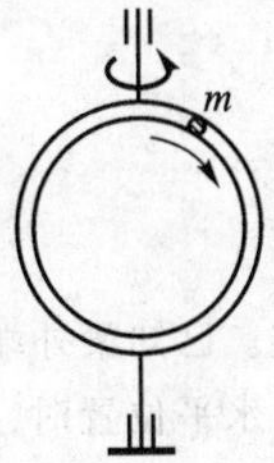

题 9.43 图

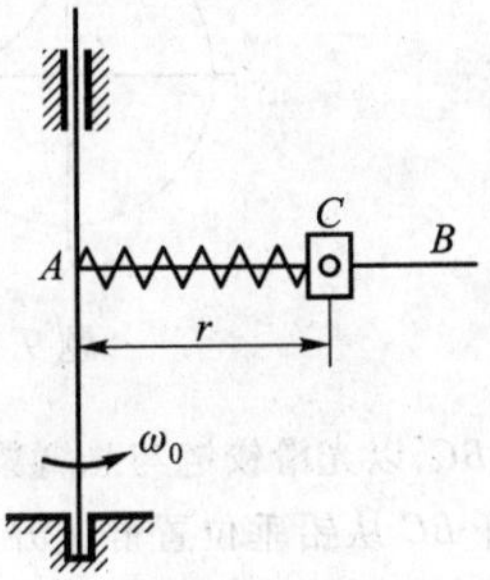

题 9.44 图

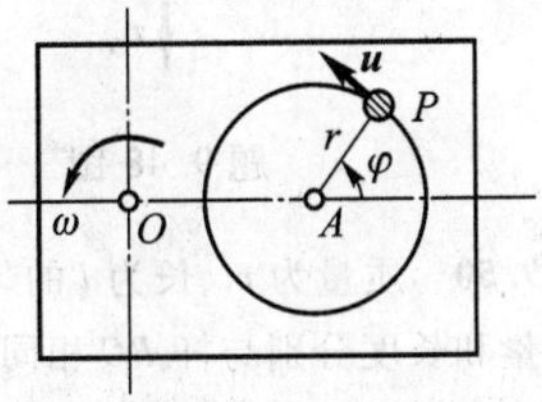

题 9.45 图

9.46　重为 P、半径为 r 的滑轮上挂有长为 $2a+\pi r$ 的均匀链条，链条单位长的质量为 ρ，滑轮的转动惯量是 J_0，滑轮轴承处没有摩擦，滑轮与链条之间没有滑动。开始时两边悬空长度为 $a-x_0$ 和 $a+x_0$，初速为零。试求链条的运动方程（在一边悬空长度变为零之前）和轴承对滑轮的铅垂和水平反力，用时间的函数表示出来。

9.47　匀质圆柱体质量为 m，半径为 r，在力偶作用下沿水平面作纯滚动，如图所示。已知力偶矩为 M，滚动摩阻系数为 δ。试求圆柱中心 O 的加速度及其与地面间的滑动摩擦力。

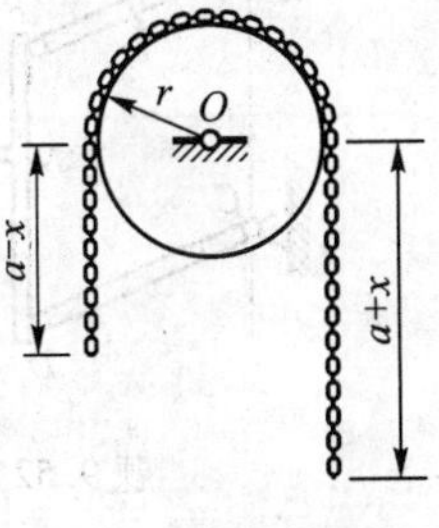

题 9.46 图

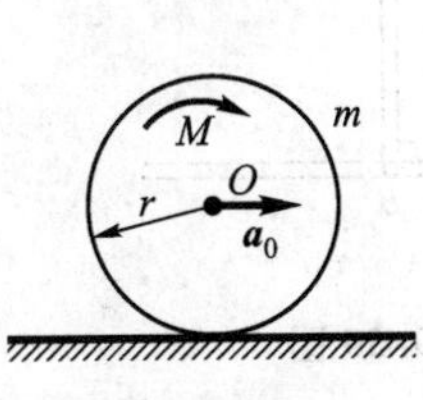

题 9.47 图

9.48 图示滑轮质量为 15 kg,半径为 0.3 m,对其中心轴的回转半径为 0.25 m,其上悬挂重物的质量为 20 kg。在滑轮的绳索上分别作用两常力 $F_1=200$ N,$F_2=160$ N。当 $t=0$ 时,滑轮的角速度 $\omega_0=8\ \mathrm{rad\cdot s^{-1}}$,逆时针转向,重物向下的速度为 $v_0=2\ \mathrm{m\cdot s^{-1}}$。试求 $t=5$ s 时滑轮的角速度 ω 和重物的速度 $\boldsymbol{v}$。

9.49 匀质圆盘质量为 m,半径为 r,可绕通过边缘点 O 且垂直于盘面的水平轴转动。设圆盘从最高位置无初速地开始绕轴 O 转动。试求当圆盘中心和轴的连线经过水平位置时,轴承 O 的总约束力的大小。

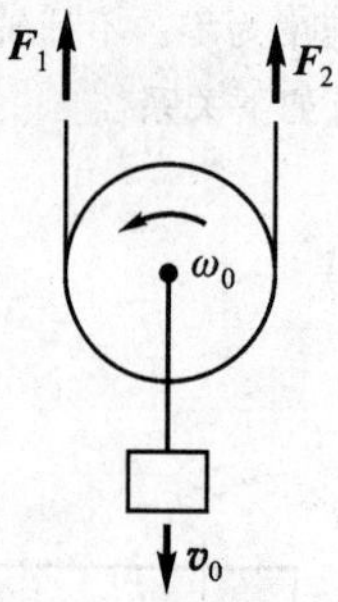

题 9.48 图

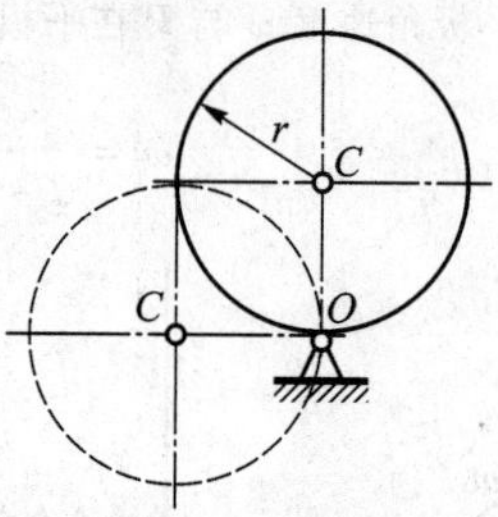

题 9.49 图

9.50 质量为 m、长为 l 的匀质细杆 BC,以光滑铰链与悬臂梁 AB 相连。已知梁外端 AB 的质量和长度分别与杆 BC 相同。试求杆 BC 从铅垂位置静止开始运动至水平位置时,端 A 的约束力。

9.51 一对称陀螺支在固定支座上且仅受重力作用。取进动角 ψ、章动角 θ 和自旋角 φ 为坐标。设主转动惯量为 J,J,J'。试用对动轴的动量矩定理证明

$$J'(\dot{\varphi}+\dot{\psi}\cos\theta)=\text{常数}$$

9.52 平台 N 由等长且平行的匀质细杆 AB,CD 支持,如图所示。平台上有一方块 M。设杆 AB,CD 长度为 l,AB,CD,M 以及 N 的质量均为 m。如已知某瞬时杆的转动角速度为 ω,试求系统此时的动能。

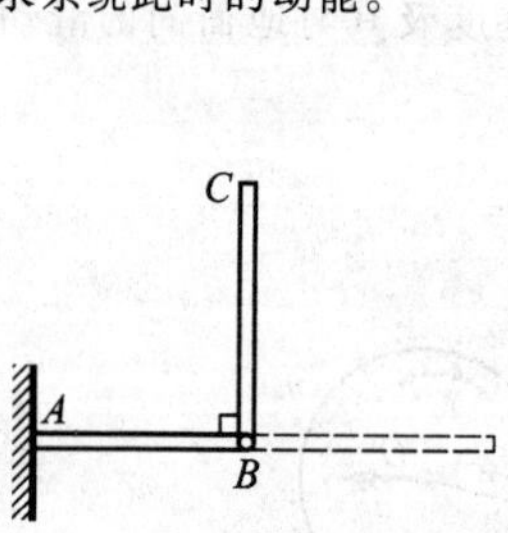

题 9.50 图

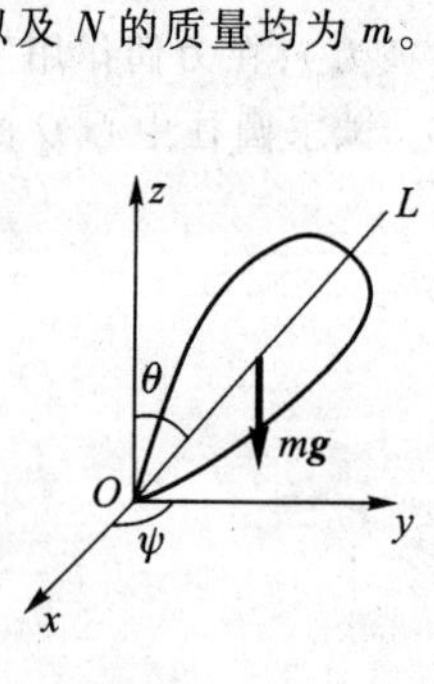

题 9.51 图

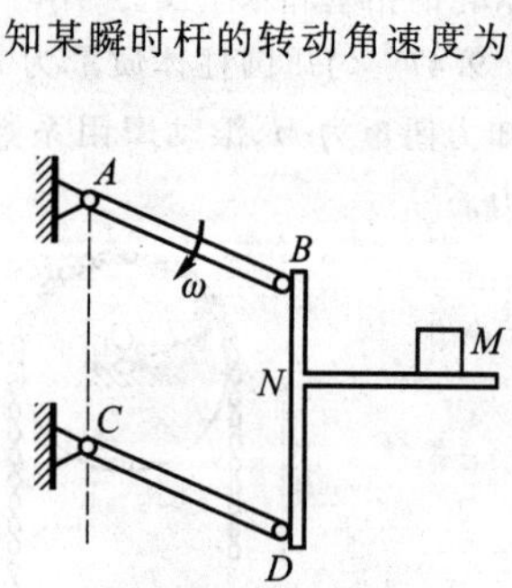

题 9.52 图

9.53 半径为 R 的匀质圆轮质量均为 m。图(a),(b)所示为圆轮绕固定轴 O 转动,角速度为 ω。图(c)所示圆轮在水平面上作纯滚动,质心速度为 $\boldsymbol{v}$。试分别计算它们的动能。

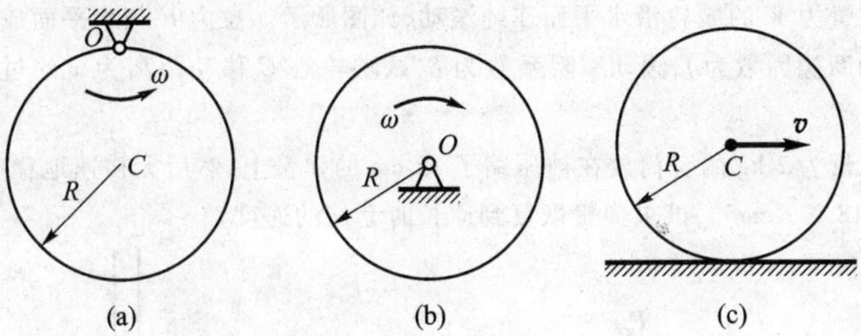

题 9.53 图

9.54　图示为一椭圆摆，由一单摆的支点与一水平移动的滑块 A 铰接。已知单摆摆长为 l，滑块和摆锤质量分别为 m_1 和 m_2，摆杆质量不计。试用 $x,\dot{x},\varphi,\dot{\varphi}$ 表示系统在任意 x,φ 位置的动能。

9.55　匀质杆 CD 和 EA 分别重 50 N 和 80 N，铰接于点 B。如果杆 EA 以 $\omega=2\ \mathrm{rad\cdot s^{-1}}$ 绕 A 转动，试计算图示位置两杆的动能。

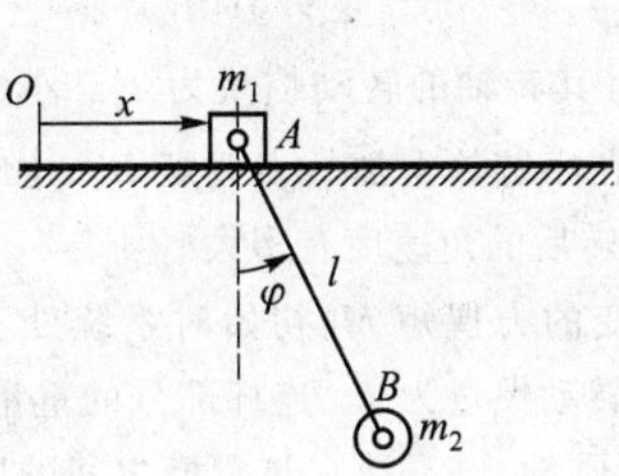

题 9.54 图

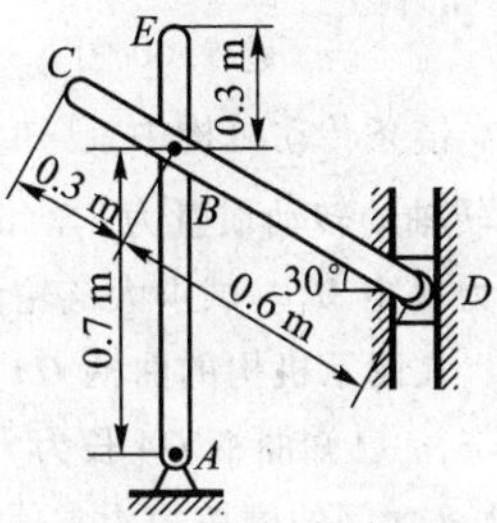

题 9.55 图

9.56　如果炮筒螺旋线的螺距为 h，试求半径为 r、以匀角速度转动的重为 P 的炮弹以速度 v 离开炮口时的动能。炮弹可视为一实心圆柱体。

9.57　质量 $m=2$ kg 的匀质细杆 AB，可绕水平轴 A 转动。弹簧原长 $l=0.5$ m，刚度系数 $k=20\ \mathrm{N\cdot m^{-1}}$，试计算 AB 从 $\theta=0°$ 转到 $\theta=90°$ 的过程中，重力和弹性力所作功的和。

9.58　皮带轮半径为 0.5 m，皮带拉力分别为 1 800 N 和 600 N。如果皮带轮转速 $n=120\ \mathrm{r\cdot min^{-1}}$，试求皮带拉力在一分钟内所作的功。

9.59　匀质圆轮重为 P，半径为 R。在常力偶 M 的作用下沿粗糙斜面向上作纯滚动。试求轮心 O 经过 s 长路程的过程中重力和力偶矩所作功之和。斜面倾角为 α。

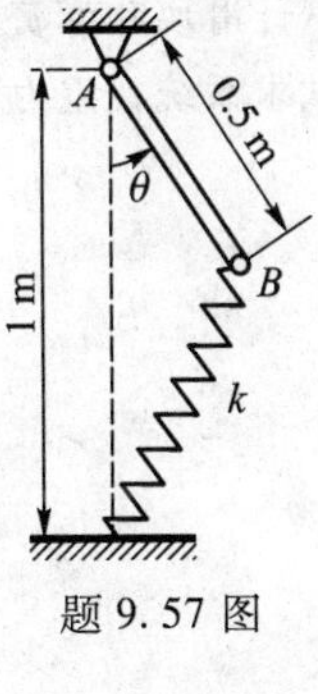

题 9.57 图

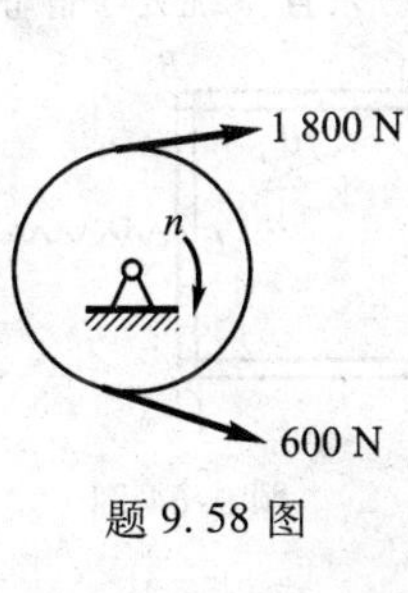

题 9.58 图

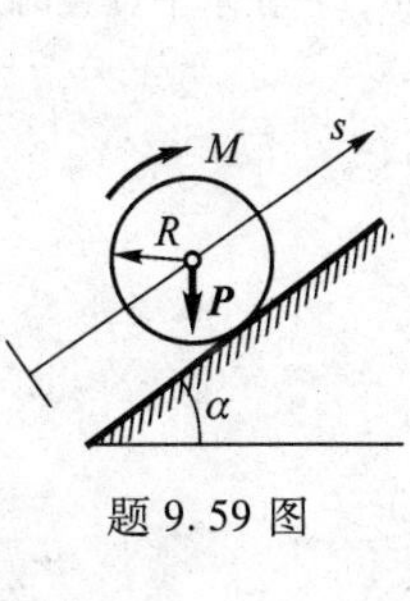

题 9.59 图

9.60 重量为 W 的鼓轮沿水平面作纯滚动，如图所示。拉力 $\boldsymbol{F}$ 与水平面成 30°角。轮子与水平面间的摩擦因数为 f，滚动摩阻系数为 δ，试求轮心 C 移动距离为 x 的过程中力的功，其中 $R=2r$。

9.61 质量为 2 kg 的套筒放在被压缩了 15 cm 的弹簧上，然后无初速地释放。已知弹簧刚度系数 $k=18\ \mathrm{N\cdot cm^{-1}}$，试求弹簧恢复到原长时套筒的速度。

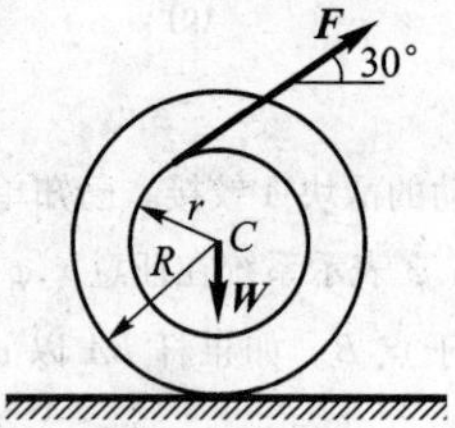

题 9.60 图

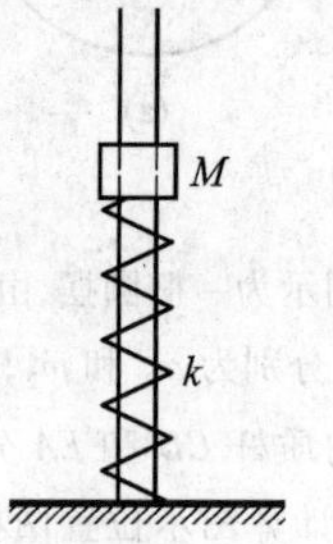

题 9.61 图

9.62 链条传动机构中，已知大链轮半径为 R，对其转轴的转动惯量为 J_1。小链轮半径为 r，对其转轴的转动惯量为 J_2。链条质量为 m。如在小链轮上加一力偶矩 M_2，这时大链轮上有一阻力偶矩 M_1。试求大链轮由静止开始转过 n 转后的角速度有多大。

9.63 在图示机构的曲柄 OA 上作用一大小不变的力偶矩 M，初始时系统处于静止状态，且 $\varphi=\varphi_0$。已知曲柄 OA 长为 r，相对于转轴 O 的转动惯量为 J。连杆部分的重量为 P，杆 DE 与导轨 B 之间的摩擦力为常值 F。不计滑块 A 的质量，也不计它与滑槽之间的摩擦。当曲柄 OA 转过一周时，试求曲柄的角速度。

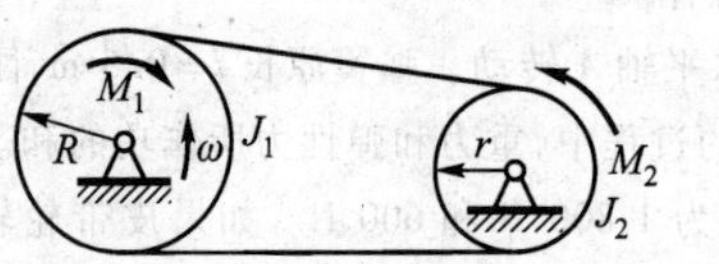

题 9.62 图

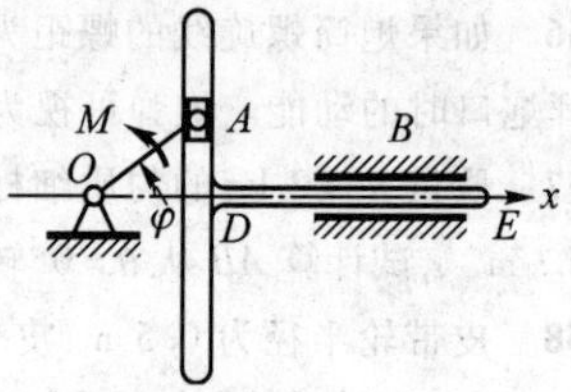

题 9.63 图

9.64 三杆 AB，BC，CD 各重 W，长为 l，分别以光滑铰链连接如图所示。杆 BC 的中点 E 连接一刚度系数为 k 的弹簧，弹簧另一端又与一滑块 F 相连。不计滑块和弹簧质量。已知 AB，DC，EF 在水平位置时，弹簧未变形，且系统处于静止状态。试求系统在重力和弹性力作

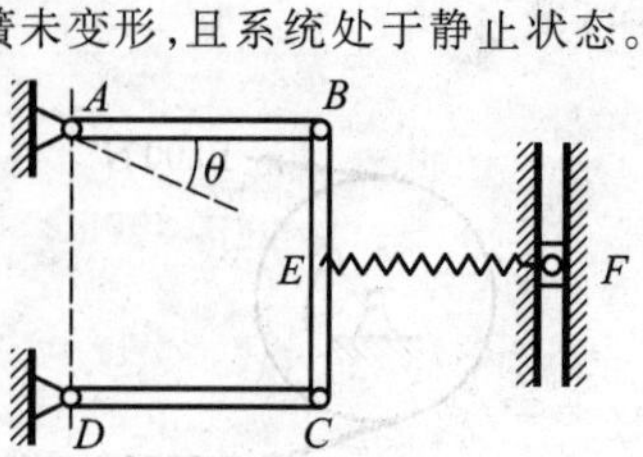

题 9.64 图

用下，运动至 AB 与水平成角 θ 位置时，杆 AB 所具有的角速度。设 EF 在运动过程中始终保持水平。

9.65　图示机构中，圆盘 O 作定轴转动，圆盘 O' 沿斜面作无滑滚动。如在轮 O 上作用一常力偶，其力偶矩为 M，使轮 O 转动，试求绳的张力。已知两轮质量均为 m，半径为 R，绳不可伸长，并不计其质量。粗糙斜面的倾角为 α，不计滚阻摩擦。

9.66　图示质量为 m，长为 l 的匀质细杆 AB，其一端铰接质量可忽略不计的滑块 A，另一端与质量为 m_1、半径为 r、可在水平面上作纯滚动的匀质圆盘 B 的中心铰接。细杆于图示位置静止释放，滑块 A 沿光滑铅直杆滑下，如果不计铰链 A 和 B 处的摩擦，试求：(1) 当滑块刚碰到弹簧时（AB 处于水平位置），细杆 AB 的角速度；(2) 设弹簧的刚度系数为 k，它的最大变形量是多少。

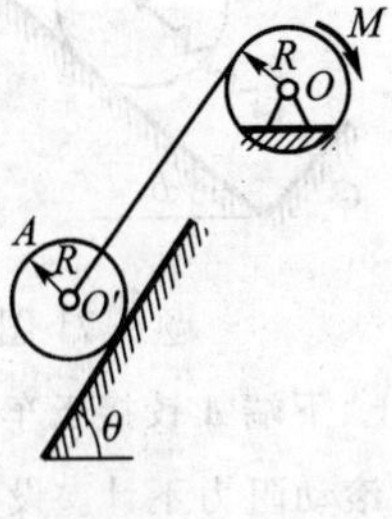

题 9.65 图

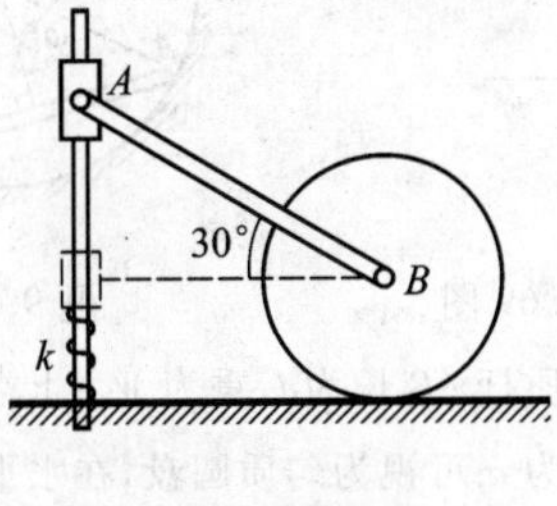

题 9.66 图

9.67　图示重为 P_1、半径为 r 的匀质圆柱形滚子，由静止位置开始沿与水平面成 β 角的斜面作纯滚动，铰接于滚子轴心 O 的重量为 P_2 的光滑杆 OA 随之一起运动，试求滚子轴心 O 的加速度。

9.68　图示同一铅垂面内的匀质细杆 AC 和 BC 重量均为 P，长度均为 l，由光滑铰链 C 相铰接，并置于光滑水平面上。今在两杆中点连接一刚度系数为 k 的弹簧，当 $\theta=60°$ 时弹簧为原长。如果系统从该位置无初速地释放，试求当 $\theta=30°$ 时，点 C 的速度大小。

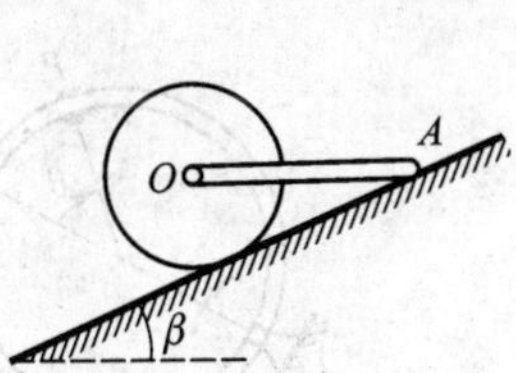

题 9.67 图

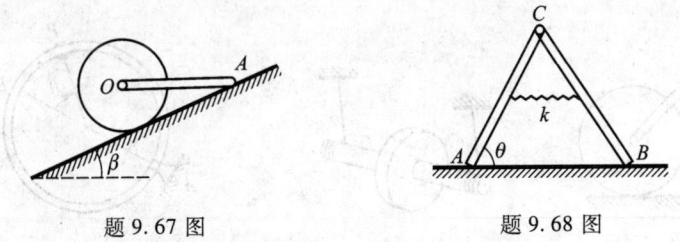

题 9.68 图

9.69　质量为 10 kg 的滑块可沿铅直导杆 CD 滑动，最初静置于 A 处，现在用绳拉动如图所示。已知绳的拉力 $F=400$ N，各处的摩擦均可略去，试求物块到达 B 处时的速度。

9.70　长为 l，重为 P 的匀质杆 AB，放在以 O 为中心，以 r 为半径的固定光滑半圆槽内，如图所示，且 $l=\sqrt{2}r$。设初瞬时 $\varphi=\varphi_0$，并由静止释放。试求杆 AB 的角速度与角 φ 的关系。

9.71　如图所示，放置于倾角为 β 的固定斜面上的质量为 m、半径为 r 的匀质圆盘，其中心 A 栓有一端固定，并与斜面平行的弹簧，同时与一绕在质量为 m、半径为 r 的鼓轮 B 上的张紧绳索相连。今在鼓轮上作用一力偶矩为 M 的常力偶，使系统由静止开始运动，且斜面足够粗糙,圆盘 A 沿斜面向上作纯滚动。已知鼓轮对轮心 B 的回转半径为$\frac{r}{2}$,弹簧的刚度系数为 k,且初始时弹簧为原长。若不计弹簧、绳索的质量以及轴承 B 处摩擦,试求鼓轮转过$\frac{r}{2}$时,圆盘的角速度和角加速度的大小。

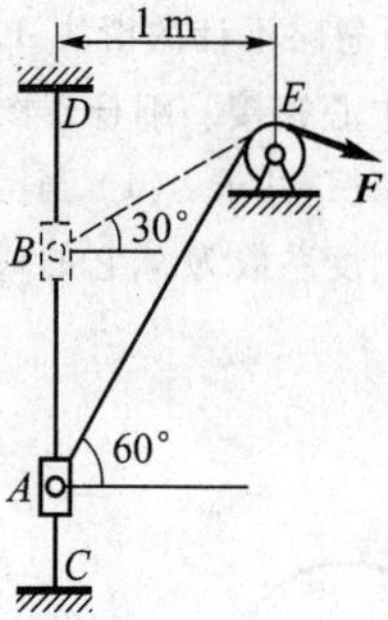

题 9.69 图

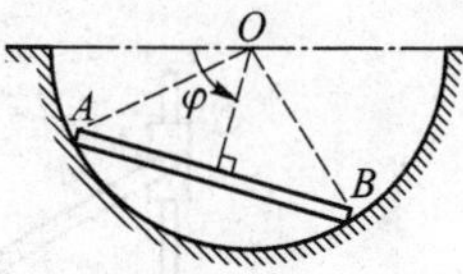

题 9.70 图

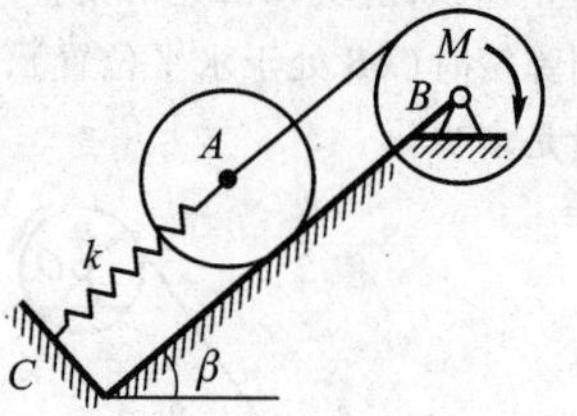

题 9.71 图

9.72 匀质杆 AB 长为 l,重为 W_1,上端 B 靠在光滑墙上,下端 A 铰接于车轮轮心。车轮重为 W_2,半径为 r,可视为匀质圆盘,在水平面上作纯滚动,滚动阻力不计。设系统由图示位置 $\theta=45°$开始运动。试用机械能守恒定律计算此时轮心 A 的加速度。

9.73 半径为 R、质量为 M 的匀质圆盘,装在半径为 r、质量为 m 的匀质圆柱形轴上,并由绕在此轴上的两条铅直线挂起。开始时轴在水平位置,并且盘心至两线的距离相等,然后释放。试求圆盘向下降落时,盘心的加速度和线中的张力。

9.74 可当作质点的圆珠 P 套在一水平放置的光滑圆环上如图所示,圆环以匀角速度 ω 绕过 A 的铅垂轴在水平面内转动。试列写圆珠的动能和势能。问:此问题有机械能守恒吗?

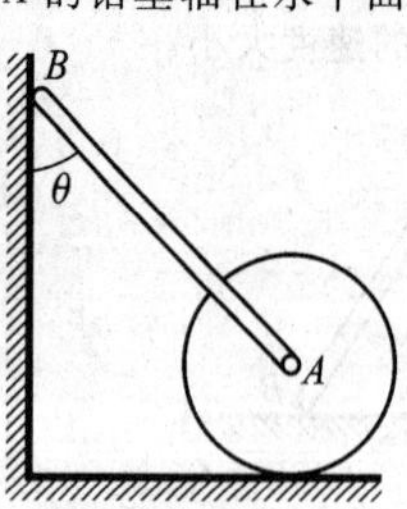

题 9.72 图

题 9.73 图

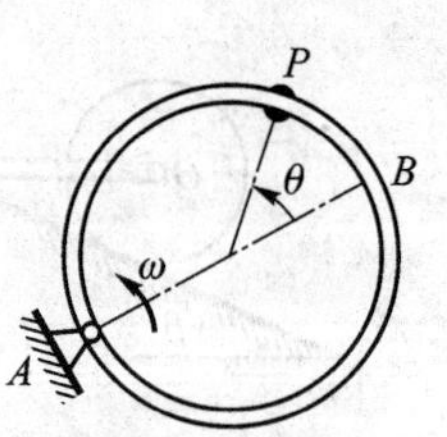

题 9.74 图

9.75 图示半径为 r 的圆柱体沿水平面作无滑滚动,其质心位于点 C,$OC=e$,圆柱体对通过点 C 且垂直于纸面的轴的回转半径为 ρ。试以角度 φ 的函数表示圆柱的角速度。开始时,圆柱静止,$\varphi=\varphi_0$。

9.76 图示系统处于同一铅垂面内,物块 A,B 的质量均为 m_1。定滑轮和圆盘均为匀质,质量均为 m_2,半径均为 r。刚度系数为 k 的水平线弹簧的一端与圆盘中心 C 相连,另一端与铅垂墙相连。当系统处于平衡时将连接 B 的绳索剪断,若各接触处无相对滑动,不计绳索和

弹簧的质量及轴承 O 处的摩擦。试求当物块 A 上升了 h 距离时，物块 A 的速度和加速度的大小。

9.77　图示匀质杆 AB 和 BC 的质量均为 m，长度均为 l，匀质圆盘的中心为 C，其质量为 m，半径为 r，它们处于同一铅垂面内，且以光滑圆柱铰链相互连接。圆盘可沿水平地面作纯滚动，点 A，C 处于同一水平线上，且连接一原长为 $2l$，刚度系数为 $k=\dfrac{mg}{l}$ 的弹簧。当 $\theta=60°$ 时，系统无初速地释放，试求杆 AB 分别在 $\theta=30°$ 和 $\theta=0$ 时的角速度。

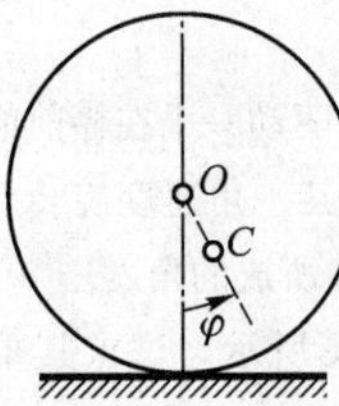

题 9.75 图

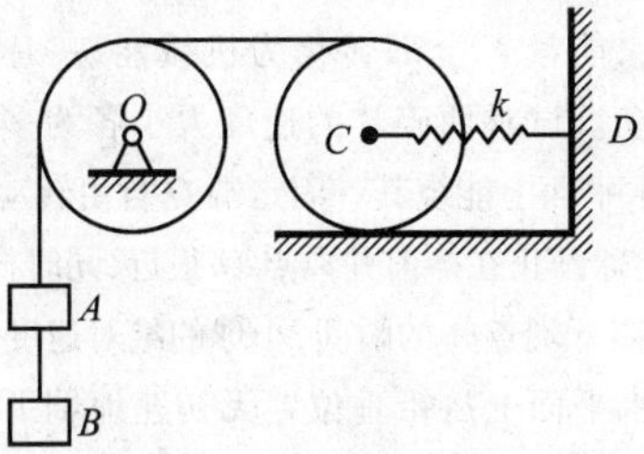

题 9.76 图

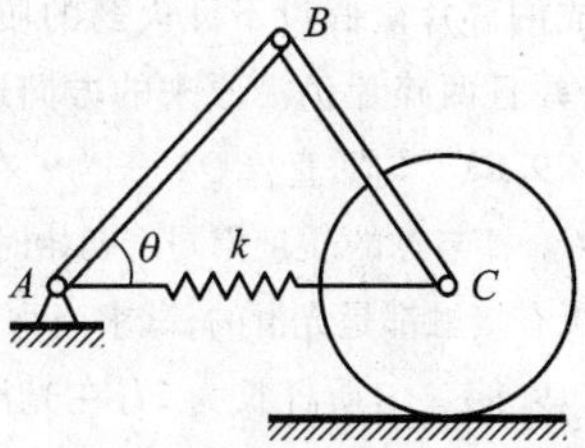

题 9.77 图

9.78　匀质半圆柱体由图示位置静止释放，在水平面上滚动而不滑动。试求此半圆柱体在通过平衡位置 $\theta=0$ 时的角速度，其中 $a=\dfrac{4}{3\pi}r$。

9.79　半径为 r 的匀质圆柱体在半径为 R 的半圆槽内作纯滚动，如图所示。试用动能定理建立圆柱体的运动微分方程。

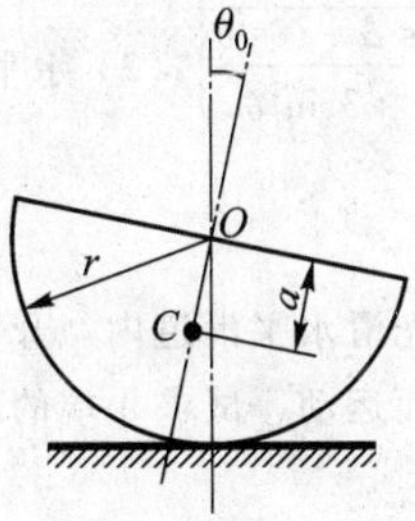

题 9.78 图

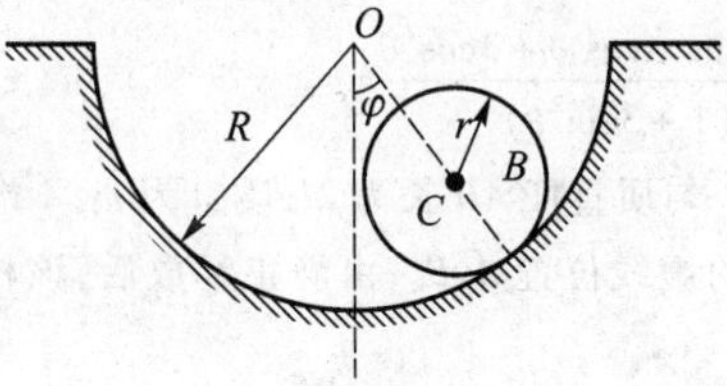

题 9.79 图

9.80　重型装卸车的车厢重 30 kN，有效容积为 8 m^3，满载砂石的车厢重心 C 与铰链 O 的水平距离为 $a=120$ cm，如图所示。砂石的密度为 2.30 $kg \cdot m^{-3}$，试计算车厢自水平位置抬高到倾角 $\theta_{max}=60°$ 时车体对车厢所作的功。若车厢翻转的角速度为 $\omega=0.05\ rad \cdot s^{-1}$，试求装卸车的最大功率。

9.81　一弹簧的自然长度为 l_0，弹簧刚度系数为 k，一端固定在光滑水平面的点 O 上，另一端系一质量为 m 的小球，如图所示。一开始，把弹簧拉长 δ_0，并给小球一个与弹簧相垂直的初速度 v_0。已知 $m=20$ N，$k=120\ N \cdot m^{-1}$，$l_0=0.5$ m，$\delta_0=0.2$ m，$v_0=1\ m \cdot s^{-1}$。试求当弹簧恢复至自然长时小球的速度 $\boldsymbol{v}$ 的大小和方向。

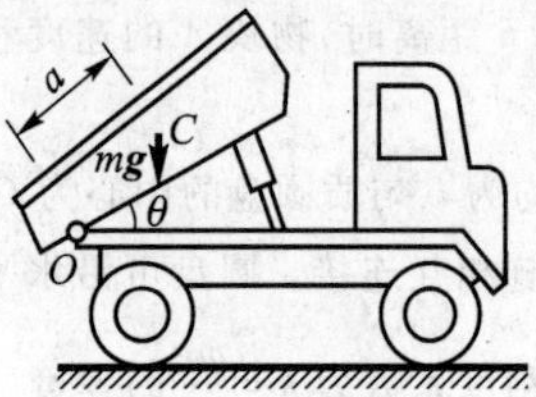

题 9.80 图

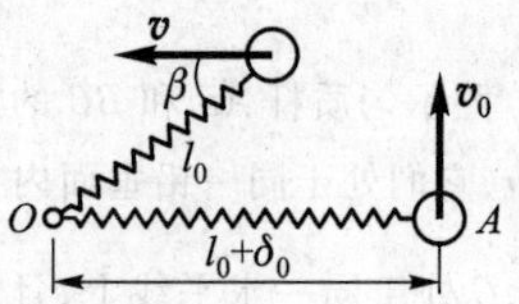

题 9.81 图

9.82 一质量等于 M 的炮弹以速率 v 向前运动。炮弹内部的爆炸产生能量 E，并将炮弹分成两碎片。假设不计火药的质量，能量 E 全部转化为机械能，一片的质量等于另一片的 k 倍，并且两碎片仍沿原来的方向运动。试求两碎片的速度大小各为多少？

9.83 匀质直棒 OA，长为 l，在水平面上能绕其一固定端 O 自由转动，并驱动一个在棒前的小球 C。棒与球的质量相同。初始时小球静止在棒前并离点 O 很近，同时棒以某一角速度旋转。假定所有接触都是光滑的，试求当小球离开端点 A 的瞬间，小球的绝对速度与棒所成的角度。

9.84 匀质杆长为 $2l$，在光滑水平面上从铅垂位置无初速地倒下如图所示。试求其重心 C 离开平面的高度为 h 时的速度。

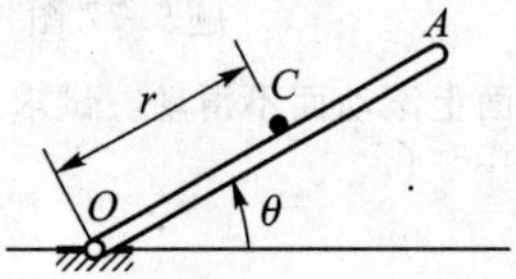

题 9.83 图

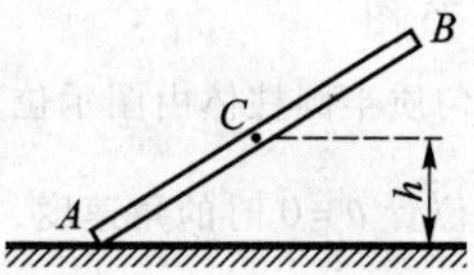

题 9.84 图

9.85 如上题，假设开始时静止，杆与铅垂线的倾角为 α，然后在其自身重力作用下自由倾倒。试证：(1) 当倾角为 θ 时，杆的角速度为 $\omega=\sqrt{\dfrac{6g}{l}\left(\dfrac{\cos\alpha-\cos\theta}{1+3\sin^2\theta}\right)}$；(2) 水平面的反力 $F_{\mathrm{N}}=\dfrac{4-6\cos\alpha\cos\theta+3\cos^2\theta}{(1+3\sin^2\theta)^2}mg$。

9.86 匀质直杆 AB 长为 $2l$，质量为 m，A 端被约束在一光滑水平滑道内。开始时，直杆位于图示的虚线位置 A_0B_0；由静止释放后，该杆受重力作用而运动。试求 A 端的约束力，用角 φ 表示。

9.87 一木板质量为 M，长为 l，静止地悬挂在水平轴 OO_1 之下，如图所示。现有一质量为 m，速度为 $\boldsymbol{v}_0$ 的子弹垂直地射入木板中心处，试求木板摆动的最大角度 θ。

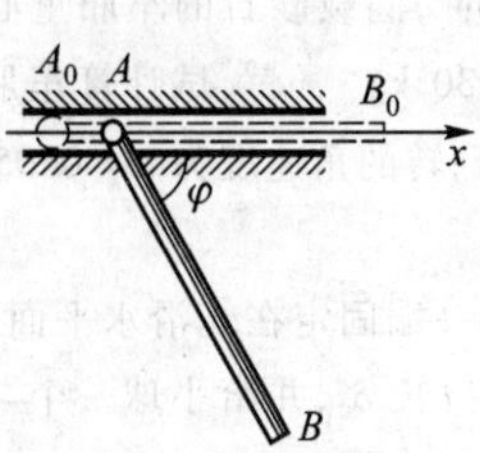

题 9.86 图

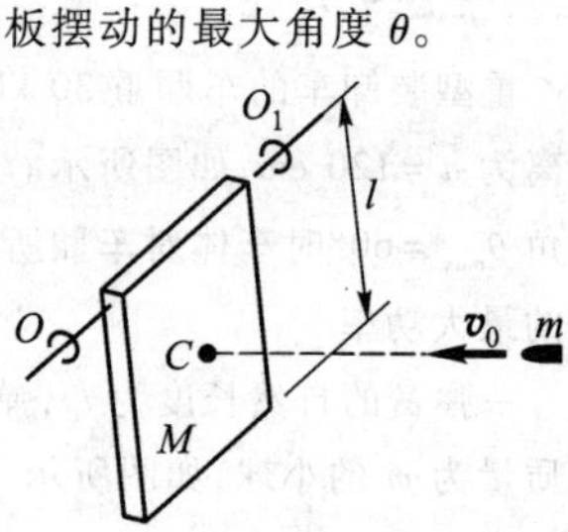

题 9.87 图

9.88　匀质三角薄板重为 W，被三根等长的绳挂起如图所示。如绳 BC 忽然被拉断，试求此时三角板的加速度和绳 AE，BD 的拉力。

9.89　曲柄 OA 长为 l，可绕固定滑轮的水平中心轴 O 转动，曲柄的 A 端装有动滑轮的轴。两滑轮的质量均为 m，半径均为 r。不计皮带和曲柄的质量，且皮带和滑轮间无相对滑动。试求曲柄 OA 在水平位置时，系统由静止进入运动的瞬间，动滑轮上各点的加速度和轮两侧皮带张力之差。

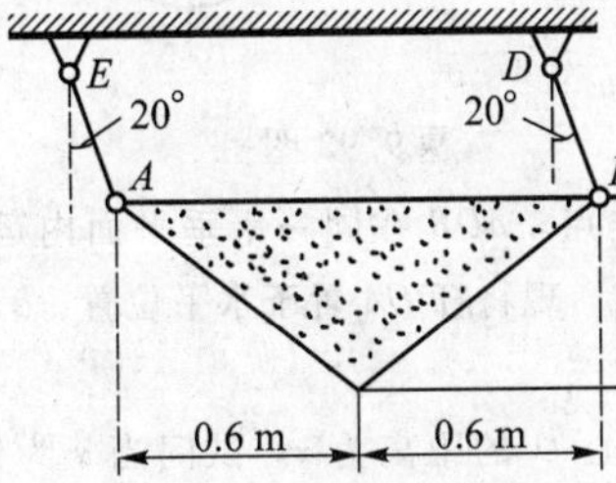

题 9.88 图

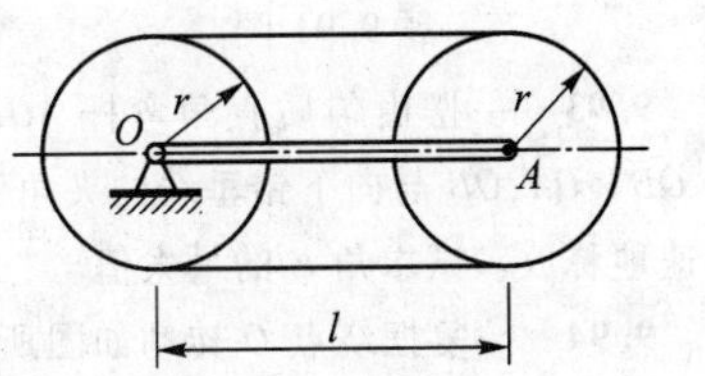

题 9.89 图

9.90　炉门质量 $M = 226$ kg，用滚轮 B 和 D 支持，可在光滑的水平轨道上自由移动。平衡锤 A 的质量 $M_1 = 45$ kg，用钢索连于门上 E 点，如图所示。试求：(1) 炉门的加速度；(2) B 和 D 处的约束力。图中长度单位是 cm。

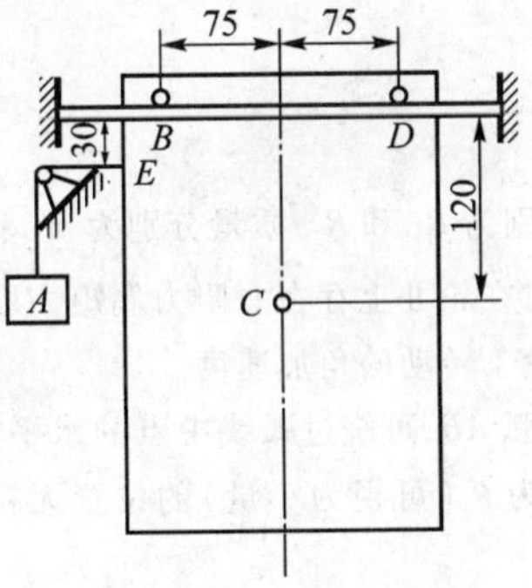

题 9.90 图

9.91　小轿车重为 W，轮胎与地面间的摩擦因数是 f。图中所示尺寸满足 $b:c:h = 3:2:1$，试求当四轮一起紧急刹车时，汽车的最大加速度和前后轮对地面的正压力。

9.92　图示制动机构中，已知轮 O 的质量 $M = 800$ kg，回转半径 $\rho = 0.16$ m，制动片与轮之间的动摩擦因数 $f = 0.6$。如轮的初始转速 $n = 600\ \mathrm{r \cdot min^{-1}}$，现希望它转 25 转后即停止，试分别在初始以顺时针和逆时针两种转动情况下，求在 B 点应施加多大的力 $\boldsymbol{F}$。$\boldsymbol{F}$ 与 AB 垂直，且 ABC 重力不计。

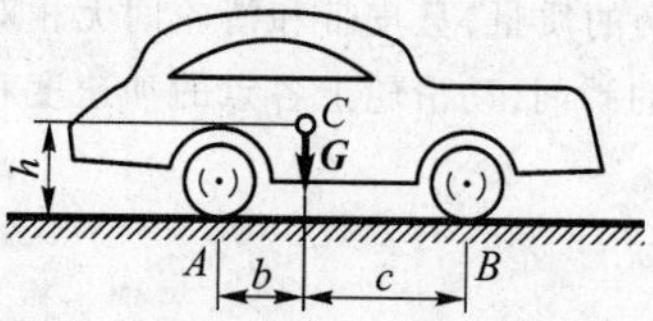

题 9.91 图

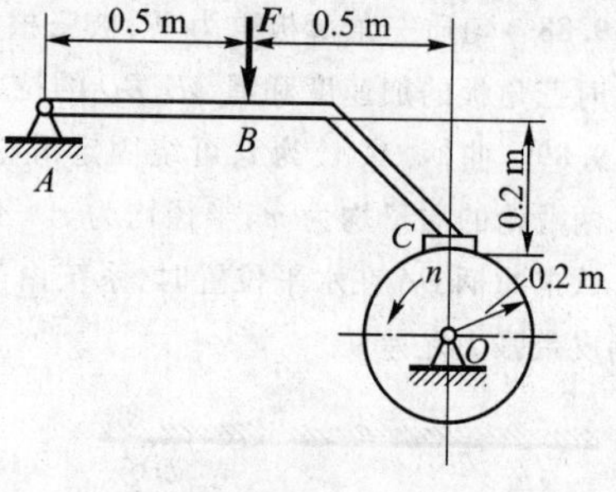

题 9.92 图

9.93 一摆由匀质直角弯杆 AOB 组成，O 点为悬挂点。AOB 在同一铅垂平面内运动。设 $OB<OA$，OB 与向下铅垂线的夹角为 φ，平衡位置为 φ_0。现将杆 OA 置于水平位置，然后无初速地释放。试求角 φ 的最大值。

9.94 一复摆绕点 O 转动如图所示，点 O 离开其质心 O' 的距离为 x。试问当 x 为何值时，摆从水平位置无初速地转到铅垂位置时的角速度为最大？并求此最大角速度。

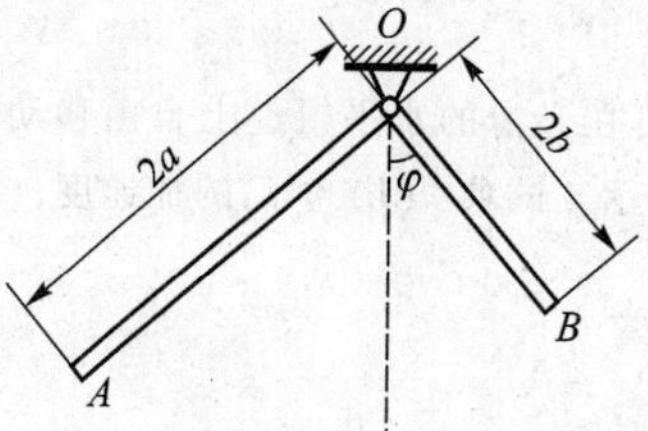

题 9.93 图

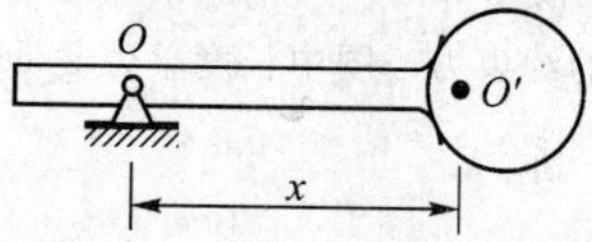

题 9.94 图

9.95 两皮带轮的半径分别为 R_1 和 R_2，质量分别为 m_1 和 m_2，可视为匀质圆盘。今在轮Ⅰ上作用一主动力偶矩 M，同时在轮Ⅱ上存在一阻力偶矩 M'。皮带的质量略去不计，且设皮带与轮之间无相对滑动，试求轮Ⅰ转动的角加速度。

9.96 一段半径为 R 的圆弧 AB，可绕过弧线中点的水平轴 O 转动。现将圆弧在过其点 O 的半径处于与铅垂线的夹角为 θ_0（可视为小量）的位置无初速地释放，试求圆弧此后的运动规律。

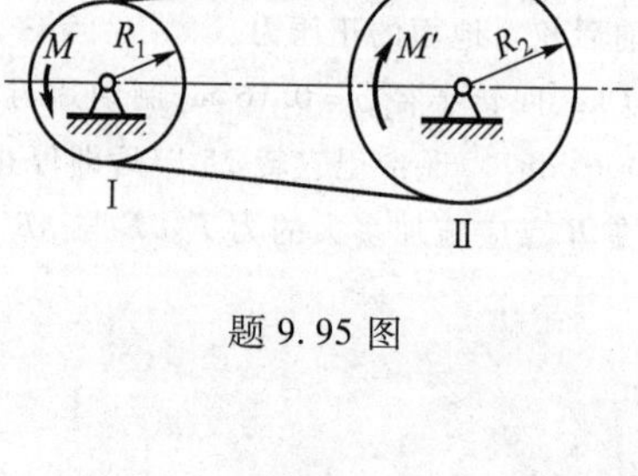

题 9.95 图

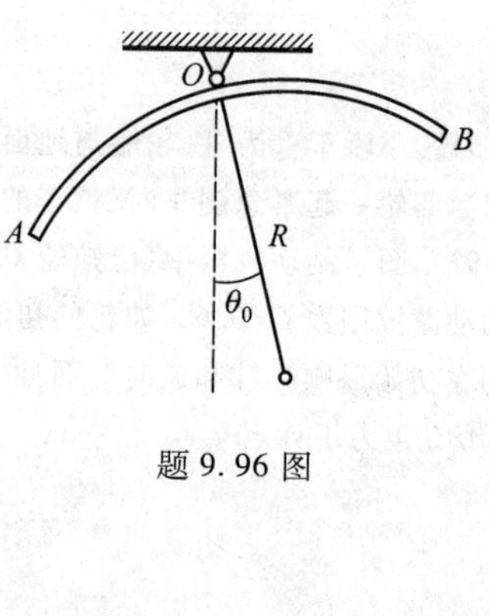

题 9.96 图

9.97　匀质圆柱体半径为 r，质量为 m，沿水平面滚至铅垂墙时，其角速度为 ω_0。由于墙和地面都存在摩擦，使圆柱体越转越慢。如已知柱和墙、柱和地面间的摩擦因数均为 f。试求圆柱完全停止转动所需的时间。

9.98　带有鼓轮的滚子质量为 m，半径为 R，放在粗糙水平面上。在滚子鼓轮上绕一细绳，绳上有拉力 $\boldsymbol{F}_{\mathrm{T}}$，方向与水平线成 α 角。鼓轮半径为 r，滚子对中心轴的回转半径为 ρ。试求滚子中心的加速度。

9.99　匀质细杆 AB，质量为 m，长为 l，在铅垂位置由静止释放。A 端借助无重滑轮沿倾角为 θ 的轨道滑动，如图所示。不计摩擦，试求释放瞬时 A 点的加速度及其约束力。

题 9.97 图

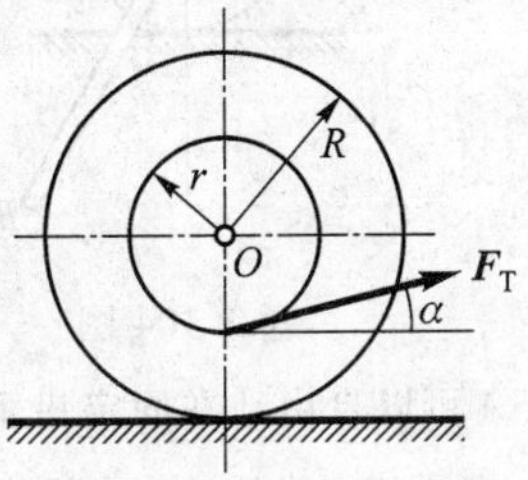

题 9.98 图

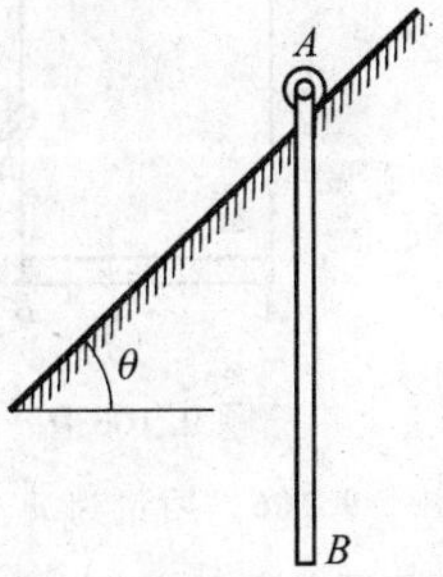

题 9.99 图

9.100　图示匀质圆球质量为 16 kg，半径为 10 cm，与地面间的摩擦因数 $f=0.25$。若初瞬时球心的速度 $v_0=40\ \mathrm{cm\cdot s^{-1}}$，初角速度为 $\omega_0=2\ \mathrm{rad\cdot s^{-1}}$，试问经过多少时间后球停止滑动？此时球心速度多大？

9.101　匀质圆轮质量为 m，半径为 r，静止地放置在水平胶带上，如图所示。若作用一拉力 $\boldsymbol{F}$ 于胶带上使胶带与轮子间产生相对滑动。设轮子和胶带间的摩擦因数为 f，试求轮心经过距离 s 所需的时间和此时轮子的角速度。

9.102　匀质圆柱体质量为 m，半径为 r，放在倾角为 60°的斜面上，如图所示。一细绳绕在圆柱体上，其一端固定于 A 点，AB 与斜面平行。如果圆柱体与斜面间的摩擦因数 $f=\dfrac{1}{3}$，试求圆柱体中心的加速度。

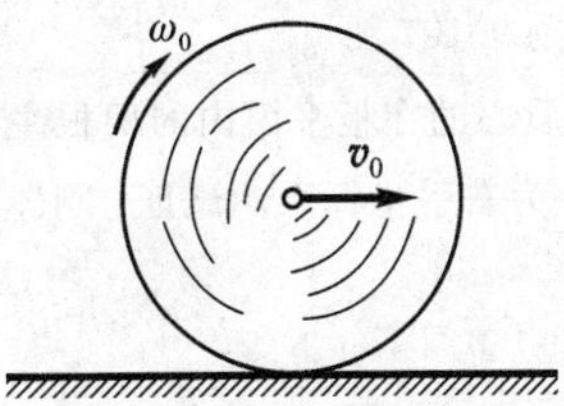

题 9.100 图

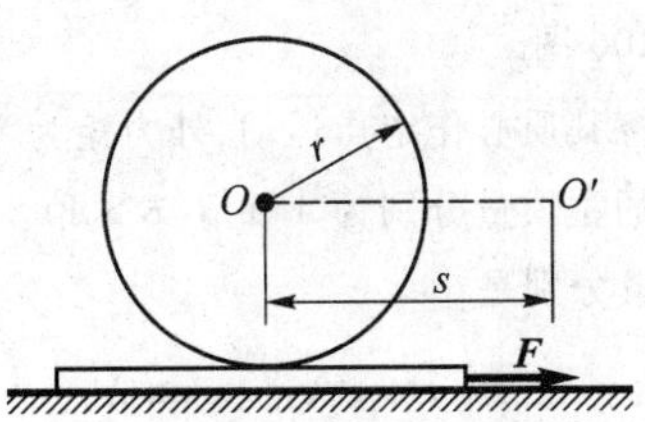

题 9.101 图

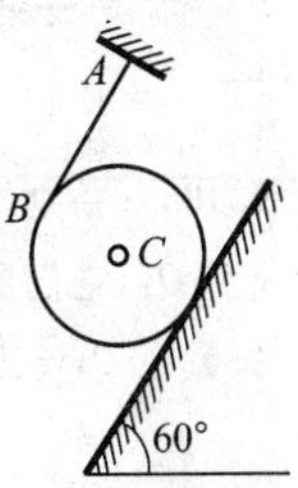

题 9.102 图

9.103　匀质杆 AB 质量为 m，长为 l，在两端用绳水平吊起，如图所示。当突然剪断绳 B 时，试求绳 A 的张力及杆 AB 的角加速度。

9.104 质量为 m_1、半径为 R 的匀质圆轮在水平面上作纯滚动。质量为 m_2、长为 l 的匀质杆一端用光滑铰链铰接于圆轮中心，如图所示。试列写系统的运动微分方程。

9.105 匀质杆 AC 质量为 30 kg，有一水平力 240 N 突然作用于杆上 B 点，杆开始时保持如图所示垂直位置。(1) 若不考虑水平面与杆间的摩擦力，试确定此瞬时杆端 C 的加速度；(2) 若杆与水平面之间摩擦因数为 0.30，试求 C 点的初加速度。

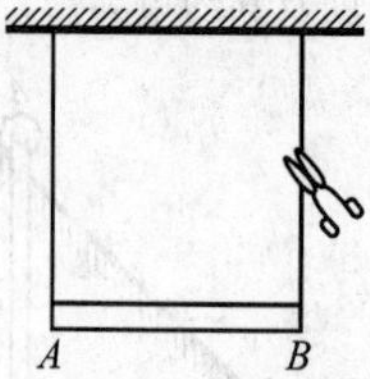

题 9.103 图

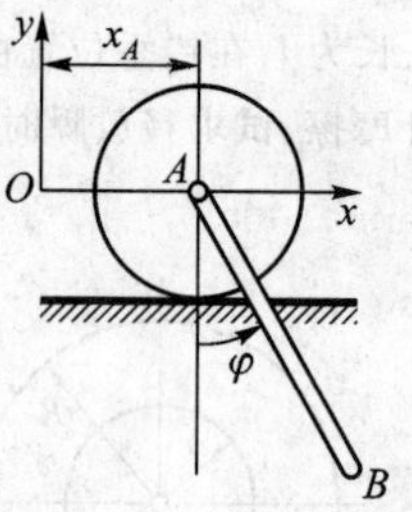

题 9.104 图

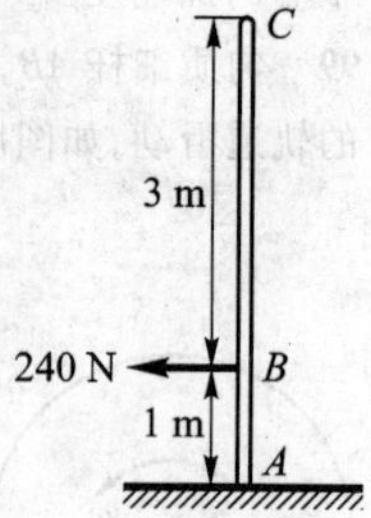

题 9.105 图

9.106 质量为 m_1 的直杆 A 可以自由地在固定铅垂套管中移动，杆的下端搁在质量为 m_2、倾角为 α 的光滑楔子 B 上，楔子放在光滑的水平面上，由于杆子的重量，楔子沿水平方向移动，杆下落，如图所示。试求两物体的加速度大小及地面约束力。

9.107 在半径为 $r=0.5$ m、质量为 m 的匀质圆环上焊一根质量同为 m 的匀质细长杆，圆环竖立在粗糙的水平面上如图所示。已知初瞬时 $\theta=60°$，$\dot{\theta}=2\ \text{rad}\cdot\text{s}^{-1}$。试求初瞬时点 O 的加速度。

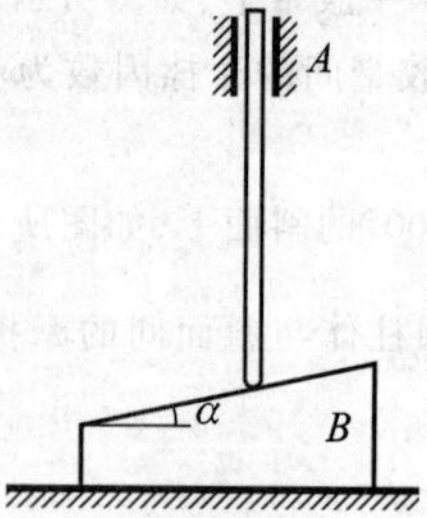

题 9.106 图

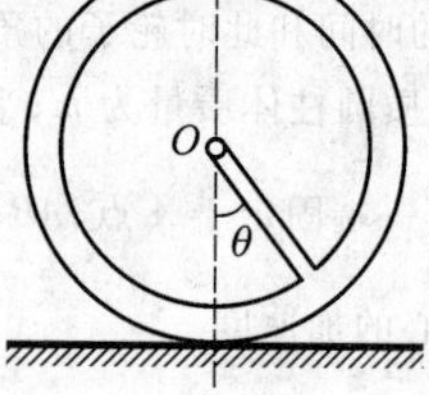

题 9.107 图

9.108 一刚性薄板绕其质心作定点运动，外力矩为零，过质心的在板平面内的两根主轴为 Ox 和 Oy，它们所对应的主惯量分别为 A 和 $B(B>A)$。$Oxyz$ 为右手坐标系。试证：刚体角速度矢量在 $Oxyz$ 上的分量分别是

$$\omega\cos\lambda,\quad -\omega\sin\lambda,\quad \dot{\lambda}$$

其中 ω 为常量，λ 满足下列微分方程

$$2\ddot{\lambda}+k^2\sin 2\lambda=0,\quad k^2=\frac{(B-A)\omega^2}{(B+A)}$$

9.109　一匀质的旋转对称刚体绕它的质心 O 作定点运动，对点 O 的主惯量是 A,A,C。初始角速度 $\boldsymbol{\omega}'$在对称轴上的投影为 n。作用在刚体上的阻力矩为 $-k\boldsymbol{\omega}$，$\boldsymbol{\omega}$ 是瞬时角速度。试证：在任意瞬时 t，瞬时转动轴与对称轴的夹角 α 由下式给出

$$\tan\alpha = \frac{1}{n}\sqrt{\omega'^2 - n^2}\exp\left[-\left(\frac{1}{A}-\frac{1}{C}\right)kt\right]$$

9.110　两个质量均为 m 的小球，绕轴 AB 匀速转动，如图所示。已知角速度为 ω，且 AB 距离为 l。如各杆质量不计，试求 A,B 两处的约束力。

9.111　飞机发动机的涡轮转子对其转轴的转动惯量 $J=12.3\ \mathrm{kg\cdot m^2}$，转速 $n=18\ 000\ \mathrm{r\cdot min^{-1}}$，轴承 A,B 相距 $l=0.8$ m。如飞机以角速度 $\omega'=0.3\ \mathrm{rad\cdot s^{-1}}$绕铅垂轴转动，试求涡轮转子轴 A,B 两处的约束力。

9.112　玩具陀螺对自转轴 Oz 的回转半径为 $\rho=0.02$ m，重心 C 到支点 O 的距离 $l=0.09$ m。假设陀螺在自转速 $n=1\ 500\ \mathrm{r\cdot min^{-1}}$的条件下绕铅直轴 $O\zeta$ 作规则进动，且 $\theta=20°$。试求进动角速度 ω'。

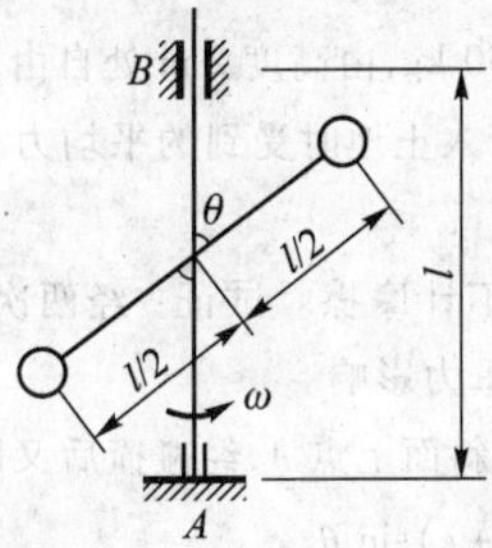

题 9.110 图

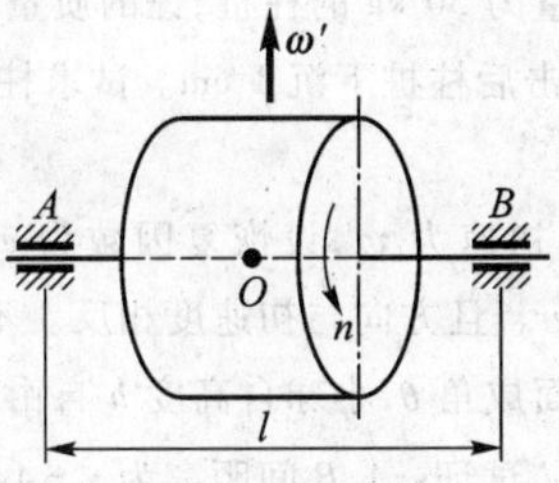

题 9.111 图

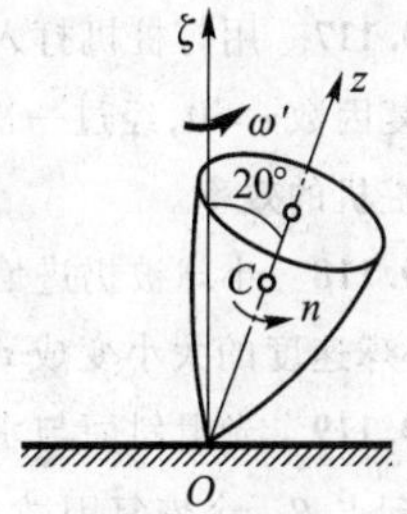

题 9.112 图

9.113　正方形框架 $ABDC$ 以匀角速度 ω_1 绕铅垂轴转动，而转子又以匀角速度 ω 相对于框架绕对角线 BC 转动。已知转子半径为 r，重为 W，是匀质实心圆盘。距离 $EF=l$，试求轴承 E 和 F 由于陀螺效应引起的约束力。

9.114　火车的车轮共重 $W=13\ 700$ N，对其转轴的回转半径 $\rho=\sqrt{0.55}r$，其中车轮半径 $r=75$ cm。火车以匀速 $v=20\ \mathrm{m\cdot s^{-1}}$沿半径 $R=200$ m 的水平曲线轨道行驶。如两轮之间的距离 $l=1.5$ m，试求车轮的重力和回转力矩对轨道所引起的压力。

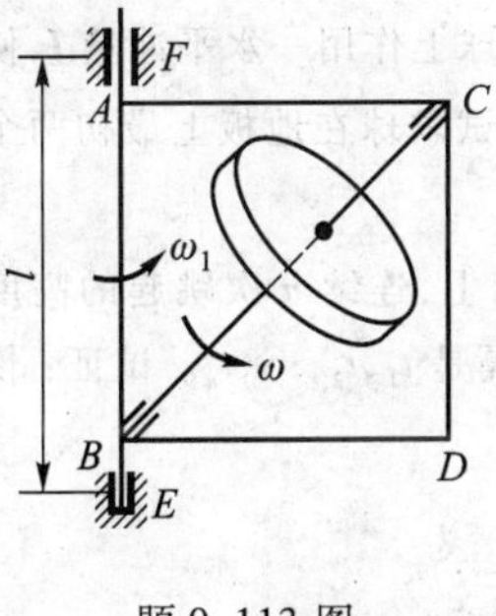

题 9.113 图

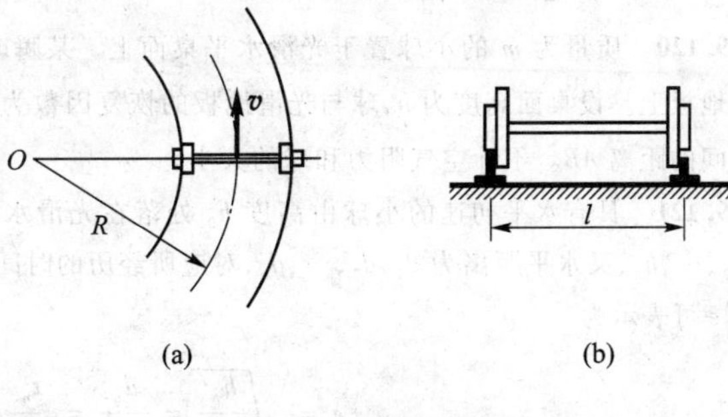

题 9.114 图

9.115 两球重量相同,用等长细绳悬挂如图所示。球Ⅰ由 $\theta_1=45°$的位置自由摆下,撞在球Ⅱ上,使球Ⅱ升高至 $\theta_2=30°$的位置,试求恢复因数 e。

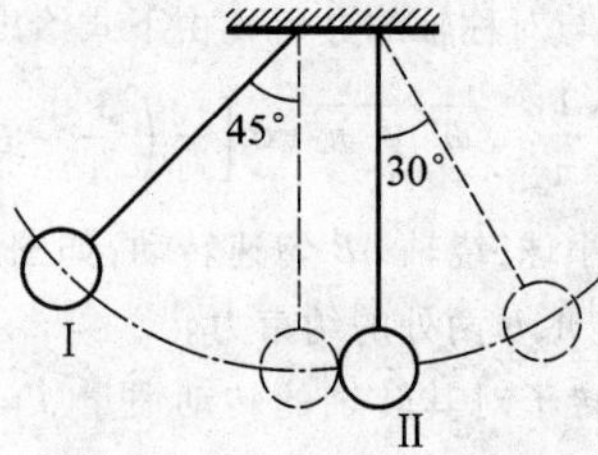

题 9.115 图

9.116 试分别计算下列两种情况下两球的质量比。已知恢复因数为 e。(1) 两球 A,B 以大小相等、方向相反的速度进行正碰撞,碰撞后 B 静止;(2) 两球 A,B 正碰撞,碰撞前 A 静止,碰撞后 B 静止。

9.117 用打桩机打入质量为 50 kg 的柱桩,锤的质量为 450 kg,由高度 2 m 处自由落下。如恢复因数 $e=0$,经过一次捶击后柱桩下沉 1 cm。试求柱桩打入土地时受到的平均力 $\boldsymbol{F}_a$ 以及打桩机的效率。

9.118 小球被扔进墙角,初速为 $\boldsymbol{v}_0$,设恢复因数为 e,且不计摩擦。试证:经两次弹跳后,小球速度的大小变成 $v_1=ev_0$,且方向与初速度相反。不计重力影响。

9.119 光滑斜面与水平面成角 θ,小球自高度 h 自由落到斜面上点 A,经碰撞后又跳起,再落到点 B。令恢复因数为 e。试证:A,B 间距离为 $x=4eh(1+e)\sin\theta$。

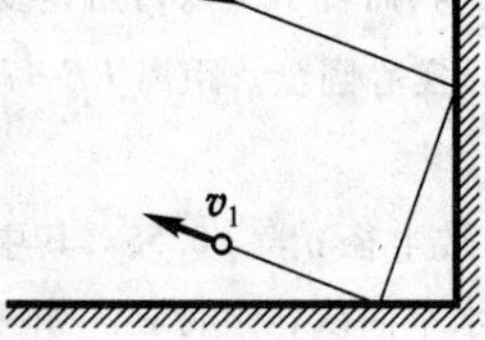

题 9.118 图

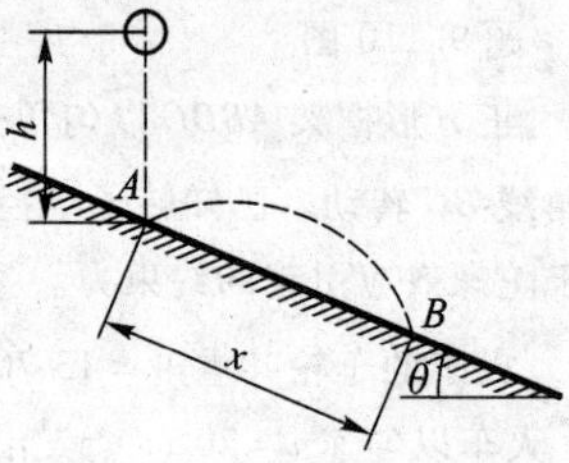

题 9.119 图

9.120 质量为 m 的小球置于光滑水平桌面上。某瞬时在球上作用一水平冲量 $\boldsymbol{I}$,使球落在地板上。设桌面高度为 h,球与光滑地板的恢复因数为 e。试求球在地板上最初两个落点之间的距离 AB。不计空气阻力和球的大小。

9.121 具有水平初速的小球由高度 h_0 处落在光滑水平面上,连续 n 次跳起的高度为 $h_1,h_2,\cdots,h_n$,又水平距离为 $d_1,d_2,\cdots,d_n$,对应所经历的时间间隔是 $t_1,t_2,\cdots,t_n$。试证:恢复因数 e 可表示为

$$e=\sqrt{\frac{h_n}{h_{n-1}}}=\frac{d_n}{d_{n-1}}=\frac{t_n}{t_{n-1}}$$

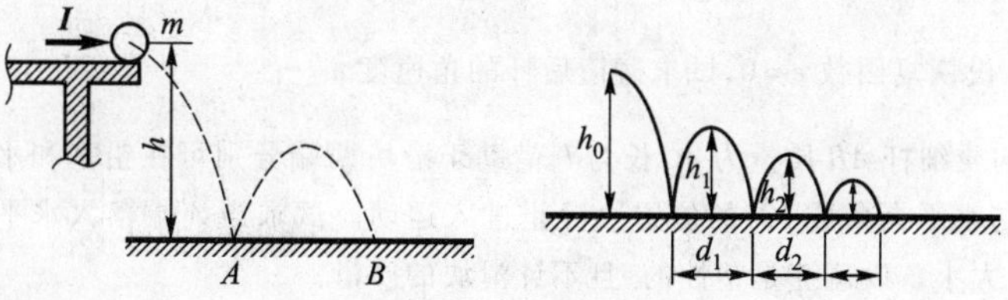

题 9.121 图

9.122　质量均为 m 的两个质点 A 和 B，由长为 l 的不可伸长的轻绳相连接。B 点约束在光滑水平桌面上的光滑直槽内，它可以在槽中自由滑动。开始时 A 点静止在桌面上，B 点静止在直槽内，AB 垂直于直槽且距离为$\dfrac{l}{2}$。如 A 点以速度 v 在桌面上平行于槽的方向运动。试证：当 B 点开始运动时，它的速度大小为$\dfrac{3v}{7}$，并求绳子受到的冲量和槽的反作用冲量。

9.123　一光滑小球与相同的静止小球碰撞，碰撞前第一个小球运动的方向与碰撞时两球的连心线成 α 角，恢复因数为 e。试证：第一个小球碰后偏过的角度 β 满足方程

$$\tan(\alpha+\beta)=\frac{2}{1-e}\tan\alpha$$

并证明在各种 α 值下 β 的最大值为

$$\beta_{\max}=\arcsin\left(\frac{1+e}{3-e}\right)$$

9.124　射击摆为一悬挂于水平轴 O 且填满砂土的筒，当枪弹穿入砂筒时使摆绕轴 O 转过一偏角 α。若已知摆的质量为 M，绕轴 O 的转动惯量为 J_O，摆的重心 C 到轴 O 的距离为 h，枪弹的质量为 m，枪弹穿入点到轴 O 的距离为 d，试求枪弹的速度。

9.125　匀质细杆 AB 由铅垂位置绕下端 A 轴自静止开始倒下。杆上一点 K 击中固定钉子 D，碰撞后回到水平位置。已知 AD 与水平夹角为 60°，试求碰撞的恢复因数。

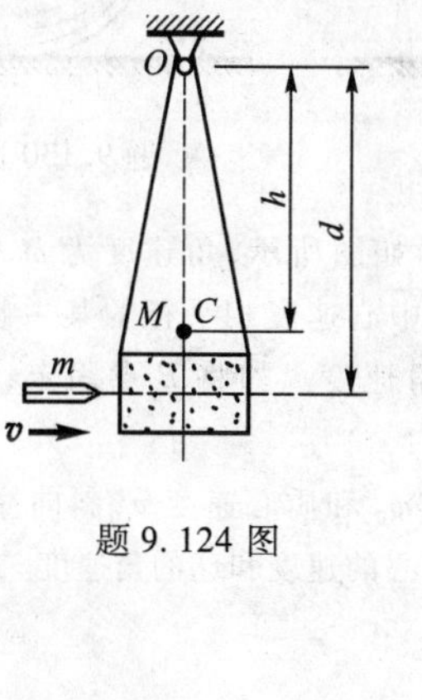

题 9.124 图

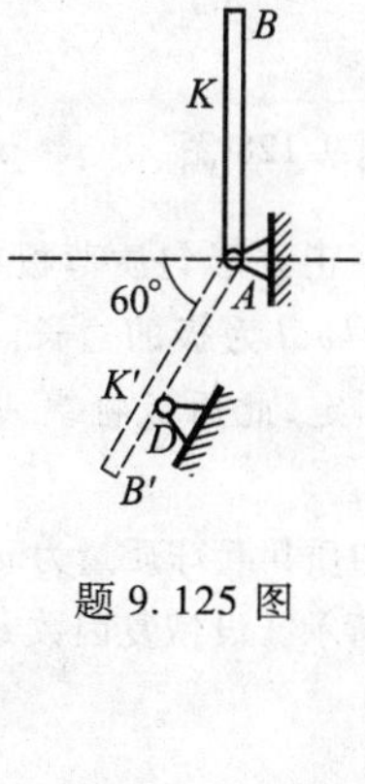

题 9.125 图

9.126 匀质杆长为 $2l$，以垂直于杆的平移速度 $\boldsymbol{v}$ 运动，在某瞬时与支座 A 突然碰撞，A 距杆端为 $\frac{l}{2}$。设恢复因数 $e=0$，试求碰撞后杆的角速度 ω。

9.127 匀质细杆 AB 质量为 m，长为 l，借助于滑块两端分别可在铅垂和水平槽内运动。设初瞬时，杆与水平夹角成 $60°$ 的位置由静止进入运动。试求当 A 端落入水平槽时，所受到的碰撞冲量的大小。设碰撞是塑性的，且不计滑块的质量。

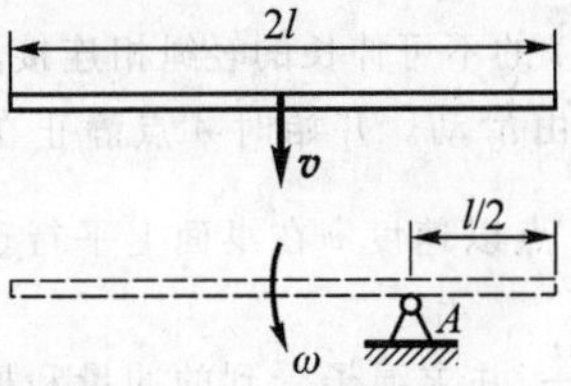

题 9.126 图

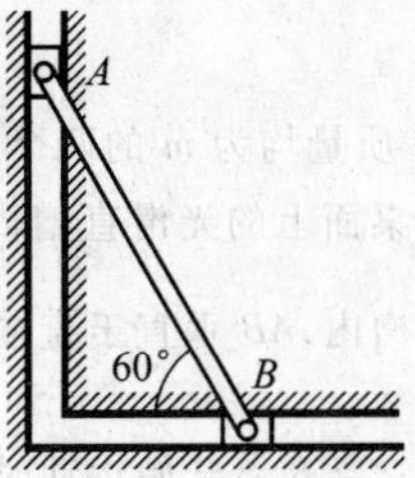

题 9.127 图

9.128 匀质细杆 AB 两端各带钩子，钩子开口配置如图所示。杆放在光滑水平面上，A 端的钩子钩住固定钉子 C，并以角速度 ω_0 绕 C 转动。当另一端 B 的钩子钩住另一固定钉子 D 时，A 端脱钩。设 B 与 D 的碰撞为塑性碰撞，试求碰撞后杆绕 D 转动的角速度 ω_1 以及 B 受到的约束冲量。

9.129 匀质细杆质量为 m，长为 l，以倾角 β、铅直平移速度 $\boldsymbol{v}_0$ 下降，与光滑水平面发生碰撞。设恢复因数 $e=1$，试求杆碰撞后的角速度。

9.130 一半径为 r 的匀质圆球置于水平桌面上，并有一水平碰撞冲量 $\boldsymbol{I}$ 作用如图所示。要使圆球与桌面间不发生滑动，水平碰撞冲量应作用在何处？

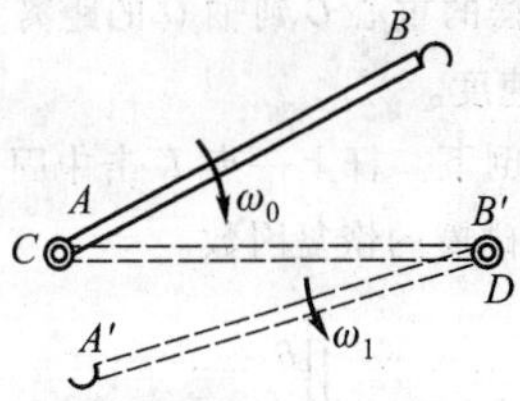

题 9.128 图

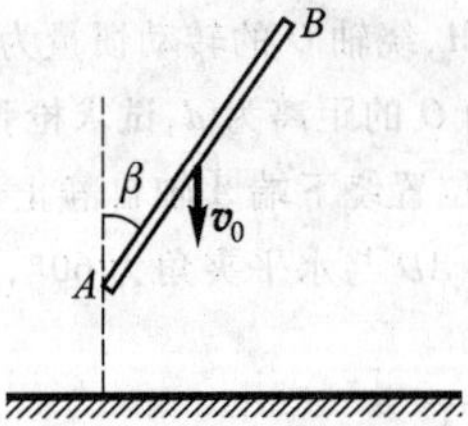

题 9.129 图

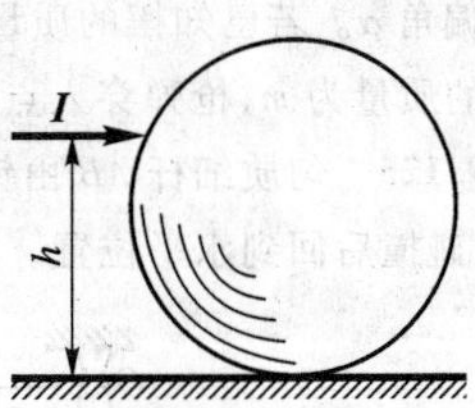

题 9.130 图

9.131 一正方形匀质薄板在光滑水平面上运动如图所示，角速度为 ω，中心 O 的速度为 $\boldsymbol{v}$，设 $v=l\omega$，l 为板的边长。今在板的一边与其中心速度相平行的某一瞬间，将板的一角 A 突然固定，此后板将绕 A 点转动，试求板的角速度。如将 B 点固定，板的角速度为多少？

9.132 匀质乒乓球质量为 m，半径为 r，以角速度 ω_0 和质心速度 $\boldsymbol{v}_{C0}$ 斜向撞在光滑的水平面上，如图所示。设恢复因数 $e=0.8$，试求碰撞后质心的速度和球的角速度。

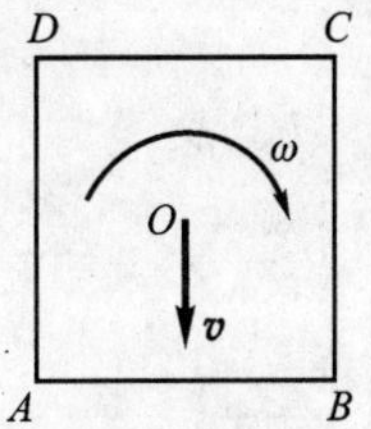

题 9.131 图

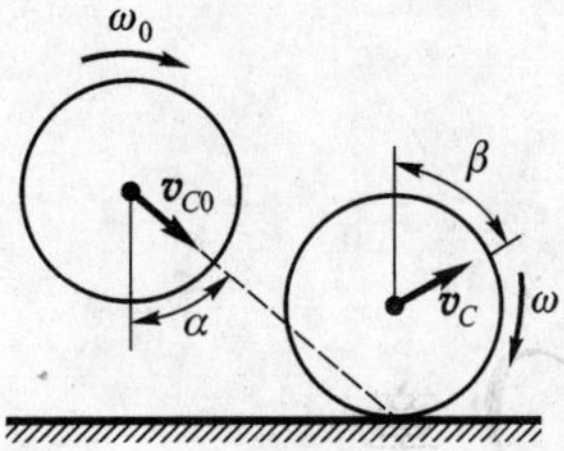

题 9.132 图

第 10 章

达朗贝尔原理和动静法

本章介绍达朗贝尔原理以及由此原理发展起来的动静法，包括质点的达朗贝尔原理、质点系的达朗贝尔原理、惯性力系的简化以及定轴转动刚体的轴承附加动约束力等。

10.1 质点的达朗贝尔原理

研究非自由质点的运动，质点所受主动力为 $\boldsymbol{F}$，约束力为 $\boldsymbol{F}_{\mathrm{N}}$，牛顿第二定律式(8.1.1)可表示为

$$m\boldsymbol{a} = \boldsymbol{F} + \boldsymbol{F}_{\mathrm{N}} \tag{10.1.1}$$

将其改写为

$$\boldsymbol{F} + \boldsymbol{F}_{\mathrm{N}} + (-m\boldsymbol{a}) = \boldsymbol{0} \tag{10.1.2}$$

引入记号

$$\boldsymbol{F}_{\mathrm{I}} = -m\boldsymbol{a} \tag{10.1.3}$$

$\boldsymbol{F}_{\mathrm{I}}$ 具有力的量纲，称为**质点的惯性力**，它是一个假想的力。式(10.1.2)可写成形式

$$\boldsymbol{F} + \boldsymbol{F}_{\mathrm{N}} + \boldsymbol{F}_{\mathrm{I}} = \boldsymbol{0} \tag{10.1.4}$$

这是一个汇交力系的平衡方程式，表述为：**在每一瞬时，质点在主动力、约束力和假想的惯性力作用下处于平衡**。这一结论称为**质点的达朗贝尔原理**。有关达朗贝尔原理的详细讨论见 10.6 节。

根据达朗贝尔原理，可以通过质点附加上惯性力而使动力学问题转化为静

力学问题,因而能够应用平衡方程式及静力学解题的各种技巧;求解约束力就是求 $\boldsymbol{F}_{\mathrm{N}}$,求解未知运动就是求惯性力 $\boldsymbol{F}_{\mathrm{I}}$。这种方法称为解决动力学问题的动静法。

10.2　质点系的达朗贝尔原理

设质点系由 N 个质点组成,作用于第 i 个质点上的主动力和约束力的合力分别为 $\boldsymbol{F}_i$ 和 $\boldsymbol{F}_{\mathrm{N}i}$,如果对每一个质点都加上假想的惯性力 $\boldsymbol{F}_{\mathrm{I}i}=-m_i\boldsymbol{a}_i$,则根据质点的达朗贝尔原理,在每一瞬时,质点系中每一个质点都处于平衡,即有

$$\boldsymbol{F}_i+\boldsymbol{F}_{\mathrm{N}i}+\boldsymbol{F}_{\mathrm{I}i}=\boldsymbol{0}\quad(i=1,2,\cdots,N)\tag{10.2.1}$$

这是**质点系的达朗贝尔原理**,表述为:**在每一瞬时,主动力、约束力和惯性力处于平衡**。

如果系统中第 i 个质点所受外力的合力,包括外主动力和外约束力,记作 $\boldsymbol{F}_i^{(\mathrm{e})}$,根据平衡力系的主矢和对任一点 A 的主矩皆为零,可写出以下平衡方程

$$\sum\boldsymbol{F}_i^{(\mathrm{e})}+\sum\boldsymbol{F}_{\mathrm{I}i}=\boldsymbol{0}\tag{10.2.2}$$

$$\sum\boldsymbol{M}_A(\boldsymbol{F}_i^{(\mathrm{e})})+\sum\boldsymbol{M}_A(\boldsymbol{F}_{\mathrm{I}i})=\boldsymbol{0}\tag{10.2.3}$$

式(10.2.2),(10.2.3)就是**动静法**给出的方程。

10.3　质点系惯性力系的简化

为了便于问题的处理,常常将质点系的惯性力系用一个简单的与之等效的力系来替代,称为质点系惯性力系的简化。

质点系惯性力系的主矢为各质点惯性力的矢量和,即

$$\boldsymbol{F}_{\mathrm{I}}=\sum\boldsymbol{F}_{\mathrm{I}i}=\sum(-m_i\boldsymbol{a}_i)=-m\boldsymbol{a}_C\tag{10.3.1}$$

其中 m 为系统的总质量 $\sum m_i$,$\boldsymbol{a}_C$ 为质点系质心的加速度。

质点系惯性力系对空间固定点 O 的主矩为各质点的惯性力对点 O 的矩的矢量和,即

$$\boldsymbol{M}_{\mathrm{I}O}=\sum\boldsymbol{M}_O(\boldsymbol{F}_{\mathrm{I}i})=\sum\boldsymbol{r}_i\times(-m_i\boldsymbol{a}_i)\tag{10.3.2}$$

质点系惯性力系对质点系质心 C 的主矩为各质点惯性力对点 C 的矩的矢

量和,即

$$\boldsymbol{M}_{\mathrm{I}C}=\sum\boldsymbol{M}_C(\boldsymbol{F}_{\mathrm{I}i})=\sum\boldsymbol{r}'_i\times(-m_i\boldsymbol{a}_i) \tag{10.3.3}$$

其中 $\boldsymbol{r}'_i$为第 i 个质点相对于质心 C 的矢径,而 $\boldsymbol{M}_{\mathrm{I}O}$与 $\boldsymbol{M}_{\mathrm{I}C}$有如下关系

$$\boldsymbol{M}_{\mathrm{I}O}=\boldsymbol{M}_{\mathrm{I}C}+\overrightarrow{OC}\times\boldsymbol{F}_{\mathrm{I}} \tag{10.3.4}$$

请读者证明惯性力的主矢与主矩的标积是一个不变量。

10.4 刚体惯性力系的简化

应用动静法求解动力学问题时,需要在质点系上加上假想的惯性力,可以根据刚体运动的类型将惯性力系简化。

1. 平移刚体惯性力系的简化

在同一瞬时,平移刚体内各点的加速度相等,设其质心的加速度为 $\boldsymbol{a}_C$,则各质点的惯性力系为

$$\boldsymbol{F}_{\mathrm{I}i}=-m_i\boldsymbol{a}_i=-m_i\boldsymbol{a}_C \quad (i=1,2,\cdots,N)$$

将惯性力系向质心 C 简化,注意到$\sum m_i=m$,则惯性力系的主矢为

$$\boldsymbol{F}_{\mathrm{I}}=\sum\boldsymbol{F}_{\mathrm{I}i}=-\sum m_i\boldsymbol{a}_C=-m\boldsymbol{a}_C \tag{10.4.1}$$

设 $\boldsymbol{r}'_i$ 为由质点系质心 C 引出的第 i 个质点的矢径,根据质心定义,有$\sum m_i\boldsymbol{r}'_i=\boldsymbol{0}$,因此惯性力系对质心 C 的主矩为

$$\boldsymbol{M}_{\mathrm{I}C}=\sum\boldsymbol{M}_C(\boldsymbol{F}_{\mathrm{I}i})=\sum\boldsymbol{r}'_i\times(-m_i\boldsymbol{a}_i)=-\sum(m_i\boldsymbol{r}'_i)\times\boldsymbol{a}_C=\boldsymbol{0} \tag{10.4.2}$$

由此可知,在任一瞬时,**平移刚体惯性力系向质心简化为一合力,方向与加速度方向相反,大小等于刚体的质量与加速度的乘积。**

2. 平面运动刚体惯性力系的简化

假设刚体有质量对称面,并且刚体在此平面内作平面运动。在这种情形下,刚体的惯性力系可简化为在质量对称面内的平面力系。设刚体的角速度 ω、角加速度 α 和质心加速度 $\boldsymbol{a}_C$ 如图 10.1 所示。惯性力系向质心 C 简化,注意到$\sum m_i\boldsymbol{a}_i=m\boldsymbol{a}_C$,惯性力系的主矢为

$$\boldsymbol{F}_{\mathrm{I}}=\sum(-m_i\boldsymbol{a}_i)=-m\boldsymbol{a}_C \tag{10.4.3}$$

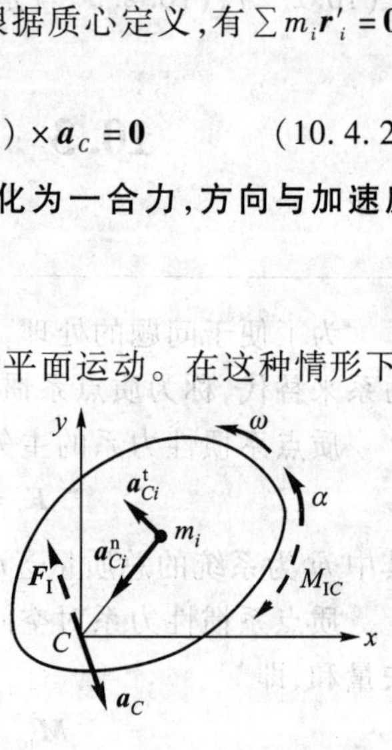

图 10.1

根据基点法公式,质量为 m_i 的质量元的加速度为

$$\boldsymbol{a}_i=\boldsymbol{a}_C+\boldsymbol{a}_{Ci}^{\mathrm{t}}+\boldsymbol{a}_{Ci}^{\mathrm{n}}$$

考虑到 $\sum m_i \boldsymbol{r}'_i = \boldsymbol{0}, \boldsymbol{a}^{\mathrm{n}}_{Ci} /\!/ \boldsymbol{r}_i$，则惯性力向质心 C 简化的主矩为

$$\begin{aligned}\boldsymbol{M}_{\mathrm{I}C} &= -\sum \boldsymbol{r}'_i \times m_i \boldsymbol{a}_i = -\sum \boldsymbol{r}'_i \times m_i(\boldsymbol{a}_C + \boldsymbol{a}^{\mathrm{t}}_{Ci} + \boldsymbol{a}^{\mathrm{n}}_{Ci})\\ &= -\sum(m_i \boldsymbol{r}'_i) \times \boldsymbol{a}_C - \sum \boldsymbol{r}'_i \times m_i(\boldsymbol{\alpha} \times \boldsymbol{r}'_i) - \sum \boldsymbol{r}'_i \times m_i \boldsymbol{a}^{\mathrm{n}}_{Ci}\\ &= -\sum \boldsymbol{r}'_i \times m_i(\boldsymbol{\alpha} \times \boldsymbol{r}'_i) = -\sum(m_i r'^2_i)\boldsymbol{\alpha} = -J_C \boldsymbol{\alpha}\end{aligned} \tag{10.4.4}$$

由式(10.4.3)，(10.4.4)知，**平面运动刚体惯性力系向质心简化为在质量对称面内的一个力和一个力偶**。这个力通过质心，其大小等于刚体的质量与质心加速度的乘积，其方向与质心加速度方向相反；这个力偶的力偶矩的大小等于刚体对通过质心且垂直于质量对称面的轴的转动惯量与角加速度的乘积，其转向与角加速度的转向相反。

3. 定轴转动刚体惯性力系的简化

设刚体具有质量对称面，且转轴 O 垂直于刚体的质量对称面，如图 10.2 所示。因为刚体定轴转动是刚体平面运动的特殊情形。刚体在运动时，其惯性力系向质心 C 简化也可得到式(10.4.3)和式(10.4.4)所示的主矢和主矩。如果惯性力系向点 O 简化，由力系简化理论知，主矢与简化点无关，仍有式(10.4.3)，而主矩有形式

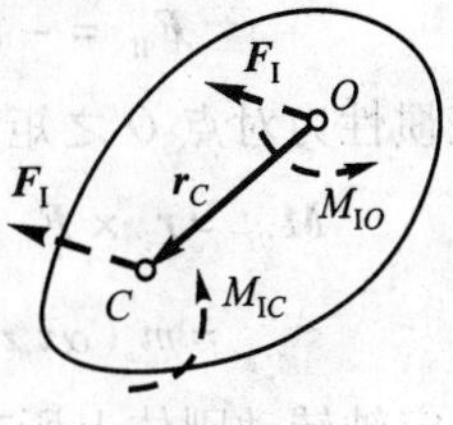

图 10.2

$$\boldsymbol{M}_{\mathrm{I}O} = \boldsymbol{M}_{\mathrm{I}C} + \boldsymbol{r}_C \times \boldsymbol{F}_{\mathrm{I}} = \boldsymbol{M}_{\mathrm{I}C} + \boldsymbol{r}_C \times [-m(\boldsymbol{a}^{\mathrm{t}}_C + \boldsymbol{a}^{\mathrm{n}}_C)]$$

其中 $\boldsymbol{r}_C$ 为由点 O 向质心 C 引出的矢径，注意到 $\boldsymbol{a}^{\mathrm{n}}_C /\!/ \boldsymbol{r}_C$，上式可表示为

$$\begin{aligned}\boldsymbol{M}_{\mathrm{I}O} &= \boldsymbol{M}_{\mathrm{I}C} + \boldsymbol{r}_C \times [-m(\boldsymbol{\alpha} \times \boldsymbol{r}_C)]\\ &= -J_C \boldsymbol{\alpha} - m r^2_C \boldsymbol{\alpha} = -J_O \boldsymbol{\alpha}\end{aligned} \tag{10.4.5}$$

由式(10.4.3)和式(10.4.5)知，绕垂直于质量对称面的轴 O 转动的刚体，其惯性力系向点 O 简化为在质量对称面的一个力和一个力偶。这个力通过点 O，其大小等于刚体质量与质心加速度的乘积，其方向与质心加速度方向相反；这个力偶的力偶矩矢的大小等于刚体对转轴的转动惯量与角加速度的乘积，其方向与角加速度的方向相反。

4. 定轴转动刚体的轴承附加动约束力

设具有任意形状的定轴转动刚体如图 10.3 所示，$\boldsymbol{i},\boldsymbol{j},\boldsymbol{k}$ 为固连在刚体上的直角坐标轴 x,y,z 的单位矢量。质量为 m_i 的质点的矢径为

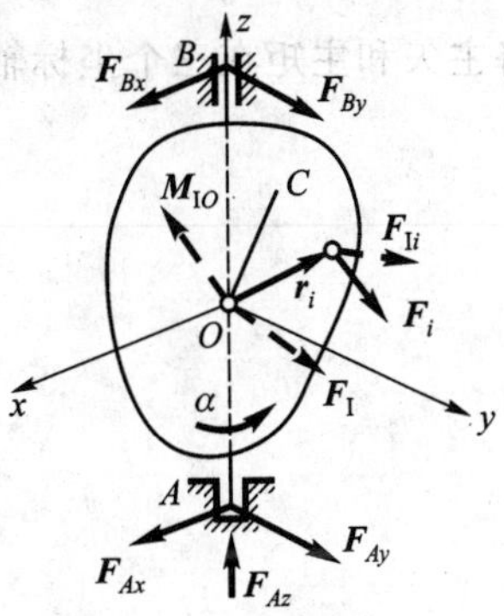

图 10.3

$$\boldsymbol{r}_i = x_i \boldsymbol{i} + y_i \boldsymbol{j} + z_i \boldsymbol{k}$$

设刚体的角速度为 $\omega \boldsymbol{k}$，角加速度为 $\alpha \boldsymbol{k}$，质点

的加速度为

$$\boldsymbol{a}_i = \boldsymbol{a}_i^{\mathrm{t}} + \boldsymbol{a}_i^{\mathrm{n}}$$

其中质点的切向加速度为

$$\boldsymbol{a}_i^{\mathrm{t}} = \alpha\boldsymbol{k} \times \boldsymbol{r}_i = \alpha\boldsymbol{k} \times (x_i\boldsymbol{i} + y_i\boldsymbol{j} + z_i\boldsymbol{k}) = \alpha(x_i\boldsymbol{j} - y_i\boldsymbol{i})$$

质点的法向加速度为

$$\boldsymbol{a}_i^{\mathrm{n}} = \omega\boldsymbol{k} \times (\omega\boldsymbol{k} \times \boldsymbol{r}_i) = \omega^2[\boldsymbol{k} \times (\boldsymbol{k} \times \boldsymbol{r}_i)] = \omega^2[(\boldsymbol{k} \cdot \boldsymbol{r}_i)\boldsymbol{k} - (\boldsymbol{k} \cdot \boldsymbol{k})\boldsymbol{r}_i]$$
$$= \omega^2(z_i\boldsymbol{k} - \boldsymbol{r}_i) = -\omega^2(x_i\boldsymbol{i} + y_i\boldsymbol{j})$$

质点系中第 i 个质点的加速度可表示为

$$\boldsymbol{a}_i = \boldsymbol{a}_i^{\mathrm{t}} + \boldsymbol{a}_i^{\mathrm{n}} = -(\alpha y_i + \omega^2 x_i)\boldsymbol{i} + (\alpha x_i - \omega^2 y_i)\boldsymbol{j}$$

第 i 个质点的惯性力为

$$\boldsymbol{F}_{\mathrm{I}i} = -m_i\boldsymbol{a}_i = m_i(\alpha y_i + \omega^2 x_i)\boldsymbol{i} + m_i(-\alpha x_i + \omega^2 y_i)\boldsymbol{j}$$

该惯性力对点 O 之矩为

$$\boldsymbol{M}_{Oi} = \boldsymbol{r}_i \times \boldsymbol{F}_{\mathrm{I}i}$$
$$= m_i(\alpha x_i z_i - \omega^2 y_i z_i)\boldsymbol{i} + m_i(\alpha y_i z_i + \omega^2 x_i z_i)\boldsymbol{j} - m_i(x_i^2 + y_i^2)\alpha\boldsymbol{k}$$

将定轴转动刚体上所有质点的惯性力组成的力系向点 O 简化，得到主矢 $\boldsymbol{F}_{\mathrm{I}}$ 和主矩 $\boldsymbol{M}_{\mathrm{I}O}$，注意到 $\sum m_i x_i = m x_C$，$\sum m_i y_i = m y_C$，主矢 $\boldsymbol{F}_{\mathrm{I}}$ 可表示为

$$\boldsymbol{F}_{\mathrm{I}} = \sum\boldsymbol{F}_{\mathrm{I}i} = \sum(\alpha m_i y_i + \omega^2 m_i x_i)\boldsymbol{i} + \sum -(\alpha m_i x_i - \omega^2 m_i y_i)\boldsymbol{j}$$
$$= m(\alpha y_C + \omega^2 x_C)\boldsymbol{i} + m(\omega^2 y_C - \alpha x_C)\boldsymbol{j}$$

注意到 $\sum m_i x_i z_i = J_{xz}$，$\sum m_i y_i z_i = J_{yz}$，$\sum m_i(x_i^2 + y_i^2) = J_z$，则惯性力系向点 O 简化的主矩为

$$\boldsymbol{M}_{\mathrm{I}O} = \sum\boldsymbol{M}_{\mathrm{I}Oi} = (J_{xz}\alpha - J_{yz}\omega^2)\boldsymbol{i} + (J_{yz}\alpha + J_{xz}\omega^2)\boldsymbol{j} - J_z\alpha\boldsymbol{k}$$

将主矢和主矩在三个坐标轴上投影，得到

$$\left.\begin{aligned} F_{\mathrm{I}x} &= m(x_C\omega^2 + y_C\alpha) \\ F_{\mathrm{I}y} &= m(y_C\omega^2 - x_C\alpha) \\ F_{\mathrm{I}z} &= 0 \end{aligned}\right\} \tag{10.4.6}$$

$$\left.\begin{aligned} M_{\mathrm{I}x} &= J_{xz}\alpha - J_{yz}\omega^2 \\ M_{\mathrm{I}y} &= J_{yz}\alpha + J_{xz}\omega^2 \\ M_{\mathrm{I}z} &= -J_z\alpha \end{aligned}\right\} \tag{10.4.7}$$

设作用在刚体上的主动力为 $\boldsymbol{F}_i(i = 1, 2, \cdots, N)$，轴承的约束力为 F_{Ax}，F_{Ay}，

F_{Az},F_{Bx},F_{By}，这些力与刚体的惯性力构成空间平衡力系，应用质点系的达朗贝尔原理给出的方程(10.2.2)，(10.2.3)有

$$\sum F_{ix}+F_{Ax}+F_{Bx}+F_{Ix}=0$$

$$\sum F_{iy}+F_{Ay}+F_{By}+F_{Iy}=0$$

$$\sum F_{iz}+F_{Az}=0$$

$$\sum M_x(\boldsymbol{F}_i)+F_{Ay}l_{OA}-F_{By}l_{OB}+M_{IOx}=0$$

$$\sum M_y(\boldsymbol{F}_i)-F_{Ax}l_{OA}+F_{Bx}l_{OB}+M_{IOy}=0$$

$$\sum M_z(\boldsymbol{F}_i)+M_{IOz}=0$$

由前 5 个方程解出轴承的约束力为

$$\left.\begin{aligned}
F_{Ax}&=\frac{1}{l_{AB}}\left[\sum M_y(\boldsymbol{F}_i)-\left(\sum F_{ix}\right)l_{OB}\right]+\frac{1}{l_{AB}}(M_{IOy}-F_{Ix}l_{OB})\\
F_{Ay}&=-\frac{1}{l_{AB}}\left[\sum M_z(\boldsymbol{F}_i)+\left(\sum F_{iy}\right)l_{OB}\right]-\frac{1}{l_{AB}}(M_{IOx}+F_{Iy}l_{OB})\\
F_{Az}&=-\sum F_{iz}\\
F_{Bx}&=-\frac{1}{l_{AB}}\left[\sum M_y(\boldsymbol{F}_i)+\left(\sum F_{ix}\right)l_{OB}\right]-\frac{1}{l_{AB}}(M_{IOy}+F_{Ix}l_{OA})\\
F_{By}&=\frac{1}{l_{AB}}\left[\sum M_x(\boldsymbol{F}_i)-\left(\sum F_{iy}\right)l_{OA}\right]+\frac{1}{l_{AB}}(M_{IOx}-F_{Iy}l_{OA})
\end{aligned}\right\}\qquad(10.4.8)$$

由上式可以看出，与轴 Oz 相垂直的轴承约束力 $F_{Ax},F_{Ay},F_{Bx},F_{By}$ 由两部分组成：(1) 由主动力引起的约束力，称为**静约束力**；(2) 由惯性力引起的约束力，称为**附加动约束力**。静约束力是不可避免的，附加动约束力仅当刚体转动时才出现，并且因与 ω^2 成正比而数值是很大的，是破坏构件及引起振动的重要因素，应设法避免。

要使动约束力为零，必须有

$$F_{Ix}=F_{Iy}=0,\quad M_{IOx}=M_{IOy}=0$$

即

$$\left.\begin{aligned}
x_C\omega^2+y_C\alpha&=0\\
y_C\omega^2-x_C\alpha&=0
\end{aligned}\right\}\qquad(10.4.9)$$

以及

$$\left.\begin{aligned} J_{xz}\alpha - J_{yz}\omega^2 = 0 \\ J_{yz}\alpha + J_{xz}\omega^2 = 0 \end{aligned}\right\} \tag{10.4.10}$$

对于任意的 ω 和任意的 α，当且仅当

$$x_C = y_C = 0, \quad J_{xz} = J_{yz} = 0 \tag{10.4.11}$$

时，式(10.4.9)和式(10.4.10)才成立。式(10.4.11)第一式表明，质心 C 应在转轴上；第二式表明，刚体的转轴应为惯性主轴，因此也是中心惯性主轴。由此得出结论：**刚体定轴转动时，附加动约束力为零的充分必要条件是，刚体的转轴是中心惯性主轴**。

在现代工业的高速转动的机械中，如磨床上的砂轮，汽轮机上的叶轮等，由于制造上或安装上的误差，转子对于转轴的位置会产生偏心或偏斜，这样转轴就不是中心惯性主轴。即使偏心引起的 $|x_C|$，$|y_C|$ 很小，偏斜引起的 $|J_{xz}|$，$|J_{yz}|$ 也不大，但由于 $|\omega|$ 很大，ω^2 就更大，于是对机械的正常转动影响较大，甚至会酿成严重事故。因此，在高速转子的实际生产中，除了提高加工精度之外，还要进行转子的静平衡调整和动平衡调整。静平衡调整的目的是尽可能地减小转子的偏心距，动平衡调整的目的是尽可能使转轴成为转子的惯性主轴，通过这样的调整使附加动约束力的值控制在允许的范围之内。

10.5 动静法的应用举例

用动静法求解系统动力学问题的一般步骤为：(1) 明确研究对象；(2) 正确地进行受力分析，画出研究对象上所有主动力和约束力；(3) 正确地画出达朗贝尔惯性力系的等效力系；(4) 根据刚化公理，将研究对象刚化在该瞬时位置上；(5) 应用静力学平衡条件列写研究对象在此位置上的动态平衡方程；(6) 解平衡方程。

例 10.5.1 边长为 l、质量为 m 的匀质方板由两个等长的细绳平行吊在天花板上，用一细绳 AO_3 水平拉在墙上，如图 10.4a 所示。已知处于平衡时细绳 AO_1 与铅垂线的夹角为 $\theta(\theta<45°)$，试求细绳 AO_3 被剪断瞬时板质心的加速度和细绳 AO_1 及 BO_2 的拉力。

解：取板为研究对象，细绳 AO_3 被剪断后，板作平面平移，初始时，板的速度为零，板上点 B 的加速度垂直于 O_2B。因此，质心 C 的加速度 $\boldsymbol{a}_C$ 也垂直于 O_2B。板上作用有绳的拉力 $\boldsymbol{F}_A$，$\boldsymbol{F}_B$，重力 $m\boldsymbol{g}$ 和惯性力 $\boldsymbol{F}_1$，如图 10.4b 所示。惯性力的

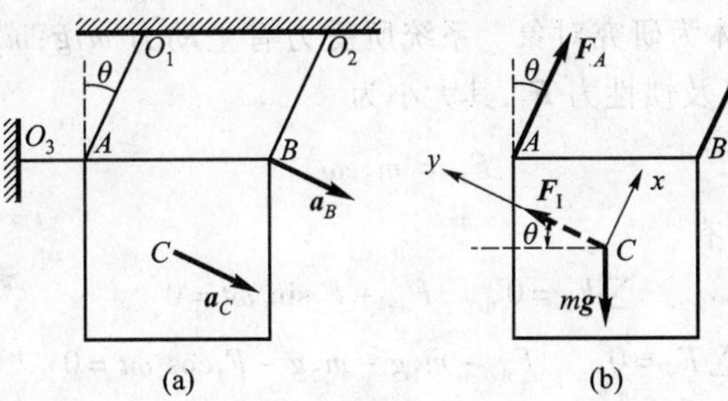

图 10.4

大小为

$$F_I = ma_C$$

根据质点系的达朗贝尔原理,有

$$\sum F_y = 0, \quad F_I - mg\sin\theta = 0$$

即

$$ma_C = mg\sin\theta$$

由此得

$$a_C = g\sin\theta$$

又有

$$\sum M_A(\boldsymbol{F}) = 0, \quad F_B l\cos\theta - \frac{l}{2}mg + F_I \times \frac{l}{2}\sin\theta - F_I \times \frac{l}{2}\cos\theta = 0$$

$$\sum M_B(\boldsymbol{F}) = 0, \quad -F_A l\cos\theta + \frac{l}{2}mg - F_I \times \frac{l}{2}\sin\theta - F_I \times \frac{l}{2}\cos\theta = 0$$

由此得

$$F_B = \frac{1}{2}mg(\sin\theta + \cos\theta)$$

$$F_A = \frac{1}{2}mg(\cos\theta - \sin\theta)$$

例 10.5.2　电机安装于水平基座上,其定子质量为 m_1,转子质量为 m_2。转子质心偏离转轴的距离为 e,如图 10.5 所示。设 $t=0$ 时,转子质心位于最低位置,转子的角速度为常值 ω,转轴高度为 h。试求基座对电机的约束力 $\boldsymbol{F}_A$。

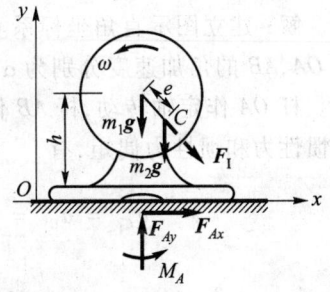

图 10.5

解:由于电机运动规律已知,因此惯性力为已知量。以电机整体为研究对象。系统所受力有主动力 $m_1\boldsymbol{g}, m_2\boldsymbol{g}$,约束力 $\boldsymbol{F}_{Ax}$, $\boldsymbol{F}_{Ay}$,约束力矩 $\boldsymbol{M}_A$ 以及惯性力 $\boldsymbol{F}_\text{I}$,其大小为

$$F_\text{I} = m_2 e\omega^2$$

利用动静法列方程,有

$$\sum F_x = 0, \quad F_{Ax} + F_\text{I}\sin\omega t = 0$$

$$\sum F_y = 0, \quad F_{Ay} - m_1 g - m_2 g - F_\text{I}\cos\omega t = 0$$

$$\sum M_A(\boldsymbol{F}) = 0, \quad M_A - m_2 ge\sin\omega t - F_\text{I} h\sin\omega t = 0$$

由此解得

$$F_{Ax} = -m_2 e\omega^2 \sin\omega t$$

$$F_{Ay} = (m_1 + m_2)g + m_2 e\omega^2\cos\omega t$$

$$M_A = m_2 ge\left(1 + \frac{h}{g}\omega^2\right)\sin\omega t$$

例 10.5.3 如图 10.6a 所示处于同一铅垂面内的系统,匀质杆 OA 和 AB 的质量均为 m,长度均为 l,由图示位置无初速地释放,试求在释放的瞬时,两杆的角加速度 α_1 和 α_2。不计铰链 O,A 处的摩擦。

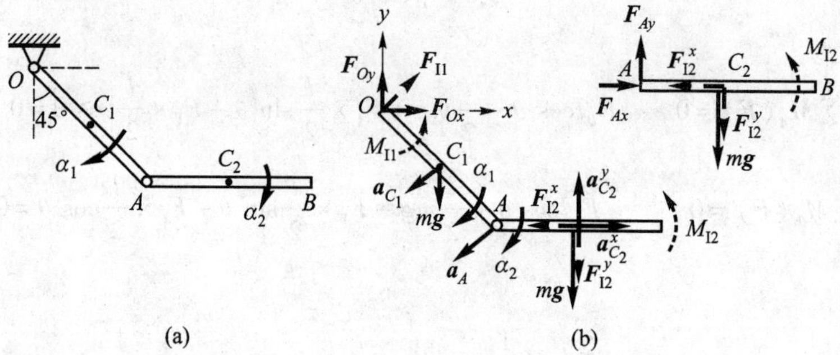

图 10.6

解: 建立图示直角坐标系 Oxy,在释放瞬时,两杆的角速度皆为零。设此时杆 OA,AB 的角加速度分别为 α_1,α_2,转向均为顺时针。两杆的质心分别为 C_1 和 C_2。杆 OA 作定轴转动,杆 AB 作平面运动。系统受力分析如图 10.6b 所示。写出惯性力和惯性力偶矩,有

$$a_{C_1} = a_{C_1}^\text{t} = \frac{l}{2}\alpha_1, \quad F_\text{I1} = ma_{C_1} = \frac{1}{2}ml\alpha_1$$

$$M_\text{I1} = J_O\alpha_1 = \frac{1}{3}ml^2\alpha_1$$

$$a_A = a_A^{\mathrm{t}} = l\alpha_1,\quad a_{AC_2}^{\mathrm{t}} = \frac{l}{2}\alpha_2$$

方向如图所示。根据两点的加速度关系,有

$$\boldsymbol{a}_{C_2} = \boldsymbol{a}_A + \boldsymbol{a}_{AC_2}^{\mathrm{t}} + \boldsymbol{a}_{AC_2}^{\mathrm{n}}$$

将其沿轴 x 和轴 y 投影,得

$$a_{C_2}^x = -\frac{\sqrt{2}}{2}l\alpha_1,\quad a_{C_2}^y = -\frac{\sqrt{2}}{2}l\alpha_1 - \frac{1}{2}l\alpha_2$$

于是有

$$F_{\mathrm{I}2}^x = ma_{C_2}^x = -\frac{\sqrt{2}}{2}ml\alpha_1$$

$$F_{\mathrm{I}2}^y = ma_{C_2}^y = -\frac{1}{2}ml(\sqrt{2}\alpha_1 + \alpha_2)$$

$$M_{\mathrm{I}2} = J_{C_2}\alpha_2 = \frac{1}{12}ml^2\alpha_2$$

根据动静法,列平衡方程。取整体为研究对象,由 $\sum M_O = 0$ 得

$$\frac{1}{3}ml^2\alpha_1 - mg\times\frac{\sqrt{2}}{4}l - mg\left(\frac{\sqrt{2}}{2}l + \frac{l}{2}\right) - \left(-\frac{\sqrt{2}}{2}ml\alpha_1\right)\frac{\sqrt{2}}{2}l - \left[-\frac{1}{2}ml(\sqrt{2}\alpha_1 + \alpha_2)\right]\left(\frac{\sqrt{2}}{2}l + \frac{l}{2}\right) + \frac{1}{12}ml^2\alpha_2 = 0 \tag{a}$$

取杆 AB 为研究对象,其受力如图所示,由 $\sum M_A = 0$ 得

$$\frac{1}{12}ml^2\alpha_2 - mg\times\frac{l}{2} - \left[-\frac{1}{2}ml(\sqrt{2}\alpha_1 + \alpha_2)\right]\frac{l}{2} = 0 \tag{b}$$

联立(a),(b)得

$$\alpha_1 = \frac{9\sqrt{2}}{23}\frac{g}{l},\quad \alpha_2 = \frac{21}{23}\frac{g}{l}$$

例 10.5.4　匀质矩形块置于粗糙的地板上(图 10.7),动摩擦因数为 f,初始时静止。为使矩形块在水平力 $\boldsymbol{F}$ 作用下沿地板滑动而不倾倒,作用点不能太高也不能太低,试求作用点高度 h 的取值范围。

解: 设矩形块滑动的加速度为 $\boldsymbol{a}$,用动静法求解。当 $h = h_{\max}$ 时,矩形块处于向前倾倒的临界状态,受力如图 10.7a 所示。列写平衡方程

$$\sum F_x = 0,\quad F - F_{\mathrm{f}} - F_{\mathrm{I}} = 0$$

$$\sum M_A = 0, \quad Fh_{\max} - \frac{1}{2}Wb - \frac{1}{2}F_I d = 0$$

且有

$$F_f = fF_N = fW$$

解得

$$h_{\max} = \frac{d}{2} + \frac{W}{2F}(b - fd)$$

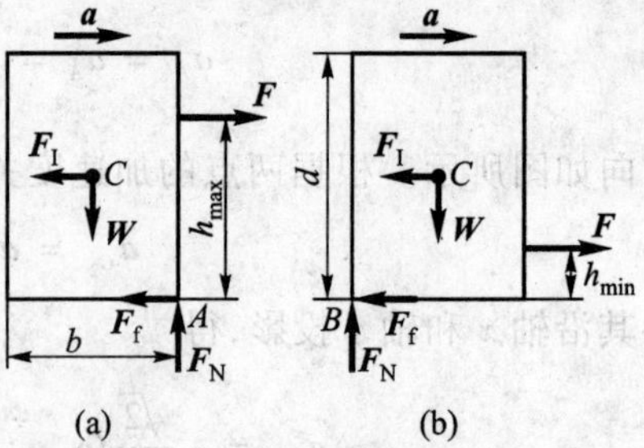

图 10.7

当 $h = h_{\min}$ 时,矩形块处于向后倾倒的临界状态,受力如图 10.7b 所示。平衡方程为

$$\sum F_x = 0, \quad F - F_f - F_I = 0$$

$$\sum M_B = 0, \quad Fh_{\min} + \frac{1}{2}Wb - \frac{1}{2}F_I d = 0$$

且有

$$F_f = fF_N = fW$$

解得

$$h_{\min} = \frac{d}{2} - \frac{W}{2F}(fd + b)$$

或

$$h_{\min} = \frac{d}{2F}\left[F - \left(f + \frac{b}{d}\right)W\right]$$

为使矩形块既不向前也不向后倾倒,h 应取

$$h_{\min} < h < h_{\max}$$

例 10.5.5 处于铅垂面内的匀质细杆 OA 的质量为 m,长度为 l,受弹簧力和重力的作用,并于图示(图 10.8)位置无初速释放。试求当杆运动至水平位置时,杆的角速度 ω,角加速度 α 以及转轴 O 处的约束力。设弹簧在图示位置时的伸长量为 l,弹簧刚度系数为 k,不计弹簧质量和摩擦。

解: 首先,求杆 OA 运动到水平位置时的角速度 ω。取杆 OA 为研究对象,由机械能守恒律有

$$\frac{1}{2}\left(\frac{1}{3}ml^2\right)\omega^2 - \frac{l}{2}mg + \frac{1}{2}kl^2 = \frac{1}{2}kl^2$$

这里取杆 OA 在铅垂位置时重力势能为零,弹簧在两个位置时的长度一样。由

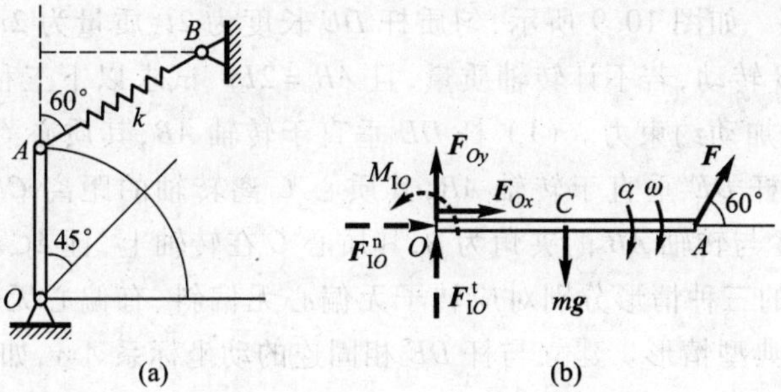

图 10.8

上式解得

$$\omega = \sqrt{\frac{3g}{l}}$$

其次，用动静法求杆的角加速度 α 及轴 O 的约束力。杆受力有重力 $m\boldsymbol{g}$，弹簧力 $\boldsymbol{F}$，轴承 O 的约束力 F_{Ox}，F_{Oy}。将惯性力系向点 O 简化，有

$$F_{IO}^{n} = \frac{l}{2}m\omega^2 = \frac{3}{2}mg$$

$$F_{IO}^{t} = \frac{l}{2}m\alpha$$

$$M_{IO} = \frac{1}{3}ml^2\alpha$$

方向如图 10.8b 所示。列写动静法给出的方程

$$\sum F_x = 0,\quad F_{IO}^{n} + F_{Ox} + F\cos 60^\circ = 0$$

$$\sum F_y = 0,\quad F_{IO}^{t} + F_{Oy} + F\sin 60^\circ - mg = 0$$

$$\sum M_O(\boldsymbol{F}) = 0,\quad M_{IO} + Fl\sin 60^\circ - \frac{l}{2}mg = 0$$

注意到 $F = kl$，解上述 3 个方程，得到

$$\alpha = \frac{3}{2ml}(mg - \sqrt{3}kl)$$

$$F_{Ox} = -\frac{3}{2}mg - \frac{1}{2}kl$$

$$F_{Oy} = \frac{1}{4}(mg + \sqrt{3}kl)$$

例 10.5.6 如图 10.9 所示，匀质杆 DE 长度为 $2l$，质量为 $2m$，以匀角速度 ω 绕铅垂轴 AB 转动，若不计转轴质量，且 $AB=2L$。试求以下三种情形下，在轴承 A,B 处的附加动约束力。(1) 杆 DE 垂直于转轴 AB，其质心 C 在转轴上，且 $AC=BC$；(2) 杆 DE 垂直于转轴 AB，其质心 C 离转轴的距离 $CH=e$，且 $AH=BH$；(3) 杆 DE 与转轴 AB 的夹角为 β，其质心 C 在转轴上，且 $AC=BC$。

解： 问题的三种情形分别对应转子无偏心无偏斜、有偏心无偏斜以及有偏斜无偏心三种典型情形。建立与杆 DE 相固连的动坐标系 Axy，如图所示。

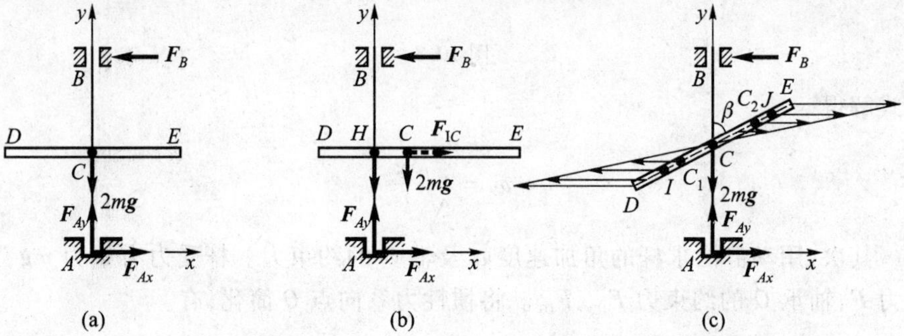

图 10.9

(1) 受力分析如图 10.9a 所示。惯性力系向质心 C 简化为一平衡力系。动静法给出平衡方程

$$\sum F_x=0,\quad F_{Ax}-F_B=0$$

$$\sum F_y=0,\quad F_{Ay}-2mg=0$$

$$\sum M_A=0,\quad F_B(2L)=0$$

由此解得

$$F_{Ax}=0,\quad F_{Ay}=2mg,\quad F_B=0$$

因此，轴承 A,B 处的附加约束力全为零。

(2) 受力分析如图 10.9b 所示，惯性力系向质心 C 简化为一个惯性力

$$F_{IC}=2ma_C=2m\omega^2e$$

动静法给出的平衡方程为

$$\sum F_x=0,\quad F_{Ax}-F_B+F_{IC}=0$$

$$\sum F_y=0,\quad F_{Ay}-2mg=0$$

$$\sum M_A=0,\quad F_B(2L)-2mge-F_{IC}L=0$$

由此解得

$$F_{Ax} = mg\frac{e}{L} - m\omega^2 e,\quad F_{Ay} = 2mg,\qquad F_B = mg\frac{e}{L} + m\omega^2 e$$

上式中带 ω^2 的项即为附加动约束力。

（3）受力分析如图 10.9c 所示，由于杆 DE 作匀速转动，故杆上各点的惯性力为一平衡力系，且沿杆呈线性分布。设 CD 段与 CE 段的质心分别为 C_1 和 C_2，则 CD 段和 CE 段的惯性力系可分别简化为一个合力 $\boldsymbol{F}_{1I}$和 $\boldsymbol{F}_{1J}$，其方向垂直于转轴向外，其大小及作用线经过的点 I 和 J 的位置分别为

$$F_{1I} = ma_{C_1} = m\left(\frac{l}{2}\sin\beta\right)\omega^2,\quad CI = \frac{2}{3}l$$

$$F_{1J} = ma_{C_2} = m\left(\frac{l}{2}\sin\beta\right)\omega^2,\quad CJ = \frac{2}{3}l$$

动静法给出的平衡方程为

$$\sum F_x = 0,\quad F_{Ax} - F_B = 0$$

$$\sum F_y = 0,\quad F_{Ay} - 2mg = 0$$

$$\sum M_A = 0,\quad F_B(2L) - m\omega^2\left(\frac{l}{2}\sin\beta\right)\frac{4}{3}l\cos\beta = 0$$

由此求得轴承 A,B 处的附加动约束力为

$$F_{Ax} = \frac{m\omega^2 l^2\sin 2\beta}{6L},\quad F_{Ay} = 2mg,\quad F_B = \frac{m\omega^2 l^2\sin 2\beta}{6L}$$

例 10.5.7　图 10.10 所示叶轮可视为一匀质薄圆盘，其质量为 m，半径为 r。由于安装误差致使叶轮的中心对称轴与转轴有一偏角 β，但质心 C 仍在转轴上。若轴承 A,B 的距离为 l，当叶轮以匀角速度 ω 作定轴转动时，试求轴承 A,B 处的附加动约束力。

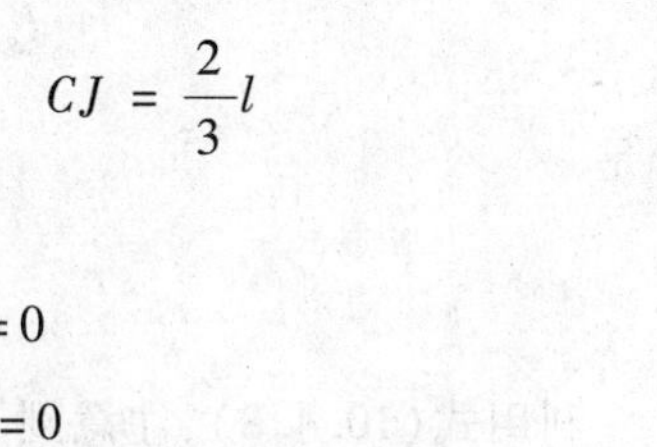

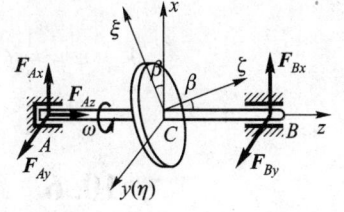

图 10.10

解：以质心 C 为原点，建立与叶轮固连的动直角坐标系 $Cxyz$，使轴 Cz 与转轴重合，轴 Cy 为叶轮的质量对称轴，则轴 Cy 为叶轮的惯性主轴，于是有

$$x_C = z_C = 0,\quad J_{xy} = J_{yz} = 0$$

为计算 J_{xz}，可再建立与叶轮固连的另一直角坐标系 $C\xi\eta\zeta$，使轴 $C\eta$ 与轴 Cy 重合，轴 $C\zeta$ 为叶轮的中心对称轴，而轴 $C\xi$ 在叶轮所在平面内，这样，坐标系 $C\xi\eta\zeta$ 即为叶轮的中心惯性主轴坐标系。坐标系 $C\xi\eta\zeta$ 由坐标系 $Cxyz$ 绕轴 Cy 转

过图中的角 β 而得到，于是有

$$x_i = \xi_i \cos\beta + \zeta_i \sin\beta$$

$$z_i = -\xi_i \sin\beta + \zeta_i \cos\beta$$

则

$$\begin{aligned} J_{xz} &= \sum m_i x_i z_i = \sum m_i(\xi_i\cos\beta + \zeta_i\sin\beta)(-\xi_i\sin\beta + \zeta_i\cos\beta) \\ &= \sum[m_i(\zeta_i^2 - \xi_i^2)]\sin\beta\cos\beta + \sum(m_i\xi_i\zeta_i)(\cos^2\beta - \sin^2\beta) \end{aligned}$$

因为

$$\sum m_i\xi_i\zeta_i = 0, \quad \sum m_i(\zeta_i^2 - \xi_i^2) = \sum m_i(\zeta_i^2 + \eta_i^2) - \sum m_i(\xi_i^2 + \eta_i^2) = J_\xi - J_\zeta$$

$$J_\xi = \frac{1}{4}mr^2, \quad J_\zeta = \frac{1}{2}mr^2$$

于是

$$J_{xz} = -\frac{1}{8}mr^2\sin 2\beta$$

利用式(10.4.8)，注意到

$$M_{\mathrm{I}Ox} = J_{xz}\alpha - J_{yz}\omega^2 = 0$$

$$M_{\mathrm{I}Oy} = J_{yz}\alpha + J_{xz}\omega^2 = -\frac{1}{8}mr^2\omega^2\sin 2\beta$$

$$F_{\mathrm{I}x} = F_{\mathrm{I}y} = 0$$

则有

$$F_{Ax} = \frac{1}{l}(M_{\mathrm{I}Oy} - F_{\mathrm{I}x}l) = -\frac{1}{8l}mr^2\omega^2\sin 2\beta$$

$$F_{Ay} = -\frac{1}{l}(M_{\mathrm{I}Oy} + F_{\mathrm{I}y}l) = \frac{1}{8l}mr^2\omega^2\sin 2\beta$$

10.6 关于达朗贝尔原理

10.6.1 达朗贝尔的原述

达朗贝尔于1743年发表《动力学教程》(Traité de Dynamique)，书中有如下

一段文字：

“设系统由物体 A,B,C 等组成。假设这些物体发生运动 a,b,c 等，而这些物体的运动由于其相互作用而强制改变。显然，联系物体 A 的运动 a 可作为实际完成的运动 a' 和某另外的运动 α 的组合来研究。类似地，联系运动 b,c 等可分别作为运动 b' 和 β，c' 和 γ 等的组合来研究。显然，如果 a,b,c 等的方向分别用同一对方向 a' 和 α，b' 和 β，c' 和 γ 等来替代，那么物体 A,B,C 等的运动仍然是一样的。但是，根据假设，物体 A,B,C 等实际上完成了运动 a',b',c' 等。因此，运动 α,β,γ 等在运动 a',b',c' 等中应不改变，即如果物体仅得到这些运动 α,β,γ 等，那么它们会相应抵消而物体处于静止。

由此得到寻求彼此作用多个物体运动的下述法则。需将运动 a,b,c 等的每一个分成两个运动：a' 和 α，b' 和 β，c' 和 γ 等，并且后面的运动应是这样的：如果物体仅传递运动 a',b',c' 等，那么物体能保持这些运动，而不彼此混合；如果物体仅传递运动 α,β,γ 等，那么物体就会停止。显然，a',b',c' 等将是这样的运动，它们使物体承受相互作用的结果。”

10.6.2　莫依谢耶夫的说明

苏联力学史著名专家莫依谢耶夫（Моисеев，Н. Д.，1902—1955）1961 年的著作《力学发展史》（Очерки Развития Механики），书中有关达朗贝尔原理的一段说明如下：

“作者这样的提法后来称为达朗贝尔原理，不是别的，正是伯努利（Bernoulli，J.）原理，激发运动损失的平衡原理的推广表示。这些激发运动损失，在达朗贝尔提法中就是‘运动’α,β,γ 等，它们作为‘联系运动’（或‘无约束激发运动’）a,b,c 等与‘完成运动’（或‘真实激发运动’）a',b',c' 等的几何差。

仅就原理将系统运动条件归结为平衡条件，达朗贝尔原理还没有给出系统任何的运动微分方程。为得到这些方程，还需将达朗贝尔原理与静力学原理结合……”。

莫依谢耶夫的上述说明将达朗贝尔的原意表述得更清楚了。

10.6.3　罗森伯格的论述

罗森伯格（Rosenberg，R. M.）1977 年的著作《Analytical Dynamics of Discrete

Systems》(《离散系统分析动力学》,程迺巽,郭坤译,1981)有关达朗贝尔原理的一段文字如下:

“达兰贝尔原理指出:

在质点系动力学问题中,约束力的总体可以不予考虑。

这个原理在拉格朗日力学中具有深远意义。事实上,它是与质点系牛顿力学中的第三定律相对应的。在质点系牛顿力学中,将力分为外力和内力的结果,导致了有关内力的一个特别的公理。同样,在受约束的系统的拉格朗日力学中,将力分为给定力和约束力也需要有一个关于约束力的特别的公理。这个公理就是达兰贝尔原理。”

书中还有一段评论。

“由于对于达兰贝尔原理存在广泛的误解,所以,我们必须再谈一点评论性的意见。

人们经常发现达兰贝尔原理‘应用于’单个质点的不受约束的运动。这样做的作者们按如下程序进行:他们将单个质点的牛顿第二定律

$$m\ddot{r} = F \tag{a}$$

改写为如下形式

$$F - m\ddot{r} = 0 \tag{b}$$

其中 F 是作用在质点上所有力的合力,他们称(a)为牛顿定律,而(b)为达朗贝尔原理。他们争辩说,如果(b)中的 F 是一个力,而它可以加到 $-m\ddot{r}$ 上去,那么由齐次性的要求可知 $-m\ddot{r}$ 也是一个力(通常称为‘反向有效力’,而 $m\ddot{r}$ 则称为‘惯性力’)。于是,(b)表明两个力之和等于零。这是一个静力学问题的说法,因此,动力学问题(a)已经化为静力学问题(b)。”

“(a)和(b)显然是相同的方程,它们仅有的差别是在(b)中所有的非零项都已移到等号的同一边了。毫无疑问,(b)不会包含在(a)中所没有的任何新的‘原理’。哈默尔称这种对达兰贝尔原理的解释是对达兰贝尔的侮辱。”

罗森伯格给出的公式是

$$m_s\ddot{u}_s - F_s = F'_s \quad (s = 1,2,\cdots,N = 3n) \tag{1}$$

其中 F_s 为给定力,F'_s 为约束力。哈默尔(Hamel)给出的公式是

$$\mathrm{d}\overline{K}_{\mathrm{e}} - \mathrm{d}m\overline{W} = -\mathrm{d}\overline{K}_{\mathrm{R}} \tag{2}$$

其中 $\mathrm{d}\overline{K}_{\mathrm{e}}$ 是给定力,$\mathrm{d}\overline{K}_{\mathrm{R}}$ 是约束力,$\overline{W}$ 是加速度。

可以看出,罗森伯格和哈默尔都强调了约束力,并将约束力写在方程的一边。

10.6.4　朱照宣、周起钊、殷金生的有关论述

朱照宣、周起钊、殷金生于 1982 年的著作《理论力学》(下册),书中有如下论述:

"按照达朗伯原始思想,可将 $\boldsymbol{F}$ 分解为两部分:一部分使质点产生加速度 $\boldsymbol{a}$,叫做发动力 $\boldsymbol{F}_{发动}$,有关系式

$$\boldsymbol{F}_{发动} = m\boldsymbol{a}$$

余下的一部分叫损失力,所以有关系

$$\boldsymbol{F}_{损失} = \boldsymbol{F} - \boldsymbol{F}_{发动} \tag{3}$$

将前一式代入,得

$$\boldsymbol{F}_{损失} = \boldsymbol{F} - m\boldsymbol{a} \tag{4}$$

即损失力等于主动力加上($-m\boldsymbol{a}$)。

达朗贝尔原理的表述为:作用于质点上的损失力在每一瞬时位置上都为约束力所平衡,它的表达式为

$$\boldsymbol{F}_{损失} + \boldsymbol{N} = \boldsymbol{0} \tag{5}$$

……"

"达朗伯原理的主题思想是把牛顿定律推广,用于受约束质点,这就为后来的非自由质点系动力学奠定了基础。达朗伯(d'Alembert, J. le R., 1717—1783)在《动力学教程》(1743 年)中提出这个原理以后一百多年来,即到了 19 世纪前半叶,人们开始把 $-m\boldsymbol{a}$ 这个量叫做惯性力,原理就被解释为,在加上惯性力 $\boldsymbol{F}_{惯} = -m\boldsymbol{a}$ 以后,质点的主动力与惯性力的向量和(就是损失力)为约束力所平衡,即式(5)成为

$$\boldsymbol{F} + \boldsymbol{F}_{惯} + \boldsymbol{N} = \boldsymbol{0} \tag{6}$$

在现代的许多著作中,特别在一些工程技术书籍里,突出了达朗伯原理中动力学问题可以采取静力学形式这一特点,而不强调"受约束"这个前提。他们解释说:牛顿定律是 $\boldsymbol{F} = m\boldsymbol{a}$(如果有约束力,则也包括在外力 $\boldsymbol{F}$ 之中),如果人为地引进一个惯性力 $\boldsymbol{F}_{惯} = -m\boldsymbol{a}$,假想(只是假想而已)把惯性力也加到质点上去,那么就应该有关系式

$$\boldsymbol{F} + \boldsymbol{F}_{惯} = \boldsymbol{0}$$

注意这个关系式中的 $\boldsymbol{F}$ 含义不一样,这里的 $\boldsymbol{F}$ 包含了约束力。他们把以下的内

容叫做达朗伯原理：质点在运动过程中每一瞬时外力与惯性力平衡。原理由达朗伯本人最初的表述发展到这种形式后，开始显示了理论认识上的一个飞跃。人们的原意是讨论质点的动力学问题，现在达朗伯原理说，只要引入惯性力，则动力学问题也可以用静力学平衡问题一样来处理，于是'动'与'静'就相通了。"

以上论述是中肯的，历史的，全面的。

10.6.5 《中国大百科全书·力学》中的解释

中国大百科全书(1985)，在"达朗伯原理"条目下有如下文字：

"求解有约束质点系动力学问题的一个原理，是法国数学家 J. Le R. 达朗伯于 1743 年最先提出的，因而得名。对一个质点，这原理的数学表达式为

$$\boldsymbol{F}_i + \boldsymbol{N}_i - m_i\boldsymbol{a}_i = \boldsymbol{0} \tag{7}$$

式中 $\boldsymbol{F}_i$ 为加于质量 m_i 的质点的主动力；$\boldsymbol{N}_i$ 为限制这质点的约束力；$\boldsymbol{a}_i$ 为这质点的加速度。

达朗伯把主动力拆成两个分力 $\boldsymbol{F}_i = \boldsymbol{F}_{i(a)} + \boldsymbol{F}_{i(b)}$，其中一个力 $\boldsymbol{F}_{i(a)}$ 与约束力 $\boldsymbol{N}_i$ 平衡，另一个力 $\boldsymbol{F}_{i(b)}$ 用来产生 $m_i\boldsymbol{a}_i$，即

$$\boldsymbol{F}_{i(a)} + \boldsymbol{N}_i = \boldsymbol{0} \tag{8}$$

和

$$\boldsymbol{F}_{i(b)} = m_i\boldsymbol{a}_i$$

故有

$$\boldsymbol{F}_{i(a)} = \boldsymbol{F}_i - \boldsymbol{F}_{i(b)} = \boldsymbol{F}_i - m_i\boldsymbol{a}_i \tag{9}$$

将式(9)代入式(8)，即得式(7)。后来的力学家把 $-m_i\boldsymbol{a}_i$ 称为惯性力，附加在质点上。这样，式(7)在形式上与静力学的平衡方程一致，可以叙述为：质点系的每一个质点所受的主动力 $\boldsymbol{F}_i$，约束力 $\boldsymbol{N}_i$ 和惯性力 $-m_i\boldsymbol{a}_i$ 成为一平衡力系。但是，静力学中构成平衡力系的都是外界物体对质点的作用力，而惯性力并不是外加的。所以惯性力是一种为了便于解决问题而假设的'虚拟力'。

不论达朗伯本人对式(7)作何解释，等式两边只是一种数值关系，其结果与从牛顿运动方程 $\boldsymbol{F}_i + \boldsymbol{N}_i = m_i\boldsymbol{a}_i$ 中把 $m_i\boldsymbol{a}_i$ 移项完全相同。但是，把 $-m_i\boldsymbol{a}_i$ 看成惯性力并把式(7)看成平衡(实际不平衡)的观点所引入的动静法和机械学中的动平衡，对力学的发展则发生积极的影响。"

上述文字能够反映达朗贝尔的原意。最后一段说到原理的实际意义，但没说到理论意义。

10.6.6　几点评论

1. 德国著名数学家、力学家,非完整力学的奠基人之一哈默尔(Hamel,G.,1877—1954)给出的公式(2)(1949),罗森伯格给出的公式(1)(1977)。朱照宣等给出的公式(4)和(5)(1982),以及《中国大百科全书:力学》给出的公式(9)(1985)等能够正确地反映达朗贝尔的原意。

2. 达朗贝尔将牛顿定律推广到受约束的非自由质点系。

3. 达朗贝尔原理不是牛顿定律的简单移项,而是强调了有关约束的公理。正是在此基础上,拉格朗日提出了达朗贝尔-拉格朗日原理,即动力学普遍方程,奠定了分析动力学的基础。

4. 由达朗贝尔原理发展起来的动静法,理论上与动量和动量矩定理等价,应用上可以充分利用静力学中的各种平衡方程及解题技巧。

5. 既要看到达朗贝尔原理的实际意义,也要看到达朗贝尔原理的理论意义。

6. 达朗贝尔在经典力学由牛顿力学向拉格朗日力学发展过程中起了重要的历史作用。

7. d'Alembert 汉译达朗贝尔,也译为达朗伯、达兰贝尔。

小　　结

1. 质点的惯性力 $\boldsymbol{F}_{\mathrm{I}}$ 等于质量与加速度的乘积的反号

$$\boldsymbol{F}_{\mathrm{I}} = -m\boldsymbol{a}$$

它是假想的力。

2. 质点的达朗贝尔原理为

$$\boldsymbol{F} + \boldsymbol{F}_{\mathrm{N}} + \boldsymbol{F}_{\mathrm{I}} = \boldsymbol{0}$$

其中 $\boldsymbol{F}$ 为主动力,$\boldsymbol{F}_{\mathrm{N}}$ 为约束力,$\boldsymbol{F}_{\mathrm{I}}$ 为惯性力。

3. 质点系的达朗贝尔原理表示为

$$\boldsymbol{F}_i + \boldsymbol{F}_{\mathrm{N}i} + \boldsymbol{F}_{\mathrm{I}i} = \boldsymbol{0} \quad (i = 1,2,\cdots,N)$$

4. 刚体上各质点的惯性力构成惯性力系,其简化结果为

(1) 刚体平移

$$\boldsymbol{F}_{\mathrm{I}} = -m\boldsymbol{a}$$

作用于质心上。

(2) 刚体作定轴转动(刚体有垂直于转轴的对称面的情形)

向转轴 O 简化

$$\boldsymbol{F}_{\mathrm{I}} = -m\boldsymbol{a}_C$$

$$F_{\mathrm{I}}^{\mathrm{t}} = ml\alpha, \quad F_{\mathrm{I}}^{\mathrm{n}} = ml\omega^2$$

$$\boldsymbol{M}_{\mathrm{I}O} = -J_O\boldsymbol{\alpha}$$

向质心简化

$$\boldsymbol{F}_{\mathrm{I}} = -m\boldsymbol{a}_C$$

$$F_{\mathrm{I}}^{\mathrm{t}} = ml\alpha, \quad F_{\mathrm{I}}^{\mathrm{n}} = ml\omega^2$$

$$\boldsymbol{M}_{\mathrm{I}C} = -J_C\boldsymbol{\alpha}$$

5. 根据达朗贝尔原理,通过施加惯性力的方法,将动力学问题转化为静力学问题,这种方法称为动静法。动静法给出的方程与由动量定理和动量矩定理给出的结果等价。在已知运动求约束力时,动静法显示有优势(例 10.5.1,例 10.5.2,例 10.5.4,例 10.5.6,例 10.5.7)。

6. 非对称刚体绕定轴转动时,会在轴承处产生较大的附加动约束力,应尽可能地减小。

7. 可将达朗贝尔原理和动静法称为达朗贝尔力学。正因为有了这个力学,牛顿力学才过渡到拉格朗日力学。

习 题

10.1 匀质杆 AB 通过两根绳索挂在天花板上,已知杆的质量为 m,$AB = O_1O_2 = O_1A = O_2B = l$,点 C 为杆的质心,绳索 O_1A 的角速度为 ω,角加速度为 α,转向如图所示。试求图示位置的惯性力系分别向点 C 和点 A 的简化结果。

10.2 匀质杆 AB 的质量为 m,长度为 l,绕轴 O 作定轴转动,已知 $OA = \frac{1}{3}l$,杆的角速度、角加速度分别为 ω 和 α,转向如图所示。试求惯性力系分别向质心 C 和点 O 的简化结果。

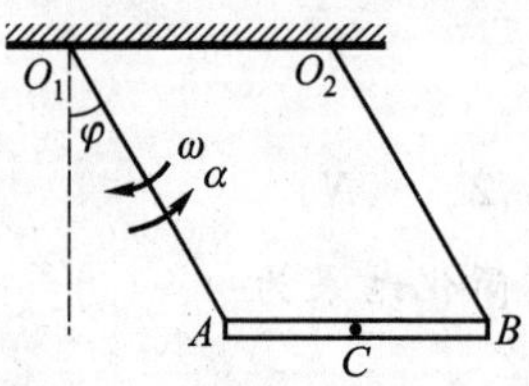

题 10.1 图

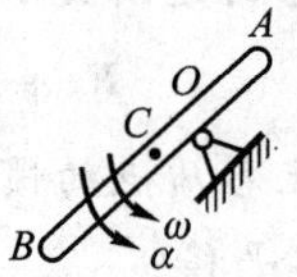

题 10.2 图

10.3　半径为 r、质量为 m 的匀质圆盘在一半径为 R 的固定凸轮上作纯滚动，其角速度、角加速度分别为 ω,α，转向如图所示。试求圆盘的惯性力系分别向其质心 C 和速度瞬心 P 的简化结果。

10.4　质量为 m、长度为 $2l$ 的匀质杆 AB 的两端分别沿水平地面和铅垂墙面运动，已知 $\boldsymbol{v}_A$ = 常矢量，试求图示位置杆的惯性力系分别向质心 C 和 A 端的简化结果。

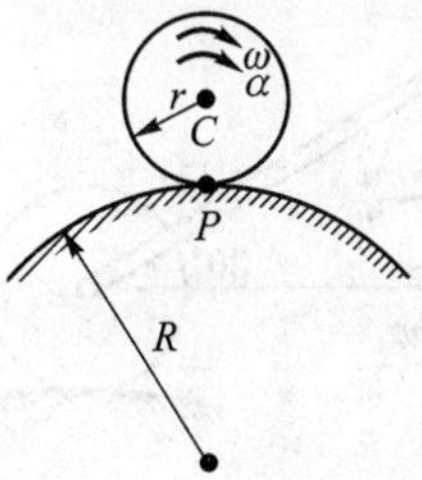

题 10.3 图

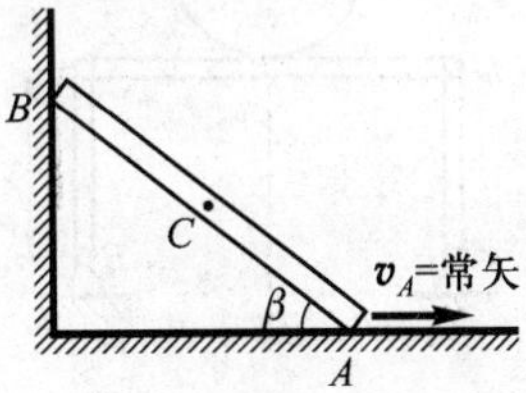

题 10.4 图

10.5　长度为 $\sqrt{2}r$、质量为 m 的匀质杆 AB 搁置在半径为 r 的半圆柱形固定凹槽内，于图示位置无初速地释放。试求该瞬时凹槽对杆的约束力和点 B 的加速度大小。不计接触处摩擦。

10.6　匀质杆 AB 的质量为 m，长度为 l，用两根等长的绳索悬挂如图所示。试求绳索 OA 突然被剪断，杆开始运动的瞬时，绳索 OB 的张力和杆 AB 的角加速度。

10.7　质量为 m、长度为 $2r$ 的匀质杆 AB 的一端 A 焊接于质量为 m、半径为 r 的匀质圆盘的边缘上，圆盘可绕过圆盘中心的光滑水平轴 O 转动。若在图示瞬间圆盘的角速度为 ω，试求该瞬时圆盘的角加速度及杆 AB 在焊接处所受到的约束力。

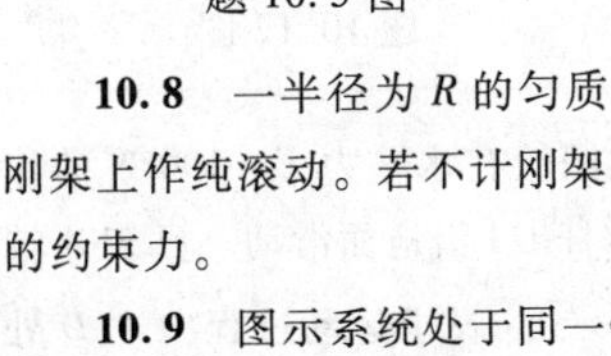

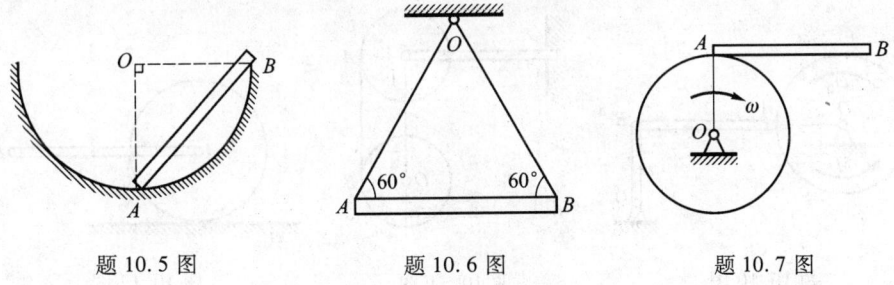

题 10.5 图

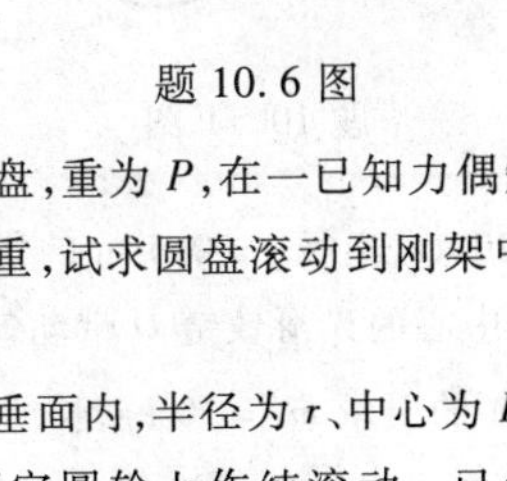

题 10.6 图

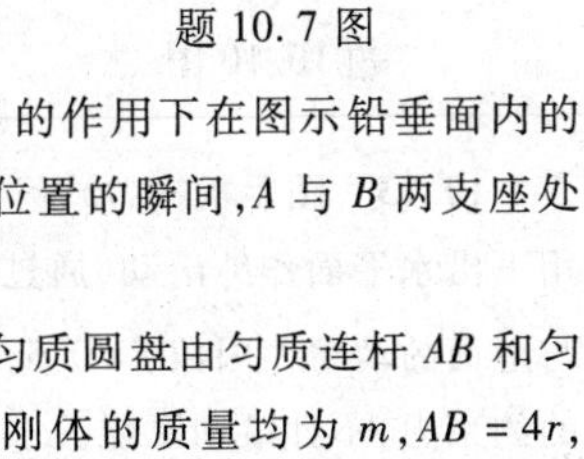

题 10.7 图

10.8　一半径为 R 的匀质圆盘，重为 P，在一已知力偶矩 M 的作用下在图示铅垂面内的刚架上作纯滚动。若不计刚架自重，试求圆盘滚动到刚架中间位置的瞬间，A 与 B 两支座处的约束力。

10.9　图示系统处于同一铅垂面内，半径为 r、中心为 B 的匀质圆盘由匀质连杆 AB 和匀质曲柄 OA 带动在半径为 $5r$ 的固定圆轮上作纯滚动。已知各刚体的质量均为 m，$AB=4r$，$OA=2r$。当 OA 在主动力偶矩 $M(t)$ 的作用下以匀角速度 $3\omega\left(\omega<\sqrt{\dfrac{9g}{22r}}\right)$ 作逆时针转动时，试求图示瞬时 M 的代数值及固定轮对圆盘 B 的约束力。

10.10 匀质杆 AB 和 BD 长度分别为 $2r$ 和 r，质量分别为 $2m$ 和 m，与质量为 m、半径为 r 的匀质圆盘在同一铅垂面内相互光滑铰接而构成四连杆系统。已知圆盘在主动力偶矩 $M(t)$ 的作用下以匀角速度 ω_0 绕过其中心 O 的光滑水平轴作顺时针转动。试求图示瞬间 M 的代数值以及销钉 A,B 对杆 AB 的约束力。

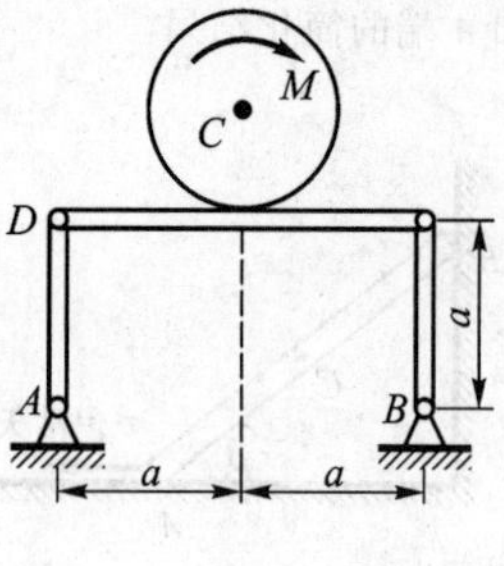

题 10.8 图

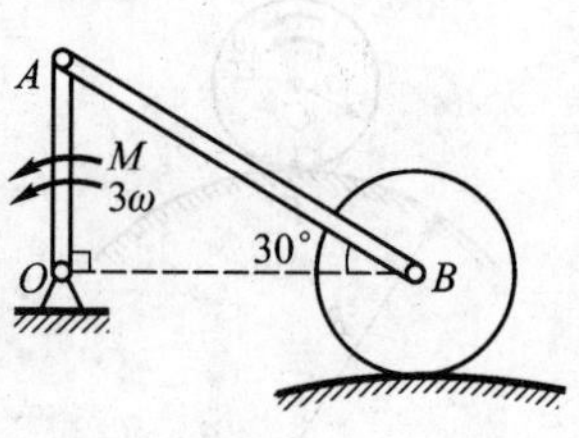

题 10.9 图

10.11 图示匀质圆轮Ⅰ和Ⅱ的质量均为 m，半径均为 r，用绳索相互连接。悬臂梁 CD 长为 l，梁重、绳重及轴承摩擦都不计。设轮Ⅱ的中心 O 作铅垂直线运动，绳索与两轮之间无相对滑动。试求系统无初速释放后：(1) 轮Ⅰ的角加速度；(2) 轮Ⅱ中心 O 的加速度；(3) 固定端 C 处的约束力。

10.12 长度为 l、质量为 m 的匀质细杆 AB 用光滑铰链铰接在半径为 r、质量为 m 的匀质圆盘中心 A，设水平地面光滑。如果杆 AB 从图示位置无初速地释放，且圆盘始终与地面接触。试求杆 AB 运动至铅垂位置时：(1) 圆心 A 的速度和杆 AB 的角速度；(2) 圆心 A 的加速度和杆 AB 的角加速度；(3) 地面作用于圆盘的约束力。

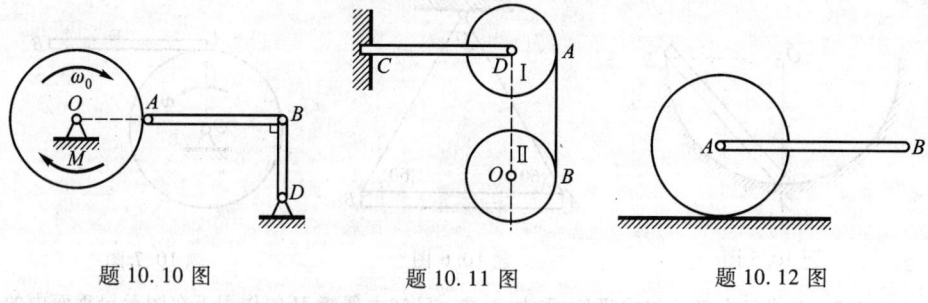

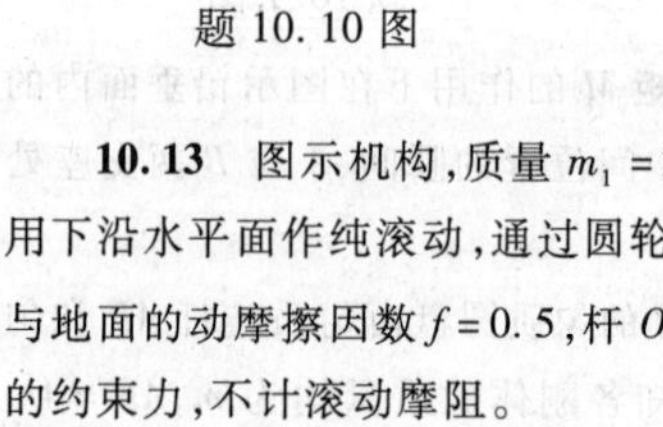

题 10.10 图

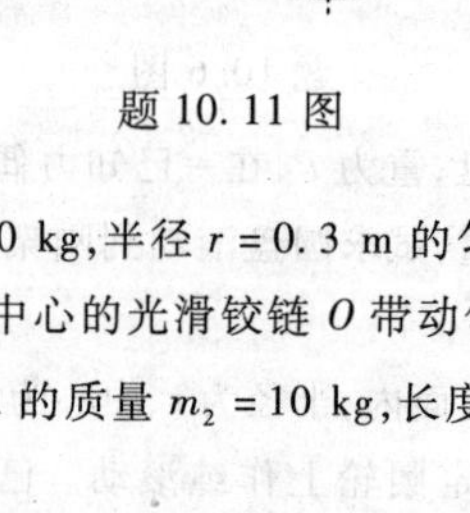

题 10.11 图

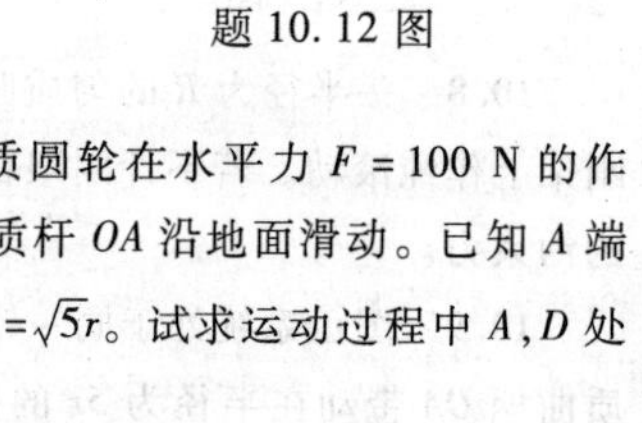

题 10.12 图

10.13 图示机构，质量 $m_1 = 20$ kg，半径 $r = 0.3$ m 的匀质圆轮在水平力 $F = 100$ N 的作用下沿水平面作纯滚动，通过圆轮中心的光滑铰链 O 带动匀质杆 OA 沿地面滑动。已知 A 端与地面的动摩擦因数 $f = 0.5$，杆 OA 的质量 $m_2 = 10$ kg，长度 $l = \sqrt{5}r$。试求运动过程中 A,D 处的约束力，不计滚动摩阻。

10.14 重为 P_1、摆长为 l 的单摆 A，其支点系于匀质圆轮的轮心 C 上。轮重为 P_2，半径为 r，可在水平地面上作纯滚动。系统于图示位置无初速地释放。试求该瞬时：(1) 轮心 C 的加速度大小；(2) 保证圆轮作纯滚动，圆轮与地面间的静滑动摩擦因数为 f_s，不计滚动摩阻。

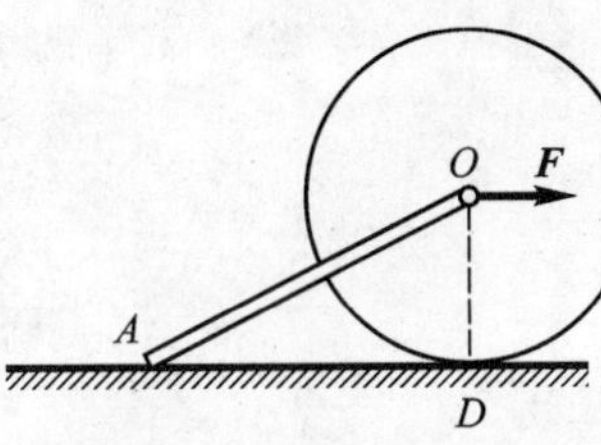

题 10.13 图

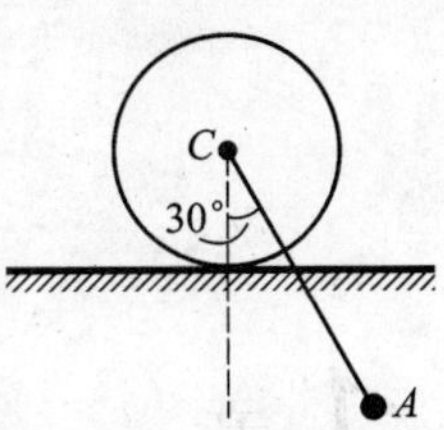

题 10.14 图

10.15　某传动轴上安装有两个齿轮，质量分别为 m_1 和 m_2，偏心距分别为 e_1 和 e_2，它们以匀角速度 ω 绕轴转动。在图示瞬时，C_1D_1 处于铅垂位置，C_2D_2 处于水平位置。试求此时轴承 A，B 处的附加动约束力。

10.16　图示一匀质薄圆盘装在水平轴的中部，圆盘与轴线成 $90° - \beta$ 角，且偏心距 $OC = e$。已知圆盘的质量为 m，半径为 r。试求当圆盘以匀角速度 ω 绕转轴转动时轴承 A，B 处的附加动约束力。

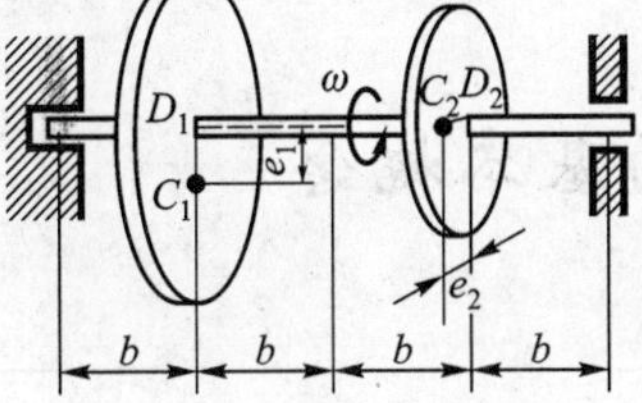

题 10.15 图

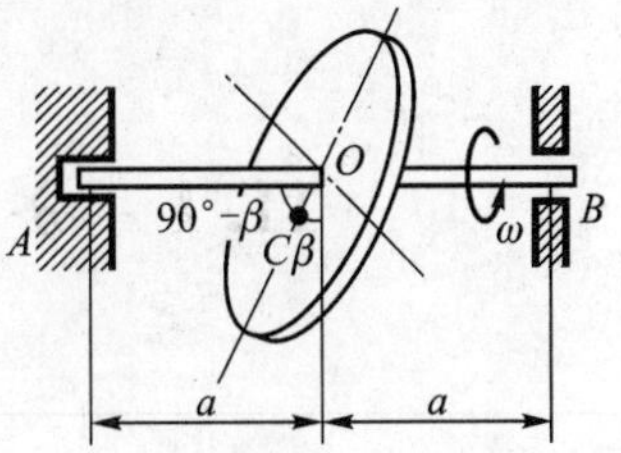

题 10.16 图

第 11 章

分析静力学

本章介绍分析力学的某些基本概念以及分析静力学的普遍方程——虚位移原理。

11.1 分析力学的基本概念

分析力学的基本概念有约束、广义坐标、虚位移等。

11.1.1 约束及其分类

1. 约束

研究一质点系相对于某个惯性坐标系的运动。对系统的点的位置和速度，常常事先加上一些几何的或者运动学特性的限制，将这些限制称为**约束**。约束是事先加上的限制。当系统运动时，不论作用于其上的力以及运动的初始条件如何，约束关系都必须得到满足。

限制刚体内任意两点间的距离保持不变是约束；限制质点只能在事先给定的某一曲线上运动是约束；限制圆球在粗糙水平面上无滑动地滚动也是约束，等等。

受有约束的系统称为非自由系统。反之，没有约束的系统称为自由系统。在同样的主动力作用下，非自由系统与自由系统相比较，加于系统各点上的约束限制了系统的某些可能的运动。

2. 约束方程

一般的约束条件都可用**约束方程**或约束不等式来表达。对于具体问题,要用几何学和运动学知识来写出约束的数学表达式。

例 11.1.1　两质点在半径为 R 的固定球面内壁上运动,它们用长为 l 的刚性杆连接($l\leqslant 2R$)。试列写约束方程。

解: 以固定球面中心 O 为原点,取一固定直角坐标系 $Oxyz$,设两质点的坐标分别为(x_1,y_1,z_1)和(x_2,y_2,z_2),则约束方程为

$$(x_1-x_2)^2+(y_1-y_2)^2+(z_1-z_2)^2-l^2=0 \tag{11.1.1}$$

$$x_1^2+y_1^2+z_1^2-R^2=0 \tag{11.1.2}$$

$$x_2^2+y_2^2+z_2^2-R^2=0 \tag{11.1.3}$$

例 11.1.2　平面追踪问题。

解: 在平面 Oxy 上,已知一质点的运动规律为 $x_1=x_1(t)$,$y_1=y_1(t)$,另一质点的坐标为(x_2,y_2),其速度始终指向前一质点。此时约束方程为

$$\frac{\dot{y}_2}{\dot{x}_2}=\frac{y_1(t)-y_2}{x_1(t)-x_2} \tag{11.1.4}$$

3. 约束的分类

当应用基本原理推导系统的运动微分方程时,约束本身的性质有极大影响,不仅系统运动的形式,而且研究运动时采取的方法等都要看约束的性质。可按各种特征分类约束,例如分为单面与双面、完整与非完整、定常与非定常、线性与非线性、一阶与高阶、理想与非理想,等等。

(1) 单面约束与双面约束

方程用严格的等号表示的约束称为**双面约束**(也称双侧约束、固执约束或不可解约束)。例如,式(11.1.1)~(11.1.4)都是双面约束。例如,约束 $x^2+y^2+z^2-R^2=0$ 表明,质点在每一时刻都在半径为 R 的球面上,既不能跑到球面的外部,也不能跑到球面的内部。质点好像处于两个无限接近的球面之间,在两个方面都受到限制。反之,用不等号表示的约束称为**单面约束**(也称单侧约束、非固执约束或可解约束)。例如,单面约束 $x^2+y^2+z^2-R^2\leqslant 0$ 表明,质点或在半径为 R 的球面上,或者向球的内部移动,但不能跑到球的外部。

(2) 完整约束与非完整约束

如果约束方程不含速度分量,则称其为**几何约束**;如果约束方程包含速度分量,则称为微分约束。几何约束和可积的微分约束称为**完整约束**,不可积分的微分约束称为**非完整约束**。几何约束的一般形式为

$$F_\alpha(x_i,y_i,z_i,t)=0\quad(i=1,2,\cdots,N;\alpha=1,2,\cdots,l;l<3N)\tag{11.1.5}$$

其中 x_i,y_i,z_i 是第 i 个质点的坐标。微分约束的一般形式为

$$\Phi_\beta(x_i,y_i,z_i,\dot{x}_i,\dot{y}_i,\dot{z}_i,t)=0\quad(\beta=1,2,\cdots,g;g<3N)\tag{11.1.6}$$

方程(11.1.6)的不可积性在于,它的左端不能成为某个仅是坐标、时间函数的全微分。当存在完整约束时,系统不能在每一时刻在空间取任意位置。完整约束是时刻 t 加在系统可能位置上的限制。当系统存在非完整约束时,它可在空间取任意位置,但点的速度就不是任意的了。非完整约束是对点的速度所加的限制。约束(11.1.1)~(11.1.3)是完整约束。约束(11.1.4)是非完整约束。约束

$$\dot{x}+y\dot{y}+z\dot{z}=0\tag{11.1.7}$$

是双面完整约束。约束

$$\dot{y}-z\dot{x}=0\tag{11.1.8}$$

是双面非完整约束。

(3) 定常约束与非定常约束

如果约束方程不含时间 t,则称为**定常约束**;否则称为**非定常约束**。约束(11.1.1)~(11.1.3),(11.1.7),(11.1.8)都是定常约束。约束(11.1.4)是非定常约束。

11.1.2　广义坐标、广义速度和广义加速度

分析力学的特色之一,就是在研究力学系统运动时采用**广义坐标**的概念。

1. 广义坐标

凡是能够确定系统位置的、适当选取的独立变量称为广义坐标。广义坐标比直角坐标意义更广泛。广义坐标可以是距离、角度、面积及其他的量。特别地,曲线坐标,如平面上的极坐标、空间中的柱坐标和球坐标等,都可选作广义坐标。

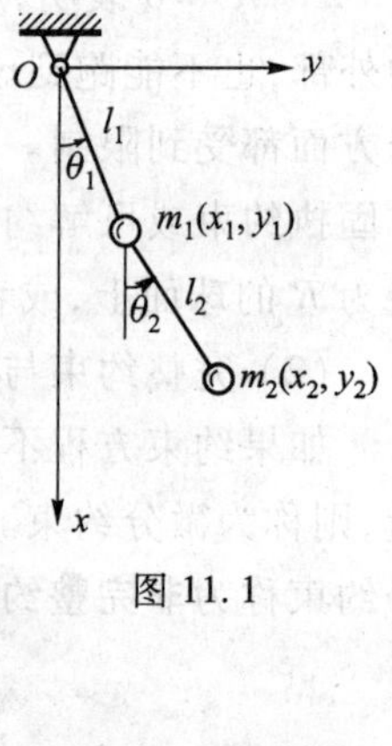

图 11.1

当力学系统加上约束时,从直角坐标过渡到广义坐标是特别方便的,而且也是十分必要的。例如,图 11.1 所示质点系,小球 m_1 用长为 l_1 的轻杆拴于固定点 O,小

球 m_2 用长为 l_2 的轻杆拴于小球 m_1 上，系统运动时保持在铅垂平面内。为确定系统的位置，可选小球 m_1 的坐标 (x_1, y_1) 及小球 m_2 的坐标 (x_2, y_2)，这 4 个量之间有两个完整约束方程，即

$$x_1^2 + y_1^2 = l_1^2 \tag{a}$$

$$(x_2 - x_1)^2 + (y_2 - y_1)^2 = l_2^2 \tag{b}$$

这样，只需在 (x_1, y_1)，(x_2, y_2) 中各选一个，例如选定 x_1, x_2，则 y_1, y_2 将由式(a)，(b)来确定，于是可确定系统的位置。但是，这并不是一个好的方案。现在，选两轻杆与铅垂线夹角 θ_1, θ_2 为坐标。当给定 θ_1 时，则 m_1 的位置便确定；当给定 θ_2 时，则 m_2 的位置便确定。因而，给定 θ_1, θ_2，则系统的位置完全确定。角度 θ_1, θ_2 就是广义坐标。此时，用广义坐标表示直角坐标，有

$$\left.\begin{aligned} &x_1 = l_1\cos\theta_1, \quad y_1 = l_1\sin\theta_1 \\ &x_2 = l_1\cos\theta_1 + l_2\cos\theta_2, \quad y_2 = l_1\sin\theta_1 + l_2\sin\theta_2 \end{aligned}\right\} \tag{c}$$

而约束方程(a)和(b)将自动满足。可见，选取 θ_1, θ_2 为广义坐标比选取 x_1, x_2 要方便得多。

一般地，假设力学系统由 N 个质点组成，所受完整约束为式(11.1.5)，可选 $n = 3N - l$ 个广义坐标 $q_1, q_2, \cdots, q_n$，这时所有点的直角坐标可用广义坐标及时间表示为

$$\left.\begin{aligned} x_i &= x_i(q_s, t) \\ y_i &= y_i(q_s, t) \\ z_i &= z_i(q_s, t) \end{aligned}\right\} \quad (i = 1,2,\cdots,N; s = 1,2,\cdots,n) \tag{11.1.9}$$

或写成矢量形式

$$\boldsymbol{r}_i = \boldsymbol{r}_i(q_s, t) \tag{11.1.10}$$

如果约束是定常的，那么可以选取广义坐标使时间 t 不出现于方程(11.1.9)中。此时，方程(11.1.10)有形式

$$\boldsymbol{r}_i = \boldsymbol{r}_i(q_s) \tag{11.1.11}$$

为了求得质点系的运动，只要先求出广义坐标 $q_s (s = 1,2,\cdots,n)$ 作为时间的函数，然后将其代入式(11.1.9)求出全部直角坐标 $x_i, y_i, z_i (i = 1,2,\cdots,N)$ 作为时间的函数。但是，为求得广义坐标，就必须有相对 $q_s (s = 1,2,\cdots,n)$ 的微分方程。在分析力学中就给出建立这种方程的法则。

例 11.1.3　自由刚体问题。

解： 为确定自由刚体在空间的位置，可选刚体上某一点 A 的直角坐标 x_A，

y_A，z_A 及确定与刚体固连的轴 $A\xi\eta\zeta$ 相对于固定直角坐标系 $Oxyz$ 转动的三个欧拉角 ψ,θ,φ 为广义坐标，如图 11.2 所示。

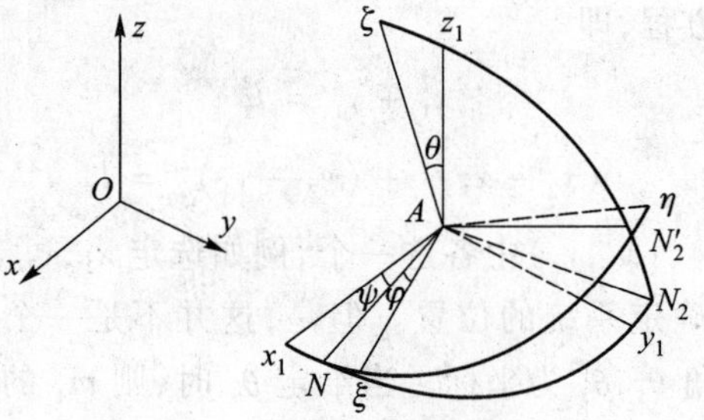

图 11.2

此时刚体上点在两个坐标系中的坐标，有关系

$$x = x_A + \xi(\cos\psi\cos\varphi - \sin\psi\sin\varphi\cos\theta) - \eta(\cos\psi\sin\varphi + \sin\psi\cos\varphi\cos\theta) + \zeta(\sin\psi\sin\theta)$$

$$y = y_A + \xi(\sin\psi\cos\varphi + \cos\psi\sin\varphi\cos\theta) + \eta(-\sin\psi\sin\varphi + \cos\psi\cos\varphi\cos\theta) - \zeta(\cos\psi\sin\theta)$$

$$z = z_A + \xi\sin\varphi\sin\theta + \eta\cos\varphi\sin\theta + \zeta\cos\theta$$

例 11.1.4 一直杆以常角速度 ω 绕铅垂轴 Oz 转动，杆与轴 Oz 夹角 α 为常值。杆上有一小环，小环可沿杆滑动。取小环对杆与轴 Oz 交点 O 的距离 r 为坐标，如图 11.3 所示。试将小环的直角坐标用广义坐标 r 表示出来。

解： 设小环的直角坐标为 x,y,z，有

$$x = r\sin\alpha\cos\omega t$$

$$y = r\sin\alpha\sin\omega t$$

$$z = r\cos\alpha$$

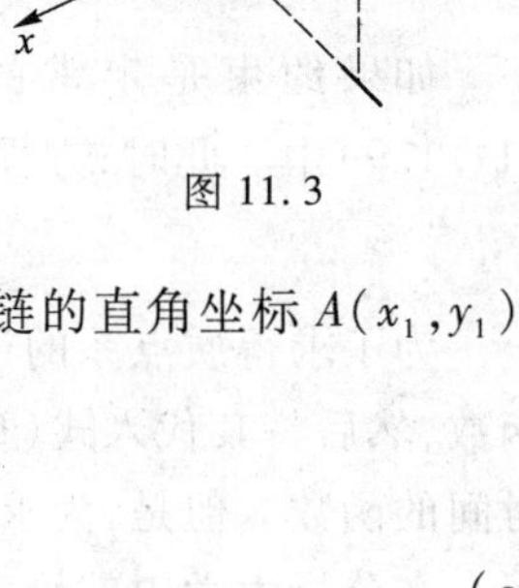

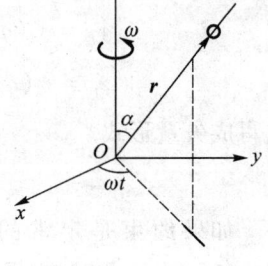

图 11.3

例 11.1.5 四连杆机构问题。

解： 如图 11.4 所示，为确定系统的位置，可选两铰链的直角坐标 $A(x_1,y_1)$，$B(x_2,y_2)$，但有 3 个约束方程

$$\left.\begin{aligned} x_1^2 + y_1^2 &= l_1^2 \\ (x_2 - x_1)^2 + (y_2 - y_1)^2 &= l_2^2 \\ (d - x_2)^2 + y_2^2 &= l_3^2 \end{aligned}\right\} \quad \text{(a)}$$

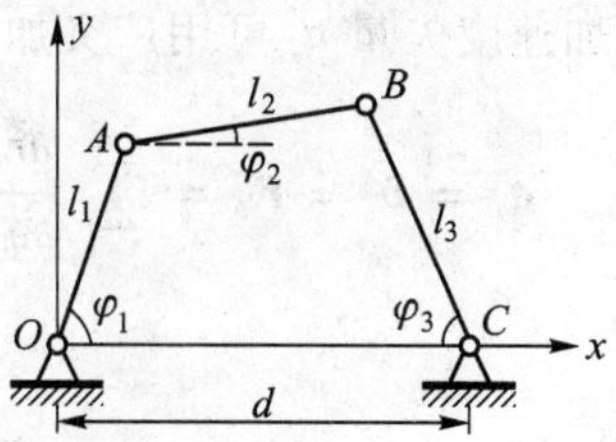

图 11.4

如果选 3 个角 $\varphi_1,\varphi_2,\varphi_3$ 为坐标，则有两个约束方程

$$\left.\begin{aligned} l_1\cos\varphi_1 + l_2\cos\varphi_2 + l_3\cos\varphi_3 &= d \\ l_1\sin\varphi_1 + l_2\sin\varphi_2 - l_3\sin\varphi_3 &= 0 \end{aligned}\right\} \tag{b}$$

如果选 φ_1 为坐标，则 φ_2,φ_3 可借助方程(b)表示出来。但是，最后表示出 $x_1=x_1(\varphi_1)$，$y_1=y_1(\varphi_1)$，$x_2=x_2(\varphi_1)$，$y_2=y_2(\varphi_1)$将是非常麻烦的。

此例中仅用一个参数 φ_1 便可确定系统的位置，但为方便起见，宁可选 3 个参数 $\varphi_1,\varphi_2,\varphi_3$ 而带两个约束方程(b)。此时称 φ_2,φ_3 为**多余坐标**。

2. 广义速度

广义坐标对时间的导数 $\dot{q}_s(s=1,2,\cdots,n)$ 称为**广义速度**。系统中质点的速度矢量 $\boldsymbol{v}_i$ 用广义速度表示为

$$\boldsymbol{v}_i = \dot{\boldsymbol{r}}_i = \sum_{s=1}^{n}\frac{\partial \boldsymbol{r}_i}{\partial q_s}\dot{q}_s + \frac{\partial \boldsymbol{r}_i}{\partial t} \tag{11.1.12}$$

或写成直角坐标形式

$$\left.\begin{aligned} \dot{x}_i &= \sum_{s=1}^{n}\frac{\partial x_i}{\partial q_s}\dot{q}_s + \frac{\partial x_i}{\partial t} \\ \dot{y}_i &= \sum_{s=1}^{n}\frac{\partial y_i}{\partial q_s}\dot{q}_s + \frac{\partial y_i}{\partial t} \\ \dot{z}_i &= \sum_{s=1}^{n}\frac{\partial z_i}{\partial q_s}\dot{q}_s + \frac{\partial z_i}{\partial t} \end{aligned}\right\} \tag{11.1.13}$$

在定常约束下，$\boldsymbol{r}_i$ 取形式(11.1.11)，此时有

$$\boldsymbol{v}_i = \dot{\boldsymbol{r}}_i = \sum_{s=1}^{n}\frac{\partial \boldsymbol{r}_i}{\partial q_s}\dot{q}_s \tag{11.1.14}$$

在本节例 11.1.4 中，有

$$\dot{x} = \dot{r}\sin\alpha\cos\omega t - r\omega\sin\alpha\sin\omega t$$

$$\dot{y} = \dot{r}\sin\alpha\sin\omega t + r\omega\sin\alpha\cos\omega t$$

$$\dot{z} = \dot{r}\cos\alpha$$

3. 广义加速度

广义坐标对时间的两次导数 $\ddot{q}_s(s=1,2,\cdots,n)$ 称为**广义加速度**。系统中点

的加速度矢量 $\boldsymbol{a}_i$ 可用广义加速度线性地表示为

$$\boldsymbol{a}_i = \dot{\boldsymbol{v}}_i = \ddot{\boldsymbol{r}}_i = \sum_{s=1}^{n} \frac{\partial \boldsymbol{r}_i}{\partial q_s}\ddot{q}_s + \sum_{k=1}^{n}\sum_{s=1}^{n} \frac{\partial^2 \boldsymbol{r}_i}{\partial q_k \partial q_s}\dot{q}_k \dot{q}_s + 2\sum_{s=1}^{n} \frac{\partial^2 \boldsymbol{r}_i}{\partial q_s \partial t}\dot{q}_s + \frac{\partial^2 \boldsymbol{r}_i}{\partial t^2} \tag{11.1.15}$$

11.1.3 虚位移、自由度

虚位移是分析力学的重要基本概念。

1. 虚位移

在一定位置上为约束所允许的假想的无限小位移称为虚位移。

首先,虚位移是假定约束不改变而设想的位移。例如,点受有约束 $x^2+y^2+z^2=25t^2$,对瞬时 $t=1$ 的虚位移在半径为 5 的球面的切平面上;而当 $t=2$ 时的虚位移在半径为 10 的球面的切平面上。因此,对虚位移来说,时间 t 是固定的,不变的。这就是“在一定位置上”的含义。其次,虚位移不是任何随便的位移,它必须为约束所允许。第三,虚位移是一个假想的位移,它与实位移不同。实位移是指质点在真实运动中在一定主动力作用下经历一定时间的位移。当然,实位移也必须为约束所允许。实位移只有一个,而虚位移可有几个甚至无穷多个。最后,虚位移是一个无限小位移。因此,在实际应用时,虚位移可选在虚速度的方向。虚位移通常记作 $\delta \boldsymbol{r}_i$,而实位移记作 $\mathrm{d}\boldsymbol{r}_i$。

2. 约束加在虚位移上的限制

对于形如式(11.1.5)的完整约束,在瞬时 t,系统中的点由(x_i,y_i,z_i)发生虚位移 $\delta x_i,\delta y_i,\delta z_i$ 而到达点$(x_i+\delta x_i,y_i+\delta y_i,z_i+\delta z_i)$,按虚位移的定义,质点的新位置必须仍在约束曲面上,即有

$$F_\alpha(x_i+\delta x_i, y_i+\delta y_i, z_i+\delta z_i, t) = 0 \tag{11.1.16}$$

将其展开为泰勒(Taylor)级数,有

$$\begin{aligned} &F_\alpha(x_i+\delta x_i, y_i+\delta y_i, z_i+\delta z_i, t) \\ &= F_\alpha(x_i,y_i,z_i,t) + \sum_{i=1}^{N}\left(\frac{\partial F_\alpha}{\partial x_i}\delta x_i + \frac{\partial F_\alpha}{\partial y_i}\delta y_i + \frac{\partial F_\alpha}{\partial z_i}\delta z_i\right) + \text{高阶小项} \end{aligned}$$

利用式(11.1.5)并忽略高阶小项,得

$$\sum_{i=1}^{N}\left(\frac{\partial F_\alpha}{\partial x_i}\delta x_i+\frac{\partial F_\alpha}{\partial y_i}\delta y_i+\frac{\partial F_\alpha}{\partial z_i}\delta z_i\right)=0\quad(\alpha=1,2,\cdots,l)\tag{11.1.17}$$

这就是 l 个完整约束(11.1.5)加在虚位移 $\delta x_i,\delta y_i,\delta z_i$ 上的 l 个限制条件。方程(11.1.17)的数目 $l<3N$,故相对 $\delta x_i,\delta y_i,\delta z_i$ 有无穷多个解。

约束(11.1.5)对实位移 dx_i,dy_i,dz_i 的限制为

$$\sum_{i=1}^{N}\left(\frac{\partial F_\alpha}{\partial x_i}dx_i+\frac{\partial F_\alpha}{\partial y_i}dy_i+\frac{\partial F_\alpha}{\partial z_i}dz_i\right)+\frac{\partial F_\alpha}{\partial t}dt=0\tag{11.1.18}$$

如果 F_α 不含时间 t,则式(11.1.18)表示为

$$\sum_{i=1}^{N}\left(\frac{\partial F_\alpha}{\partial x_i}dx_i+\frac{\partial F_\alpha}{\partial y_i}dy_i+\frac{\partial F_\alpha}{\partial z_i}dz_i\right)=0\tag{11.1.19}$$

比较式(11.1.19)与式(11.1.17),得知：**在完整定常约束下,实位移是虚位移中的一个**。

对于 g 个线性非完整约束

$$\sum_{i=1}^{N}\left[a_{\beta i}(x_j,y_j,z_j,t)\dot{x}_i+b_{\beta i}(x_j,y_j,z_j,t)\dot{y}_i+c_{\beta i}(x_j,y_j,z_j,t)\dot{z}_i\right]+$$
$$d_\beta(x_j,y_j,z_j,t)=0\quad(\beta=1,2,\cdots,g;j=1,2,\cdots,N)\tag{11.1.20}$$

将其写成微分形式,有

$$\sum_{i=1}^{N}(a_{\beta i}dx_i+b_{\beta i}dy_i+c_{\beta i}dz_i)+d_\beta dt=0\tag{11.1.21}$$

因为虚位移是系统位置在这一时刻相应的变化,时间不变,故可在式(11.1.21)中用符号 δ 代替 d,并取 $\delta t=0$,于是有

$$\sum_{i=1}^{N}(a_{\beta i}\delta x_i+b_{\beta i}\delta y_i+c_{\beta i}\delta z_i)=0\tag{11.1.22}$$

这就是线性非完整约束(11.1.20)加在虚位移上的限制条件。比较式(11.1.22)与式(11.1.21),可知当 $d_\beta=0$ 时,**即约束方程对速度是齐次的情形,实位移是虚位移中的一个**。

对于完整约束系统,可以选 $n=3N-l$ 个广义坐标 $q_s(s=1,2,\cdots,n)$ 作为独立坐标,它们的变分 $\delta q_s(s=1,2,\cdots,n)$ 作为独立的变分。对式(11.1.9)取变分,得

$$\left.\begin{aligned}\delta x_i &= \sum_{s=1}^{n} \frac{\partial x_i}{\partial q_s}\delta q_s \\ \delta y_i &= \sum_{s=1}^{n} \frac{\partial y_i}{\partial q_s}\delta q_s \\ \delta z_i &= \sum_{s=1}^{n} \frac{\partial z_i}{\partial q_s}\delta q_s\end{aligned}\right\} \tag{11.1.23}$$

因此,对于完整力学系统,独立坐标的数目等于坐标的独立变分数目。

将式(11.1.23)代入式(11.1.22),得

$$\sum_{s=1}^{n} A_{\beta s}\delta q_s = 0 \quad (\beta = 1,2,\cdots,g) \tag{11.1.24}$$

其中

$$A_{\beta s} = \sum_{i=1}^{N}\left(a_{\beta i}\frac{\partial x_i}{\partial q_s} + b_{\beta i}\frac{\partial y_i}{\partial q_s} + c_{\beta i}\frac{\partial z_i}{\partial q_s}\right) \tag{11.1.25}$$

因此,对于具有 l 个完整约束,g 个非完整约束的系统,独立坐标的数目仍是 $n = 3N - l$,但因有条件(11.1.24),坐标独立变分的数目成为 $n - g$。

3. 自由度

系统广义坐标的独立变分数目称为系统的自由度。根据这个定义知,完整系统的自由度数目等于独立坐标的数目,而非完整系统的自由度等于独立坐标数目减去非完整约束方程的数目。

例 11.1.6 一质点沿一曲面 $f(x,y,z) = 0$ 运动。

解: 约束方程对虚位移 $\delta x, \delta y, \delta z$ 的限制为

$$\frac{\partial f}{\partial x}\delta x + \frac{\partial f}{\partial y}\delta y + \frac{\partial f}{\partial z}\delta z = 0$$

质点的独立坐标数目是 2,独立变分的数目也是 2,自由度是 2。

例 11.1.7 平面上两质点 A, B 由一长为 l 的刚性杆连接,运动中杆中点 C 的速度只可以沿杆向(图 11.5)。

解: 选 A 的坐标(x_1, y_1)和 B 的坐标(x_2, y_2),约束方程可表示为

$$(x_1 - x_2)^2 + (y_1 - y_2)^2 - l^2 = 0$$

$$\frac{\dot{x}_1 + \dot{x}_2}{x_1 - x_2} = \frac{\dot{y}_1 + \dot{y}_2}{y_1 - y_2}$$

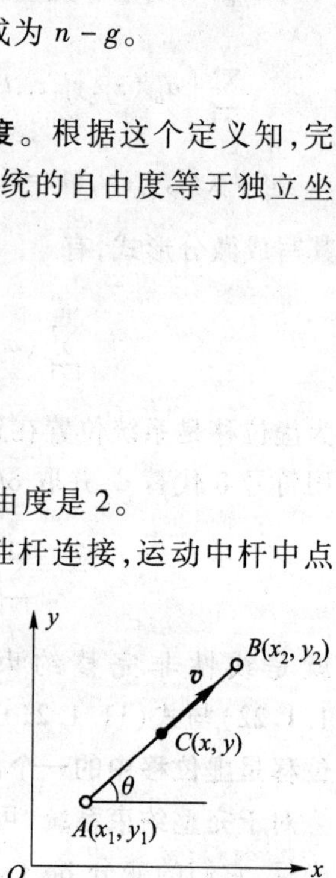

图 11.5

前一个是完整的，后一个是非完整的。它们加在虚位移 $\delta x_1, \delta x_2, \delta y_1, \delta y_2$ 上的限制为

$$(x_1 - x_2)(\delta x_1 - \delta x_2) + (y_1 - y_2)(\delta y_1 - \delta y_2) = 0$$

$$\frac{\delta\dot{x}_1 + \delta x_2}{x_1 - x_2} = \frac{\delta y_1 + \delta y_2}{y_1 - y_2}$$

系统独立坐标的数目是 3，独立变分数目是 2，自由度是 2。

选杆中点 C 的坐标 (x, y) 以及杆对轴 Ox 的夹角 θ 为坐标，这三个坐标是独立坐标。限制杆中点速度只能沿杆 AB 方向的非完整约束表示为

$$\dot{y} = \dot{x}\tan\theta$$

它对虚位移 $\delta x, \delta y, \delta\theta$ 的限制为

$$\delta y = \delta x\tan\theta$$

独立变分数目是 2，自由度是 2。

例 11.1.8　一个机械手 $ABCDEF$ 由 4 个刚体组成如图 11.6 所示。A 是球铰链，B, C, D 是 3 个平面铰链。

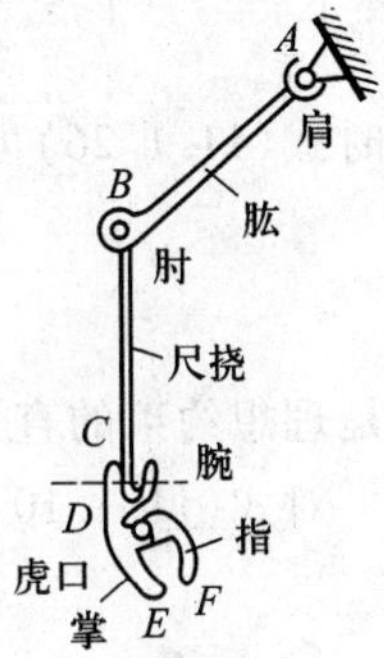

图 11.6

解：这是一个完整系统，它的自由度数目等于独立坐标的数目。每一个刚体有 6 个自由度，每一个球铰链使自由度数目减少 3 个，每一个平面铰链使自由度减少 5 个，因此整个系统的自由度数目是

$$(6 \times 4) - 3 - (5 \times 3) = 6$$

11.1.4　约束力·理想约束

理想约束是分析力学的基本概念。分析力学的研究大多以理想约束为前提。

1. 约束力

约束的数学表现为约束方程，约束的力学表现为**约束力**。如果系统没有约束，则系统的坐标值从作用力方面来说由主动力确定。当存在约束时，便出现了某些附加力。这些附加力使系统按约束方程的规定而运动。这些与主动力一起实现系统运动的力与约束相适应，因此称其为约束力。

2. 理想约束

力在实位移上所作功称为**实功**，力在虚位移上的功称为**虚功**。系统中各质

点所受约束力对该点的虚位移各有一虚功。**如果系统中各点的约束力的虚功之和等于零，则这种约束称为理想约束。**

如果用$\boldsymbol{F}_{Ni}$表示第i个质点所受约束力之合力，$\delta\boldsymbol{r}_i$是其虚位移，则理想约束条件表示为

$$\sum_{i=1}^{N}\boldsymbol{F}_{Ni}\cdot\delta\boldsymbol{r}_i=0 \tag{11.1.26}$$

对于轴向单位矢量为$\boldsymbol{i},\boldsymbol{j},\boldsymbol{k}$的空间固定直角坐标系，可将约束力与虚位移分别表示为

$$\boldsymbol{F}_{Ni}=F_{Nix}\boldsymbol{i}+F_{Niy}\boldsymbol{j}+F_{Niz}\boldsymbol{k}$$

$$\delta\boldsymbol{r}_i=\delta x_i\boldsymbol{i}+\delta y_i\boldsymbol{j}+\delta z_i\boldsymbol{k}$$

此时式(11.1.26)可表示为

$$\sum_{i=1}^{N}(F_{Nix}\delta x_i+F_{Niy}\delta y_i+F_{Niz}\delta z_i)=0 \tag{11.1.27}$$

这是理想约束的直角坐标表达。

对式(11.1.10)取变分，得

$$\delta\boldsymbol{r}_i=\sum_{s=1}^{n}\frac{\partial\boldsymbol{r}_i}{\partial q_s}\delta q_s \tag{11.1.28}$$

将式(11.1.28)带入式(11.1.26)，得

$$\sum_{s=1}^{n}Q'_s\delta q_s=0 \tag{11.1.29}$$

其中

$$Q'_s=\sum_{i=1}^{N}\boldsymbol{F}_{Ni}\cdot\frac{\partial\boldsymbol{r}_i}{\partial q_s} \tag{11.1.30}$$

称为广义约束力。式(11.1.29)称为理想约束的广义坐标表达。

3. 理想约束的例子

质点强制地沿固定光滑面的运动，质点强制地沿运动或变形的光滑曲面的运动，具有一个或两个固定点的刚体，两个质点用不计质量的不变长度的杆相连接，两刚体在运动中以理想光滑表面相接触，两刚体用光滑铰链相连接等，都是完整的理想约束。

圆盘或圆球沿完全粗糙水平面作纯滚动，冰刀不允许横滑等，都是非完整的理想约束。

4. 理想约束假定的重要性和可能性

由达朗贝尔和拉格朗日开创的非自由质点系动力学是基于约束的理想性假定的。根据这个假定所建立的虚位移原理以及动力学普遍方程中消除了约束力,从而使问题变得简单了。可见,理想约束假定的重要性。同时,理想约束也是完全可能的。首先,为描述自然现象和大多数技术过程,这样的假定有足够的精确度。例如,复杂的机构可看作刚体系统,其中刚体两两之间或刚性连接,或以铰链连接,或以其表面相接触。如果认为所有刚性连接是绝对刚性的,铰链是理想的,而所有接触面或是理想光滑的,或者完全粗糙的,则任何复杂机构均可当作具有理想约束的质点系统。其次,如果约束是非理想的,例如,摩擦力的虚功不为零,则可将摩擦力归为主动力范畴来考虑。由于未知量摩擦力的出现而缺少的方程可用摩擦定律来补充。

11.2 虚位移原理

虚位移原理是分析力学的基本原理之一,是静力学的普遍方程。

11.2.1 虚位移原理

1. 虚位移原理

虚位移原理,亦称**虚功原理**,表述如下:**在双面理想约束下,质点系平衡的充分必要条件是,作用在系统上的主动力在任何虚位移上所作元功之和等于零。**

用 $\boldsymbol{F}_i$ 表示作用在第 i 个质点上主动力的合力,$\delta\boldsymbol{r}_i$ 表示虚位移,则虚位移原理表示为

$$\sum_{i=1}^{N}\boldsymbol{F}_i\cdot\delta\boldsymbol{r}_i=0 \tag{11.2.1}$$

它可表示为直角坐标形式

$$\sum_{i=1}^{N}(F_{ix}\delta x_i+F_{iy}\delta y_i+F_{iz}\delta z_i)=0 \tag{11.2.2}$$

也可表示为广义坐标形式

$$\sum_{s=1}^{n}Q_s\delta q_s=0 \tag{11.2.3}$$

其中

$$Q_s = \sum_{i=1}^{N} \boldsymbol{F}_i \cdot \frac{\partial \boldsymbol{r}_i}{\partial q_s} \tag{11.2.4}$$

称为与广义坐标 q_s 相应的广义力。广义力的量纲可以是力、力矩等。如果 δq_s 为位移,则 Q_s 为力;如果 δq_s 为角度,则 Q_s 为力矩。

2. 虚位移原理的意义

首先,虚位移原理是静力学最普遍的原理,由它可以推导出全部静力学的平衡方程。虚位移原理的形式(11.2.1),(11.2.2),(11.2.3)构成分析静力学的全部内容。

其次,虚位移原理是从功的观点来研究力学系统的平衡的,而几何静力学是从力的观点来研究平衡的。虚位移原理在处理系统平衡时不是孤立地静止地研究平衡这一特定状态,而是改变这一状态(给出虚位移),从变革比较中认识平衡的规律。这一观点在认识事物本质时是十分重要的。

第三,当系统有较多约束时,利用虚位移原理解静力学问题要比几何静力学来得简单。

最后,虚位移原理与达朗贝尔原理联合而构成动力学普遍方程,因此虚位移原理是分析力学的一个基本原理。

11.2.2 虚位移原理的应用

1. 用虚位移原理解静力学问题

虚位移原理是解决静力学问题的普遍方法,尤其是对解决多约束系统的静力学问题显得非常简捷。这个原理有如下两个特点:

首先,在解静力学问题中,只要断定系统是受理想约束的,约束力的虚功自然消去了,因而可以避免方程中繁杂的约束力出现。另外,虚位移原理也能应用于求约束力,只需在对应点解除约束,代之以约束力,并把它当作主动力来处理就行了。

其次,由于引入了广义坐标,解决多约束系统的问题时,可以根据情况选择变量,而原理形式不变,这就给具体问题的解决,特别是在许多约束限制下自由度数目较少的情形,带来较大方便。

应用虚位移原理解静力学问题的步骤大致是:根据问题要求,确定所研究系统的范围,并考虑系统的约束情况,看约束力在虚位移上是否作功,当约束力不作功时才能应用虚位移原理；确定自由度数目，选取广义坐标，为描述便利，可以适当地选取 $n+m$ 个变量并给出 m 个约束方程；按式(11.2.1)，(11.2.2)或式(11.2.3)列写虚功方程，并求解。

应用虚位移原理解静力学问题的关键在于选取主动力作用点的虚位移并计算虚功。一般说，点的虚位移可选在虚速度方向，或写出位置坐标表达式再取变分。前者称为几何法，后者称为解析法。

例 11.2.1　公共汽车上用来开启车门的机构，如图 11.7 所示。试求垂直于手柄 OA 的力 $\boldsymbol{F}_A$ 和门的阻力矩 M 之间的关系。

解：假设门的启动不很急剧，可认为此连杆机构在发动力 $\boldsymbol{F}_A$ 及阻力矩 M 的作用下平衡。假如各铰链光滑，便可用虚位移原理来处理。此机构有一个自由度，假定 φ 取定，由简单几何关系看出四边形 $OBCO_1$ 被完全确定。但为方便起见，可取三个角 φ,ψ,θ 为参数来描述系统的位置。由虚位移原理知

$$F_A r\delta\varphi + M\delta\psi = 0$$

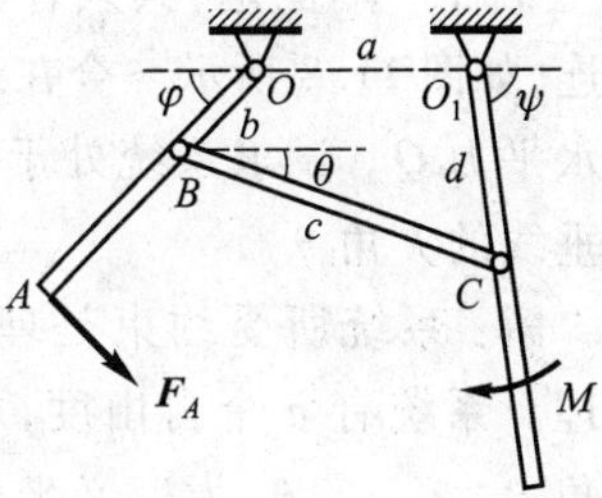

图 11.7

为建立 $\delta\varphi$ 与 $\delta\psi$ 之间的关系，写出系统的约束方程。考查 OB,BC,CO_1 各杆在水平与铅垂方向的投影，有

$$b\cos\varphi + a + d\cos\psi = c\cos\theta$$

$$b\sin\varphi + c\sin\theta = d\sin\psi$$

将其取变分，得

$$b\sin\varphi\delta\varphi + l\sin\psi\delta\psi = c\sin\theta\delta\theta$$

$$b\cos\varphi\delta\varphi + c\cos\theta\delta\theta = d\cos\psi\delta\psi$$

由以上二式消去 $\delta\theta$，得

$$\delta\psi = -\frac{b\sin(\varphi+\theta)}{d\sin(\psi-\theta)}\delta\varphi$$

将其代入虚功方程，由 $\delta\varphi$ 的任意性，得到

$$M = \frac{F_A r d\sin(\psi-\theta)}{b\sin(\varphi+\theta)}$$

由此看出，减小 b 或增大 r,d，便可用较小的力克服较大的阻力矩。

为建立 $\delta\varphi$ 与 $\delta\psi$ 之间的关系，还有一种常用方法，常称为虚速度法，或几何法。考查杆 BC 两端的虚位移 $\delta\boldsymbol{r}_B$ 和 $\delta\boldsymbol{r}_C$，它们分别垂直于杆 OB 和杆 O_1C，并像

速度投影定理那样，沿杆 BC 的投影相等，即有

$$b\delta\varphi\cos\left(\frac{\pi}{2}-\varphi-\theta\right)=-d\delta\psi\cos\left(\frac{\pi}{2}-\psi+\theta\right)$$

由此得

$$\delta\psi=-\frac{b\sin(\varphi+\theta)}{d\sin(\psi-\theta)}\delta\varphi$$

请读者用几何静力学方法解此题。

例 11.2.2 由 n 个长为 l、重为 P、在铅垂平面内的匀质杆组成的系统，其中第一个杆一端固定，其余各杆用光滑铰链顺次相连，如图 11.8 所示。今在最末一杆一端施加一水平力 $\boldsymbol{Q}$。试求系统处于平衡时第 i 个杆与铅垂线的夹角 θ_i。

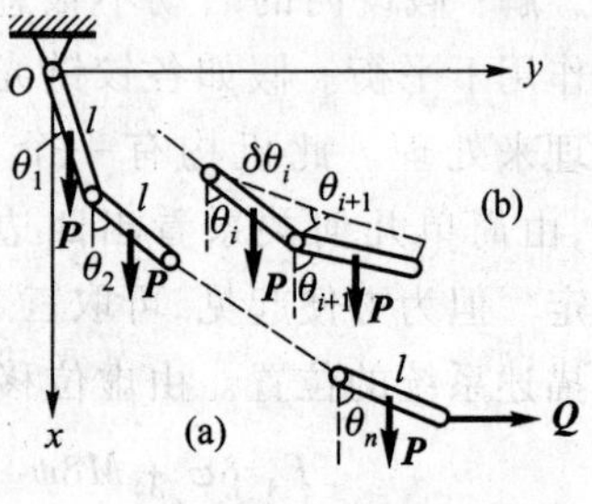

图 11.8

解： 系统所受约束是理想的，可用虚位移原理。系统有 n 个自由度，可取杆与铅垂线的夹角 $\theta_1,\theta_2,\cdots,\theta_n$ 为广义坐标。各杆中点的铅垂坐标为 $x_1,x_2,\cdots,x_n$，第 n 个杆末端的水平坐标为 y_Q。列写虚功方程

$$P\delta x_1+P\delta x_2+\cdots+P\delta x_n+Q\delta y_Q=0$$

因

$$x_1=\frac{l}{2}\cos\theta_1$$

$$x_2=l\cos\theta_1+\frac{l}{2}\cos\theta_2$$

……

$$x_n=l(\cos\theta_1+\cos\theta_2+\cdots+\cos\theta_{n-1})+\frac{l}{2}\cos\theta_n$$

$$y_Q=l(\sin\theta_1+\sin\theta_2+\cdots+\sin\theta_{n-1}+\sin\theta_n)$$

故有

$$\delta x_1=-\frac{l}{2}\sin\theta_1\delta\theta_1$$

$$\delta x_2=-l\sin\theta_1\delta\theta_1-\frac{l}{2}\sin\theta_2\delta\theta_2$$

……

$$\delta x_n = -l(\sin\theta_1\delta\theta_1 + \sin\theta_2\delta\theta_2 + \cdots + \sin\theta_{n-1}\delta\theta_{n-1}) - \frac{l}{2}\sin\theta_n\delta\theta_n$$

$$\delta y_Q = l(\cos\theta_1\delta\theta_1 + \cos\theta_2\delta\theta_2 + \cdots + \cos\theta_{n-1}\delta\theta_{n-1} + \cos\theta_n\delta\theta_n)$$

将其代入虚功方程，得到

$$\left\{-l\left[\frac{P}{2}\sin\theta_1 + (n-1)P\sin\theta_1\right] + lQ\cos\theta_1\right\}\delta\theta_1 +$$

$$\left\{-l\left[\frac{P}{2}\sin\theta_2 + (n-2)P\sin\theta_2\right] + lQ\cos\theta_2\right\}\delta\theta_2 + \cdots +$$

$$\left\{-l\left[\frac{P}{2}\sin\theta_{n-1} + P\sin\theta_{n-1}\right] + lQ\cos\theta_{n-1}\right\}\delta\theta_{n-1} +$$

$$\left\{-l\left[\frac{P}{2}\sin\theta_n\right] + lQ\cos\theta_n\right\}\delta\theta_n = 0$$

因 $\delta\theta_1, \delta\theta_2, \cdots, \delta\theta_n$ 彼此独立，故其前面系数为零，即

$$-P\left(\frac{1}{2} + n - 1\right)\sin\theta_1 + Q\cos\theta_1 = 0$$

$$-P\left(\frac{1}{2} + n - 2\right)\sin\theta_2 + Q\cos\theta_2 = 0$$

……

$$-P\left(\frac{1}{2} + 1\right)\sin\theta_{n-1} + Q\cos\theta_{n-1} = 0$$

$$-P\left(\frac{1}{2}\right)\sin\theta_n + Q\cos\theta_n = 0$$

由此解得

$$\tan\theta_1 = \frac{2Q}{(2n-1)P}$$

$$\tan\theta_2 = \frac{2Q}{(2n-3)P}$$

……

$$\tan\theta_{n-1} = \frac{2Q}{3P}$$

$$\tan\theta_n = \frac{2Q}{P}$$

因此,第 i 个杆与铅垂线的夹角 θ_i 为

$$\tan\theta_i = \frac{2Q}{[2n-(2i-1)]P}$$

为求第 i 个杆与铅垂线的夹角 θ_i,还可以用取特殊虚位移的方法来求解。现让第 i 个杆发生虚位移 $\delta\theta_i$,其余各杆虚位移 $\delta\theta_j=0(j\neq i)$,来计算主动力的虚功。第 1 个杆至第 $i-1$ 个杆不动,第 i 个杆转一微小角 $\delta\theta_i$,它中心上升的高度为

$$\frac{l}{2}[\cos\theta_i-\cos(\theta_i+\delta\theta_i)]\approx\frac{l}{2}\sin\theta_i\delta\theta_i$$

第 $i+1$ 个杆至第 n 个杆中心上升的高度与第 i 个杆末端上升的高度一样,为

$$l[\cos\theta_i-\cos(\theta_i+\delta\theta_i)]\approx l\sin\theta_i\delta\theta_i$$

通过上面直观分析,可将虚位移原理写成

$$-\frac{l}{2}P\sin\theta_i\delta\theta_i-Pl(n-i)\sin\theta_i\delta\theta_i+Ql\cos\theta_i\delta\theta_i=0$$

由于 $\delta\theta_i\neq0$,得

$$\tan\theta_i=\frac{2Q}{(2n-2i+1)P}$$

例 11.2.3 A,B 两点用一不可伸长的线连接,它们可分别沿固定直线 OM 和 ON 无摩擦地滑动,OM 和 ON 夹角为 α,如图 11.9 所示。这两点均受点 O 排斥,排斥力与距离成正比,比例系数分别为 k_1 和 k_2。试求平衡时的角 β 和 γ。

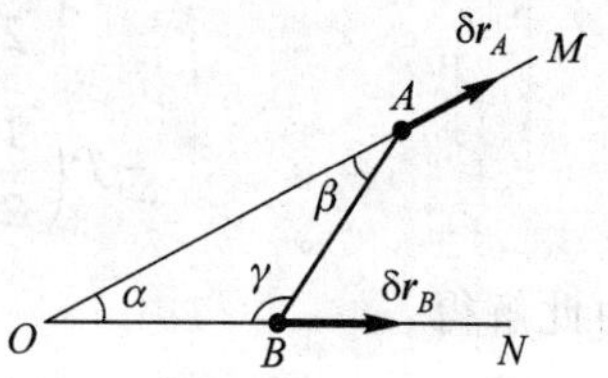

图 11.9

解: 点 A 和点 B 的虚位移 $\delta\boldsymbol{r}_A$ 和 $\delta\boldsymbol{r}_B$ 分别沿 OM 和 ON 方向。由虚位移原理知,排斥力的虚功之和为零

$$k_1OA\delta r_A+k_2OB\delta r_B=0$$

由 $\triangle OAB$ 知

$$\frac{OA}{OB}=\frac{\sin\gamma}{\sin\beta}$$

δr_A 和 δr_B 不是彼此独立的,考虑到它们的方向与虚速度一致,按速度投影定理,

它们在 BA 上的投影应相等,即有

$$\delta r_A \cos\beta = \delta r_B \cos(\pi - \gamma)$$

将以上两式代入虚功方程,得

$$\left(k_1 \frac{\sin\gamma}{\sin\beta} - k_2 \frac{\cos\beta}{\cos\gamma}\right)\delta r_A = 0$$

由 $\delta r_A \neq 0$,得

$$k_1 \frac{\sin\gamma}{\sin\beta} - k_2 \frac{\cos\beta}{\cos\gamma} = 0$$

因

$$\cos\gamma = -\cos(\alpha+\beta), \quad \sin\gamma = \sin(\alpha+\beta)$$

于是有

$$k_1(\sin 2\alpha\cos 2\beta + \cos 2\alpha\sin 2\beta) + k_2 \sin 2\beta = 0$$

由此得

$$\tan 2\beta = -\frac{k_1 \sin 2\alpha}{k_2 + k_1 \cos 2\alpha}$$

在上面运算中将 β 用 α 和 γ 表示,便得

$$\tan 2\gamma = -\frac{k_2 \sin 2\alpha}{k_2 + k_1 \cos 2\alpha}$$

例 11.2.4　设有三跨度的联合梁,由 AM,MN,ND 组成,M,N 为光滑铰链,共有 4 个支座 A,B,C,D,如图 11.10 所示。试求支座约束力。

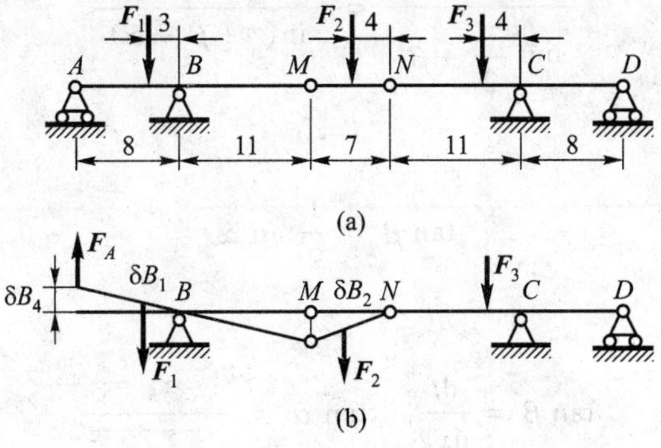

图 11.10

解：为求支座 A 的约束力，可将支座 A 解除，代之以支座的约束力 $\boldsymbol{F}_A$，并将其当作主动力来处理。令 $\boldsymbol{F}_1$，$\boldsymbol{F}_2$，$\boldsymbol{F}_3$ 和 $\boldsymbol{F}_A$ 的作用点的虚位移分别为 $\delta\boldsymbol{\varepsilon}_1$，$\delta\boldsymbol{\varepsilon}_2$，$\delta\boldsymbol{\varepsilon}_3$ 和 $\delta\boldsymbol{\varepsilon}_A$，显然 $\delta\varepsilon_3=0$。列写虚功方程，有

$$F_A\delta\varepsilon_A - F_1\delta\varepsilon_1 + F_2\delta\varepsilon_2 = 0$$

根据几何关系，有

$$\delta\varepsilon_1 = \frac{3}{8}\delta\varepsilon_A,\quad \delta\varepsilon_2 = \frac{4}{7}\times\frac{11}{8}\delta\varepsilon_A$$

将其代入虚功方程，由 $\delta\varepsilon_A$ 的任意性，得

$$F_A = \frac{3}{8}F_1 - \frac{11}{14}F_2$$

用类似的方法可求出其他支座的约束力。

例 11.2.5 匀质杆 AB 长为 a、重为 P，一端 A 靠在光滑墙上，另一端 B 放在固定光滑曲面上，如图 11.11 所示。欲使杆子在铅垂面内在任意位置都能平衡，试求地面的形状。

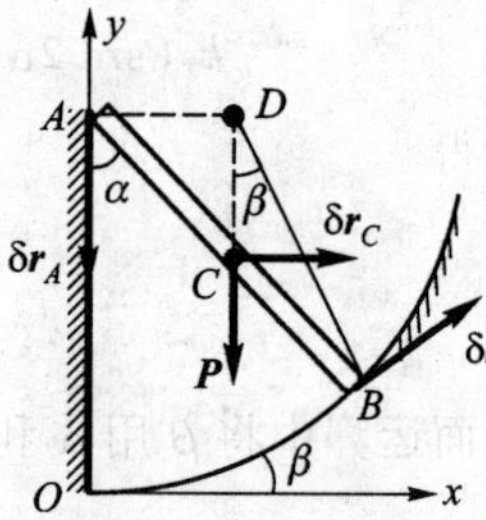

图 11.11

解：方法一 设 A 向下有虚位移 $\delta\boldsymbol{r}_A$，B 的虚位移 $\delta\boldsymbol{r}_B$ 应在曲线的切线方向，设它与轴 Ox 成角 β。杆中心的虚位移为 $\delta\boldsymbol{r}_C$，虚位移原理给出

$$\boldsymbol{P}\cdot\delta\boldsymbol{r}_C = 0$$

由此得知，$\delta\boldsymbol{r}_C$ 在水平方向。可找到虚速度中心 D。$\triangle DAB$ 给出

$$\frac{a}{\sin\left(\dfrac{\pi}{2}+\beta\right)} = \frac{\dfrac{a}{2}\sin\alpha}{\sin(\pi+\beta-\alpha)}$$

由此得

$$\tan\beta = \frac{1}{2}\tan\alpha$$

因

$$\tan\beta = \frac{\mathrm{d}f}{\mathrm{d}x_B},\quad \tan\alpha = \frac{x_B}{\sqrt{a^2-x_B^2}}$$

故有

$$\frac{\mathrm{d}f}{\mathrm{d}x_B}=\frac{1}{2}\frac{x_B}{\sqrt{a^2-x_B^2}}$$

积分得

$$f=-\frac{1}{2}\sqrt{a^2-x_B^2}+C$$

令 $x_B=0$ 时，$f=0$，则有 $C=\frac{1}{2}a$。于是有

$$f-\frac{1}{2}a=-\frac{1}{2}\sqrt{a^2-x_B^2}$$

即

$$x_B^2+(2f-a)^2=a^2$$

方法二　虚位移原理给出

$$P\delta y_C=0$$

又

$$y_C=\frac{1}{2}(y_A+y_B)$$

于是有

$$\delta y_A+\delta y_B=0$$

对这样定常完整约束，实位移应是虚位移中的一个。因此有

$$\mathrm{d}y_A+\mathrm{d}y_B=0$$

积分得

$$y_A+y_B=\text{const}$$

令 $y_B=0$ 时有 $y_A=a$，则

$$y_A+y_B=a$$

由杆的长度不变，有

$$(y_A-y_B)^2+x_B^2=a^2$$

由以上两式解得

$$x_B^2+(a-2y_B)^2=a^2$$

方法三　虚功方程还可写成形式

$$P \times \frac{1}{2}\delta[y_A + f(x_B)] = 0$$

由此得

$$\delta y_A = -\frac{\mathrm{d}f}{\mathrm{d}x_B}\delta x_B$$

对杆长不变的约束方程取变分,得

$$x_B\delta x_B + [y_A - f(x_B)]\left(\delta y_A - \frac{\mathrm{d}f}{\mathrm{d}x_B}\right)\delta x_B = 0$$

消去 $y_A - f$,得

$$x_B\delta x_B + \sqrt{a^2 - x_B^2}\left(-2\frac{\mathrm{d}f}{\mathrm{d}x_B}\delta x_B\right) = 0$$

因 $\delta x_B \neq 0$,故有

$$\frac{\mathrm{d}f}{\mathrm{d}x_B} = \frac{1}{2}\frac{x_B}{\sqrt{a^2 - x_B^2}}$$

2. 用虚位移原理求平衡位置及其稳定性

如果主动力有势,虚位移原理给出的平衡条件是,势能具有稳定值。有了势能表达式,便可用来研究**平衡稳定性**。

如果每个质点所受主动力都是有势力,即存在势函数 $V = V(x_i, y_i, z_i)$,使得

$$F_{ix} = -\frac{\partial V}{\partial x_i}, \quad F_{iy} = -\frac{\partial V}{\partial y_i}, \quad F_{iz} = -\frac{\partial V}{\partial z_i} \tag{11.2.5}$$

那么,虚位移原理(11.2.2)给出

$$-\sum_{i=1}^{N}\left(\frac{\partial V}{\partial x_i}\delta x_i + \frac{\partial V}{\partial y_i}\delta y_i + \frac{\partial V}{\partial z_i}\delta z_i\right) = -\delta V = 0 \tag{11.2.6}$$

这表明,在平衡位置上势能取极值。

有了势能表达式,进而可研究平衡稳定性。如果质点系仅有一个自由度,设独立变量为 q,势能为 $V(q)$,q_0 是此质点系的一个平衡位置,即

$$\left.\frac{\partial V}{\partial q}\right|_{q=q_0} = 0 \tag{11.2.7}$$

将 $V(q)$ 在 $q = q_0$ 处按泰勒级数展开,得

$$V(q) = V(q_0) + \left.\frac{\partial V}{\partial q}\right|_{q=q_0}(q - q_0) + \frac{1}{2!}\left.\frac{\partial^2 V}{\partial q^2}\right|_{q=q_0}(q - q_0)^2 + \cdots$$

如果

$$\frac{\partial^2 V}{\partial q^2} < 0$$

则 $V(q_0)$ 为 $V(q)$ 的极大值。如果

$$\frac{\partial^2 V}{\partial q^2} > 0$$

则 $V(q_0)$ 为 $V(q)$ 的极小值。将 $V(q)$ 对 q 求导数，得广义力

$$\begin{aligned}
Q &= -\frac{\partial V}{\partial q} \\
&= -\left.\frac{\partial V}{\partial q}\right|_{q=q_0} - \left.\frac{\partial^2 V}{\partial q^2}\right|_{q=q_0} (q - q_0) + \cdots \\
&= -\left.\frac{\partial^2 V}{\partial q^2}\right|_{q=q_0} (q - q_0) + \cdots
\end{aligned} \tag{11.2.8}$$

由此可知，当

$$\left.\frac{\partial^2 V}{\partial q^2}\right|_{q=q_0} > 0$$

则广义力 Q 和位移 $q - q_0$ 符号相反，广义力 Q 使质点系恢复到平衡位置 q_0。因此，在 q_0 时质点系稳定平衡。反之，当

$$\left.\frac{\partial^2 V}{\partial q^2}\right|_{q=q_0} < 0$$

则是不稳定平衡。当

$$\frac{\partial^2 V}{\partial q^2} = 0$$

则上述判别不能确定。若在 q_0 处 V 首先不为零的导数是 n 阶，即

$$\left.\frac{\partial V}{\partial q}\right|_{q=q_0} = \left.\frac{\partial^2 V}{\partial q^2}\right|_{q=q_0} = \cdots = \left.\frac{\partial^{n-1} V}{\partial q^{n-1}}\right|_{q=q_0} = 0, \quad \left.\frac{\partial^n V}{\partial q^n}\right|_{q=q_0} \neq 0$$

若 n 为偶数，$\left.\frac{\partial^n V}{\partial q^n}\right|_{q=q_0} < 0$ 时，$V(q_0)$ 为极大值，则是不稳定平衡；$\left.\frac{\partial^n V}{\partial q^n}\right|_{q=q_0} > 0$ 时，$V(q_0)$ 为极小值，则是稳定平衡。

对两个自由度系统，独立参数是 q_1, q_2，势能是 $V(q_1, q_2)$，则平衡条件是

$$\frac{\partial V}{\partial q_1}=0,\quad \frac{\partial V}{\partial q_2}=0 \tag{11.2.9}$$

若 q_{10}, q_{20} 适合式(11.2.9)，将 $V(q_1, q_2)$ 在点 (q_{10}, q_{20}) 附近展成泰勒级数，则

$$V(q_1,q_2)=V(q_{10},q_{20})+\frac{1}{2}\left[\frac{\partial^2 V}{\partial q_1^2}\bigg|_{q_{10},q_{20}}(q_1-q_{10})^2+\right.$$

$$\left.2\frac{\partial^2 V}{\partial q_1\partial q_2}\bigg|_{q_{10},q_{20}}(q_1-q_{10})(q_2-q_{20})+\frac{\partial^2 V}{\partial q_2^2}\bigg|_{q_{10},q_{20}}(q_2-q_{20})^2\right]+\cdots$$

令

$$\Delta=\left[\left(\frac{\partial^2 V}{\partial q_1\partial q_2}\right)^2-\frac{\partial^2 V}{\partial q_1^2}\frac{\partial^2 V}{\partial q_2^2}\right]_{q_{10},q_{20}}$$

由高等数学知，当 $\Delta>0$ 时，$V(q_{10}, q_{20})$ 非极值；当 $\Delta=0$ 时，不能确定；$V(q_{10}, q_{20})$ 为极值时必须 $\Delta<0$。当 $\Delta<0$ 且

$$\frac{\partial^2 V}{\partial q_2^2}<0$$

$V(q_{10}, q_{20})$ 为极大；$\dfrac{\partial^2 V}{\partial q_2^2}>0$ 时为极小。

一般地，**当势能取极小时，平衡是稳定的。但是，平衡是稳定的，势能不一定是极小。**

例 11.2.6 半径为 R 的光滑金属丝圆周固定在铅垂面内。质量为 m 的小圆环 M 用刚度系数为 k 的弹簧与圆周上的最高点 A 连接，并可在圆周上滑动。弹簧未变形时长为 l_0，如图 11.12 所示。试求小圆环的平衡位置，并研究其稳定性。

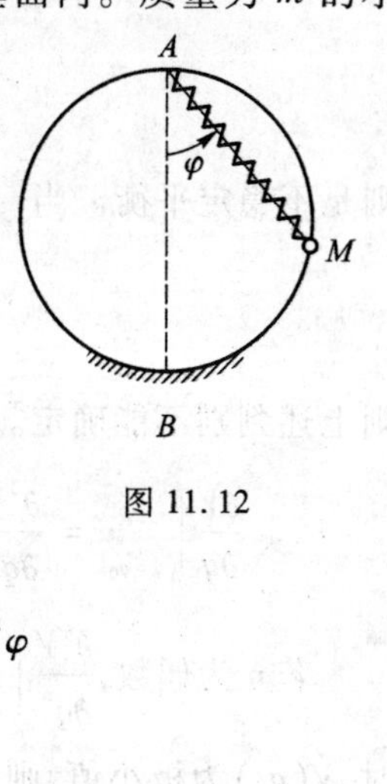

图 11.12

解： 金属丝是光滑的，小圆环所受约束是双面理想的。主动力，即重力和弹簧力是有势力。为研究平衡稳定性，需列写系统的势能。取 AM 与铅垂线 AB 的夹角 φ 为广义坐标。以点 B 为重力势能零点，弹簧自然长时为弹簧势能零点，则重力势能为

$$V_1=mgR(1-\cos 2\varphi)=2mgR\sin^2\varphi$$

弹簧势能为

$$V_2=\frac{1}{2}k(2R\cos\varphi-l_0)^2$$

系统势能为

$$V = V_1 + V_2 = 2mgR\sin^2\varphi + \frac{1}{2}k(2R\cos\varphi - l_0)^2$$

平衡方程为

$$\frac{\partial V}{\partial \varphi} = 0$$

即

$$2R(2mg\cos\varphi - 2Rk\cos\varphi + cl_0)\sin\varphi = 0$$

由此得

$$\sin\varphi = 0$$

$$\cos\varphi = \frac{kl_0}{2(kR - mg)}$$

因此平衡位置为

$$\varphi = \varphi_1 = 0$$

$$\varphi = \varphi_2 = \arccos\frac{kl_0}{2(kR - mg)}$$

为研究上述两平衡位置的稳定性,需研究 V 的二阶导数是否大于零。因

$$\frac{\partial^2 V}{\partial \varphi^2} = 4mgR\cos 2\varphi - 4kR^2\cos 2\varphi + 2Rkl_0\cos\varphi$$

故有

$$\left.\frac{\partial^2 V}{\partial \varphi^2}\right|_{\varphi=\varphi_1=0} = 2R(2mg - 2kR + kl_0)$$

$$\left.\frac{\partial^2 V}{\partial \varphi^2}\right|_{\varphi=\varphi_2} = \frac{4(kR - mg)^2 - k^2 l_0^2}{kR - mg}$$

因此,当

$$kl_0 > 2(kR - mg)$$

时,有

$$\left.\frac{\partial^2 V}{\partial \varphi^2}\right|_{\varphi=\varphi_0=0} > 0$$

平衡 $\varphi = \varphi_0 = 0$ 是稳定的。而当

$$kl_0 < 2(kR - mg)$$

时，有

$$\left.\frac{\partial^2 V}{\partial \varphi^2}\right|_{\varphi=\varphi_2} > 0$$

平衡 $\varphi=\varphi_2$ 是稳定的。

例 11.2.7 半径为 r_1 的小圆球放在半径为 r_2 的大圆球顶上，接触点处有足够摩擦，不致产生滑动。小球的重心 C_1 在过接触点铅垂线的正上方距 h 处，如图 11.13 所示。试研究小球平衡位置的稳定性。

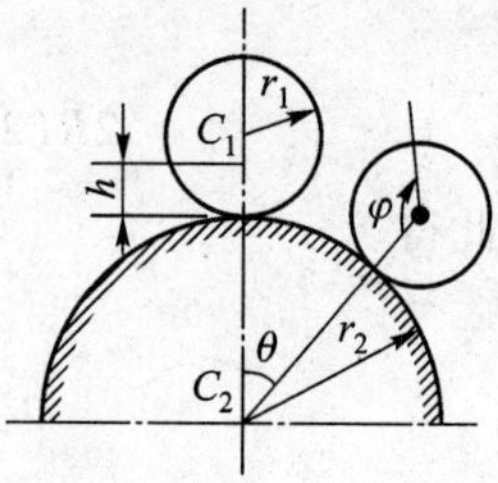

图 11.13

解： 选两球中心连线的转角 θ 为广义坐标。小球重力势能零点选在过 C_2 的水平线上，有

$$V = Py_{C_1}$$

$$y_{C_1} = (r_2 + r_1)\cos\theta - (r_1 - h)\cos(\theta + \varphi)$$

纯滚动条件为

$$r_2\theta = r_1\varphi$$

于是，势能表示为

$$V = P\left[(r_2 + r_1)\cos\theta - (r_1 - h)\cos\left(1 + \frac{r_2}{r_1}\right)\theta\right]$$

平衡方程为

$$\frac{\partial V}{\partial \theta} = 0$$

即

$$P\left[-(r_2 + r_1)\sin\theta + (r_1 - h)\left(1 + \frac{r_2}{r_1}\right)\sin\left(1 + \frac{r_2}{r_1}\right)\theta\right] = 0$$

由此知

$$\theta = 0$$

为平衡位置。为研究平衡稳定性，尚需对势能求两次导数，有

$$\frac{\partial^2 V}{\partial \theta^2} = P\left[-(r_2 + r_1)\cos\theta + (r_1 - h)\left(1 + \frac{r_2}{r_1}\right)^2\cos\left(1 + \frac{r_2}{r_1}\right)\theta\right]$$

在平衡位置 $\theta=0$ 上，有

$$\left.\frac{\partial^2 V}{\partial \theta^2}\right|_{\theta=0} = P\left[-(r_2+r_1)+(r_1-h)\left(1+\frac{r_2}{r_1}\right)^2\right]$$

$$= P(r_2+r_1)\left[-1+(r_1-h)\frac{r_2+r_1}{r_1^2}\right]$$

因此,当

$$\frac{1}{h} > \frac{1}{r_1} + \frac{1}{r_2}$$

时

$$\left.\frac{\partial^2 V}{\partial \theta^2}\right|_{\theta=0} > 0$$

平衡是稳定的。而当

$$\frac{1}{h} < \frac{1}{r_1} + \frac{1}{r_2}$$

时是不稳定的。当

$$\frac{1}{h} = \frac{1}{r_1} + \frac{1}{r_2}$$

时,有

$$\left.\frac{\partial^2 V}{\partial \theta^2}\right|_{\theta=0} = \left.\frac{\partial^3 V}{\partial \theta^3}\right|_{\theta=0} = 0$$

$$\left.\frac{\partial^4 V}{\partial \theta^4}\right|_{\theta=0} < 0$$

平衡是不稳定的。

例 11.2.8　一匀质杆 AB 长为 $2a$,依于曲线导板上,导板形状为一半径为 R 的固定半圆,不计摩擦,如图 11.14 所示。试求平衡位置并研究其稳定性。

解: 如果势能零点选在轴 Oy 上,则重力势能写成

$$V = -Px_C$$

选杆 AB 与水平线夹角 φ 为广义坐标,有

$$x_C = AD\sin\varphi - AC\sin\varphi = 2R\cos\varphi\sin\varphi - a\sin\varphi$$

于是

$$V = -P(R\sin 2\varphi - a\sin\varphi)$$

平衡方程为

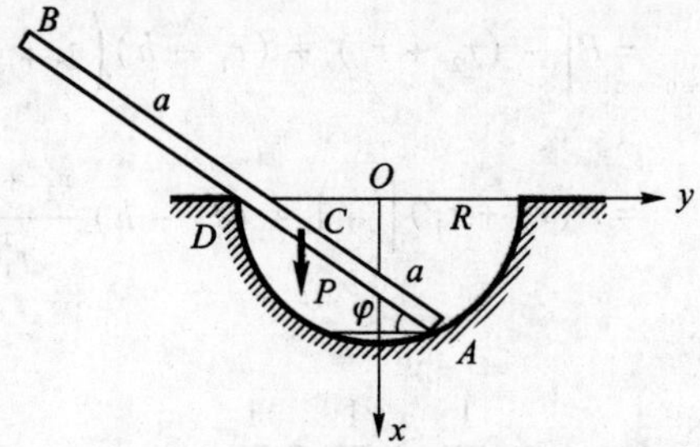

图 11.14

$$\frac{\partial V}{\partial \varphi}=-P(2R\cos 2\varphi-a\cos \varphi)=0$$

它可写成形式

$$4R\left(\cos^2\varphi-\frac{a}{4R}\cos\varphi-\frac{1}{2}\right)=0$$

由此解得

$$\cos\varphi=\frac{a}{8R}\pm\sqrt{\frac{1}{2}+\left(\frac{a}{8R}\right)^2}$$

因

$$\cos\varphi>0$$

故有

$$\cos\varphi=\frac{1}{8R}(a+\sqrt{32R^2+a^2})$$

这就是平衡时的角 φ。为研究上述平衡位置的稳定性，需求出势能的两次导数，有

$$\frac{\partial^2 V}{\partial \varphi^2}=-P(-4R\sin 2\varphi+a\sin\varphi)$$

$$=P\sin\varphi(8R\cos\varphi-a)$$

将平衡时的 φ 值代入，得知

$$\frac{\partial^2 V}{\partial \varphi^2}>0$$

因此，平衡是稳定的。

3. 虚位移原理的其他应用

用虚位移原理还可以研究有多余坐标完整系统和非完整系统的平衡问题。

首先,讨论虚位移原理对有多余坐标完整系统的应用。

假设完整系统的广义坐标为 $q_s(s=1,2,\cdots,n)$,为方便起见,取 m 个多余坐标 $q_{n+\gamma}(\gamma=1,2,\cdots,m)$并有 m 个双面理想约束

$$f_\gamma(q_s,q_{n+\sigma})=0\quad(\gamma,\sigma=1,2,\cdots,m;s=1,2,\cdots,n)\tag{11.2.10}$$

设由此可解出多余坐标

$$q_{n+\gamma}=q_{n+\gamma}(q_s)\tag{11.2.11}$$

式(11.2.10)和式(11.2.11)对虚位移的限制分别为

$$\sum_{\mu=1}^{n+m}\frac{\partial f_\gamma}{\partial q_\mu}\delta q_\mu=0\tag{11.2.12}$$

和

$$\delta q_{n+\gamma}=\sum_{s=1}^{n}\frac{\partial q_{n+\gamma}}{\partial q_s}\delta q_s\tag{11.2.13}$$

虚位移原理(11.2.3)可写成

$$\sum_{\mu=1}^{n+m}Q_\mu\delta q_\mu=0\tag{11.2.14}$$

为得到有多余坐标完整系统的平衡条件可采用两种方法。第一种方法是将式(11.2.13)代入式(11.2.14),得

$$\sum_{s=1}^{n}Q_s\delta q_s+\sum_{s=1}^{n}\sum_{\gamma=1}^{m}Q_{n+\gamma}\frac{\partial q_{n+\gamma}}{\partial q_s}\delta q_s=0$$

并由 δq_s 的独立性得到

$$Q_s+\sum_{\gamma=1}^{m}Q_{n+\gamma}\frac{\partial q_{n+\gamma}}{\partial q_s}=0\quad(s=1,2,\cdots,n)\tag{11.2.15}$$

这是有**多余坐标完整系统平衡方程的第一种形式**。

第二种方法是**拉格朗日乘子法**。将式(11.2.12)乘以乘子 λ_γ 并对 γ 求和,得

$$\sum_{\gamma=1}^{m}\sum_{\mu=1}^{n+m}\lambda_\gamma\frac{\partial f_\gamma}{\partial q_\mu}\delta q_\mu=0$$

将其与式(11.2.14)相加,得

$$\sum_{\mu=1}^{n+m}\left(Q_\mu + \sum_{\gamma=1}^{m}\lambda_\gamma \frac{\partial f_\gamma}{\partial q_\mu}\right)\delta q_\mu = 0 \tag{11.2.16}$$

在式(11.2.16)中,这样来选 m 个乘子 λ_γ 使得 $\delta q_{n+\sigma}(\sigma=1,2,\cdots,m)$ 前的系数为零,即有

$$Q_{n+\sigma} + \sum_{\gamma=1}^{m}\lambda_\gamma \frac{\partial f_\gamma}{\partial q_{n+\sigma}} = 0 \quad (\sigma = 1,2,\cdots,m) \tag{11.2.17}$$

于是式(11.2.16)成为

$$\sum_{s=1}^{n}\left(Q_s + \sum_{\gamma=1}^{m}\lambda_\gamma \frac{\partial f_\gamma}{\partial q_s}\right)\delta q_s = 0$$

由 δq_s 的独立性,得到

$$Q_s + \sum_{\gamma=1}^{m}\lambda_\gamma \frac{\partial f_\gamma}{\partial q_s} = 0 \quad (s = 1,2,\cdots,n) \tag{11.2.18}$$

联合式(11.2.17)和式(11.2.18),得到平衡方程

$$Q_\mu + \sum_{\gamma=1}^{m}\lambda_\gamma \frac{\partial f_\gamma}{\partial q_\mu} = 0 \quad (\mu = 1,2,\cdots,n+m) \tag{11.2.19}$$

这是有**多余坐标完整系统平衡方程的第二种形式**。

例 11.2.9 假设在例 11.4 图的杆 OA 上加一力偶 M_1,其转向为逆时针的。试问在杆 BC 上加一多大力偶 M_3 才能使机构平衡?

解:选角 $\varphi_1,\varphi_2,\varphi_3$ 为坐标,有两个约束方程,即

$$l_1\cos\varphi_1 + l_2\cos\varphi_2 + l_3\cos\varphi_3 - d = 0$$

$$l_1\sin\varphi_1 + l_2\sin\varphi_2 - l_3\sin\varphi_3 = 0$$

设力偶 M_3 逆时针转向为正,虚位移原理给出

$$M_1\delta\varphi_1 - M_3\delta\varphi_3 = 0$$

约束加在虚位移上的限制条件写成

$$l_1\sin\varphi_1\delta\varphi_1 + l_2\sin\varphi_2\delta\varphi_2 + l_3\sin\varphi_3\delta\varphi_3 = 0$$

$$l_1\cos\varphi_1\delta\varphi_1 + l_2\cos\varphi_2\delta\varphi_2 - l_3\cos\varphi_3\delta\varphi_3 = 0$$

由以上两式消去 $\delta\varphi_2$,得

$$l_1\sin(\varphi_1 - \varphi_2)\delta\varphi_1 + l_3\sin(\varphi_2 + \varphi_3)\delta\varphi_3 = 0$$

将其代入虚功方程并消去 $\delta\varphi_3$,得

$$M_1 + M_3\frac{l_1\sin(\varphi_1 - \varphi_2)}{l_3\sin(\varphi_2 + \varphi_3)} = 0$$

由此解得

$$M_3 = -M_1 \frac{l_3 \sin(\varphi_2 + \varphi_3)}{l_1 \sin(\varphi_1 - \varphi_2)}$$

这里负号表示 M_3 为顺时针方向。

此题亦可用乘子方法求解。方程(11.2.18)给出

$$M_1 + \lambda_1 l_1 \sin\varphi_1 + \lambda_2 l_1 \cos\varphi_1 = 0$$

$$-M_3 + \lambda_1 l_3 \sin\varphi_3 - \lambda_2 l_3 \cos\varphi_3 = 0$$

$$\lambda_1 l_2 \sin\varphi_2 + \lambda_2 l_2 \cos\varphi_2 = 0$$

由此可解出 M_3, λ_1 和 λ_2。

其次,讨论虚位移原理对非完整系统的应用。

假设非完整约束为双面理想的,有形式

$$\dot{q}_{\varepsilon+\beta} = \sum_{\sigma=1}^{\varepsilon} B_{\varepsilon+\beta,\sigma}(q_s)\dot{q}_\sigma \quad (\beta = 1,2,\cdots,g;\varepsilon = n-g;\sigma = 1,2,\cdots,\varepsilon) \tag{11.2.20}$$

它们对虚位移 δq_s 的限制为

$$\delta q_{\varepsilon+\beta} = \sum_{\sigma=1}^{\varepsilon} B_{\varepsilon+\beta,\sigma}\delta q_\sigma \tag{11.2.21}$$

将式(11.2.21)代入虚位移原理式(11.2.3),并由 δq_σ 的任意性,得到平衡方程

$$Q_\sigma + \sum_{\beta=1}^{g} Q_{\varepsilon+\beta} B_{\varepsilon+\beta,\sigma} = 0 \tag{11.2.22}$$

小　结

1. 本章讨论了分析力学的基本概念,包括约束、广义坐标、虚位移、理想约束等。整个分析力学就是建立在这些概念之上的。本章讨论的**虚位移原理具有公理性质,因此不需要证明**。虚位移原理是分析力学的一个基本原理,这个原理将整个静力学概括为一个原理,是静力学的普遍方程。虚位移原理与达朗贝尔原理结合为动力学普遍方程,而动力学普遍方程是整个分析动力学的基础。利用虚位移原理可以解静力学问题,包括求主动力之间的关系(例 11.2.1),求约束力(例 11.2.4),求平衡位置并研究其稳定性(例 11.2.2,例 11.2.3,例 11.2.5 ~ 例 11.2.9)等。利用虚位移原理解静力学问题的关键在于适当地给出主动力作用点的虚位移。通常有几何法(或虚速度法)以及解析法。

2. 关于实位移与虚位移

(1) 虚位移是经典分析力学的重要的不可缺少的基本概念。没有虚位移就没有虚位移原理,就没有动力学普遍方程。

(2) **实位移与虚位移是两个不同的概念,因此一般不能用实位移替代虚位移,不能用力的实功替代力的虚功,不能由动能定理导出拉格朗日方程。**

(3) **实位移与虚位移又不是不相干的两个概念,有必要研究实位移是否为虚位移中的一个。**这是因为,首先,虚位移原理充分性证明的安培(Ampère)方法要用到实位移是虚位移中的一个,否则证不出来。其次,理想约束是指约束力的虚功之和为零,不是指实功之和为零。对于理想约束,如果实位移是虚位移中的一个,则实功为零。此时,如果作功的力都是有势力,则有机械能守恒律。

(4) **对于定常完整约束,实位移是虚位移中的一个。对于非完整约束,如果约束方程对速度是齐次的,则实位移是虚位移中的一个,**而不管约束是否定常。例如,$\dot{y}-t\dot{x}=0$,尽管非定常,但实位移是虚位移之一。又如,$\dot{z}-\dot{x}y+\dot{y}z+xyz=0$,尽管定常,但实位移不是虚位移中的一个。

3. 关于平衡不稳定问题,仍是一个开放问题。

习　题

11.1 一柔软不可伸长的线,一端固定,另一端栓一小球。小球所受约束是单面的还是双面的?试写出约束方程。

11.2 质量为 m_1 和 m_2 的两物体用长为 l 的不可伸长的轻绳连接,绳子跨过半径为 r 的定滑轮。假设绳子与滑轮之间无滑动。取 φ, x_1, x_2 为坐标。试写出系统在铅垂面内运动时的约束方程。

11.3 试用球坐标 r, θ, φ 及其导数表示自由质点的速度 $\dot{x}, \dot{y}, \dot{z}$ 以及加速度 $\ddot{x}, \ddot{y}, \ddot{z}$。

11.4 一个人体模型由 10 个刚体组成:头、身、四肢(上、下臂,大、小腿)。设各个部位在铅垂平面内运动,且两脚停在地面上,前后脚距离保持为常值 L。设各部位长为 $l_i\ (i=1,2,\cdots,10)$。现用水平固定方向单位矢量 $\boldsymbol{e}_1$ 与第 i 个刚体法线方向 $\boldsymbol{e}_1^{(i)}$ 的夹角 $\varphi_i\ (i=1,2,\cdots,10)$ 来确定系统的位置。试写出约束方程并说明系统有几个自由度?

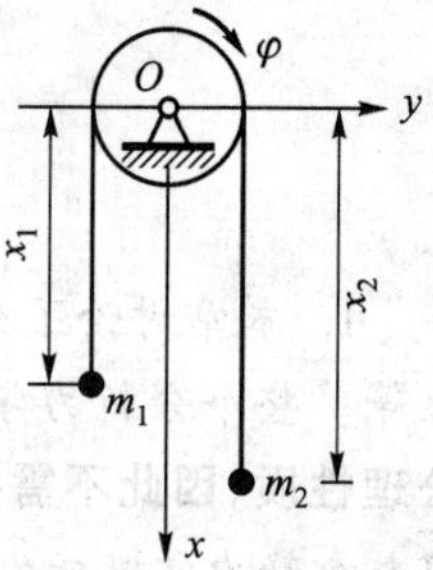

题 11.2 图

11.5 系统由两个叠放在一起的陀螺组成,下面陀螺支点固定,试求其自由度。

11.6 一质点在平面固定曲线 $y=x^2$ 上运动。在什么情况下这个约束是理想的?

11.7 一平板以匀角速度 ω 绕铅垂轴 Oz 转动,平板上固连一光滑圆管,管内有一小球。

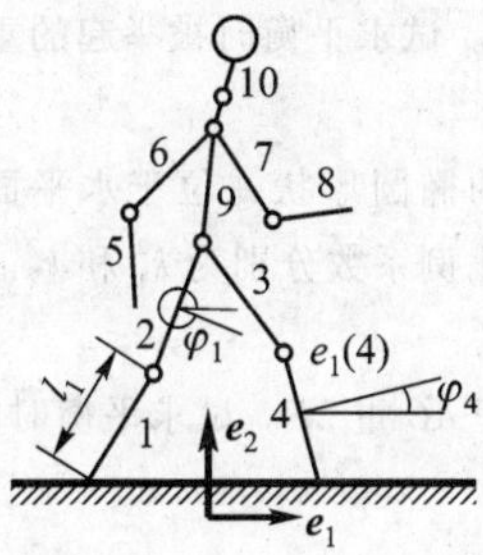

题 11.4 图

题 11.5 图

约束力在实位移上的功和在虚位移上的功有什么不同?

11.8　试证:微分约束

$$\dot{x}(x^2+y^2+z^2)+2(x\dot{x}+y\dot{y}+z\dot{z})=0$$

是可积分的,因此是完整的。

11.9　试证:对微分约束

$$A(x,y,z)\dot{x}+B(x,y,z)\dot{y}+C(x,y,z)\dot{z}=0$$

如果满足条件

$$\frac{\partial B}{\partial z}=\frac{\partial C}{\partial y},\quad \frac{\partial C}{\partial x}=\frac{\partial A}{\partial z},\quad \frac{\partial A}{\partial y}=\frac{\partial B}{\partial x}$$

则它们是可积分的。

11.10　试用虚位移原理推导平面力系的平衡方程

$$\sum F_x=0,\quad \sum F_y=0,\quad \sum M_O=0$$

11.11　在铰链四连杆机构 $O_1A_1A_2O_2$ 的铰链 A_1 与 A_2 处作用有力 $\boldsymbol{F}_1$ 与 $\boldsymbol{F}_2$,此二力分别垂直于杆子 O_1A_1 与 O_2A_2,如图所示,四连杆处于平衡状态。试求力 F_1,F_2 之比与转动轴 O_1 与 O_2 到杆子 A_1A_2 的最短距离的关系。

11.12　在滑动连杆机构中,当曲柄 OC 绕水平轴 O 摆动时,滑块 A 沿曲柄 OC 滑动,并带动一沿铅垂导板 K 运动的杆子 AB。已知 $OC=R$,$OK=l$。试问点 C 垂直力 Q 多大才能平衡 P。

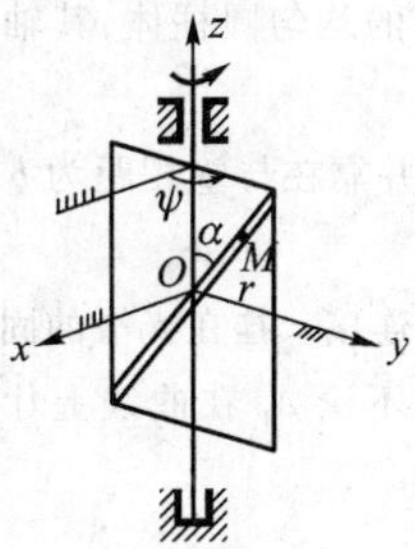

题 11.7 图

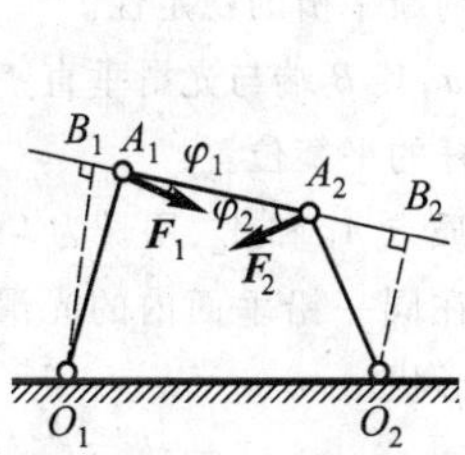

题 11.11 图

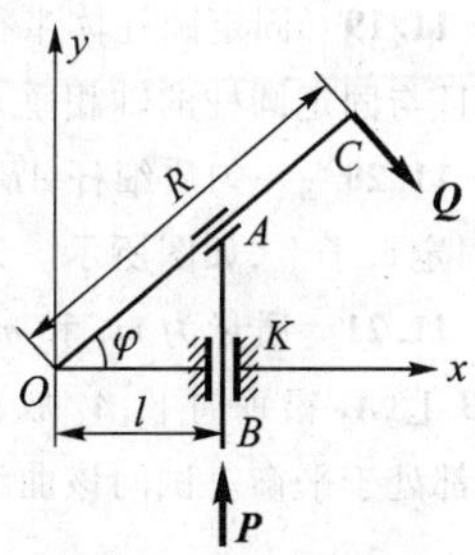

题 11.12 图

11.13　一滑轮组由一定滑轮 A 与 n 个动滑轮所组成。试求平衡时被举起的重物 Q 与作用于绳子一端的力 P 之比值。

11.14　一小球 M 在一光滑管内，此管成一长轴 $2a$ 的椭圆形状并位于水平面内。此球受椭圆二焦点 C_1 和 C_2 的吸引，引力和距离平方成反比，比例系数分别为 k_1^2 和 k_2^2。试求小球在平衡位置时的矢径 $\boldsymbol{r}_1$ 和 $\boldsymbol{r}_2$ 的大小。

11.15　如图已知 $AC=2a$，$OA=OB=a$，杆 OA 重 P，杆 AC 重 $2P$。试求平衡时的角 φ。

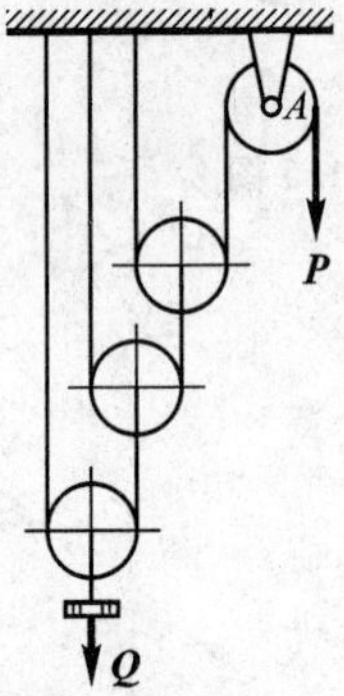

题 11.13 图

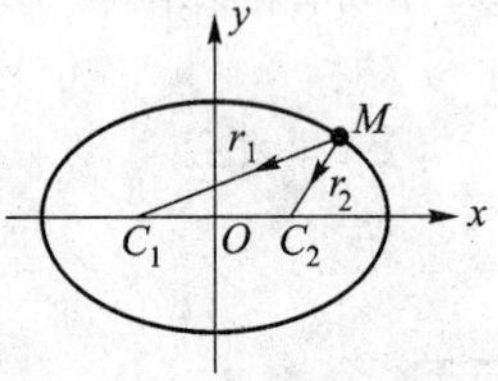

题 11.14 图

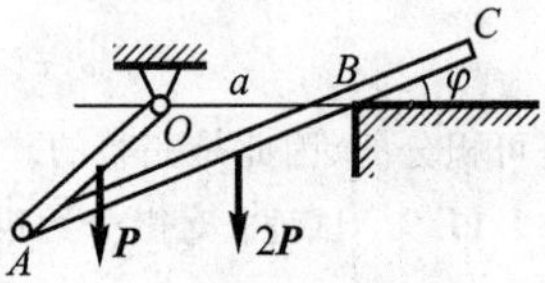

题 11.15 图

11.16　一均质杆长为 l、重为 P，其两端可沿曲线 $f(x,y)=0$ 无摩擦地滑动。试求杆的平衡位置。

11.17　试求图示桁架中杆 3 的内力，已知 $AD=BD=8$ m，$DC=4$ m，$P=30$ kN。

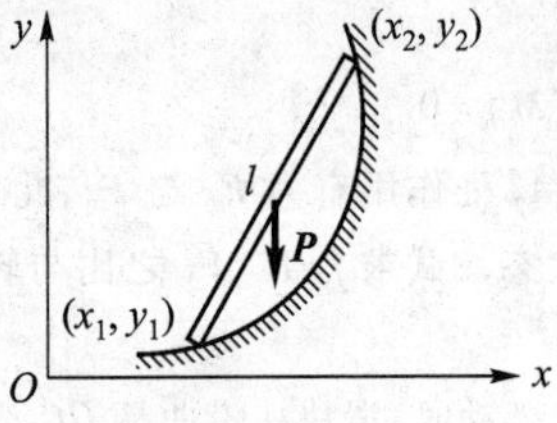

题 11.16 图

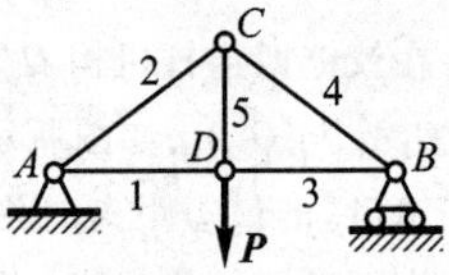

题 11.17 图

11.18　如图，试求当 $\boldsymbol{P}_1$ 和 $\boldsymbol{P}_2$ 两力作用时，插入端 A 处的铅垂反作用。

11.19　固定圆柱体半径为 r，其轴水平，在其上放一半径为 r_1 的均匀圆柱体，其轴亦水平，且与固定圆柱的轴相垂直。试判断平衡的稳定性。

11.20　一匀质细杆 AB 长为 $2a$，其 B 端与光滑垂直壁相接触，并靠在与壁相距为 b 的光滑固定钉子上，如图所示。试确定杆的平衡位置。

11.21　质量为 m_1 和 m_2 的两质点 A_1 和 A_2，用长为 l 的细线相连接。挂在光滑的固定销钉 B 上，A_2 铅垂向下，A_1 放在与线在同一铅垂面内的光滑曲线上，不论 A_1 在曲线上什么位置，都处于平衡。试问该曲线是何形状？

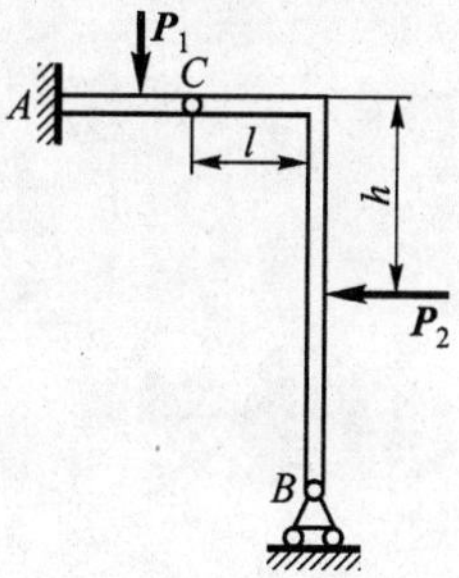

题 11.18 图

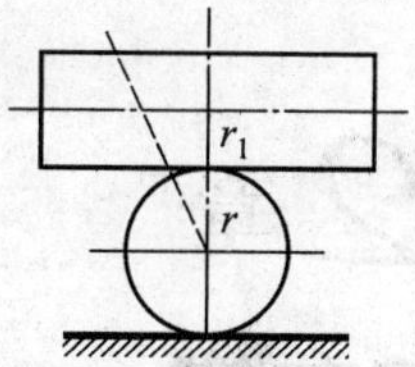

题 11.19 图

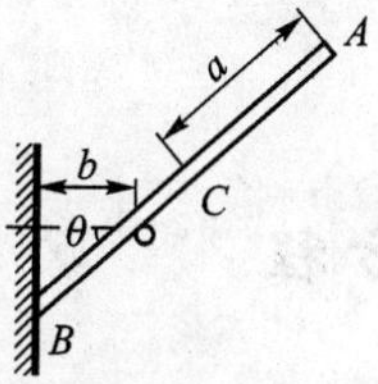

题 11.20 图

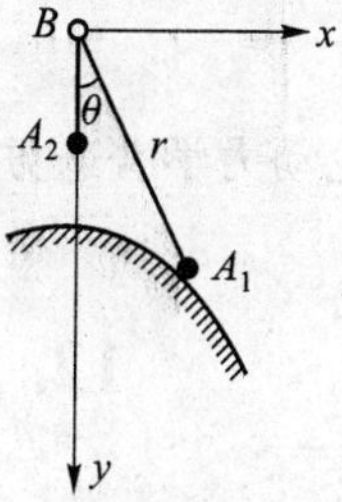

题 11.21 图

第 12 章 分析动力学

本章讨论动力学普遍方程和拉格朗日方程。

12.1 动力学普遍方程

研究由 N 个质点组成的系统，它受有任意的双面理想约束。根据达朗贝尔原理，由直接加在第 i 个质点上的主动力 $\boldsymbol{F}_i$、约束力 $\boldsymbol{F}_{Ni}$ 以及假想的惯性力 $-m_i\boldsymbol{a}_i$ 所组成的力系，在每一瞬时，亦即系统运动的每一个位置上，满足平衡条件

$$\boldsymbol{F}_i + \boldsymbol{F}_{Ni} - m_i\boldsymbol{a}_i = \boldsymbol{0} \quad (i = 1,2,\cdots,N) \tag{12.1.1}$$

当系统受到双面理想约束时，可以利用虚位移原理研究平衡问题。给质点系一组虚位移 $\delta\boldsymbol{r}_i$，有

$$\sum_{i=1}^{N}(\boldsymbol{F}_i + \boldsymbol{F}_{Ni} - m_i\boldsymbol{a}_i)\cdot\delta\boldsymbol{r}_i = 0 \tag{12.1.2}$$

利用理想约束条件(11.1.26)，有

$$\sum_{i=1}^{N}\boldsymbol{F}_{Ni}\cdot\delta\boldsymbol{r}_i = 0 \tag{12.1.3}$$

将其代入式(12.1.2)，得

$$\sum_{i=1}^{N}(\boldsymbol{F}_i - m_i\boldsymbol{a}_i)\cdot\delta\boldsymbol{r}_i = 0 \tag{12.1.4}$$

或写成形式

$$\sum_{i=1}^{N}(\boldsymbol{F}_i - m_i\ddot{\boldsymbol{r}}_i)\cdot\delta\boldsymbol{r}_i = 0 \tag{12.1.5}$$

或写成直角坐标形式

$$\sum_{i=1}^{N}[(F_{ix}-m_i\ddot{x}_i)\delta x_i+(F_{iy}-m_i\ddot{y}_i)\delta y_i+(F_{iz}-m_i\ddot{z}_i)\delta z_i]=0 \tag{12.1.6}$$

式(12.1.4),(12.1.5)和式(12.1.6)称为**动力学普遍方程**,也称为**达朗贝尔-拉格朗日原理**。这个原理表述为：**对具有双面理想约束的质点系,在运动的每一瞬时,作用于质点系上的主动力和惯性力,在质点系该瞬时所在位置的任何虚位移上所作元功之和等于零。**

动力学普遍方程是分析动力学的基础,由此可以导出任何双面理想约束系统的动力学方程,而不论约束是否完整,也不论约束是否定常。

对具有双面理想定常完整约束的力学系统,其实位移是虚位移中的一个,在此情形原理(12.1.5)可表示为

$$\sum_{i=1}^{N}(\boldsymbol{F}_i-m_i\ddot{\boldsymbol{r}}_i)\cdot \mathrm{d}\boldsymbol{r}_i=0 \tag{12.1.7}$$

进而表示为

$$\mathrm{d}'W-\mathrm{d}T=0 \tag{12.1.8}$$

其中

$$\mathrm{d}'W=\sum_{i=1}^{N}\boldsymbol{F}_i\cdot \mathrm{d}\boldsymbol{r}_i \tag{12.1.9}$$

为主动力在实位移上的元功之和,而 T 为动能

$$T=\sum_{i=1}^{N}\frac{1}{2}m_i\dot{\boldsymbol{r}}_i\cdot\dot{\boldsymbol{r}}_i \tag{12.1.10}$$

式(12.1.8)给出的是双面理想定常完整系统的动能定理的微分形式。这样,就由动力学普遍方程导出了动能定理。注意到,由动力学普遍方程可以导出动能定理,但是,反过来则不行。

12.2　动力学普遍方程的广义坐标表达

现将动力学普遍方程(12.1.5)表示为广义坐标形式。由

$$\boldsymbol{r}_i=\boldsymbol{r}_i(q_s,t)\quad(i=1,2,\cdots,N;s=1,2,\cdots,n)$$

对时间求导数，得

$$\dot{\boldsymbol{r}}_i = \sum_{s=1}^{n} \frac{\partial \boldsymbol{r}_i}{\partial q_s}\dot{q}_s + \frac{\partial \boldsymbol{r}_i}{\partial t} \tag{12.2.1}$$

而虚位移 $\delta \boldsymbol{r}_i$ 有形式

$$\delta \boldsymbol{r}_i = \sum_{s=1}^{n} \frac{\partial \boldsymbol{r}_i}{\partial q_s}\delta q_s \tag{12.2.2}$$

将式(12.2.2)代入式(12.1.5)，得到

$$\sum_{i=1}^{N}\sum_{s=1}^{n}(\boldsymbol{F}_i - m_i\ddot{\boldsymbol{r}}_i)\cdot\frac{\partial \boldsymbol{r}_i}{\partial q_s}\delta q_s = 0 \tag{12.2.3}$$

可以证明如下**两个经典拉格朗日关系**

$$\frac{\partial \boldsymbol{r}_i}{\partial q_s} = \frac{\partial \dot{\boldsymbol{r}}_i}{\partial \dot{q}_s},\quad \frac{\mathrm{d}}{\mathrm{d}t}\frac{\partial \boldsymbol{r}_i}{\partial q_s} = \frac{\partial \dot{\boldsymbol{r}}_i}{\partial q_s} \tag{12.2.4}$$

这样，可变换式(12.2.3)中 δq_s 前的第二项，有

$$\begin{aligned}\sum_{i=1}^{N} m_i\ddot{\boldsymbol{r}}_i\cdot\frac{\partial \boldsymbol{r}_i}{\partial q_s} &= \frac{\mathrm{d}}{\mathrm{d}t}\left(\sum_{i=1}^{N} m_i\dot{\boldsymbol{r}}_i\cdot\frac{\partial \boldsymbol{r}_i}{\partial q_s}\right) - \sum_{i=1}^{N} m_i\dot{\boldsymbol{r}}_i\cdot\frac{\mathrm{d}}{\mathrm{d}t}\frac{\partial \boldsymbol{r}_i}{\partial q_s}\\ &= \frac{\mathrm{d}}{\mathrm{d}t}\left(\sum_{i=1}^{N} m_i\dot{\boldsymbol{r}}_i\cdot\frac{\partial \dot{\boldsymbol{r}}_i}{\partial \dot{q}_s}\right) - \sum_{i=1}^{N} m_i\dot{\boldsymbol{r}}_i\cdot\frac{\partial \dot{\boldsymbol{r}}_i}{\partial q_s} \qquad (12.2.5)\\ &= \frac{\mathrm{d}}{\mathrm{d}t}\frac{\partial T}{\partial \dot{q}_s} - \frac{\partial T}{\partial q_s}\end{aligned}$$

其中

$$T = \frac{1}{2}\sum_{i=1}^{N} m_i\dot{\boldsymbol{r}}_i\cdot\dot{\boldsymbol{r}}_i$$

为系统的动能。式(12.2.3)中 δq_s 前的第一项实际上就是广义力

$$Q_s = \sum_{i=1}^{N}\boldsymbol{F}_i\cdot\frac{\partial \boldsymbol{r}_i}{\partial q_s} \tag{12.2.6}$$

将式(12.2.5)和式(12.2.6)代入式(12.2.3)，得

$$\sum_{s=1}^{n}\left(Q_s - \frac{\mathrm{d}}{\mathrm{d}t}\frac{\partial T}{\partial \dot{q}_s} + \frac{\partial T}{\partial q_s}\right)\delta q_s = 0 \tag{12.2.7}$$

这就是**动力学普遍方程的广义坐标表达**。

如果引进动能对时间的导数 $\dot{T}$，则动力学普遍方程可表示为

$$\sum_{s=1}^{n}\left(Q_s - \frac{\partial \dot{T}}{\partial \dot{q}_s} + 2\frac{\partial T}{\partial q_s}\right)\delta q_s = 0 \tag{12.2.8}$$

如果引进加速度能

$$S = \frac{1}{2}\sum_{i=1}^{N} m_i \ddot{\boldsymbol{r}}_i \cdot \ddot{\boldsymbol{r}}_i \tag{12.2.9}$$

则动力学普遍方程可表示为

$$\sum_{s=1}^{n}\left(Q_s - \frac{\partial S}{\partial \ddot{q}_s}\right)\delta q_s = 0 \tag{12.2.10}$$

12.3　拉格朗日方程

如果质点系所受约束是双面理想、完整的，则动力学普遍方程(12.2.7)中的 δq_s 是彼此独立的、任意的，那么每个 δq_s 前的系数就都必须为零，于是有

$$\frac{\mathrm{d}}{\mathrm{d}t}\frac{\partial T}{\partial \dot{q}_s} - \frac{\partial T}{\partial q_s} = Q_s \quad (s = 1,2,\cdots,n) \tag{12.3.1}$$

方程(12.3.1)称为**第二类拉格朗日方程**，或简称为**拉格朗日方程**。**拉格朗日方程适合具有双面理想完整约束的力学系统，不论约束是否定常，也不论主动力是否有势。拉格朗日方程实质上是建立系统以广义坐标表示运动的动力学方程的法则。**

12.4　有势力情形的拉格朗日方程

如果主动力有势，即存在势能 $V = V(x_i, y_i, z_i)$ 使得

$$F_{ix} = -\frac{\partial V}{\partial x_i},\quad F_{iy} = -\frac{\partial V}{\partial y_i},\quad F_{iz} = -\frac{\partial V}{\partial z_i} \tag{12.4.1}$$

这时广义力

$$Q_s = \sum_{i=1}^{N}\boldsymbol{F}_i \cdot \frac{\partial \boldsymbol{r}_i}{\partial q_s} = -\sum_{i=1}^{N}\left(\frac{\partial V}{\partial x_i}\frac{\partial x_i}{\partial q_s} + \frac{\partial V}{\partial y_i}\frac{\partial y_i}{\partial q_s} + \frac{\partial V}{\partial z_i}\frac{\partial z_i}{\partial q_s}\right)$$

令

$$\widetilde{V}(q_s) = V(x_i(q_k), y_i(q_k), z_i(q_k)) \quad (s, k = 1, 2, \cdots, n)$$

为用广义坐标表示的势能,则有

$$\frac{\partial \widetilde{V}}{\partial q_s} = \sum_{i=1}^{N} \left(\frac{\partial V}{\partial x_i} \frac{\partial x_i}{\partial q_s} + \frac{\partial V}{\partial y_i} \frac{\partial y_i}{\partial q_s} + \frac{\partial V}{\partial z_i} \frac{\partial z_i}{\partial q_s} \right)$$

于是有

$$Q_s = -\frac{\partial \widetilde{V}}{\partial q_s} \tag{12.4.2}$$

将式(12.4.2)代入拉格朗日方程(12.3.1),得到

$$\frac{\mathrm{d}}{\mathrm{d}t} \frac{\partial L}{\partial \dot{q}_s} - \frac{\partial L}{\partial q_s} = 0 \quad (s = 1, 2, \cdots, n) \tag{12.4.3}$$

其中

$$L = T - \widetilde{V} \tag{12.4.4}$$

称为**拉格朗日函数**,或称为**动势**。因此,对有势力情形,用一个函数 L 就可以描述这类系统的运动。

12.5 拉格朗日方程的应用

用拉格朗日方程(12.3.1)或方程(12.4.3)可以建立具有双面理想完整系统在广义坐标中的动力学方程。列写拉格朗日方程的关键是要正确地计算系统的动能和广义力。在有势力情形下会计算势能。

应用拉格朗日方程解决具体问题时,大致应遵循下列步骤:

(1) 明确系统,弄清楚所考虑的系统究竟包括哪些物体,然后确定自由度,再选一组适当的广义坐标。必须注意,坐标选得好会使问题处理起来比较方便。

(2) 将动能表示为广义坐标形式 $T = T(q_s, \dot{q}_s, t)$。

(3) 计算广义力 Q_s。

(4) 将 Q_s,T 代入拉格朗日方程,得到 n 个二阶常微分方程,再由 $2n$ 个初始条件解出运动 $q_s = q_s(t)$ $(s=1,2,\cdots,n)$。

例 12.5.1 质量为 m 的质点无摩擦地在一平面 Π 上运动,平面 Π 通过一

固定直线 Oz，它与铅垂线夹角 α 为常值，平面以等角速度 ω 绕轴 Oz 转动，如图 12.1 所示。试用拉格朗日方程组建质点的运动微分方程。

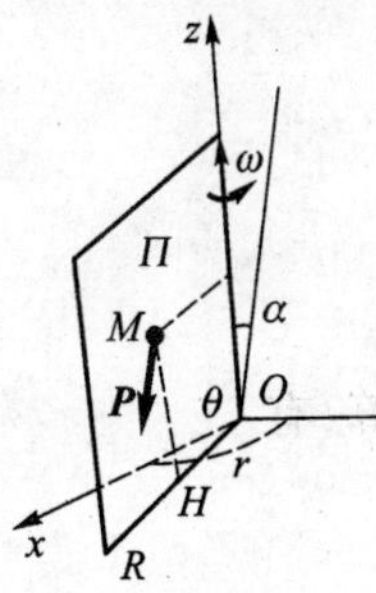

图 12.1

解： 取固定直角坐标系 $Oxyz$ 使轴 Oz 为固定直线，平面 Oyz 为铅垂，轴 Ox 为水平。在平面 Π 与平面 Oxy 交线上取一正的指向 OR。取 OR 与 Ox 夹角为 θ。令 $t=0$ 时，$\theta=0$，于是 $\theta=\omega t$。平面 Π 的方程为

$$\frac{y}{x} = \tan \omega t \tag{a}$$

质点被约束在平面 Π 上，约束是双面理想非定常完整的。该质点有两个自由度。由点 M 平行于轴 Oz 投影于平面 Oxy 上得点 H，记 $OH=r$。因此，r,z 可确定质点在平面 Π 上的位置。点的直角坐标为 r,z 表示为

$$x = r\cos\theta = r\cos\omega t$$

$$y = r\sin\theta = r\sin\omega t$$

$$z = z$$

对 t 求导数得

$$\dot{x} = \dot{r}\cos\omega t - r\omega\sin\omega t$$

$$\dot{y} = \dot{r}\sin\omega t + r\omega\cos\omega t$$

$$\dot{z} = \dot{z}$$

于是，质点动能为

$$T = \frac{1}{2}m(\dot{r}^2 + r^2\omega^2 + \dot{z}^2) \tag{b}$$

下面计算广义力 Q_r 和 Q_z。将重力 $\boldsymbol{P}=m\boldsymbol{g}$ 投影到固定轴 Ox，Oy 及 Oz 上，有

$$F_x = 0,\quad F_y = -mg\sin\alpha,\quad F_z = -mg\cos\alpha$$

按广义力的定义，得

$$\left.\begin{aligned} Q_r &= F_x\frac{\partial x}{\partial r} + F_y\frac{\partial y}{\partial r} + F_z\frac{\partial z}{\partial r} = -mg\sin\alpha\sin\omega t \\ Q_z &= F_z = -mg\cos\alpha \end{aligned}\right\} \tag{c}$$

拉格朗日方程给出

$$\left.\begin{aligned}\frac{\mathrm{d}}{\mathrm{d}t}\frac{\partial T}{\partial \dot{r}}-\frac{\partial T}{\partial r}&=Q_r\\\frac{\mathrm{d}}{\mathrm{d}t}\frac{\partial T}{\partial \dot{z}}-\frac{\partial T}{\partial z}&=Q_z\end{aligned}\right\}\tag{d}$$

做计算,有

$$\frac{\partial T}{\partial \dot{r}}=m\dot{r},\ \frac{\partial T}{\partial r}=mr\omega^2$$

$$\frac{\partial T}{\partial \dot{z}}=m\dot{z},\quad \frac{\partial T}{\partial z}=0$$

拉格朗日方程为

$$m\ddot{r}-mr\omega^2=-mg\sin\alpha\sin\omega t$$

$$m\ddot{z}=-mg\cos\alpha$$

最后,解微分方程。上述方程表示为

$$\left.\begin{aligned}\ddot{r}-r\omega^2&=-g\sin\alpha\sin\omega t\\\ddot{z}&=-g\cos\alpha\end{aligned}\right\}\tag{e}$$

假设运动初始条件为

$$t=0,\quad r=r_0,\quad \dot{r}=\dot{r}_0,\quad z=z_0,\quad \dot{z}=\dot{z}_0\tag{f}$$

将方程(e)的第二个积分,得

$$z=A+Bt-\frac{1}{2}gt^2\cos\alpha$$

利用初条件(f),得 $A=z_0$,$B=\dot{z}_0$,于是有

$$z=z_0+\dot{z}_0t-\frac{1}{2}gt^2\cos\alpha\tag{g}$$

现在求方程(e)的第一个积分。这是一个非齐次方程,其特解为

$$r=\frac{g}{2\omega^2}\sin\alpha\sin\omega t\tag{h}$$

因此,有解

$$r=A_1\exp\omega t+B_1\exp(-\omega t)+\frac{g}{2\omega^2}\sin\alpha\sin\omega t$$

对上式求导数,有

$$\dot{r} = A_1\omega\exp\omega t - B_1\omega\exp(-\omega t) + \frac{g}{2\omega}\sin\alpha\cos\omega t$$

将初条件(f)代入 r 和 $\dot{r}$ 可求得积分常数

$$A_1 = \frac{r_0}{2} + \frac{\dot{r}_0}{2\omega} - \frac{g}{4\omega^2}\sin\alpha$$

$$B_1 = \frac{r_0}{2} - \frac{\dot{r}_0}{2\omega} + \frac{g}{4\omega^2}\sin\alpha$$

最后,满足初条件(f)的解为

$$r = \left(\frac{r_0}{2} + \frac{\dot{r}_0}{2\omega} - \frac{g}{4\omega^2}\sin\alpha\right)\exp\omega t + \left(\frac{r_0}{2} - \frac{\dot{r}_0}{2\omega} + \frac{g}{4\omega^2}\sin\alpha\right)\exp - \omega t + \frac{g}{2\omega^2}\sin\alpha\sin\omega t \tag{i}$$

例 12.5.2　一平台放在粗糙水平固定面上。在平台上放一圆柱。某瞬时在平台上加一常力 $\boldsymbol{F}$,此力通过平台重心并通过圆柱重心在平台上的投影。假设圆柱沿平台无滑动地滚动,并忽略平台的厚度,如图 12.2 所示。已知平台重 P_1,圆柱重 P_2,半径为 R,平台与固定面之间的摩擦因数为 f。试确定系统的运动。

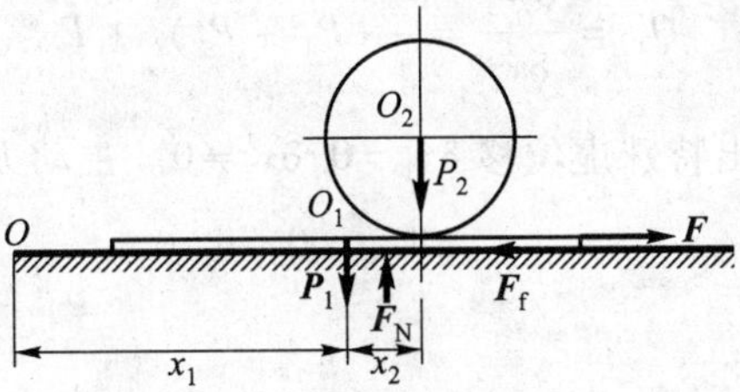

图 12.2

解: 取平台和圆柱组成的系统为研究对象。平台作平移,而圆柱在其上滚动。取平台重心坐标 x_1,圆柱重心相对于平台重心的坐标 x_2 以及圆柱滚动的转角 φ 为坐标。因圆柱对平台没有滑动,故最后两个坐标之间存在完整约束

$$x_2 = R\varphi$$

因此,系统有两个自由度,令

$$q_1 = x_1, \quad q_2 = x_2 \tag{a}$$

首先,计算系统的动能。平台平移的动能为

$$T_1 = \frac{1}{2}\frac{P_1}{g}\dot{x}_1^2$$

圆柱作平面运动,其动能等于质量集中在质心上的动能加上相对于质心转动的动能,有

$$T_2 = \frac{1}{2}\frac{P_2}{g}(\dot{x}_1 + \dot{x}_2)^2 + \frac{1}{2}\left(\frac{1}{2}\frac{P_2}{g}R^2\right)\dot{\varphi}^2$$

$$= \frac{1}{2}\frac{P_2}{g}(\dot{x}_1 + \dot{x}_2)^2 + \frac{1}{4}\frac{P_2}{g}\dot{x}_2^2$$

因此,系统动能为

$$T = T_1 + T_2 = \frac{1}{2g}(P_1 + P_2)\dot{x}_1^2 + \frac{3}{4}\frac{P_2}{g}\dot{x}_2^2 + \frac{P_2}{g}\dot{x}_1\dot{x}_2 \tag{b}$$

其次,计算广义力。为求广义力 Q_1,给出特殊虚位移 $\delta x_2 = 0, \delta x_1 \neq 0$,计算所有力的元功之和,并将摩擦力 $F_f = (P_1 + P_2)f$ 当作主动力来处理。主动力的元功之和为

$$\delta W_1 = (-F_f + F)\delta x_1 = [-(P_1 + P_2)f + F]\delta x_1$$

因此广义力

$$Q_1 = \frac{\delta W_1}{\delta x_1} = -(P_1 + P_2)f + F \tag{c}$$

为求广义力 Q_2,再给出特殊虚位移 $\delta x_1 = 0, \delta x_2 \neq 0$。主动力的元功之和为

$$\delta W_2 = 0$$

于是

$$Q_2 = 0 \tag{d}$$

最后,列写拉格朗日方程,拉格朗日方程有形式

$$\left.\begin{aligned} \frac{\mathrm{d}}{\mathrm{d}t}\frac{\partial T}{\partial \dot{x}_1} - \frac{\partial T}{\partial x_1} &= Q_1 \\ \frac{\mathrm{d}}{\mathrm{d}t}\frac{\partial T}{\partial \dot{x}_2} - \frac{\partial T}{\partial x_2} &= Q_2 \end{aligned}\right\} \tag{e}$$

将式(b),(c)和(d)代入方程(e),得

$$\frac{P_1 + P_2}{g}\ddot{x}_1 + \frac{P_2}{g}\ddot{x}_2 = -(P_1 + P_2)f + F$$

$$\frac{P_2}{g}\ddot{x}_1 + \frac{3}{2}\frac{P_2}{g}\ddot{x}_2 = 0$$

由第二式得

$$\ddot{x}_2 = -\frac{2}{3}\ddot{x}_1 \tag{f}$$

将其代入第一式，得

$$\ddot{x}_1 = \frac{3[F - (P_1 + P_2)f]}{3P_1 + P_2}g \tag{g}$$

积分式(f)，得到

$$\dot{x}_2 + \frac{2}{3}\dot{x}_1 = C \tag{h}$$

请读者分析方程(e)第二个给出的积分的物理意义。

例 12.5.3　椭圆摆由一滑块和一单摆构成，如图 12.3所示。滑块质量为 m_1，可无摩擦地沿水平面滑动。小球质量为 m_2，用长为 l 的杆 AB 和滑块相连接。杆 AB 可绕与图面相垂直且与滑块 A 相连的轴 A 转动，不计杆的质量。试建立椭圆摆的运动微分方程。

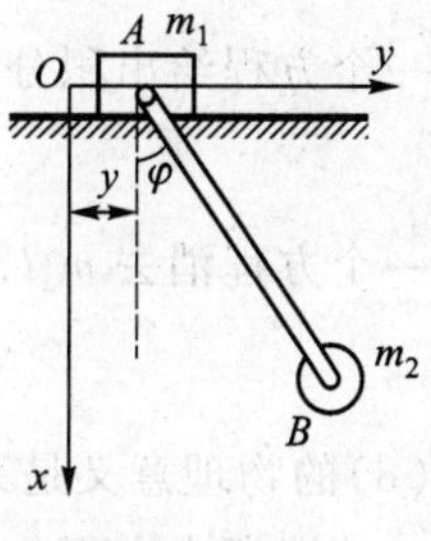

图 12.3

解：取滑块和小球为研究对象。滑块对水平面无摩擦，且不脱离，约束是双面理想的。系统有两个自由度。取滑块中心的坐标 y 以及杆 AB 对铅垂线的倾角 φ 为广义坐标。

为建立拉格朗日方程，首先计算系统的动能。滑块平移的动能为

$$T_1 = \frac{1}{2}m_1\dot{y}^2$$

小球的动能为

$$T_2 = \frac{1}{2}m_2[(l\dot{\varphi}\sin\varphi)^2 + (l\dot{\varphi}\cos\varphi + \dot{y})^2]$$

系统的动能为

$$T = T_1 + T_2 = \frac{1}{2}(m_1 + m_2)\dot{y}^2 + \frac{1}{2}m_2 l^2\dot{\varphi}^2 + m_2 l\dot{\varphi}\dot{y}\cos\varphi \tag{a}$$

其次，计算广义力。主动力的元功之和为

$$\delta W = m_2 g\delta x_B = m_2 g\delta(l\cos\varphi)$$

$$= -m_2 gl\sin\varphi\delta\varphi$$

于是

$$Q_y = 0,\quad Q_\varphi = -m_2 gl\sin\varphi \tag{b}$$

最后,将式(a)和式(b)代入拉格朗日方程

$$\left.\begin{aligned}\frac{\mathrm{d}}{\mathrm{d}t}\frac{\partial T}{\partial \dot{y}} - \frac{\partial T}{\partial y} = Q_y\\ \frac{\mathrm{d}}{\mathrm{d}t}\frac{\partial T}{\partial \dot{\varphi}} - \frac{\partial T}{\partial \varphi} = Q_\varphi\end{aligned}\right\} \tag{c}$$

得到

$$\frac{\mathrm{d}}{\mathrm{d}t}[(m_1+m_2)\dot{y} + m_2 l\dot{\varphi}\cos\varphi] = 0$$

$$m_2 l^2\ddot{\varphi} + m_2 l\ddot{y}\cos\varphi = -m_2 gl\sin\varphi$$

前一个方程给出积分

$$(m_1+m_2)\dot{y} + m_2 l\dot{\varphi}\cos\varphi = C \tag{d}$$

后一个方程消去 $m_2 l$,得

$$l\ddot{\varphi} + \ddot{y}\cos\varphi + g\sin\varphi = 0 \tag{e}$$

式(d)的物理意义是系统动量在水平方向守恒。

请读者由方程(c)导出机械能守恒律。

例 12.5.4　一重物重 P,悬于绳上。绳长为 l、重为 P_1,绳之一部分绕在鼓轮上。鼓轮半径为 a,重为 P_2,转轴 O 水平。在初始时刻,系统静止,绳下垂长为 l_0,如图 12.4 所示。假设鼓轮的质量均匀分布在边缘上,不计摩擦,试求重物的运动。

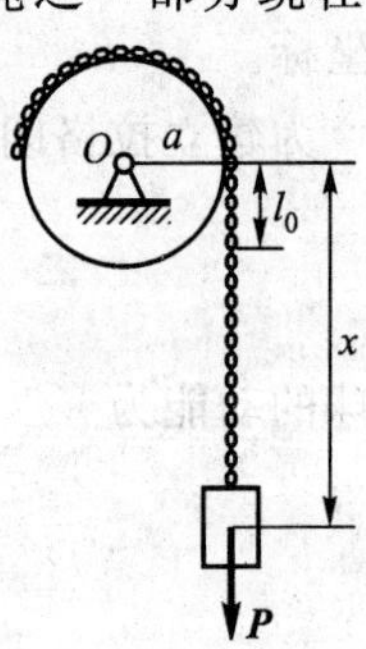

图 12.4

解:取重物、绳子、鼓轮为研究对象,系统有一个自由度。选重物的坐标 x 为广义坐标。重物的动能为

$$T_1 = \frac{1}{2}\frac{P}{g}\dot{x}^2$$

鼓轮的动能为

$$T_2 = \frac{1}{2}\left(\frac{P_2}{g}a^2\right)\left(\frac{\dot{x}}{a}\right)^2$$

绳子的动能为

$$T_3 = \frac{1}{2}\frac{P_1}{g}\dot{x}^2$$

系统的动能为

$$T = T_1 + T_2 + T_3 = \frac{1}{2g}(P_1 + P_2 + P)\dot{x}^2 \tag{a}$$

其次,计算广义力 Q_x。重物和绳子在虚位移 δx 上的作功之和为

$$\delta W = P\delta x + P_1\frac{x}{l}\delta x$$

由此得

$$Q_x = P + P_1\frac{x}{l} \tag{b}$$

最后,将式(a),(b)代入拉格朗日方程

$$\frac{\mathrm{d}}{\mathrm{d}t}\frac{\partial T}{\partial \dot{x}} - \frac{\partial T}{\partial x} = Q_x \tag{c}$$

得到

$$\frac{1}{g}(P_1 + P_2 + P)\ddot{x} = P + P_1\frac{x}{l}$$

它可表示为

$$\ddot{x} - \frac{P_1}{l(P_1 + P_2 + P)}gx = \frac{P}{P_1 + P_2 + P}g \tag{d}$$

下面解微分方程(d)。运动的初始条件为

$$t = 0,\quad x = l_0,\quad \dot{x} = 0 \tag{e}$$

方程(d)的通解为

$$x = A\mathrm{sh}\sqrt{\frac{P_1 g}{l(P_1 + P_2 + P)}}t + B\mathrm{ch}\sqrt{\frac{P_1 g}{l(P_1 + P_2 + P)}}t - \frac{P}{P_1}l \tag{f}$$

求导得

$$\dot{x} = \sqrt{\frac{P_1 g}{l(P_1 + P_2 + P)}}\left(A\mathrm{ch}\sqrt{\frac{P_1 g}{l(P_1 + P_2 + P)}}t + B\mathrm{sh}\sqrt{\frac{P_1 g}{l(P_1 + P_2 + P)}}t\right) \tag{g}$$

将式(e)分别代入式(f),(g),得积分常数

$$l_0 = B - \frac{P}{P_1}l, \quad 0 = A \tag{h}$$

将式(h)代入式(f),最终得到问题的运动规律

$$x = \left(l_0 + \frac{P}{P_1}l\right)\text{ch}\sqrt{\frac{P_1 g}{l(P_1 + P_2 + P)}}t - \frac{P}{P_1}l \tag{i}$$

尚需注意,这个解适用于

$$l_0 \leqslant x < l \tag{j}$$

例 12.5.5 质量分别为 m_1, m_2 和 m_3 的 3 个匀质齿轮,如图 12.5 所示。给第一个轮以力矩 M_1,另两轮上的约束力偶矩的绝对值等于 M_2, M_3。试求每个轮的角加速度以及每两轮间的作用力。

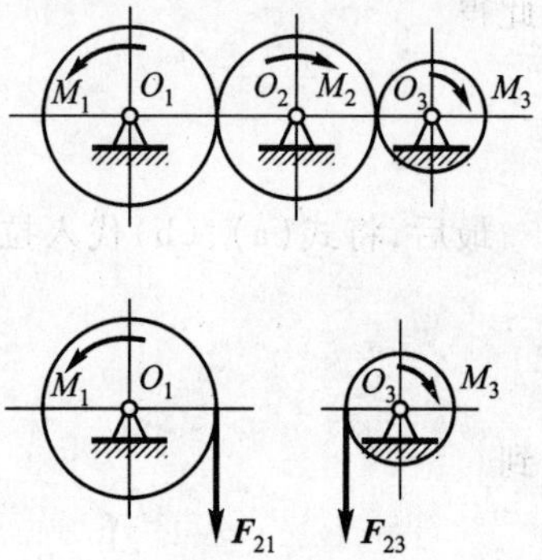

图 12.5

解:取 3 个轮为研究对象,系统有一个自由度。取第一个轮转角 φ_1 为广义坐标,则第二轮和第三轮的转角分别为

$$\varphi_2 = -\frac{r_1}{r_2}\varphi_1, \quad \varphi_3 = \frac{r_1}{r_3}\varphi_1$$

其中负号表示 φ_2 与 φ_1 转向相反。系统的动能为

$$\begin{aligned} T &= \frac{1}{2}\left(\frac{1}{2}m_1 r_1^2\right)\dot{\varphi}_1^2 + \frac{1}{2}\left(\frac{1}{2}m_2 r_2^2\right)\left(\frac{r_1^2}{r_2^2}\right)\dot{\varphi}_1^2 + \frac{1}{2}\left(\frac{1}{2}m_3 r_3^2\right)\left(\frac{r_1^2}{r_3^2}\dot{\varphi}_1^2\right) \\ &= \frac{1}{4}(m_1 + m_2 + m_3)r_1^2\dot{\varphi}_1^2 \end{aligned} \tag{a}$$

为列写广义力,给第一轮以虚位移 $\delta\varphi_1$,则诸力虚功之和为

$$\begin{aligned} \delta W &= M_1\delta\varphi_1 + M_2\left(-\frac{r_1}{r_2}\delta\varphi_1\right) - M_3\left(\frac{r_1}{r_3}\delta\varphi_1\right) \\ &= \left(M_1 - M_2\frac{r_1}{r_2} - M_3\frac{r_1}{r_3}\right)\delta\varphi_1 \end{aligned}$$

于是

$$Q_1 = M_1 - M_2\frac{r_1}{r_2} - M_3\frac{r_1}{r_3} \tag{b}$$

将式(a),(b)代入拉格朗日方程

$$\frac{\mathrm{d}}{\mathrm{d}t}\frac{\partial T}{\partial \dot{\varphi}_1}-\frac{\partial T}{\partial \varphi_1}=Q_1 \tag{c}$$

得

$$\frac{1}{2}(m_1+m_2+m_3)r_1^2\ddot{\varphi}_1=M_1-M_2\frac{r_1}{r_2}-M_3\frac{r_1}{r_3} \tag{d}$$

因此,第一轮角加速度

$$\alpha_1=\ddot{\varphi}_1=\frac{2\left(M_1-M_2\dfrac{r_1}{r_2}-M_3\dfrac{r_1}{r_3}\right)}{(m_1+m_2+m_3)r_1^2} \tag{e}$$

而第二轮和第三轮的角加速度分别为

$$\alpha_2=-\frac{r_1}{r_2}\alpha_1,\quad \alpha_3=\frac{r_1}{r_3}\alpha_1 \tag{f}$$

取三个轮为对象是不能求出两轮间的作用力的。为求第一轮与第二轮间的作用力,以第一轮为研究对象。此时,动能和广义力分别为

$$T=\frac{1}{2}\left(\frac{1}{2}m_1r_1^2\right)\dot{\varphi}_1^2,\quad Q=M_1-F_{21}r_1$$

其中 $\boldsymbol{F}_{21}$ 为第二轮对第一轮的作用力。拉格朗日方程给出

$$\frac{1}{2}m_1r_1^2\ddot{\varphi}_1=M_1-F_{21}r_1 \tag{g}$$

将式(e)代入式(g),得

$$F_{21}=\frac{(m_1+m_3)M_1}{(m_1+m_2+m_3)r_1}+\frac{m_1}{m_1+m_2+m_3}\left(\frac{M_2}{r_2}+\frac{M_3}{r_3}\right) \tag{h}$$

类似地,以第三轮为对象,利用拉格朗日方程可求得第二轮对第三轮的作用力 $\boldsymbol{F}_{23}$。

例 12.5.6　质量为 m、半径为 r 的粗糙小圆柱体,在一空心薄圆柱体内表面上无滑动地滚动,如图 12.6 所示。这个空心圆柱的质量为 M,半径为 R,能绕自身水平轴 O 转动。试列写系统的运动微分方程。

解: 取小圆柱和空心圆柱体为研究对象。系统有两个自由度。取空心圆柱的转角 θ 和两柱中心连

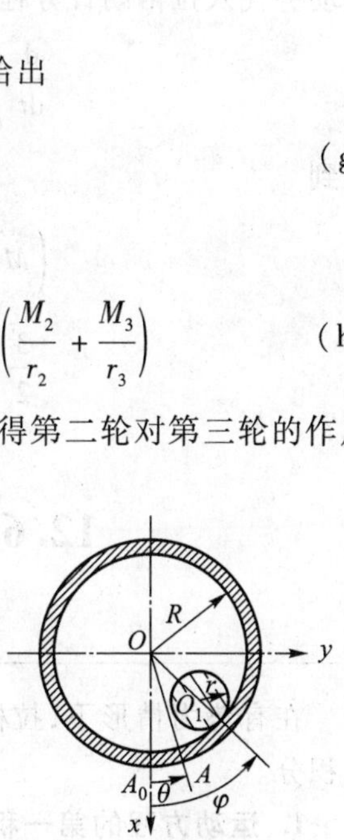

图 12.6

线 OO_1 的转角 φ 为广义坐标。由运动学知,小圆柱的角速度为

$$\omega_1 = \frac{R\dot{\theta} - (R - r)\dot{\varphi}}{r}$$

空心圆柱作定轴转动,动能为

$$T_1 = \frac{1}{2}(MR^2)\dot{\theta}^2$$

小圆柱作平面运动,动能为

$$T_2 = \frac{1}{2}m(R - r)^2\dot{\varphi}^2 + \frac{1}{2}\left(\frac{1}{2}mr^2\right)\left(\frac{R\dot{\theta} - (R - r)\dot{\varphi}}{r}\right)^2$$

系统动能为

$$T = T_1 + T_2$$

小圆柱重力势能为

$$V = mg(R - r)(1 - \cos\varphi)$$

系统的动势为

$$L = T - V$$

将动势代入拉格朗日方程

$$\frac{\mathrm{d}}{\mathrm{d}t}\frac{\partial L}{\partial\dot{\theta}} - \frac{\partial L}{\partial\theta} = 0, \quad \frac{\mathrm{d}}{\mathrm{d}t}\frac{\partial L}{\partial\dot{\varphi}} - \frac{\partial L}{\partial\varphi} = 0$$

得到

$$\left(M + \frac{1}{2}m\right)R\ddot{\theta} - \frac{1}{2}m(R - r)\ddot{\varphi} = 0$$

$$\frac{3}{2}(R - r)\ddot{\varphi} - \frac{1}{2}R\ddot{\theta} + g\sin\varphi = 0$$

12.6 拉格朗日方程的积分

在有势力情形下,拉格朗日方程有两类重要的第一积分——循环积分和能量积分。

1. 运动方程的第一积分

由拉格朗日方程(12.3.1)或方程(12.4.3),解出所有广义加速度,记作

$$\ddot{q}_s = f_s(q_k, \dot{q}_k, t) \quad (s, k = 1, 2, \cdots, n) \tag{12.6.1}$$

这在

$$\det\left(\frac{\partial^2 T}{\partial \dot{q}_s \partial \dot{q}_k}\right) \neq 0 \tag{12.6.2}$$

或

$$\det\left(\frac{\partial^2 L}{\partial \dot{q}_s \partial \dot{q}_k}\right) \neq 0 \tag{12.6.3}$$

下是可以做到的。称某函数 $f(q_s, \dot{q}_s, t) = C$ 为二阶微分方程(12.6.1)的第一积分，如果它对时间的全导数由于方程(12.6.1)而等于零，即

$$\frac{\mathrm{d}f}{\mathrm{d}t} = \frac{\partial f}{\partial t} + \sum_{s=1}^{n}\left(\frac{\partial f}{\partial q_s}\dot{q}_s + \frac{\partial f}{\partial \dot{q}_s}f_s\right) = 0 \tag{12.6.4}$$

研究运动方程的第一积分有重要意义。如果能够求得方程(12.6.1)的 $2n$ 个独立的第一积分

$$f_\nu(q_s, \dot{q}_s, t) = C_\nu \quad (\nu = 1, 2, \cdots, 2n)$$

那么由此可将 $q_s, \dot{q}_s$ 表示为时间 t 和 $2n$ 个任意常数 C_ν 的函数，而得到微分方程的通解

$$q_s = \varphi_s(t, C_\nu)$$

$$\dot{q}_s = \psi_s(t, C_\nu)$$

其中 $2n$ 个积分常数 C_ν 可由运动的初始条件，即广义坐标的初值 q_{s0} 和广义速度的初值 $\dot{q}_{s0}$ 来确定。令

$$t = 0, \quad q_s = q_{s0}, \quad \dot{q}_s = \dot{q}_{s0}$$

则有

$$\varphi_s(0, C_\nu) = q_{s0}$$

$$\psi_s(0, C_\nu) = \dot{q}_{s0}$$

由此，可找到 $2n$ 个常数 $C_\nu (\nu = 1, 2, \cdots, 2n)$。

如果能够求得方程(12.6.1)的一部分积分，虽然不能求出最终解，也可对运动性质有所了解。同时，利用找到的积分，可以将方程的阶降下来。

现将拉格朗日方程(12.3.1)右端的广义力 Q_s 分为有势的 Q'_s 和非有势的 Q''_s

$$Q_s = Q'_s + Q''_s, \quad Q'_s = -\frac{\partial V}{\partial q_s} \tag{12.6.5}$$

则方程(12.3.1)表示为

$$\frac{\mathrm{d}}{\mathrm{d}t}\frac{\partial L}{\partial \dot{q}_s}-\frac{\partial L}{\partial q_s}=Q''_s \quad (s=1,2,\cdots,n) \tag{12.6.6}$$

其中

$$L=T-V \tag{12.6.7}$$

下面由方程(12.6.6)出发,讨论两类重要积分。

2. 循环坐标和循环积分

如果方程(12.6.6)的右端为零,即

$$Q''_s=0$$

则方程有形式

$$\frac{\mathrm{d}}{\mathrm{d}t}\frac{\partial L}{\partial \dot{q}_s}-\frac{\partial L}{\partial q_s}=0 \quad (s=1,2,\cdots,n) \tag{12.6.8}$$

如果某个坐标,例如 q_1 不明显出现于函数 L 中,则称 q_1 为**循环坐标或可遗坐标**。此时,方程(12.6.8)中的第一个给出

$$\frac{\mathrm{d}}{\mathrm{d}t}\frac{\partial L}{\partial \dot{q}_1}=0$$

积分得

$$\frac{\partial L}{\partial \dot{q}_1}=C_1 \tag{12.6.9}$$

这个积分称为**循环积分**。因为$\frac{\partial L}{\partial \dot{q}_1}$代表广义动量,而广义动量可以是动量,可以是动量矩,也可以没有明显的物理意义,因此,**循环积分可以代表动量守恒,或动量矩守恒,或别的什么。**

3. 能量积分

将拉格朗日方程(12.6.6)两端乘以 $\dot{q}_s$ 并对 s 求和,得

$$\sum_{s=1}^{n}\left(\frac{\mathrm{d}}{\mathrm{d}t}\frac{\partial L}{\partial \dot{q}_s}-\frac{\partial L}{\partial q_s}\right)\dot{q}_s=\sum_{s=1}^{n}Q''_s\dot{q}_s \tag{12.6.10}$$

变换左端,得

$$\sum_{s=1}^{n}\left(\frac{\mathrm{d}}{\mathrm{d}t}\frac{\partial L}{\partial \dot{q}_s}-\frac{\partial L}{\partial q_s}\right)\dot{q}_s=\frac{\mathrm{d}}{\mathrm{d}t}\left(\sum_{s=1}^{n}\frac{\partial L}{\partial \dot{q}_s}\dot{q}_s\right)-\sum_{s=1}^{n}\frac{\partial L}{\partial \dot{q}_s}\ddot{q}_s-\sum_{s=1}^{n}\frac{\partial L}{\partial q_s}\dot{q}_s$$

$$= \frac{\mathrm{d}}{\mathrm{d}t}\left(\sum_{s=1}^{n}\frac{\partial L}{\partial \dot{q}_s}\dot{q}_s - L\right) + \frac{\partial L}{\partial t}$$

于是,式(12.6.10)成为

$$\frac{\mathrm{d}}{\mathrm{d}t}\left(\sum_{s=1}^{n}\frac{\partial L}{\partial \dot{q}_s}\dot{q}_s - L\right) = \sum_{s=1}^{n} Q''_s\dot{q}_s - \frac{\partial L}{\partial t} \tag{12.6.11}$$

称其为**能量变化方程**。

下面将系统动能 T 用广义坐标和广义速度表示,有

$$T = \frac{1}{2}\sum_{i=1}^{N} m_i\dot{\boldsymbol{r}}_i\cdot\dot{\boldsymbol{r}}_i$$

$$= \frac{1}{2}\sum_{i=1}^{N} m_i\left(\sum_{s=1}^{n}\frac{\partial \boldsymbol{r}_i}{\partial q_s}\dot{q}_s + \frac{\partial \boldsymbol{r}_i}{\partial t}\right)\cdot\left(\sum_{k=1}^{n}\frac{\partial \boldsymbol{r}_i}{\partial q_k}\dot{q}_k + \frac{\partial \boldsymbol{r}_i}{\partial t}\right)$$

$$= \frac{1}{2}\sum_{s=1}^{n}\sum_{k=1}^{n} A_{sk}\dot{q}_s\dot{q}_k + \sum_{s=1}^{n} B_s\dot{q}_s + T_0$$

$$= T_2 + T_1 + T_0 \tag{12.6.12}$$

其中

$$\left.\begin{aligned} A_{sk} &= A_{ks} = \sum_{i=1}^{N} m_i\frac{\partial \boldsymbol{r}_i}{\partial q_s}\cdot\frac{\partial \boldsymbol{r}_i}{\partial q_k},\quad B_s = \sum_{i=1}^{N} m_i\frac{\partial \boldsymbol{r}_i}{\partial q_s}\cdot\frac{\partial \boldsymbol{r}_i}{\partial t} \\ T_0 &= \frac{1}{2}\sum_{i=1}^{N} m_i\frac{\partial \boldsymbol{r}_i}{\partial t}\cdot\frac{\partial \boldsymbol{r}_i}{\partial t} \end{aligned}\right\} \tag{12.6.13}$$

这样,系统动能分为 3 部分:广义速度的齐二次式 T_2,广义速度的齐一次式 T_1,以及不依赖于广义速度的项 T_0。由齐次函数的欧拉定理,知

$$\sum_{s=1}^{n}\frac{\partial T_2}{\partial \dot{q}_s}\dot{q}_s = 2T_2,\quad \sum_{s=1}^{n}\frac{\partial T_1}{\partial \dot{q}_s}\dot{q}_s = T_1 \tag{12.6.14}$$

将式(12.6.12)和(12.6.14)代入方程(12.6.11),得

$$\frac{\mathrm{d}}{\mathrm{d}t}(2T_2 + T_1 - T_2 - T_1 - T_0 + V) = \sum_{s=1}^{n} Q''_s\dot{q}_s - \frac{\partial L}{\partial t}$$

即

$$\frac{\mathrm{d}}{\mathrm{d}t}(T_2 - T_0 + V) = \sum_{s=1}^{n} Q''_s\dot{q}_s - \frac{\partial L}{\partial t} \tag{12.6.15}$$

于是有如下结果:

对双面理想完整约束系统,如果满足条件

$$\sum_{s=1}^{n} Q''_s \dot{q}_s - \frac{\partial L}{\partial t} = 0 \qquad (12.6.16)$$

则系统存在能量积分

$$T_2 - T_0 + V = h \qquad (12.6.17)$$

特别地,如果满足条件

$$Q''_s = 0 \quad (s = 1,2,\cdots,n), \quad \frac{\partial L}{\partial t} = 0 \qquad (12.6.18)$$

则有积分(12.6.17)。积分(12.6.17)称为**广义能量积分**,或称为**雅可比-班勒维**(Jacobi-Painlevé)**积分**。进而,如果 $T = T_2$,即动能仅含广义速度的二次式时,积分(12.6.17)成为

$$T + V = h \qquad (12.6.19)$$

它代表机械能守恒律。

这样,由拉格朗日函数的形式就有可能找到循环积分和能量积分。可以看出,拉格朗日力学比牛顿力学更为普遍,不仅可找到牛顿力学已经找到的积分(即动量守恒、动量矩守恒、机械能守恒),而且还能找到牛顿力学找不到的积分。

例 12.6.1 一匀质杆 AB 质量为 M、长为 $2a$,其两端在半径为 R 的光滑固定水平圆周上滑动,另一质量 m 的小环以不变的相对速度 v 沿杆运动,如图 12.7 所示。试求杆 AB 的运动。

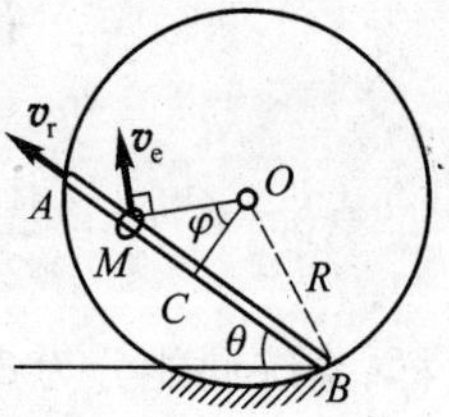

图 12.7

解: 取小环 M 和杆 AB 为研究对象,不计小环 M 与杆 AB 间的摩擦,约束是双面理想完整的。系统有一个自由度,取杆 AB 与某固定线的夹角 θ 为广义坐标。系统运动发生在水平面内,拉格朗日方程给出

$$\left.\begin{array}{l} \dfrac{\mathrm{d}}{\mathrm{d}t}\dfrac{\partial L}{\partial \dot{\theta}} - \dfrac{\partial L}{\partial \theta} = 0 \\ L = T - V, \quad V = C \end{array}\right\} \qquad (\mathrm{a})$$

杆子 AB 作平面运动,其动能为

$$T_1 = \frac{1}{2}Mv_C^2 + \frac{1}{2}\left[\frac{1}{12}M(2a)^2\right]\dot{\theta}^2$$

$$v_C = \sqrt{R^2 - a^2}\dot{\theta}$$

小环的速度可用点的复合运动求得

$$\boldsymbol{v}_a = \boldsymbol{v}_e + \boldsymbol{v}_r$$

$$v_e = OM\dot{\theta} = \sqrt{v^2t^2 + R^2 - a^2}\dot{\theta}$$

$$v_r = v$$

小环的动能为

$$T_2 = \frac{1}{2}mv_a^2 = \frac{1}{2}m[(v_r + v_e\cos\varphi)^2 + (v_e\sin\varphi)^2]$$

$$= \frac{1}{2}m[v^2 + (v^2t^2 + R^2 - a^2)\dot{\theta}^2 + 2v\sqrt{R^2 - a^2}\dot{\theta}]$$

系统的动能

$$T = T_1 + T_2$$

又

$$\frac{\partial L}{\partial\theta} = \frac{\partial T}{\partial\theta} = 0$$

故方程(a)给出循环积分

$$\frac{\partial T}{\partial\dot{\theta}} = C_1$$

即

$$m(R^2 - a^2 + v^2t^2)\dot{\theta} + mv\sqrt{R^2 - a^2} + M\left(R^2 - \frac{2}{3}a^2\right)\dot{\theta} = C_1$$

由此得

$$\dot{\theta} = \frac{C_1 - mv\sqrt{R^2 - a^2}}{m(R^2 - a^2 + v^2t^2) + M\left(R^2 - \frac{2}{3}a^2\right)}$$

积分得

$$\int_{\theta_0}^{\theta}\mathrm{d}\theta = \int_0^t \frac{C_1 - mv\sqrt{R^2 - a^2}}{m(R^2 - a^2 + v^2t^2) + M\left(R^2 - \frac{2}{3}a^2\right)}\mathrm{d}t$$

即

$$\theta - \theta_0 = C\arctan \frac{vt}{\sqrt{(R^2 - a^2) + \frac{M}{m}\left(R^2 - \frac{2}{3}a^2\right)}}$$

例 12.6.2 一匀质杆 AB，长为 $2a$，放在光滑水平面上。杆的一端 A 拴于轻的不可伸长的长为 c 的线上。线的另一端被固定在水平面上的点 O，如图 12.8 所示。开始时，OAB 共线，而杆在垂直于其长度方向上以速度 v 无转动地抛出。试证，杆与线的最大张角的余弦是 $1-\dfrac{a}{6c}$。

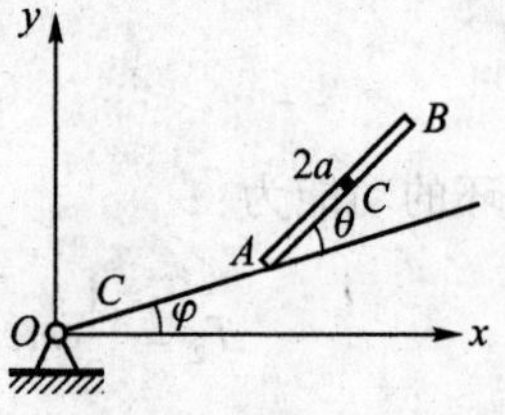

图 12.8

解：系统有两个自由度，选角 φ,θ 为广义坐标。杆中心 C 的坐标 x_C, y_C 可用 φ,θ 表示

$$x_C = c\cos\varphi + a\cos(\theta+\varphi)$$

$$y_C = c\sin\varphi + a\sin(\theta+\varphi)$$

于是有

$$v_C^2 = \dot{x}_C^2 + \dot{y}_C^2 = c^2\dot{\varphi}^2 + a^2(\dot{\theta}+\dot{\varphi})^2 + 2ac\dot{\varphi}(\dot{\theta}+\dot{\varphi})\cos\theta$$

杆 AB 作平面运动，其动能为

$$T = \frac{1}{2}mv_C^2 + \frac{1}{2}\left[\frac{1}{12}m(2a)^2\right](\dot{\theta}+\dot{\varphi})^2$$

$$= \frac{1}{2}m[c^2\dot{\varphi}^2 + a^2(\dot{\theta}+\dot{\varphi})^2 + 2ac\dot{\varphi}(\dot{\theta}+\dot{\varphi})\cos\theta] + \frac{1}{6}ma^2(\dot{\theta}+\dot{\varphi})^2$$

系统势能

$$V = C$$

因

$$\frac{\partial L}{\partial t} = 0, \quad T = T_2$$

故有能量积分

$$T + V = \frac{1}{2}m[c^2\dot{\varphi}^2 + a^2(\dot{\theta}+\dot{\varphi})^2 + 2ac\dot{\varphi}(\dot{\theta}+\dot{\varphi})\cos\theta] + \frac{1}{6}ma^2(\dot{\theta}+\dot{\varphi})^2 = h \tag{b}$$

这就是机械能守恒律。又因

$$\frac{\partial L}{\partial \varphi}=0$$

故有循环积分

$$\frac{\partial L}{\partial \dot{\varphi}}=m\left[c^2\dot{\varphi}+a^2(\dot{\theta}+\dot{\varphi})+ac(\dot{\theta}+\dot{\varphi})\cos\theta+ac\dot{\varphi}\cos\theta+\frac{1}{3}a^2(\dot{\theta}+\dot{\varphi})\right]=C_1 \tag{c}$$

运动的初始条件为

$$t=0,\quad \varphi=\theta=0,\quad \dot{\varphi}+\dot{\theta}=0,\quad \dot{\varphi}=\frac{v}{c}$$

将其代入式(b)和式(c),可找到积分常数 h, C_1,有

$$C_1=mv(c+a),\quad h=\frac{1}{2}mv^2 \tag{d}$$

将式(d)代入式(b)和式(c),得到

$$c^2\dot{\varphi}^2+a^2(\dot{\theta}+\dot{\varphi})^2+2ac\dot{\varphi}(\dot{\theta}+\dot{\varphi})\cos\theta+\frac{1}{3}a^2(\dot{\theta}+\dot{\varphi})^2=v^2 \tag{e}$$

$$c^2\dot{\varphi}+a^2(\dot{\theta}+\dot{\varphi})+ac(\dot{\theta}+\dot{\varphi})\cos\theta+ac\dot{\varphi}\cos\theta+\frac{1}{3}a^2(\dot{\theta}+\dot{\varphi})=(a+c)v \tag{f}$$

当 $\theta=\theta_{\max}$ 时,有 $\dot{\theta}=0$。于是,式(e),(f)分别给出

$$\dot{\varphi}^2\left(c^2+a^2+2ac\cos\theta_{\max}+\frac{1}{3}a^2\right)=v^2$$

$$\dot{\varphi}\left(c^2+a^2+2ac\cos\theta_{\max}+\frac{1}{3}a^2\right)=(a+c)v$$

由这两式消去 $\dot{\varphi}$,得

$$2ac\cos\theta_{\max}=2ac-\frac{1}{3}a^2$$

由此得

$$\cos\theta_{\max}=1-\frac{a}{6c}$$

例 12.6.3 试求由拉格朗日函数

$$L = t(1 + \dot{x}^2)^{\frac{1}{2}}$$

所决定的点的运动规律。

解： 因

$$\frac{\partial L}{\partial x} = 0$$

故有循环积分

$$\frac{\partial L}{\partial \dot{x}} = t\dot{x}(1 + \dot{x}^2)^{-\frac{1}{2}} = C$$

由此解得

$$\dot{x} = C(t^2 - C^2)^{-\frac{1}{2}}$$

即

$$\int \mathrm{d}x = \int C(t^2 - C^2)^{-\frac{1}{2}}\mathrm{d}t$$

积分得

$$x = C_1 + C\operatorname{arcosh}\frac{t}{C}$$

例 12.6.4 一圆环以角速度 $\omega = \sqrt{\frac{ng}{a}}$ 绕其铅垂直径转动。环上套一小珠。今给小珠以初速度，使它恰好可以从环的最低点沿环升至最高点，如图 12.9 所示。试证：小珠走完 90°所需时间为

$$\sqrt{\frac{a}{(n+1)g}}\ln(\sqrt{n+2} + \sqrt{n+1})$$

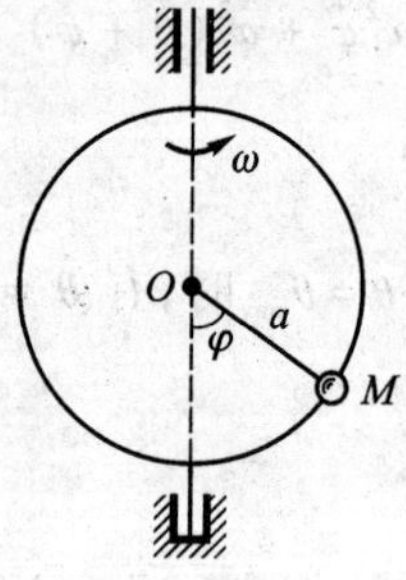

图 12.9

证明： 取小珠 M 为研究对象，它有一个自由度，取 OM 与铅垂轴夹角 φ 为广义坐标。小珠的动能为

$$T = \frac{1}{2}m[a^2\dot{\varphi}^2 + (\omega a\sin\varphi)^2] \tag{a}$$

势能为

$$V = mga(1 - \cos\varphi) \tag{b}$$

于是有

$$\frac{\partial L}{\partial t}=0$$

问题没有能量守恒,但有广义能量积分

$$T_2-T_0+V=h$$

即

$$\frac{1}{2}ma^2(\dot{\varphi}^2-\omega^2\sin^2\varphi)+mga(1-\cos\varphi)=h \tag{c}$$

因小珠可升到圆环的最高点,故有

$$\varphi=\pi,\quad \dot{\varphi}=0 \tag{d}$$

将式(d)代入式(c),得

$$h=2mga \tag{e}$$

将式(e)代入式(c),得

$$\dot{\varphi}^2-\omega^2\sin^2\varphi=\frac{2g}{a}(1+\cos\varphi)$$

即

$$\dot{\varphi}^2=\frac{ng}{a}\sin^2\varphi+\frac{2g}{a}(1+\cos\varphi) \tag{f}$$

分离变量,作积分,有

$$\int_0^{\frac{\pi}{2}}\frac{\mathrm{d}\varphi}{\sqrt{\frac{2g}{a}(1+\cos\varphi)+\frac{ng}{a}\sin^2\varphi}}=\int_0^t\mathrm{d}t \tag{g}$$

为求积分,作变换,令

$$\tan\frac{\varphi}{2}=x$$

则

$$\mathrm{d}\varphi=\frac{2\mathrm{d}x}{1+x^2},\quad \cos\varphi=\frac{1-x^2}{1+x^2},\quad \sin\varphi=\frac{2x}{1+x^2}$$

积分(g)的左端为

$$\int_0^1\frac{2\mathrm{d}x}{2\sqrt{\frac{g}{a}}\sqrt{1+(1+n)x^2}}=\frac{1}{\sqrt{\frac{g}{a}}}\frac{1}{\sqrt{1+n}}\ln\left[x\sqrt{1+n}+\sqrt{1+(1+n)x}\right]\Big|_0^1$$

$$= \frac{1}{\sqrt{1+n}}\sqrt{\frac{a}{g}}\ln(\sqrt{1+n}+\sqrt{2+n})$$

这就是小珠由最低点沿圆环转过90°所需时间。

例 12.6.5 一匀质杆 AB 长为 $2l$、重为 P。杆端 A 沿铅垂直线滑动，而杆端 B 沿水平面滑动，如图 12.10 所示。假设滑动没有摩擦。试求其运动积分。

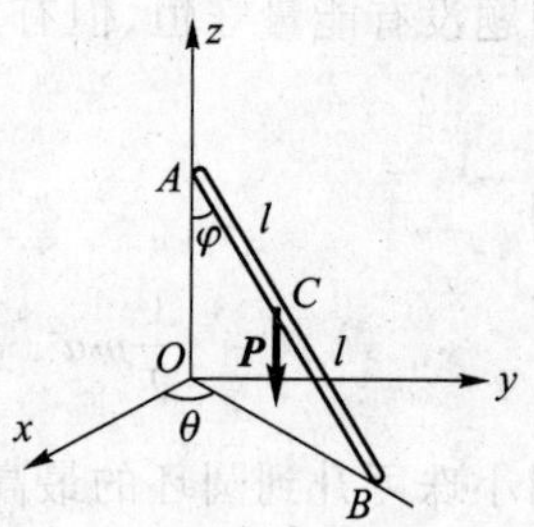

图 12.10

解：杆的运动有两个自由度，选角 θ,φ 为广义坐标，如图所示。杆 AB 的动能等于质量集中在质心 C 上的动能加上绕质心 C 转动的动能。质心 C 的坐标 x_C,y_C,z_C 可用 θ,φ 表示，有

$$x_C = l\sin\varphi\cos\theta$$

$$y_C = l\sin\varphi\sin\theta$$

$$z_C = l\cos\varphi$$

对时间 t 求导数，得

$$\dot{x}_C = l\dot{\varphi}\cos\varphi\cos\theta - l\dot{\theta}\sin\varphi\sin\theta$$

$$\dot{y}_C = l\dot{\varphi}\cos\varphi\sin\theta + l\dot{\theta}\sin\varphi\cos\theta$$

$$\dot{z}_C = -l\dot{\varphi}\sin\varphi$$

因此，质量集中在质心上的动能为

$$T = \frac{1}{2}m(\dot{x}_C^2+\dot{y}_C^2+\dot{z}_C^2) = \frac{1}{2}ml^2(\dot{\varphi}^2+\dot{\theta}^2\sin^2\varphi)$$

杆 AB 的角速度在垂直于 AB 的平面上有两个相互垂直的分量 $\dot{\varphi}$ 和 $\dot{\theta}\sin\varphi$，沿杆方向的分量为 $\dot{\theta}\cos\varphi$。因此，相对质心的动能为

$$T_2 = \frac{1}{2}\left(\frac{1}{3}ml^2\right)(\dot{\varphi}^2+\dot{\theta}^2\sin^2\varphi)$$

总动能为

$$T = T_1 + T_2 = \frac{2}{3}ml^2(\dot{\varphi}^2+\dot{\theta}^2\sin^2\varphi) \tag{a}$$

重力势能为

$$V = mgl\cos\varphi \tag{b}$$

动势为

$$L = T - V = \frac{2}{3}ml^2(\dot{\varphi}^2 + \dot{\theta}^2\sin^2\varphi) - mgl\cos\varphi \tag{c}$$

问题有循环积分

$$\frac{\partial L}{\partial \dot{\theta}} = \frac{4}{3}ml^2\dot{\theta}\sin^2\varphi = C_1 \tag{d}$$

以及能量积分

$$T + V = h \tag{e}$$

例 12.6.6　一圆柱直径为 d,质量为 m,可在水平面上滚而不滑。两刚度系数为 k 的相同弹簧连接于圆柱上。连接点在圆柱中心上方为 a 处,两弹簧被固定(图 12.11)。试求圆柱微振动的周期。

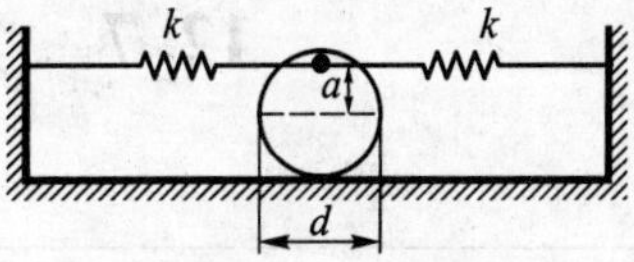

图 12.11

解: 取圆柱为研究对象,问题有一个自由度,取圆柱转角 φ 为广义坐标。在微振动假设下,φ 是小量。圆柱的动能为

$$\begin{aligned} T &= \frac{1}{2}m\left(\frac{d}{2}\dot{\varphi}\right)^2 + \frac{1}{2}\left[\frac{1}{2}m\left(\frac{d}{2}\right)^2\right]\dot{\varphi}^2 \\ &= \frac{3}{16}md^2\dot{\varphi}^2 \end{aligned} \tag{a}$$

弹簧的势能为

$$V = \frac{1}{2}k\left(a + \frac{d}{2}\right)^2\varphi^2 \times 2 \tag{b}$$

拉格朗日方程

$$\frac{\mathrm{d}}{\mathrm{d}t}\frac{\partial L}{\partial \dot{\varphi}} - \frac{\partial L}{\partial \varphi} = 0$$

给出

$$\frac{3}{8}md^2\ddot{\varphi} + 2k\left(a + \frac{d}{2}\right)^2\varphi = 0 \tag{c}$$

将其化成标准形式

$$\ddot{\varphi} + \omega_0^2\varphi = 0 \tag{d}$$

其中 ω_0 为固有频率

$$\omega_0^2 = \frac{16}{3}\frac{k}{m}\left(\frac{1}{2} + \frac{a}{d}\right)^2 \tag{e}$$

微振动的周期为

$$T = \frac{2\pi}{\omega_0} = \frac{\pi\sqrt{3}}{1 + 2\dfrac{a}{d}}\sqrt{\frac{m}{k}} \tag{f}$$

12.7 第一类拉格朗日方程

第二类拉格朗日方程(12.3.1)的优点在于消除了理想约束力。如果需要确定约束力,或者为方便而选取多余坐标时,应该也必须利用第一类拉格朗日方程。

假设双面理想完整约束系统的位置由 n 个广义坐标 $q_s(s=1,2,\cdots,n)$ 来确定。选 m 个多余坐标 $q_{n+\gamma}(\gamma=1,2,\cdots,m)$,并有 m 个双面理想完整约束

$$f_\gamma(q_s, q_{n+\beta}, t) = 0 \quad (\gamma,\beta = 1,2,\cdots,m; s = 1,2,\cdots,n) \tag{12.7.1}$$

它们加在虚位移 δq_μ 上的限制为

$$\sum_{\mu=1}^{n+m}\frac{\partial f_\gamma}{\partial q_\mu}\delta q_\mu = 0 \quad (\gamma = 1,2,\cdots,m) \tag{12.7.2}$$

动力学普遍方程可以写成

$$\sum_{\mu=1}^{n+m}\left(Q_\mu - \frac{\mathrm{d}}{\mathrm{d}t}\frac{\partial T}{\partial \dot{q}_\mu} + \frac{\partial T}{\partial q_\mu}\right)\delta q_\mu = 0 \tag{12.7.3}$$

将式(12.7.2)乘以待定乘子 λ_γ 并对 γ 求和,得

$$\sum_{\gamma=1}^{m}\sum_{\mu=1}^{n+m}\lambda_\gamma\frac{\partial f_\gamma}{\partial q_\mu}\delta q_\mu = 0 \tag{12.7.4}$$

应用拉格朗日乘子法,得到方程

$$\frac{\mathrm{d}}{\mathrm{d}t}\frac{\partial T}{\partial \dot{q}_\mu} - \frac{\partial T}{\partial q_\mu} = Q_\mu + \sum_{\gamma=1}^{m}\lambda_\gamma\frac{\partial f_\gamma}{\partial q_\mu} \quad (\mu = 1,2,\cdots,n+m) \tag{12.7.5}$$

方程(12.7.5)称为**第一类拉格朗日方程**,或称为**有多余坐标完整系统的方程**。

将方程(12.7.5)与约束方程(12.7.1)联合,便可确定 $q_\mu(\mu=1,2,\cdots,n+$

m)和 $\lambda_\gamma(\gamma=1,2,\cdots,m)$。方程(12.7.5)的数目是 $n+m$ 个,再加上 m 个约束方程(12.7.1),共有 $n+2m$ 个。与第二类拉格朗日方程相比,数目多出 $2m$ 个。这些方程的优点在于不仅可求出所有坐标,同时还可以求出约束力。实际上,式

$$R_\mu = \sum_{\gamma=1}^{m} \lambda_\gamma \frac{\partial f_\gamma}{\partial q_\mu} \tag{12.7.6}$$

就是与约束(12.7.1)相关的约束力的广义分量。

在多体系统和机器人动力学中经常应用第一类拉格朗日方程。因为在计算动力学中,方程数目多不会带来多大困难。

例 12.7.1　图 12.12 所示为某测振仪的示意图,系统处于铅垂面内。小球 A 的质量为 m,对中心的转动惯量为 J_A。不计各杆质量。令 $bc>(a-b)^2$,试求系统在铅垂位置附近作微振动的周期。

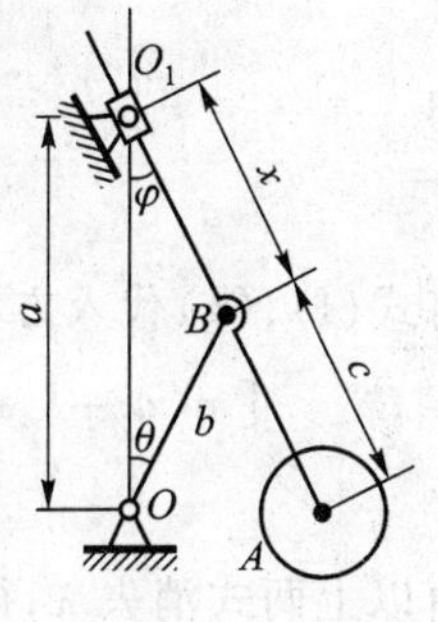

图 12.12

解: 系统仅有一个自由度,但是选两个坐标 φ 和 x 带有一个约束方程较方便。坐标 x,φ 之间的关系由 $\triangle OO_1B$ 给出

$$f(x,\varphi) = a^2 + x^2 - 2ax\cos\varphi - b^2 = 0 \tag{a}$$

系统的动能,即小球的动能为

$$\begin{aligned} T &= \frac{1}{2}mv_A^2 + \frac{1}{2}J_A\dot{\varphi}^2 \\ &= \frac{1}{2}m[\dot{x}^2 + (x+c)^2\dot{\varphi}^2] + \frac{1}{2}J_A\dot{\varphi}^2 \end{aligned} \tag{b}$$

势能为

$$V = mg[a - (x+c)\cos\varphi] \tag{c}$$

如果应用第二类拉格朗日方程,必须借助约束方程(a)在 T 中消去 $x,\dot{x}$(或 $\varphi,\dot{\varphi}$),仅保留 $\varphi,\dot{\varphi}$(或 $x,\dot{x}$)。然而,这样做并不方便。

第一类拉格朗日方程(12.7.5)给出

$$\left.\begin{aligned} \frac{\mathrm{d}}{\mathrm{d}t}\frac{\partial T}{\partial\dot{\varphi}} - \frac{\partial T}{\partial\varphi} &= -\frac{\partial V}{\partial\varphi} + \lambda\frac{\partial f}{\partial\varphi} \\ \frac{\mathrm{d}}{\mathrm{d}t}\frac{\partial T}{\partial\dot{x}} - \frac{\partial T}{\partial x} &= -\frac{\partial V}{\partial x} + \lambda\frac{\partial f}{\partial x} \end{aligned}\right\} \tag{d}$$

将式(a),(b),(c)代入式(d),得到

$$\left.\begin{aligned}&m(x+c)^2\ddot{\varphi}+2m(x+c)\dot{x}\dot{\varphi}+J_A\ddot{\varphi}=-mg(x+c)\sin\varphi+2\lambda ax\sin\varphi\\&m\ddot{x}-m(x+c)\dot{\varphi}^2=mg\cos\varphi+2\lambda(x-a\cos\varphi)\end{aligned}\right\}\tag{e}$$

方程(e)联合约束(a)就可确定 x,φ 和 λ。

对微振动情形,有

$$\sin\varphi\approx\varphi,\quad \cos\varphi\approx 1\tag{f}$$

这样,式(a)成为

$$a^2+x^2-2ax-b^2=0$$

即

$$x=a-b\tag{g}$$

将式(f),(g)代入方程(e),得到

$$[m(a-b+c)^2+J_A]\ddot{\varphi}=-mg(a-b+c)\varphi+2\lambda a(a-b)\varphi$$

$$0=mg-2\lambda b$$

由以上两式消去 λ,得到

$$[m(a-b+c)^2+J_A]\ddot{\varphi}+mg\left[c-\frac{(a-b)^2}{b}\right]\varphi=0\tag{h}$$

写成标准形式

$$\ddot{\varphi}+\omega_0^2\varphi=0$$

其中

$$\omega_0^2=\frac{mg[bc-(a-b)^2]}{b[m(a-b+c)^2+J_A]}$$

而微振动周期为

$$T=\frac{2\pi}{\omega_0}=\sqrt{\frac{b[m(a-b+c)^2+J_A]}{mg[bc-(a-b)^2]}}\tag{i}$$

例 12.7.2 一质点的质量为 m 的小珠自由地在一光滑螺线上运动,螺线方程在柱坐标下写成 $r=a,z=b\psi$,重力在 z 的正向。质点在螺线上由静止开始运动。试确定螺线加给小珠约束力的 z 分量和 ψ 分量。

解: 为求约束力,需选多余坐标。小珠自由度为1,所受约束为

$$r-a=0,\quad z-b\psi=0\tag{a}$$

选坐标 z,ψ。第一类拉格朗日方程(12.7.5)给出

$$\left.\begin{aligned}\frac{\mathrm{d}}{\mathrm{d}t}\frac{\partial T}{\partial \dot{z}}-\frac{\partial T}{\partial z}&=Q_z+\lambda\\ \frac{\mathrm{d}}{\mathrm{d}t}\frac{\partial T}{\partial \dot{\psi}}-\frac{\partial T}{\partial \psi}&=Q_\psi-\lambda b\end{aligned}\right\}\tag{b}$$

小珠动能为

$$\begin{aligned}T&=\frac{1}{2}m\dot{r}^2+\frac{1}{2}mr^2\dot{\psi}^2+\frac{1}{2}m\dot{z}^2\\&=\frac{1}{2}ma^2\dot{\psi}^2+\frac{1}{2}m\dot{z}^2\end{aligned}\tag{c}$$

广义力为

$$Q_z=mg,\quad Q_\psi=0\tag{d}$$

将式(c),(d)代入方程(b),得到

$$m\ddot{z}=mg+\lambda$$

$$ma^2\ddot{\psi}=-\lambda b$$

由此二方程消去 λ,并利用约束方程(a),得到

$$\ddot{z}=\frac{gb^2}{a^2+b^2},\quad \ddot{\psi}=\frac{gb}{a^2+b^2}$$

将其代入方程,得到乘子

$$\lambda=-\frac{mga^2}{a^2+b^2}$$

于是约束力的广义分量为

$$R_z=-\frac{mga^2}{a^2+b^2}$$

$$R_\psi=\frac{mga^2b}{a^2+b^2}$$

而螺线约束力分量为 R_z 和 $\frac{R_\psi}{r}$。

小　结

1. 本章介绍了动力学普遍方程、第二类拉格朗日方程和第一类拉格朗日方

程。动力学普遍方程(12.1.5)是分析力学的理论基础,它适合约束是双面理想的系统,不论约束是否定常,也不论约束是否完整,都是对的。动力学普遍方程在广义坐标中的表达式(12.2.7),(12.2.8)和(12.2.10),同样适合约束是双面理想的力学系统。由动力学普遍方程(12.2.7)导出了第二类拉格朗日方程(12.3.1),它适合约束是双面理想完整的力学系统,不论约束是否定常,也不论力是否有势。在有势力情形下,拉格朗日方程有形式(12.4.3)。应用拉格朗日方程组成力学系统的运动微分方程的关键在于正确地计算动能、广义力以及势能。在一定条件下,由拉格朗日函数的表达式便可判断系统是否有循环积分和能量积分。第一类拉格朗日方程,虽然方程数目较多,但在计算动力学中有重要应用。

2. 关于动力学普遍方程,前文由达朗贝尔原理与虚位移原理结合而导出。如果将达朗贝尔原理中的约束力写在方程的一边,即

$$\boldsymbol{F}_{\mathrm{N}i} = -\boldsymbol{F}_{\mathrm{I}i} - \boldsymbol{F}_i = m_i\boldsymbol{a}_i - \boldsymbol{F}_i$$

再利用理想约束条件

$$\sum_{i=1}^{N} \boldsymbol{F}_{\mathrm{N}i} \cdot \delta \boldsymbol{r}_i = 0$$

便可导出动力学普遍方程。

3. 关于机械能守恒律

第9章9.4节指出,如果作功的力仅是保守力,则机械能守恒。从分析力学角度也可研究机械能守恒律。将双面理想完整系统的方程表示为形式

$$\frac{\mathrm{d}}{\mathrm{d}t}\frac{\partial L}{\partial \dot{q}_s} - \frac{\partial L}{\partial q_s} = Q''_s \quad (s = 1,2,\cdots,n) \tag{a}$$

如果满足条件

$$-2\dot{T}_0 - \dot{T}_1 + \frac{\partial L}{\partial t} = \sum_{s=1}^{n} Q''_s \dot{q}_s \tag{b}$$

则有 $T+V=h$。当

$$T = T_2, \quad \frac{\partial L}{\partial t} = 0, \quad Q''_s = 0 \tag{c}$$

时,有机械能守恒律。这就是12.6节中的结果。除式(c)外,还有许多情形也能满足式(b),而有机械能守恒,例如,习题12.28,12.29。

习　题

12.1　试证两个经典拉格朗日关系式(12.2.4)。

12.2　试由动力学普遍方程(12.1.7)导出式(12.1.8)。

12.3　图示曲柄 $OA=l$,由转矩 M 使其绕一固定滑轮的中心 O 转动,滑轮半径为 r。曲柄一端 A 上带一动滑轮,其半径也是 r。定滑轮与动滑轮用皮带连接,皮带拉紧,使当系统运动时,皮带不沿轮缘滑动。设曲柄为匀质杆,重为 P,滑轮重为 Q,机构在水平面内。试求曲柄的角加速度。

12.4　图示一质量为 m 的质点,挂在一条线上,线的另一端绕在半径为 r 的固定圆柱体上。设在平衡位置时线长为 l,且不计线的质量,试列写质点摆动的微分方程。

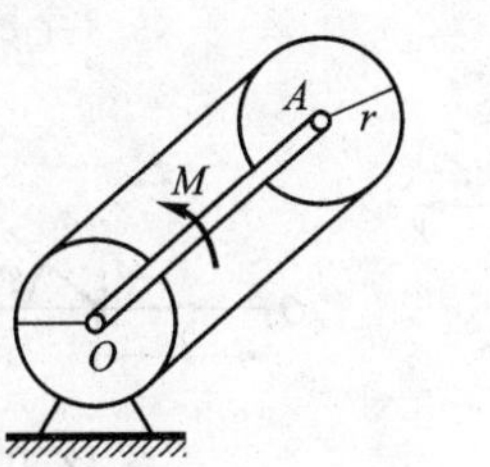

题 12.3 图

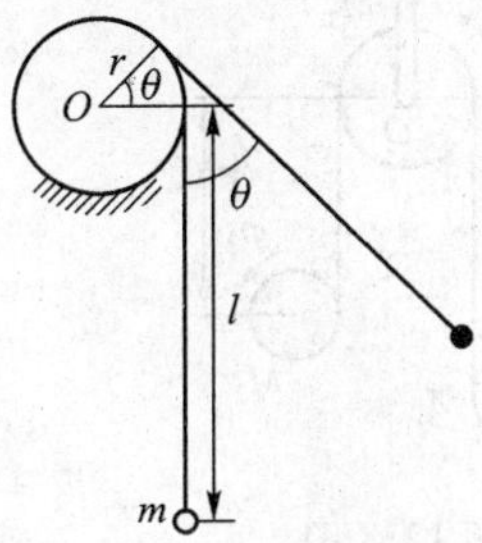

题 12.4 图

12.5　图示一质点 M 在重力作用下沿一以等角速度 ω 绕固定铅垂轴转动的光滑直线 AB 而运动,直线 AB 与水平成角 α。试求质点运动规律。

12.6　图示一小车沿斜面无滑动地滚动,斜面与水平面成角 α。同时另一圆柱体在车板(与斜面平行)上无滑动地滚动,圆柱体母线与车板的最大斜坡线垂直。车的质量(车轮除外)是 M,所有车轮的质量是 m,圆柱体质量是 M_1,设车轮皆为均质密实圆盘。试求车的加速度。

12.7　图示一匀质圆盘半径为 R,质量为 M,可绕自身水平轴 O 转动。在圆盘圆周上以长为 l 的绳 AB 悬一质量为 m 的质点。试列写系统的运动微分方程。

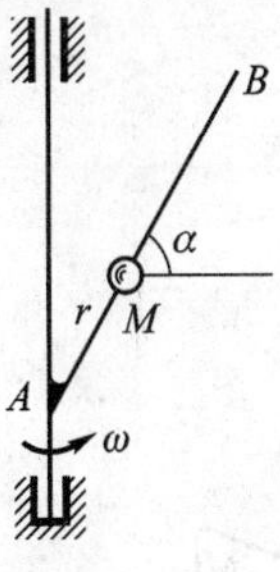

题 12.5 图

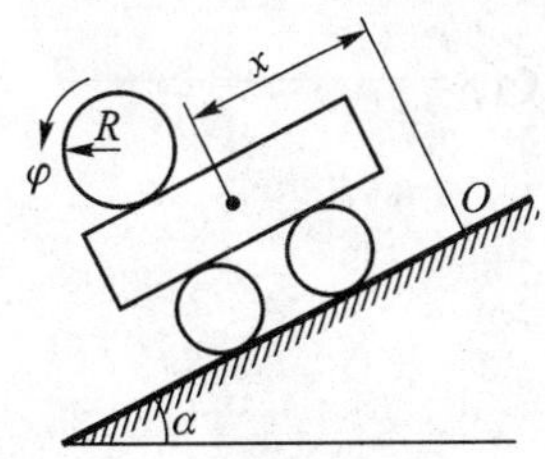

题 12.6 图

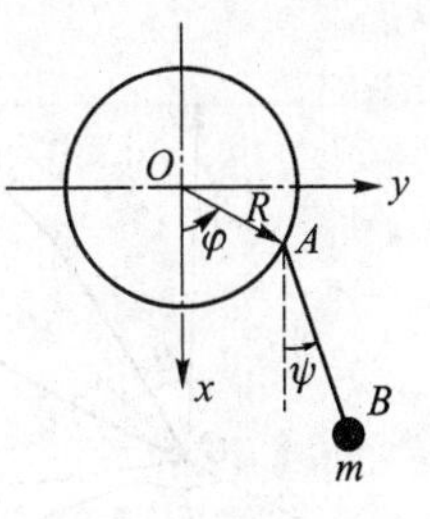

题 12.7 图

12.8　图示两皮带轮 M_1 和 M_2，质量分别为 m_1 和 m_2，半径分别为 r_1 和 r_2，其上缠有绳子，此绳绕过一质量为 m_3、半径为 r_3 的滑轮 M_3。滑轮 M_3 可无摩擦地绕定轴 O 转动。假定绳子与滑轮之间没有滑动而皮带中心皆沿铅垂直线运动。试求滑轮的角加速度 $\ddot{\varphi}_3$ 及两皮带轮中心的加速度 $\ddot{y}_1$ 和 $\ddot{y}_2$。

12.9　图示一自由质点在某力 $\boldsymbol{F}$ 作用下运动，试证在球坐标中的广义力是：(1) 作用力在矢径方向的投影；(2) 作用力对 z 轴的矩；(3) 作用力对过坐标原点并垂直于动点所在径线平面的直线的矩。

12.10　图示一质量为 m_1 的质点 M_1 被限制在水平固定直线 Ox 上无摩擦地滑动。另一质量为 m_2 的质点 M_2 用一质量可以忽略的长为 l 的杆与质点 M_1 相连，此杆仅能在通过该固定直线的铅垂平面内运动。设此二质点仅受重力作用，试求此系统的拉格朗日函数。

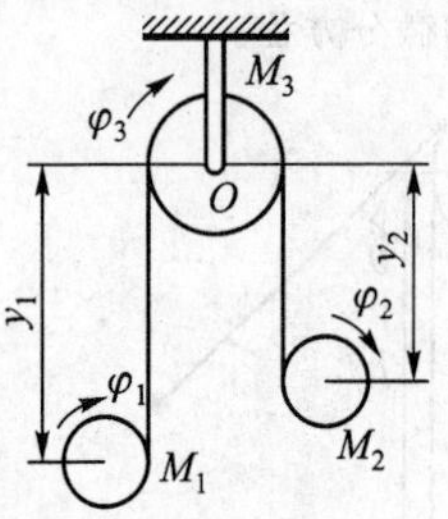

题 12.8 图

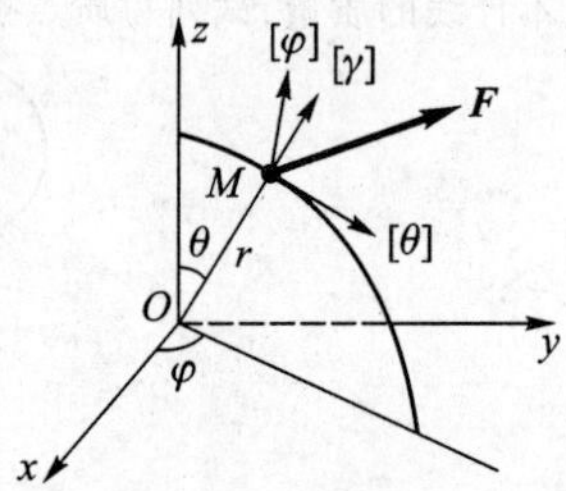

题 12.9 图

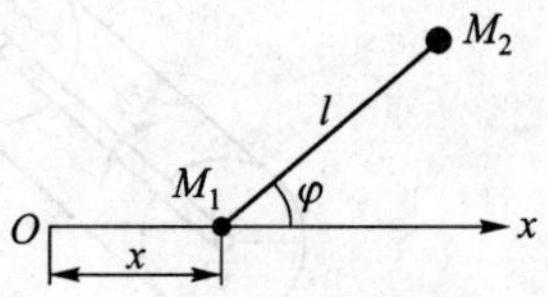

题 12.10 图

12.11　两自由质点 $M_1(x_1, y_1, z_1)$ 和 $M_2(x_2, y_2, z_2)$ 在万有引力相互作用下运动。引力为 $\dfrac{fm_1m_2}{r^2}$，其中 m_1, m_2 为二质点质量，r 为两质点间距离，f 为常数。试用直角坐标表示系统的拉格朗日函数。

12.12　图示一对称陀螺支在固定支座上并仅受重力作用。广义坐标取为：陀螺自转角 φ，章动角 θ 及进动角 ψ。设陀螺对点 O 的主惯性矩为 A, A, C，试写出它的拉格朗日函数。

12.13　图示质量为 m 的直杆可以自由地在固定套管中移动，杆的下端搁在质量为 M 的绝对光滑的尖劈上，而尖劈置于绝对光滑的水平面上。由于杆子的压力，尖劈向水平方向移动。试用拉格朗日方程求两物体的加速度。

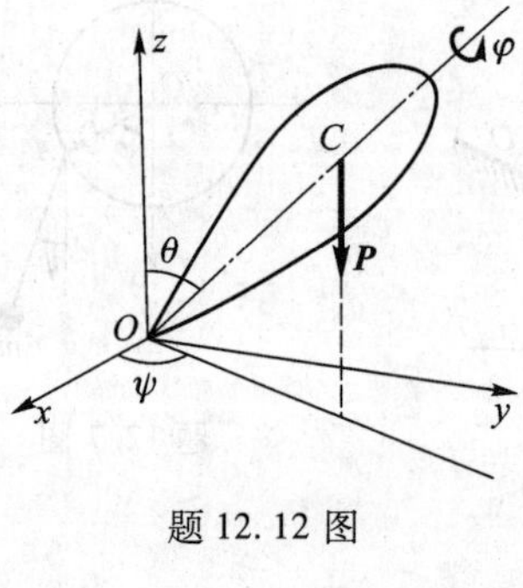

题 12.12 图

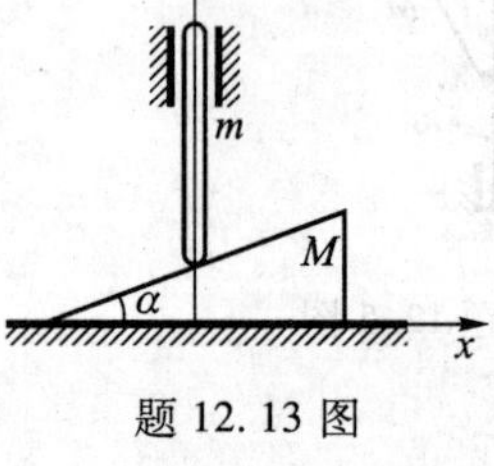

题 12.13 图

12.14　图示一滑轮可绕水平轴 O 转动，在此滑轮上绕过一条不可伸长的绳，绳的一端悬一质量为 m 的重物，另一端 A 连一铅垂的弹簧。弹簧的端 B 固定不动。弹簧力与其伸长成正比，比例常数为 k。已知滑轮质量为 M 并分布在轮缘上，而绳子与滑轮之间无滑动，试求重物的振动周期。

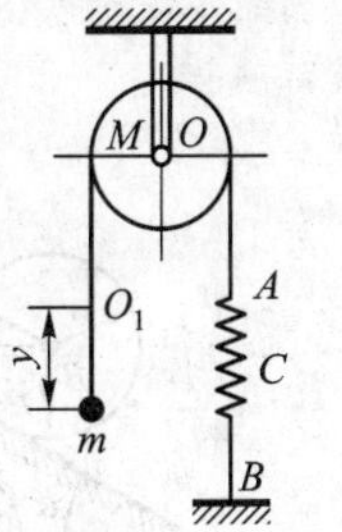

题 12.14 图

12.15　具有一个自由度的质点在势力场中运动，试由能量守恒定律导出质点的拉格朗日方程。

12.16　质量为 m 的重质点可在铅垂平面 Oxz 内沿曲线 $z=f(x)$ 作无摩擦的运动。试建立拉格朗日方程，并求其第一积分。

12.17　图示半径为 R、质量为 m 的匀质圆盘沿抛物线 $y=\dfrac{1}{2}ax^2$ 无滑动地滚动。轴 Oy 铅垂向上，$Ra\leqslant 1$。取切点横坐标 x 为广义坐标，试写出拉格朗日函数。

12.18　图示半径为 R 的光滑金属丝圆周以匀角速度 ω 绕其铅垂直径转动。在圆周上套有质量为 m 的圆环，圆环用刚度系数为 k 的弹簧与圆周上点 O 连接，如图所示。弹簧在未变形状态下的长度等于 $R\varphi_0$，试以拉格朗日方程形式建立圆环的相对运动微分方程。

12.19　图示弹簧的一端挂于水平轴 O 上，另一端系一质量为 m 的小球，如图所示。弹簧的自然长度为 r_0，刚度系数为 k，不计弹簧质量和小球的大小。设小球在铅垂面内运动，试建立小球的运动微分方程。

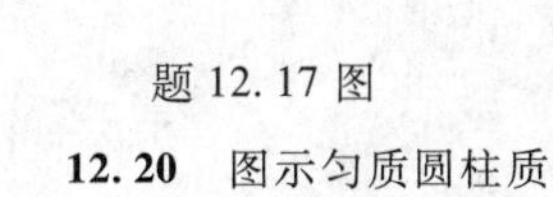

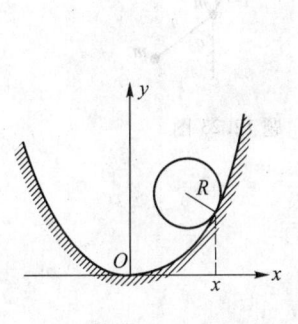

题 12.17 图

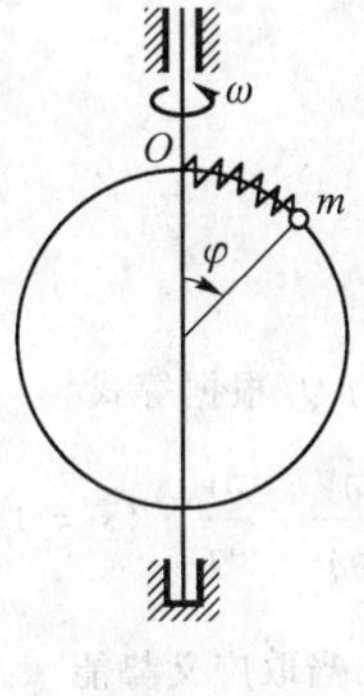

题 12.18 图

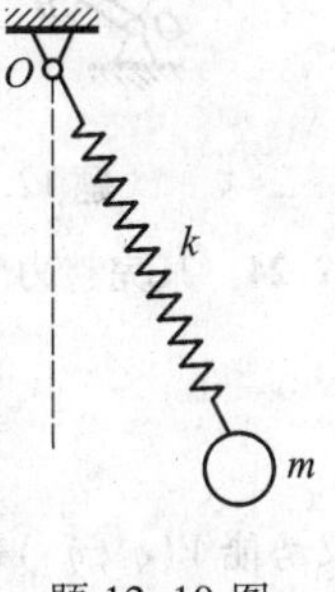

题 12.19 图

12.20　图示匀质圆柱质量 $M=2$ kg，半径 $r=10$ cm，通过绳和弹簧与质量 $m=1$ kg 的物体相连。弹簧刚度系数 $k=2\ \mathrm{N\cdot cm^{-1}}$。斜面倾角 $\alpha=30°$。如果圆柱只滚不滑，不计定滑轮质量。试建立系统的运动微分方程。

12.21　图示滑块 A 与小球 B 均重 P，系于绳子两端。滑块 A 放在光滑水平面上。用手拖住球 B，并使其偏离铅垂线一个微小角度，然后自由释放。设绳子不可伸长，滑轮 O 的质量与半径均忽略不计。试列写由 A 和 B 组成的系统的运动微分方程。

12.22　套筒质量为 m_1，可沿匀质杆 OA 滑动，直杆又可绕水平轴 O 在铅垂面内转动。杆的质量为 m_2，长为 l，如图所示。如直杆和套筒在 $x=x_0$，$\theta=0$ 时静止释放，试列写系统的运动微分方程。

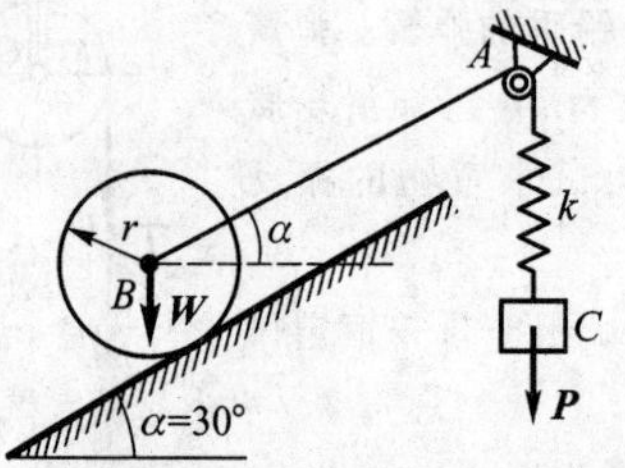

题 12.20 图

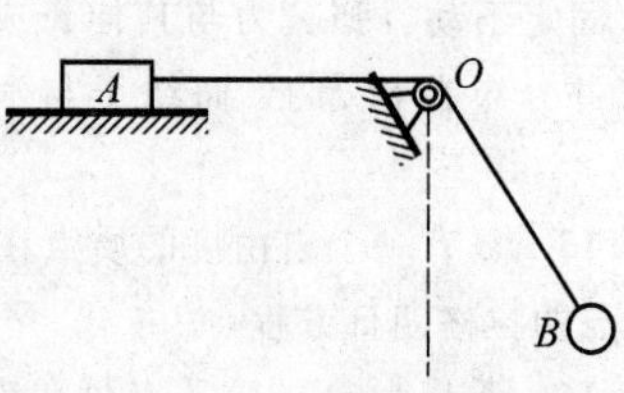

题 12.21 图

12.23 两个长为 l 的无质量杆在一端都有质量为 m 的质点，第一个杆铰接于圆盘边缘上的点 P，第二个杆铰接于第一个杆端，如图所示。圆盘半径为 l，以匀角速度 ω 绕其中心转动。设全部运动在水平面内进行，并以 q_1 和 q_2 表示相对于 OP 方向量出的角度。试列写系统绝对运动的动能和相对运动的动能。

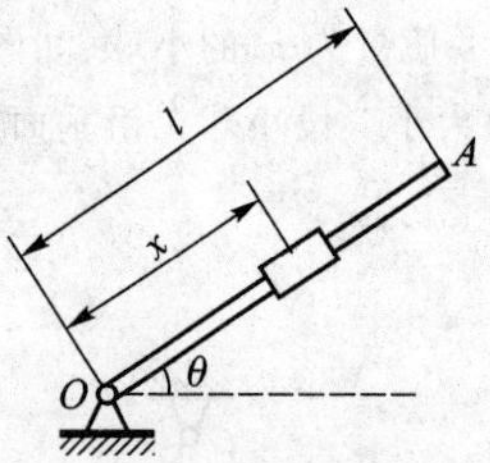

题 12.22 图

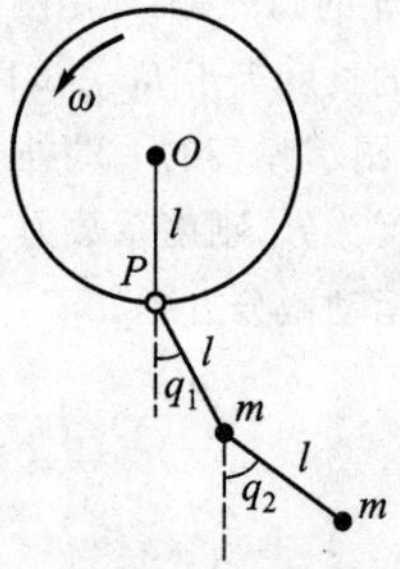

题 12.23 图

12.24 某完整力学系统的广义力 Q_s 根据等式

$$Q_s = \frac{\mathrm{d}}{\mathrm{d}t}\frac{\partial V}{\partial \dot{q}_s} - \frac{\partial V}{\partial q_s} \quad (s = 1,2,\cdots,n)$$

由广义势能 $V(q_s, \dot{q}_s)$ 来确定。试证：当取广义势能

$$V_1 = V + \sum_{s=1}^{n} \frac{\partial \psi}{\partial q_s}\dot{q}_s + \frac{\partial \psi}{\partial t}$$

代替原来的 V 时，力 Q_s 不变，式中 $\psi = \psi(q_s, t)$ 是可微的任意函数。

12.25 在光滑水平桌面上，有质量同为 m 的两个质点用一不可伸长的线紧直地连着，线长为 a。运动开始时，一质点不动，另一质点有垂直于线方向的速度 $\dfrac{P}{m}$。取一质点的坐标 (x,y) 以及线与其初始位置间的夹角 θ 为广义坐标，试组成系统的拉格朗日函数，写出运动的第一积分，并证明 $\dot{\theta} = \dfrac{P}{ma}$。

12.26 某二自由度完整系统的拉格朗日函数为

$$L = \frac{\dot{q}_1^2}{aq_2 + b} + \frac{1}{2}\dot{q}_2^2 + 2q_2^2 + cq_2$$

其中 a,b,c 为常数。试写出系统的第一积分。

12.27　某二自由度系统的动能为

$$T = \frac{1}{2}(\dot{q}_1^2 + \dot{q}_2^2) + A(q_1,q_2)\dot{q}_1 + B(q_1,q_2)\dot{q}_2 + T_0(q_1,q_2)$$

势能为

$$V = \frac{1}{2}(q_1^2 + q_2^2)$$

试写出系统的第一积分。

12.28　某单自由度系统的动能、势能和广义力分别为

$$T = \frac{1}{2}\dot{q}^2 + a\dot{q}$$

$$V = \frac{1}{2}bq^2$$

$$Q = \frac{abq}{a + \dot{q}}$$

其中 a,b 为常数。试证：系统有积分 $T + V = h$。

12.29　某二自由度系统的动能和势能分别为

$$T = \frac{1}{2}(\dot{q}_1^2 + \dot{q}_2^2) + a\dot{q}_1 + b\dot{q}_2 + \frac{1}{2}(a^2 + b^2)$$

$$V = \frac{1}{2}c(q_1 + at)^2$$

试证：系统的动能加势能为常数。

12.30　一质量为 m 的质点在重力作用下在光滑曲线 $z = x^2$ 上运动。平面 Oxz 在铅垂平面内。试用第一类拉格朗日方程求曲线对质点的约束力。

12.31　一质量为 m、长为 l 的匀质杆 AB，一端 B 以长为 l 的软绳 OB 拉住，另一端 A 沿光滑的水平轨道运动，如图所示。当其平衡时，OB 在铅垂位置，AB 在水平位置。试用第一类拉格朗日方程组成系统的运动微分方程，并求其作微振动的周期。

12.32　匀质杆 AB 以长为 l_1 和 l_2 的软绳 O_1A 和 O_2B 挂起，如图所示。平衡时，软绳在铅垂位置。试求微振动周期。

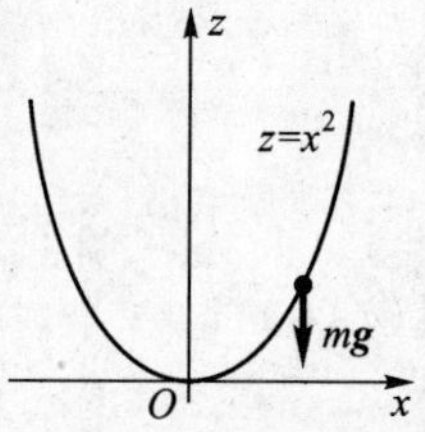

题 12.30 图

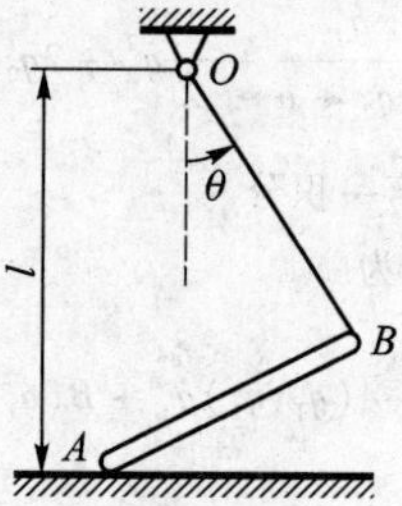

题 12.31 图

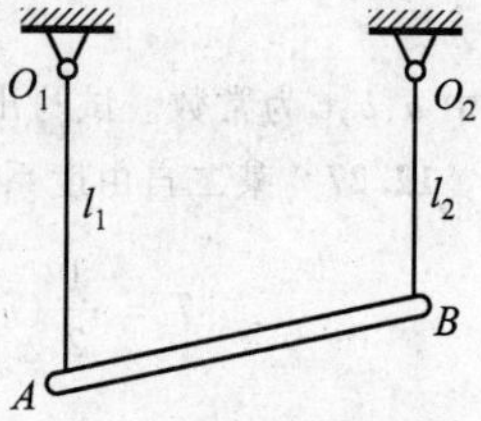

题 12.32 图

附录 I　典型约束和约束力

约束数	约束力未知量	约束类型
1	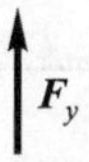	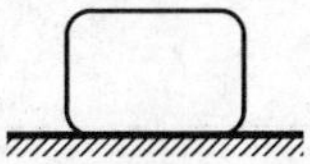 光滑表面  辊轴  柔索 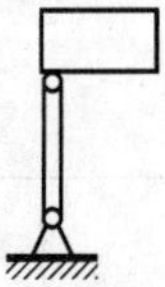 二力杆
2	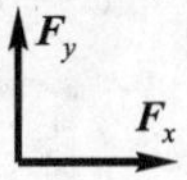	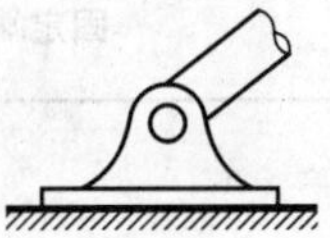 平面柱铰 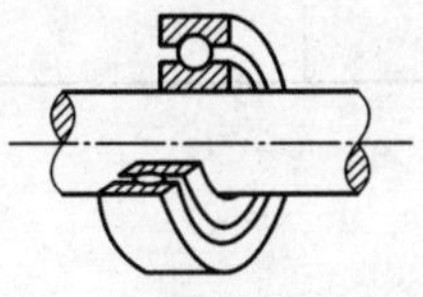 滚动轴承 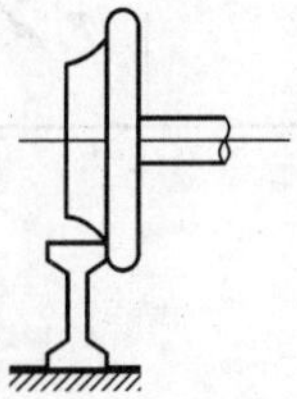 铁轨
3	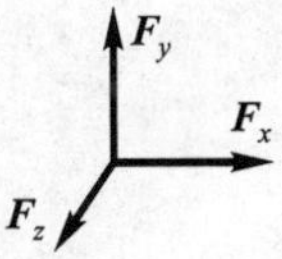	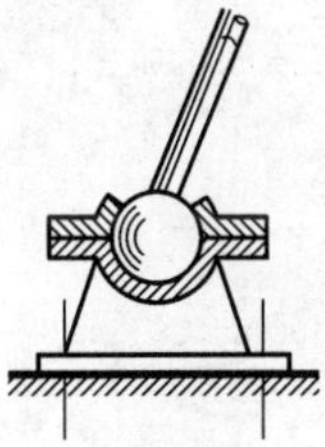 球铰 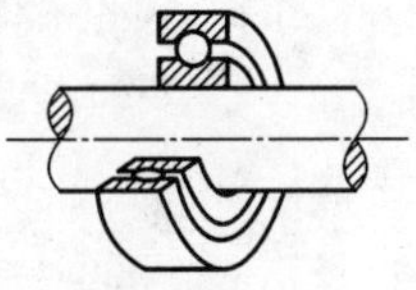 推力角接触轴承
4	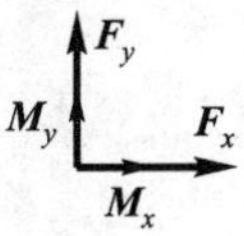 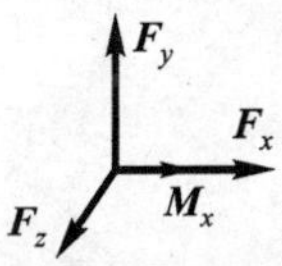	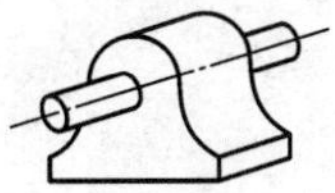 滑移柱铰 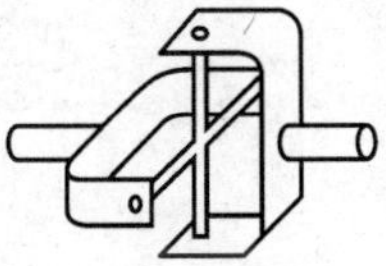 万向接头

续表

约束数	约束力未知量	约束类型
5	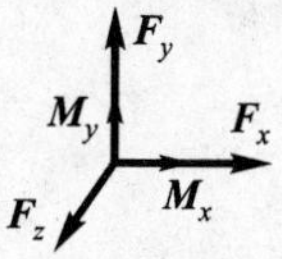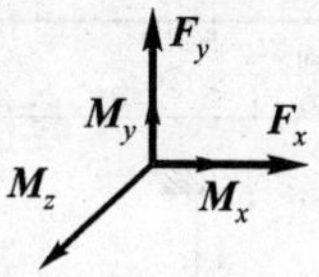	空间柱铰 导轨
6	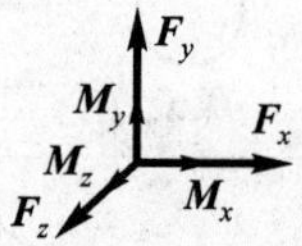	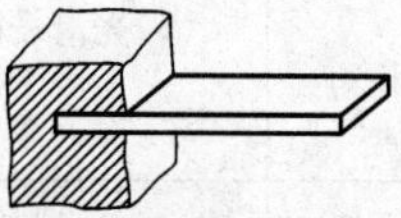固定端

附录Ⅱ 简单均质几何体的重心和转动惯量

物体	简　图	重 心 位 置	转 动 惯 量
细直杆	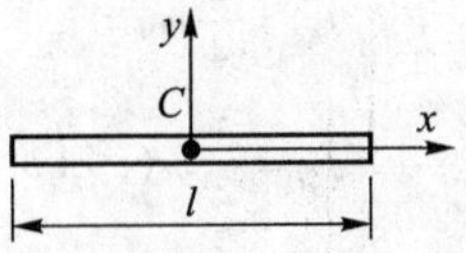	C 为杆的中点	$J_{Cx}=0$ $J_{Cy}=J_{Cz}=\frac{1}{12}ml^2$
三角板	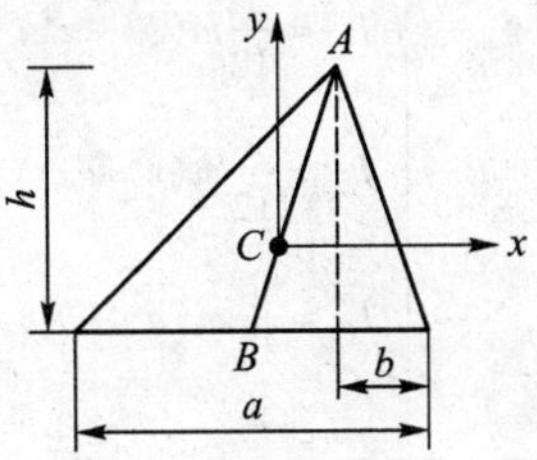	C 在中线 AB 的$\frac{1}{3}$处	$J_{Cx}=\frac{1}{18}mh^2$ $J_{Cy}=\frac{1}{18}m(a^2+b^2-ab)$ $J_{Cz}=\frac{1}{18}m(a^2+b^2+h^2-ab)$
矩形板	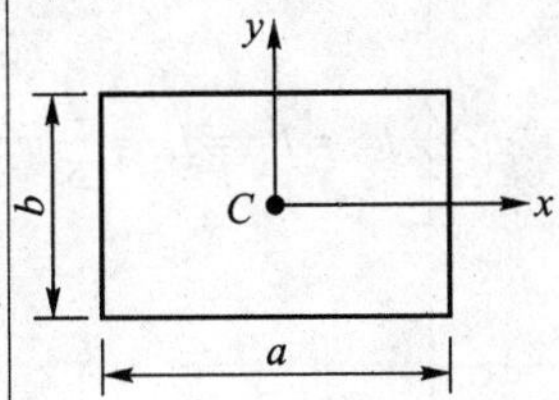	C 为对角线的交点	$J_{Cx}=\frac{1}{12}mb^2$ $J_{Cy}=\frac{1}{12}ma^2$ $J_{Cz}=\frac{1}{12}m(a^2+b^2)$
圆板	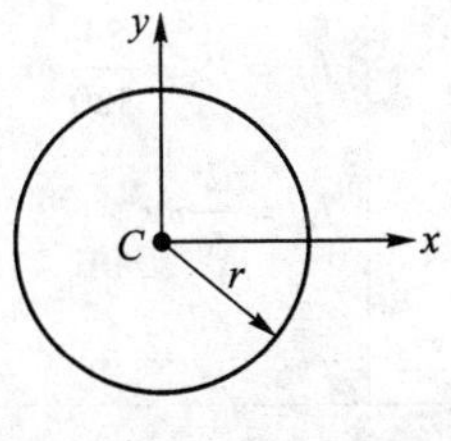	C 为圆心	$J_{Cx}=J_{Cy}=\frac{1}{4}mr^2$ $J_{Cz}=\frac{1}{2}mr^2$

续表

物体	简图	重心位置	转动惯量
半圆板	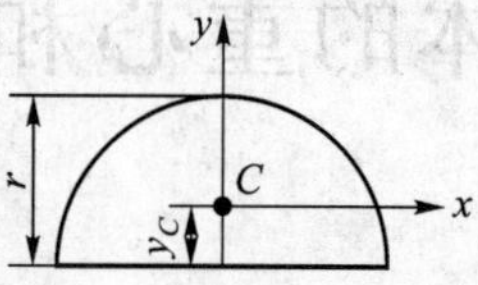	$y_C = \dfrac{4r}{3\pi}$	$J_{Cx} = \dfrac{1}{36\pi^2}mr^2(9\pi^2-64)$ $J_{Cz} = \dfrac{1}{18\pi^2}mr^2(9\pi^2-32)$
椭圆板	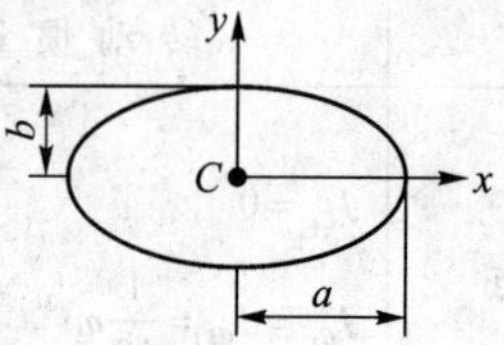	C 为椭圆中心	$J_{Cx} = \dfrac{1}{4}mb^2$ $J_{Cy} = \dfrac{1}{4}ma^2$ $J_{Cz} = \dfrac{1}{4}m(a^2+b^2)$
长方体	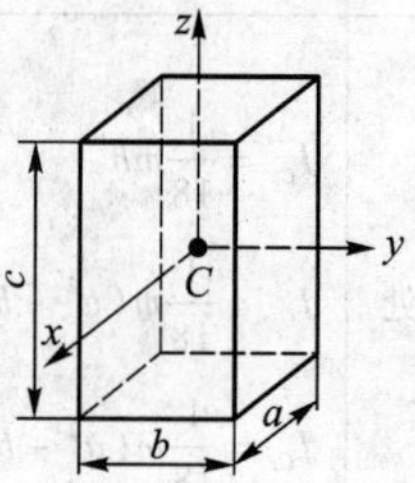	C 为对角线交点	$J_{Cx} = \dfrac{1}{12}m(b^2+c^2)$ $J_{Cy} = \dfrac{1}{12}m(c^2+a^2)$ $J_{Cz} = \dfrac{1}{12}m(a^2+b^2)$
球体	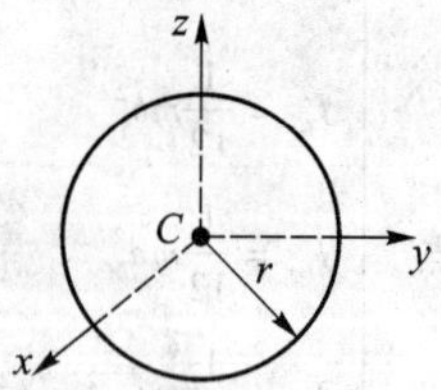	C 为球心	$J_{Cx} = J_{Cy} = J_{Cz} = \dfrac{2}{5}mr^2$
半球体	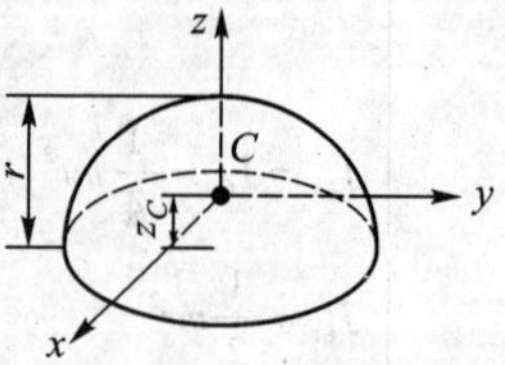	$z_C = \dfrac{3}{8}r$	$J_{Cx} = J_{Cy} = \dfrac{83}{320}mr^2$ $J_{Cz} = \dfrac{2}{5}mr^2$

续表

物体	简　图	重 心 位 置	转 动 惯 量
椭球体	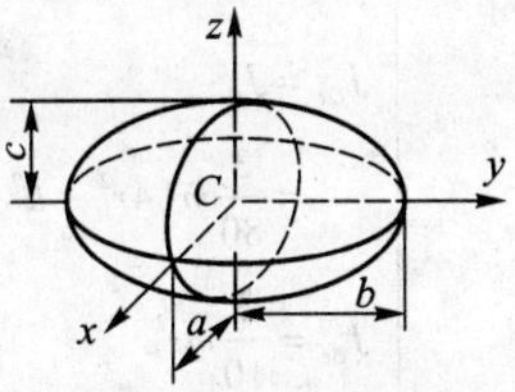	C 为椭球中心	$J_{Cx}=\frac{1}{5}m(b^2+c^2)$ $J_{Cy}=\frac{1}{5}m(c^2+a^2)$ $J_{Cz}=\frac{1}{5}m(a^2+b^2)$
圆环	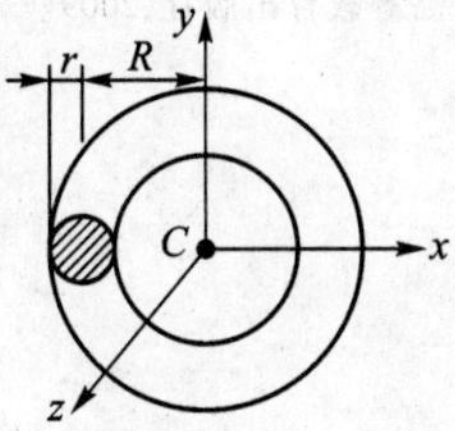	C 为圆环中心线的圆心	$J_{Cx}=J_{Cy}$ $=\frac{1}{2}m\left(R^2+\frac{5}{4}r^2\right)$ $J_{Cz}=m\left(R^2+\frac{3}{4}r^2\right)$
圆柱体	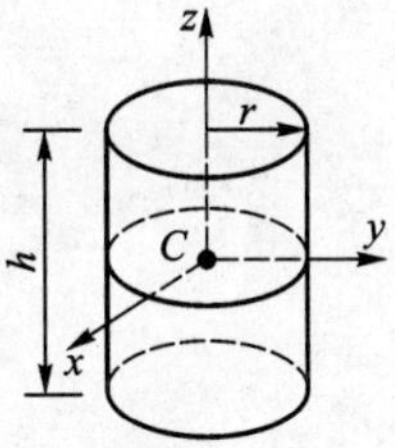	C 为上、下底圆心连线的中点	$J_{Cx}=J_{Cy}$ $=\frac{1}{4}m\left(r^2+\frac{1}{3}h^2\right)$ $J_{Cz}=\frac{1}{2}mr^2$
中空圆柱	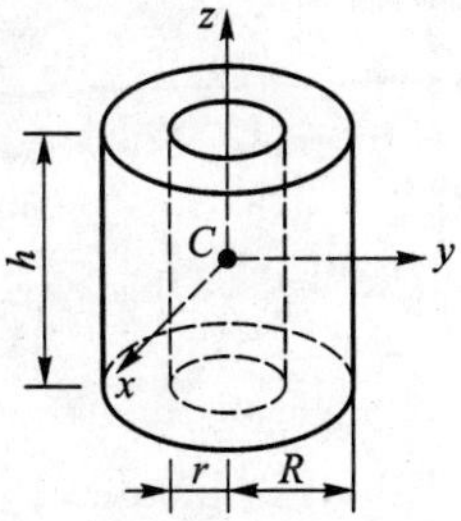	C 为上、下底圆心连线的中点	$J_{Cx}=J_{Cy}$ $=\frac{1}{4}m\left(R^2+r^2+\frac{1}{3}h^2\right)$ $J_{Cz}=\frac{1}{2}m(R^2+r^2)$

续表

物体	简 图	重心位置	转动惯量
圆锥体	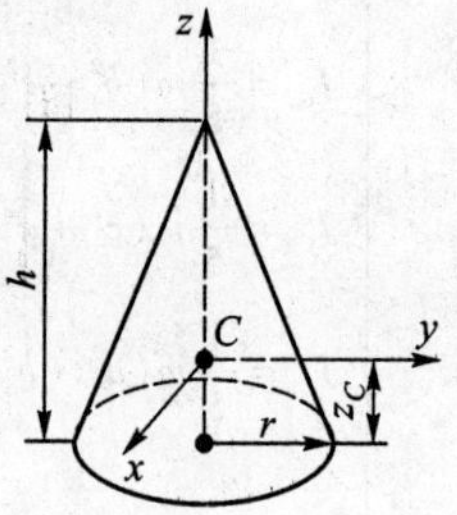	$z_C=\frac{1}{4}h$	$J_{Cx}=J_{Cy}$ $=\frac{3}{80}m(4r^2+h^2)$ $J_{Cz}=\frac{3}{10}mr^2$

注：附录Ⅰ，Ⅱ取自刘延柱等编《理论力学》，第3版。北京：高等教育出版社，2009。

参考文献

[1] 周培源. 理论力学[M]. 北京: 人民教育出版社, 1952

[2] 朱照宣, 周起钊, 殷金生. 理论力学: 上册,下册[M]. 北京: 北京大学出版社, 1982

[3] 李树焕, 戴泽墩. 理论力学: 上册,下册[M]. 北京: 北京理工大学出版社, 1990

[4] 梅凤翔, 周际平, 水小平. 工程力学: 上册,下册[M]. 北京: 高等教育出版社, 2003

[5] 刘延柱, 杨海兴, 朱本华. 理论力学[M]. 2版. 北京: 高等教育出版社, 2001

[6] 贾书惠, 李万琼. 理论力学[M]. 北京: 高等教育出版社, 2002

[7] 谢传锋. 动力学: Ⅰ,Ⅱ[M]. 北京: 高等教育出版社, 1999

[8] 范钦珊. 工程力学: Ⅲ[M]. 北京: 高等教育出版社, 1998

[9] 李俊峰. 理论力学[M]. 北京: 清华大学出版社, 2001

[10] 黄克累, 张安厚, 刘洁民. 理论力学: 上册,下册[M]. 北京: 北京航空航天大学出版社, 1991

[11] 吴镇. 理论力学: 上册, 下册[M]. 上海: 上海交通大学出版社, 1989

[12] 王铎. 理论力学解题指导及习题集: 上册,下册[M]. 北京: 高等教育出版社, 1984

[13] 吴永祯, 张本悟, 陈定圻. 理论力学: 上册,下册[M]. 南京: 河海大学出版社, 1990

[14] 徐博侯, 吴淇泰, 应祖光. 工程力学基础教材: 下册[M]. 杭州: 浙江大学出版社, 2002

[15] 王永岩. 理论力学[M]. 北京: 煤炭工业出版社, 1993

[16] 武清玺, 冯奇. 理论力学[M]. 北京: 高等教育出版社, 2003

[17] 刘又文, 彭献. 理论力学[M]. 长沙: 湖南大学出版社, 2002

[18] 郝桐生. 理论力学[M]. 北京: 高等教育出版社, 1984

[19] 陈景秋, 张培源. 工程力学[M]. 北京: 高等教育出版社, 2004

[20] 沈惠川, 李书民. 经典力学[M]. 合肥: 中国科学技术大学出版社, 2006

[21] 陈立群，戈新生，徐凯宇，等. 理论力学[M]. 北京：清华大学出版社，2006

[22] 西北工业大学理论力学教研室. 理论力学：下册[M]. 西安：西安交通大学出版社，1993

[23] 哈尔滨工业大学理论力学教研室. 理论力学：下册[M]. 5版. 北京：高等教育出版社，1997

[24] 吕茂烈. 理论力学范例分析[M]. 西安：陕西科学技术出版社，1986

[25] 密歇尔斯基 И В. 理论力学习题集[M]. 吕茂烈，谈开孚，译. 北京：高等教育出版社，2003

[26] 马尔契夫 А П. 理论力学[M]. 3版. 李俊峰，译. 北京：高等教育出版社，2001

[27] 刘延柱. 高等动力学[M]. 北京：高等教育出版社，2001

[28] 洪嘉振，杨长俊. 理论力学[M]. 2版. 北京：高等教育出版社，2002

[29] 贾启芬，刘习军. 工程动力学[M]. 天津：天津大学出版社，1999

[30] 牛学仁. 理论力学[M]. 北京：机械工业出版社，2000

[31] 范会国. 理论力学[M]. 上海：龙门联合书局，1951

[32] Appell P. Traité de Mécanigue Rationnelle, Tome Ⅰ, Ⅱ [M]. Sixième Édition. Paris: Gauthier-Villars, 1953

[33] Поляхов Н Н, Зегжда С А, Юшков М П. Теоретическая Механика [М]. Москва: Высшая Школа ,2000

[34] Журавлев В Ф. Основы Теоретической Механики [М]. Москва: ФИЗМАТЛИТ, 2008

[35] Павленко Ю Г. Задачи по Теоретической Механике [М]. Москва: ФИЗМАТЛИТ, 2003

[36] Мещерский И В. Задачи по Теоретической Механике [М]. ИЗД. СПб: Лань, 2008

[37] 梅凤翔，刘桂林. 分析力学基础[M]. 西安：西安交通大学出版社，1987

[38] 梅凤翔，刘端，罗勇. 高等分析力学[M]. 北京：北京理工大学出版社，1991

[39] 梅凤翔. 动力学逆问题[M]. 北京：国防工业出版社，2009

习 题 答 案

第1章

1.1　略

1.2　$F_{\mathrm{R}}=\sqrt{2}F$

1.3　$\boldsymbol{F}_O=\boldsymbol{F}_{\mathrm{R}}=\boldsymbol{0},\boldsymbol{M}_O=-a^2\boldsymbol{i}-a^2\boldsymbol{j}+2a^2\boldsymbol{k}$

1.4　力螺旋,其中心轴为:Az'

1.5　合力偶,$\boldsymbol{M}=-3Fa\boldsymbol{i}-Fa\boldsymbol{j}-3Fa\boldsymbol{k}$

1.6　$\boldsymbol{F}_{\mathrm{R}}=F\boldsymbol{k},\boldsymbol{M}_O=Fa\boldsymbol{i}+Fd\boldsymbol{j}+Fd\boldsymbol{k}$,右手力螺旋,$p=d$,中心轴:$x=-d,y=d$

1.7　$\boldsymbol{F}_{\mathrm{R}}=F(\boldsymbol{i}+\boldsymbol{j}+\boldsymbol{k}),\boldsymbol{M}_O=-Fa(\boldsymbol{i}+\boldsymbol{j}+2\boldsymbol{k})$,左手力螺旋,$p=-\dfrac{4}{3}a$

1.8　略

1.9　(a)合力偶;(b)合力;(c)平衡力系;(d)合力

1.10　略

1.11　略

1.12　(a)$x_C=\dfrac{50}{21}\ \mathrm{m}$,　$y_C=\dfrac{32}{21}\ \mathrm{m}$

(b)$x_C=\dfrac{2}{3}\dfrac{R^3\sin^3\theta}{A}$,　$A=R^2(\theta-\sin\theta\cos\theta)$

(c)$x_C=\dfrac{1}{2}a$,　$y_C=\dfrac{2}{5}b$

(d)略

1.13　$y_{\max}=0.634a$

第2章

2.1　略

2.2　$F_A=P,F_B=\dfrac{P}{2\sqrt{3}},F_{\mathrm{T}}=F_B$

2.3　$F_A=\dfrac{P}{\cos\alpha},F_B=P\tan\alpha,\alpha=\arccos\left(\dfrac{a}{l}\right)^{\frac{1}{3}}$

2.4　$\alpha=\arctan\left(\dfrac{\sqrt{3}}{5}\right)$

2.5 $\theta=\arcsin\dfrac{h-d}{l\sqrt{\rho g}}$

2.6 $F_{Ax}=F\cos\alpha(\leftarrow),F_{Ay}=\dfrac{3}{2}qa-F\sin\alpha-\dfrac{M}{a}(\uparrow)$

$F_B=\dfrac{M}{a}+2F\sin\alpha-\dfrac{1}{2}qa(\uparrow)$

2.7 $M_2=6\ \mathrm{N\cdot m}$

2.8 $F_A=\dfrac{\sqrt{2}M}{3a}$ 由 A 向 B；$F_D=\dfrac{\sqrt{2}M}{3a}$，与 F_A 反向

2.9 $DE=a\sqrt{P_2}+\dfrac{b\sqrt{P_1}}{\sqrt{P_1+P_2}}$

2.10 $F_{BC}=F_{CB}=12.5\ \mathrm{kN},F_{Ax}=10\ \mathrm{kN}(\rightarrow),F_{Ay}=10\ \mathrm{kN}(\uparrow)$，支座 $F_B=8.75\ \mathrm{kN}(\uparrow)$

2.11 $F_{\mathrm{N}A}=\dfrac{F}{4}(\sqrt{3}+1),F_{\mathrm{N}B}=\dfrac{F}{4}(\sqrt{3}+1),F_{\mathrm{N}C}=\dfrac{F}{4}(\sqrt{3}-1),\ F_{\mathrm{N}D}=\dfrac{F}{4}(\sqrt{3}-1)$

2.12 $F_{Ax}=6\ \mathrm{N},F_{Ay}=20\ \mathrm{N},M_A=16\ \mathrm{N\cdot m}$

2.13 $F_{Ax}=\dfrac{2}{3}F(\rightarrow),F_{Ay}=\dfrac{2}{3}F(\uparrow),F_{Cx}=\dfrac{1}{3}F(\rightarrow),F_{Cy}=\dfrac{2}{3}F(\downarrow)$

2.14 $F_C=\sqrt{2}F,F_{Dx}=2F,F_{Dy}=2F+\dfrac{M}{2a}$

$F_{Ex}=\dfrac{M}{a},F_{Ey}=\dfrac{3M}{2a}+2F,F_G=\sqrt{2}\left(\dfrac{M}{a}+F\right)$

2.15 $F_B=\dfrac{M}{a},F_D=\dfrac{\sqrt{2}M}{a},F_{Ax}=0,F_{Ay}=\dfrac{M}{a},M_A=M$

2.16 $F_A=F_D=\dfrac{2M-F_2b}{2ab}\sqrt{a^2+b^2}$

2.17 $F_{Ax}=100\ \mathrm{N},F_{Ay}=200\ \mathrm{N},F_{Az}=100\ \mathrm{N},F_{Bx}=0,\quad F_{Bz}=0,F_{\mathrm{T}}=100\sqrt{6}\ \mathrm{N}$

2.18 略

2.19 略

2.20 $F_{\mathrm{N1}}=F_1-\dfrac{P}{2},F_{\mathrm{N2}}=-\dfrac{\sqrt{5}}{2}F_1,F_{\mathrm{N3}}=-\dfrac{\sqrt{2}}{2}F_1$

$F_{\mathrm{N4}}=-\dfrac{F_1}{2}-F_2,F_{\mathrm{N5}}=\dfrac{\sqrt{2}}{2}(F_1+2F_2),F_{\mathrm{N6}}=-\dfrac{P}{2}$

2.21 $F_{\mathrm{N1}}=-\dfrac{2M}{3b}-\dfrac{P}{3},F_{\mathrm{N2}}=-\dfrac{P}{3},F_{\mathrm{N3}}=-\dfrac{P}{3}$

$F_{\mathrm{N4}}=\dfrac{4M}{3b},F_{\mathrm{N5}}=-\dfrac{4M}{3b},F_{\mathrm{N6}}=\dfrac{4M}{3b}$

第 3 章

3.1 $F_1=-5.333P, F_2=2P, F_3=-1.667P$

3.2 $F_1=-\frac{4}{9}P, F_2=-\frac{2}{3}P, F_3=0$

3.3 $F_1=2P$(拉), $F_2=-\frac{1}{2}P$(压), $F_3=\frac{5}{6}P$(拉), $F_4=\frac{4}{3}P$(拉)

3.4 $F_{BE}=-4\ \text{kN}, F_{BH}=0, F_{ED}=-\frac{10}{3}\ \text{kN}, F_{EH}=\frac{10}{3}\ \text{kN}$

$F_{DC}=\frac{5}{3}\ \text{kN}, F_{DH}=1\ \text{kN}, F_{CH}=-\frac{5}{3}\ \text{kN}, F_{CA}=2\ \text{kN}, F_{AH}=4\ \text{kN}$

3.5 $F_1=-\frac{3}{2}\sqrt{3}F, F_2=\frac{\sqrt{3}}{4}F, F_3=\frac{11}{8}\sqrt{3}F$

3.6 略

3.7 略

3.8 略

3.9 略

3.10 $P\geqslant 3.8\ \text{kN}$

3.11 $30\ \text{N}\leqslant F\leqslant 50\ \text{N}$

3.12 $b\leqslant 11\ \text{cm}$

3.13 $M>\frac{2lf_s}{1+f_s^2}P$

3.14 $\frac{rP}{2a(\sin\alpha+f_s\cos\alpha)}\leqslant F\leqslant\frac{rP}{2a(\sin\alpha-f_s\cos\alpha)}$

3.15 $\frac{5}{6}\leqslant F\leqslant\frac{5}{4}$

3.16 略

3.17 $\frac{1\,000-10\sqrt{3}}{9}\ \text{N}\leqslant F\leqslant\frac{1\,000+10\sqrt{3}}{9}\ \text{N}$

第 4 章

4.1 $x=10\ \text{km}$

4.2 $\frac{(x_A-a)^2}{(b+l)^2}+\frac{y_A^2}{l^2}=1$, $\boldsymbol{v}_A=(b+l)\omega\cos\omega t\boldsymbol{i}-l\omega\sin\omega t\boldsymbol{j}$

$\boldsymbol{a}_A=-(b+l)\omega^2\sin\omega t\boldsymbol{i}-l\omega^2\cos\omega t\boldsymbol{j}$

4.3 $v_{M'}=v_0\sec^2\left(\frac{v_0}{R}t\right), a_{M'}=\frac{2v_0^2}{R}\sin\left(\frac{v_0}{R}t\right)\Big/\cos^3\left(\frac{v_0}{R}t\right)$

4.4 $v_D = l\omega_0, a_D = 2l\omega_0^2$

4.5 $\boldsymbol{v}_M = -2r\omega\sin 2\omega t\boldsymbol{i} + 2r\omega\cos 2\omega t\boldsymbol{j}, \boldsymbol{a}'_M = -2r\omega^2\cos \omega t\boldsymbol{i}'$

4.6 $s = (R+r)\varphi(t), v = (R+r)\dot{\varphi}, a_t = (R+r)\ddot{\varphi}, a_n = (R+r)\dot{\varphi}^2$

4.7 $v_B = 0.5\ \mathrm{m\cdot s^{-1}}$, $a_B = 0.045\ \mathrm{m\cdot s^{-2}}$

4.8 $f(t) = c_1t^2 + c_2t + c_3$

4.9 $v_C = v_0\sqrt{\dfrac{l-a}{l+a-2x}}$, 当 $x = a$ 时, $v_C = v_0$

4.10 略

4.11 略

4.12 $\boldsymbol{v} = (7\boldsymbol{i} + 6\boldsymbol{j} + 9\boldsymbol{k})\ \mathrm{m\cdot s^{-1}}$, $a_t = 5.12\ \mathrm{m\cdot s^{-2}}$, $a_n = 3.71\ \mathrm{m\cdot s^{-2}}$

4.13 略

4.14 略

4.15 $v_M = \dfrac{r\omega}{b}\sqrt{r(2a-r)}$

4.16 略

第5章

5.1 $v_{AB} = -e\omega\sin\theta, a_{AB} = -e\omega^2\cos\theta$

5.2 $\omega = \omega_0\exp(\sqrt{3}\varphi), \varphi = \dfrac{\sqrt{3}}{3}\ln(1+\sqrt{3}\omega_0 t)$

5.3 $\alpha = \dfrac{v^2\delta}{2\pi r^3}$

5.4 $\omega = rv_A/(y\sqrt{y^2-r^2})$(顺时针), $\alpha = r(2y^2-r^2)v_A^2/[y^2(y^2-r^2)^{\frac{3}{2}}]$

5.5 $v = \dfrac{R\omega}{d}(b\cos\varphi - a\sin\varphi), d = [a^2+b^2+R^2+2R(a\cos\varphi + b\sin\varphi)]^{\frac{1}{2}}$

5.6 $v_B = \left[v^2 + a^2\omega^2 - 2v\omega\dfrac{ab}{\sqrt{a^2+b^2}}\right]^{\frac{1}{2}}$

5.7 $v_{BC} = 2.51\ \mathrm{m\cdot s^{-1}}$

5.8 $\omega_{OA} = 18\ \mathrm{rad\cdot s^{-1}}$,(顺时针), $\omega_{AB} = 32\ \mathrm{rad\cdot s^{-1}}$(逆时针)

5.9 $\omega_{AB} = \dfrac{\sqrt{3}}{l}d\omega$,(顺时针), $v_B = -\dfrac{3}{2}\omega d(\uparrow)$

5.10 $v_B = \dfrac{(R+r)\omega}{\sin\theta}$

5.11 $v_D=\frac{1}{2}\omega r,\omega_{O_2N}=0$

5.12 略

5.13 定瞬心轨迹：半径为 r，圆心在点 O 的圆

动瞬心轨迹：半径为 $2r$，圆心在点 A 的圆

5.14 略

5.15 $a_{M_2}=2\ \mathrm{m\cdot s^{-2}},a_{M_1}^{\mathrm{t}}=-2\sqrt{2}\ \mathrm{m\cdot s^{-2}},a_{M_1}^{\mathrm{n}}=\sqrt{2}\ \mathrm{m\cdot s^{-2}}$

5.16 $\omega_1=\omega$（逆时针）， $\alpha_1=\frac{2\sqrt{3}}{3}\omega^2$（逆时针）， $a_C^{\mathrm{t}}=\frac{4\sqrt{3}}{3}a\omega^2$， $a_C^{\mathrm{n}}=0$

5.17 $a_B^{\mathrm{n}}=2a\omega^2$， $a_B^{\mathrm{t}}=a(2\alpha-\sqrt{3}\omega^2)$

5.18 $a_C^{\mathrm{n}}=\frac{2v^2}{l}$， $a_C^{\mathrm{t}}=\frac{2\sqrt{3}v^2}{l}$

5.19 $v_C=\frac{\sqrt{2}}{2}v$， $a_{Cx}=-\frac{v^2}{4R}$， $a_{Cy}=\frac{3v^2}{4R}$

5.20 $a_C=\frac{1}{2}a$

第 6 章

6.1 $\left(x'_A-\frac{l}{2}\right)^2+y'^2_A=\left(\frac{l}{2}\right)^2,v_{\mathrm{r}x'}=l\dot{\varphi}\sin 2\varphi,a_{\mathrm{r}y'}=2l\dot{\varphi}^2\sin 2\varphi-l\ddot{\varphi}\cos 2\varphi$

6.2 $x'=\frac{v}{\omega}\arcsin\frac{y'}{l}+\sqrt{l^2-y'^2}-l$

6.3 $v_{\mathrm{a}}=R\omega,v_{\mathrm{r}}=R\omega,v_{\mathrm{e}}=\sqrt{3}R\omega$

6.4 $v_C=3r\omega(\sqrt{5}\sin\varphi+\cos\varphi)$

6.5 略

6.6 略

6.7 略

6.8 $v_{BD}=2b\omega$

6.9 $v_M=0.2\sqrt{3}\ \mathrm{m\cdot s^{-1}},a_M=0.292\ 8\ \mathrm{m\cdot s^{-2}}$

6.10 $\omega_1=0.2\ \mathrm{rad\cdot s^{-1}}$（逆时针）

6.11 略

6.12 $v_{\mathrm{r}}=R(\omega_1+\omega_2),a_{\mathrm{r}}=R(\omega_1+\omega_2)^2$

6.13 $v_{CD}=\frac{\sqrt{3}}{3}r\omega,a_{CD}=\left(13+6\frac{\sqrt{3}}{3}\right)r\omega^2$

6.14 $v_{AB}=3v_0, a_{AB}=3a_0-\frac{4\sqrt{3}}{R}v_0^2$

6.15 $v_B=v_A, a_{B\xi}=\frac{1}{2}a_A+\frac{\sqrt{3}v_A^2}{l}, a_{B\eta}=\frac{\sqrt{3}}{2}a_A-\frac{v_A^2}{2l}$

6.16 $\omega_O=\frac{l}{R}\omega_1, \alpha_O=\omega_1^2+\frac{l}{R}\alpha_1$（顺时针）

6.17 $v_r=v_1-2v_2, a_{r\xi}=a_1, a_{r\eta}=\frac{2v_2(v_1-v_2)}{R}$

6.18 $v_M=l\omega_0, a_M=l\omega_0^2$

6.19 $\omega_r=6\ \text{rad}\cdot\text{s}^{-1}$（顺时针），$\omega_a=3\ \text{rad}\cdot\text{s}^{-1}$（顺时针）

6.20 $\omega_{r1}=13.5\ \text{rad}\cdot\text{s}^{-1}$（顺时针），$\omega_{r2}=9\ \text{rad}\cdot\text{s}^{-1}$（逆时针）

第7章

7.1 $\omega_a=8\sqrt{3}\boldsymbol{j}'+8.8\boldsymbol{k}', \alpha_a=-11.08\boldsymbol{j}'$

7.2 $\boldsymbol{v}_D=-2v\boldsymbol{e}_\eta, \boldsymbol{a}_D=-\frac{2\sqrt{h^2+r^2}}{h^2}v^2\boldsymbol{e}_\xi-\frac{(h^2+r^2)^{\frac{3}{2}}}{h^3r}v^2\boldsymbol{e}_\zeta$

7.3 $a_M=\frac{\sqrt{29}}{4}\omega_1^2a$

7.4 略

7.5 $\boldsymbol{\omega}=-\omega_0\boldsymbol{k}, \boldsymbol{v}_D=a\omega_0(\boldsymbol{i}-\boldsymbol{j}+\boldsymbol{k})$

7.6 $\boldsymbol{a}=(3.1\boldsymbol{i}'+4.24\boldsymbol{j}'-2.78\boldsymbol{k}')\ \text{m}\cdot\text{s}^{-2}$

第8章

8.1 $F_{T1}=5\ 900\ \text{N}, F_{T2}=4\ 900\ \text{N}, F_{T3}=4\ 230\ \text{N}$

8.2 $F_T=W\left(3\cos\varphi-2+\frac{v_0^2}{gl}\right), \varphi=\frac{v_0}{\sqrt{gl}}\sin\left(\sqrt{\frac{g}{l}}t\right)$

8.3 $F_T=m\left(g+\frac{l^2v_0^2}{x^3}\right)\sqrt{1+\frac{l^2}{x^2}}$

8.4 $F_{AC}=\frac{5}{4}mg, F_{BC}=\frac{3}{4}m(4a\omega^2-g)$

8.5 $F_{T1}=mg\cos\varphi_m, F_{T2}=mg(1+\varphi_m^2)$

8.6 略

8.7 略

8.8 $t=\sqrt{\frac{2l}{g(\sin\alpha-f\cos\alpha)}}$

8.9 $\omega < 19.8\ \text{rad} \cdot \text{s}^{-1}$

8.10 $v_B^2 = l\left[\dfrac{F}{m} - fg(1 + 4\ln 2)\right]$

8.11 $\alpha = 3°20''$

8.12 $F_{\text{H}} = 2m\omega^2\sqrt{r^2 - r_0^2}$

8.13 略

8.14 $a_{\text{r}} = 4.33\ \text{m} \cdot \text{s}^{-2}$

8.15 $m\ddot{x} = -kx + \dfrac{1}{4}m\omega^2 x$

8.16 $F_{\text{N}} = 2mg\cos\omega t - mg\,\text{ch}\,\omega t - m\omega^2 b$

8.17 $x = v_0 t, y = h - \dfrac{1}{2}t^2(g + a_0)$

8.18 $d = l - \dfrac{1}{4}gt^2 - \dfrac{1}{2}t^2(t+1)$

8.19 $F_{\text{N}} = m\left[(a+g)(2\cos\varphi_0 - 3\cos\varphi) + \dfrac{v_{\text{r}0}^2}{r}\right]$

8.20 $\ddot{x} = 2\omega\dot{y} + \omega^2 x, \ddot{y} = -2\omega\dot{x} + \omega^2 y$

8.21 略

8.22 $k_1 = 4k_2$

8.23 $y = (-0.5\cos 44.3t + 10\sin 44.3t)\ \text{cm}$

8.24 $\omega = \sqrt{\dfrac{k}{m}}, A = \sqrt{\left(\dfrac{mg\sin\alpha}{k}\right) + \dfrac{2mgh}{k}}$

8.25 $T = 2\pi\sqrt{\dfrac{ml}{2F}}$

8.26 $\theta = 0.102\exp(-2t)\sin 4t$

8.27 $T_{\text{d}} = 0.236\ \text{s}, \Lambda = 1.82, A = 0.476\ \text{cm}$

8.28 0.36 N

8.29 $c = 11.5\ \text{N} \cdot \text{s} \cdot \text{m}^{-1}$

8.30 $x = \dfrac{2}{k - 4m}(\cos 2t - \cos\omega_0 t)$

8.31 $x = 4\sin 7t\ \text{cm}$

8.32 (1) $\theta = \left|\dfrac{es^2}{l(1 - s^2)}\right|\sin(\omega t - \psi), \quad \psi = \begin{cases} 0(s < 1) \\ \pi(s > 1) \end{cases}$

(2) $F = -\dfrac{me\omega^2}{1 - s^2}\sin\omega t$

8.33 $h_{\min}=420\ \mathrm{km}, v_A=8.02\ \mathrm{km\cdot m^{-1}}$, $T=6\,494.9\ \mathrm{s}$

8.34 $3.185\times10^4\ \mathrm{kg}$

8.35 $h=1\,681\ \mathrm{km}$

8.36 $e=0.207\,4$, $p=1.806\times10^8\ \mathrm{km}, \Delta v_\pi=2.95\ \mathrm{km\cdot s^{-1}}, \Delta v_\alpha=2.64\ \mathrm{km\cdot s^{-1}}$

$t=\frac{T}{2}259\ \mathrm{d}$

第 9 章 质点系动力学

9.1 略

9.2 $J_z=2.18\times10^{-5}\ \mathrm{kg\cdot m^2}$

9.3 $J_z=0.304\ \mathrm{kg\cdot m^2}$

9.4 $J_{xy}=\frac{1}{6}Ml^2\sin 2\alpha, J_{yz}=J_{zx}=0$

9.5 $J_{xy}=J_{xz}=0, J_{yz}=-\frac{1}{8}mr^2\sin 2\alpha$

9.6 略

9.7 $J_{AB}=\frac{1}{6}ma^2\frac{6a^2+5h^2}{4a^2+h^2}$

9.8 (1) $J_x=J_y=\frac{1}{2}ma^2, J_z=ma^2$

(2) $J_x=\frac{1}{2}ma^2, J_y=\frac{3}{2}ma^2, J_z=2ma^2$

9.9 $J_x=J_y=\frac{11}{12}Ma^2, J_z=\frac{1}{6}Ma^2$

轴 z 与对顶线重合， 轴 x, y 与对顶线垂直

9.10 $\frac{1}{12}\frac{w}{g}l^2(x^2\cos^2\theta+y^2+z^2\sin^2\theta-2xz\sin\theta\cos\theta)=1$

9.11 (a) $p=\frac{1}{2}ml\omega$

(b) $p=0$

(c) $p=\left(\frac{1}{2}m_1+m_2+m_3\right)r\omega$

(d) $p=mv$

(e) $p_x=-m_3v, p_y=-m_1v$

9.12 $p=(M+m)l\omega$

9.13 $p=\frac{1}{2}(5m_1+4m_2)l\omega$

9.14 $v=6\ \mathrm{m\cdot s^{-1}}$

9.15 $t=v/g(\sin\alpha-f'\cos\alpha)$

9.16 $f'=0.17$

9.17 $I_x = -11\ \text{N}\cdot\text{s}$, $I_y = 3.96\ \text{N}\cdot\text{s}$, $F^* = 583\ \text{N}$

9.18 $F_{Nx} = F + \frac{r\omega^2}{g}\left(\frac{1}{2}P_1 + P_2\right)$

9.19 $a = 4\ \text{m}\cdot\text{s}^{-2}$

9.20 略

9.21 略

9.22 $v_0 + \frac{mu}{M+m}; v_0; v_0 - \frac{mu}{M+m}$

9.23 $1.29\ \text{m}\cdot\text{s}^{-1}$

9.24 略

9.25 （1）$F_N = (m_1 + m_2 + m_3)g + \left(\frac{1}{2}m_1 + m_2\right)\omega^2 l\cos\omega t$

$$F = -\left(\frac{1}{2}m_1 + m_2\right)\omega^2 l\sin\omega t$$

（2）$\omega > \sqrt{\frac{g}{l}\frac{m_1 + m_2 + m_3}{\frac{m_1}{2} + m_2}}$

9.26 $(m_0 + m)\ddot{x} - m\ddot{s}\cos\beta = 0$

$m\ddot{s} - m\ddot{x}\cos\beta + ks = 0$

9.27 $F = 49\ \text{N}$

9.28 $v = \sqrt{\frac{g}{l}(l^2 - b^2)}$

9.29 （1）$F_x = \rho Av^2(1-\cos\theta), F_y = -\rho Av^2\sin\theta$

（2）$F_x = \rho A(v-u)^2(1-\cos\theta), F_y = -\rho A(v-u)^2\sin\theta$

9.30 $L_O = mab\omega$

9.31 （1）$L_O = \frac{1}{2}mr^2\omega$

（2）$L_O = \frac{3}{2}mr^2\omega$

（3）$L_O = \frac{1}{3}ml^2\omega$

9.32 （1）$L_O = 2mvR$

（2）$L_C = 2mvR$

（3）$L_C = 0$

9.33 $L_O = (m\rho^2 + m_1 r_1^2 + m_2 r_2^2)\omega$

9.34 $L_O = \left(\frac{1}{3}M + m\right)l^2\omega$

9.35 $L_O = \frac{3}{4}mr^2\omega$

9.36 $L_O = \frac{1}{3}ml^2\omega\sin\varphi(\boldsymbol{j}\cos\varphi + \boldsymbol{k}\sin\varphi)$

9.37 $L_O = -9.48\times10^7\ \mathrm{N\cdot m\cdot s}$

9.38 $L_O = \frac{5}{3}ml^2\omega$

9.39 $L_O = \frac{7}{3}mr^2\omega$

9.40 $480\ \mathrm{r\cdot min^{-1}}$

9.41 $\omega = \frac{J_1\omega_1 + J_2\omega_2}{J_1 + J_2}$

9.42 略

9.43 $1 + \frac{mR^2}{J}$

9.44 $\omega = \frac{10^3}{(10 + 3\sin 4t)^2}$

9.45 略

9.46 $x = x_0 \mathrm{ch}\ kt$, $\frac{1}{k^2} = \frac{J_0 g + \pi\rho r^3}{2g\rho r^2} + \frac{a}{g}$

$F_x = (2\rho rk^2/g)x_0 \mathrm{ch}\ kt, F_y = (\pi r + 2a)\rho - (2\rho k^2/g)x_0^2 \mathrm{ch}(2kt) + P$

9.47 $a_0 = \frac{2(M - \delta mg)}{3mr}, F_f = \frac{2(M - \delta mg)}{3r}$

9.48 $v = 0.43\ \mathrm{m\cdot s^{-1}}, \omega = 56\ \mathrm{rad\cdot s^{-1}}$

9.49 $F_0 = \frac{\sqrt{17}}{3}mg$

9.50 $F_{Ax} = -\frac{3}{2}mg, F_{Ay} = \frac{5}{4}mg, M_A = \frac{3}{4}mgl$

9.51 略

9.52 $T = \frac{4}{3}ml^2\omega^2$

9.53 (a) $\frac{3}{4}mR^2\omega^2$

(b) $\frac{1}{4}mR^2\omega^2$

(c) $\frac{3}{4}mv^2$

9.54 $T = \frac{1}{2}m_1\dot{x}^2 + \frac{1}{2}m_2(\dot{x}^2 + l^2\dot{\varphi}^2 + 2\dot{x}l\dot{\varphi}\cos\varphi)$

9.55 $T_{AE}=5.44\ \mathrm{J}, T_{CD}=7.50\ \mathrm{J}$

9.56 $T=\frac{1}{2}\frac{P}{g}v^2+\frac{1}{4}\frac{P}{g}\frac{r^2}{h^2}v^2$

9.57 $W=-8.72\ \mathrm{J}$

9.58 $W=452\ \mathrm{kJ}$

9.59 $W=\frac{Ms}{k}-Ps\sin\alpha$

9.60 $W=\frac{1}{2}Fx(1+\sqrt{3})-\delta\left(W-\frac{1}{2}F\right)\frac{x}{R}$

9.61 $v=4.16\ \mathrm{m\cdot s^{-1}}$

9.62 $\omega=2\sqrt{n\pi(M_2R-M_1r)r/(J_1+mR^2)r^2+J_2R^2}$

9.63 $\omega=[4g(\pi M-2Fr)/Jg+Pr^2\sin^2\varphi_0]^{\frac{1}{2}}$

9.64 $\omega=\left\{\frac{3g}{5Wl}[4W\sin\theta-kl(1-\cos\theta)^2]\right\}^{\frac{1}{2}}$

9.65 $F_{\mathrm{T}}=\frac{1}{4R}(3M+mgR\sin\theta)$

9.66 (1) $\omega_{AB}=\sqrt{\frac{3g}{2l}}$

(2) $\delta_{\max}=\frac{1}{2k}(mg+\sqrt{m^2g^2+2mlkg})$

9.67 $a_0=\frac{2(P_1+P_2)g\sin\beta}{3P_1+2P_2}$

9.68 $v_C=\frac{3}{4}\left[2gl(\sqrt{3}-1)-\frac{kl^2(2-\sqrt{3})g}{P}\right]^{\frac{1}{2}}$

9.69 $v=6.707\ \mathrm{m\cdot s^{-1}}$

9.70 $\omega_{AB}=\sqrt{\frac{3g}{l}(\sin\varphi-\sin\varphi_0)}$

9.71 $\omega^2=\frac{3\pi}{4mr^2}\left(M-mgr\sin\beta-\frac{1}{4}k\pi r^2\right)$

$\dot{\omega}=\frac{3}{4mr^2}\left(M-mgr\sin\beta-\frac{1}{2}k\pi r^2\right)$

9.72 $a_A=\frac{3W_1}{4W_1+9W_2}g$

9.73 $a=\dfrac{2(M+m)r^2g}{M(R^2+2r^2)+3mr^2}$， $F_{\mathrm{T}}=\dfrac{(M+m)g}{2[M(R^2+2r^2)+3mr^2]}(MR^2+mr^2)$

9.74 不守恒

9.75 $\omega=\left[\dfrac{2eg(\cos\varphi-\cos\varphi_0)}{r^2+e^2+\rho^2-2er\cos\varphi}\right]^{\frac{1}{2}}$

9.76 $v_A=\sqrt{\dfrac{16m_1gh-2kh^2}{8m_1+7m_2}}$， $a_A=\dfrac{8m_1g-2kh}{8m_1+7m_2}$

9.77 $\omega_{AB}=\dfrac{1}{2}\sqrt{\dfrac{g}{2l}(5\sqrt{3}-7)}$， $\omega_{AB}=\dfrac{1}{2}\sqrt{\dfrac{3g}{2l}(\sqrt{3}+1)}$

9.78 $\omega=\sqrt{\dfrac{16g(1-\cos\theta_0)}{r(9\pi-16)}}$

9.79 $\ddot{\varphi}+\dfrac{2g}{3(R-r)}\sin\varphi=0$

9.80 $P_{\max}=12.6\ \mathrm{kW}$

9.81 $v=1.83\ \mathrm{m\cdot s^{-1}}$， $\alpha=49.9°$

9.82 $v\pm\sqrt{\dfrac{2kE}{M}}$， $v\mp\sqrt{\dfrac{2E}{kM}}$

9.83 $\alpha=\arctan(1/2)$

9.84 $v_C=(l-h)\sqrt{\dfrac{6g(l+h)}{4l^2-3h^2}}$

9.85 略

9.86 $F_{\mathrm{N}}=\dfrac{4+3\sin^2\varphi}{(1+3\cos^2\varphi)^2}mg$

9.87 $\theta=2\arcsin\left(\dfrac{mv_0\sqrt{3/2gl}}{\sqrt{(M+m)(3m+4M)}}\right)$

9.88 $a=g\sin 20°=0.342g$， $F_{\mathrm{T}A}=0.512\,6mg$， $F_{\mathrm{T}B}=0.427\,1mg$

9.89 $a=g$， $F_{\mathrm{T1}}-F_{\mathrm{T2}}=0$

9.90 (1) $a=1.63\ \mathrm{m/s^2}$

(2) $F_B=1\,328\ \mathrm{N}$， $F_D=887\ \mathrm{N}$

9.91 $a=fg$， $F_A=\dfrac{2-f}{5}W$， $F_B=\dfrac{3+f}{5}W$

9.92 $F=3.77\ \mathrm{kN}$， $F=4.80\ \mathrm{kN}$

9.93 $\varphi_{\max}=2\arctan(a^2/b^2)$

9.94 $x=\rho_{O'}$， $\omega_{\max}=\sqrt{g/\rho_{O'}}$

9.95 $\alpha=\dfrac{2(MR_2-M'R_1)}{(m_1+m_2)R_1^2R_2}$

9.96 $\theta=\theta_0\cos\sqrt{\dfrac{g}{2R}}t$

9.97 $t=\dfrac{(1+f^2)r\omega_0}{2(1+f)g}$

9.98 $a_0=\dfrac{F_{\mathrm{T}}R(R\cos\alpha-r)}{m(R^2+\rho^2)}$

9.99 $a_A=\dfrac{4g\sin\theta}{1+3\sin^2\theta}$, $F_{\mathrm{N}}=\dfrac{mg\cos\theta}{1+3\sin^2\theta}$

9.100 $t=0.023\ \mathrm{s}$, $v=34\ \mathrm{cm}\cdot\mathrm{s}^{-1}$

9.101 $t=\sqrt{\dfrac{2s}{gf}}$, $\omega=\dfrac{2}{r}\sqrt{2fgs}$

9.102 $a=0.355g$

9.103 $F_A=\dfrac{1}{4}mg$, $\alpha=\dfrac{3g}{2l}$

9.104 $\left(\dfrac{3}{2}m_1+m_2\right)\ddot{x}_A+\dfrac{1}{2}m_2l\ddot{\varphi}\cos\varphi-\dfrac{1}{2}m_2l\dot{\varphi}^2\sin\varphi=0$

$\dfrac{1}{2}m_2l\cos\varphi\ddot{x}_A+\dfrac{1}{3}m_2l^2\ddot{\varphi}+\dfrac{1}{2}m_2gl\sin\varphi=0$

9.105 (1) $\boldsymbol{a}_C=4\boldsymbol{i}$

(2) $\boldsymbol{a}_C=-1.88\boldsymbol{i}$

9.106 $a_A=\dfrac{m_1g\tan^2\alpha}{m_2+m_1\tan^2\alpha}$, $a_B=\dfrac{m_1g\tan\alpha}{m_2+m_1\tan^2\alpha}$, $F_{\mathrm{N}}=\dfrac{m_1m_2}{m_2+m_1\tan^2\alpha}g+m_2g$

9.107 $a_0=1.8\ \mathrm{m}\cdot\mathrm{s}^{-2}$

9.108 略

9.109 略

9.110 $F_{Ay}=-F_{By}=\dfrac{1}{4}ml\omega^2\sin2\theta$, $F_{Ax}=F_{Bx}=0$, $F_{Az}=2mg$

9.111 $F_A=F_B=8\,694\ \mathrm{N}$

9.112 $\omega'=14\ \mathrm{rad}\cdot\mathrm{s}^{-1}$

9.113 $F_E=F_F=\dfrac{\sqrt{2}}{4}\dfrac{Wr^2}{gl}\omega\omega_1$

9.114 $F_{1,2}=(6.85\pm0.769)\ \mathrm{kN}$

9.115 $e=0.352$

9.116 (1) $\dfrac{m_B}{m_A}=1+2e$

(2) $\dfrac{m_B}{m_A}=e$

9.117 $F_a = 794\ \text{kN}$ ， $\eta = 0.9$

9.118 略

9.119 略

9.120 $AB = 2e\dfrac{I}{m}\sqrt{\dfrac{2h}{g}}$

9.121 略

9.122 $I_T = \dfrac{2}{7}\sqrt{3}mv$， $I_N = \dfrac{\sqrt{3}}{7}mv$

9.123 略

9.124 $v = 2\dfrac{J_0 + md^2}{md}\sqrt{\dfrac{Mh + md}{J_0 + md^2}g\sin\dfrac{\alpha}{2}}$

9.125 $e = \sqrt{2\sqrt{3} - 3}$

9.126 $\omega = \dfrac{6v}{7l}$

9.127 $I = m\sqrt{\dfrac{\sqrt{3}gl}{6}}$

9.128 $\omega_1 = \dfrac{1}{2}\omega_0$， $I_D = \dfrac{1}{4}ml\omega_0$

9.129 $\omega = \dfrac{12\sin\beta}{1 + 3\sin^2\beta}\dfrac{v_0}{l}$

9.130 $h = \dfrac{7}{5}r$

9.131 $\omega_A = \omega$， $\omega_B = -\dfrac{1}{2}\omega$

9.132 $v_C = v_{C0}\sqrt{0.64 + \tan^2\alpha}\cos\alpha, \omega = \omega_0$

第 10 章 达朗贝尔原理和动静法

10.1 $F_{IC}^{n} = m\omega^2 l$， $F_{IC}^{t} = m\alpha l$

$F_{IA}^{n} = m\omega^2 l$， $F_{IA}^{t} = m\alpha l$， $M_{IA} = \dfrac{1}{2}ml^2(\alpha\sin\varphi + \omega^2\cos\varphi)$

10.2 $F_{IC}^{n} = \dfrac{1}{6}m\omega^2 l$， $F_{IC}^{t} = \dfrac{1}{6}m\alpha l$， $M_{IC} = \dfrac{1}{12}ml^2\alpha$

$F_{IO}^{n} = \dfrac{1}{6}m\omega^2 l$， $F_{IO}^{t} = \dfrac{1}{6}m\alpha l$， $M_{IO} = \dfrac{1}{9}ml^2\alpha$

10.3 $F_{IC}^{n} = \dfrac{mr^2\omega^2}{R + r}$（向上）， $F_{IC}^{t} = mr\alpha$（向左）， $M_{IC} = \dfrac{1}{2}mr^2\alpha$（逆时针）

$F_{IP}^{n} = \dfrac{mr^2\omega^2}{R + r}$（向上）， $F_{IP}^{t} = mr\alpha$（向左）， $M_{IP} = \dfrac{3}{2}mr^2\alpha$（逆时针）

10.4 $F_{IC}^{(1)} = \frac{mv_A^2\cos\beta}{4l\sin^3\beta}(\perp AC)$， $F_{IC}^{(2)} = \frac{mv_A^2}{4l\sin^2\beta}(/\!/ AC)$， $M_{IC} = \frac{mv_A^2\cos\beta}{12\sin^3\beta}$ （顺时针）

$F_{IA}^{(1)} = \frac{mv_A^2\cos\beta}{4l\sin^3\beta}$， $F_{IA}^{(2)} = \frac{mv_A^2}{4l\sin^2\beta}$， $M_{IA} = \frac{1}{3}\frac{mv_A^2\cos\beta}{\sin^3\beta}$ （顺时针）

10.5 $F_A = \frac{5}{8}mg$(向上)， $F_B = \frac{3}{8}mg$(向左)， $a_B = \frac{3}{4}g$(向下)

10.6 $F_B = \frac{2}{13}\sqrt{3}mg$， $\alpha = \frac{18}{13}\frac{g}{l}$(逆时针)

10.7 $\alpha = \frac{6g}{17r}$(顺时针)

$F_{Ax} = \frac{6}{17}mg - mr\omega^2$(向右)

$F_{Ay} = \frac{11}{17}mg - mr\omega^2$(向上)， $M_A = \frac{9}{17}mgr - mr^2\omega^2$(逆时针)

10.8 $F_A = \frac{3PR+2M}{6R}$(向上)， $F_{Bx} = \frac{2M}{3R}$(向右)， $F_{By} = \frac{3PR-2M}{6R}$(向上)

10.9 $M = -16\sqrt{3}mr\omega^2$， $F_f = 2\sqrt{3}mr\omega^2$(向左)， $F_N = \frac{3}{2}mg - \frac{11}{3}mr\omega^2$(向上)

10.10 $M = -mgr$， $F_{Ax} = 3m\omega_0^2 r$(向左)， $F_{Ay} = mg$(向上)

$F_{Bx} = \frac{1}{2}mr\omega_0^2$(向右)， $F_{By} = mg$(向上)

10.11 (1) $\alpha_I = \frac{2}{5}\frac{g}{r}$(顺时针)

(2) $a_0 = \frac{4}{5}g$(向下)

(3) $F_{Cx} = 0, F_{Cy} = \frac{6}{5}mg$(向上)， $M_C = \frac{6}{5}mgl$(逆时针)

10.12 (1) $v_A = \sqrt{\frac{3}{10}gl}$(向右)， $\omega_{AB} = \sqrt{\frac{24g}{5l}}$(顺时针)

(2) $a_A = 0$， $\alpha_{AB} = 0$

(3) $F_N = \frac{22}{5}mg$(向上)

10.13 $F_{fA} = 17.5$ N(向左)， $F_{NA} = 35$ N(向上)

$F_{fD} = 20.6$ N(向左)， $F_{ND} = 259$ N(向上)

10.14 (1) $a_C = \frac{\sqrt{3}P_1 g}{6P_2 + P_1}$

(2) $f_s \geqslant \frac{\sqrt{3}m_1}{11m_1 + 12m_2}$

10.15 $F_{Ax}^{(d)}=\frac{3}{4}m_1e_1\omega^2$， $F_{Ay}^{(d)}=\frac{1}{4}m_2e_2\omega^2$， $F_{Az}^{(d)}=0$

$F_{Bx}^{(d)}=\frac{1}{4}m_1e_1\omega^2$， $F_{By}^{(d)}=\frac{3}{4}m_2e_2\omega^2$

10.16 $F_{Ax}=\frac{1}{2}m\left[e\cos\beta+\frac{1}{a}\left(\frac{r^2}{4}+e^2\right)\cos\beta\sin\beta\right]\omega^2$

$F_{Bx}=\frac{1}{2}m\left[e\cos\beta-\frac{1}{a}\left(\frac{r^2}{4}+e^2\right)\cos\beta\sin\beta\right]\omega^2$， $F_{Ay}=F_{By}=F_{Az}=0$

第11章 分析静力学

11.1～11.10 略

11.11 $\frac{F_1}{F_2}=\frac{O_1B_1\,O_2A_2}{O_1A_1\,O_2B_2}$

11.12 $Q=\frac{Pl}{R\cos^2\varphi}$

11.13 $\frac{Q}{P}=2^n$

11.14 $r_1=\frac{2ak_1}{k_1+k_2}$， $r_2=\frac{2ak_2}{k_1+k_2}$

11.15 $\cos\varphi=0.1+\sqrt{0.51}$

11.16 $(x_2-x_1)\left(\frac{\partial f}{\partial y_1}\frac{\partial f}{\partial x_2}+\frac{\partial f}{\partial y_2}\frac{\partial f}{\partial x_1}\right)-2(y_2-y_1)\frac{\partial f}{\partial x_1}\frac{\partial f}{\partial x_2}=0$

$f(x_1,y_1)=0$， $f(x_2,y_2)=0$

$(x_2-x_1)^2+(y_2-y_1)^2-l^2=0$

11.17 $F_3=P$

11.18 $F_{Ay}=P_1-P_2\frac{h}{l}$

11.19 $r_1\geqslant r$ 不稳定， $r_1<r$ 稳定

11.20 $\theta=\arccos\left(\frac{b}{a}\right)^{1/3}$

11.21 $r=\frac{h}{1-\frac{m_1}{m_2}\cos\theta}$

第12章 分析动力学

12.1 略

12.2 略

12.3 $\alpha=\frac{3Mg}{(P+3Q)l^2}$

12.4 $(l+r\theta)\ddot{\theta}+r\dot{\theta}^2+g\sin\theta=0$

12.5 $r=C_1\exp(\omega t\cos\alpha)+C_2\exp(-\omega t\cos\alpha)+\dfrac{g\sin\alpha}{\omega^2\cos^2\alpha}$

12.6 $\ddot{x}=\dfrac{6M+6m+2M_1}{6M+9m+2M_1}g\sin\alpha$

12.7 $\left(\dfrac{1}{2}M+m\right)R^2\ddot{\varphi}+mRl\ddot{\psi}\cos(\varphi-\psi)+mRl\dot{\psi}^2\sin(\varphi-\psi)+mgR\sin\varphi=0$

$mRl\ddot{\varphi}\cos(\varphi-\psi)+ml^2\ddot{\psi}-mRl\dot{\varphi}^2\cos(\varphi-\psi)+mgl\sin\psi=0$

12.8 $\ddot{y}_1=\dfrac{3(m_1+m_3)+m_2}{3\left(m_1+m_2+\dfrac{3}{2}m_3\right)}g,\quad \ddot{y}_2=\dfrac{3(m_2+m_3)+m_1}{3\left(m_1+m_2+\dfrac{3}{2}m_3\right)}g$

$\ddot{\varphi}_3=\dfrac{m_2-m_1}{m_1+m_2+\dfrac{3}{2}m_3}\dfrac{g}{r_3}$

12.9 略

12.10 $L=\dfrac{1}{2}(m_1+m_2)\dot{x}^2+\dfrac{1}{2}m_2l\dot{\varphi}(l\varphi-2\dot{x}\sin\varphi)-m_2gl\sin\varphi$

12.11 $L=\dfrac{1}{2}m_1(\dot{x}_1^2+\dot{y}_1^2+\dot{z}_1^2)+\dfrac{1}{2}m_2(\dot{x}_2^2+\dot{y}_2^2+\dot{z}_2^2)+\dfrac{fm_1m_2}{\sqrt{(x_2-x_1)^2+(y_2-y_1)^2+(z_2-z_1)^2}}$

12.12 $L=\dfrac{1}{2}A(\dot{\theta}^2+\dot{\psi}^2\sin^2\theta)+\dfrac{1}{2}C(\dot{\varphi}+\dot{\psi}\cos\theta)^2-Pl\cos\theta$

12.13 $\ddot{x}=\dfrac{mg\cot\alpha}{M\cot^2\alpha+m},\quad \ddot{y}=-\dfrac{mg}{M\cot^2\alpha+m}$

12.14 $T=2\pi\sqrt{\dfrac{M+m}{k}}$

12.15 略

12.16 $\ddot{x}\left[1+\left(\dfrac{\mathrm{d}f}{\mathrm{d}x}\right)^2\right]+\dfrac{\mathrm{d}^2f}{\mathrm{d}x^2}\dfrac{\mathrm{d}f}{\mathrm{d}x}\dot{x}^2+\dfrac{\mathrm{d}f}{\mathrm{d}x}g=0$

12.17 $T=\dfrac{3}{4}m\dot{x}^2\left[\dfrac{(1+a^2x^2)^{3/2}-aR}{1+a^2x^2}\right]^2,\quad V=\dfrac{1}{2}mga\left[x^2+\dfrac{2R}{a}(1+a^2x^2)^{-\frac{1}{2}}\right]$

12.18 $T=\dfrac{1}{2}mR^2(\dot{\varphi}^2+\omega^2\sin^2\varphi),\quad V=mgR\cos\varphi+\dfrac{1}{2}kR^2(\varphi-\varphi_0)^2$

12.19 $m\ddot{r}-mr\dot{\theta}^2=mg\cos\theta-k(r-r_0),\quad \dfrac{\mathrm{d}}{\mathrm{d}t}(r^2\dot{\theta})=-gr\sin\theta$

12.20 $\dfrac{3}{2}M\ddot{x}_1+k(x_1-x_2)=0,\quad m\ddot{x}_2-k(x_1-x_2)=0$

12.21 $2\ddot{r}-r\dot{\varphi}^2=g\cos\varphi,\quad r\ddot{\varphi}+2\dot{r}\dot{\varphi}+g\sin\varphi=0$

12.22 $\left(\frac{1}{3}m_2 l^2 + m_1 x^2\right)\ddot{\theta} + 2m_1 x\dot{x}\dot{\theta} - \left(\frac{1}{2}m_2 l + m_1 x\right)g\cos\theta = 0$

$\ddot{x} - x\dot{\theta}^2 - g\sin\theta = 0$

12.23 $T_r = \frac{1}{2}ml^2\dot{q}_1^2 + \frac{1}{2}m[\dot{q}_1^2 + \dot{q}_2^2 + 2\dot{q}_1\dot{q}_2\cos(q_2 - q_1)]$

$T_a = \frac{1}{2}ml^2(\dot{q}_1^2 + \omega^2 + 2\dot{q}_1\omega\cos q_1) +$

$\frac{1}{2}ml^2[(\omega + \dot{q}_2\cos q_2 + \dot{q}_1\cos q_1)^2 + (\dot{q}_1\sin q_1 + \dot{q}_2\sin q_2)^2]$

12.24 略

12.25 略

12.26 $\frac{\dot{q}_1^2}{aq_2 + b} + \frac{1}{2}\dot{q}_2^2 - 2q_2^2 - cq_2 = h$， $\frac{2\dot{q}_1}{aq_2 + b} = \beta$

12.27 $\frac{1}{2}(\dot{q}_1^2 + \dot{q}_2^2) - T_0(q_1, q_2) + \frac{1}{2}(q_1^2 + q_2^2) = h$

12.28 略

12.29 略

12.30 $F_N = mc_1(1 + 4x^2)^{-\frac{3}{2}}$

12.31 $T = 2\pi\sqrt{\frac{2l}{g}}$

12.32 $T = 2\pi\sqrt{\frac{2l_1 l_2}{(l_1 + l_2)g}}$

索 引

B

比内方程(Binet equation) 238
变质量质点(variable-mass particle) 276
标量(scaler) 236
不稳定(unstable) 443

C

参考体(reference body) 87
参考系(reference frame) 87
冲量(impulse) 268

D

达朗贝尔原理(d'Alembert principle) 398
达朗贝尔-拉格朗日原理
(d'Alembert-Lagrange principle) 417,457
单面约束(unilateral constraint) 423
等效力系(equivalent force system) 13
第二类拉格朗日方程(Lagrange equations of the second kind) 459
第一类拉格朗日方程(Lagrange equations of the first kind) 482
定参考系(fixed reference frame) 145
定常约束(scleronomic constraint) 424
定瞬心线(fixed centroid) 126
定轴转动(fixed-axis rotation) 113
动参考系(moving reference system) 145
动静法(method of kineto-statics) 399
动力学(dynamics) 201
动力学普遍定理(general theorems of dynamics) 255
动力学普遍方程(general equation of dynamics) 457
动量(momentum) 267
动量定理(theorem of momentum) 267
动量矩(moment of momentum) 280
动量矩定理(theorem of moment of momentum) 286
动量矩守恒(conservation of moment of momentum) 288
动量守恒(conservation of momentum) 269
动摩擦因数(kinetic friction factor) 68
动能(kinetic energy) 299
动能定理(theorem of kinetic energy) 310
动势(kinetic potential) 460
动瞬心线(moving centroid) 126
动约束力(dynamic constraint force) 403
对数减缩(logarithmic decrement) 227
对心碰撞(central impact) 353
多余坐标(redundant coordinate) 427

E

二力杆(bar subjected two forces) 30

F

法向加速度(normal acceleration) 100
反推力(reaction force) 277
放大因子(amplification factor) 229
方向余弦矩阵(matrix of direct cosines) 185
非定常约束(rheonomic constraint) 424
非惯性系(noninertial reference frame) 202
非线性振动(nonlinear oscillation) 223

分布载荷(distributed load) 27
分离体(isolated body) 31
分析动力学(analytical dynamics) 456
分析静力学(analytical statics) 422
分析力学(analytical mechanics) 422
副法线(binormal) 98
复合运动(composite motion) 145

G

干摩擦(dry friction) 67
刚体(rigid body) 13
刚体系(system of rigid bodies) 47
功(work) 302
功率(power) 310
固定端(fixed end) 16
固有频率(natural frequency) 224
惯性参考系(inertial reference frame) 201
惯性积(product of inertia) 261
惯性矩阵(matrix of inertia) 262
惯性椭球(ellipsoid of inertia) 264
惯性主轴(principal axis of inertia) 261
广义动量(generalized momentum) 472
广义加速度(generalized acceleration) 427
广义力(generalized force) 434
广义能量积分(integral of generalized energy) 474
广义速度(generalized velocity) 427
广义坐标(generalized coordinate) 424
滚动摩阻力偶(couple of rolling resistance) 69
滚动摩阻系数(coefficient of rolling resistance) 69

H

合力(resultant force) 14
合力偶矩(resultant couple) 15
合力矩定理(theorem of moment of resultant force) 19
桁架(truss) 62
弧坐标(arc coordinate) 97
恢复因数(factor of restitution) 355
汇交力系(concurrent force system) 14
回转半径(radius of gyration) 257
霍曼转移轨道(Hohmann transfer orbit) 243

J

基点(base point) 115
几何约束(geometric constraint) 423
激励(excitation) 223
加速度(acceleration) 89
减缩因数(decrement factor) 232
简化中心(center of reduction) 17
焦点(focus) 130
角加速度(angular acceleration) 184
角速度(angular velocity) 184
节点(node) 31,62
节点法(method of node) 63
截面法(method of section) 65
进动角(angle of precession) 188
经典力学(classical mechanics) 199
静定问题(statically determinate problem) 47
静力学(statics) 5
静摩擦因数(static friction factor) 68
矩心(center of moment) 10
绝对加速度(absolute acceleration) 150
绝对角速度(absolute angular velocity) 169
绝对速度(absolute velocity) 150
绝对运动(absolute motion) 145

K

柯尼希定理(König theorem) 300
科氏惯性力(Coriolis inertial force) 216
科氏加速度(Coriolis acceleration) 165

空间一般力学(three-dimentional force system) 53
库仑摩擦定律(Coulomb law of friction) 68

L

拉格朗日乘子(Lagrange multiplier) 449
拉格朗日方程(Lagrange equations) 459
拉格朗日函数(Lagrange function) 460
拉格朗日力学(Lagrange mechanics) 418
理想约束(ideal constraint) 432
力(force) 7
力的三要素(three factors of force) 14
力对点的矩(moment of force about a point) 12
力螺旋(force screw) 18
力偶(couple) 14
力偶系(system of couples) 15
力系(system of forces) 8
力系的简化(reduction of force system) 15
零杆(zero bar) 64

M

密切平面(osculating plane) 98
密歇尔斯基方程(Meshchersky equation) 277
面积积分(area integral) 237
摩擦(friction) 67
摩擦角(angle of friction) 68
摩擦力(friction force) 67
摩擦锥(cone of friction) 68
摩擦自锁(self-lock) 69

N

内力(internal force) 63
能量积分(energy integral) 236
牛顿力学(Newtonian mechanics) 2

O

欧拉定理(Euler theorem) 473
欧拉动力学方程(Euler dynamical equation) 344
欧拉角(Eulerian angle) 188

P

碰撞(conllision) 352
碰撞作用力(force of collision) 353
碰撞冲量(impulse of collision) 353
平衡(equilibrium) 442
平衡力系(force system in equilibrium) 15
平均速度(average velocity) 89
平面运动(planar motion) 113
平移(translation) 113
平移坐标系(translating reference frame) 281

Q

牵连惯性力(entrainment inertial force) 216
牵连加速度(entrainment acceleration) 165
牵连角速度(entrainment angular velocity) 169
牵连速度(entrainment velocity) 157
牵连运动(entrainment motion) 145
切向加速度(tangential acceleration) 100
球铰链(spherical hinge) 350
球坐标(spherical coordinates) 105
曲率(curvature) 98
曲率半径(radius of curvature) 99

R

柔索(flexible cable) 28

S

实位移(actual displacement) 428

矢径(radius vector) 121
矢量(vector) 121
势能(potential energy) 312
受迫振动(forced vibration) 223
双面约束(bilateral constraint) 423
瞬心(instantaneous center of velocity) 124
速度(velocity) 89
塑性碰撞(plastic collision) 354

T

弹性碰撞(elastic collision) 354
陀螺力矩(gyroscopic torque) 346

W

外力(external force) 31,224
完整系统(holonomic system) 430
完整约束(holonomic constraint) 423
万有引力(universal gravitation) 235
位移(displacement) 88
微振动(small vibration) 254
无限小转动(infinitesimal rotation) 181

X

线性振动(linear vibration) 223
相对导数(relative derivative) 146
相对加速度(relative acceleration) 150
相对角速度(relative angular velocity) 169
相对速度(relative velocity) 150
相对运动(relative motion) 145
相位差(phase difference) 229
虚功(virtual work) 431
虚功原理(virtual work principle) 433
虚速度(virtual velocity) 435
虚位移(virtual displacement) 428
虚位移原理(principle of virtual displacement) 433
循环积分(cyclic integral) 472
循环坐标(cyclic coordinate) 472

Y

有心力场(central force) 235
元功(elementary work) 302
约束(constraint) 28,422
约束方程(constraint equation) 422
约束力(constraint force) 28
运动轨迹(path of motion) 153
运动微分方程(differential equation of motion) 235

Z

载荷(load) 24
载荷集度(intensity of load) 27
章动(nutation) 189
章动角(angle of nutation) 188
振幅(amplitude) 225
正碰撞(normal impact) 353
直角坐标系(cartesian coordinate system) 8
质点(mass point) 87,255
质量(mass) 87
质心(center of mass) 256
质心运动定理(theorem of motion of mass center) 274
重心(center of gravity) 24,256
主动力(active force) 28
主法线(normal) 98
主矩(principal moment) 12
主矢(principal vector) 8
柱坐标系(cylindrical coordinates) 103
转动惯量(moment of inertia) 257
转动偶(rotation couple) 170
转动瞬轴(instantaneous axis of rotation) 181
转轴(axis of rotation) 113
撞击中心(center of collision) 364

自由度(degree of freedom) 430
自由振动(free vibration) 223
阻力系数(coefficient of resistance) 232
阻尼比(damping ratio) 227
阻尼振动(vibration with damping) 247

Synopsis

The book is devided into four parts: statics, kinematics, dyanmics and special topics. The first part, statics, introduces reduction of force system, equilibrium of force system and application problems of statics. The second part, kinematics, covers foundation of kinematics and motion of a point, plane motion of a rigid body, composite motion and motion of a rigid body about a fixed point and general motion of a rigid body. The third part, dynamics, provides dynamics of mass point, dynamics of system of mass point, d'Alembert principle and method of kineto-statics, analytical statics and analytical dynamics. The fourth part contains 10 special topics, probability problem in theoretical mechanics, dynamics of impact motion, stability of motion, nonlinear oscillations, inverse problems of dynamics, variational principles of mechanics, Hamiltonian mechanics, nonholonomic mechanics, Birkhoffian mechanics, symmetry and conserved quantity.

The book intends to serve as a textbook of the couse of theoretical mechanics for undergraduate students majored in engineering mechanics, mechanical engineering, aerospace engineering. It can also be used as a reference book for instructors and technicians in fields concerning mechanics.

Contents

Section 2 Kinematics

Section 3 Dynamics

作者简介

梅凤翔　1938年生。北京理工大学教授,博士生导师。1963年毕业于北京大学数学力学系,1982年获法国国家科学博士学位。历任北京理工大学应用力学系主任、校学术委员会副主任、北京理工大学学报主编、中国力学学会常务理事、一般力学专业委员会主任委员、教育部高等学校基础力学教学指导小组副组长、《力学与实践》副主编等。研究领域为分析力学、非完整力学、伯克霍夫力学等。著有《非完整系统力学基础》、《分析力学基础》、《高等分析力学》、《李群和李代数对约束力学系统的应用》等。主编有《工程力学》(上、下册)。科研成果曾获部级一等奖两次,主持的教改项目曾获国家级教学成果二等奖,主持的工程力学团队曾获国家级教学团队。2003年获全国高等学校教学名师奖。

尚玫　1964年生。1985年毕业于大连理工大学物理系,获理学学士学位;1988年毕业于大连理工大学工程力学系获工学硕士学位。1988年至1996年在华北电力大学机械系任教;1999年毕业于北京理工大学应用力学系获理学博士学位。现任北京理工大学副教授。

反盗版举报电话　(010)58581897　58582371　58581879

反盗版举报传真　(010)82086060

反盗版举报邮箱　dd@hep.com.cn

通信地址　北京市西城区德外大街4号　高等教育出版社法务部

邮政编码　100120